Wommelsdorff
Stahlbetonbau
Teil 1

Werner-Ingenieur-Texte WIT

Stahlbetonbau

Bemessung und Konstruktion

Teil 1
Grundlagen
Biegebeanspruchte Bauteile

Prof. Dr.-Ing. Otto Wommelsdorff

7., vollständig neu bearbeitete und
erweiterte Auflage 2002

Werner Verlag

220 Abb., 6 Tafeln und 2 Konstruktionszeichnungen (herausnehmbar)

1. Auflage 1971
2. Auflage 1972
3. Auflage 1974
4. Auflage 1977
5. Auflage 1982
6. Auflage 1989
7. Auflage 2002

Die Deutsche Bibliothek – CIP Einheitsaufnahme

Wommelsdorff, Otto:
Stahlbetonbau: Bemessung u. Konstruktion /
Otto Wommelsdorff. – Düsseldorf: Werner

Teil 1. Grundlagen – Biegebeanspruchte Bauteile. –
7., neu bearb. u. erw. Aufl. – 2002
(Werner-Ingenieur-Texte)
ISBN 3-8041-4981-2

Satz: WVG Werbe- und Verlagsgesellschaft mbH, Grevenbroich
Druck und buchbinderische Verarbeitung: Verlagsdruckerei Schmidt GmbH, 91413 Neustadt/Aisch
Archiv-Nr.: 576/7–5.2002
Bestell-Nr.: 3-8041-4981-2
www.werner-verlag.de

Vorwort zur 7. Auflage

Im Juni 1992 wurde Eurocode 2 (EC 2), Teil 1 als Grundnorm für Planung und Ausführung von Stahlbetontragwerken veröffentlicht und zur probeweisen Anwendung freigegeben. Für 1996 war der Ersatz der DIN 1045, Ausgabe 1988, durch die neue Norm geplant. Zu diesem Zeitpunkt war auch eine Neuauflage dieses Buches vorgesehen.

Dieser Zeitplan konnte nicht eingehalten werden, stattdessen wurde im Juli 2001 die neue deutsche Norm DIN 1045 – Tragwerke aus Beton, Stahlbeton und Spannbeton – veröffentlicht. Der Verfasser geht davon aus, dass diese Norm für viele Jahre die maßgebende Anwendungsvorschrift für den Stahlbetonbau sein wird. Der Inhalt des gesamten vorliegenden Bandes wurde hierauf abgestimmt, Hinweise auf frühere deutsche Stahlbetonbestimmungen oder auf europäische Normen erfolgen nur in seltenen Ausnahmefällen.

Die im Vorwort zur 1. Auflage im Jahre 1971 ausgedrückte Zielsetzung blieb unverändert. Das neue Sicherheitskonzept mit Nachweisen in definierten Grenzzuständen machte jedoch eine fast vollständige Neufassung des Textes und eine weitgehende Neugestaltung der meisten Abbildungen erforderlich. Die Verbindung mit der Praxis wurde durch viele, teilweise vollständig durchgerechnete Anwendungsbeispiele hergestellt.

Für die Weiterentwicklung des Bandes sind Zuschriften der Leser besonders wichtig, der Verfasser ist daher für entsprechende Hinweise sehr dankbar. Dem Werner Verlag dankt der Verfasser für die sorgfältige Ausgestaltung des Bandes, für die zuverlässige Neuzeichnung der Abbildungen und für die Wahl des neuen, größeren Buchformats. Meiner Frau danke ich für die Erledigung der umfangreichen Schreibarbeiten, vor allem aber für ein häusliches Umfeld, das die Arbeiten am vorliegenden Band erst ermöglichte.

Oer-Erkenschwick, im Januar 2002 Otto Wommelsdorff

Aus dem Vorwort zur 1. Auflage

Das vorliegende Buch soll eine Einführung in den Stahlbetonbau geben und so mit einem Teilgebiet des Bauens vertraut machen, bei dem in den letzten Jahren eine stürmische Entwicklung zu beobachten war. Viele hervorragende Forscher haben Altbekanntes in Frage gestellt, Neues gefunden, aber auch Bewährtes bestätigt. Genannt seien an dieser Stelle die Namen *Rüsch, Brendel, Leonhardt, Franz* und *Walther,* deren Arbeiten, neben denen vieler anderer, Grundlagen zur Neubearbeitung der Vorschriften über den Stahlbetonbau geliefert haben. Diese Neufassung einer Norm unterscheidet sich wesentlich von der üblichen Anpassung der Bestimmungen an die technische Weiterentwicklung.

Schließlich kann man seit einiger Zeit eine zunehmende Zahlengläubigkeit der jungen Ingenieure beobachten. Dies ist keineswegs allein auf die Ausbildungsstätten beschränkt und führt dazu, dass häufig das Konstruieren gegenüber der Berechnung in extremer Weise als untergeordnete Tätigkeit eingestuft wird. Dabei ist doch evident, dass die optimale rechnerische Lösung einer Entwurfsaufgabe nur bei sehr guten konstruktiven Grundlagenkenntnissen möglich ist.

Damit sind die Ziele dargelegt, die sich der Verfasser bei Beginn seiner Arbeit gestellt hat: Die Theorie des modernen Stahlbetonbaus muss aufgezeigt werden, da nur so das Verständnis für die Besonderheiten beim Arbeiten mit diesem Werkstoff geweckt werden kann. Die Verbindung dieses Grundlagenwissens mit konstruktiven Erfordernissen ist so deutlich wie möglich herauszustellen.

Recklinghausen, im August 1971 *Dr.-Ing. O. Wommelsdorff*

Inhaltsverzeichnis

1 Einleitung 1
1.1 Bauelemente des Stahlbetonbaus 1
1.2 Hinweise zum europäischen Normenverfahren 6
1.3 Prinzipien und Anwendungsregeln 7
1.4 Begriffe und Formelzeichen 8
1.5 Baustoffe des Stahlbetonbaus 8
1.5.1 Beton: Kennwerte, Festigkeitsklassen 9
1.5.2 Beton: Spannungs-Dehnungs-Linie für die Schnittgrößenermittlung und für Verformungsberechnungen 10
1.5.3 Beton: Spannungs-Dehnungs-Linie für die Querschnittsbemessung 12
1.5.4 Beton: Verarbeitung und Nachbehandlung, Anforderungen 13
1.5.5 Betonstahl: Anforderungen, Eigenschaften 14
1.5.6 Betonstahl: Spannungs-Dehnungs-Linie für die Querschnittsbemessung 16
1.6 Verbundwerkstoff Stahlbeton 18

2 Das Sicherheitskonzept in DIN 1045 20
2.1 Grundlagen 20
2.2 Die Einwirkungen 23
2.2.1 Charakteristische und repräsentative Werte 23
2.2.2 Bemessungswerte der Einwirkungen im Grenzzustand der Tragfähigkeit 25
2.2.3 Bemessungswerte der Einwirkungen im Grenzzustand der Gebrauchstauglichkeit 26
2.2.4 Vereinfachte Kombinationsregeln für den Hochbau 27
2.2.5 Weiterleitung von Lasten 28
2.3 Tragwiderstand 29
2.4 Anwendungen 30
2.4.1 Einfeldträger 30
2.4.1 Einfeldträger mit Kragarm 32
2.4.2 Zweifeldträger 34

3 Ermittlung von Schnittgrößen 36
3.1 Allgemeine Grundlagen 36
3.2 Einige Grundlagen der Plastizitätstheorie (Traglastverfahren) 38
3.3 Grundlagen der Schnittgrößenermittlung 42
3.4 Linear-elastische Berechnung der Schnittgrößen 44
3.4.1 Ohne Umlagerung 44
3.4.2 Linear-elastische Berechnung mit begrenzter Umlagerung 45
3.5 Ergänzende Hinweise zur Ermittlung der Schnittgrößen 48
3.5.1 Bestimmung der wirksamen Stützweite 48
3.5.2 Idealisierungen bei der Systemfestlegung 49
3.5.3 Lastanordnung zur Bestimmung der maßgebenden Schnittgrößen .. 49
3.5.4 Vereinfachungen bei der Bestimmung von Auflager- und Querkräften 50
3.5.5 Abminderung von Stützmomenten 51
3.5.6 Mindestwert von Biegemomenten 52
3.5.7 Bestimmung von Momentennullpunkten 54
3.5.8 Nutzlasteinfluss in vertikalen Traggliedern 54
3.6 Berechnung, Bemessung, Konstruktion 54

4 Vorschriften und konstruktive Grundlagen 55
4.1 Dauerhaftigkeit 55
4.1.1 Allgemeine Anforderungen 55
4.1.2 Betonkorrosion 55
4.1.3 Bewehrungskorrosion 56
4.1.4 Expositionsklassen, Mindestbetonfestigkeit 58
4.2 Betondeckung der Stahleinlagen 58
4.2.1 Allgemeines 58
4.2.2 Sicherstellung des Verbundes 60
4.2.3 Betondeckungsmaße 60
4.3 Allgemeine Bewehrungsregeln 60
4.4 Verarbeitung und Darstellung der Bewehrung 63
4.4.1 Verarbeitung von Stabstahlbewehrung 63
4.4.2 Darstellung der Stabstahlbewehrung 64
4.4.3 Bezeichnung und Darstellung von Betonstahlmatten 66
4.4.4 Hin- und Zurückbiegen 66
4.5 Konstruktion von einachsig bewehrten Platten 68
4.5.1 Vorschriften 68
4.5.2 Konstruktion von Platten mit Stabstahl 70
4.5.3 Konstruktion von Platten mit Betonstahlmatten 71
4.6 Zur Bewehrung von Balken 71
4.7 Mindestbewehrung und Höchstbewehrung 73
4.8 Konstruieren mit Stabbündeln 74

5 Grenzzustand der Tragfähigkeit: Biegebemessung von Rechteckquerschnitten 77
5.1 Grundlagen 77
5.1.1 Allgemeines, Nachweisformat 77
5.1.2 Grundsätzliche Annahmen 78
5.1.3 Spannungs-Dehnungs-Linien von Beton und Betonstahl 78
5.1.4 Zulässige Dehnungsverteilungen 80
5.2 Herleitung von Bemessungsformeln 82
5.2.1 Einwirkende Schnittgrößen 82
5.2.2 Innere Schnittgrößen (Bauteilwiderstände) 82
5.2.3 Gleichgewichtsbedingungen 84
5.3 Grenzen der einfachen Bewehrung 86
5.3.1 Allgemeines 86
5.3.2 Tragfähigkeit der Druckzone 87
5.3.3 Grenzwerte im Hinblick auf die Wirtschaftlichkeit 87
5.3.4 Grenzwerte zur Sicherstellung eines ausreichenden Rotationsvermögens 88
5.4 Durchführung von Bemessungsaufgaben im Stahlbetonbau 90
5.4.1 Entwurf der Konstruktion 90
5.4.2 Bemessung der Konstruktion 91
5.5 Anwendungen 92
5.5.1 Biegebemessung einer Platte 92
5.5.2 Bestimmung der Querschnittsabmessungen (Entwurf) 95
5.5.3 Biegebemessung eines Balkens 95
5.5.4 Bemessung einer Zweifeldplatte 97

6 Nachweise in den Grenzzuständen der Gebrauchstauglichkeit 101
6.1 Grundlagen 101
6.2 Begrenzung der Spannungen 101
6.2.1 Grundlagen 101

6.2.2 Vorschriften ... 102
6.2.3 Ermittlung der Spannungen ... 104
6.2.4 Anwendungsbeispiele ... 105
6.3 Begrenzung der Rissbreiten ... 107
6.3.1 Allgemeine Hinweise ... 107
6.3.2 Zusammenhänge bei der Rissbildung ... 108
6.3.3 Mitwirkung des Betons auf Zug zwischen den Rissen ... 111
6.3.4 Ansätze zur rechnerischen Bestimmung des Rissabstands ... 112
6.3.5 Ansätze zur rechnerischen Bestimmung der Rissbreiten ... 114
6.3.6 Wirkungsbereich der Bewehrung ... 115
6.3.7 Hinweise zur Ableitung von Konstruktionsregeln ... 117
6.3.8 Mindestbewehrung zur Begrenzung der Rissbreite ... 120
6.3.9 Ergänzende Hinweise ... 124
6.3.10 Zeitpunkt der Rissbildung ... 125
6.3.11 Anwendung l: Rissbreitenbeschränkung bei einem Balken ... 126
6.3.12 Anwendung 2: Rissbreitenbeschränkung bei einer Platte ... 127
6.4 Begrenzung der Verformungen ... 129
6.4.1 Grundlagen ... 129
6.4.2 Vereinfachter Nachweis ... 131
6.4.3 Anwendungsbeispiel ... 133

7 Grenzzustand der Tragfähigkeit: Bemessung für Querkräfte sowie Verankerung und Stoß von Bewehrungsstäben ... 134
7.1 Grundlagen ... 134
7.1.1 Tragverhalten bei Querkraftbeanspruchung ... 134
7.1.2 Klassische und erweiterte Fachwerkanalogie ... 137
7.2 Das Nachweisverfahren in DIN 1045-1 ... 138
7.3 Bemessungswert der einwirkenden Querkraft ... 139
7.3.1 Konstante Bauteilhöhe ... 139
7.3.2 Veränderliche Bauteilhöhe ... 141
7.4 Querkrafttragfähigkeit bei Bauteilen ohne rechnerisch erforderliche Querkraftbewehrung ... 143
7.4.1 Grundlagen ... 143
7.4.2 Anwendungsbeispiel ... 146
7.5 Bauteile mit rechnerisch erforderlicher Querkraftbewehrung ... 148
7.5.1 Grundlagen ... 148
7.5.2 Grenzwerte der Neigung der Druckstreben ... 151
7.5.3 Durch die Druckstrebenfestigkeit begrenzte aufnehmbare Querkraft 151
7.5.4 Durch die Tragfähigkeit der Bewehrung begrenzte aufnehmbare Querkraft: Konstruktion nur mit Bügeln ... 153
7.5.5 Anwendungsbeispiel ... 155
7.5.6 Bemessungswerte der aufnehmbaren Querkraft bei Konstruktion mit Bügeln und Schrägstäben ... 158
7.5.7 Anwendungsbeispiel: Bügel und Schrägstäbe bilden die Querkraftbewehrung ... 160
7.6 Konstruktive Hinweise ... 162
7.6.1 Mindestquerkraftbewehrung ... 162
7.6.2 Bügelformen, Bügelabstände, Abstände von Schrägstäben ... 163
7.6.3 Indirekte Auflagerung ... 169
7.6.4 Besonderheiten bei Platten ... 172
7.6.5 Anwendungsbeispiel: Platte mit erforderlicher Querkraftbewehrung 173
7.7 Zugkraft und Zugkraftdeckung ... 177
7.7.1 Die Zugkraftlinie ... 177

7.7.2 Die Zugkraftdeckungslinie ... 180
7.8 Verankerung und Stoßausbildung der Bewehrung ... 181
7.8.1 Verbundspannung, Verbundbedingung ... 181
7.8.2 Verankerungslängen von Einzelstäben ... 183
7.8.3 Verankerungslängen von Stabbündeln ... 185
7.8.4 Verankerung an Endauflagern ... 186
7.8.5 Verankerung an Zwischenauflagern, Verankerung im Feld ... 189
7.8.6 Übergreifungsstöße von zugbeanspruchten Stabstählen ... 190
7.8.7 Querbewehrung im Bereich von Übergreifungsstößen ... 193
7.8.8 Verankerung und Stoßausbildung von Betonstahlmatten ... 194
7.9 Anwendungsbeispiel ... 196

8 Querschnitte mit Druckbewehrung ... 204
8.1 Allgemeines ... 204
8.2 Bemessungsansätze bei Anordnung von Druckbewehrung ... 204
8.3 Vorschriften ... 207
8.4 Anwendungen ... 208
8.4.1 Beispiel 1 ... 208
8.4.2 Beispiel 2 ... 208

9 Plattenbalken, deckengleiche Balken ... 212
9.1 Begriffe, Tragverhalten ... 212
9.2 Ermittlung der mitwirkenden Plattenbreite b_{eff} ... 214
9.2.1 Allgemeines ... 214
9.2.2 Anwendungsbeispiele ... 216
9.3 Biegebemessung von Plattenbalken ... 218
9.3.1 Nulllinie liegt in der Druckplatte ... 219
9.3.2 Nulllinie liegt im Steg ... 219
9.3.3 Anwendungsbeispiel ... 221
9.3.4 Durchlaufende Plattenbalkensysteme ... 222
9.3.5 Bestimmung der erforderlichen Bauteilabmessungen ... 223
9.4 Bemessung für Querkräfte bei Plattenbalken ... 223
9.4.1 Querkraftbemessung in den Balkenstegen ... 223
9.4.2 Anschluss von Gurten an den Balkensteg: Grundlagen, einwirkende Kräfte ... 223
9.4.3 Anschluss von Gurten: Druckstrebentragfähigkeit und Anschlussbewehrung ... 226
9.4.4 Anschluss von Gurten: Konstruktive Hinweise ... 228
9.4.5 Anschluss von Gurten: Anwendungsbeispiel ... 228
9.5 Schubkraftübertragung in Arbeitsfugen ... 230
9.5.1 Grundlagen, Nachweisform ... 230
9.5.2 Anwendungsbeispiel ... 233
9.6 Konstruktive Besonderheiten ... 235
9.6.1 Einzellasten ... 235
9.6.2 Unbeabsichtigte Stützungen, unbeabsichtigte Einspannungen ... 236
9.6.3 Hinweise zur Bewehrung ... 238
9.6.4 Mindestbewehrung zur Begrenzung der Rissbreite bei Plattenbalken 240
9.7 Deckengleiche Unterzüge ... 242
9.7.1 Tragverhalten ... 242
9.7.2 Deckengleiche Unterzüge bei geringer Länge der fehlenden Stützung 244
9.7.3 Deckengleiche Unterzüge bei mäßiger Länge der fehlenden Stützung 244
9.7.4 Unterbrochene Stützungen größerer Länge ... 247

10 Zweiachsig gespannte Platten 248
10.1 Tragverhalten, Verformung 248
10.2 Schnittgrößen von vierseitig.gelagerten Einfeldplatten 251
10.2.1 Einfluss der Querdehnzahl 251
10.2.2 Biegemomente in Einfeldplatten nach der Plattentheorie 251
10.2.3 Schnittgrößenermittlung nach der Plastizitätstheorie (Grenzwertsätze) 253
10.3 Schnittgrößenermittlung bei durchlaufenden Plattensystemen 256
10.3.1 Systeme mit geringen Stützweitenunterschieden 256
10.3.2 Systeme mit größeren Stützweitenunterschieden 259
10.3.3 Hinweise zur EDV-unterstützten Ermittlung von Schnittgrößen 262
10.3.4 Anwendungsbeispiel 262
10.4 Vorschriften, Besonderheiten 264
10.4.1 Begrenzung der Verformung 264
10.4.2 Nutzhöhen, Stababstände 264
10.4.3 Drillbewehrung 264
10.4.4 Platten mit verminderter Drillsteifigkeit 266
10.4.5 Nachträglich mit Ortbeton ergänzte Deckenplatten 266
10.4.6 Momentengrenzflächen, Zugkraftflächen 267
10.4.7 Auflagerkräfte 270
10.5 Mindestwerte für Biegemomente 272
10.6 Hinweise zur Bewehrung 273
10.7 Platten mit unregelmäßiger Berandung und Platten mit Öffnungen 274
10.8 Platten mit Belastung durch Einzellasten 274

11 Anwendungen 278
11.1 Positionspläne, Schalpläne 278
11.2 Einachsig gespannte Einfeldplatte mit Einzellast 279
11.2.1 Aufgabenstellung 279
11.2.2 Durchführung 279
11.3 Einachsig bewehrte Mehrfeldplatte 284
11.3.1 Aufgabenstellung 284
11.3.2 Durchführung 284
11.4 Deckengleicher Unterzug 292
11.4.1 Aufgabenstellung 292
11.4.2 Durchführung 292
11.5 Plattenbalken über 3 Felder 294
11.5.1 Aufgabenstellung 294
11.5.2 Durchführung 294

Literaturverzeichnis 307

Anhang: Bemessungstafeln
Tafel 1: Allgemeines Bemessungsdiagramm 313
Tafel 2: Bemessungstafel für Rechteckquerschnitte (μ-Tafel) ohne Druckbewehrung . 314
Tafel 3: Dimensionsgebundene Bemessungstafel für Rechteckquerschnitte ohne Druckbewehrung (4) 315
Tafel 4: Hilfswerte zur Bestimmung von Flächenwerten im Zustand II 316
Tafel 5: Bemessungstafel (μ-Tafel) für Rechteckquerschnitte mit Druckbewehrung .. 317
Tafel 6: Dimensionsgebundene Bemessungstafel für Rechteckquerschnitte mit Druckbewehrung 318

Stichwortverzeichnis 319

Anlagen (siehe 3. Umschlagseite)
Anlage 1: Bewehrung einer durchlaufenden Deckenplatte
Anlage 2: Bewehrung eines durchlaufenden Stahlbetonunterzugs

Band 2: Stützen – Sondergebiete des Stahlbetonbaus

Inhaltsübersicht

12 Bemessungsverfahren bei Beanspruchung durch Biegemomente und Normalkraft

13 Grenzzustand der Tragfähigkeit: Bemessung von schlanken Bauteilen

14 Räumliche Steifigkeit

15 Rahmenartige Tragwerke

16 Sondergebiete
16.1 Bemessung mit Tragwerksmodellen
16.2 Nachweis des Rotationsvermögens
16.3 Rechnerische Ermittlung von Tragwerksverformungen
16.4 Einfluss von Teilflächenbelastungen
16.5 Durchstanzen

17 Wände, wandartige Träger, Konsolen

18 Bemessung für Torsion sowie Torsion mit Querkraft

19 Treppen

20 Fundamente

21 Unbewehrte Betonbauteile

1 Einleitung

1.1 Bauelemente des Stahlbetonbaus

Beton- und Stahlbetonbauteile kommen heute bei fast jedem Bauvorhaben zur Anwendung. Wir wollen zunächst einige Grundlagen des Entwerfens und des Konstruierens mit Stahlbeton besprechen.

Es ist im Allgemeinen nicht möglich, ein Bauwerk als *ein* einheitliches Bauteil zu berechnen. Eine der schwierigsten Aufgaben des Bauingenieurs ist es vielmehr, die tragende Konstruktion eines Bauwerks im Einvernehmen mit dem entwerfenden Architekten, der den künstlerischen und gestalterischen Entwurf durchführt, festzulegen. Bei Ingenieurbauwerken wie Brücken und Hallen wird auch die formale Gestaltung wettgehend von den Forderungen des Bauingenieurs bestimmt. Bei der Durchführung dieser Konstruktionsaufgabe ist der Ingenieur gezwungen, das Bauwerk in einzelne *Bauelemente* oder *Tragwerke* zu zerlegen, die einer Berechnung zugänglich sind. Dabei muss der Aufwand für die Berechnung einer Konstruktion mit der Bedeutung des Bauteils und mit den zu erwartenden Folgen im Falle eines Versagens in einem angemessenen Verhältnis stehen. An den gedachten Schnittstellen zwischen den Einzelbauteilen werden daher die Lager- und Einspannbedingungen in dem Maße idealisiert, wie es die Wichtigkeit des Bauteils zulässt oder erfordert. Mit den heute vorhandenen EDV-Anlagen können dabei vergleichende Untersuchungen problemlos durchgeführt werden. Der Einfluss einer Änderung der Auflagerbedingungen auf die Größe der Schnittkräfte ist so leicht abzuschätzen. Die berechneten Tragwerke werden danach zum Bauwerk zusammengefügt („konstruiert“), wobei nicht erfasste, aber erkennbare Fehler oder Ungenauigkeiten in den Systemannahmen durch konstruktive Maßnahmen teilweise ausgeglichen werden können.

An einigen Beispielen soll das Wesentliche dieser Konstruktionsaufgabe herausgestellt werden. Wir beschränken uns dabei auf Stahlbetonskelettbauten, bei denen alle Bauteile aus Beton oder Stahlbeton bestehen. Wenn die vertikalen Lasten über gemauerte Wände zu den Fundamenten geleitet werden, gilt grundsätzlich das Gleiche, jedoch werden die Verhältnisse häufig etwas unübersichtlicher.

In Abb. 1.1 sind zwei Skelettbauten ausschnittsweise in Grundrissen und Schnitten dargestellt. Die Deckenplatten sind in Abb. 1.1a zweiseitig gelagert *(einachsig* gespannt), in Abb. 1.1b wurde mit vierseitig gelagerten Deckenplatten *(zweiachsig* gespannt) gearbeitet. Im ersten Fall werden die Lasten planmäßig nur in einer Richtung abgetragen, die Bewehrung (Stahleinlagen) wird daher vorzugsweise in nur einer Richtung, der Spannrichtung, verlegt. Bei *zweiachsig* bewehrten Deckenplatten werden die Lasten (Eigenlasten, Putz und Belag, Verkehrslast) in zwei Richtungen abgetragen. Die Extremwerte der Momente sowie die Verformungen sind bei zweiachsiger Lastabtragung i. Allg. kleiner als bei einachsig gespannten Platten, es sind jedoch Unterstützungen in zwei Richtungen erforderlich.

In Abb. 1.2 und 1.3 sind die Deckenplatten der in Abb. 1.1 dargestellten Gerippebauten mit der unterstützenden Konstruktion wiedergegeben.

Platten und Unterzüge sind monolithisch miteinander verbunden. Für die Berechnung wird angenommen, dass die Platte frei drehbar auf den Unterzügen auflagert (vgl. hierzu das statische System in Abb. 1.2b). Die Schnittkraftermittlung von einachsig gespannten Deckenplatten erfolgt i. allg. stark vereinfachend analog derjenigen von Stäben, obwohl hier die eine Querschnittsabmessung (Plattenbreite!) von gleicher Größenordnung wie die Spannweite l ist.

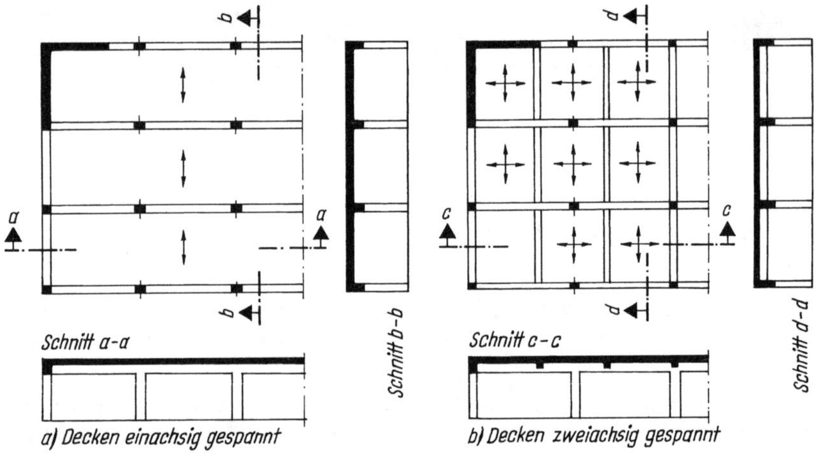

Abb. 1.1 Stahlbetonskelettbauten

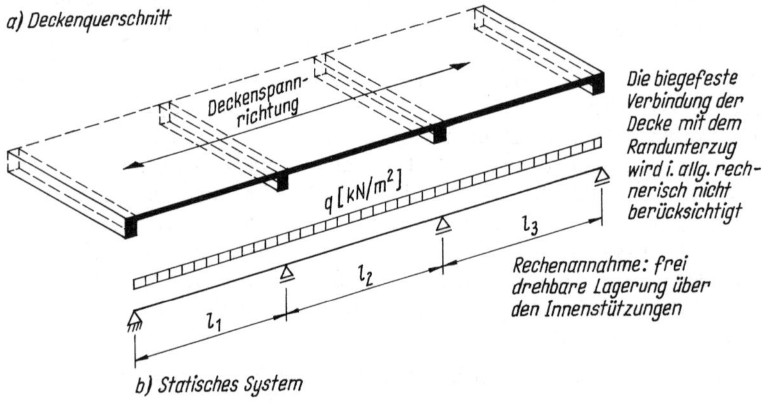

Abb. 1.2 Einachsig gespannte Deckenplatte

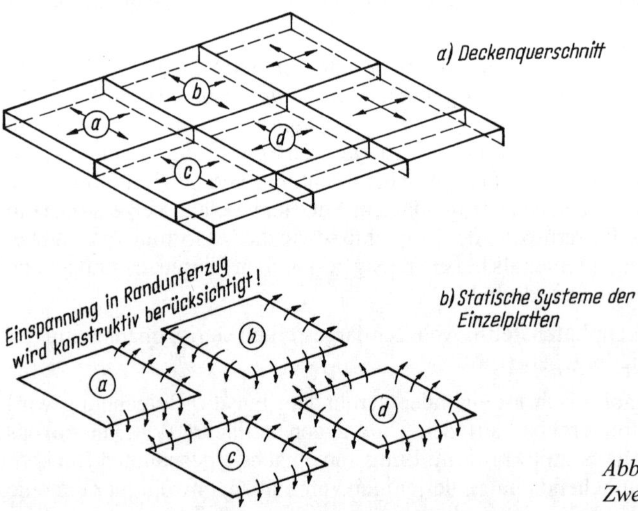

Abb. 1.3
Zweiachsig gespannte Deckenplatte

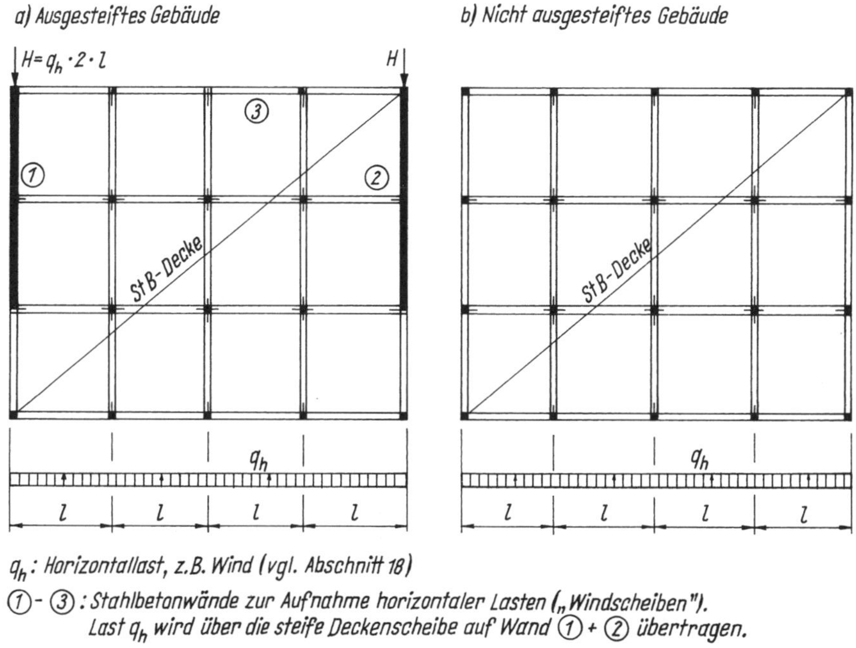

Abb. 1.4 Ausgesteifte und nicht ausgesteifte Stahlbetonskelettbauten

Zweiachsig gespannte Platten können mit den Mitteln der Stabstatik nicht mehr berechnet werden. Die statischen Systeme der Einzelplatten sind in Abb. 1.3 angedeutet. Auch hier wird frei drehbare Lagerung der Platten über den Unterzügen angenommen. Die Berechnung von Platten dieser Art wird im Abschnitt 10 erläutert.

Besondere Aufmerksamkeit muss der Aufnahme der horizontalen Lasten gewidmet werden. In Abb. 1.4 sind zwei Skelettbauten im Grundriss dargestellt. Die Horizontalkräfte q_h (z. B. Wind) werden dabei über die Deckenplatte auf die aussteifenden lotrechten Bauteile übertragen und von diesen in den Baugrund abgeleitet Bei dem skizzierten *ausgesteiften* Gebäude erfolgt die Ableitung der Horizontalkräfte im Wesentlichen durch die Stahlbetonwände 1, 2 und 3. Diese Bauteile haben dabei wegen ihrer großen Abmessungen eine so große Biegesteifigkeit, dass die Verformung des Bauwerkes infolge q_h vernachlässigbar klein ist. Stützen und Riegel können daher als waagerecht *unverschieblich* angesehen werden. Wenn aussteifende Wände fehlen (Abb. 1.4 b), müssen die Horizontalkräfte durch Rahmen abgeleitet werden. Unterzüge (Rahmenriegel) und Stützen erhalten bei solchen *verschieblichen* Systemen erhebliche Biegemomente aus Horizontalkräften, sodass häufig die Bauteilabmessungen größer als bei unverschieblichen Tragwerken gewählt werden müssen.

In Abb. 1.5 ist der mit zweiachsig gespannten Decken konstruierte Bauteil der Abb. 1.1b perspektivisch dargestellt. Die Deckenplatte wurde dabei weggelassen, sodass die einzelnen Bauelemente der Unterkonstruktion gut zu erkennen sind.

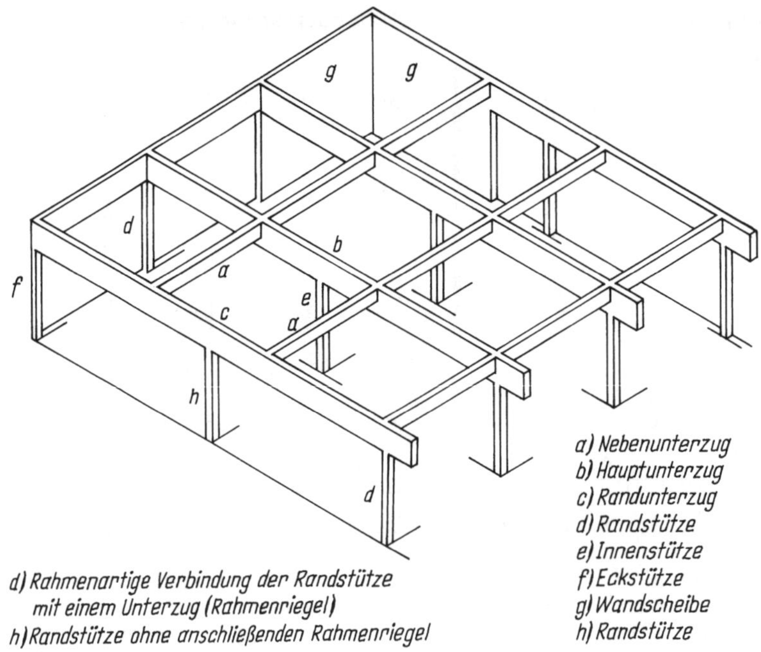

Abb. 1.5 Stahlbetonskelettbauten: Bezeichnungen

Nebenbalken (a) tragen außer ihrer Eigenlast nur Deckenlasten, *Hauptbalken* (b) werden zusätzlich durch Nebenbalken belastet. Haupt- oder Nebenbalken an den Außenseiten werden nach ihrer Lage häufig auch als *Randbalken* (c) bezeichnet. *Innenstützen* (e) werden in unverschieblichen Bauwerken als zentrisch gedrückter Stab berechnet, während *Randstützen,* die biegefest mit einem Balken oder einer Platte verbunden sind, immer als Teil eines rahmenartigen Systems zu bemessen sind (d und f in Abb. 1.5). *Wände* (g) dienen auch zur Ableitung von Horizontalkräften. Vertikale Lasten, wie Eigenlasten und Deckenlasten, wirken parallel zur Mittelfläche der Wand, es liegt also eine Scheibentragwirkung vor.

In Abb. 1.6 ist ein unverschieblicher Stahlbetonrahmen ausschnittsweise dargestellt und angegeben, welche Vereinfachungen bei der Berechnung eines solchen Tragwerkes getroffen werden dürfen.

In Sonderfällen ist es auch möglich, Decken ohne Zwischenschaltung von Balken unmittelbar auf Stützen aufzulagern. Die erforderlichen Konstruktionshöhen sind gering, der Materialaufwand (Beton und Betonstahl) ist jedoch hoch. Diese *punktförmig gestützten Platten* (Flachdecken) können mit und ohne Stützenkopfverstärkungen ausgeführt werden (vgl. Abb. 1.7).

Die wesentlichsten Bauelemente des Stahlbetonbaus sind damit bekannt (vgl. DIN 1045-1, 3.1):

Platten sind ebene, flächenhafte Bauteile. Die Belastung erfolgt senkrecht zur Mittelfläche. Die Stützweite beträgt mindestens das Zweifache, die Bauteilbreite beträgt mindestens das Vierfache der Plattendicke.

Balken sind stabförmige Bauteile, die überwiegend durch Biegemomente beansprucht werden. *Plattenbalken* oder *Unterzüge* werden Balken genannt, bei denen der Balkensteg schubfest mit der Deckenplatte verbunden ist. Die Stützweite ist mindestens doppelt so groß wie die Querschnittshöhe, die Querschnittsbreite ist nicht größer als das Vierfache der Querschnittshöhe.

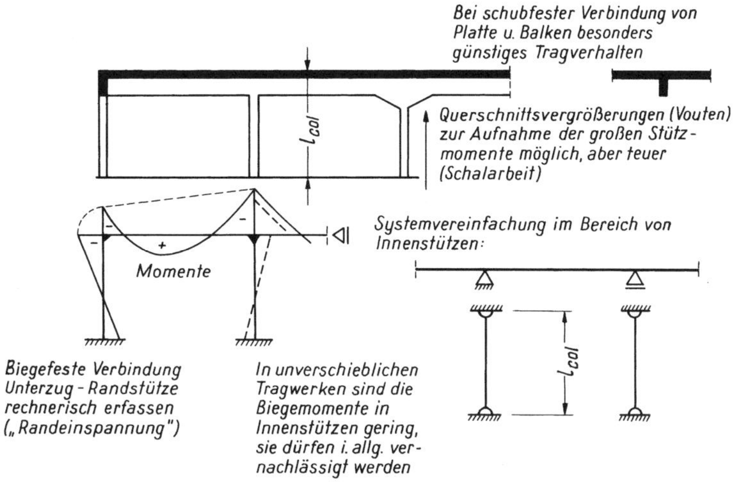

Abb. 1.6 Vereinfachungen bei der Systemfestlegung

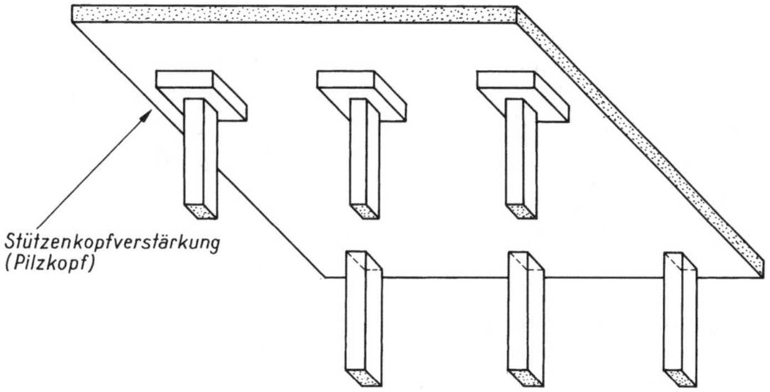

Abb. 1.7 Ausschnitt einer punktförmig gestützten Platte (Flachdecke)

Stützen sind vorwiegend durch Druckkräfte belastete stabförmige Bauteile. Häufig kommen Biegemomente hinzu, z. B. aus Rahmenwirkung. Die größere Querschnittsabmessung erreicht dabei höchstens den vierfachen Wert der kleineren Querschnittsabmessung.

Wände oder *Wandscheiben* sind ebene, flächenhafte Tragwerke. Die Belastung erfolgt vorwiegend parallel zur Mittelfläche. Die größere Querschnittsabmessung ist größer als der vierfache Wert der kleineren Querschnittsabmessung (vgl. Stützen!).

Auf gekrümmte Bauteile (Bogen, Schalen) kann im Rahmen dieses Buches nicht eingegangen werden.

In den folgenden Abschnitten werden Bemessung und Konstruktion einzelner Bauteile besprochen und an Beispielen erläutert. Hierbei werden in Teil 1 dieses Buches im Wesentlichen die Nachweise für vorwiegend biegebeanspruchte Bauteile dargestellt. In Teil 2 wird neben der Bemessung von vorwiegend durch Normalkräfte beanspruchten Bauteilen auch auf Randgebiete im Stahlbetonbau eingegangen. Zunächst folgen hier jedoch einige Hinweise auf die Entwicklung im Zuge der Harmonisierung der Technischen Regeln in Europa. Danach werden die wichtigsten Vorschriften für die Baustoffe Beton und Betonstahl besprochen.

1.2 Hinweise zum europäischen Normenverfahren

Mit dem Eurocode-Programm soll ein einheitliches europäisches technisches Regelwerk für die Bemessung und Ausführung von Tragwerken des Hochbaus und des Ingenieurbaus geschaffen werden. Diese Eurocodes sollen zunächst alternativ zu den unterschiedlichen nationalen Regelwerken genutzt werden. Zu einem späteren Zeitpunkt sollen sie dann die nationalen Normen vollständig ersetzen. Eine ausführliche Darstellung der vorgesehenen Technischen Regeln für den konstruktiven Ingenieurbau findet man u. a. bei *Litzner* [1.1]. Für den Stahlbetonbau sind aus dem Eurocode-Programm von besonderem Interesse:

Eurocode 1 (EC 1): Grundlagen der Tragwerksplanung und Einwirkungen auf Tragwerke
Eurocode 2 (EC 2): Planung von Stahlbeton- und Spannbetontragwerken

Das weitere Eurocode-Programm umfasst folgende Haupttitel:

Eurocode 3: Stahlbau
Eurocode 4: Verbundkonstruktionen
Eurocode 5: Holzbau
Eurocode 6: Mauerwerksbau
Eurocode 7: Geotechnik
Eurocode 8: Auslegung gegen Erdbeben
Eurocode 9: Aluminiumkonstruktionen

Jeder Eurocode besteht aus einem Grundteil, der die allgemein gültigen Grundlagen und Regeln für den Hochbau enthält. Weitere Teile ergänzen diesen Grundteil und enthalten genauere Angaben für bestimmte Bauarten oder Anwendungsgebiete. Für den Stahlbeton- und Spannbetonbau wurden bis 1999 von Eurocode 2 (EC 2) folgende Untertitel veröffentlicht:

EC 2 Teil 1-1: Grundlagen, Anwendungsregeln
EC 2 Teil 1-2: Bemessung für den Brandfall
EC 2 Teil 1-3: Tragwerke aus Fertigteilen
EC 2 Teil 1-4: Leichtbeton
EC 2 Teil 1-5: Vorspannung ohne Verbund
EC 2 Teil 1-6: Tragwerke aus unbewehrtem Beton
EC 2 Teil 2: Stahlbeton und Spannbetonbrücken
EC 2 Teil 3: Betongründungen
EC 2 Teil 4: Stütz- und Behälterbauwerke

Die angeführten Teile von EC 2 wurden als Europäische Vornorm im Laufe der Jahre 1992 bis 1998 mit der Bezeichnung DIN V ENV 1992-1, ENV 1992-2 usw. veröffentlicht. Durch Einführungserlasse wurde auch die probeweise Anwendung von EC 2 Teil 1 ermöglicht.

Die Gültigkeitsdauer von Europäischen Vornormen ist zeitlich begrenzt [1.1], nach dieser Zeit soll die Vornorm durch eine europäische Norm (EN) abgelöst werden. Eine solche Überführung der Vornormen in europäische Normen war bisher nicht möglich. Die zur Zeit gültigen Normen DIN 1045, Ausgabe Juli 1988, beruhen weitgehend auf einem heute überholten Kenntnisstand. Es wurde daher vom Deutschen Ausschuss für Stahlbeton beschlossen, als nationale Zwischenlösung eine neue deutsche Normengeneration DIN 1045 auszuarbeiten. Diese neuen Normen sind sehr weitgehend an das europäische Normenkonzept angebunden. Hierdurch soll erreicht werden, dass bei einer späteren Einführung der europäischen Normen nur ein geringer Umstellungsaufwand erforderlich ist.

Die *bauartübergreifenden* Anforderungen bezüglich der Sicherheit und der Einwirkung auf Bauwerke sind in der Neufassung der DIN 1055 zusammengefasst. In DIN 1055, Teil 100, sind die von der Bauart (Betonbau, Stahlbau usw.) *unabhängigen* Grundlagen der Tragwerksplanung sowie das allgemein gültige Sicherheitskonzept und Bemessungsregeln angegeben. DIN

1055, Teil 1 bis DIN 1055, Teil 10 enthält die notwendigen Angaben für Einwirkungen auf Bauwerke. Ausführliche Erläuterungen hierzu findet man bei *Grünberg* [2.8]. Die Neufassung der DIN 1055 ist als deutscher Vorschlag für eine spätere europäische Norm EC 1 anzusehen. Dabei dient 1055-100 als Bindeglied zwischen den von der Bauart unabhängigen Einwirkungsnormen DIN 1055-1 bis DIN 1055-10 und den von der Bauart abhängigen Bemessungs- und Konstruktionsnormen wie z. B. DIN 1045.

Die neue Normenreihe DIN 1045 für Tragwerke aus Beton, Stahlbeton und Spannbeton enthält die folgenden Teile:

Teil 1:	Bemessung und Konstruktion (DIN 1045-1)
DIN EN 206-1:	Beton-Festlegung, Eigenschaften, Herstellung und Konformität
Teil 2:	Beton-Festlegung, Eigenschaften, Herstellung und Konformität – Anwendungsregeln zu DIN EN 206-1 (DIN 1045-2)
Teil 3:	Bauausführung (DIN 1045-3)
Teil 4:	Ergänzende Regeln für Herstellung und Konformität von Fertigteilen (DIN 1045-4)

Die europäische Norm EN 206 Teil 1 enthält die Grundlagen für den betontechnologischen Teil der DIN 1045. Wie bei allen europäischen Normen gibt auch EN 206-1 nur einen Rahmen vor, der mit nationalen Regeln auszufüllen ist. Dieses nationale Anwendungsdokument zu EN 206 ist DIN 1045-2. Es ist geplant, bezüglich des betontechnologischen Teils der neuen DIN 1045-1 ein „verwobenes Dokument" zu veröffentlichen, in denen die Regelungen von EN 206-1 und DIN 1045-2 zusammengefasst werden.

Für die in diesem Buch behandelten Themen ist vor allem DIN 1045 Teil 1 wichtig. Hinweise auf diesen Teil der Norm erfolgen stets durch DIN 1045-1 und Angabe des betreffenden Teils der Norm. Wenn Verweise auf EN 206, auf Teil 2 oder Teil 3 von DIN 1045 erforderlich werden, erfolgt dies unter Angabe der vollständigen Normenbezeichnung DIN 1045-2 oder DIN 1045-3.

Die Neufassung der DIN 1045 enthält auch die für den Spannbetonbau notwendigen Hinweise und Vorschriften. Hierauf kann im Rahmen dieses Buches nicht eingegangen werden.

Auf die Wiedergabe von Normentexten wird im gesamten Buch verzichtet. Soweit Tabellen aus DIN 1045 für das Verständnis des betreffenden Textes wichtig sind, erfolgt meist eine Wiedergabe in verkürzter Form. Ausführlich findet man alle erforderlichen Daten in vielen Handbüchern, z. B. [1], [2], [8].

1.3 Prinzipien und Anwendungsregeln

Wie in allen Eurocodes wird auch in DIN 1045 zwischen *Prinzipien* und *Anwendungsregeln* unterschieden (DIN 1045-1, Einleitung).

Prinzipien enthalten allgemeine Festlegungen und Angaben, die unbedingt einzuhalten sind. Hierzu gehören auch Anforderungen und Rechenmodelle, für die prinzipiell keine Abweichungen erlaubt sind.

Anwendungsregeln sind allgemein anerkannte Regeln, die den Prinzipien folgen und deren Anforderungen genügen. Von den Anwendungsregeln darf abgewichen werden, es muss aber auch dann Übereinstimmung mit den Prinzipien bestehen, und es darf keine Konstruktion entstehen, die in irgendeiner Form schlechter ist als bei Einhaltung der Prinzipien (Gleichwertigkeitsprinzip).

Die Prinzipien werden in DIN 1045 durch die Art der Schreibweise von den Anwendungsregeln unterschieden. Die Prinzipien sind gerade, die Anwendungsregeln kursiv gesetzt.

Erläuterungen zu den Festlegungen in DIN 1045 sowie Zusatzinformationen sind in Heft 525 [80.6] des DAfStB (Deutscher Ausschuss für Stahlbeton) enthalten. Dieses Heft hat somit normenmäßigen Charakter.

1.4 Begriffe und Formelzeichen

In DIN 1045-1, 3.1 sind die in der Norm verwendeten Begriffe ausführlich beschrieben. Soweit erforderlich, folgen zusätzliche Erläuterungen hierzu an anderer Stelle dieses Buches.

Der Anwendungsbereich der vorliegenden Norm ist in DIN 1045-1, Abschnitt 1 festgelegt. Für bestimmte Ingenieurbauwerke wie z. B. Brücken sind ergänzende Bestimmungen an anderer Stelle zu finden. Für bestimmte Bauformen und bestimmte Betonzusammensetzungen ist die Norm gem. DIN 1045-1, 4 nicht anzuwenden. Für den weit überwiegenden Teil des Massivbaus ist DIN 1045-1 bis DIN 1045-3 jedoch die maßgebende Anwendungsvorschrift. Die Vorschriften für den Brandschutz sowie für den Wärme- und Schallschutz sind bei allen Konstruktionen zusätzlich zu beachten. Soweit möglich, wird hierauf in den Beispielen eingegangen.

Alle Formelzeichen in den Eurocodes und in DIN 1045 folgen einem einheitlichen Aufbau. Eine ausführliche Zusammenstellung findet man in DIN 1045-1, 3.2 sowie in Handbüchern [8]. Zur Kennzeichnung von Formeln und Kurzzeichen werden dabei häufig mehrere Indizes benötigt.

Für alle Formelzeichen gilt dabei einheitlich:

Große lateinische Buchstaben werden z. B. verwendet für
  Flächen, Flächenmomente, Schnittgrößen, Einwirkungen.

Griechische Buchstaben werden z. B. verwendet für
  Dehnungen, Winkel, bezogene Schnittgrößen.

Als Indizes werden kleine und große lateinische Buchstaben und auch griechische Buchstaben verwendet, vgl. hierzu DIN 1045-1, 3.2. Erläuterungen zu den Formelzeichen folgen, soweit erforderlich, an den Textstellen, an denen das betreffende Zeichen erstmalig verwendet wird.

Für Beispielrechnungen werden im gesamten Buch die SI-Einheiten gem. DIN 1045-1, 3.3 angesetzt:

Längen:	m, mm
Querschnittsflächen:	cm^2, mm^2
Kräfte, Einwirkungen:	kN, kN/m, kN/m^2
Wichte:	kN/m^3
Spannungen, Festigkeiten:	N/mm^2 (= MN/m^2)
Momente:	kNm

1.5 Baustoffe des Stahlbetonbaus

Hier werden einige Grundlagen dargestellt, die für das Verständnis der folgenden Abschnitte unbedingt erforderlich sind. Im Übrigen muss bezüglich der Einzelbaustoffe Beton und Betonstahl auf die umfangreiche Literatur (z. B.[1.3], [1.4], [2.1]) und auf die Fachvorlesungen an Fachhochschulen und Universitäten verwiesen werden.

1.5.1 Beton: Kennwerte, Festigkeitsklassen

Die Vorschriften für den Baustoff Beton sind in DIN 1045-1, 9.1 zusammengestellt. Es wird unterschieden zwischen Normalbeton und Leichtbeton. Als Normalbetone werden Betone mit einer Trockenrohdichte zwischen 2100 und 2600 kg/m^3 bezeichnet. Leichtbeton wird gem. DIN 1045-1, Tab. 8 in bestimmte Rohdichteklassen eingeteilt. Beton mit Trockenrohdichten > 2600 kg/m^3 gilt als Schwerbeton, für den besondere Bestimmungen zu beachten sind.

Für die Bemessung werden die Betone in Betonfestigkeitsklassen eingeteilt. Maßgebend für die Einordnung ist die an zylindrischen Probekörpern (Höhe 30 cm, Durchmesser 15 cm) gemessene Druckfestigkeit f_{ck}. Dies ist der maßgebende Festigkeitswert für alle rechnerischen Nachweise gem. DIN 1045. Zu Vergleichszwecken wird bei den Betonfestigkeitsklassen auch die Würfeldruckfestigkeit $f_{ck,cube}$ angegeben (Kantenlänge der Würfel: 15 cm). Angaben für die Lagerung von der Herstellung bis zur Prüfung enthält EN 206 bzw. DIN 1045-2. Die Prüfung erfolgt im Alter von 28 Tagen, die charakteristischen Festigkeitswerte f_{ck} und $f_{ck,cube}$ sind 5%-Quantilwerte der Druckfestigkeiten. Die Bezeichnung einer Betonfestigkeitsklasse erfolgt nach DIN 1045-1, 9.1.1 durch Angabe der Zylinderdruckfestigkeit f_{ck} *und* der Würfeldruckfestigkeit $f_{ck,cube}$ und ein vorangestelltes C („concrete"). Wenn ein Beton in eine bestimmte Festigkeitsklasse eingeordnet werden soll, muss er somit entweder eine charakteristische Zylinderdruckfestigkeit f_{ck} oder eine charakteristische Würfeldruckfestigkeit $f_{ck,cube}$ aufweisen.

DIN 1045 unterscheidet 15 Betonfestigkeitsklassen, beginnend mit C12/15 und endend bei dem hochfesten Beton C100/115. Die in DIN 1045-1, Tab. 9 angegebenen Betonkennwerte sind in Abb. 1.8 in verkürzter Form wiedergegeben. Betone sehr hoher Festigkeit werden nur für Sonderbauwerke benötigt. Für übliche Hochbauten werden Betone bis etwa C35/45 bevorzugt.

Wenn für bestimmte Nachweise eine mittlere Betondruckfestigkeit f_{cm} benötigt wird, darf sie in Abhängigkeit von der Zylinderdruckfestigkeit mit (1.1) ermittelt werden.

$$f_{cm} = f_{ck} + 8 \quad [\text{N/mm}^2] \tag{1.1}$$

Die Zugfestigkeit des Betons ist weitaus geringer als seine Druckfestigkeit. Durch äußere Einflüsse wie z .B. unsachgemäße Nachbehandlung des jungen Betons kann eine Rissbildung schon vor Aufbringen von Lasten erfolgen. Gemäß DIN 1045-1, 9.1.2 ist die Zugfestigkeit des Betons f_{ct} als zentrische Zugfestigkeit definiert. Im Labor erfolgt im Regelfall eine Bestimmung der Zugfestigkeit $f_{ct,sp}$ über Spaltzugversuche, zwischen f_{ct} und $f_{ct,sp}$ darf folgender Zusammenhang angesetzt werden:

$$f_{ct} = 0{,}9 \cdot f_{ct,sp} \qquad \text{(Index t: Zug)}$$

Für einige Nachweise unter Gebrauchslast kann die Kenntnis von oberen und unteren Quantilwerten $f_{ctk;0,05}$ bzw. $f_{ctk;0,95}$ erforderlich werden. Wenn genaue Werte erforderlich sind, sollten die Zugfestigkeiten über Versuche bestimmt werden [1.5]. Im Regelfall dürfen die Zugfestigkeitswerte jedoch in Abhängigkeit von der charakteristischen Druckfestigkeit nach folgenden Ansätzen bestimmt werden, vgl. hierzu DIN 1045-1, Tabelle 9 und Abb. 1.8.

$$f_{ctm} = 0{,}3 \cdot f_{ck}^{2/3} \ \text{bis C 50/60} \tag{1.2}$$

$$f_{ctm} = 2{,}12 \cdot \ln(1 + f_{cm}/10) \quad \text{ab C 55/67} \tag{1.3}$$

$$f_{ctk;0,05} = 0{,}7 \cdot f_{ctm} \tag{1.4}$$

$$f_{ctk;0,95} = 1{,}3 \cdot f_{ctm} \tag{1.5}$$

(1.4), (1.5): Index k: charakteristisch

Kenngröße	Betonfestigkeitsklassen											
f_{ck}	12	16	20	25	30	35	40	45	50	55	80	100
$f_{ck,cube}$	15	20	25	30	37	45	50	55	60	67	95	115
f_{cm}	20	24	28	33	38	43	48	53	58	63	88	108
f_{ctm}	1,6	1,9	2,2	2,6	2,9	3,2	3,5	3,8	4,1	4,2	4,8	5,2
$f_{ctk;0,05}$	1,1	1,3	1,5	1,8	2,0	2,2	2,5	2,7	2,9	3,0	3,4	3,7
$f_{ctk;0,95}$	2,0	2,5	2,9	3,3	3,8	4,2	4,6	4,9	5,3	5,5	6,3	6,8
E_{cm}	25 800	27 400	28 800	30 500	31 900	33 300	34 500	35 700	36 800	37 800	42 300	45 200
ε_{c1} [‰]	– 1,8	– 1,9	– 2,1	– 2,2	– 2,3	– 2,4	– 2,5	– 2,55	– 2,6	– 2,65	– 2,9	– 3,0
ε_{c1u} [‰]	– 3,5									– 3,4	– 3,1	– 3,0
ε_{c2} [‰]	– 2,0									– 2,03	– 2,14	– 2,2
ε_{c2u} [‰]	– 3,5									– 3,1	– 2,4	– 2,2
ε_{c3} [‰]	– 1,35									– 1,35	– 1,6	– 1,7
ε_{c3u} [‰]	– 3,5									– 3,1	– 2,4	– 2,2
n	2,0									2,0	1,7	1,55

Hinweise: Festigkeitswerte f in N/mm², Elastizitätsmodul E_{cm} in N/mm²
Analytische Beziehungen und Erläuterungen vgl. Text und DIN 1045-1, Tab. 9
f_{ck} charakteristische Zylinderdruckfestigkeit
$f_{ck,cube}$ charakteristische Würfeldruckfestigkeit
f_{ctm} Mittelwert der zentrischen Zugfestigkeit

Abb. 1.8 Festigkeits- und Formänderungskennwerte von Normalbeton gem. DIN 1045-1, Tab. 9 (Auszug)

1.5.2 Beton: Spannungs-Dehnungs-Linie für die Schnittgrößenermittlung und für Verformungsberechnungen

Den Zusammenhang zwischen Betonspannungen σ_c und Betonstauchungen ε_c bei einachsiger Druckbeanspruchung zeigt in prinzipieller Form der Kurvenverlauf in Abb. 1.9. Die Form der σ_c-ε_c-Linie wird dabei wesentlich von der Betonfestigkeit, von der Betonzusammensetzung, von der Belastungsgeschwindigkeit, der Probenform und der Lastexzentrizität beeinflusst. Für die Berechnung waren Idealisierungen vorzunehmen. Dabei wird unterschieden zwischen dem Verlauf der Spannungs-Dehnungs-Linie für die Schnittgrößenermittlung und der σ_c-ε_c-Linie für die Querschnittsbemessung. Bei der Ermittlung von Schnittgrößen wird in bestimmten Fällen, z. B. bei einer Schnittgrößenermittlung unter Berücksichtigung der Verformung des Systems, der funktionale Zusammenhang zwischen Spannungen und Dehnungen benötigt. Hierbei kommt es vor allem auf eine möglichst zutreffende Darstellung der σ_c-ε_c-Linie im Bereich kleiner und mittlerer Betonspannungen bzw. Betonstauchungen an. Im Gegensatz hierzu ist bei der Querschnittsbemessung der Verlauf von Spannungen und Dehnungen im Bereich nahe der Bruchstauchung ε_{cu} von besonderer Wichtigkeit. Der in Abb. 1.9 dargestellte schematische Verlauf der σ_c-ε_c-Linie für die *Schnittgrößenermittlung* mit nichtlinearen Methoden und für Verformungsberechnungen kann nach DIN 1045-1, 9.1.5 beschrieben werden durch:

$$\sigma_c = -\left(\frac{k \cdot \eta - \eta^2}{1 + (k-2) \cdot \eta}\right) \cdot f_c \qquad (1.6)$$

Hierin ist:

η = $\varepsilon_c/\varepsilon_{c1}$
ε_{c1} = Dehnung bei Erreichen des Höchstwertes der Betonspannung vgl. Abb. 1.8 und DIN 1045-1, Tab. 9
k = $-1{,}1 \cdot E_{cm} \cdot \varepsilon_{c1}/f_c$
f_c = Höchstwert der Betondruckspannung (vgl. Abb. 1.9)

Im Regelfall ist für Verformungsberechnungen $f_c = f_{cm}$ zu setzen. Der Ansatz ist gültig im Bereich $0 \geqq \varepsilon_c \geqq \varepsilon_{c1u}$. Die Dehnung ε_{c1u} ist dabei die Bruchdehnung bei Erreichen der Festigkeitsgrenze nach Abb. 1.8. In Abb. 1.10 sind die Spannungs-Dehnungs-Linien des Betons für die Schnittgrößenermittlung für Betone unterschiedlicher Betonfestigkeitsklassen aufgetragen. Man erkennt, dass die Dehnungswerte ε_{c1} bei Erreichen der Höchstwerte der Spannungen mit

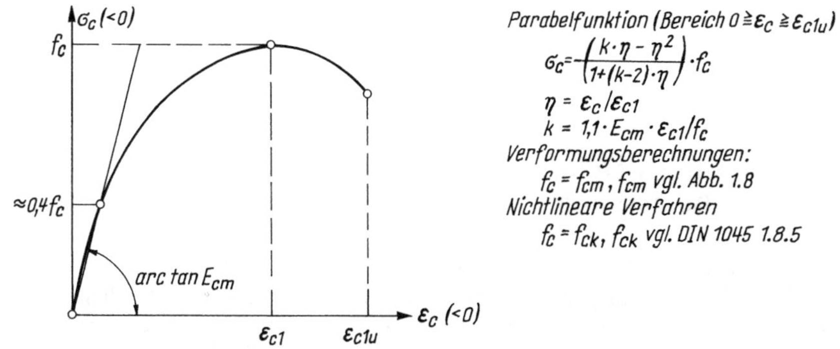

Abb. 1.9 Spannungs-Dehnungs-Linie des Betons für Verformungsberechnungen und für die Schnittgrößenermittlung mit nichtlinearen Verfahren

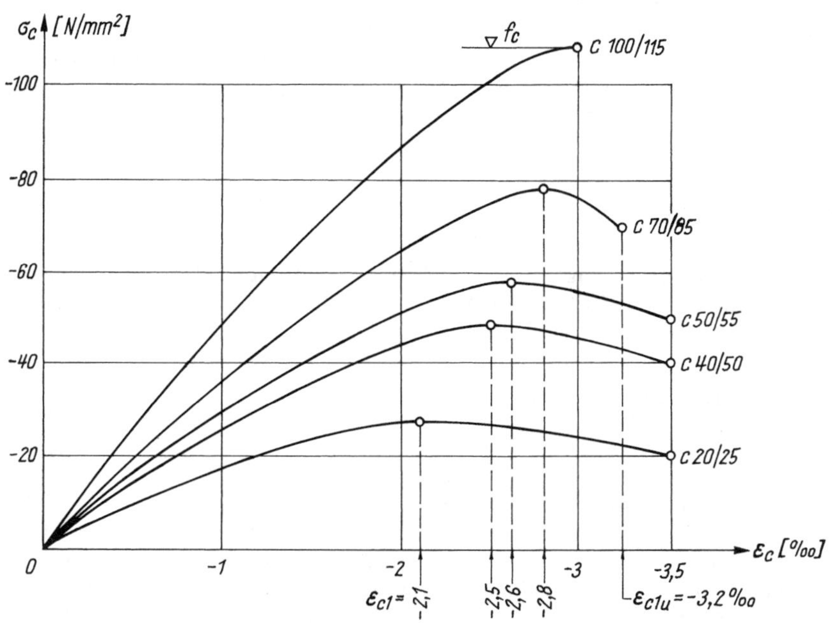

Abb. 1.10 Spannungs-Dehnungs-Linie des Betons für die Schnittgrößenermittlung bei unterschiedlichen Betonfestigkeitsklassen (nach [1.5])

zunehmender Betonfestigkeit kontinuierlich ansteigen, von $\varepsilon_{c1} = -1{,}8\,‰$ bei C12/16 bis $\varepsilon_{cl} = -3\,‰$ bei C100/115. Die Bruchstauchung ε_{clu} ist für Betone bis zur Betonfestigkeitsklasse C50/60 konstant ($\varepsilon_{clu} = -3{,}5\,‰$). Für höhere Betonfestigkeitsklassen vermindert sich die Bruchstauchung bis auf $\varepsilon_{clu} = -3{,}0\,‰$ bei C100/115: der Beton wird spröder.

Wenn für die Schnittgrößenermittlung der Elastizitätsmodul des Betons benötigt wird, darf hierfür der Mittelwert E_{cm} gem. Abb. 1.8 angesetzt werden. Die Werte wurden ermittelt als Sekantenmodul bei einer Betonspannung $\sigma_c \approx 0{,}4 \cdot f_c$, vgl. Abb. 1.9. Der formelmäßige Ansatz für E_{cm} lautet

$$E_{cm}\,[\mathrm{N/mm^2}] = 9500 \cdot (f_{ck} + 8)^{1/3} \qquad (f_{ck} \text{ in N/mm}^2) \tag{1.7}$$

Die so errechneten Werte E_{cm} gelten im Bereich $|\sigma_c| \leqq 0{,}4 \cdot f_{cm}$. Zahlenwerte für E_{cm} vgl. Abb. 1.8.

1.5.3 Beton: Spannungs-Dehnungs-Linie für die Querschnittsbemessung

Die Spannungs-Dehnungs-Linie für die Querschnittsbemessung ist stark idealisiert in Form eines Parabel-Rechteck-Diagramms gem. DIN 1045-1, Bild 23 anzusetzen. Der Scheitelwert der Parabel ist durch den Bemessungswert der Betondruckspannungen f_{cd} festgelegt. Während bei der Schnittgrößenermittlung mit Mittelwerten f_{cm} über die Bauteillänge gerechnet wird, ist bei der Bemessung die *örtlich* an einer bestimmten Querschnittsstelle vorhandene Festigkeit maßgebend. Mögliche Fehlstellen des Betons werden dabei durch Teilsicherheitswerte für den Beton γ_c berücksichtigt. Die Festigkeitswerte f_{ck} und $f_{ck,cube}$ in DIN 1045-1, Tab. 9 werden in Kurzzeitversuchen ermittelt. Unter Dauerbelastung wird diese Festigkeit nicht erreicht. Auch durch andere Einflüsse, z. B. die Art der Lasteinleitung, kann es zu einer Festigkeitsminderung kommen. Nach DIN 1045-1, 9.1.6 wird dies durch den Abminderungsbeiwert $\alpha = 0{,}85$ erfasst. Damit erhält man für den Bemessungswert der Betondruckfestigkeit

$$f_{cd} = \alpha \cdot f_{ck}/\gamma_c \tag{1.8}$$

Angaben über die Größe der anzusetzenden Teilsicherheitsbeiwerte γ_c folgen in späteren Abschnitten.

Der Verlauf des Parabel-Rechteck-Diagramms ist in Abb. 1.11 dargestellt. Der Zusammenhang zwischen Betonspannungen σ_c und Betondehnungen ε_c wird gem. DIN 1045-1, 9.1.6 durch folgende Gleichungen beschrieben.

$$\sigma_c = -f_{cd} \cdot \left[1 - \left(1 - \frac{\varepsilon_c}{\varepsilon_{c2}}\right)^n\right] \qquad \text{für } 0 \geqq \varepsilon_c \geqq \varepsilon_{c2} \tag{1.9}$$

$$\sigma_c = -f_{cd} \qquad \text{für } \varepsilon_{c2} \geqq \varepsilon_c \geqq \varepsilon_{c2u} \tag{1.10}$$

Für alle Betonfestigkeitsklassen bis C50/60 ist gem. Abb. 1.8 $\varepsilon_{c2} = -2{,}0\,‰$, $\varepsilon_{c2u} = -3{,}5\,‰$ und $n = 2$. Für diese Betonfestigkeitsklassen unterscheidet sich das Parabel-Rechteck-Diagramm daher nur durch die Größe des Bemessungswertes f_{cd}. Für Betonfestigkeitsklassen ab C55/67 ändert sich die Parabelform, der rechteckförmige Teil des Diagramms wird zunehmend kleiner, bis er bei Beton C100/115 wegen $\varepsilon_{c2} = \varepsilon_{c2u} = -2{,}2\,‰$ ganz verschwindet. In Abb. 1.12 sind die Parabel-Rechteck-Diagramme für unterschiedliche Betonfestigkeitsklassen aufgetragen.

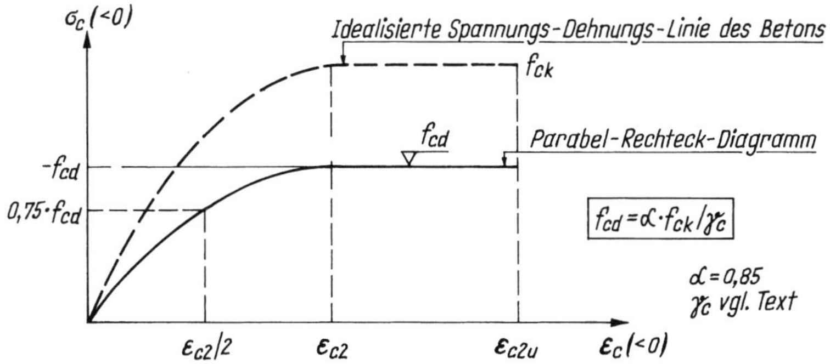

Abb. 1.11 Parabel-Rechteck-Diagramm des Betons für die Querschnittsbemessung

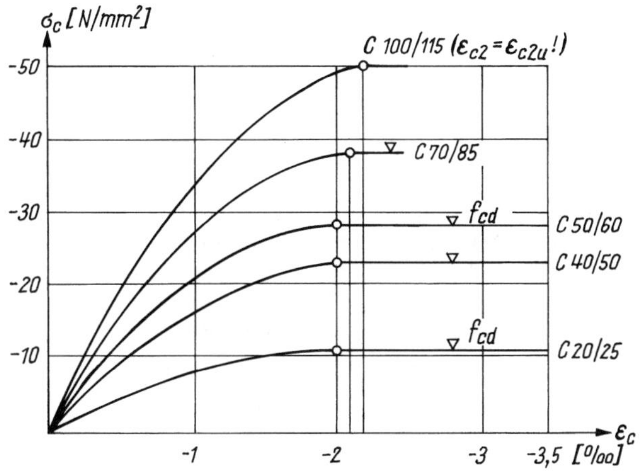

Abb. 1.12 Parabel-Rechteck-Diagramm des Betons für die Querschnittsbemessung bei unterschiedlichen Betonfestigkeitsklassen

1.5.4 Beton: Verarbeitung und Nachbehandlung, Anforderungen

Die Güte des Baustoffes Beton wird wesentlich von der Verarbeitung und von der Nachbehandlung auf der Baustelle beeinflusst. Die Festigkeit des Baustellenbetons kann bei gleicher Zusammensetzung erheblich von der an Prismen oder Würfeln ermittelten Festigkeit abweichen, wenn der Einbau und die Verdichtung des Frischbetons nicht ordnungsgemäß erfolgt. Die Verdichtung erfolgt bei Ortbetonbauteilen fast ausschließlich mit Innenrüttlern. In EN 206-1, DIN 1045-2 und DIN 1045-3 sind die bei der Herstellung und beim Einbau zu beachtenden Vorschriften enthalten. Zusätzliche wertvolle Informationen hierzu findet man in den Abschnitten über Beton in [1], [2].

Unter Nachbehandlung versteht man alle Maßnahmen, die vor allem die obenflächennahen Bereiche des Betons vor zu raschem Austrocknen, Auswaschungen bei Regen und zu starken inneren Temperaturgradienten schützen. Besondere Bedeutung kommt dabei dem Schutz vor zu raschem Austrocknen zu, weil der Beton für die Hydratation des Zements und somit zum Aufbau der Betonfestigkeit ausreichend Wasser benötigt. Die für die Hydratation erforderliche relative Feuchte in den Poren des Zementsteins beträgt etwa 80 %. Ausreichende Feuchtigkeit in den Poren des Zementsteins kann durch zwei grundsätzlich unterschiedlichen Nachbehandlungsarten gewährleistet werden:

a) Methoden, die ein zu rasches Austrocknen verhindern. Hierzu gehört ein möglichst spätes Ausschalen (z. B. bei Wänden), ein Abdecken mit Folien oder ein Aufsprühen filmbildender Mittel.

b) Methoden, bei denen Wasser zugeführt wird. Hierzu gehört das Fluten von Bauteilen (z. B. bei Bodenplatten) oder das *ständige* Feuchthalten der Betonoberfläche.

Ein nur gelegentliches Nässen des Betons ist *keine* geeignete Nachbehandlungsmethode!

Im Übrigen ist der Umfang und die Dauer der Nachbehandlung auch von der Zusammensetzung des Betons, von der Zementart, von den Witterungseinflüssen und von den geforderten Gebrauchseigenschaften abhängig, vgl. hierzu DIN 1045-3, 8.7 sowie die Fachaufsätze in [1] und [2].

Nach EN 206-1 mit DIN 1045-2 kann bezüglich der Festlegung der Anforderungen, die an einen Beton gestellt werden, zwischen

Beton nach Eigenschaften und
Beton nach Zusammensetzung

unterschieden werden. Bei Beton nach Zusammensetzung ist die Zusammensetzung des Betons vorgeschrieben, das Betonwerk ist nur für die Einhaltung der vorgeschriebenen Zusammensetzung verantwortlich. Der Verfasser der Leistungsbeschreibung ist dafür verantwortlich, dass mit der vorgeschriebenen Zusammensetzung die erforderlichen Anforderungen an den Beton erreicht werden. Dieses Verfahren wird nur bei großen Bauvorhaben sinnvoll sein.

Beim Beton nach Eigenschaften teilt der Verfasser der Leistungsbeschreibung dem Betonwerk alle maßgebenden Anforderungen mit, die bei der Herstellung des Betons von Bedeutung sind. Hierzu gehören z. B.

die Festigkeitsklasse, die Expositionsklasse (vgl. Abschn. 4), die Konsistenzklasse, das Größtkorn des Zuschlages d_g, der Verwendungszweck u. a.

Die Angabe des Größtkornes d_g ist erforderlich, weil die Mindestabstände der Stahleinlagen hiervon abhängig sein können.

1.5.5 Betonstahl: Anforderungen, Eigenschaften

Die Anforderungen, die an den Betonstahl zu stellen sind, sind in DIN 1045-1, 9.2 und in DIN 488 beschrieben. Für Konstruktion und Bemessung von Stahlbetonbauteilen besonders wichtig sind

a) eine hohe Festigkeit
b) gute Verbundeigenschaften
c) eine hohe Verformbarkeit.

In Abb. 1.13 sind die wichtigsten Eigenschaften angegeben, die gem. DIN 1045-1, 9.2.2 für Betonstähle gefordert werden. Die Zugfestigkeit für Betonstähle liegt gem. DIN 488 bei $f_t = 550\ \text{N/mm}^2$, die Mindestbruchdehnung beträgt für Stabstahl 10 %, die tatsächlich vorhandenen Werte sind oft höher.

Benennung:	BSt 500 S (A)	BSt 500 M (A)	BSt 500 S (B)	BSt 500 M (B)
Form (**S**tabstahl, **M**atten):	Betonstahl	Betonstahlmatten	Betonstahl	Betonstahlmatten
Duktilität	normal		hoch	
Streckgrenze f_{yk} in N/mm^2	500			
Verhältnis $f_{tk}/f_{yk} \mathrel{\hat{=}} (f_t/f_y)_k$	$\geqq 1{,}05$		$\geqq 1{,}08$	
Stahldehnung unter Höchstlast ε_{uk} in ‰	25		50	

Abb. 1.13 Eigenschaften der Betonstähle gem. DIN 1045-1, Tab. 11 (Auszug)

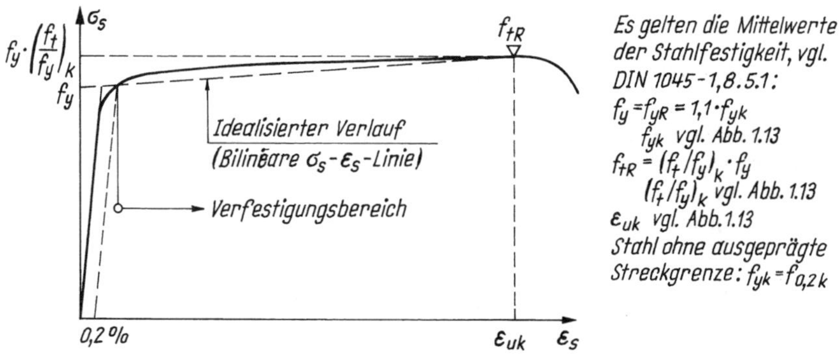

Abb. 1.14 Spannungs-Dehnungs-Linie des Betonstahls für die Schnittgrößenermittlung

Eine wirklichkeitsnahe Spannungs-Dehnungs-Linie ist in Abb. 1.14 dargestellt. Dieser Verlauf ist gem. DIN 1045-1, 9.2.3 anzusetzen bei der Ermittlung von Schnittgrößen nach nichtlinearen Verfahren. Die vereinfachte bilineare Linie steigt oberhalb der Streckgrenze bis zur Zugfestigkeit an, die Höchstlast wird bei ε_{uk} erreicht. Die Stahlspannung unter Höchstlast ist von der Streckgrenze und von der Duktilität abhängig, vgl. hierzu DIN 1045-1, 9.2.3 sowie [1.5].

Alle Betonstähle sind schweißgeeignet, die zulässigen Schweißverfahren sind in DIN 1045-1, Tab. 12 angeführt. Stöße der Stabstähle müssen gelegentlich durch einen Laschenstoß hergestellt werden, bei der Herstellung von Betonstahlmatten erfolgt die Verbindung an den Kreuzungsstellen durch Punktschweißung,.

Für den Verbund der Stahleinlagen mit dem umgebenden Beton ist die Oberflächenbeschaffenheit der Stähle das maßgebende Kriterium. Zur Verwendung kommen gem. DIN 1045-1 nur gerippte Stähle, Angaben über die bezogenen Rippenflächen sind in DIN 1045-1, Tab. 11 angeführt. Die Rippung dient auch zur Kennzeichnung der jeweiligen Herstellerwerke.

Alle Betonstähle müssen zum Biegen geeignet sein, es dürfen also beim Biegen keine Anrisse im Stahl auftreten. Die Eignung zum Biegen wird durch den Rückbiegeversuch nachgewiesen. Hierbei werden die Stäbe gem. DIN 488 unter bestimmten Temperaturverhältnissen über einem Dorn mit vorgeschriebenem Durchmesser um etwa 90 ° gebogen. Nach dem Rückbiegen darf der Stahl keine Anrisse zeigen.

Für alle Betonstähle ist neben den bisher beschriebenen Eigenschaften eine angemessene Dehnfähigkeit erforderlich. Der Stahl muss in der Lage sein, zusätzliche Beanspruchungen ohne Bruch, also nur durch zusätzliche Dehnungen, zu übernehmen. Zusatzbeanspruchungen dieser Art können herrühren aus

a) Umlagerungen von Schnittgroßen
b) nichterfasste Beanspruchungen aus Zwang (Temperatur, Stützensenkung u. a.)
c) Beanspruchung im Brandfall
d) Beanspruchung infolge Anprall (z. B. Brückenpfeiler).

Die erforderliche Verformbarkeit der Stähle wird beschrieben durch die *Duktilität.* Ein Maßstab für die Duktilität eines Stahls ist das Verhältnis der charakteristischen Zugfestigkeit zur charakteristischen Streckgrenze f_{tk}/f_{yk} und die Größe der charakteristischen Stahldehnung ε_{uk} unter Höchstlast, vgl. Abb. 1.13. Unterschieden wird zwischen „normalduktil" und „hochduktil". Gemäß DIN 1045-1, Tab. 11 gilt:

$$\left.\begin{array}{lll} \text{normalduktil} & \text{(A):}\ \varepsilon_{uk} \geqq 25\,‰, & f_{tk}/f_{yk} \geqq 1{,}05 \\ \text{hochduktil} & \text{(B):}\ \varepsilon_{uk} \geqq 50\,‰, & f_{tk}/f_{yk} \geqq 1{,}08 \end{array}\right\} \quad (1.11)$$

Im Allgemeinen kann davon ausgegangen werden, dass Stabstähle hochduktil, Mattenstähle normalduktil sind. Für Stähle ohne ausgeprägte Streckgrenze wird die Spannung bei 0,2 % bleibender Dehnung als Streckgrenze definiert (DIN 1045-1, 9.2.2)

Die *Bezeichnung* der Betonstähle erfolgt in Berechnungen und Zeichnungen durch Angabe der Streckgrenze und einem vorangestellten Kennbuchstaben BSt. Die Unterscheidung zwischen Stabstahl und Betonstahlmatten erfolgt durch nachgestellte Kennbuchstaben S für Stabstahl und M für Matten. Durch die Buchstaben (A) bzw. (B) wird die Duktilitätsklasse gekennzeichnet. So bezeichnet das Kurzzeichen BSt 500 S (B) einen *hoch*duktilen Beton*stab*stahl mit der charakteristischen Streckgrenze $f_{yk} = 500\ \text{N/mm}^2$.

1.5.6 Betonstahl: Spannungs-Dehnungs-Linie für die Querschnittsbemessung

In Abb. 1.15 sind idealisierte $\sigma_s - \varepsilon_s$ – Linien für den normalduktilen und den hochduktilen Betonstahl BSt 500 dargestellt. Die rechnerische Bruchdehnung des Betonstahls ist gem. DIN 1045-1, 9.2.4 auf $\varepsilon_{su} = 25\,‰$ zu beschränken. Nach Abb. 1.15 ergeben sich dann für den Dehnungsbereich $2{,}5\,‰ \leqq \varepsilon_s \leq 25\,‰$ unterschiedliche Stahlspannungen σ_s für normalduktilen und hochduktilen Betonstahl. Dies würde die Ausarbeitung unterschiedlicher Bemessungshilfen für die beiden Stahlsorten erfordern. Um dies zu vermeiden, ist gem. DIN 1045-1 die in Abb. 1.16 dargestellte bilineare Spannungs-Dehnungs-Linie der Querschnittsbemessung zugrunde zu legen.

Bis zur charakteristischen Streckgrenze f_{yk} wird von der Gültigkeit des Gesetzes von *Hooke* ausgegangen, hier besteht somit ein linearer Zusammenhang zwischen Spannungen und Dehnungen:

$$\sigma_s = E_s \cdot \varepsilon_s \quad (1.12)$$

Der Elastizutätsmodul E_s des Betonstahls darf gem. DIN 1045-1, 9.2.4 angesetzt werden zu $E_s = 200\,000\ \text{N/mm}^2$, vgl. Abb. 1.16.

Oberhalb der Streckgrenze darf die Verfestigung des Stahles in Ansatz gebracht werden. Dabei ist jedoch die rechnerische Bruchdehnung auf $\varepsilon_{su} = 0{,}025 = 25\,‰$ zu begrenzen. Der rechnerische Wert der charakteristischen Zugfestigkeit wird für normalduktilen *und* hochduktilen Betonstahl einheitlich mit $f_{tk.cal} = 525\ \text{N/mm}^2$ angesetzt. Die Verfestigung oberhalb der Streckgrenze wird somit beim hochduktilen Stahl nur teilweise ausgenutzt.

Wie beim Beton muss auch beim Betonstahl bei der Querschnittsbemessung ein bestimmter Sicherheitsabstand zwischen Zugfestigkeitswerten und Bemessungswerten eingehalten wer-

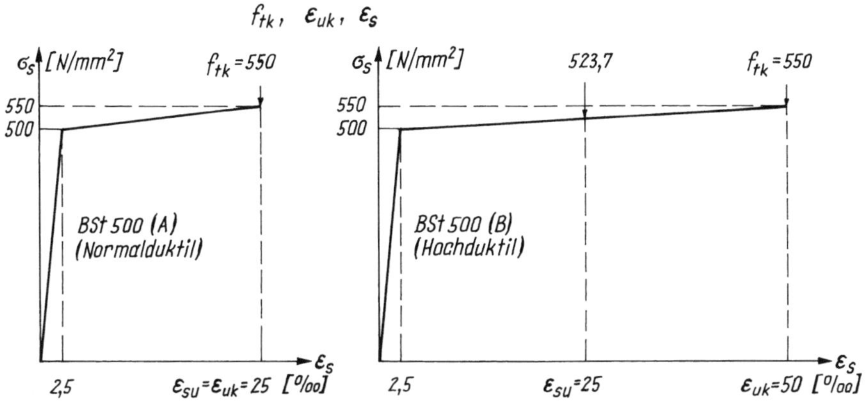

Abb. 1.15 Idealisierte Spannungs-Dehnungs-Linie für normalduktilen und hochduktilen Betonstahl

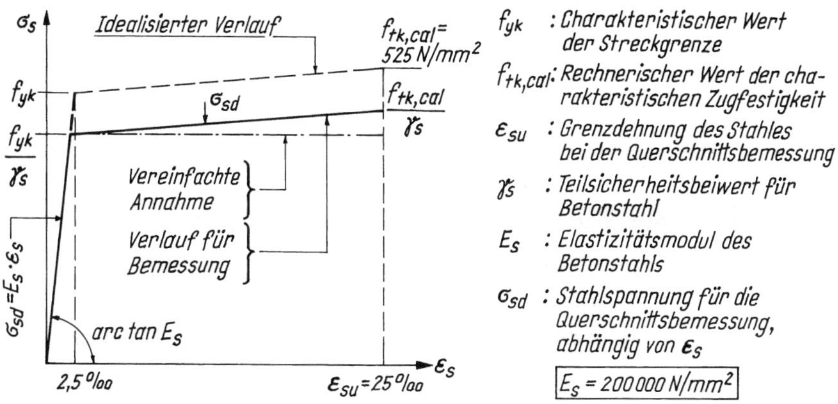

Abb. 1.16 Rechnerische Spannungs-Dehnungs-Linie des Betonstahls für die Querschnittsbemessung

den. Man erhält die für die Bemessung maßgeblichen Werte σ_{sd} durch Division der Zugfestigkeitswerte mit Teilsicherheitswerten γ_s

$$\left.\begin{aligned} f_{yd} &= f_{yk}/\gamma_s \\ f_{td} &= f_{tk,cal}/\gamma_s \end{aligned}\right\} \quad \text{vgl. Abb. 1.16} \qquad (1.13)$$

Von f_{yd} nach f_{td} wird nach Abb. 1.16 ein linearer Anstieg der Bemessungsspannungen σ_{sd} angenommen. Hinweise zur Größe von γ_s folgen später.

Vereinfachend darf gem. DIN 1045-1, 9.2.4 auch der in Abb. 1.16 angegebene horizontale obere Ast der $\sigma_s - \varepsilon_s$ – Linie der Bemessung zugrunde gelegt werden. In diesem Fall wird also auf die Berücksichtigung der Stahlverfestigung bei der Bemessung verzichtet.

1.6 Verbundwerkstoff Stahlbeton

Stahlbeton ist ein Baumaterial, bei dem der Einzelbaustoff mit hoher Druckfestigkeit und geringer Zugfestigkeit (Beton) mit dem Werkstoff mit hoher Zugfestigkeit (Stahl) zu einem neuen Verbundwerkstoff Stahlbeton vereinigt wird. Dem Beton wird dabei vorzugsweise die Aufnahme von Druckkräften, dem Stahl die Aufnahme von Zugkräften zugewiesen. Durch möglichst gute Profilierung des Stahls wird ein enger Verbund zwischen Beton und Stahl angestrebt. Die Dehnung des Betons in Höhe der Stahleinlagen entspricht damit weitgehend der Stahldehnung. Stahlbetonbau in der heutigen Form ist nur möglich, weil beide Baustoffe annähernd die gleiche Wärmedehnzahl α haben und somit bei Temperaturänderungen keine Dehnungsdifferenz zwischen Beton und Stahl auftritt.

An einem einfachen Beispiel soll das Wesen des Stahlbetonbaus erklärt werden. Der in Abb. 1.17 dargestellte Biegeträger wird durch zwei Einzellasten F belastet. Hierdurch entstehen die auf den Träger *einwirkenden* Biegemomente M_E, diese einwirkenden Schnittgrößen haben das Bestreben, den Biegeträger zu verformen. Der Biegeträger setzt dieser Verformung einen Widerstand entgegen, die Größe dieses Widerstandes ist von den Querschnittsabmessungen und von den Materialeigenschaften abhängig.

Bei einer ersten Laststufe werden durch die einwirkenden Momente $M_{E,I}$ die in Abb. 1.17 dargestellten Zug- und Druckspannungen hervorgerufen. Die Randdehnungen sind gering,

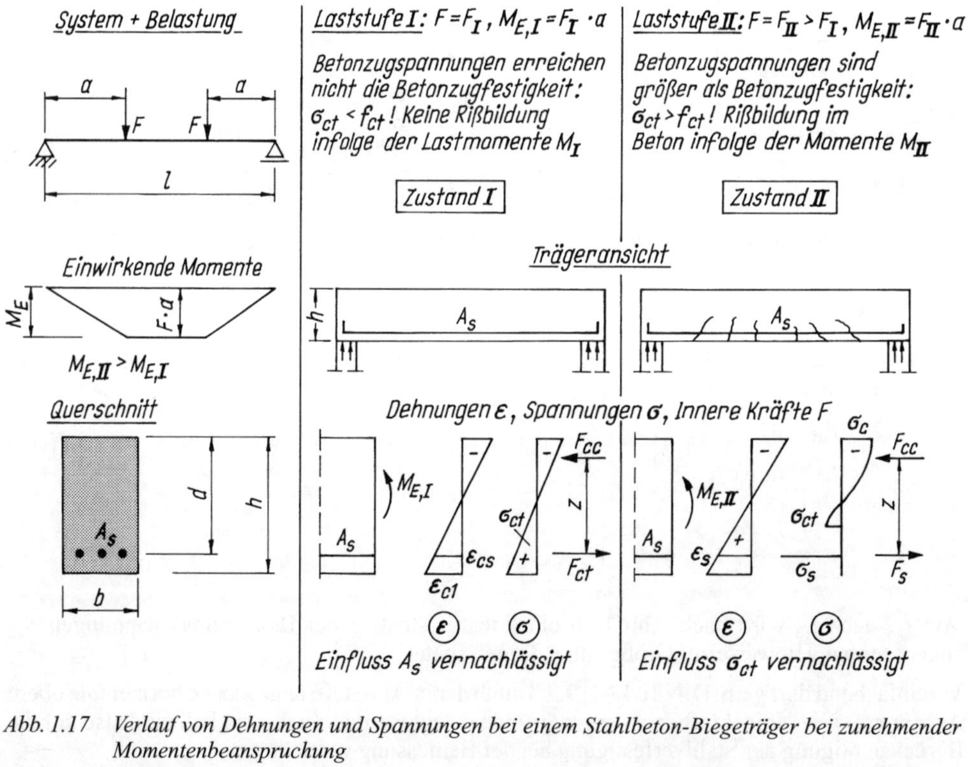

Abb. 1.17 Verlauf von Dehnungen und Spannungen bei einem Stahlbeton-Biegeträger bei zunehmender Momentenbeanspruchung

hieraus folgt nach Abb. 1.9 ein annähernd linearer Spannungsverlauf über die Querschnittshöhe. Die Resultierenden der Druck- und Zugspannungen F_{cc} und F_{ct} sind eingetragen, sie bilden ein dem einwirkenden Biegemoment *widerstehendes* Kräftepaar. Der Einfluss der Stahleinlagen A_s auf die Größe des inneren, widerstehenden Momentes ist gering. Die Zugspannungen an der Unterseite des Trägers σ_{ct} sind kleiner als die Betonzugfestigkeit ($\sigma_{ct} < f_{ct}$), der Träger bleibt im ungerissenen Zustand I.

Bei anwachsender Belastung erreichen die Betonzugspannungen die Größe der Betonzugfestigkeit, es kommt zur Rissbildung. Der Einfluss der verbleibenden Betonzugspannungen auf die Größe des inneren, widerstehenden Momentes ist gering, diese Betonzugspannungen bleiben bei der weiteren Betrachtung außer Ansatz. Der Verlauf der Betondruckspannungen ist nicht mehr linear, vgl. Abb. 1.11. Dem einwirkenden Moment $M_{E,II}$ wirkt ein inneres widerstehendes Kräftepaar entgegen, das nur aus der Betondruckkraft F_{cc} und der Stahlzugkraft F_s gebildet wird.

Das grundlegende Zusammenwirken von Beton und Betonstahl ist damit angedeutet. Einzelheiten von Bemessung und Konstruktion im Stahlbetonbau werden in den folgenden Abschnitten erläutert.

2 Das Sicherheitskonzept in DIN 1045

2.1 Grundlagen

Die grundlegenden Anforderungen an Tragwerke sind in einem Grundlagendokument der Europäischen Gemeinschaft festgelegt. Diese für alle Bauarten gültigen Anforderungen sollen zu einem späteren Zeitpunkt als Europäische Norm EN 1990 eingeführt werden. Da der Zeitpunkt des In-Kraft-Tretens dieser Norm ungewiss ist, gilt für die Zwischenzeit die neue deutsche Norm DIN 1055. Die bauartübergreifenden Anforderungen an die Tragwerksplanung sind in DIN 1055-100 festgelegt. Ein Tragwerk muss hiernach derart entworfen und ausgeführt sein, dass die während der Errichtung und Nutzung möglichen Einwirkungen mit angemessener Zuverlässigkeit keines der nachfolgenden Ereignisse zur Folge hat:

a) Einsturz des gesamten Bauwerks oder eines Bauteils

b) größere Verformungen in unzulässigem Umfang

c) Beschädigung anderer Bauteile oder Einrichtungen und Ausstattungen infolge zu großer Verformungen des Tragwerks

d) Beschädigung durch ein Ereignis in einem zur ursprünglichen Ursache unverhältnismäßig großen Ausmaß.

Ein Tragwerk muss so bemessen werden, dass seine Tragfähigkeit, Gebrauchstauglichkeit und Dauerhaftigkeit diese Bedingungen während einer vorgegebenen Nutzungsdauer erfüllt!

Diese Anforderungen müssen durch die Wahl geeigneter Baustoffe, durch eine zutreffende Bemessung, durch eine zweckmäßige bauliche Durchbildung (Konstruktion) sowie durch geeignete Überwachungsverfahren (Prüfungen) für Entwurf und Ausführung gewährleistet werden.

Der Nachweis, dass die Anforderungen eingehalten sind, erfolgt in unterschiedlich definierten Grenzzuständen. Bei Überschreitung eines Grenzzustandes erfüllt ein Tragwerk nicht mehr die festgelegten Anforderungen. Dabei wird unterschieden zwischen *Tragfähigkeit* und *Gebrauchstauglichkeit.*

Grenzzustände der Tragfähigkeit sind gem. DIN 1045-1, 5.3 diejenigen Zustände, bei deren Überschreitung rechnerisch der Einsturz oder eine andere Form des Versagens des Tragwerks oder eines Tragwerkteils eintritt.

Grenzzustände der Gebrauchstauglichkeit sind nach DIN 1045-1, 5.4 diejenigen Zustände, bei deren Überschreitung die festgelegten Anforderungen bezüglich der Nutzung eines Tragwerks oder Tragwerkteils nicht mehr erfüllt sind.

Tragfähigkeit und Gebrauchstauglichkeit müssen dauerhaft während der vorgesehenen Nutzungsdauer des Tragwerks erhalten bleiben. Hieraus folgen die in DIN 1045-1, 6 beschriebenen Anforderungen an die *Dauerhaftigkeit.* Eine ausreichende Dauerhaftigkeit wird durch die Bemessung in den angegebenen Grenzzuständen *und* durch konstruktive Regeln *und* durch Vorschriften bezüglich des Betons und der Bauausführung sichergestellt, vgl. hierzu DIN 1045-2, DIN 1045-3 sowie die konstruktiven Hinweise in den folgenden Abschnitten dieses Buches.

Der Nachweis einer ausreichenden Zuverlässigkeit des Tragwerks gem. DIN 1045-1, 5.1 erfolgt durch einen Vergleich von Beanspruchungen, denen das Tragwerk ausgesetzt ist mit Tragwi-

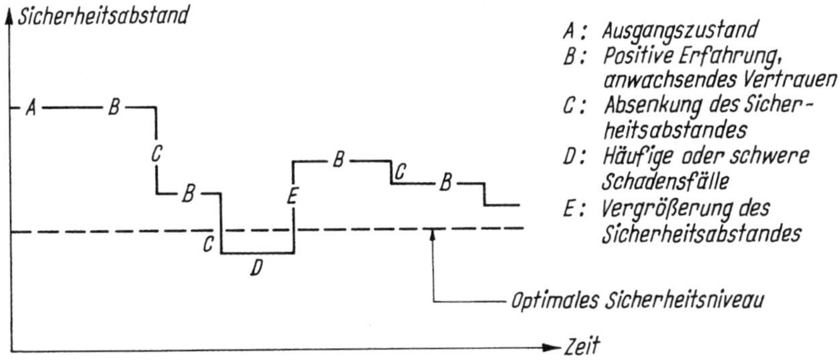

Abb. 2.1 Empirische Festlegung des Sicherheitsabstandes (nach [2.8])

derständen, die vom Tragwerk als Reaktion auf die Beanspruchung ausgehen. Die Sicherheitsanforderungen gelten als erfüllt, wenn folgende Ungleichung eingehalten ist:

$$E_d \leqq R_d \quad \text{bzw.} \quad E_d \leqq C_d \tag{2.1}$$

Hierin ist:

E_d Bemessungswert der Beanspruchung (Einwirkung)
R_d Bemessungswert des Tragwiderstandes
C_d Bemessungswert einer Gebrauchseigenschaft

Die Beanspruchung E_d kann im Grenzzustand der Tragfähigkeit z. B. eine Bruchschnittgröße (Moment, Normalkraft), im Grenzzustand der Gebrauchstauglichkeit z. B. eine Spannung oder eine Verformung sein. R_d steht für einen entsprechenden Wert auf der Widerstandsseite, abhängig z. B. von den Bauteilabmessungen und von der Bauteilfestigkeit. Als Beispiel für C_d seien genannt eine zulässige Rissbreite oder eine zulässige Durchbiegung. Der Index „d" (design) weist in allen Fällen auf den „Bemessungswert" hin. Aus (2.1) folgt der Sicherheitsabstand (Sicherheitszone) Z [2.8]:

$$Z \leqq R - E \geqq = 0 \quad \text{bzw.} \quad Z \leqq C - E \geqq 0 \tag{2.2}$$

In den früheren Stahlbetonbestimmungen wurde der Sicherheitsabstand empirisch durch einen globalen Sicherheitsbeiwert γ festgelegt. Hierdurch wurden Unsicherheiten auf der Einwirkungsseite *und* auf der Widerstandsseite abgedeckt. Wenn der Sicherheitsabstand γ zu gering gewählt wird, treten vermehrt Schadensfälle auf, wenn γ unnötig groß festgelegt wird, ist dies nur an fehlenden Schadensfällen während eines längeren Zeitraums erkennbar. *Grünberg* [2.8] hat dies in der instruktiven Abb. 2.1 veranschaulicht. Eine *Berechnung* des optimalen Sicherheitsbeiwertes γ ist bei dieser Methode nicht möglich.

In (2.1) können für die maßgebenden Einwirkungen E_d ebenso wie für die Widerstände R_d keine konkreten Zahlenwerte, sondern nur wahrscheinlich zutreffende Größen angegeben werden. Dies gilt nicht nur für E_d und R_d insgesamt, sondern auch für jedes Einzelteil, durch das die Größen E_d und R_d beeinflusst werden. In Abb. 2.2 ist beispielhaft für die Betondruckfestigkeit f_c die Häufigkeitsverteilung dargestellt. Eingetragen ist der Mittelwert f_{cm} aller Proben und der Wert der charakteristischen Festigkeit f_{ck}. Hier ist f_{ck} der 5%-Quantilwert, dies ist derjenige Wert, der von 5 % der Gesamtheit der Proben nicht erreicht wird. Eine solche *Normalverteilung* erhält man auch für die Bauteilwiderstände R_d (resistance) und für die Einwirkungen E_d, wenn alle Einzeleinflüsse von R_d und E_d eine Normalverteilung haben. Der Sicherheitsabstand $Z = R - E$ wird durch (2.2) beschrieben. Aus der Differenz der Dichtefunktion (Häufigkeits-

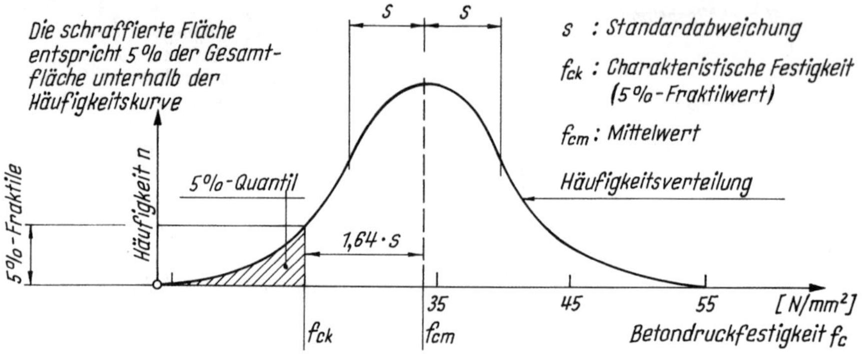

Abb. 2.2 Häufigkeitsverteilung, dargestellt am Beispiel der Betondruckfestigkeit f_c und Definition der Baustoffkennwerte f_{ck} und f_{cm} (nach [2.1])

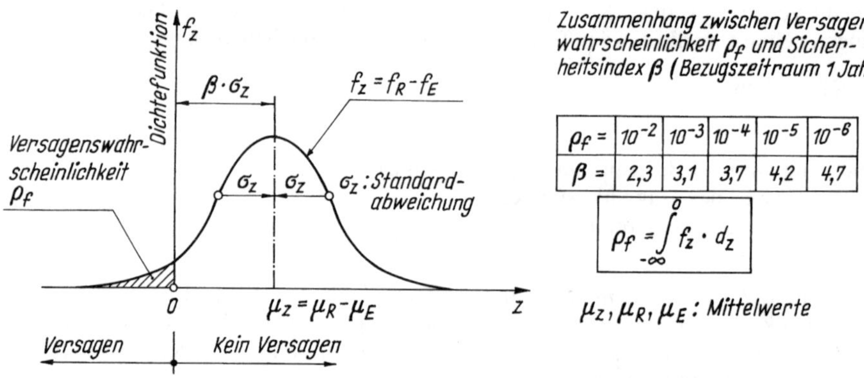

Abb. 2.3 Versagenswahrscheinlichkeit und Sicherheitsindex (nach [1.5], [2.2])

verteilung) der Bauteilwiderstände f_R und der Beanspruchungen f_E erhält man analog zu (2.2) die Verteilungsdichte des Sicherheitsabstandes f_Z, vgl. hierzu [1.5], [2.2]:

$$f_Z = f_R - f_E$$

In Abb. 2.3 ist f_Z in Abhängigkeit von z aufgetragen. Bauwerksversagen tritt ein für Werte $f_Z < 0$. Je häufiger f_Z einen Wert < 0 annimmt, umso größer ist die Wahrscheinlichkeit des Eintritts eines Versagens. Die Versagenswahrscheinlichkeit kann als Fläche unterhalb der Dichtefunktion f_Z für alle Werte $z < 0$ angeschrieben werden:

$$p_f = \int_{-\infty}^{0} f_Z \cdot dz$$

Der Zuverlässigkeitsindex β ergibt sich aus dem Verhältnis von Mittelwert μ_Z zur Standardabweichung σ_Z, vgl. Abb. 2.3. In Abb. 2.3 ist der zahlenmäßige Zusammenhang zwischen Versagenswahrscheinlichkeit p_f und Zuverlässigkeitsindex β mit aufgenommen. Ein Wert $p_f = 10^{-6}$ bedeutet dabei, dass in einer Millionen Fälle ein Schadensfall (Bezugsdauer 1 Jahr) zu erwarten ist.

Eine direkte Berechnung der Versagenswahrscheinlichkeit eines Tragwerks auf der Grundlage der angedeuteten Zuverlässigkeitstheorie ist für baupraktische Belange zu aufwendig [1.5],

[2.8]. Mit dem Ansatz eines einzigen globalen Sicherheitsbeiwertes ist ein gleichmäßiges Sicherheitsniveau nicht zu erreichen. Dies ist im Wesentlichen auf die unterschiedlich großen Streubereiche der die Sicherheit beeinflussenden Größen zurückzuführen.

In DIN 1055-100 sowie in DIN 1045 und in allen Eurocodes werden die Unsicherheiten durch Teilsicherheitsbeiwerte an den Stellen abgedeckt, an denen sie zu erwarten sind. Die Größe der Teilsicherheitsbeiwerte wird dabei unter Ansatz einer Versagenswahrscheinlichkeit $p_f = 10^{-6}$ für den Grenzzustand der Tragfähigkeit berechnet (Gebrauchstauglichkeit $p_f = 10^{-3}$). Die Teilsicherheitsbeiwerte werden so den unterschiedlich großen Streuungen der Einzelgrößen angepasst.

Weitere Hinweise und Erläuterungen zur Zuverlässigkeitstheorie findet man bei *Zilch/Rogge* [1.5] sowie sehr ausführlich bei *Grünberg* [2.8].

2.2 Die Einwirkungen

2.2.1 Charakteristische und repräsentative Werte

Einwirkungen im Sinne von DIN 1045 sind äußere Kräfte F, die direkt auf ein Tragwerk einwirken. Als Einwirkungen infolge Zwang werden die einem Bauwerk aufgezwungenen Verformungen bezeichnet. Hierzu findet man Erläuterungen im Abschnitt 6.3.8, hier beschränken wir uns auf die notwendigen Angaben für Kräfte F.

Unterschieden wird zwischen ständigen Einwirkungen G, veränderlichen Einwirkungen Q und außergewöhnlichen Einwirkungen A (z. B. Fahrzeuganprall). Unabhängige Einwirkungen für Hochbauten dürfen gem. DIN 1055-100 in der in Abb. 2.4 angegebenen Form eingeteilt werden (Index k: charakteristische Einwirkung).

Die anzusetzenden Belastungen sind in den maßgebenden Lastnormen angegeben, für den Hochbau sind dies die Normen der Reihe DIN 1055. Hierbei sind von besonderem Interesse die Teile

DIN 1055-1: Wichte und Flächenlasten von Baustoffen, Bauteilen und Lagerstoffen
DIN 1055-3: Eigen- und Nutzlasten für Hochbauten
DIN 1055-4: Windlasten
DIN 1055-5: Schnee- und Eislasten

In weiteren Teilen werden Lasten für Silos, Temperatureinwirkungen, Einwirkungen während der Bauzeit, außergewöhnliche Einwirkungen sowie Kran- und Maschinenlasten behandelt.

Die in den Normen angegebenen Lasten werden als charakteristische Lasten F_k bezeichnet, die charakteristischen Eigenlasten G_k sind i. Allg. die Mittelwerte, die charakteristischen veränderlichen Lasten Q_k sind i. Allg. die 98%-Quantilwerte (Bezugszeitraum 1 Jahr).

Die Ermittlung der Einwirkungen E in (2.1) erfolgt im Regelfall nicht mit den charakteristischen veränderlichen Einwirkungen Q_k, sondern mit abgeleiteten repräsentativen Werten $Q_{rep} = \psi \cdot Q_k$ mit $\psi \leqq 1{,}0$. In Abb. 2.5 sind die Kombinationswerte ψ_o, ψ_1 und ψ_2 gem. DIN 1055-100 ausschnittsweise zusammengestellt. Mit den Kombinationsbeiwerten ψ soll ein angemessenes und gleichmäßiges Zuverlässigkeitsniveau in den verschiedenen Grenzzuständen erreicht werden. Es wird zwischen den folgenden repräsentativen Werten $Q_{rep} = \psi \cdot Q_k$ unterschieden:

Kombinationsbeiwert $Q_{rep} = \psi_o \cdot Q_k$

Hiermit wird im Grenzzustand der Tragfähigkeit und im Grenzzustand der Gebrauchstauglichkeit die geringe Wahrscheinlichkeit eines gleichzeitigen Auftretens der Extremwerte mehrerer voneinander unabhängiger veränderlicher Einwirkungen beschrieben.

Ständige Einwirkungen		Veränderliche Einwirkungen	
Eigenlasten	G_k	Nutzlasten, Verkehrslasten	$Q_{k,N}$
		Schnee- und Eislasten	$Q_{k,S}$
Vorspannung	p_k	Windlasten	$Q_{k,W}$
Erddruck	$G_{k,E}$	Temperatureinwirkungen	$Q_{k,T}$
Flüssigkeitsdruck, konstant	$G_{k,H}$	Flüssigkeitsdruck, veränderlich	$Q_{k,H}$
		Baugrundsetzung	$Q_{k,\Delta}$

Abb. 2.4 Unabhängige Einwirkungen gem. DIN 1055-100, gekürzt

Einwirkung	ψ_0	ψ_1	ψ_2
Nutzlasten			
Kategorie A: Wohn- und Aufenthaltsräume	0,7	0,5	0,3
Kategorie B: Büroräume	0,7	0,5	0,3
Kategorie C: Versammlungsräume	0,7	0,7	0,6
Kategorie D: Verkaufsräume	0,7	0,7	0,6
Kategorie E: Lagerräume	1,0	0,8	0,8
Verkehrslasten Kategorie F: Fahrzeuggewicht ≤ 30 kN	0,7	0,7	0,6
Schneelasten, Orte bis NN + 1000 m	0,5	0,2	0
Windlasten	0,6	0,5	0
Temperatureinwirkungen (nicht Brand)	0,6	0,5	0
Sonstige veränderliche Einwirkungen	0,8	0,7	0,5

Abb. 2.5 Kombinationsbeiwerte ψ gem. DIN 1055-100 (Auszug)

Häufiger Kombinationswert $Q_{rep} = \psi_1 \cdot Q_k$

Dieser Wert berücksichtigt eine Überschreitungsdauer von 5 % eines Bezugszeitraumes oder 300 mal pro Jahr.

Quasi-ständiger Wert $Q_{rep} = \psi_2 \cdot Q_k$

Dieser Wert beschreibt den zeitlichen Mittelwert, also eine Überschreitungshäufigkeit von 50 % eines Bezugszeitraumes.

Der häufige Wert und der quasi-ständige Wert sind für bestimmte Nachweise im Grenzzustand der Gebrauchstauglichkeit festgelegt, vgl. hierzu Abschn. 2.2.3.

Eigenlasten sind i. Allg. ortsfest, ihre Größe wird aus den Nennmaßen des Bauteils und der charakteristischen Wichte gem. DIN 1055-1 bestimmt. Die Eigenlast der Konstruktion und die Eigenlast nichttragender Teile (Putz, Belag) werden zu einer gemeinsamen unabhängigen ständigen Einwirkung G_k zusammengefasst [2.8].

Veränderliche Einwirkungen Q_k sind i. Allg. ortsveränderlich, bei der Ermittlung der maßgebenden Schnittgrößen sind bestimmte Regeln zu beachten, vgl. hierzu Abschn. 3. Nach Abb. 2.5 sind die Nutzlasten sowie die Verkehrslasten gem. DIN 1055-100 in verschiedene Kategorien eingeteilt. Für die Ermittlung des Bemessungswertes der Einwirkungen dürfen die Nutzlasten der Kategorie A bis E zu einer gemeinsamen unabhängigen veränderlichen Einwirkung zusammengefasst werden. Die Anzahl der möglichen Einwirkungskombinationen wird hierdurch wesentlich begrenzt [2.8].

2.2.2 Bemessungswerte der Einwirkungen im Grenzzustand der Tragfähigkeit

Der in (2.1) angeführte Bemessungswert der Einwirkungen E_d (Moment, Querkraft ...) muss für jeden kritischen Lastfall aus einer Kombination der gleichzeitig vorhandenen unabhängigen Einwirkungen ermittelt werden, vgl. [2.8]. Einwirkungen sind nach DIN 1055-100 voneinander unabhängig, wenn sie aus verschiedenen Ursprüngen herrühren. Man erhält die Bemessungswerte durch Multiplikation der charakteristischen Werte G_k und Q_k mit Teilsicherheitsbeiwerten γ_G bzw. γ_Q. Bei mehreren unabhängigen veränderlichen Einwirkungen wird statt der charakteristischen Last Q_k mit der repräsentativen Einwirkung $\psi \cdot Q_k$ gerechnet. Gemäß DIN 1045-1, 5.3.4 sind die unabhängigen Einwirkungen je nach Bemessungssituation miteinander zu kombinieren, hierbei gelten die in DIN 1055-100, 9.4 angegebenen Regeln. Unterschieden werden zwei Bemessungssituationen (hier ohne Spannbeton):

Ständige und vorübergehende Bemessungssituation (*Grundkombination*) :

$$E_d = E\left[\sum_{j\geq 1} \gamma_{G,j} \cdot G_{kj} + \gamma_{Q,1} \cdot Q_{k,1} + \sum_{i>1} \gamma_{Q,i} \cdot \psi_{0,i} \cdot Q_{k,i}\right] \tag{2.3}$$

Außergewöhnliche Bemessungssituation

$$E_d = E\left[\sum_{j\geq 1} \gamma_{G,j} \cdot G_{k,j} + A_d + \psi_{1,1} \cdot Q_{k,1} + \sum_{i>1} \psi_{2,i} \cdot Q_{k,i}\right] \tag{2.4}$$

In (2.3) und (2.4) bedeuten:

γ_G	Teilsicherheitsbeiwert für ständige Einwirkungen
γ_Q	Teilsicherheitsbeiwert für veränderliche Einwirkungen
G_k	Charakteristischer Wert einer ständigen Einwirkung
$Q_{k,1}$	Charakteristischer Wert einer vorherrschenden veränderlichen Einwirkung (Leiteinwirkung)
$Q_{k,i}$	Charakteristischer Wert weiterer veränderlicher Einwirkungen
A_d	Bemessungswert einer außergewöhnlichen Einwirkung (z. B. Anpralllast)

Kombinationsbeiwerte ψ vgl. Abb. 2.5, die Teilsicherheitsbeiwerte γ für Einwirkungen im Grenzzustand der Tragfähigkeit gem. DIN 1045-1, 5.3.3 sind in Abb. 2.6 angegeben. In DIN 1055-100 wird in obigen Kombinationsregeln $\oplus$ statt + geschrieben. Hierbei bedeutet $\oplus$ „in Kombination mit“.

Die Grundkombination gilt für alle während der Nutzungsdauer des Bauwerks planmäßig zu erwartenden Zustände und für vorübergehende, zeitlich begrenzte Zustände während der Errichtung des Baues oder in Reparaturfällen. Eine außergewöhnliche Bemessungssituation bezieht sich auf außergewöhnliche Umstände des Tragwerkes wie Brand, Anprall oder Explosion.

Mit den Teilsicherheitsbeiwerten γ werden Unsicherheiten bezüglich der Größe einer Einwirkung und Unsicherheiten bei der Festlegung des statischen Systems oder der angesetzten Systemsteifigkeit (Modellungenauigkeiten) abgedeckt. Beim Ansatz der ständigen unabhängigen Einwirkungen (z. B. Eigenlasten) darf für alle Felder eines Systems ein einheitlicher oberer *oder* unterer Teilsicherheitsbeiwert γ_G angesetzt werden (γ_G = 1,35 *oder* γ_G = 1,0), vgl. DIN 1045-1, 5.3.3. Es muss also i. Allg. nicht mit feldweise veränderlichen Werten gerechnet werden. Nach DIN 1045-1, 8.2 (4) müssen bei Durchlaufträgern und durchlaufenden Platten im üblichen Hochbau Bemessungssituationen mit *günstigen* ständigen Einwirkungen nicht berücksichtigt werden, wenn die Vorschriften bezüglich einer Mindestbewehrung eingehalten werden. In diesem Fall entfällt somit die Rechnung mit γ_G = 1,0, vgl. hierzu Abschn. 4.7. Beim Nachweis der Lagesicherheit sind gem. DIN 1045-1, 5.3.1 die Regelungen in DIN 1055-100

A: Teilsicherheitsbeiwerte für Einwirkungen: Grenzzustand der Tragfähigkeit

Art der Einwirkung:	Ständige Einwirkung	Veränderliche Einwirkung
Auswirkung ist	γ_g	γ_Q
günstig	$\gamma_{G,inf} = 1{,}0$	0
ungünstig	$\gamma_{G,sup} = 1{,}35$	1,5

B: Teilsicherheitsbeiwerte für Einwirkungen: Lagesicherheit eines Tragwerks

Art der Einwirkung		Symbol	Bemessungssituation	
			Grundkombination	Außergew. Kombination
Ständige Einwirkung	ungünstige Wirkung	$\gamma_{G,sup}$	1,10 (1,05)	1,0
	günstige Wirkung	$\gamma_{G,inf}$	0,90 (0,95)	0,95
Veränderliche Einwirkung	ungünstige Wirkung	γ_Q	1,50	1,0
	günstige Wirkung	γ_Q	0	0
Außergewöhnliche Einwirkung		γ_A	–	1,0

Abb. 2.6 Teilsicherheitsbeiwerte für Einwirkungen im Grenzzustand der Tragfähigkeit gem. DIN 1045, Tab. 1 und für den Nachweis der Lagesicherheit gem. DIN 1055-100

maßgebend. Für Nachweise der *Lagesicherheit* sind hiernach die ständigen Einwirkungen als feldweise voneinander unabhängige Einwirkungen zu betrachten. Es ist dann mit den in Abb. 2.6 angegebenen Teilsicherheitsbeiwerten $\gamma_{G,sup}$ bzw. $\gamma_{G,inf}$ zu rechnen. Für Nachweise der Auftriebssicherheit gelten die Klammerwerte. Für die veränderlichen Einwirkungen gelten die in Abb. 2.6 angeführten Teilsicherheitsbeiwerte γ_Q.

2.2.3 Bemessungswerte der Einwirkungen im Grenzzustand der Gebrauchstauglichkeit

Für Nachweise im Grenzzustand der Gebrauchstauglichkeit ist die maßgebende Einwirkungsgröße E_d im Hochbau durch eine der nachfolgend beschriebenen drei Einwirkungskombinationen zu ermitteln. Im Gebrauchszustand werden die ständigen Einwirkungen mit den charakteristischen Werten G_k, die veränderlichen Einwirkungen mit den repräsentativen Werten $\psi \cdot Q_k$ berücksichtigt. Die Werte G_k und Q_k sind die in der Lastnorm DIN 1055 angegebenen Werte, für die Kombinationsbeiwerte gelten die Angaben in Abb. 2.5. In DIN 1055-100 sind die Kombinationsregeln festgelegt, in DIN 1045-1,11 ist angegeben, welche Kombination bei den Nachweisen im Grenzzustand der Gebrauchstauglichkeit für die Bestimmung der Bemessungswerte anzusetzen ist, vgl. hierzu auch Abschn. 6. Unterschieden wird zwischen den folgenden Bemessungssituationen:

Seltene Einwirkungskombination

Hiermit werden Situationen unter extremen Nutzungsbedingungen mit nicht umkehrbaren, also bleibenden Auswirkungen auf das Tragwerk beschrieben. Bei der seltenen Kombination werden alle ständigen Einwirkungen $G_{k,j}$ mit ihrer charakteristische Größe berücksichtigt. Von den veränderlichen Einwirkungen wird die vorherrschende (Leiteinwirkung) $Q_{k,1}$ voll angesetzt, weitere unabhängige veränderliche Einwirkungen $Q_{k,i}$ (i > 1) werden mit ihren repräsentativen Werten $\psi \cdot Q_k$ erfasst. Nicht umkehrbar ist z. B. der Übergang eines Bauteils von dem ungerissenen Zustand I in den gerissenen Zustand II oder eine Rissbildung infolge zu hoher Spannungen. Die seltene Kombination lautet:

$$E_d = E\left[\sum_{j\geq 1} G_{k,j} + Q_{k,1} + \sum_{i>1} \psi_{0,i} \cdot Q_{k,i}\right] \tag{2.5}$$

Häufige Kombination

Hiermit werden häufig auftretende Nutzungsbedingungen beschrieben, die zu umkehrbaren, also nichtbleibenden Auswirkungen auf das Tragwerk führen. Die häufige Kombination wird vorwiegend für den Spannbetonbau benötigt. Sie lautet

$$E_d = E\left[\sum_{j\geq 1} G_{k,j} + Q_{k,1} + \sum_{i>1} \psi_{0,i} \cdot Q_{k,i}\right] \tag{2.6}$$

Quasi-ständige Kombination

Mit dieser Kombination werden die dauernd wirkenden Nutzungsbedingungen erfasst. Auch diese Kombination beschreibt umkehrbare Nutzungsbedingungen eines Tragwerks. Diese Kombination ist z. B. anzusetzen bei Verformungsberechnungen. Erfasst werden alle ständigen Einwirkungen G_k. Die dauerhaft wirkenden veränderlichen Einwirkungen werden durch die repräsentativen Werte $\psi_2 \cdot Q_k$ erfasst. Die quasi-ständige Kombination lautet

$$E_d = E\left[\sum_{j\geq 1} G_{k,j} + \sum_{i\geq 1} \psi_{2,i} \cdot Q_{k,i}\right] \tag{2.7}$$

Weitere Hinweise und Beispiele vgl. Abschn. 6.

2.2.4 Vereinfachte Kombinationsregeln für den Hochbau

In DIN 1055-100 sind vereinfachte Kombinationsregeln für den Hochbau sowohl für den Grenzzustand der Tragfähigkeit als auch für den Grenzzustand der Gebrauchstauglichkeit angegeben. Mit den vereinfachten Kombinationsregeln wird die Nachweisführung insbesondere bei mehreren unabhängigen veränderlichen Einwirkungen erleichtert. Ausführlich besprochen sind die Regeln in [2.8], in Handbüchern [8] findet man eine Zusammenstellung aller Regeln. Wir beschränken uns hier auf die Besprechung der Grundkombination für Nachweise im Grenzzustand der Tragfähigkeit.

Die vereinfachten Kombinationsregeln dürfen angewendet werden bei linear-elastischer Schnittgrößenermittlung und allgemein immer dann, wenn bei der Bestimmung von Schnittgrößen das Superpositionsgesetz anwendbar ist. In diesen Fällen darf die Grundkombination (2.3) ersetzt werden durch die folgende vereinfachte Regel für ständige und vorübergehende Bemessungssituationen:

Vereinfachte Grundkombination

$$E_d = \gamma_G \cdot E_{Gk} + 1{,}5 \cdot E_{Q,unf} \tag{2.8}$$

$$E_{Q,unf} = E_{Qk,1} + \psi_{0,Q} \cdot \sum_{i>1} E_{Qk,i} \tag{2.9}$$

In (2.8) und (2.9) bedeuten (vgl. Abb. 2.5 und Abb. 2.6):

γ_G	$\gamma_{G,sup} = 1{,}35$ bzw. $\gamma_{G,inf} = 1{,}0$
E_{GK}	Charakteristischer Wert der ständigen Einwirkung
$E_{Qk,1}$	Charakteristischer Wert der vorherrschenden veränderlichen Einwirkung
$E_{Qk,i}$	Charakteristischer Wert weiterer unabhängiger veränderlicher Einwirkungen
$\gamma_{0,Q}$	Bauwerksbezogener größter Kombinationsbeiwert gem. Abb. 2.5

Ein Anwendungsbeispiel folgt im Abschnitt 2.4.1.

2.2.5 Weiterleitung von Lasten

Die charakteristischen Werte der anzusetzenden lotrechten Nutzlasten sind in DIN 1055-3 in Kategorien A bis G eingeteilt. Hiermit wird die Wahrscheinlichkeit einer möglichen Überlastung des betreffenden Bauteils beschrieben (Kategorie A: geringste Wahrscheinlichkeit). Die sekundären Tragglieder (z. B. Unterzüge) übernehmen die Last von den primären Traggliedern (z. B. Decken). Bei großen Lasteinzugflächen A ist es unwahrscheinlich, dass die gesamte Fläche gleichmäßig mit der charakteristischen Nutzlast q_k belegt ist. Die in DIN 1055-3 angegebenen Nutzlasten für Decken dürfen daher für die Lastweiterleitung (Unterzüge, Stützen usw.) mit dem Beiwert α_A abgemindert werden.

$$\alpha_A = \min \alpha_A + \frac{10\,\text{m}^2}{A\,\text{m}^2} \leqq 1{,}0 \qquad (2.10)$$

Erläuterungen hierzu vgl. Abb. 2.7.

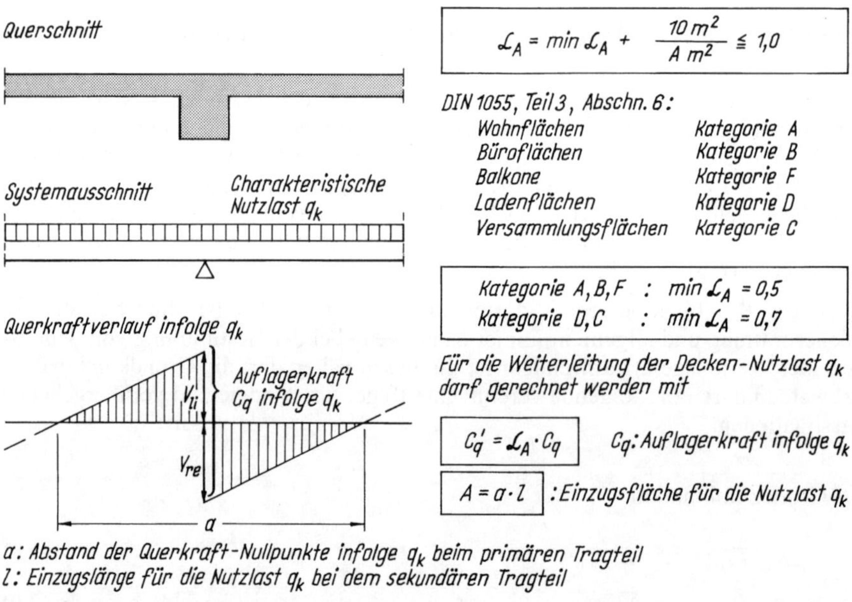

Abb. 2.7 Abminderung von Nutzlasten bei Lastweiterleitung (nach [2.8])

Wenn für die Bemessung von vertikalen Traggliedern (Stützen, Fundamente) die Nutzlasten von mehr als zwei Geschossen anzusetzen sind, darf auch hier in bestimmten Fällen eine Abminderung erfolgen, vgl. Abschn. 3.5.8.

Im Regelfall wirken bei der Weiterleitung der vertikalen Lasten die ständigen Einwirkungen insgesamt ungünstig. Bei linear-elastischer Berechnung der Schnittgrößen darf dann die vereinfachte Grundkombination (2.8) in folgender Form für die Weiterleitung der vertikalen Lasten angesetzt werden:

$$\left.\begin{aligned} \max E_d &= 1{,}35 \cdot E_{Gk} + 1{,}50 \cdot E_{Q,unf} \qquad [E_{Q,unf} \text{ gem. } (2.9)] \\ \min E_d &= 1{,}00 \cdot E_{G,k} \end{aligned}\right\} \tag{2.11}$$

2.3 Tragwiderstand

Die Mittelwerte f_{cm} und die charakteristischen Werte f_{ck} der Betonfestigkeiten sind in Abb. 1.8 angegeben. Für den Betonstahl sind die charakteristischen Festigkeiten f_{yk} und $f_{tk,cal}$ in Abb. 1.13 zusammengestellt. Die Bemessungswerte des Tragwiderstandes erhält man aus den charakteristischen Werten durch Division mit Teilsicherheitsbeiwerten γ_c für Beton und γ_s für Betonstahl. Bei dem Beton ist zusätzlich der Beiwert α zur Berücksichtigung von Langzeiteinflüssen zu erfassen. Gemäß DIN 1045-1, 5.2 gilt daher bei linar-elastischer Ermittlung der Schnittgrößen oder bei Verfahren nach der Plastizitätstheorie für die Ermittlung des Tragwiderstandes im Stahlbetonbau der Ansatz (ohne Spannbeton):

$$R_d = \left(\alpha \cdot \frac{f_{ck}}{\gamma_c} ; \frac{f_{yk}}{\gamma_s} ; \frac{f_{tk,cal}}{\gamma_s}\right) \tag{2.12}$$

Hierin ist R_d der Bemessungswert des Tragwiderstands. Die Teilsicherheitswerte γ_c und γ_s sind in Abb. 2.8 zusammengestellt. Man erkennt im Vergleich zu den Angaben im Abschn. 2.2, dass bei den Einwirkungen die charakteristischen Größen durch Teilsicherheitsbeiwerte $\gamma \geqq 1{,}0$ vergrößert werden, während bei den Bauteilwiderständen die charakteristischen Festigkeiten durch Teilsicherheitsbeiwerte $\gamma \geqq 1{,}0$ auf die Bemessungswerte abgemindert werden.

Für nichtlineare Verfahren gelten abweichende Vorschriften, vgl. DIN 1045-1, 5.2.

Mit dem höheren Teilsicherheitsbeiwert für Beton γ_c gegenüber dem für Betonstahl γ_s wird die größere Streuung der Betondruckfestigkeiten sowie das sprödere Verhalten des Betons bei Druckbeanspruchungen erfasst. Bei hochfestem Beton (Festigkeitsklasse > C 50/60) mussten aus den gleichen Gründen die Teilsicherheitsbeiwerte zusätzlich von der jeweils vorliegenden Betonfestigkeitsklasse abhängig gemacht werden. Wegen des Fehlens von Stahleinlagen ist bei unbewehrten Betonbauteilen eine geringere Verformungsfähigkeit als bei bewehrtem Beton gegeben. Dies wird durch größere Teilsicherheitsbeiwerte γ_c berücksichtigt.

Teilsicherheitsbeiwerte	Bezeichnung	Einwirkungskombination	
		Grundkombination	Außergew. Kombination
Normalbeton ≦ C 50/60	γ_c	1,5	1,3
Normalbeton > C 50/60 (f_{ck} in N/mm^2	γ_c	$1{,}5 \cdot \frac{1}{1{,}1 - f_{ck}/500}$	$1{,}3 \cdot \frac{1}{1{,}1 - f_{ck}/500}$
unbewehrter Beton	γ_c	1,8	1,55
Betonstahl	γ_s	1,15	1,0

Abb. 2.8 Teilsicherheitsbeiwert für die Bestimmung des Tragwiderstandes (vgl. DIN 1045-1, 5.3.3)

Mit (2.12) wird die Abhängigkeit des Tragwiderstandes von den charakteristischen Werten der Baustofffestigkeiten in symbolischer Form beschrieben. Die Ermittlung des Tragwiderstandes R_d erfolgt mit diesen Angaben getrennt für die jeweils vorliegende Beanspruchungsart (Biegung, Längskraft, Querkraft u. a.). Wie diese Ermittlung von R_d erfolgt, wird in späteren Abschnitten dieses Buches gezeigt.

2.4 Anwendungen

Hier wird die Bestimmung der anzusetzenden Einwirkungs-Schnittgrößen an einigen Beispielen gezeigt. Weitere Hinweise folgen in späteren Kapiteln.

2.4.1 Einfeldträger

Aufgabe

Für den in Abb. 2.9 dargestellten Träger in einem Geschäftshaus mit Verkaufsräumen sind die im Grenzzustand der Tragfähigkeit anzusetzenden Schnittgrößen zu ermitteln. Hierbei werden zwei Fälle untersucht::

a) Die Lasten q_k und Q_k haben den gleichen Ursprung (Nutzlast eines Verkaufsraumes): die Lasten sind nicht unabhängig.

b) Die Last q_k ist die Nutzlast eines Verkaufsraumes, die Last Q_k ist eine „sonstige Einwirkung": die Lasten sind voneinander unabhängig.

Hinweis: Im gesamten Buch werden Streckenlasten [kN/m] und Flächenlasten [kN/m^2] durch kleine Buchstaben *g* bzw. *q* gekennzeichnet.

Durchführung

Für die charakteristischen Lasten g_k, q_k, G_k, Q_k erfolgt die Ermittlung der Schnittgrößen C_{Ek} und M_{Ek} durch Nebenrechnung, Ergebnisse vgl. Abb. 2.9. Die für Nachweise im Grenzzustand der Tragfähigkeit anzusetzenden einwirkenden Schnittgrößen $C_{Ed,A}$ und $M_{Ed,F}$ werden nachfolgend mit der Grundkombination (2.3) ermittelt.

a) Veränderliche Einwirkungen sind nicht unabhängig:

$$C_{Ed,A} = 1{,}35 \cdot (60 + 40) + 1{,}50 \cdot (90 + 25) = 307{,}5\,\text{kN}$$

$$M_{Ed,F} = 1{,}35 \cdot (90 + 120) + 1{,}50 \cdot (135 + 75) = 598{,}5\,\text{kNm}$$

b) Veränderliche Einwirkungen sind unabhängig

Leitwert $q_k \triangleq q_{k,1}$, Last $Q_k \triangleq Q_{k,2}$

$Q_{k,2}$: Sonstige veränderliche Einwirkung
Kombinationsbeiwert gem. Abb. 2.9: $\psi_{0,2} = 0{,}8$

$$C_{Ed,A} = 1{,}35 \cdot (60 + 40) + 1{,}50 \cdot 90 + 1{,}50 \cdot 0{,}8 \cdot 25 = 300{,}0\,\text{kN}$$

$$M_{Ed,F} = 1{,}35 \cdot (90 + 120) + 1{,}50 \cdot 135 + 1{,}50 \cdot 0{,}8 \cdot 75 = 576{,}0\,\text{kN}$$

c) Veränderliche Einwirkungen sind unabhängig:

Leitwert $Q_k \triangleq Q_{k,1}$, Last $q_k \triangleq q_{k,2}$

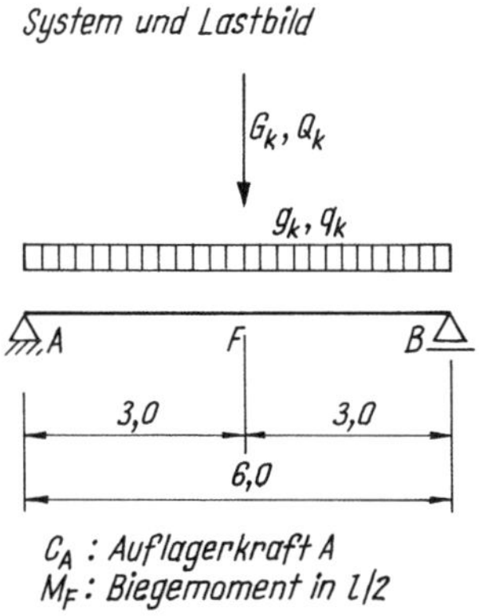

Bauteile unter einem Verkaufsraum
Charakteristische Lasten
$g_k = 20$ kN/m, $q_k = 30$ kN/m, $G_k = 80$ kN, $Q_k = 50$ kN
Teilsicherheitsbeiwerte γ gem. Abb. 2.6 A
$\gamma_G = 1{,}35 \quad \gamma_Q = 1{,}5$
Kombinationsbeiwerte ψ_0 gem. Abb. 2.5
Leitwert q_k: $\psi_0 = 0{,}8$ für Q_k (Sonstige Einwirkung)
Leitwert Q_k: $\psi_0 = 0{,}7$ für q_k (Verkaufsraum)

Charakteristische Schnittgrößen $C_{k,A}$ und $M_{k,F}$

Einwirkung:	g_k	q_k	G_k	Q_k
$C_{k,A}$ [kN]	60	90	40	25
$M_{k,F}$ [kNm]	90	135	120	75

Rechenergebnisse

Rechnung:	q_k und Q_k sind nicht unabhängig a	Einwirkungen q_k und Q_k sind unabhängig		
		Leitwert: q_k b	Leitwert: Q_k c	Vereinf. Kombination d (Leitwert Q_k)
$C_{Ed,A}$ [kN]	307,5	300,0	267,0	300,0
$M_{Ed,F}$ [kNm]	598,5	576,0	537,8	576,0

Abb. 2.9 Ermittlung der Bemessungsschnittgrößen bei einem Einfeldträger (vgl. Abschn. 2.4.1)

$q_{k,2}$: Nutzlast Verkaufsraum: $\psi_{0,2} = 0{,}7$

$C_{Ed,A} = 1{,}35 \cdot (60 + 40) + 1{,}50 \cdot 25 + 1{,}50 \cdot 0{,}7 \cdot 20 = 267{,}0$ kN

$M_{Ed,F} = 1{,}35 \cdot (90 + 120) + 1{,}50 \cdot 75 + 1{,}50 \cdot 0{,}7 \cdot 135 = 537{,}8$ kNm

d) Vergleichsrechnung mit der vereinfachten Grundkombination [2.8] und [2.9]

Leitwert $q_k \mathrel{\hat{=}} q_{k,1}, \quad Q_k \mathrel{\hat{=}} Q_{k,2}$

Kombinationsbeiwert $\psi_{0,Q} = 0{,}8$ (Größtwert)

$C_{QA,unf} = C_{QA,k1} + \psi_{0,Q} \cdot C_{QA,k2} = 90 + 0{,}8 \cdot 25 = 110$ kN

$C_{Ed,A} = 1{,}35 \cdot (60 + 40) + 1{,}50 \cdot 110 = 300$ kN

$M_{QF,unf} = M_{QF,k1} + \psi_{0,Q} \cdot M_{QF,k2} = 135 + 0{,}8 \cdot 75 = 195$ kNm

$M_{Ed,F} = 1{,}35\,(90 + 120) + 1{,}50 \cdot 195 = 576$ kNm

In Abb. 2.9 sind die Rechenergebnisse zusammengestellt. Man erkennt, dass bei nur zwei unabhängigen veränderlichen Einwirkungen die Anwendung der vereinfachten Kombination (2.9) kaum sinnvoll ist.

2.4.2 Einfeldträger mit Kragarm

Aufgabe

Für die in Abb. 2.10 dargestellte Einfelddecke mit Kragarm wird verlangt:

a) Nachweis der Lagesicherheit für das Auflager A

b) Ermittlung der im Grenzzustand der Tragfähigkeit anzusetzenden einwirkenden Biegemomente M_{Ed}.

System und charakteristische Einwirkungen vgl. Abb. 2.10. Eingetragen sind auch die Teilsicherheitsbeiwerte und die Bemessungswerte $\gamma_G \cdot G_k$ sowie $\gamma_Q \cdot Q_k$, die nach der Grundkombination anzusetzen sind.

Durchführung

a) *Lagesicherheit bei A*

Für den Nachweis der Lagesicherheit gilt (2.1) in folgender Form:

$$E_{d,dst} \leqq E_{d,stb} \tag{2.13}$$

Hierin ist

$E_{d,dst}$ Bemessungswert der destabilisierend wirkenden Beanspruchungen
$E_{d,stb}$ Bemessungswert der stabilisierend wirkenden Beanspruchungen

Bezogen auf die Auflagerkraft $C_{Ed,A}$ lautet der Nachweis für das vorliegende Beispiel

$$C_{Ed,dst} \leqq C_{Ed,st}$$

Stabilisierend sind die Lasten in Feld 1, destabilisierend die Kragarmlasten. Mit den Lastangaben auf Abb. 2.10 a ergibt sich für die Auflagerkraft $C_{Ed,A}$:

$$C_{Ed,dst} = (8{,}25 + 7{,}50) \cdot 3{,}0^2 /(2 \cdot 6{,}50) + 11{,}0 \cdot 3{,}0/6{,}50 = 15{,}98 \text{ kN/m}$$

$$C_{Ed,stb} = 6{,}75 \cdot 6{,}50/2 = 21{,}94 \text{ kN/m}$$

$$C_{Ed,dst} = 15{,}98 \text{ kNm} < C_{Ed,stb} = 21{,}94 \text{ kN/m}$$

Ausreichende Lagesicherheit vorhanden!

b) *Grenzzustand der Tragfähigkeit* : Schnittgrößenermittlung

Teilsicherheitsbeiwerte γ und Bemessungslasten g_d, G_d und q_d vgl. Abb. 2.10 b. Die Bemessungswerte der einwirkenden Biegemomente M_{Ed} und der einwirkenden Auflagerkraft C_{Ed} wurden für die angegebenen Laststellungen in einer Nebenrechnung ermittelt.

Ergebnisse :

Lastfall 1: $M_{Ed,B} = -119{,}8$ kNm/m, $C_{Ed,B} = 142{,}13$ kN/m

Lastfall 2: $M_{Ed,1} = 55{,}0$ kNm/m, $C_{Ed,A} = 44{,}06$ kN/m

Lastfall 3: $M_{Ed,B} = -97{,}5$ kNm/m, $C_{Ed,A} = 9{,}38$ kN/m

Der Lastfall 3 ist maßgebend für mögliche negative Feldmomente sowie für die Lage des Momenten-Nullpunktes und damit für die Länge der oberen Stahleinlagen. In Abb. 2.10 c sind die Momentengrenzlinien für die einzelnen Lastfälle skizziert. Der Momentennullpunkt für Lastfall 3 folgt aus dem Ansatz

$$s_0 = 2 \cdot C_{Ed,A}/g_d = 2 \cdot 9{,}38/7{,}50 = 2{,}50 \text{ m}$$

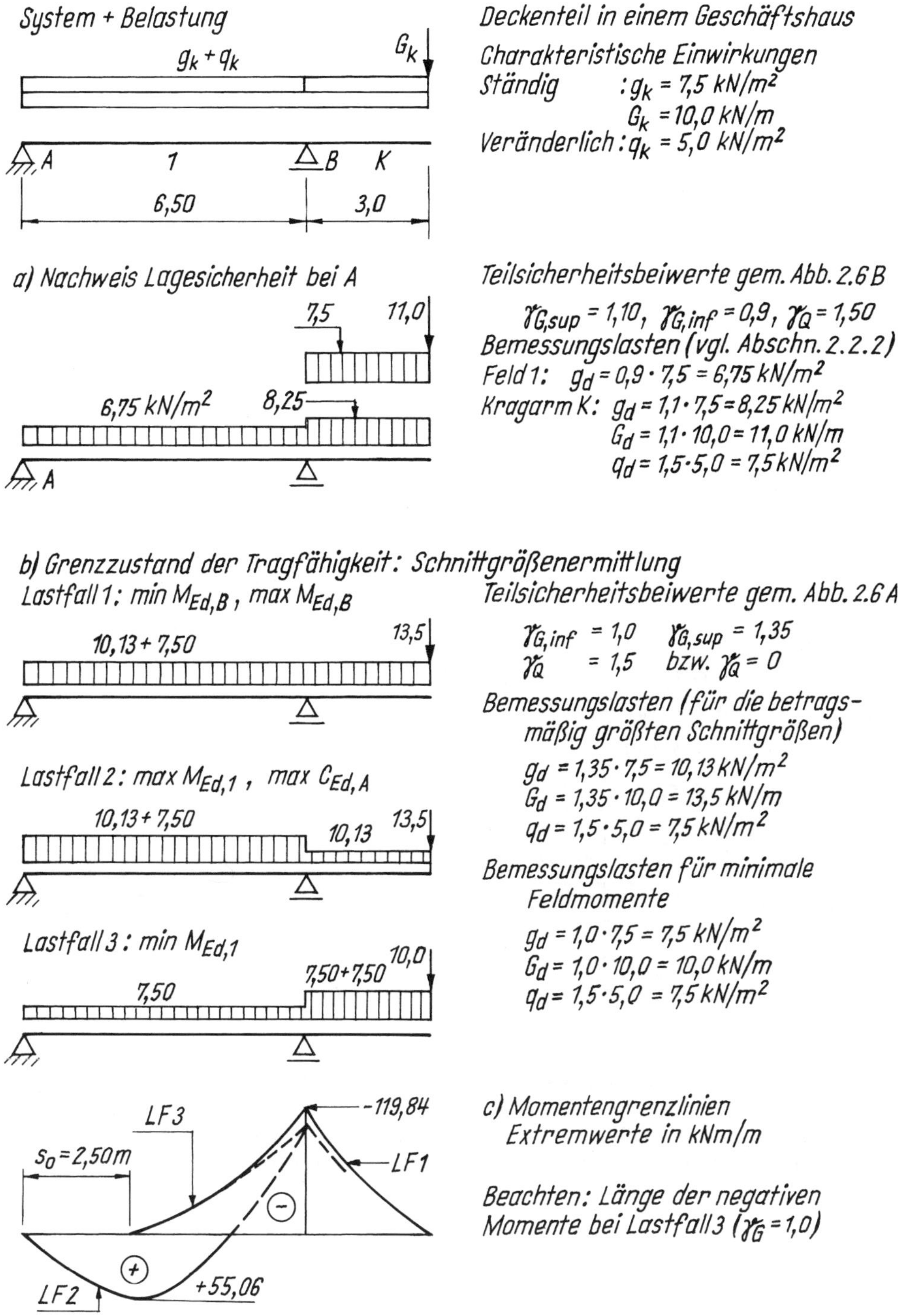

Abb. 2.10 Einfeldträger mit Kragarm: Lagesicherheit und Bemessungsschnittgrößen (vgl. Abschn. 2.4.2)

2.4.3 Zweifeldträger

Aufgabe:

Für den in Abb. 2.11 skizzierten Träger in einem Geschäftshaus sind die im Grenzzustand der Tragfähigkeit zu berücksichtigenden Bemessungsmomente nach der Grundkombination (2.3) zu bestimmen. Die charakteristischen Einwirkungen sind in Abb. 2.11 angegeben. Bei den veränderlichen Einwirkungen sei q_k die Nutzlast eines Verkaufsraumes, Q_k sei die Nutzlast eines Lagerraumes. Gem. DIN 1055-100 dürfen Nutzlasten verschiedener Kategorien, wie in Abb. 2.4 angegeben, zu einer gemeinsamen unabhängigen Veränderlichen zusammengefasst werden. Es entfällt also der Ansatz von Kombinationsbeiwerten ψ. Die zu untersuchenden Kombinationen sind in Abb. 2.11 eingetragen. Die einwirkenden Momente wurden in einer Nebenrechnung ermittelt, den Verlauf der Momentengrenzlinien zeigt Abb. 2.12.

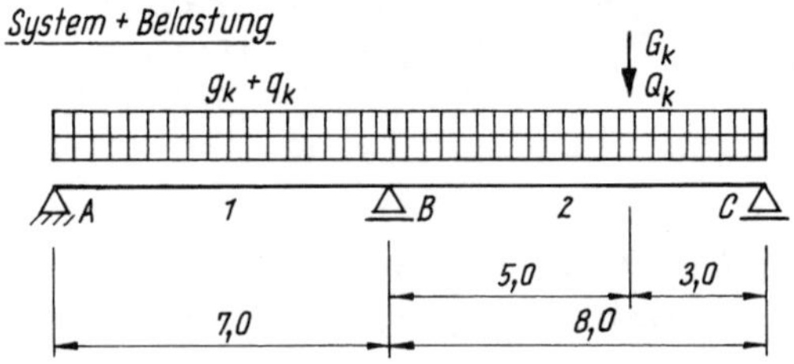

Charakteristische Lasten
Ständige Einwirkungen
$g_k = 56{,}0\,kN/m$, $G_k = 70{,}0\,kN$
Veränderliche Einwirkungen
$q_k = 24{,}0\,kN/m$, $Q_k = 50{,}0\,kN$
Teilsicherheitsbeiwerte (Abb. 2.6)
$\gamma_{G,sup} = 1{,}35$, $\gamma_{G,inf} = 1{,}0$, $\gamma_Q = 1{,}5$

Bemessungslasten
$\gamma_{G,sup} = 1{,}35$: $g_d = 75{,}6\,kN/m$, $G_d = 94{,}50\,kN$ $\quad$ $\gamma_Q = 1{,}50$: $q_d = 36{,}0\,kN/m$, $Q_d = 75{,}0\,kN$
$\gamma_{G,inf} = 1{,}00$: $g_d = 56{,}0\,kN/m$, $G_d = 70{,}00\,kN$

Zu untersuchende Lastfälle (LF)

LF 1	max $M_{Ed,1}$	$\gamma_G = 1{,}35$	$\gamma \cdot q$ in Feld 1
LF 2	max $M_{Ed,2}$	$\gamma_G = 1{,}35$	$\gamma \cdot (q+Q)$ in Feld 2
LF 3	min $M_{Ed,3}$	$\gamma_G = 1{,}35$	$\gamma \cdot (q+Q)$ in Feld 1+2
LF 4	min $M_{Ed,1}$	$\gamma_G = 1{,}0$	$\gamma \cdot (q+Q)$ in Feld 2
LF 5	min $M_{Ed,2}$	$\gamma_G = 1{,}0$	$\gamma \cdot q$ in Feld 1

Lastbild (symbolisch)

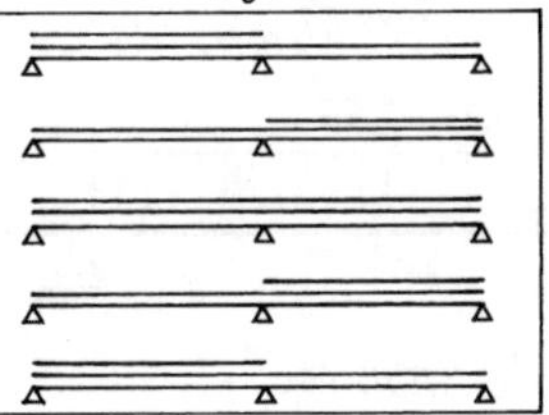

Abb. 2.11 Zweifeldträger: System, Belastung, Lastfälle (vgl. Abschn. 2.4.3)

Die Lastfälle 1–3 wurden mit $\gamma_{G,sup} = 1{,}35$ gerechnet, dies führt zu den betragsmäßig größten Bemessungsschnittgrößen. Die Lastfälle 4 u. 5 wurden gerechnet mit $\gamma_{G,inf} = 1{,}0$, dies führt i. Allg. zu den minimalen Feldmomenten und zur ungünstigsten Lage der Momentennullpunkte, vgl. die Angaben in Abb. 2.12. Man erkennt, dass im Regelfall die Schnittgrößen mit $\gamma_G = 1{,}35$ und in einem zweiten Rechnungsgang mit $\gamma_g = 1{,}0$ zu bestimmen sind.

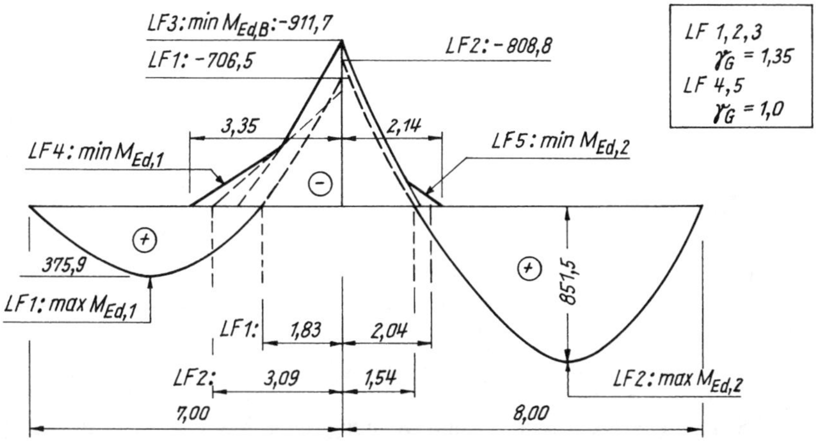

Abb. 2.12 Momentengrenzlinien eines Zweifeldträgers (vgl. Abschn. 2.4.3)

3 Ermittlung von Schnittgrößen

3.1 Allgemeine Grundlagen

Hier werden einige Begriffe als bekannt vorausgesetzt, die ausführlich erst später besprochen werden. Leser, die sich zunächst mit den Grundlagen des Stahlbetonbaus vertraut machen wollen, sollten das Studium der Abschnitte 3.1 und 3.2 zunächst zurückstellen.

In Abb. 3.1 sind idealisierte Last-Verformungs-Linien für unterschiedliche Werkstoffverhalten skizziert. Linear-elastisch ist ein Werkstoffgesetz, bei dem ein linearer Zusammenhang zwischen Spannungen (oder Kraft P) und Dehnung (oder Weg s) besteht. Bei Entlastung geht die Formänderung vollständig zurück. Das in Abb. 3.1 a skizzierte linear-elastische Werkstoffgesetz ist eine wesentliche Grundlage der Elastizitätstheorie.

Abb. 3.1b zeigt ein nichtlineares, aber elastisches Werkstoffverhalten. Der Zusammenhang zwischen Last und Verformung ist nicht mehr linear, nach Entlastung gehen die Formänderungen *vollständig* zurück.

Elastisch-plastisch nennt man ein Werkstoffverhalten, bei dem bei Belastung zunächst ein linearer Zusammenhang zwischen Kraft und Weg vorliegt, von einer bestimmten Grenze (Fließgrenze) an jedoch die Verformung ohne Laststeigerung zunimmt, vgl. Abb. 3.1c. In diesem Bereich tritt eine plastische Formänderung ein, die bei Entlastung zu einer *bleibenden* Verformung führt.

Wenn der Zusammenhang zwischen Last und Verformung nichtlinear ist und dabei nach vollständiger Entlastung bleibende Verformungen auftreten, liegt das in Abb. 3.1 d skizzierte „nichtlinear-plastische" Werkstoffgesetz vor.

Das starr-plastische Werkstoffgesetz (Abb. 3.1e) vernachlässigt alle Verformungsanteile, die vor Erreichen der Fließgrenze auftreten. Bis zur Fließgrenze wird das Bauteil als starrer Körper betrachtet. Das Verhalten eines Bauteils bei geringer Beanspruchung kann bei Ansatz eines starr-plastischen Werkstoffgesetzes nicht beschrieben werden.

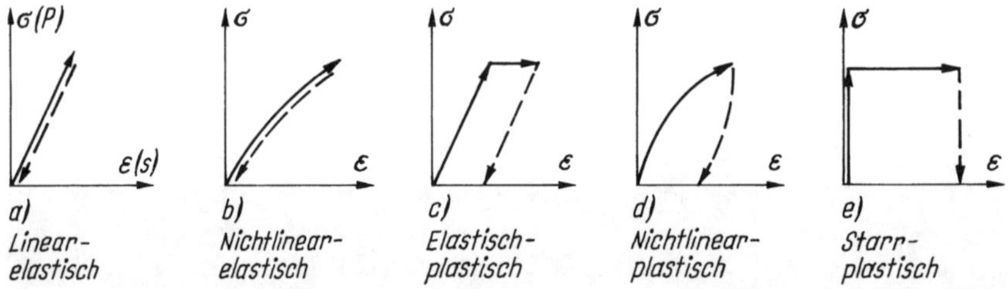

Abb. 3.1 Zusammenhang zwischen Spannung σ und Dehnung ε bei unterschiedlichem Werkstoffverhalten

In Abb. 3.2 ist ein statisch bestimmt gelagerter Stahlbetonbalken unter einer beliebigen Belastung g u. q dargestellt. Mit zunehmender Beanspruchung wachsen auch die Verformungen, die in der Abbildung in idealisierter Form als Krümmung des Balkens $1/r$ dargestellt sind. Hier sollen einige für das Verständnis der folgenden Abschnitte typische Eigenschaften des Stahlbetonbaus besprochen werden.

Bis zur Bildung des ersten Risses verhält sich ein Stahlbetonbauteil linear-elastisch, das Bauteil befindet sich im ungerissenen Zustand I. Bei Rissbildung fällt der in der Zugzone liegende Betonteil schlagartig aus, es erfolgt der Übergang in den gerissenen Zustand II. Das Biegemoment hat örtlich die Größe $M_{I/II}$ erreicht. Weite Bereiche des Balkens mit Momenten $M < M_{I/II}$ verbleiben noch im Zustand I. Die wirksame Steifigkeit des Balkens verringert sich in dem Maße, in dem die Betonzugzone infolge Rissbildung nicht mehr zur Übertragung von Zugkräften in der Lage ist. Die Streckgrenze des Stahls ist noch nicht erreicht, die Verformungen $1/r$ wachsen rascher als die Biegemomente M. Das Werkstoffverhalten ist nichtlinear-elastisch, vgl. Abb. 3.1b.

Bei weiter zunehmender Belastung wird bei dem Biegemoment M_y die Streckgrenze der Bewehrung f_y erreicht. Es treten bleibende Vorformungen in dem bis M_y beanspruchten Querschnitt auf. Geringe Laststeigerungen führen bei Momenten $M > M_y$ zu großen bleibenden Verformungen. Das Moment M_u kennzeichnet den Erschöpfungszustand (u: Grenzwert). Bei

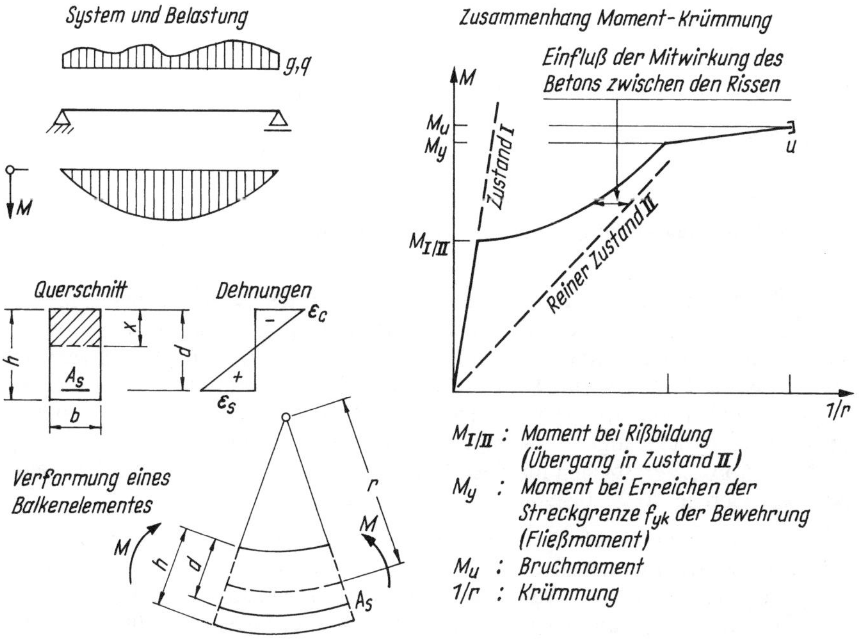

Abb. 3.2 Zusammenhang zwischen Belastung, Biegemoment und Verformung bei einem Stahlbetonbalken unter zunehmender Belastung

Entlastung bleiben die durch das Fließen der Bewehrung hervorgerufenen Formänderungen erhalten.

Die Mitwirkung des Betons auf Zug zwischen den Rissen wird mit anwachsender Beanspruchung geringer. Dieser Einfluss der *Zugversteifung* ist aus Abb. 3.2 gut ablesbar.

Die Streckgrenze der Bewehrung wird zuerst in der Nähe oder am Ort des Maximalmoments erreicht. Durch das Fließen der Bewehrung entsteht hier ein „plastisches Gelenk". Die Größe des Biegemoments, das im plastischen Gelenk übertragen werden kann, ist abhängig von den Festigkeitseigenschaften der Baustoffe Beton und Betonstahl, von den Bauteilabmessungen und von der eingebauten Stahlmenge.

Durch das plastische Gelenk entsteht in der Biegelinie ein Knick, im Gelenk tritt eine plastische Rotation Θ auf. In Abb. 3.3 ist ein plastisches Gelenk über der Innenstütze eines durchlaufenden

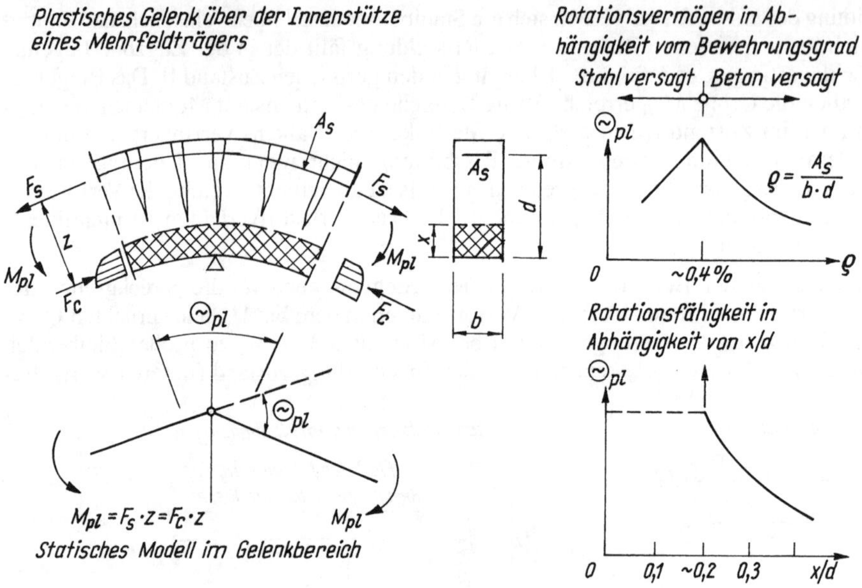

Abb. 3.3 Plastische Zone über dem Innenauflager eines Durchlaufträgers und Rotationsvermögen in Abhängigkeit von Bewehrungsgehalt und Druckzonenhöhe (nach [1.5], [2.5])

Balkens dargestellt. Der Beton ist in der Zugzone aufgerissen, der Öffnungswinkel im Gelenkbereich hat die Größe Θ_{pl}. Die in einem solchen Gelenk mögliche plastische Rotation Θ_{pl} ist bei geringem Bewehrungsgehalt vorwiegend abhängig vom Verformungsvermögen des Betonstahls (vgl. Abschn. 1.5.5: Duktilität). Bei stärker bewehrten Querschnitten ist jedoch ein Betonversagen im Gelenk möglich, ohne dass die Streckgrenze des Stahls erreicht wird. Hierbei ist die mit zunehmender Druckfestigkeit abnehmende Verformungsfähigkeit $\Delta\varepsilon_c = |\varepsilon_{c1u}| - |\varepsilon_{c1}|$ zu beachten. Nach Abb. 1.8 ergibt sich für einen Beton C 20/25 z. B. $\Delta\varepsilon_c = 1{,}4$ ‰, bei Beton C 50/60 sinkt dieser Wert auf $\Delta\varepsilon_c = 0{,}9$ ‰.

Die in einem plastischen Gelenk aufnehmbaren Biegemomente müssen somit abhängig sein von der Duktilitätsklasse des Betonstahls, von der Betonfestigkeitsklasse und der Ausnutzung des Betons (ausgedrückt z. B. durch das Verhältnis Druckzonenhöhe x zur Nutzhöhe d) und von der Querschnittsform. Im Bereich eines plastischen Gelenkes ist der Baustoff Stahlbeton bis zur Grenztragfähigkeit ausgenutzt. Ein *Nachweis* der zulässigen plastischen Rotation ist bei Stabtragwerken rechnerisch möglich, Einzelheiten hierzu folgen im Abschn. 16. Dieser Nachweis ist entbehrlich, wenn die Rotation in den kritischen Bereichen eines Tragwerks begrenzt wird, vgl. hierzu Abschn. 3.4.

3.2 Einige Grundlagen der Plastizitätstheorie (Traglastverfahren)

In Abb. 3.4 ist ein Zweifeldträger dargestellt, der durch eine Einzellast F belastet wird. Der Träger hat eine über die gesamte Länge konstante Biegesteifigkeit $E \cdot I$, das Trägermaterial folgt einem elastisch-plastischen Stoffgesetz (Abb. 3.1 c).

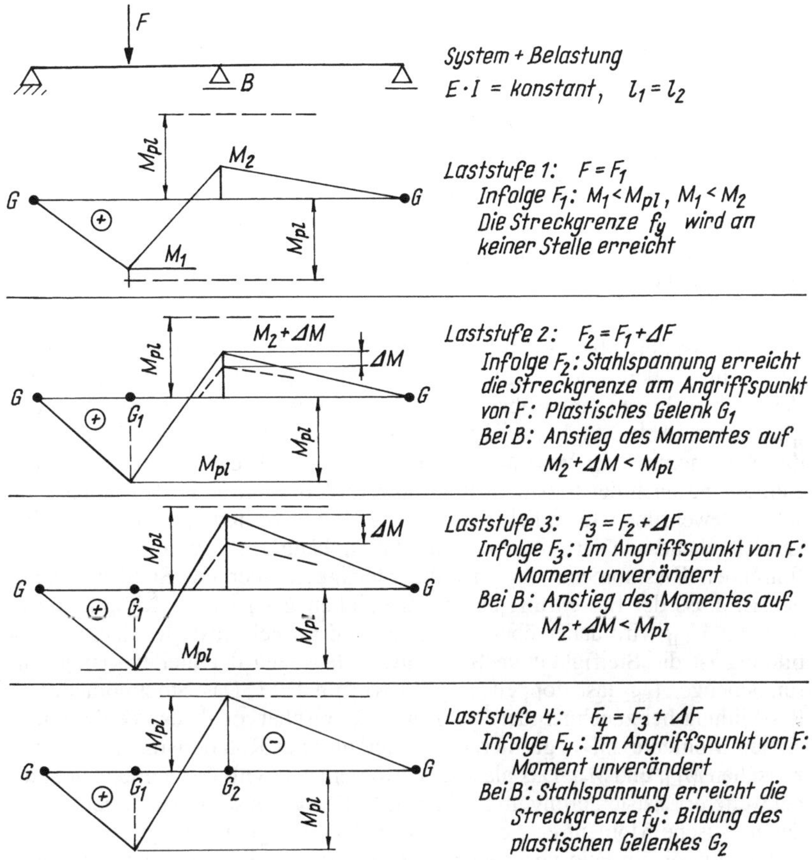

Abb. 3.4 Bildung von plastischen Gelenken bei einem Zweifeldträger

Bei der Laststufe F_2 wird im Stahl die Streckgrenze erreicht, am Angriffspunkt der Einzellast wird unter Wirkung des Biegemomentes M_{pl} das plastische Gelenk G_1 gebildet. Bei einer Rechnung nach der Elastizitätstheorie würde mit der Lastgröße F_2 die Tragfähigkeit des Gesamtsystems erreicht sein. Bei Rechnung nach der Plastizitätstheorie erhöhen wir zunächst die Größe der Einzellast auf $F_3 = F_2 + \Delta F$ (Laststufe 3). Die Größe des Biegemoments M_{pl} an der Stelle G_1 kann nicht weiter anwachsen, da die Streckgrenze f_y erreicht ist (Stahlspannung $\sigma_s = f_y$ bleibt konstant). Für diese Laststufe 3 wirkt der rechte Trägerteil wie ein Einfeldträger mit Kragarm, die Laststeigerung führt zu größeren Biegemomenten in diesem Tragwerksteil. Erst bei einer weiteren Laststeigerung bis zur Größe $F_4 = F_3 + \Delta F$ (Laststufe 4) erreicht das Biegemoment über der Mittelstütze den Wert M_{pl}, es kommt zur Bildung des plastischen Gelenkes G_2. Bei dieser Laststufe ist die Traglast des Gesamtsystems erreicht, da im linken Feld drei Gelenke vorhanden sind, die hier eine kinematische Kette bilden. Eine weitere Laststeigerung ist nicht mehr möglich, die Last F_4 kennzeichnet die Traglast des *Systems*.

Das Beispiel macht deutlich, dass bei statisch unbestimmten Systemen i. Allg. noch Tragreserven bestehen, wenn in *einem* Querschnitt die Grenztragfähigkeit erreicht ist, an anderen Querschnittsstellen aber Tragreserven vorhanden sind. Mit der Plastizitätstheorie kann somit das Tragvermögen des *gesamten Systems* abgeschätzt werden, mit der Elastizitätstheorie erhält man nur Aussagen über das Tragvermögen an bestimmten *Stellen des Systems*. Vorausgesetzt wird bei der Plastizitätstheorie ein für die Ausbildung von plastischen Gelenken ausreichendes Verformungsvermögen. Man erkennt aus Abb. 3.4 sofort, dass bei Laständerung sich die Schnittgrößen nicht im gleichen Verhältnis ändern: das Moment M_{pl} an der Stelle G_1 ist unverändert unter Wirkung der Lasten F_2, F_3 und F_4. Die Wirkungen verschiedener Lastfälle können also nicht überlagert werden.

Man spricht bei der skizzierten Rechnung nach der Plastizitätstheorie auch von Momentenumlagerung (gegenüber einer Rechnung nach der Elastizitätstheorie). Aus Abb. 3.4 erkennt man jedoch auch, dass nichts „umgelagert" wird, sondern dass sich nach der Bildung von plastischen Gelenken die Schnittgrößen nicht mehr proportional zur Laststeigerung verändern, vgl. [1.8].

An einem weiteren Beispiel sollen Besonderheiten besprochen werden, die auftreten, wenn bei der Schnittgrößenberechnung von Stahlbetonträgern mit der Plastizitätstheorie gearbeitet wird. Wir wählen hierzu einen über viele Felder durchlaufenden Stahlbetonträger mit Rechteckquerschnitt (Abb. 3.5). Für ein beliebiges Innenfeld ergibt sich nach der Elastizitätstheorie für das Stützmoment der Wert $M_{St} = -g \cdot l^2/12$ und für das Feldmoment $M_F = g \cdot l^2/24$. Eine Bemessung nach der Elastizitätstheorie erfordert somit über den Stützen annähernd doppelt soviel Bewehrung wie im Feld ($A_{s,St} \approx 2 \cdot A_{s,F}$). Die örtlich vorhandene Steifigkeit des Balkens ist weitgehend von der erreichten Laststufe abhängig. Bis zum Erreichen des zur Rissbildung führenden Rissmoments $M_{I/II}$ ist die Steifigkeit über die Stablänge annähernd konstant, der Einfluss der Bewehrung auf die Steifigkeit $E \cdot I$ ist vor Rissbildung gering. Das Rissmoment $M_{I/II}$ wird daher über der Stütze und im Feld fast gleichzeitig erreicht. Nach Rissbildung ist die Steifigkeit im Stützenbereich wegen der hier vorhandenen großen Bewehrungsmenge $A_{s,St}$ fast doppelt so groß wie im Feld. Das Stützmoment wächst daher nach Rissbildung bei zunehmender Belastung viel rascher an als das Feldmoment (steife Bauteile ziehen Momente an!), vgl. hierzu die Steigung der Rotationslinien in Abb. 3.5 c im Bereich zwischen $M_{I/II}$ und M_{pl}. Das plastische Moment M_{pl} wird daher zuerst über der Stütze und erst bei weiterer Laststeigerung im Feld erreicht. Erst wenn sowohl über der Stütze als auch im Feld das plastische Moment erreicht ist, ist die Tragfähigkeit des *Systems* erschöpft, da nun drei Gelenke in einem Feld vorhanden sind. In der Abb. 3.5a sind der Momentenverlauf und die Biegelinie für diesen Fall dargestellt, in Abb. 3.5c der Verlauf der zugehörigen plastischen Rotation (nach [80.3]).

Wie ändert sich nun das Tragverhalten eines Stahlbetonträgers, wenn die Bewehrungsmengen im Feld und über der Stütze *wesentlich* von denen abweichen, die sich nach der Elastizitätstheorie ergeben würden? Wir wählen hierzu nach Abb. 3.5b *willkürlich* Stützmomente von der Größe $M_{St} = -g \cdot l^2/24$. Dies entspricht 50 % des Wertes, der sich nach der Elastizitätstheorie ergibt, für das Feldmoment ergibt sich dann aus Gleichgewichtsgründen $M_F = g \cdot l^2/12$. Bei einer Bemessung für diese Momente ist somit im Feld annähernd doppelt soviel Bewehrung vorhanden wie über der Stütze.

Bis zur Rissbildung (Moment $M_{I/II}$) ist der Steifigkeitsverlauf entlang der Trägerachse wieder annähernd konstant, die Rissbildung im Feld und über den Stützen erfolgt fast gleichzeitig. Nach Rissbildung wächst das Stützmoment wegen der geringeren Steifigkeit wesentlich langsamer als das Feldmoment ($A_{s,St} \approx A_{s,F}/2$). Die Streckgrenze f_y und damit das plastische Moment M_{pl} wird wegen des geringen Bewehrungsgehalts über der Stütze wieder zuerst über der Stütze erreicht. Bei dieser Laststufe liegt die Stahlspannung im Feld noch voll im elastischen Bereich, vgl. Abb. 3.5d. Eine weitere Laststeigerung bis zum Erreichen des plastischen Momentes $M_{pl,F}$ im Feld führt nach Abb. 3.5d zu einer großen Stahldehnung im Stützenbereich. Das plastische Moment $M_{pl,F}$ im Feld kann bei der gewählten Bewehrungsführung nur erreicht werden bei einer großen plastischen Rotation Θ_{pl} über der Stütze. Wenn der obere annähernd horizontale Ast im Moment-Krümmungs-Diagramm der Abb. 3.2 sehr kurz ist, wird das Bruchmoment M_u über der Stütze ohne große plastische Verformung erreicht. Eine weitere Laststeigerung ist

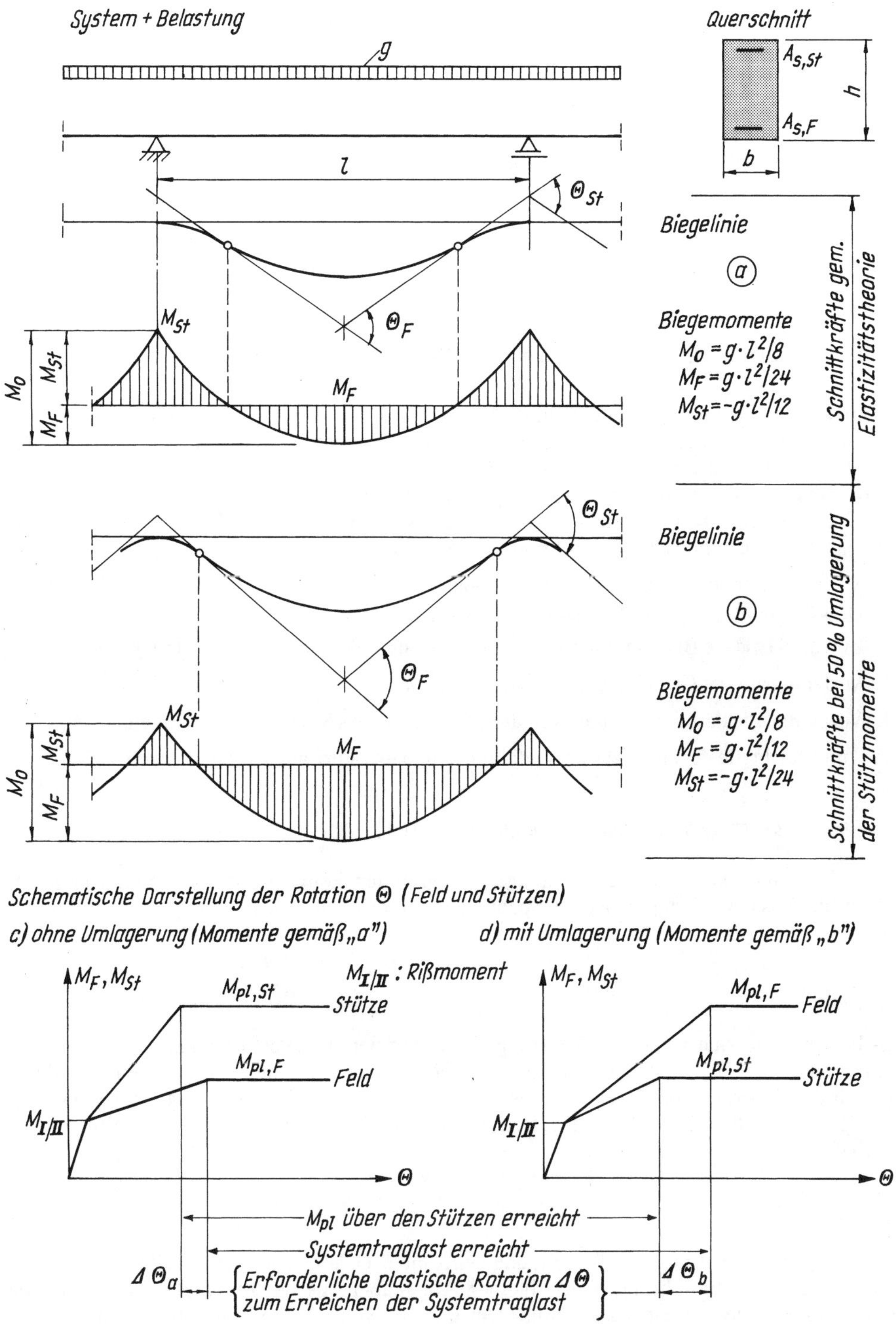

Abb. 3.5 Moment, Verformung und Rotation eines Stahlbetonträgers bei unterschiedlichen Bewehrungsgraden

nicht mehr möglich, das plastische Moment im Feld wird nicht erreicht. Die *Systemsteifigkeit* wird bei geringem Verformungsvermögen im Regelfall kleiner sein als bei einem großen Abstand zwischen Streckgrenze und Bruchfestigkeit des Stahls, vgl. hierzu die Angaben zur Duktilität im Abschn. 1.5.5. Man erkennt aus Abb. 3.5:

> Die Größe der erforderlichen plastischen Rotation eines Stahlbetontragwerks ist direkt abhängig von der Größe der angestrebten Momentenumlagerung [80.3].

3.3 Grundlagen der Schnittgrößenermittlung

In DIN 1045-1, 8 sind die für die Schnittgrößenermittlung vorgesehenen Verfahren angeführt, in DIN 1045-1, 7 werden Grundlagen zur Schnittgrößenermittlung genannt und zulässige Idealisierungen und Vereinfachungen angegeben. Allen Verfahren ist gemeinsam, dass bei ihrer Anwendung die Gleichgewichtsbedingungen eingehalten werden müssen und dass das in DIN 1045 geforderte Zuverlässigkeitsniveau erreicht wird. Folgende Verfahren sind gem. DIN 1045-1, 8 für die Schnittgrößenermittlung vorgesehen:

1. Verfahren auf der Grundlage einer linear-elastischen Spannungs-Dehnungs-Beziehung und ungerissenem Querschnitt: Elastizitätstheorie, vgl. Abb. 3.1a
2. Linear-elastische Berechnungsverfahren mit anschließender Momentenumlagerung
3. Verfahren auf der Grundlage der Plastizitätstheorie
4. Verfahren, die das nichtlineare Verhalten des Baustoffes Stahl berücksichtigen.

Vor- und Nachteile der angeführten Verfahren sollen hier kurz angesprochen werden:

1. *Linear-elastische Berechnungsmethoden* (DIN 1045-1, 8.2)

Die Elastizitätstheorie ist die Grundlage der gesamten konventionellen Statik. Der idealelastische Zusammenhang zwischen Spannungen und Dehnungen wird im gesamten Bauteilbereich vorausgesetzt.

Vorteile:

Es besteht Linearität zwischen Belastung, Schnittgrößen und Verformung. Bei einer Belastungsänderung ändern sich auch die Schnittgrößen und Verformungen im gleichen Verhältnis. Es gilt das Superpositionsgesetz: die resultierenden Schnittgrößen können aus Überlagerung von Einzellastfällen ermittelt werden. Handbücher und Tabellenwerke sind in vielfältiger Form vorhanden.

Nachteile:

Die Steifigkeitsänderung bei Rissbildung wird nicht erfasst, auch der Einfluss der örtlich unterschiedlichen Bewehrungsmenge bleibt i. Allg. außer Ansatz. Die Tragfähigkeitsreserven eines Systems bleiben unberücksichtigt. Der Einfluss von Zwängungsschnittgrößen z. B. infolge Temperatureinwirkung kann nicht wirklichkeitsnah erfasst werden (nur Rechnung nach Zustand I). Als grundsätzlicher Mangel ist das Arbeiten mit verschiedenen Stoffgesetzen anzusehen: Linear-elastisch und Zustand I für die Schnittgrößenermittlung am System

(Abb. 3.1a) und nichtlinear nach Zustand II für die Bemessung im Querschnitt, vgl. hierzu Abschn. 5.

2. *Linear-elastische Berechnung mit Umlagerung (DIN 1045-1, 8.3)*

Für die Praxis ist die Schnittkraftermittlung nach der Elastizitätstheorie mit anschließender begrenzter Momentenumlagerung von besonderer Bedeutung. Einzelheiten hierzu werden gesondert im Abschn. 3.4 besprochen.

3. *Verfahren nach der Plastizitätstheorie (DIN 1045-1, 8.4)*

Einige Grundlagen wurden im Abschnitt 3.2 besprochen. Die wichtigsten Vor- und Nachteile sind:

Vorteile:

Die Tragfähigkeit des Systems kann i. Allg. bestimmt werden, es sind somit wirtschaftlichere Konstruktionen möglich. Es lassen sich mit der Plastizitätstheorie einfachere Rechenmodelle entwickeln.

Nachteile:

Es werden Schnittgrößen im Bruchzustand bestimmt, ein einwandfreies Verhalten unter Gebrauchslast ist gesondert nachzuweisen. Das Superpositionsgesetz ist nicht anwendbar, der Rechenumfang kann ansteigen, insbesondere wenn ein Rotationsnachweis zu führen ist.

4. *Nichtlineare Verfahren* (DIN 1045-1, 8.5)

Bei nichtlinearen Verfahren wird die Steifigkeit des Systems wirklichkeitsnah erfasst. Hierzu wird das Tragwerk in ausreichend kleine Abschnitte zerlegt, die Schnittgrößen werden geschätzt oder näherungsweise errechnet. Damit kann bereichsweise die Steifigkeit (Zustand I, Zustand II, A_s) bestimmt werden. Mit diesem über die Tragwerkslänge variablen Steifigkeitsverlauf werden die Schnittgrößen neu berechnet. Die Rechenschritte werden wiederholt, bis Konvergenz erreicht ist.

Vorteil:

Alle Laststufen von der Gebrauchslast bis zur Bruchlast werden erfasst (Systemtragfähigkeit). Nichtlineare Berechnungsmethoden sind somit sowohl für Nachweise unter Gebrauchslast als auch für Grenzzustände der Tragfähigkeit geeignet.

Nachteile:

Hoher Rechenaufwand, ohne EDV-Unterstützung nicht durchführbar. Für jede Lastkombination ist ein gesonderter Rechengang erforderlich, eine Überlagerung einzelner Lastfälle ist nicht möglich.

3.4 Linear-elastische Berechnung der Schnittgrößen

3.4.1 Ohne Umlagerung

Die Voraussetzungen für eine linear-elastische Berechnung der Schnittgrößen sind in DIN 1045-1, 8.2 angeführt. Die anzusetzende Steifigkeit wird aus den ungerissenen Betonabmessungen ermittelt, der Einfluss der Bewehrung bleibt im Regelfall unberücksichtigt. Wenn der Elastizitätsmodul benötigt wird, ist hierfür mit dem Sekantenmodul E_{cm} gem. (1.7) zu rechnen. Die Schnittgrößen werden am unverformten System ermittelt (Theorie I. Ordnung), wenn die Auswirkungen einer Rechnung nach Theorie II. Ordnung (Rechnung am verformten System) die Tragsicherheit um mehr als 10 % verringern, muss dies erfasst werden (DIN 1045-1, 7.1). Dies ist z. B. im Regelfall bei Systemen zutreffend, die durch Drucknormalkräfte beansprucht werden.

Bei statisch bestimmt gelagerten Trägern hat die Steifigkeitsverteilung keinen Einfluss auf die Schnittgrößen, diese können allein aus den Gleichgewichtsbedingungen bestimmt werden. Bei statisch unbestimmt gelagerten Systemen führt dagegen jede Steifigkeitsveränderung auch zu einer Änderung der Schnittgrößenverteilung. Eine solche Steifigkeitsänderung ergibt sich bei Stahlbetontragwerken schon im Gebrauchslastbereich durch Rissbildung, aber auch vor Rissbildung ist z. B. wegen des unterschiedlichen Bewehrungsgehaltes eine unterschiedliche Steifigkeit vorhanden. Die sich tatsächlich einstellenden Schnittgrößen weichen daher stets von den Ergebnissen einer linear-elastischen Rechnung ab. Nachweise bezüglich einer ausreichenden Verformungsfähigkeit sind bei linear-elastischer Schnittgrößenermittlung nicht erforderlich, wenn in allen biegebeanspruchten Bauteilen eine Mindestbewehrung eingebaut wird und die bezogene Druckzonenhöhe x/d als Maßstab für die Ausnutzung eines Querschnitts begrenzt wird. Einzelheiten zur Mindestbewehrung werden im Abschn. 4.7 besprochen. Für die Größe der bezogenen Druckzonenhöhe gelten gem. DIN 1045-1, 8.2 folgende Regeln für

a) Durchlaufträger mit $0{,}5 < l_{eff,1}/l_{eff,2} < 2{,}0$
b) Riegel von Rahmen
c) zweiachsig gespannte Platten:

$$\left.\begin{array}{ll} x/d \leqq 0{,}45 & \text{Beton} \leqq \text{C 50/60} \\ x/d \leqq 0{,}35 & \text{Beton} \geqq \text{C 55/67} \end{array}\right\} \qquad (3.1)$$

Hierbei ist

$l_{eff,1}/l_{eff,2}$ Stützweitenverhältnis benachbarter Felder mit annähernd gleicher Steifigkeit
x Druckzonenhöhe im Grenzzustand der Tragfähigkeit
d Nutzhöhe

Bei sehr stark ausgenutzten Tragwerken wird man die bezogenen Druckzonenhöhen auf die in (3.1) angegebenen Werte begrenzen, vgl. hierzu die Hinweise im Abschn. 8 über Druckbewehrung. Wenn dies nicht möglich ist oder das Stützweitenverhältnis benachbarter Felder außerhalb des bei (3.1) angegebenen Bereiches liegt, darf alternativ in folgender Weise vorgegangen werden:

a) Rechnerischer Nachweis einer ausreichenden Rotationsfähigkeit gem. den Angaben in Abschn. 16 *oder*

b) Umschnürung der Biegedruckzone durch Bügel zur Verbesserung der Rotationsfähigkeit.

Gem. DIN 1045-1, 13.1.1 (5) sind für eine solche Umschnürung Bügel $d_s \geqq 10$ mm in Abständen $s \leqq 200$ mm bzw. $s \leqq 0{,}25 \cdot h$ zu verwenden (breite Balken vgl. Text der Norm). Wenn sich bei Platten Werte x/d ergeben, die größer als die Grenzwerte in (3.1) sind, sollte die Konstruktion abgeändert werden. Wenn wesentliche Einwirkungen aus Zwang zu berücksichtigen sind, darf bei linear-elastischer Ermittlung der Schnittgrößen und Rechnung mit dem mittleren Elastizitätsmodul E_{cm} für Zwang der Teilsicherheitsbeiwert $\gamma_Q = 1{,}0$ angesetzt werden, vgl. DIN 1045-1, 5.3.3.

Die Schnittgrößenermittlung mit linear-elastischen Methoden ist für Nachweise im Grenzzustand der Tragfähigkeit und im Grenzzustand der Gebrauchstauglichkeit zugelassen.

3.4.2 Linear-elastische Berechnung mit begrenzter Umlagerung

Die unter Verwendung von linear-elastischen Methoden ermittelten Momente dürfen im Grenzzustand der Tragfähigkeit umgelagert werden. Rechnerische Nachweise zur Rotationsfähigkeit sind nicht erforderlich, wenn die in DIN 1045-1, 8.3 angegebenen Grenzwerte nicht überschritten werden [1.5]. Die Auswirkung einer Umlagerung muss durchgängig erfasst werden, es ist also die durch die Umlagerung bedingte Änderung aller Schnittgrößen zu erfassen (Momente, Querkräfte, Auflagerkräfte).

Die nachfolgend angegebenen Grenzwerte wurden für eine Umlagerung von der Stütze zum Feld entwickelt. Eine Umlagerung vom Feld zur Stütze hin ist zwar zulässig, jedoch aus konstruktiven Gründen nicht sinnvoll, u. a. wegen der Häufung von Bewehrung über der Stütze. Wenn eine Umlagerung vom Feld zur Stütze erfolgt, sollte grundsätzlich die ausreichende Rotationsfähigkeit rechnerisch gem. den Angaben in Abschn. 16 nachgewiesen werden [1.5].

Die linear-elastische Schnittgrößenermittlung mit anschließender begrenzter Momentenumlagerung darf gem. DIN 1045-1, 8.3 ohne Rotationsnachweis angewendet werden für

a) Durchlaufträger mit $0{,}5 < l_{eff,1}/l_{eff,2} < 2{,}0$

b) Riegel von unverschieblichen Rahmen

c) vorwiegend auf Biegung beanspruchte durchlaufende Bauteile wie z. B. Platten.

Für die mögliche Umlagerung gelten folgende Grenzwerte:

a) Hochduktiler Stahl (vgl. Abb. 1.13).

$$\left.\begin{array}{ll} \delta \geqq 0{,}64 + 0{,}8 \cdot x_d/d \geqq 0{,}7 & \text{Beton bis C 50/60} \\ \delta \geqq 0{,}72 + 0{,}8 \cdot x_d/d \geqq 0{,}85 & \text{Beton ab C 55/67} \end{array}\right\} \quad (3.2)$$

b) Normalduktiler Stahl

$$\left.\begin{array}{ll} \delta \geqq 0{,}64 + 0{,}8 \cdot x_d/d \geqq 0{,}85 & \text{Beton bis C 50/60} \\ \delta = 1{,}0 \text{ (Keine Umlagerug)} & \text{Beton ab C 55/67} \end{array}\right\} \quad (3.3)$$

In (3.2) und (3.3) ist

δ	Verhältnis des umgelagerten Moments zum Ausgangsmoment vor Umlagerung
x_d	Druckzonenhöhe im Grenzzustand der Tragfähigkeit nach Umlagerung
d	Nutzhöhe

Für Eckknoten unverschieblicher Rahmen ist die Umlagerung auf $\delta = 0{,}9$ begrenzt. In verschieblichen Rahmen ist die Größe der Eckmomente ein maßgebender Faktor für die Stabilität des Rahmens, eine Momentenumlagerung ist daher in verschieblichen Rahmen unzulässig. In Tragwerken aus unbewehrtem Beton ist eine Momentenumlagerung unzulässig, da die für das Rotationsvermögen notwendigen Stahleinlagen fehlen.

In Abb. 3.6 ist die zulässige Umlagerung für Betonfestigkeitsklassen ≦ C 50/60 aufgetragen. Hervorzuheben ist, dass bei Platten mit normalduktiler Bewehrung die Umlagerung auf

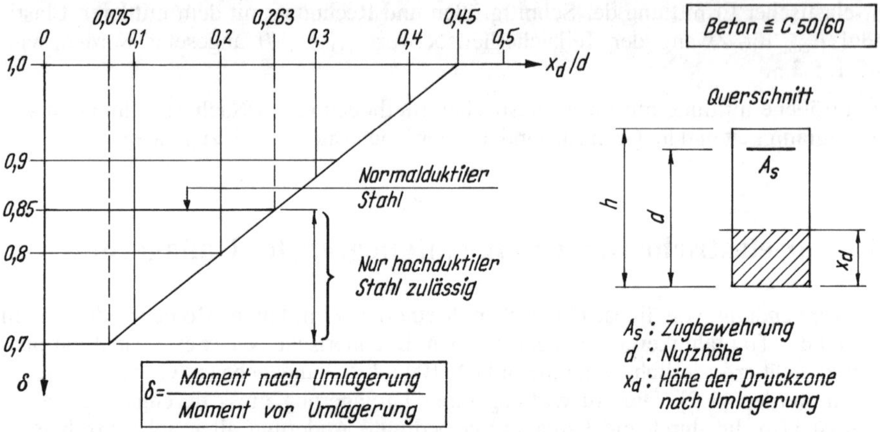

Abb. 3.6 Grenzwerte der möglichen Momentenumlagerung gem. DIN 1045-1,8.3

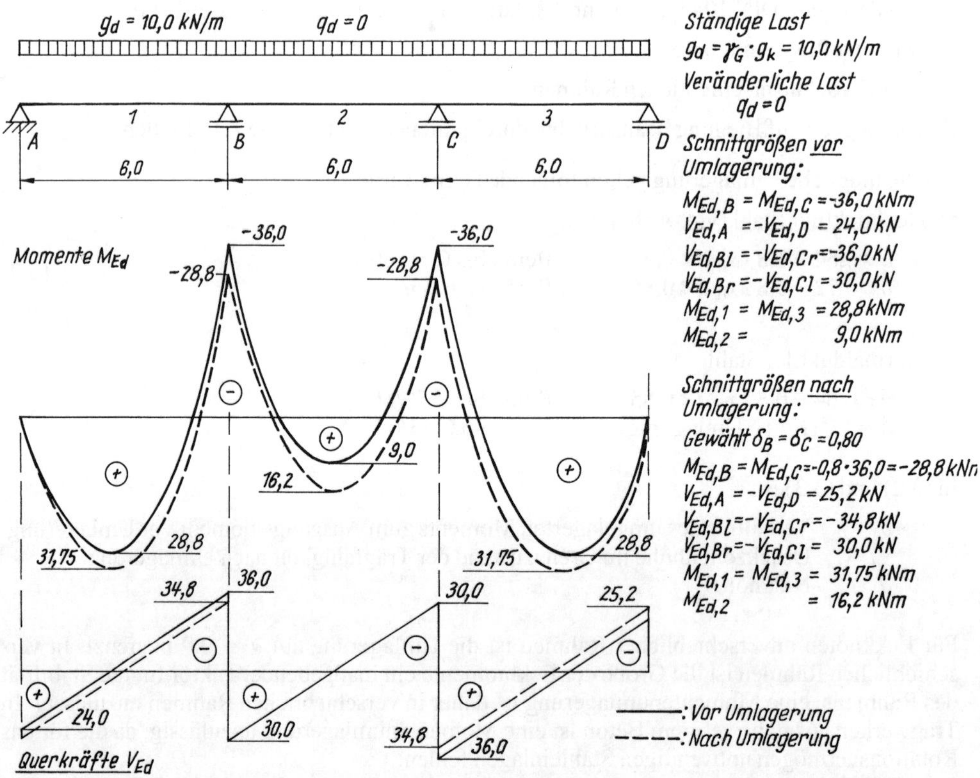

Abb. 3.7 Momentenumlagerung bei einem nur durch ständige Einwirkungen beanspruchten Dreifeldträger

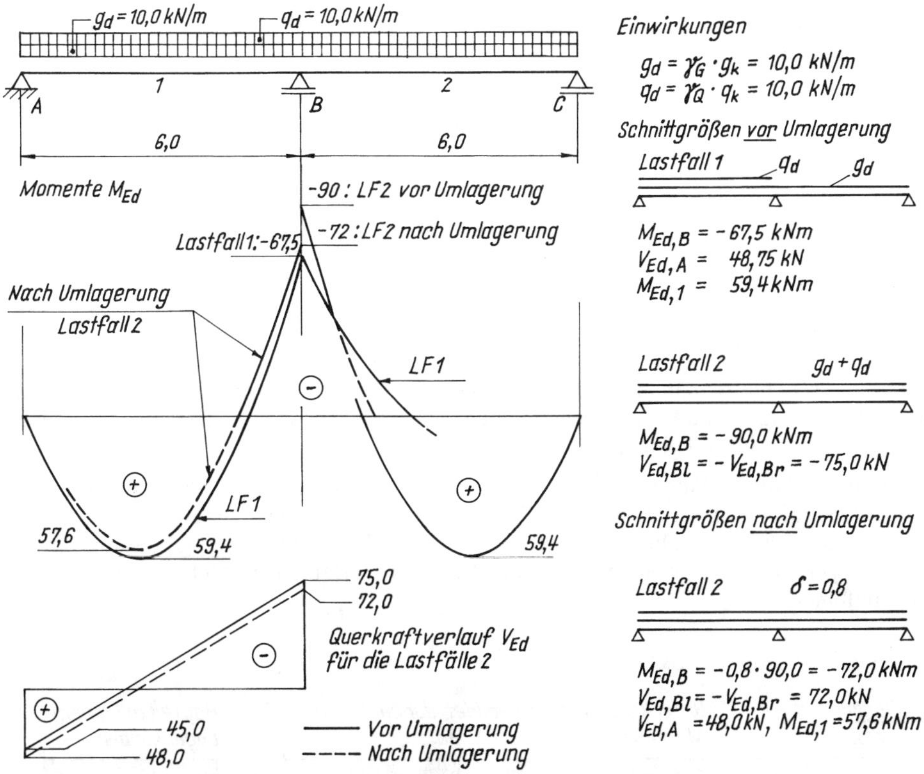

Abb. 3.8 Momentenumlagerung bei einem Zweifeldträger mit einem hohen Anteil an veränderlichen Einwirkungen

δ = 0,85 beschränkt ist, weil ein rechnerischer Nachweis der Rotationsfähigkeit bei Platten kaum zu führen ist.

In Abb. 3.7 wird die Momentenumlagerung für einen nur durch ständige Lasten g_d beanspruchten Träger gezeigt. Man erkennt, dass in einem solchen Fall die Verminderung der Stützmomente eine Vergrößerung der Feldmomente bewirkt.

In Abb. 3.8 wird die Momentenumlagerung beispielhaft für einen Zweifeldträger mit einem hohen Anteil veränderlicher Lasten gezeigt. Man erkennt, dass eine Verminderung der minimalen Stützmomente zwar eine Vergrößerung der bei *diesem* Lastfall vorhandenen Feldmomente bewirkt, dass aber für die Bemessung im Feld weiterhin die bei anderer Laststellung ermittelten maximalen Feldmomente maßgebend bleiben. Die Wahl von δ ist prinzipiell im Rahmen der durch (3.2) und (3.3) gegebenen Grenzen der bezogenen Druckzonenhöhen freigestellt. In Abb. 3.8 wurde angenommen, dass bei δ = 0,8 für die bezogene Druckzonenhöhe $x_d/d \leqq 0{,}2$ gilt und mit hochduktilem Betonstahl bemessen wurde.

3.5 Ergänzende Hinweise zur Ermittlung von Schnittgrößen

3.5.1 Bestimmung der wirksamen Stützweite

Wenn ein Bauteil durch besondere Lagerkörper unterstützt wird, ist die Stützweite eines Systems durch den Mittenabstand der Lagerkörper definiert. Im Hochbau werden nur sehr selten Lagerkörper eingebaut, die wirksame Stützweite l_{eff} ist daher vor Beginn einer Berechnung festzulegen. Nach DIN 1045-1, 7.3.1 gilt hierfür

$$l_{eff} = l_n + a_1 + a_2 \tag{3.4}$$

Hierin ist l_n der lichte Abstand zwischen den Auflagervorderkanten, die Teillängen a_1 und a_2 sind von den Auflager- und Einspannbedingungen abhängig und sollen „in geeigneter Weise“ festgelegt werden. Abb. 3.9 gibt hierzu einige Hinweise.

Bei zu geringen Auflagerlängen wachsen die Pressungen zwischen dem Stahlbetonbauteil und der Unterkonstruktion rasch an, auch die Verankerung der unteren Zugbewehrung erfordert bestimmte Auflagerlängen. Die Auflagerlängen sollten daher nicht zu gering gewählt werden, für Endauflager von Platten werden Werte $a_i \geqq 12$ cm und bei Balken und Unterzügen $a_i \geqq 20$ bis 25 cm empfohlen.

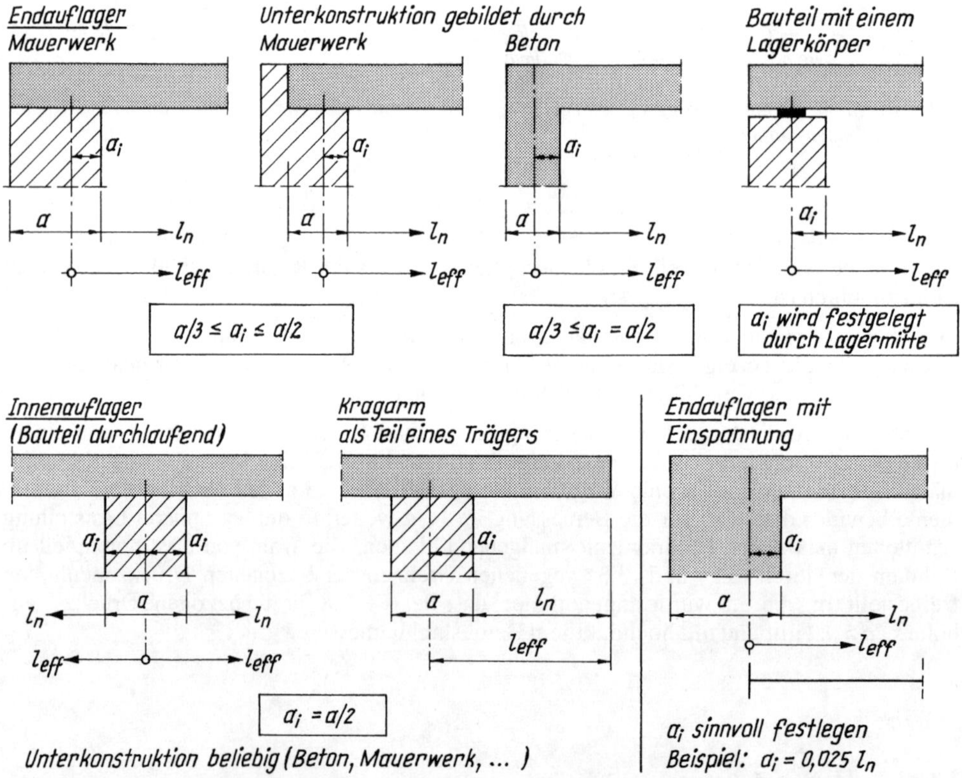

Abb. 3.9 Hinweise zur Bestimmung der wirksamen Stützweite l_{eff} (i = 1 oder 2)

3.5.2 Idealisierungen bei der Systemfestlegung

Es wurde bereits darauf hingewiesen, dass eine *genaue* Berechnung der sich einstellenden Schnittgrößen nicht erreichbar ist wegen Unsicherheiten bezüglich des Bewehrungsgehaltes, der Rissbildung, und weil die tatsächlich vorhandenen Auflagerbedingungen nur unvollkommen erfassbar sind. Es sind daher Idealisierungen notwendig, wenn hierdurch Fehler bei der Schnittgrößenermittlung entstehen, können deren Folgen teilweise durch konstruktive Maßnahmen nach Abschluss der Berechnung kompensiert werden. Zu den wesentlichen Idealisierungen zählen:

a) Durchlaufende Platten und Balken dürfen unter der Annahme frei drehbarer Lagerung berechnet werden (DIN 1045-1, 7.3.2).

b) Der Gleichgewichtszustand wird i. Allg. am nicht verformten System nachgewiesen (Theorie I, Ordnung). Im üblichen Hochbau dürfen auch Auswirkungen einer Rechnung nach Theorie II. Ordnung vernachlässigt werden, wenn sie die Tragfähigkeit um weniger als 10 % verringern (DIN 1045-1, 7.1).

3.5.3 Lastanordnung zur Bestimmung der maßgebenden Schnittgrößen

Für die Ermittlung der Bemessungswerte im Hochbau werden die Verkehrs- oder Nutzlasten in feldweise ungünstigster Stellung angesetzt. Abb. 3.10 enthält ein Beispiel für einen Mehrfeldträger. Für die ständigen Lasten ist gem. Abschn. 2.2.2 im Grenzzustand der Tragfähigkeit für alle Felder einheitlich mit $\gamma_{G,sup}$ und in einem weiteren Rechnungsgang mit $\gamma_{G,inf}$ gem. Abb. 2.6 zu rechnen. Mit $\gamma_{G,sup}$ erhält man i. Allg. die betragsmäßig größten Feld- und Stützmomente, mit $\gamma_{G,inf}$ die minimalen Feldmomente und die ungünstigste Lage der Momentennullpunkte.

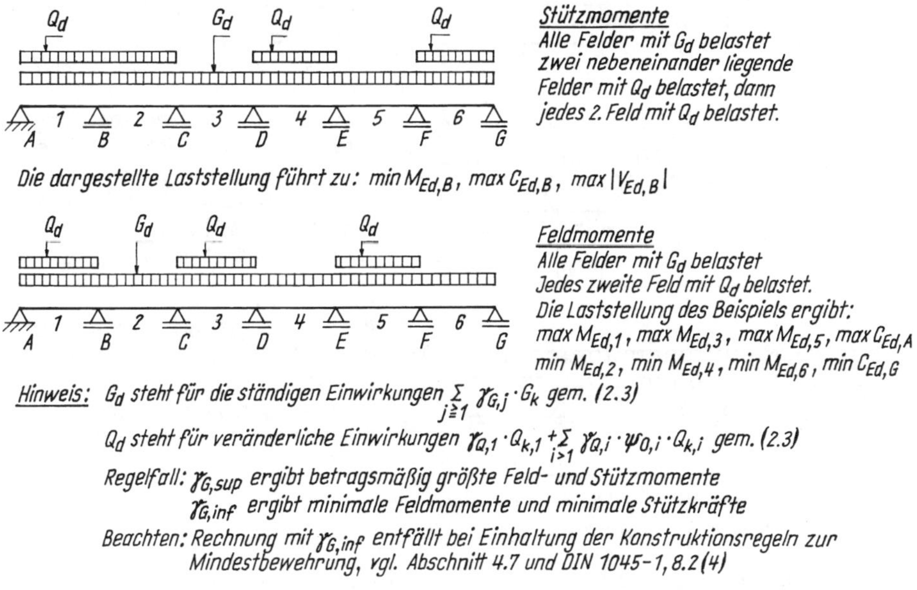

Abb. 3.10 Beispiel: Ungünstigste Laststellung bei einem Durchlaufträger über 6 Felder

Der Rechengang mit $\gamma_{G,inf}$ entfällt im üblichen Hochbau, wenn die Konstruktionsregeln für die Mindestbewehrung eingehalten werden, vgl. hierzu DIN 1045-1, 8.2 und den Hinweis hiezu im Abschnitt 2.2.2. Für Träger mit gleichen Feldweiten stehen umfangreiche Tabellen zur Schnittgrößenbestimmung zur Verfügung, die vor allem für die Vordimensionierung wertvoll sind. Für die endgültige Berechnung erfolgt die Schnittgrößenermittlung mit in vielfältiger Form vorhandenen EDV-Anlagen.

3.5.4 Vereinfachungen bei der Bestimmung von Auflager- und Querkräften

Für die Auflagerreaktionen von einachsig gespannten Bauteilen sind gem. DIN 1045-1, 7.3.2 weitere Vereinfachungen zulässig, die in Abb. 3.11 zusammengestellt sind. Die Stützkräfte dürfen hiernach unter der Annahme frei drehbarer Lagerung und unter Vernachlässigung der Durchlaufwirkung ermittelt werden. Für die erste Innenstütze von Durchlaufträgern sowie für Innenauflager mit Stützweitenverhältnissen benachbarter Felder außerhalb eines Bereiches $0{,}5 < l_{eff,1}/l_{eff,2} < 2{,}0$ sollte dagegen die Durchlaufwirkung erfasst werden.

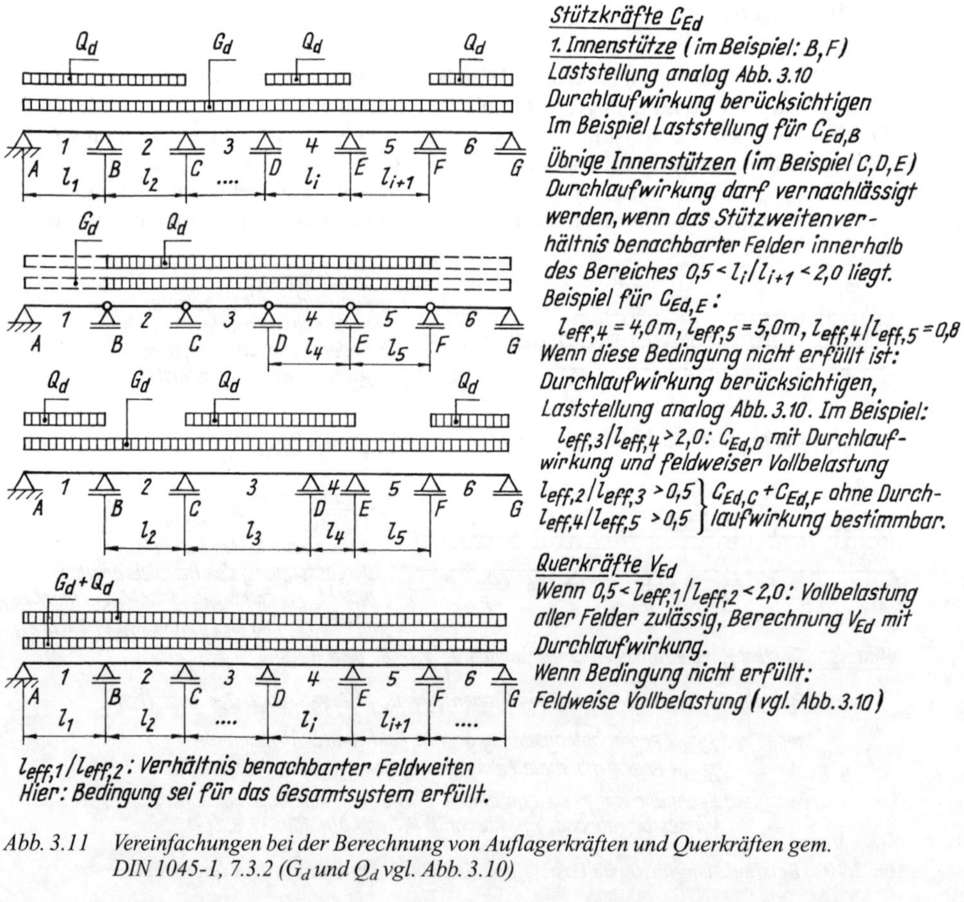

Abb. 3.11 Vereinfachungen bei der Berechnung von Auflagerkräften und Querkräften gem. DIN 1045-1, 7.3.2 (G_d und Q_d vgl. Abb. 3.10)

Die maßgebenden Querkräfte dürfen im üblichen Hochbau gem. DIN 1045-1, 7.3.2 für Vollbelastung aller Felder ermittelt werden, solange das Stützweitenverhältnis benachbarter Felder innerhalb des Bereiches $0{,}5 < l_{eff,1}/l_{eff,2} < 2{,}0$ liegt, vgl. Abb. 3.11. Wenn die angegebenen Grenzwerte nicht zutreffen, sind Auflager- und Querkräfte gem. Abb. 3.10 zu bestimmen. Man wird von den skizzierten Möglichkeiten stets Gebrauch machen: Geringere Stützkräfte wirken sich auf die gesamte Unterkonstruktion aus, die Querkräfte sind ein Maßstab für die Größe von Schub- und Verbundspannungen.

3.5.5 Abminderung von Stützmomenten

Die Annahme einer schneidenförmigen Auflagerung in der statischen Berechnung stimmt mit der Wirklichkeit nicht überein. Für die Bemessung von durchlaufenden Stahlbetonkonstruktionen sind daher die Stützmomente im Bereich der Auflagerung entsprechend den vorliegenden Lagerungsbedingungen zu korrigieren („abzumindern“). Dabei sind zwei Fälle zu unterscheiden:

a) Auflagerung auf Mauerwerk (Stahlstütze, Betonfertigteil)

Bei nicht monolithischer Verbindung mit der Unterkonstruktion unterstellt man eine gleichmäßige Verteilung der Auflagerreaktionen C_{Ed} über die Auflagerbreite a. Das in der statischen Berechnung ermittelte Moment M_{Ed} wird dann in der rechnerischen Auflagerlinie gem. Abb. 3.12 um den Betrag ΔM_{Ed} auf den Bemessungswert M'_{Ed} reduziert:

$$\left.\begin{aligned} M'_{Ed} &= M_{Ed} - \Delta M_{Ed} \\ |M'_{Ed}| &= |M_{Ed}| - C_{Ed} \cdot a/8 \end{aligned}\right\} \qquad (3.5)$$

Hierin ist (vgl. DIN 1045-1, 7.3.2)

M_{Ed}	Bemessungswert des Stützmoments bei Schneidenlagerung
M'_{Ed}	Bemessungswert des Stützmoments nach Ausrundung
C_{Ed}	Bemessungswert der Auflagerreaktion
a	Auflagerbreite
ΔM_{Ed}	Abzugswert

b) Auflagerung auf Stahlbeton

Bei monolithischer Verbindung des lastabgebenden Bauteils mit dem unterstützenden Bauteil darf bei durchlaufenden Bauteilen gem. DIN 1045-1, 7.3.2 als Bemessungsmoment das Moment am Rande der Unterstützung zugrunde gelegt werden. Das ausgerundete Moment in der Mitte der Unterstützung wird für die Bemessung nicht maßgebend wegen der möglichen Vergrößerung der Nutzhöhe d im Bereich der Unterstützung. Hieraus folgt auch, dass bei gleicher Nutzhöhe von lastabgebendem und lastaufnehmendem Bauteil mit dem ausgerundeten Mittenmoment M'_{Ed} gem. (3.5) bemessen werden sollte.

Für die Größe des Randmoments $M_{Ed,I}$ folgt damit nach Abb. 3.12

$$M_{Ed,I} = M_{Ed} + V_{Ed,li} \cdot b/2 - (g_d + q_d) \cdot (b/2) \cdot (b/4)$$

Der Einfluss der einwirkenden Belastung $g_d + q_d$ auf die Größe des Randmomentes ist vernachlässigbar gering. Für die Bemessungsmomente an den Auflagerrändern erhält man damit

$$\left.\begin{aligned} M_{Ed,I} &= M_{Ed} + |V_{Ed,li}| \cdot b/2 \\ M_{Ed,II} &= M_{Ed} + |V_{Ed,re}| \cdot b/2 \end{aligned}\right\} \qquad (3.6)$$

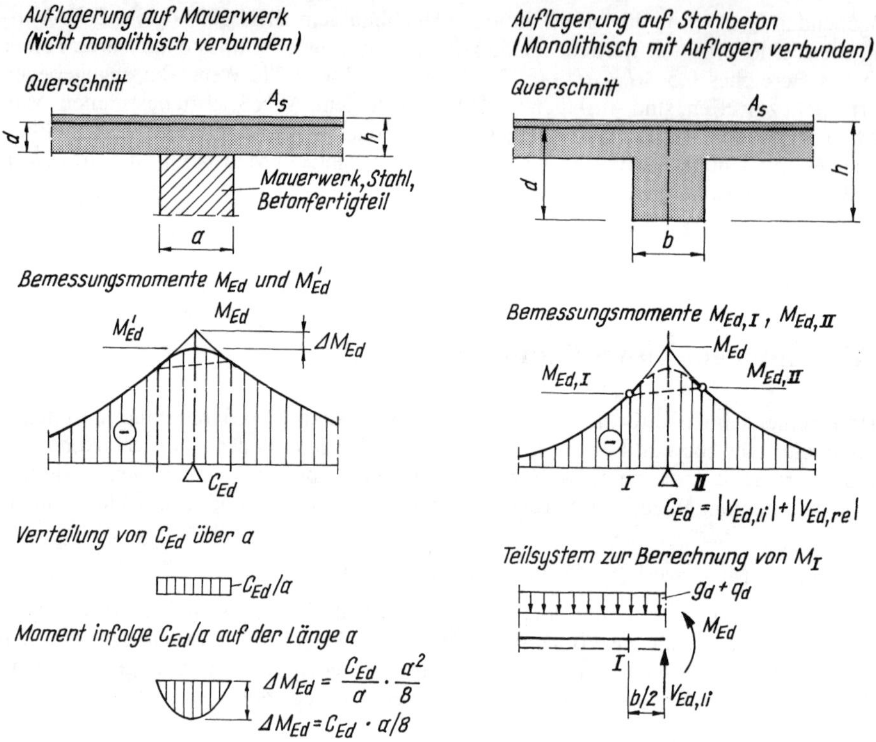

Abb. 3.12 Zur Abminderung von Stützmomenten

Hierin ist:

M_{Ed}	Bemessungswert des Stützmoments bei Schneidenlagerung (negativ)
$M_{Ed,I/II}$	Bemessungsmoment am linken bzw. rechten Rand der Unterstützung
$V_{Ed,li}$, $V_{Ed,re}$	Bemessungswert der einwirkenden Querkraft links bzw. rechts von der Unterstützung
b	Breite der Unterstützung

Das betragsmäßig größere Moment $M_{Ed,li}$ oder $M_{Ed,re}$ ergibt sich bei der kleineren Bemessungsquerkraft $V_{Ed,li}$ oder $V_{Ed,re}$. Moment M_{Ed} und Querkräfte V_{Ed} werden bei der gleichen maßgebenden Laststellung ermittelt, vgl. z. B. min $M_{Ed,B}$ in Abb. 3.10. Wenn V_{Ed} unter Ansatz der Vereinfachungen gem. Abb. 3.11 errechnet wird, wird das Mittenmoment etwas weniger als zulässig abgemindert.

3.5.6 Mindestwert von Biegemomenten

Die Deckenplatten sind mit den Unterzügen, diese mit den Stützen biegesteif verbunden. Die Annahme einer freien Drehbarkeit der Tragwerke an den Auflagerstellen ist eine Idealisierung zur Rechenvereinfachung. Je größer der Verdrehwiderstand der unterstützenden Konstruktion, umso größer ist auch der durch diese Idealisierung mögliche Fehler. Bei *monolithischer* Ver-

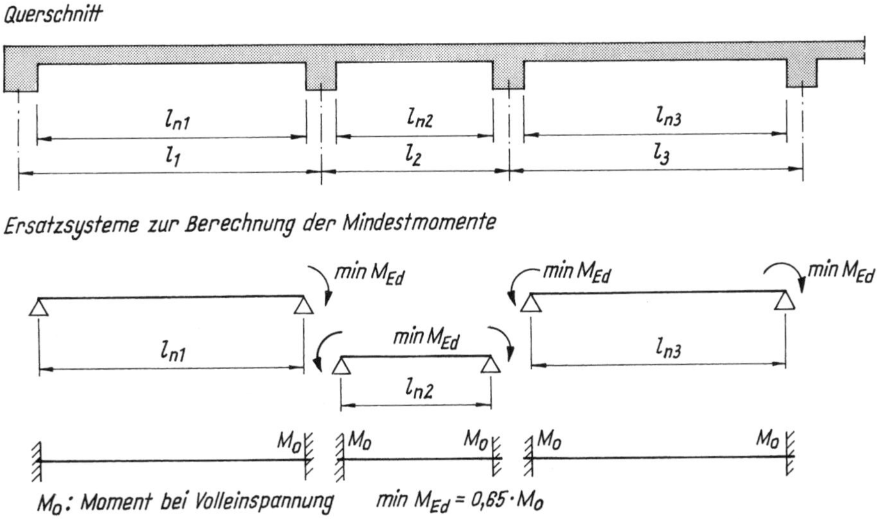

Abb. 3.13 Zur Bestimmung der Mindestmomente am Auflagerrand

bindung eines Bauteils mit der Unterstützung sind daher bei durchlaufenden Systemen die Anschnittsmomente $M_{Ed,I}$ und $M_{Ed,II}$ mit Mindestwerten min M_{Ed} zu vergleichen, die nicht unterschritten werden dürfen. Mit diesen Mindestwerten sollen auch Fehler infolge unberücksichtigter Abweichungen des Tragsystems von der Solllage erfasst werden. Gemäß DIN 1045-1, 7.3.2 und DIN 1045-1, 8.2 soll das Mindestmoment nicht geringer sein als 65 % des Volleinspannmoments am Auflagerrand:

$$\min M_{Ed} = 0{,}65 \cdot M_0 \tag{3.7}$$

Hierin ist M_0 das Volleinspannmoment am Auflagerrand unter Ansatz der lichten Stützweite l_n zwischen den Unterstützungen. Sehr häufig liegen Tragsysteme vor, die nur durch Gleichlasten $g_d = \gamma_G \cdot g_k$ und nur durch *eine* unabhängige, gleichmäßig verteilte veränderliche Einwirkung $q_d = \gamma_Q \cdot q_k$ belastet werden. Dann kann (3.7) in folgender Form geschrieben werden, vgl. hierzu Abb. 3.13:

Erste Innenstütze im Endfeld ($l_n \triangleq l_{n1}$)

$$\min M_{ED} = -0{,}65 \cdot (g_d + q_d) \cdot l_n^2/8$$

$$\min M_{Ed} \approx -(g_d + q_d) \cdot l_n^2/12 \tag{3.8}$$

Übrige Innenstützen ($l_n \triangleq l_{n2}$ oder $l_n \triangleq l_{n3}$)

$$\min M_{Ed} = -0{,}65 \cdot (g_d + q_d) \cdot l_n^2/12$$

$$\min M_{Ed} \approx -(g_d + q_d) \cdot l_n^2/18 \tag{3.9}$$

In Abb. 3.13 sind die anzusetzenden Systeme erläutert. Bei stark ungleichen Feldweiten ergeben sich bei einer Rechnung nach linear-elastischen Methoden für die kleinen Felder keine oder nur sehr geringe positive Feldmomente. Ein Nachweis für Mindest-Feldmomente wird in DIN 1045-1 für entbehrlich gehalten, weil für alle biegebeanspruchten Bauteile eine Mindestbewehrung vorgeschrieben ist, vgl. hierzu Abschn.4.7.

3.5.7 Bestimmung von Momentennullpunkten

Die Lage der Momentennullpunkte ist wichtig für die Festlegung der Länge der oberen Bewehrung. Eine Tafel zur Bestimmung von Momentennullpunkten findet man in früheren Auflagen dieses Buches. Da heute die Schnittkraftermittlung fast ausschließlich elektronisch erfolgt, wird hier auf eine erneute Wiedergabe verzichtet.

3.5.8 Nutzlasteinfluss in vertikalen Traggliedern

Wenn bei der Bemessung von Stützen die Nutzlasten von mehr als zwei Geschossen zu berücksichtigen sind, ist es unwahrscheinlich, dass diese Lasten gleichzeitig mit ihrem vollen Wert auftreten. Gemäß DIN 1055-3, Abschn. 4 dürfen daher die Nutzlasten der Kategorien A bis D (Abb. 2.5) mit den Faktor α_n abgemindert werden.

$$\alpha_n = 0{,}7 + 0{,}6/n \tag{3.10}$$

Hierin ist n die Anzahl der Geschosse oberhalb des belasteten Bauteils. α_n darf nicht angesetzt werden, wenn die Lasteinzugsflächen mit α_A gem. (2.10) abgemindert wurden oder wenn bei mehreren unabhängigen veränderlichen Einwirkungen eine Abminderung von Verkehrslasten mit Kombinationsbeiwerten ψ erfolgte [2.8J].

3.6 Berechnung, Bemessung, Konstruktion

Die Ermittlung von Schnittgrößen wird heute sehr weitgehend computerunterstützt durchgeführt. Die Ergebnisse einer solchen Berechnung können aus vielerlei Gründen von denen abweichen, die sich in Wirklichkeit einstellen; erwähnt werden in [1.8] u. a. die folgenden Ursachen:

1. Idealisierungen des Systems
2. Idealisierungen bei den Einwirkungen
3. Idealisierungen beim Werkstoffverhalten
4. Vernachlässigung des teilweisen Übergangs von Zustand I in Zustand II
5. Ungenauigkeiten im Rechenprogramm.

Programminterne Rechenkontrollen decken Fehler nach Punkt 5 auf, der Einfluss der übrigen Punkte kann um ein Vielfaches höher sein [1.8]. Man sollte daher die Ergebnisse jeder EDV-Berechnung mit einfachen Näherungsmethoden auf Plausibilität überprüfen,. eine graphische Darstellung des Systems, des Lastbildes und der wichtigsten Ergebnisse sollte selbstverständlich sein. Plattentragwerke werden heute sehr häufig elektronisch mit Hilfe der FE-Methode bearbeitet. Auf Schwierigkeiten und Fehlermöglichkeiten sowie Grenzen dieser Methode wird in [60.12] hingewiesen. *Avak* gibt in [29] wertvolle Hinweise für Berechnungen mit der FE-Methode und für die Interpretation der Ergebnisse. Grobe Fehler wurden hier beobachtet bei fehlerhafter Eingabe der Umrandung von Flächentragwerken. Insbesondere aber sollte jeder Bauingenieur, der sich mit Berechnung und Konstruktion von Stahlbetontragwerken befasst, die Grundlagen dieser Bauweise vor Augen haben und die Ergebnisse seiner statischen Berechnung als Vorgabe für die wichtigere Konstruktionsarbeit ansehen, vgl. [20], [21], [1.11] und Editorial in [60.12].

4 Vorschriften und konstruktive Grundlagen

4.1 Dauerhaftigkeit

4.1.1 Allgemeine Anforderungen

Gemäß DIN 1055-100, 4.2 ist ein Tragwerk so zu bemessen, dass zeitabhängige Eigenschaftsveränderungen die Dauerhaftigkeit und das Verhalten des Tragwerks während der geplanten Nutzungsdauer nicht unvorhergesehen beeinträchtigen. Diese Anforderung nach einem angemessen dauerhaften Tragwerk ist nach DIN 1045-1, 6.1 erfüllt, wenn das Tragwerk während der vorgesehenen Nutzungsdauer seine Tragfähigkeit und Gebrauchstauglichkeit ohne wesentlichen Verlust der Nutzungseigenschaften bei angemessenem Erhaltungsaufwand behält.

Die Dauerhaftigkeit eines Tragwerks kann sowohl durch direkte als auch durch indirekte Einwirkungen beeinträchtigt werden. Zu den *indirekten* Einwirkungen gehören z. B. Verformungen und Rissbildungen, die während der Nutzungsdauer auftreten können. Hierdurch können die Gebrauchseigenschaften eines Tragwerks verändert werden. Ausreichende Dauerhaftigkeit für diese indirekten Einflüsse betreffen den Grenzzustand der Gebrauchstauglichkeit, Einzelheiten hierzu werden im Abschn. 6 dieses Buches besprochen. Zu den *direkten* Einwirkungen gehören chemische und physikalische Einflüsse, denen das Tragwerk selbst oder die Baustoffe Beton oder Stahl während der Nutzungsdauer ausgesetzt sein können.

Die angeführten Anforderungen an die Dauerhaftigkeit gelten nach DIN 1045-1, 6.1 (2) als sichergestellt, wenn neben den Nachweisen im Grenzzustand der Tragfähigkeit und der Gebrauchstauglichkeit die in DIN 1045 angegebenen konstruktiven Regeln sowie die Anforderungen an die Zusammensetzung und Eigenschaften des Betons erfüllt sind. Darüber hinaus sind insbesondere die in DIN 1045-1, 6.2 und 6.3 zusammengefassten Vorschriften zur Sicherstellung einer angemessenen Dauerhaftigkeit bei direkter Einwirkung auf Bauteile oder Baustoffe zu beachten.

4.1.2 Betonkorrosion

Unter Betonkorrosion werden Schädigungen des Betons durch betonangreifende Stoffe oder durch betonangreifende physikalische Einflüsse verstanden. Zu den angreifenden Stoffen zählen sulfathaltige wässerige Lösungen, die in das Porengefüge des Zementsteins eindringen. Durch Reaktion mit Bestandteilen des Zements entsteht Ettringit, dies ist mit starker Volumenvergrößerung verbunden. Hierdurch kann es zur Rissbildung im Beton kommen, diese Rissbildung fördert den Wasserzutritt und bei sulfathaltigen Lösungen eine Verstärkung der Ettringitbildung. Die Betonschädigung erfolgt durch Rissbildung: *Treibende* Betonkorrosion.

Im Gegensatz hierzu erfolgt bei der *lösenden* Betonkorrosion ein Angriff des Zementsteins durch bestimmte Säuren oder Salze sowie durch organische Öle und Fette. Durch Säuren werden Teile des Zements in leicht lösliche Verbindungen überführt. Öle und Fette können zu einer Lockerung des Betongefüges führen. In [1.3] und [2.1] findet der Leser ausführliche Hinweise und Beispiele bezüglich der Betonkorrosion.

Bei *gleichmäßiger* Erwärmung oder Abkühlung in dem im Hochbau üblichen Temperaturbereich (etwa – 25 °C bis + 40 °C) werden keine wesentlichen Änderungen der Betonfestigkeiten beobachtet. *Plötzliche* hohe Erwärmung z. B. im Brandfall führt zu hohen Eigenspannungen im Beton und bei schneller Abkühlung zu Abplatzungen. Durch das Eindringen von Wasser in den *erhärteten* Beton entstehen bei Frost i. Allg. keine Schäden, da ein Eindringen des gefrierenden Wassers bei der auftretenden Volumenvergrößerung in benachbarte, luftgefüllte Poren möglich ist. Wasser in größeren Hohlräumen oder Rissen im Beton erfährt jedoch bei Frost eine Volumenvergrößerung um 9 %, das Betongefüge wird in diesen Fällen durch den entstehenden Eisdruck gesprengt.

4.1.3 Bewehrungskorrosion

Eine wesentliche Voraussetzung für die Dauerhaftigkeit von Stahlbetonbauwerken ist der Korrosionsschutz der Bewehrung. Im noch nicht karbonatisierten Beton ist der Stahl i. Allg. dauerhaft gegen Korrosion geschützt. Ursache für diesen hohen Korrosionsschutz ist die Alkalität des Porenwassers im Beton, die zu pH-Werten von etwa 13 führt. Hierdurch bildet sich auf den Stählen eine Schutzschicht, die Korrosion sicher verhindert. Bei Zufuhr von Kohlendioxid karbonatisiert der Beton, vereinfacht nach der Formel

$$Ca\,(OH)_2 + CO_2 \rightarrow Ca\,CO_3 + H_2O$$

Wenn die Betonschicht zwischen Betonaußenkante und Stahl vollständig karbonatisiert ist, sinkt der pH-Wert infolge des Fehlens von Calciumhydroxid unter den Wert ab, der zur Bildung der Schutzschicht (Passivschicht) erforderlich ist (pH ≈ 9). Erst nach Depassivierung (Zerstörung) der Schutzschicht kann der Stahl rosten. Hieraus folgt die Wichtigkeit einer ausreichend dicken und möglichst dichten Betondeckung.

Die Rostbildung verläuft nach *Schießl* [80.1] in zwei Einzelschritten, vgl. Abb. 4.1 linker Teil:

In einem elektrolytischen Vorgang werden nach Depassivierung der Schutzschicht zunächst positiv geladene Eisenionen aus dem Stahl gelöst. Hierfür ist die Anwesenheit von Feuchtigkeit erforderlich. In einem zweiten Schritt bilden die überschüssigen Elektronen ($2e^-$) bei Anwesenheit von Sauerstoff und Wasser Rost (Fe_2O_3). Damit ergibt sich zwingend

Korrosion kann in trockenem Beton nicht auftreten, weil der angedeutete elektrolytische Teilprozess wegen des Fehlens von Feuchtigkeit nicht stattfinden kann.
Korrosion kann in wassergesättigtem Beton nicht auftreten, weil der notwendige Sauerstoff nicht zur Verfügung steht.

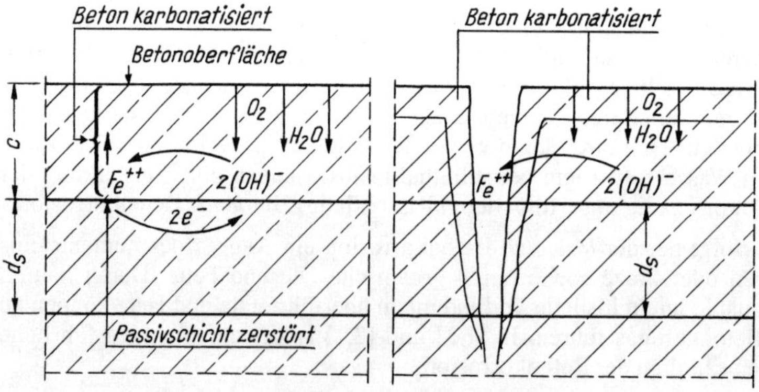

Abb. 4.1 Korrosionsvorgang. Vereinfachte Darstellung nach Schießl
Linker Teil: Korrosionsvorgang im ungerissenen Beton
Rechter Teil: Korrosionsvorgang im Bereich von Rissen

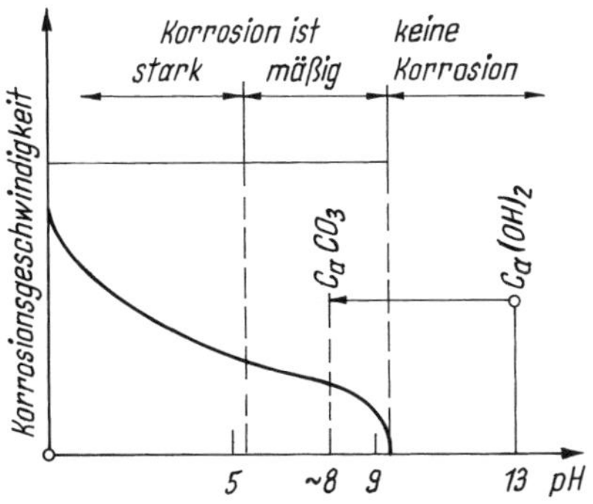

Abb. 4.2a
Zusammenhang zwischen ph-Wert und Korrosionsgeschwindigkeit [2.1]

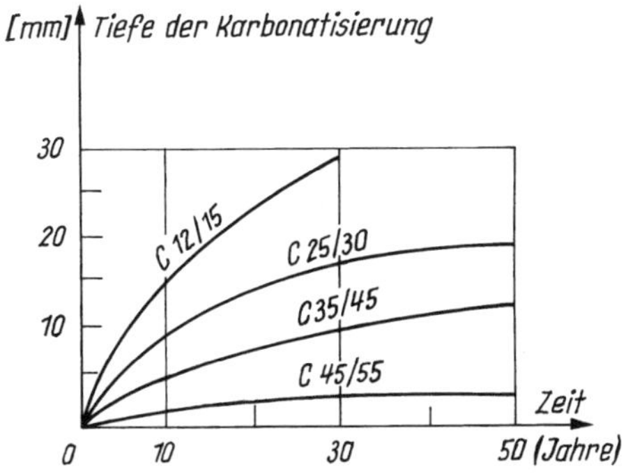

Abb. 4.2b
Abhängigkeit der Karbonatisierungstiefe von Zeit und Betonfestigkeitsklasse [2.1]

Die stärkste Korrosion ist zu erwarten, wenn der Beton einem häufigen Wechsel von Durchfeuchtung und Austrocknen ausgesetzt ist.

Im Bereich von Rissen kann die Karbonatisierung des Betons rasch fortschreiten. Die Zerstörung der Schutzschicht auf dem Stahl kann schon nach weniger als 5 Jahren auftreten. Die Umwandlung von Eisen zu Rost erfolgt mit einer Volumenzunahme auf etwa den 2,5fachen Wert. Hierdurch bedingt erfolgt eine Rissbildung und ein Abplatzen der äußeren Betonschale.

Nach *Schießl* [80.1] ist bei guter Ausführung der Betondeckung und bei geringen Rissbreiten (Grenze etwa bei 0,3 mm) der Einfluss von Rissen auf die Korrosionsgefahr infolge Depassivierung der Betondeckung gering.

In Abb. 4.2a ist der Zusammenhang zwischen Korrosionsgeschwindigkeit und pH-Wert dargestellt, Abb. 4.2b zeigt die Zunahme der Karbonatisierungstiefe in Abhängigkeit von der Betonfestigkeit (nach [2.1]). Man erkennt die Wichtigkeit einer möglichst dichten (Betonfestigkeit) und dicken Betondeckung für die Erhaltung eines ausreichend hohen pH-Wertes an der Bewehrung.

In DIN 1045-2 und DIN EN 206-1 werden Anforderungen an die Dauerhaftigkeit des Betons in Abhängigkeit von den Umgebungsbedingungen festgelegt. Hierbei wird u. a. der Mindestzementgehalt, der höchstzulässige Wasserzementgehalt und die Mindestdruckfestigkeit vorgeschrieben. Ausführliche Hinweise hierzu findet man in [1.3] und [2.1].

Chloride können durch Kapillarporen bis zur Stahloberfläche vordringen, und zwar auch im nichtkarbonatisierten Beton. Es kann dann zu örtlich starker Schädigung der Stahleinlagen kommen. Risse in der Betondeckung erleichtern das Eindringen von Chloriden bis zu den Stahleinlagen, erhöhen also die durch Chloride verursachte *Lochfraßkorrosion* des Stahls. Hieraus folgt, dass die Rissbildung bei Korrosion infolge Chlorideinwirkung im Gegensatz zur Korrosion infolge Karbonatisierung der Betondeckung von wesentlichem Einfluss ist. Eine Rissbreitenbeschränkung ist daher bei erwartetem Chlorideinfluss häufig für den Korrosionsschutz nicht ausreichend. Als Beispiel seien Parkdecks erwähnt, hier ist wegen der Streusalzwirkung nur eine Beschichtung, die auch im Rissbereich wirksam bleibt, ein angemessener Korrosionsschutz.

4.1.4 Expositionsklassen, Mindestbetonfestigkeit

Gem#ß DIN 1045-1, 6.2 müssen die Bauteile in Abhängigkeit von den Umgebungsbedingungen, denen das Bauteil während der Nutzungsdauer ausgesetzt ist, klassifiziert werden. Ein Bauteil kann dabei auch mehreren unterschiedlichen Umgebungsbedingungen ausgesetzt sein, in Abhängigkeit von den Umgebungsbedingungen ist das Bauteil dann in eine oder mehrere der in Abb. 4.3 angeführten Expositionsklassen einzuordnen. Unterschieden wird in DIN 1045-1, Tab. 3 zwischen Einwirkungen, die zur Bewehrungskorrosion führen können, und Einwirkungen mit direktem Angriff auf den Beton. Das Risiko eines Schadens wird durch den Angriffsgrad beschrieben: „1" kennzeichnet einen schwachen, „3" oder „4" einen starken Angriff. Im Regelfall wird ein Bauteil in zwei Expositionsklassen einzuordnen sein: Bewehrungskorrosion, beschrieben durch die Klassen XC, XD oder XS, und Betonangriff, beschrieben durch die Klassen XF und XA. Bei Belastung durch Fahrzeuge wird der mechanische Verschleiß zusätzlich erfasst durch die Einordnung in eine Klasse XM. Für Bemessung und Konstruktion ist dabei diejenige Expositionsklasse maßgebend, die die schärfsten Anforderungen stellt. Die Expositionsklassen gelten für einzelne Bauteile, in einem Bauwerk werden die einzelnen Bauteile häufig unterschiedlichen Expositionsklassen zuzuordnen sein.

In Abb. 4.3 sind die Angaben zur Einordnung von Bauteilen in eine Expositionsklasse in verkürzter Form wiedergegeben, wie es für das Verständnis der folgenden Abschnitte notwendig erscheint. Zusätzliche Erläuterungen sind hier entbehrlich, der systematische Aufbau ist gut erkennbar. Für jede Expositionsklasse ist eine bestimmte Mindestbetonfestigkeitsklasse vorgeschrieben, die bei Entwurf und Bemessung der betreffenden Bauteile nicht unterschritten werden darf. Die Expositionsklassen sind auch ein wichtiges Kriterium für die Größe der Betondeckung der Stahleinlagen.

4.2 Betondeckung der Stahleinlagen

4.2.1 Allgemeines

Die Betondeckung der Stahleinlagen hat drei Aufgaben zu erfüllen:
- Sicherstellung eines angemessenen Brandschutzes
- Sicherstellung des Verbundes zwischen Beton und Betonstahl
- Korrosionsschutz der Bewehrung.

Besondere Anforderungen zur Sicherstellung eines ausreichenden Brandschutzes von Bauteilen sind in den Normen DIN 4102-2 und DIN 4102-4 enthalten. Die Mindestanforderungen hinsichtlich des Brandschutzes von Gebäuden und Gebäudeteilen sind in Abhängigkeit vom Gefährdungspotential in den Bauordnungen angegeben. Für mehrgeschossige Bauten ist meist die Feuerwiderstandsklasse F90 maßgebend. Dies bedeutet, dass die tragenden Bauteile während einer genormten Brandeinwirkung von 90 Minuten Dauer nicht versagen dürfen. In DIN 4102 sind auch Angaben über Mindestabmessungen der Betonquerschnitte, über Mindestabstände der Bewehrungsstäbe vom Bauteilrand, über die Mindestanzahl von Bewehrungsstäben in Balkenstegen, über den Einfluss von Bekleidungen usw. enthalten. Wegen weiterer Hinweise muss hier auf die einschlägigen Normen verwiesen werden.

Klasse	Beschreibung der Umgebung	Beispiele für die Zuordnung von Expositionsklassen	Mindestbeton-festigkeits-klasse
		1 kein Korrosions- oder Angriffsrisiko	
XO	kein Angriffsrisiko	Bauteile ohne Bewehrung, Umgebung nicht betonangreifend, z. B. Fundamente frostfrei	C 12/15
		2 Bewehrungskorrosion, ausgelöst durch Karbonatisierung	
XC 1	trocken oder ständig nass	Innenräume mit normaler Luftfeuchte Bauteile ständig unter Wasser	C 16/20
XC 2	nass, selten trocken	Gründungsbauteile, Wasserbehälter	C 16/20
XC 3	mäßige Feuchte	offene Hallen, gewerbliche Feuchträume, Hallenbäder	C 20/25
XC 4	Wechsel nass – trocken	Außenbauteile mit direkter Beregnung	C 25/30
		3 Bewehrungskorrosion, ausgelöst durch Chloride, ausgenommen Seewasser	
XD 1	mäßige Feuchte	Bauteile im Sprühnebelbereich von Verkehrsflächen	C 30/37
XD 2	nass, selten trocken	Schwimmbecken, chloridhaltige Industriewässer	C 35/45
XD 9	Wechsel nass – trocken	direkt befahrbare Parkdecks	C 35/45
		4 Bewehrungskorrosion, ausgelöst durch Chloride im Meerwasser	
XS 1	salzhaltige Luft	Außenbauteile in Küstennähe	C 30/37
XS 2	unter Wasser	Hafenanlagen ständig unter Meerwasser	C 35/45
XS 3	Tidebereich u. a.	Kaimauern in Hafenanlagen	C 35/45
		5 Betonangriff durch Frost	
XF 1	mäßige Feuchte, ohne Taumittel	Außenbauteile	C 25/30
XF 2	mäßige Feuchte, mit Taumittel	Bauteile im Sprühnebelbereich von Straßen	C 25/30
XF 3	hohe Feuchte, ohne Taumittel	offene Wasserbehälter	C 25/30
XF 4	hohe Feuchte, mit Taumittel	direkt befahrbare Parkdecks	C 30/37
		6 Betonangriff durch chemischen Angriff	
XA 1	schwacher Angriff	Güllebehälter, Behälter von Kläranlagen	C 25/30
XA 2	mäßiger Angriff	Bauteile in betonangreifenden Böden	C 35/45
XA 3	starker Angriff	vgl. Text der Norm	C 35/45
		7 Betonangriff durch Verschleißbeanspruchung	
XM 1	mäßiger Angriff	Industrieanlagen: Fahrzeuge luftbereift	C 30/37
XM 2	schwerer Angriff	Industrieanlagen: Gabelstapler	C 30/37
XM 3	extremer Angriff	Beanspruchung durch Kettenfahrzeuge	C 35/45

Abb. 4.3 Expositionsklassen gem DIN 1045-1, Tabelle 3 (Auszug)

4.2.2 Sicherstellung des Verbundes

In Abb. 4.4 ist ein gerippter Stahl in stark idealisierter Form dargestellt, eingetragen sind die im Bereich der Rippung vorhandenen Hauptspannungsrichtungen infolge der Krafteinleitung vom Beton in den Stahl. Deutlich erkennbar sind die hierbei im Beton auftretenden Ringzugspannungen, die von der Stabachse nach außen wirken. Bei zu geringer Betondeckung können diese Zugspannungen zu Längsrissen parallel zur Stabachse führen. Hierdurch wird der Verbund zwischen Beton und Stahl gefährdet und die Korrosionsgefahr erhöht. Die Längsrissbildung wird maßgeblich beeinflusst von der Größe der Verbundfestigkeit und der Zugfestigkeit des Betons sowie von der Dicke der Betondeckung. Hieraus folgt die in DIN 1045-1, 6.3 (4) angegebene Bedingung, dass die Mindestbetondeckung nicht kleiner sein darf als der Stahldurchmesser d_s:

$$c_{min} \geqq d_s \text{ bzw. } c_{min} \geqq d_{sV} \tag{4.1}$$

Wegen d_{sV} vgl. Abschn. 4.8. Ausführlich wird die Längsrissbildung in [60.1] untersucht.

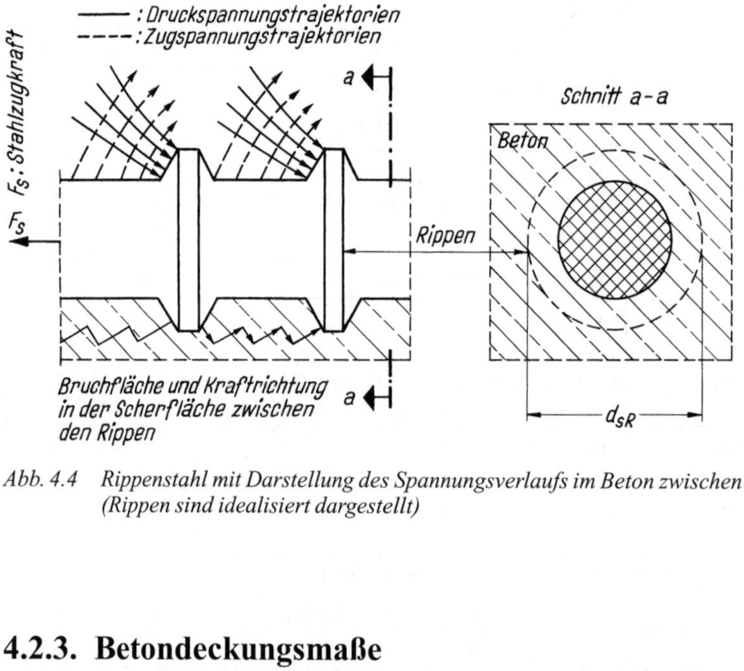

Abb. 4.4 Rippenstahl mit Darstellung des Spannungsverlaufs im Beton zwischen den Rippen (Rippen sind idealisiert dargestellt)

4.2.3. Betondeckungsmaße

In DIN 1045-1, 6.3 wird bezüglich der Betondeckungsmaße unterschieden zwischen der Mindestbetondeckung c_{min}, den Vorhaltemaßen Δc, dem Nennmaß der Betondeckung c_{nom} und dem Verlegemaß der Bewehrung c_v.

Die Mindestbetondeckung c_{min} gewährleistet einen ausreichenden Korrosionsschutz der Bewehrung in Abhängigkeit von der maßgebenden Expositionsklasse. Die Werte c_{min} sind auch die für den Brandschutz erforderlichen Mindestwerte, sie dürfen an keiner Stelle unterschritten werden.

Die Mindestwerte c_{min} müssen um das Vorhaltemaß Δc vergrößert werden. Mit Δc werden unvermeidliche Fehler beim Biegen der Bewehrung (Toleranzen), Verformungen der Bewehrungsstäbe zwischen den Unterstützungsstellen und Toleranzen in den Schalmaßen abgedeckt.

Maßgebend: Korrosionsschutz		Vorhaltemaß Δc in mm
Expositionsklasse vgl. Abb. 4.3	Mindestbetondeckung c_{min} in mm	
XC 1	10	10
XC 2 XC 3 XC 4	20 20 25	15
XD 1 XD 2 XD 3	40	
XS 1 XS 2 XS 3	40	
Maßgebend: Sicherstellung des Verbundes $c_{min} \geqq d_s$ bzw. $c_{min} \geqq d_{sV}$		

Abb. 4.5 Mindestbetondeckung c_{min} und Vorhaltemaß Δc gem. DIN 1045-1, 6.3

In Abb. 4.5 sind die in DIN 1045-1, 6.3 für den Korrosionsschutz angegebenen Werte c_{min} und die Vorhaltemaße Δc angeführt. Die für den Verbund einzuhaltenden Werte c_{min} gem. (4.1) sind mit aufgenommen. Für das Nennmaß c_{nom} folgt damit

$$c_{nom} = c_{min} + \Delta c \qquad (4.2)$$

Das Vorhaltemaß Δc darf gem. DIN 1045-1, 6.3 (9) um 5 mm verringert werden, wenn eine entsprechende Qualitätskontrolle bei Planung, Entwurf, Herstellung und Bauausführung gewährleistet ist. Einzelheiten enthalten die entsprechenden Merkblätter in [5]. Man sollte diese zulässige Verminderung von Δc sehr vorsichtig anwenden: Zum Zeitpunkt der Berechnung einer Konstruktion ist der Ausführende häufig noch nicht bekannt, dem geringen Vorteil einer größeren Nutzhöhe steht der große Nachteil eines möglichen Korrosionsschadens gegenüber. Die Mindestbetondeckung c_{min} darf außer für die Expositionsklasse XC1 um 5 mm verringert werden, wenn die vorgesehene Betonfestigkeitsklasse um zwei Festigkeitsklassen höher liegt als die Mindestbetonfestigkeitsklasse nach Abb. 4.3. In diesen Fällen ersetzt die höhere Betondichtigkeit einen Teil der Dicke der Betondeckung. Bei Verschleißbeanspruchung gelten zusätzliche Bestimmungen, vgl. DIN 1045-1, 6.3 (7).

Das Nennmaß der Betondeckung c_{nom} ist für jedes einzelne Bewehrungselement einzuhalten. Hieraus folgt das in den Bewehrungsplänen festzulegende Verlegemaß der Bewehrung c_v. Einzelheiten hierzu vgl. Abschn. 4.3 und die Beispiele in späteren Abschnitten.

4.3 Allgemeine Bewehrungsregeln

Die allgemein gültigen Vorschriften zum Bewehren sind in DIN 1045-3 (Bauausführung) zu finden. Nach DIN 1045-3, 6.4 müssen die einzelnen Bewehrungsteile zu einem steifen Gerippe so verbunden werden, dass beim Einbringen und Verdichten des Betons die vorgesehene Lage erhalten bleibt. Erforderliche Rüttellücken sind in den Bewehrungszeichnungen darzustellen, vgl. Abb. 4.6. Die obere Bewehrungsanlage ist gegen Herunterdrücken zu sichern, bei Deckenplatten erfolgt dies im Regelfall durch linienförmige Unterstützungselemente mit Korrosionsschutz an den Aufstandsflächen. Hinweise über zu wählende maximale Abstände der Unterstützungen findet man in [5]. Vom Verfasser wurde insbesondere bei schwacher oberer Bewehrung (Matten) ein Versagen der Unterstützungselemente beobachtet, weil der Abstand zu groß gewählt wurde.

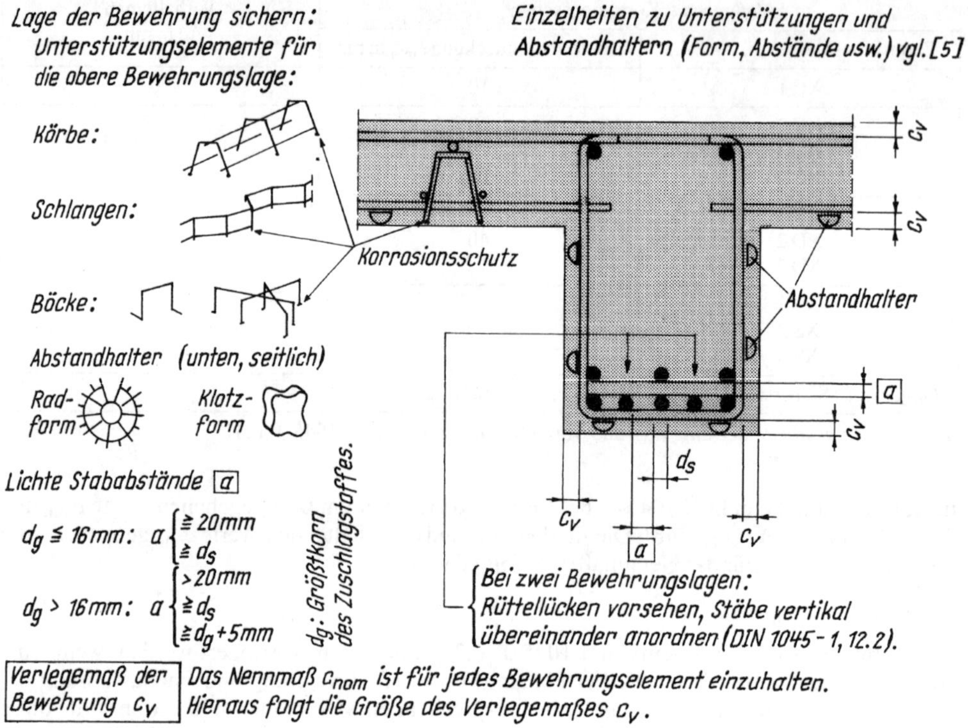

Abb. 4.6 Betondeckung und Stababstände

Gemäß DIN 1045-1, 12.2 muss der lichte Stababstand so gewählt werden, dass ein ordnungsgemäßes Einbringen und Verdichten des Betons möglich ist und dabei ein ausreichender Verbund zwischen Beton und Betonstahl erreicht wird. Der lichte Abstand *a* der Bewehrungsstäbe muss horizontal und vertikal folgender Bedingung genügen:

$$\boxed{d_g \leqq 16\text{ mm}} \qquad a \left.\begin{matrix} \geqq 20\text{ mm} \\ \geqq d_{s,max} \end{matrix}\right\} \tag{4.3}$$

Hierin ist $d_{s,max}$ der größte Stahldurchmesser benachbarter Stäbe, (4.3) gilt für Zuschlagstoffe mit einem Größtkorn $d_g \leqq 16$ mm. Sehr häufig werden Betonmischungen mit einem Größtkorndurchmesser $d_g > 16$ mm, z. B. $d_g = 32$ mm verwendet. Dann gilt für die lichten Stababstände

$$\boxed{d_g > 16\text{ mm}} \qquad a \left.\begin{matrix} \geqq 20\text{ mm} \\ \geqq d_{s,max} \\ \geqq d_g + 5\text{ mm} \end{matrix}\right\} \tag{4.4}$$

Abb. 4.6 enthält Erläuterungen zu den besprochenen Bewehrungsregeln und zu den Betondeckungsmaßen.

4.4 Verarbeitung und Darstellung der Bewehrung

4.4.1 Verarbeitung von Stabstahlbewehrung

Die Bewehrung von Stahlbetonbauteilen besteht in der Regel aus

geraden Stäben mit und ohne Endhaken
aufgebogenen Stäben und Bügeln.

An allen Krümmungsstellen der Stähle treten beträchtliche Beanspruchungen im Stahl und im Beton auf:

a) Spannungen im Stahl

Beim Biegen wird in den Randzonen des Stabes die Streckgrenze erreicht, es erfolgt also eine plastische Verformung, während in anderen Querschnittsteilen eine im elastischen Bereich liegende Formänderung vorhanden ist. Nach dem Biegen verbleibt im Stab ein Eigenspannungszustand, da die plastische Verformung an den Stabrändern eine vollständige Entlastung der unterhalb der Fließgrenze liegenden Spannungen in der Stabmitte verhindert [21] (vgl. Abb. 4.7).

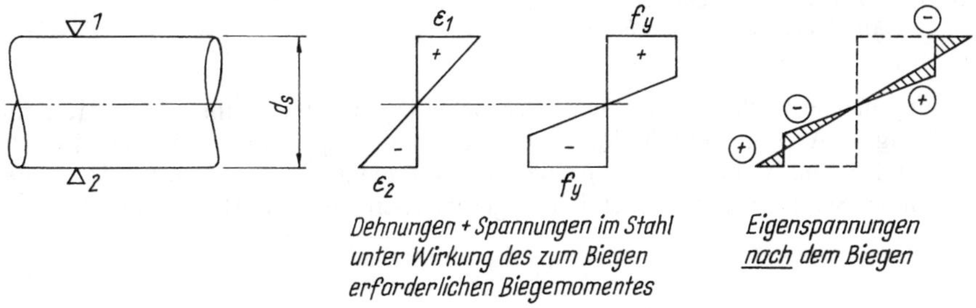

Abb. 4.7 Spannungen im Stabstahl infolge Biegens

b) Beanspruchung des Betons

Wie in Abb. 4.8 angedeutet ist, entstehen an allen Krümmungen von Stählen Spannungen zwischen Beton und Stahl, die umso größer werden, je kleiner die Krümmungsdurchmesser sind. Diese Spannungen erreichen sehr rasch Werte, die oberhalb der charakteristischen Festigkeit des Betons liegen.

Aus den angeführten Gründen wird für alle Stähle ein bestimmter Mindestbiegerollendurchmesser d_{br} vorgeschrieben, der nicht unterschritten werden darf, um Eigenspannungen im Stab und Beanspruchung des Betons innerhalb zulässiger Grenzwerte zu halten. Einzelheiten vgl. DIN 1045-1, Tab. 23. Unterschieden wird zwischen den Mindestwerten für Haken und Mindestwerten für Krümmungen von Schrägstäben. Haken werden an endenden Stäben zur Verankerung angebogen, die Biegerollendurchmesser d_{br} können wesentlich kleiner gewählt werden als bei Schrägstäben, bei denen die volle Stahlzugkraft umgelenkt wird. Wegen der in Abb. 4.8 angedeuteten großen Horizontalkräfte an Abbiegestellen sind die Mindestwerte der Biegerol-

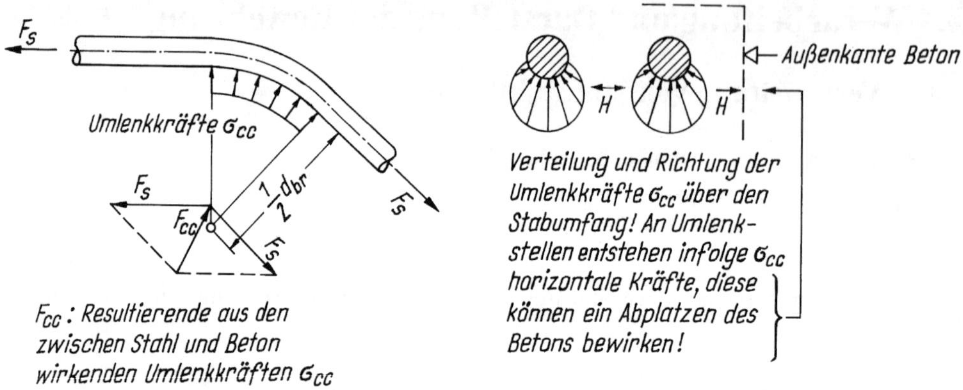

Mindestwerte der Biegerollendurchmesser d_{br} (DIN 1045-1, Tab. 23)

Haken, Winkelhaken, Schlaufen		Schrägstäbe oder andere gebogene Stäbe		
Stabdurchmesser		Betondeckung rechtwinklig zur Biegeebene		
$d_s < 20$ mm	$d_s \geqq 20$ mm	> 100 mm $> 7\,d_s$	> 50 mm $> 3\,d_s$	$\leqq 50$ mm $> 3\,d_s$
$d_{br} \geqq 4\,d_s$	$d_{br} \geqq 7\,d_s$	$d_{br} \geqq 10\,d_s$	$d_{br} \geqq 15\,d_s$	$d_{br} \geqq 20\,d_s$

Abb. 4.8 Spannungen zwischen Beton und Stahl an Abbiegestellen und Mindestbiegerollendurchmesser

lendurchmesser auch von der Dicke der Betondeckung rechtwinklig zur Krümmungsebene abhängig. In Abb. 4.8 sind die Mindestwerte d_{br} mit aufgenommen. Für geschweißte Bewehrung und Betonstahlmatten sind größere Biegerollendurchmesser wegen der größeren Sprödigkeit des Stahls im Schweißbereich vorgeschrieben, vgl. DIN 1045-1, Tab. 24.

4.4.2 Darstellung der Stabstahlbewehrung

Für Bewehrungszeichnungen hat sich die Darstellung im Maßstab 1 : 25 (oder M. = 1 : 20) bewährt. Die Stahlbetonbauteile werden im Schnitt oder in der Ansicht gezeichnet, die Bewehrung wird maßstäblich eingetragen und unter oder neben dem Bauteil herausgezogen. Wenn in dem betreffenden Bauteil eine obere *und* untere Bewehrung vorhanden ist, kann die obere Bewehrung auch oberhalb des betreffenden Bauteils dargestellt werden. An den Stäben werden dann sämtliche Teillängen eingetragen, so dass die Bewehrung nach der Zeichnung hergestellt werden kann. Krümmungen werden nur in besonderen Fällen, z. B. Rahmenecken, gezeichnet, der erforderliche Biegerollendurchmesser d_{br} als Vielfaches vom Stahldurchmesser d_s ist auf den Bewehrungsplänen anzugeben. Die Längen bzw. Teillängen der Stähle (Achsmaße!) können bei Verwendung der oben angegebenen Maßstäbe i. Allg. aus der Zeichnung abgemessen werden. Rechnerisch zu bestimmen sind stets:

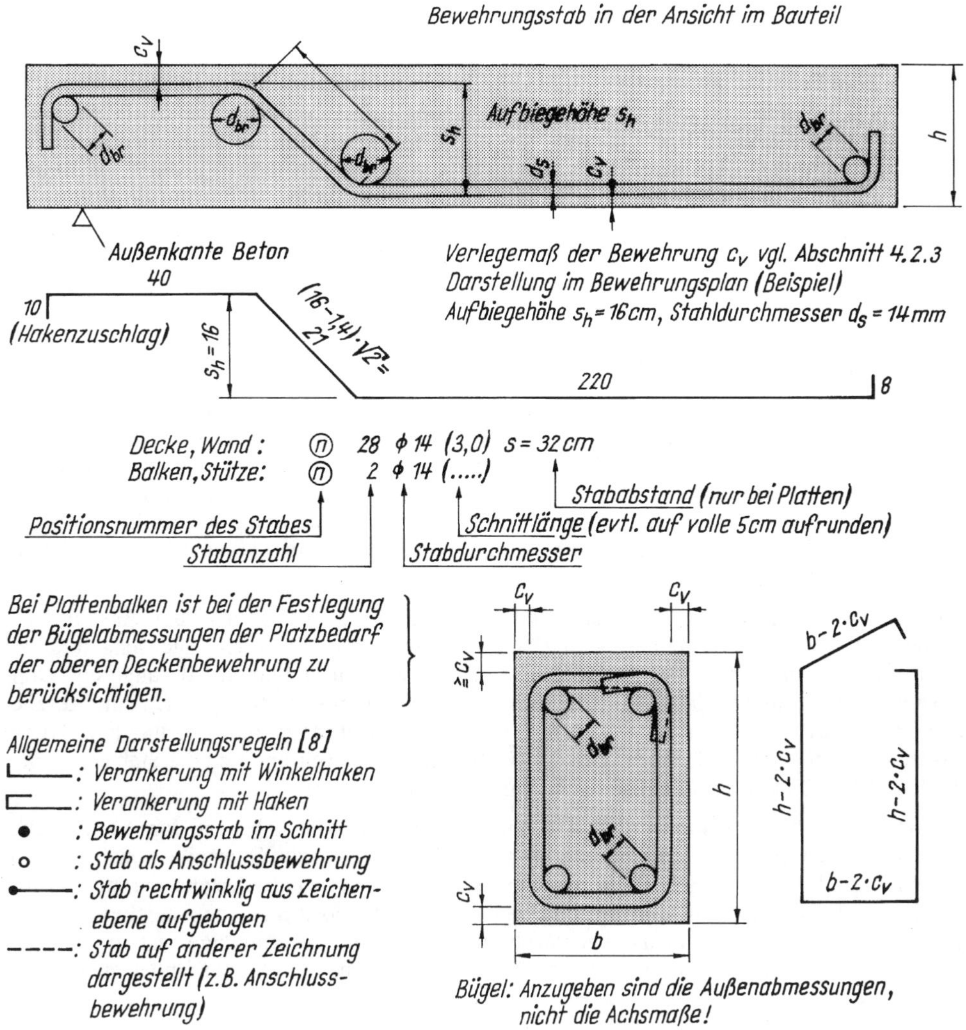

Abb. 4.9 Zur Darstellung und Vermaßung von Stabstahl

a) Aufbiegehöhe s_h (*kein* Achsmaß!)

b) Länge der Schrägen bei Aufbiegungen

e) Hakenlängen bzw. Hakenzuschläge zur Schnittlänge

d) Maße von Passstäben. Dies sind Stähle, bei denen bestimmte Längenmaße genau eingehalten werden müssen, z. B. bei Fertigteilen mit kurzen Auflagerlängen.

e) Außenabmessungen von Bügeln.

Abb. 4.9 zeigt die wichtigsten Regeln zur Darstellung von Stabstahlbewehrung, vgl. auch die Beispiele in späteren Abschnitten. Hinweise zur Darstellung in Bewehrungszeichnungen findet man auch in [8], Beispiele für die Planerstellung mit CAD-Unterstützung sind in [29] zu finden. In der Praxis findet man sehr unterschiedliche Ausführungsqualitäten von Zeichnungen.

4.4.3 Bezeichnung und Darstellung von Betonstahlmatten

Geschweißte Betonstahlmatten sind im Regelfall normalduktil: BSt 500 M (A) gem. Abb. 1.13. Hochduktile Matten sind möglich bei entsprechender Zulassung, die Stäbe sind gerippt. Die Stäbe der beiden unter 90 ° zueinander angeordneten Stabrichtungen werden an den Kreuzungsstellen durch Punktschweißung miteinander verbunden. Für statisch notwendige Bewehrungen werden Stabdurchmesser innerhalb der Grenzen 4,0 mm $\leqq d_s \leqq$ 12,0 mm eingesetzt.

Die Größe der Matten ist durch die Transport- und Produktionsmöglichkeiten eingeschränkt. Frei wählbar sind heute Mattenbreiten bis 3,0 m und Mattenlängen bis 12,0 m. Die Anzahl der Stöße sollte möglichst gering sein, die Mattenabmessungen werden daher so groß wie möglich gewählt. Matten mit häufig verlangten Stahlquerschnitten werden von der Lieferfirma vorgefertigt und „auf Lager" gehalten, diese Mattenart ist daher stets kurzfristig lieferbar. Solche Lagermatten haben die Abmessungen 5,0 m × 2,15 m, bei größerem Stahlquerschnitt auch 6,0 m × 2,15 m. Bei Listenmatten können Stahlquerschnitte und Mattenabmessungen weitgehend vom Abnehmer bestimmt werden. Eine Anpassung des Stahlquerschnitts an den Verlauf der Zugkraftlinie ist durch Anordnung von unterschiedlich langen Längsstäben innerhalb einer Matte möglich (Matten mit Staffelung der Bewehrung in Richtung der Längsstäbe). Der Stahlbedarf wird hierdurch reduziert, wirtschaftlich ist die Verwendung solcher Listenmatten, wenn viele Matten mit gleichartiger Bewehrung verwendet werden können (wenige Mattenpositionen).

Die Matten werden grundsätzlich dadurch beschrieben, dass Durchmesser und Abstände der Stäbe getrennt nach Mattenlängs- und -querrichtung erfasst werden („achsengetrennte" Schreibweise, vgl. Abb. 4.10). Bei Doppelstabmatten wird zusätzlich ein „d" angefügt. Doppelstäbe sind nur in der Mattenlängsrichtung möglich. Bei Lagermatten ist auch eine Kurzbezeichnung durch Angabe des 100fachen Längsstabquerschnitts a_s [cm^2/m] möglich. Durch Vorstellung von Kennbuchstaben wird die Größe der Querbewehrung und die Stabausbildung an den Mattenrändern kenntlich gemacht, vgl. Abb. 4.10.

Die Matten werden in Mattenverlegeplänen im Grundriss im Maßstab 1 : 50 dargestellt. Dabei wird als Mattenlänge und Mattenbreite die Länge der Längs- bzw. Querstäbe bezeichnet. Zu beachten ist, dass für den Schweißvorgang ein Stabüberstand von mindestens 25 mm erforderlich ist. Zur Unterscheidung von Stabstahl werden die Mattenpositionen in rechteckigen Kästen angegeben. Die Matten können dabei sowohl einzeln als auch zusammengefasst oder achsenbezogen dargestellt werden, vgl. Abb. 4.10. Zusätzliche Angaben hierzu findet man in den Firmenunterlagen und in Handbüchern, vgl. z. B. [8].

4.4.4 Hin- und Zurückbiegen

Die Schalarbeiten für eine Stahlbetonkonstruktion können häufig vereinfacht werden, wenn für nachträglich herzustellende Bauteile die Anschlussbewehrung zunächst abgebogen wird. Nach dem Ausschalen des zuerst hergestellten Bauteils wird dann diese einbetonierte Bewehrung zurückgebogen und so in die endgültige Lage gebracht. Bei diesem Zurückbiegen treten häufig Schäden sowohl am Stahl als auch im Beton auf, vor allem, wenn der Krümmungsbereich der einbetonierten Stäbe für das Rückbiegen nicht frei zugänglich ist. Man sollte daher das Einbetonieren von später rückzubiegenden Stäben vermeiden und stattdessen Verwahrkästen vorsehen, die von verschiedenen Firmen hergestellt werden, vgl. [1.4].

Die Vorschriften für das Hin- und Zurückbiegen sind in DIN 1045-1, 12.3.2 angeführt. Zu beachten ist, dass die Bewehrung im Rückbiegebereich höchstens zu 80 % ausgenutzt werden darf und dass das Rückbiegen auf Stahldurchmesser $d_s \leqq$ 14 mm beschränkt ist.

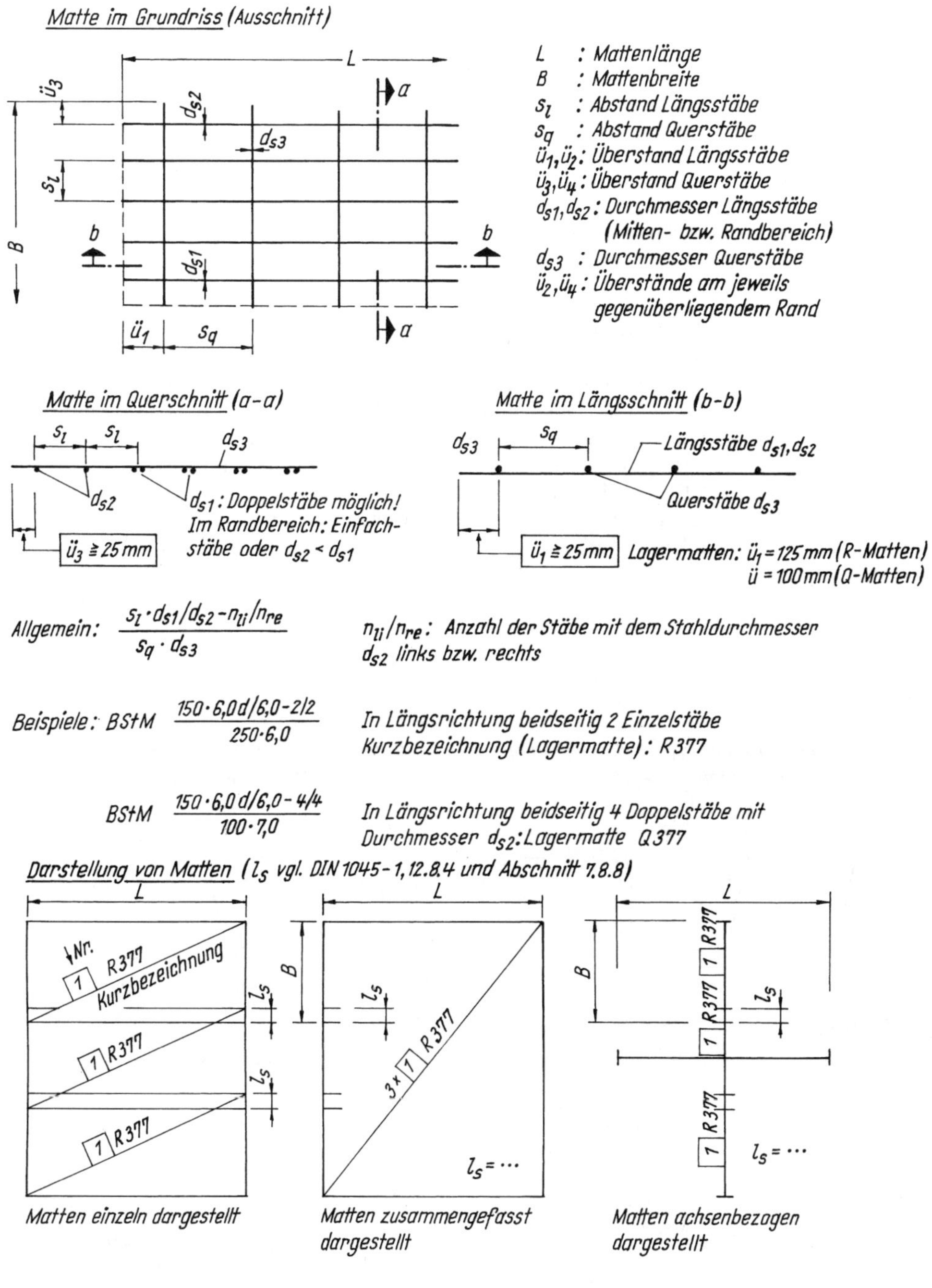

Abb. 4.10 Aufbau, Darstellung und Bezeichnung von Betonstahlmatten

4.5 Konstruktion von einachsig bewehrten Platten

4.5.1 Vorschriften

Die Mindestdicke von Vollplatten beträgt $h = 70$ mm (DIN 1045-1, 13.3.1). Aus konstruktiven Gründen, wie z. B. Betondeckung der Stahleinlagen, aus Gründen des Schall- und des Brandschutzes werden Plattendicken unter $h \approx 15$ cm heute nur noch für untergeordnete Zwecke vorgesehen.

Bezüglich der Bewehrung unterscheiden wir zwischen Hauptbewehrung, die in Plattenspannrichtung verlegt wird und die den Querschnitt a_s [cm²/m] hat, und der senkrecht dazu angeordneten Querbewehrung a_{st}. Die Querbewehrung hat in Querrichtung wirkende Biegemomente aufzunehmen. Diese Momente werden durch ungleichmäßig verteilte Verkehrslasten hervorgerufen, außerdem werden die in Querrichtung anzuordnenden Verteilerstäbe (VS) aber auch durch die behinderte Querkontraktion des Betons beansprucht (vgl. Abb. 4.11). Auch aus konstruktiven Gründen (Lagesicherung) sind VS unentbehrlich. Der Einfluss der Querdehnungszahl μ auf die Größe der Momente vor und nach Rissbildung wird in [1.7] beschrieben. Gemäß DIN 1045-1, 9.1.3 darf mit $\mu = 0$ gerechnet werden, weil im Zustand II die Querkontraktion nur in der Druckzone wirksam sein kann. Vor Rissbildung werden für Beton Werte $\mu \approx 0{,}20$ gemessen.

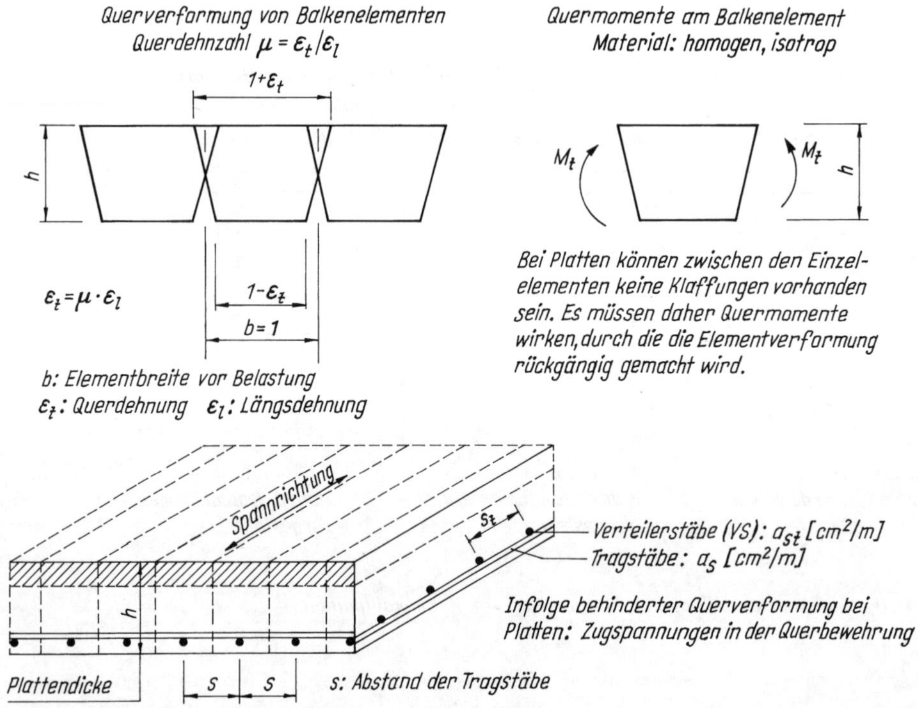

Abb. 4.11 Zur Bewehrung von Platten

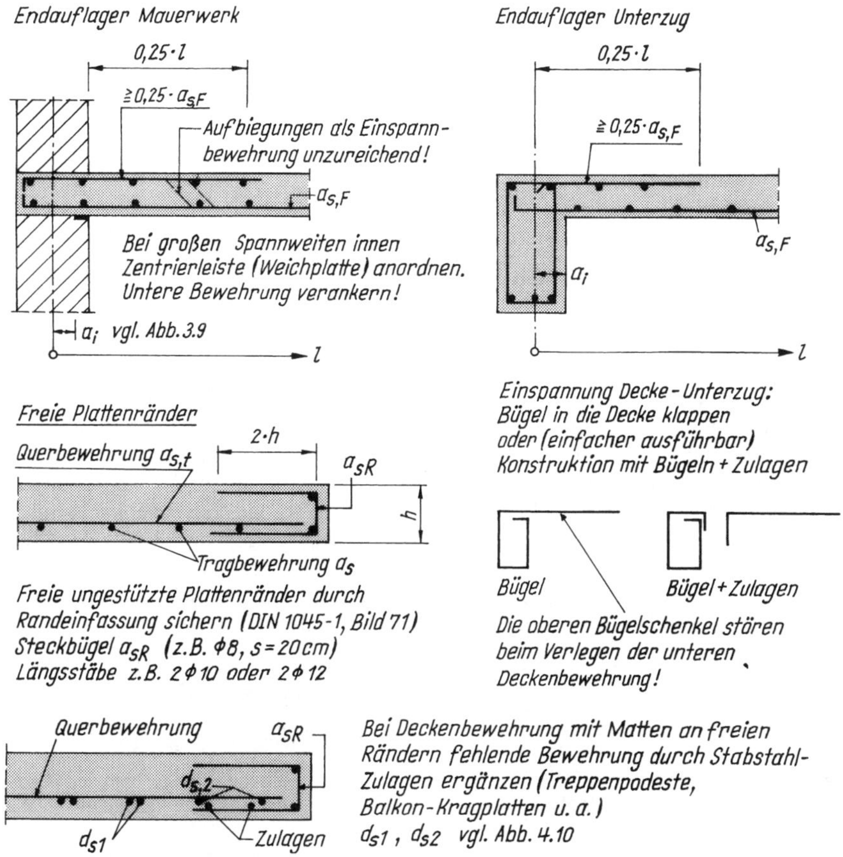

Abb. 4.12 Plattenbewehrung an Endauflagern und an freien Plattenrändern

Für die Bewehrung gilt nach DIN 1045-1, 13.3.2: Höchstabstand s der Tragbewehrung in Abhängigkeit von der Bauteildicke h:

$$\left.\begin{array}{ll} h \geqq 25\text{ cm} & s \leqq 25\text{ cm} \\ h \leqq 15\text{ cm} & s \leqq 15\text{ cm} \end{array}\right\} \qquad (4.5)$$

Zwischenwerte linear interpolieren.

Querbewehrung:

$$a_{st} \geqq a_s/5 \qquad s_t \leqq 25\text{ cm} \qquad (4.6)$$

Hierin ist a_s [cm²/m] der Querschnitt der Tragbewehrung, a_{st} [cm²/m] der Querschnitt der Querbewehrung, jeweils bezogen auf 1,0 m Breite.

An den Endauflagern wird bei der Bestimmung der Schnittgrößen eine frei drehbare Lagerung angesetzt. Die hier tatsächlich vorhandene teilweise Einspannung muss gem. DIN 1045-1, 13.3.2 durch konstruktive Maßnahmen berücksichtigt werden. Die Querschnitte im frei drehbar angenommenen Endauflagerbereich sind daher DIN 1045-1, 13.2.1 für ein Stützmoment zu bemessen, das mindestens 25 % der Größe des benachbarten Feldmomentes entspricht. Bei konstanter Bauhöhe folgen hieraus die in Abb. 4.12 angegebenen Bewehrungsregeln. Diese obere Bewehrung dient vor allem zur Rissbreitenbeschränkung, da ein Einspannmoment in der angegebenen Größe bei Auflagerung auf Mauerwerk kaum aufgenommen werden kann.

Entlang eines freien (ungestützten) Randes ist zur Lastverteilung von Einzellasten sowie zur Abdeckung von nicht erfassten Spannungen infolge Schwindens und Temperatureinwirkung eine Randbewehrung gem. Abb. 4.12 einzubauen. Bei Innenbauteilen ist eine solche Bewehrung entbehrlich, vgl. DIN 1045-1, 13.3.2.

4.5.2 Konstruktion von Platten mit Stabstahl

Die Bewehrung von Deckenplatten wird heute vorwiegend mit Betonstahlmatten ausgeführt. Stabstahl wird eingesetzt bei dynamischer Belastung, bei unregelmäßiger Plattenberandung und bei Belastung der Decke durch Einzellasten. In Abb. 4.13 sind einige Möglichkeiten der Bewehrung von Decken mit Stabstahl skizziert. Angestrebt wird ein möglichst großer Stababstand, also auch ein möglichst großer Stahldurchmesser d_s, um die Verlegekosten gering zu halten. Aus konstruktiven Gründen sollte man den Durchmesser der Stahleinlagen nicht größer wählen als etwa 1/10 der Deckendicke: $d_s \leqq h/10$. Während früher sehr viel mit aufgebogenen Stahlformen gearbeitet wurde, um den Stahlbedarf gering zu halten, wird heute Wert auf möglichst einfache Bewehrungsformen gelegt (Lohnkosten!). In Abb. 4.13 sind daher nur noch zwei einfache Bewehrungsanordnungen dargestellt, weitere Möglichkeiten sind in der entsprechenden Abbildung in früheren Auflagen zu finden.

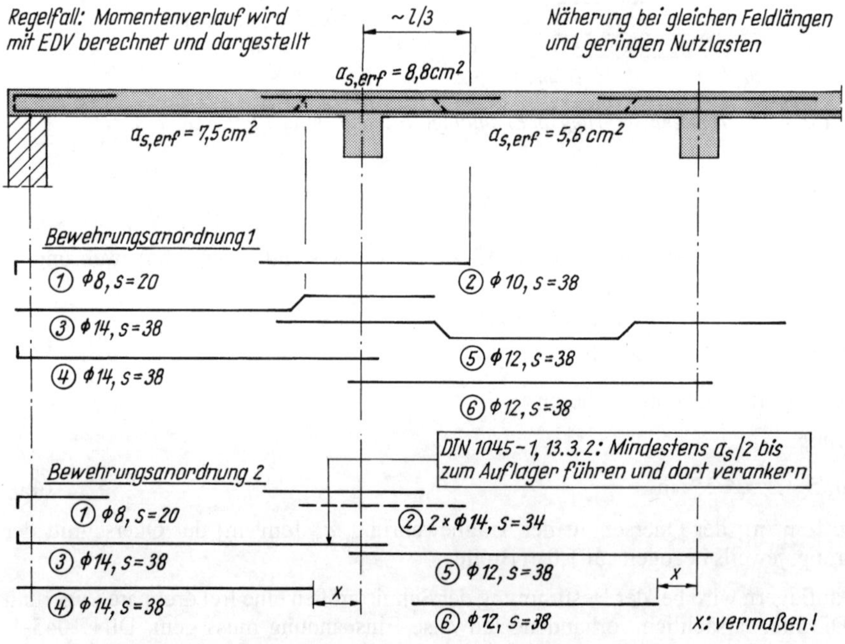

Abb. 4.13 Zur Konstruktion durchlaufender Deckenplatten mit Stabstahl

Zur Bewehrungsanordnung 1:

Aufgebogen wird jeder zweite Stab. Es ergibt sich eine gute Verteilung der Stahleinlagen im Stützenbereich: ③ und ⑥, ④ und ⑤ liegen jeweils in einer Linie. Zulagen über den Stützungen sind erforderlich, die Abstände dieser Zulagen sollten den übrigen Stababständen angepasst werden. In Feld 2 kann auch mit Schwenkstäben gearbeitet werden.

Zur Bewehrungsanordnung 2:

Es wird nur mit geraden Stäben mit und ohne Endhaken konstruiert. Es ergeben sich sehr einfache Bewehrungsformen.

Gemäß DIN 1045-1, 13.2.2 (10) *soll* die untere Bewehrung an Zwischenauflagern so ausgeführt werden, dass positive Momente infolge außergewöhnlicher Beanspruchung, z. B. infolge Auflagersetzungen, aufgenommen werden können. Wenn hierzu ein Teil der Feldbewehrung über mehrere Felder durchgeführt wird, wird der Einbau insbesondere im Bereich von Stahlbetonunterzügen erschwert. Besser ist es, einen Teil der Feldbewehrung im Unterzugbereich kraftschlüssig zu stoßen. Im Übrigen sei erwähnt, dass dem Verfasser Bauschäden infolge nicht durchgeführter Feldbewehrung über Zwischenauflagern nicht bekannt sind.

Gemäß DIN 1045-1, 13.3.2 ist mindestens die Hälfte der Bewehrung bis zum Auflager zu führen und dort zu verankern. Hierauf wird im Abschn. 7.7 bei der Besprechung von Zugkraft und Zugkraftdeckung ausführlich eingegangen. Bei Belastung durch Einzellasten gelten besondere Bestimmungen, dies wird später besprochen.

4.5.3 Konstruktion von Platten mit Betonstahlmatten

Die wichtigsten Möglichkeiten zur Bewehrung von Platten mit Betonstahlmatten sind in Abb. 4.14 erläutert. Bei der Bewehrungsanordnung 3 sind keine von Auflager zu Auflager durchgehenden Tragstäbe vorhanden, im Erschöpfungszustand ist daher das Tragverhalten ungünstiger, als wenn mit Zulagematten gearbeitet wird. Die obere Bewehrung zur Abdeckung des Moments aus nicht erfasster Randeinspannung (Matten „R“) sollte möglichst am äußeren Deckenrand einen Querstab zur Verankerung haben. Der Mattenquerschnitt der Randmatten soll wieder etwa 25 % der Bewehrung des Endfeldes entsprechen.

4.6 Zur Bewehrung von Balken

Die Zugbewehrung kann in einer Lage oder bei geringer Stegbreite b_w und großer Zugbewehrung A_s auch in zwei Lagen angeordnet werden. Die Nutzhöhe d wird dann vom Schwerpunkt der Stahleinlagen aus bestimmt. Viele dünne Stäbe erfordern bei gleichem Stahlquerschnitt A_s mehr Platz als wenige Stäbe mit großem Durchmesser. Günstig ist häufig die Wahl von 4 bis 6 Stäben zur Abdeckung der Feldmomente. Im Balken sind Bügel grundsätzlich vorgeschrieben, die Bügel sind durch Montagestäbe (MS) in ihrer Lage zu sichern. Bei hohen Balken kann zusätzlich eine Stegbewehrung zur Beschränkung der Rissbreiten notwendig werden, vgl. hierzu Abschn. 6. Balken werden in der Ansicht und im Querschnitt dargestellt, bei starker Bewehrung oder zur Darstellung von Rüttellücken kann auch eine Kennzeichnung der Stäbe im Querschnitt erforderlich werden. Abb. 4.15 zeigt einige Einzelheiten, Ergänzungen hierzu folgen in den Anwendungen.

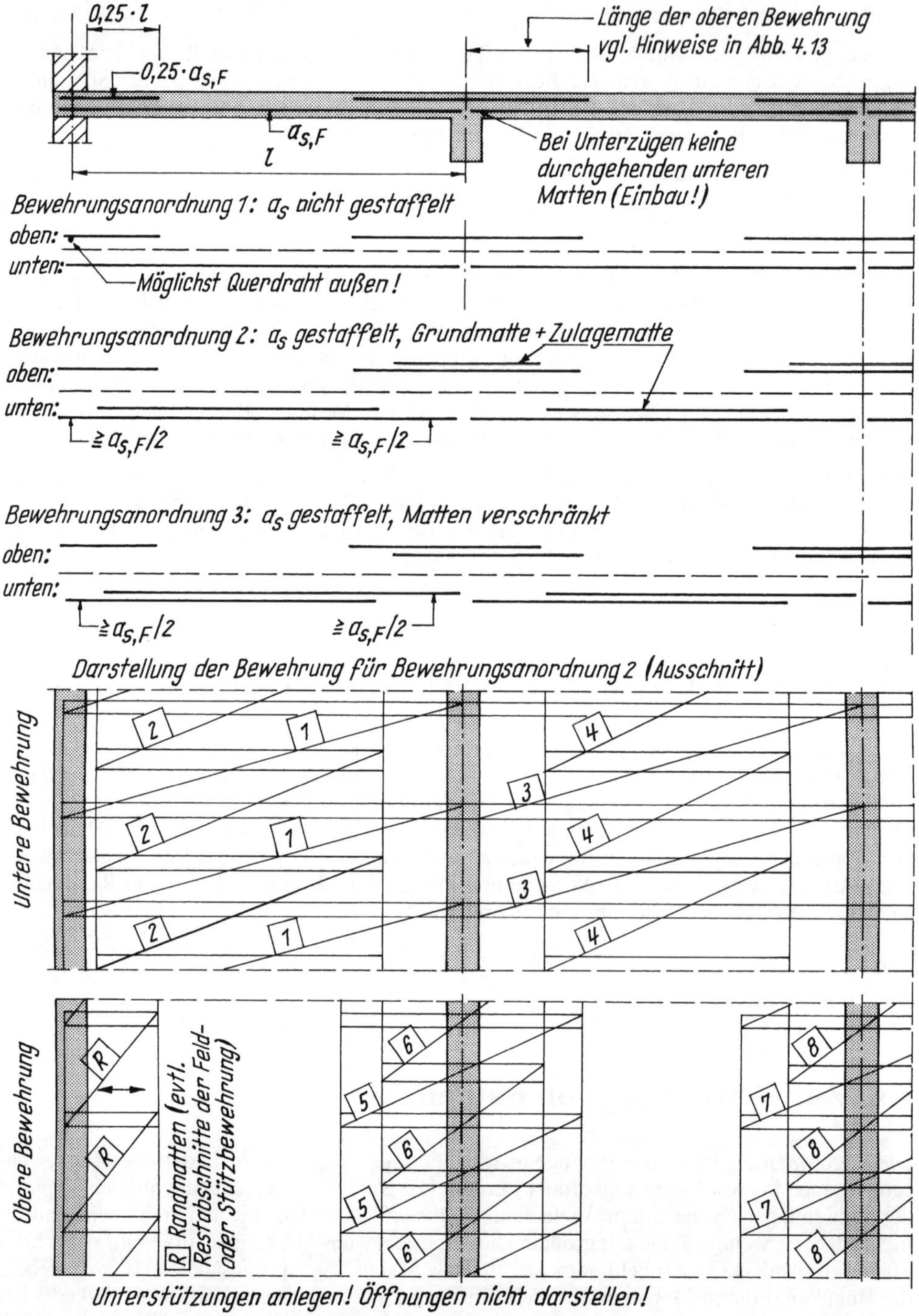

Abb. 4.14 Zur Bewehrung von Platten mit Betonstahlmatten

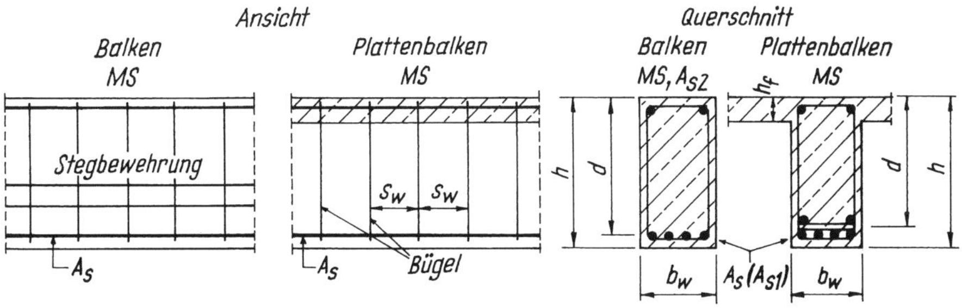

Abb. 4.15 Zur Bewehrung von Balken und Plattenbalken

4.7 Mindestbewehrung und Höchstbewehrung

Das Versagen eines Bauteils ohne Vorankündigung muss vermieden werden. Dies ist das *Duktilitätskriterium* gem. DIN 1045-1, 5.3.2, hiermit soll ein robustes Tragverhalten der Bauteile sichergestellt werden. Um ein Versagen ohne Vorankündigung durch Rissbildung zu verhindern, muss die Längsbewehrung so ausgelegt werden, dass sie die aus der Rissschnittgröße resultierende Zugkraft aufnehmen kann. Nach DIN 1045-1, 13.1.1 ist diese Mindestbewehrung bei überwiegend biegebeanspruchten Bauteilen mit dem Mittelwert der Betonzugfestigkeit f_{ctm} und einer Stahlspannung $\sigma_s = f_{yk}$ zu bestimmen. Für die erforderliche Mindestbewehrung erhält man damit [60.2]:

$$A_{s,min} = \frac{M_{cr}}{f_{yk} \cdot z} = \frac{f_{ctm} \cdot W_c}{f_{yk} \cdot z} \tag{4.7}$$

Hierin ist

f_{ctm}	mittlere Betonzugfestigkeit (Abb. 1.8)
W_c	Widerstandsmoment des Betonquerschnitts vor Rissbildung
f_{yk}	Streckgrenze der Bewehrung (Abb. 1.13)
z	Hebelarm der inneren Kräfte
M_{cr}	Betonquerschnitt vor Rissbildung

Für Rechteckquerschnitte erhält man mit

$$M_{cr} = b \cdot h^2/6 \qquad z \approx 0{,}9 \cdot d$$

$$A_{s,min} = f_{ctm} \cdot \frac{b \cdot h^2}{6 \cdot 0{,}9 \cdot d} \cdot \frac{1}{f_{yk}} \tag{4.8}$$

Der Nachweis zur Sicherstellung eines duktilen Bauteilverhaltens wird im Stahlbetonbau im Regelfall für die Bestimmung von $A_{s,min}$ nicht maßgebend, weil im Grenzzustand der Tragfähigkeit und zur Beschränkung der Rissbreite größere Stahlquerschnitte erforderlich sind. Stets zu beachten sind jedoch die Konstruktionsregeln zur Mindestbewehrung in DIN 1045-1, 13.1.1. Nur wenn auch diese Konstruktionsregeln eingehalten sind, darf bei durchlaufenden Systemen die Rechnung mit $\gamma_G = 1{,}0$ entfallen.

Für die Bewehrungsführung gelten folgende Einzelheiten:

a) Die Mindestbewehrung (oder der entsprechende Anteil der Biegezugbewehrung) ist gleichmäßig über die Breite sowie anteilmäßig über die Höhe der Zugzone zu verteilen.

b) Die im Feld erforderliche Mindestbewehrung ist zwischen den Endauflagern durchzuführen, sie ist an Endauflagern und über Innenauflagern mit den Mindestverankerungslängen zu verankern, vgl. hierzu Abschn. 7.8.4 und 7.8.5.

c) Über Innenauflagern ist die Mindestbewehrung in die anschließenden Felder über eine Länge von mindestens einem Viertel der Stützweite, bei Kragarmen über die volle Kragarmlänge einzulegen.

Eine Mindestbewehrung wird in DIN 1045-1 auch zur Rissbreitenbegrenzung und bei Beanspruchung durch Querkräfte und Drucknormalkräfte gefordert. Hierzu erfolgen die notwendigen Angaben in besonderen Abschnitten. Ausführliche Hinweise zur Mindestbewehrung vgl. [60.2].

Die Querschnittsfläche der Bewehrung eines Querschnitts muss beschränkt werden, um das einwandfreie Einbringen und Verdichten des Betons zu ermöglichen. Nach DIN 1045-1, 13.1.1 gilt in überwiegend biegebeanspruchten Bauteilen

$$A_{s,max} \leqq 0{,}08 \cdot A_c \qquad (4.9)$$

Hierin ist

$A_{s,max}$ Gesamtlängsbewehrung in einem Querschnitt
A_c Betonquerschnitt

Dieser Grenzwert wird bei wirtschaftlich gewählten Bauteilabmessungen nie erreicht.

4.8 Konstruieren mit Stabbündeln

Wenn Stahleinlagen ohne den in Abb. 4.6 angegebenen Zwischenraum nebeneinander verlegt werden, spricht man von Stabbündeln. Zugelassen sind gemäß DIN 1045-1, 12.5 Stabbündel aus zwei oder drei Einzelstäben mit Stabdurchmesser $d_s \leqq 28$ mm. Das Arbeiten mit Stabbündeln ist vor allem bei starker Bewehrung eines Querschnitts sinnvoll. In diesen Fällen verbleiben zwischen den Bündeln ausreichend breite Rüttellücken (vgl. Abb. 4.16), der in einem vorgegebenen Querschnitt unterzubringende Bewehrungsgehalt ist meist größer als bei Einzelstabbewehrung.

Für alle Nachweise, die vom Stahldurchmesser d_s abhängig sind, tritt bei den Konstruktionen mit Stabbündeln der Vergleichsdurchmesser d_{sV} an die Stelle des Einzelstabdurchmessers d_s. Der Vergleichsdurchmesser d_{sV} ist dabei der Durchmesser eines mit dem Stabbündel flächengleichen Einzelstabes. Für ein Stabbündel aus n Einzelstäben mit dem Durchmesser d_s ergibt sich (vgl. DIN 1045-1, 12.9):

$$d_{sV} = d_s \cdot \sqrt{n} \qquad (4.10)$$

In Abb. 4.16 sind für Einzelstäbe mit $d_s = 20$, 25 und 28 mm die Vergleichsdurchmesser d_{sV} und die Stahlflächen A_{sb} für Bündel aus 2 und 3 Einzelstäben zusammengestellt.

Für die Betondeckungsmaße gelten die Angaben im Abschnitt 4.2.3, hierbei ist jedoch anstelle des Einzelstabdurchmessers d_s der Vergleichsdurchmesser d_{sV} einzusetzen. Für das Nennmaß der Betondeckung gilt damit gem. (4.2)

$$c_{nom} = c_{min} + \Delta c$$

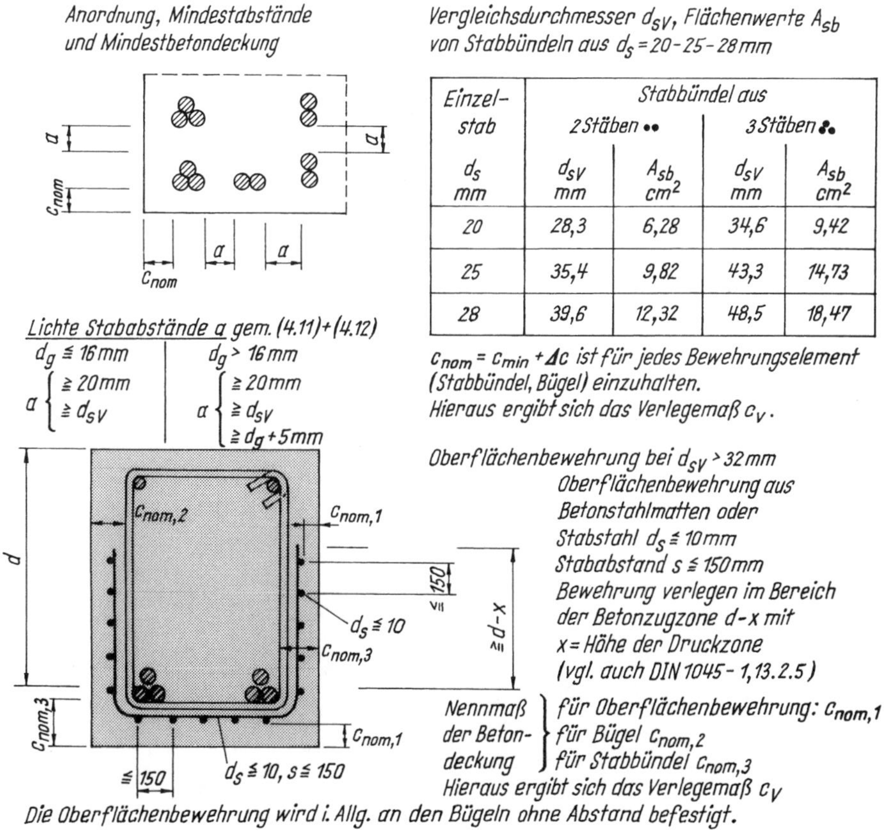

Einzelstab	Stabbündel aus			
	2 Stäben ••		3 Stäben ∴	
d_s mm	d_{sV} mm	A_{sb} cm²	d_{sV} mm	A_{sb} cm²
20	28,3	6,28	34,6	9,42
25	35,4	9,82	43,3	14,73
28	39,6	12,32	48,5	18,47

Abb. 4.16 Bewehrung mit Stabbündeln

Für die Mindestmaße der Betondeckung c_{min} sind hierbei die von der Expositionsklasse abhängigen Maße c_{min} oder die Werte $c_{min} = d_{sV}$ zur Sicherstellung des Verbundes einzusetzen.

Maßgebend ist der größere der beiden Werte. Bei der Festlegung des Verlegemaßes der Bewehrung c_V ist c_{nom} zu berücksichtigen.

Für die Abstände der Bewehrungsstäbe gelten die Angaben in Abschn. 4.3 sinngemäß. Hieraus folgt (d_{sV}: größter Vergleichsdurchmesser benachbarter Stabbündel):

$$\boxed{d_g \leqq 16\,\text{mm}} \qquad a \left\{ \begin{array}{l} \geqq 20\,\text{mm} \\ \geqq d_{sV} \end{array} \right. \tag{4.11}$$

und für Betonmischungen mit Größtkorn $d_g > 16$ mm

$$\boxed{d_g > 16\,\text{mm}} \qquad a \left\{ \begin{array}{l} > 20\,\text{mm} \\ \geqq d_{sV} \\ \geqq d_g + 5\,\text{mm} \end{array} \right. \tag{4.12}$$

In Abb. 4.16 sind die Betondeckungsmaße und die Hinweise für die Mindeststababstände mit aufgenommen .

Aus den Angaben für die Vergleichsdurchmesser in Abb. 4.16 erkennt man, dass bei Konstruktionen mit Stabbündeln teilweise sehr große Betondeckungsmaße c_{nom} erforderlich werden. Für ein Stabbündel aus 3 Ø 25 ergibt sich nach Abb. 4.5

$$c_{nom} = c_{min} + \Delta c = 43{,}5 + 15{,}0 \approx 60 \text{ mm}$$

Zur Vermeidung von Betonabplatzungen und zur Begrenzung der Rissbreiten ist daher gem. DIN 1045-1, 13.2.5 bei Stabbündeln mit $d_{sV} > 32$ mm eine Oberflächenbewehrung außerhalb der Bügel anzuordnen. Diese Oberflächenbewehrung sollte aus Betonstahlmatten oder Stabstählen mit $d_s \leqq 10$ mm bestehen, Angaben für Größe und Lage der Oberflächenbewehrung sind aus Abb. 4.16 ersichtlich. Für die Mindestbetondeckung der Oberflächenbewehrung gelten die Angaben in Abb. 4.5.

5 Grenzzustand der Tragfähigkeit: Biegebemessung von Rechteckquerschnitten

5.1 Grundlagen

5.1.1 Allgemeines, Nachweisformat

Die „Bemessung im Stahlbetonbau“ im weitesten Sinne umfasst

- die Nachweise im Grenzzustand der Tragfähigkeit,
- die Nachweise im Grenzzustand der Gebrauchstauglichkeit
- Nachweise bezüglich der konstruktiven Gestaltung.

Einzelheiten zur Bemessung im Grenzzustand der Gebrauchstauglichkeit werden gesondert im Abschnitt 6 dieses Buches besprochen. Ergänzungen zu den im Abschnitt 4 angeführten konstruktiven Grundlagen erfolgen in Bezug auf bestimmte Bauteile in den Abschnitten, in denen die Bemessung dieser Bauteile gezeigt wird. Die Nachweise im Grenzzustand der Tragfähigkeit werden gem. DIN 1045-1, 10 entsprechend der unterschiedlichen Beanspruchung der Bauteile in getrennten Abschnitten behandelt. Hierzu gehören insbesondere die Nachweise

- bei Biegung mit und ohne Längskraft
- bei Beanspruchung durch Querkräfte
- bei Wirkung von Längsdruckkräften.

Hier soll auf einen grundlegenden Unterschied zwischen *Schnittgrößenermittlung* und *Bemessung* hingewiesen werden: Die Ermittlung von Schnittgrößen erfolgt mit den Mittelwerten der Bauteilsteifigkeit über die Bauteillänge, bei linear-elastischer Schnittgrößenermittlung z. B. erforderlichenfalls durch Ansatz des Sekantenmoduls E_{cm}, vgl. Abschn. 3.3. Bei der Bemessung geht man in DIN 1045 vom Gedankenmodell einer „lokalen Fehlstelle“ aus [1.5]. Die Bauteilwiderstände sind daher mit Bemessungswerten von Beton oder Betonstahl zu bestimmen. Bei der Festlegung dieser Bemessungswerte wird eine *lokale* Schwächung von Beton oder Betonstahl berücksichtigt.

Bei gleichzeitiger Wirkung von Biegemomenten, Normalkräften und Querkräften sind geschlossene Lösungen im Stahlbetonbau nur in Ausnahmefällen möglich. Die Bemessung für Biegung mit oder ohne Längskraft darf daher *unabhängig* von der Bemessung für Querkraft durchgeführt werden. Im Kapitel 7 wird die Bemessung für Querkräfte behandelt und gezeigt, wie die Konstruktion durch das Zusammenwirken von Biegemomenten und Querkräften beeinflusst wird.

Die Biegebemessung wird in einer Reihe von Einzelabschnitten erläutert. Wir beginnen mit der Biegebemessung von Rechteckquerschnitten, für gegliederte Bauteile (Plattenbalken) folgen die erforderlichen Hinweise im Abschn. 9. Für Stützen (überwiegend Normalkraftbeanspruchung), wandartige Träger usw. wird die Bemessung und Konstruktion in besonderen Abschnitten in Teil 2 dieses Buches besprochen.

Bei allen Nachweisen im Grenzzustand der Tragfähigkeit gilt das im Abschn. 2 besprochene Nachweisformat. Bei Beanspruchung durch Biegemomente und Normalkräfte erhält (2.1) damit folgende Form:

$$\left.\begin{aligned} M_{Ed} &\leqq M_{Rd} \\ N_{Ed} &\leqq N_{Rd} \end{aligned}\right\} \qquad (5.1)$$

Hierin sind M_{Ed} und N_{Ed} die mit den Teilsicherheitsbeiwerten für Einwirkungen (Abb. 2.6) und gegebenenfalls unter Ansatz der Kombinationsbeiwerte (Abb. 2.5) ermittelten einwirkenden Schnittgrößen an der zu bemessenden Stelle des Tragwerks. M_{Rd} und N_{Rd} sind die mit den Teilsicherheitsbeiwerten für den Tragwiderstand (Abb. 2.8) ermittelten, vom Querschnitt aufnehmbaren Momente bzw. Normalkräfte.

Für die Bemessung im Stahlbetonbau ist diese Bemessungsform nur bedingt geeignet. Hier werden im Regelfall die Betonabmessungen als bekannt vorausgesetzt, sie werden also geschätzt, in einer Nebenrechnung ermittelt oder sie sind durch sonstige Vorschriften, z. B. bezüglich der Verformung, vorgegeben. Auch die Betonfestigkeitsklasse und die Betonstahlsorte sind vorzugeben. Errechnet werden dann die durch die Einwirkungen M_{Ed} sowie N_{Ed} bewirkten Dehnungen und die zugehörige erforderliche Bewehrung.

5.1.2 Grundsätzliche Annahmen

Für die Nachweise im Grenzzustand der Tragfähigkeit gelten bei überwiegender Biegebeanspruchung gem. DIN 1045-1, 10.2 folgende Annahmen:

1. Es gilt die Annahme von *Bernoulli* über das Ebenbleiben der Querschnitte. Bei „schlanken" Bauteilen wurde diese Annahme durch Messungen bestätigt. *Schlank* im Sinne dieser Annahme sind dabei Bauteile, bei denen für das Verhältnis zwischen Stützweite und Bauteilhöhe die Bedingung $l_{\mathrm{eff}}/h \geqq 2$ erfüllt ist. Aus der Annahme von *Bernoulli* folgt, dass die Dehnungen proportional zu ihrem Abstand von der Nulllinie anwachsen.

2. Die Zugfestigkeit des Betons bleibt unberücksichtigt. Die Ermittlung der Bauteilwiderstände erfolgt für den gerissenen Zustand II.

3. Es wird starrer Verbund zwischen Beton und Bewehrung angenommen. Hieraus folgt, dass die Stahleinlagen die gleiche Dehnung erfahren wie die Betonfaser in Höhe der Stahleinlagen.

4. Die Größe der Betondruckspannungen wird entsprechend einer rechnerischen Spannungs-Dehnungs-Linie des Betons angesetzt.

5. Die Stahlspannungen werden über rechnerische Spannungs-Dehnungs-Linien des Betonstahls bestimmt.

5.1.3 Spannungs-Dehnungs-Linien von Beton und Betonstahl

Für die Querschnittsbemessung ist gem. DIN 1045-1, 9.1.6 im Regelfall das bereits im Abschn. 1.5.3 besprochene Parabel-Rechteck-Diagramm anzusetzen. Bis zur Betonfestigkeitsklasse C 50/60 ist die Form des Diagramms für alle Betonfestigkeitsklassen identisch, unterschiedlich sind nur die Scheitelwerte f_{cd}. Einheitlich gilt $\varepsilon_{c2} = -2{,}0$ ‰, $\varepsilon_{c2u} = -3{,}5$ ‰ für Beton $\leqq$ C 50/60. ε_{c2} ist hierbei die Dehnung, bei der der Bemessungswert der Betondruckfestigkeit erreicht wird, ε_{c2u} ist die rechnerische Bruchdehnung des Betons. Für Betonfestigkeitsklassen > C 50/60 gelten wegen der geringeren Verformungsfähigkeit des Betons abweichende Werte ε_{c2} und ε_{c2u}, vgl. Abb. 1.8 und Abb. 1.12. Die Spannungs-Dehnungs-Linie des Parabel-Rechteck-Diagramms wird durch (1.9) und (1.10) beschrieben. Für Betonfestigkeitsklassen $\leqq$ C 50/60 folgt hieraus mit $n = 2$ und $\varepsilon_{c2} = -2{,}0$ ‰ (Abb. 1.8):

$$\sigma_c = -f_{\mathrm{cd}} \cdot \left[1 - \left(1 - \frac{\varepsilon_c}{-0{,}002}\right)^2\right] \qquad \text{für } 0 \geqq \varepsilon_c \geqq \varepsilon_{c2} \tag{5.2}$$

$$\sigma_c = -f_{\mathrm{cd}} \qquad \text{für } \varepsilon_{c2} \geqq \varepsilon_c \geqq \varepsilon_{c2u} \tag{5.3}$$

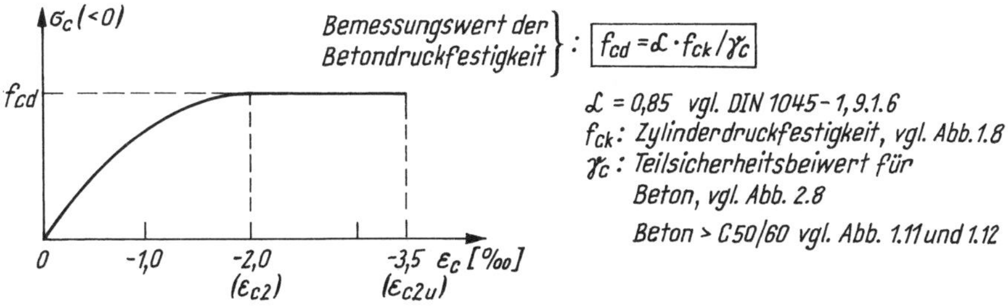

Abb. 5.1 Spannungs-Dehnungs-Linie des Betons für die Querschnittsbemessung für Betonfestigkeitsklassen bis C 50/60

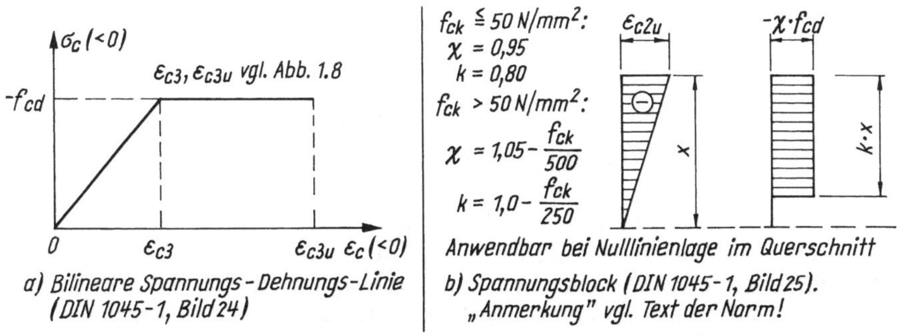

Abb. 5.2 Bilineare Spannungs-Dehnungs-Linie und Spannungsblock für die Querschnittsbemessung gem. DIN 1045-1, 9.1.6

Beispiel: Gesucht σ_c für $\varepsilon_c = -1{,}0$ ‰

$$\sigma_c = -f_{cd}\left[1 - \left(1 - \frac{-0{,}001}{-0{,}002}\right)^2\right] = -0{,}75\,f_{cd}$$

In Abb. 5.1 ist die für Betonfestigkeitsklassen ≦ C 50/60 anzusetzende σ_c-ε_c-Linie aufgetragen. Mit $\alpha = 0{,}85$ wird u. a. der Einfluss von Dauerlast erfasst, vgl. Abschn. 1.5.3. In begründeten Ausnahmefällen, z. B. bei Kurzzeitbelastung wie beim Nachweis von Anpralllasten, dürfen höhere Werte $\alpha \leqq 1{,}0$ angesetzt werden.

Gemäß DIN 1045-1, 9.1.6 sind andere idealisierte Spannungs-Dehnungs-Linien zulässig, sofern sie im Hinblick auf die Verteilung der Druckspannungen im Querschnitt dem Parabel-Rechteck-Diagramm gleichwertig sind. Hierzu gehört die bilineare Spannungs-Dehnungs-Linie nach Abb. 5.2 a oder der Spannungsblock nach Abb. 5.2 b. Der Spannungsblock eignet sich vorzugsweise zur Anwendung bei Querschnitten mit einem nicht rechteckförmigen Druckzonenbereich, vgl. hierzu [1.5].

Für den Betonstahl ist die in Abschn. 5.3 dargestellte idealisierte Spannungs-Dehnungs-Linie bei der Bemessung anzusetzen. Vereinfachend darf auch ein horizontaler oberer Ast der σ_s-ε_s-Linie angenommen werden. Die Stahldehnung unter Höchstlast ist auf $\varepsilon_{su} = 25$ ‰ zu begrenzen. Die rechnerische Festigkeit des Betonstahls wird mit $f_{tk,cal} = 525$ N/mm² angesetzt. Bis zum Erreichen der Streckgrenze f_{yk} wird ein linearer Zusammenhang zwischen Stahlspannungen und Stahldehnungen gem. (1.12) angenommen. Die Bemessungswerte der Stahlspannungen σ_{sd} erhält man durch Division mit den Teilsicherheitsbeiwerten γ_s gem. Abb. 2.8. In Abb. 5.3 sind die für die Bemessung anzusetzenden Werte zusammengestellt.

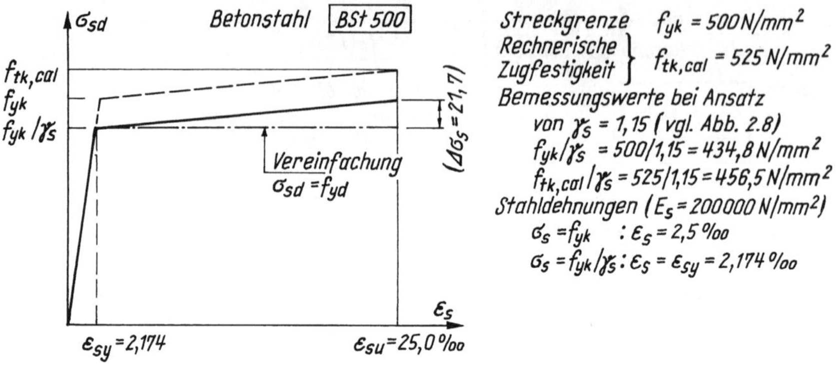

Abb. 5.3 Rechnerische Spannungs-Dehnungs-Linie des Betonstahls für die Querschnittsbemessung

5.1.4 Zulässige Dehnungsverteilungen

Die nach DIN 1045-1, 10.2 möglichen Dehnungsverteilungen über die Querschnittshöhe sind in Abb. 5.4 aufgetragen. In Abhängigkeit von der jeweils vorliegenden Beanspruchung durch Biegemomente oder Normalkräfte stellen sich im Grenzzustand der Tragfähigkeit unterschiedliche Dehnungsverteilungen ein. Allen Dehnungslinien gemeinsam ist wegen der vorausgesetzten Annahme von *Bernoulli* über das Ebenbleiben der Querschnitte ein geradliniger Verlauf über die Querschnittshöhe *h*.

Auf der Zugseite ist die Dehnung durch die rechnerische Bruchdehnung ε_{su} = 25 ‰ zu begrenzen. Auf der Druckseite wird entsprechend dem unterschiedlichen Bruchverhalten des Betons mit unterschiedlichen Grenzwerten der Betondehnung gearbeitet. Wenn die Nulllinie innerhalb des Querschnitts liegt, ist die Randstauchung des Betons auf den Wert ε_{c2u} zu begrenzen, für alle Betonfestigkeitsklassen ≦ C 50/60 also auf $\varepsilon_{c2u} = -3{,}5$ ‰. Bei vollständig überdrückten, ausmittig beanspruchten Querschnitten wird die Dehnungsverteilung durch die Dehnung am geringer beanspruchten Rand ($0 > \varepsilon_c > \varepsilon_{c2}$) und durch die Lage des Punktes C bestimmt. Bei geringen Lastausmitten $e_d/h \leqq 0{,}01$ darf $\varepsilon_{c2} = -0{,}0022$ gesetzt werden, weil durch das Kriechen des Betons unter Dauerlast eine Dehnungszunahme erfolgt, vgl. auch Abschn. 12 und [1.5]. In DIN 1045-1, Bild 30 wird die Bewehrung in beiden Bewehrungssträngen mit A_s bezeichnet. Die Dehnungen ε_{c2} und ε_{c2u} bezeichnen die in Abb. 5.1 angegebenen Dehnungen bei bestimmten Laststufen, diese Dehnungen bezeichnen somit Baustoffeigenschaften. Für Bemessungsaufgaben kann es notwendig werden, eine Unterscheidung der Randdehnungen und auch der Dehnung der Stahleinlagen vorzunehmen. Dann bezeichnet ε_{c2} bzw. ε_{c1} die Dehnung am stärker bzw. geringer beanspruchten Druckrand und A_{s2} bzw. A_{s1} die Bewehrung neben den Rändern 2 bzw. 1. ε_{s2} und ε_{s1} sind dann die zugehörigen Dehnungen. In Abb. 5.4 wird auf diese Unterschiede hingewiesen.

Zu den durch die Dehnungslinien begrenzten Bereiche folgen hier einige Hinweise:

Bereich 1

Beanspruchung durch eine zentrische Zugkraft oder durch eine Zugkraft mit geringer Ausmitte. Der Querschnitt wird nur durch Zugdehnungen beansprucht, die Nulllinie liegt außerhalb des Querschnitts.

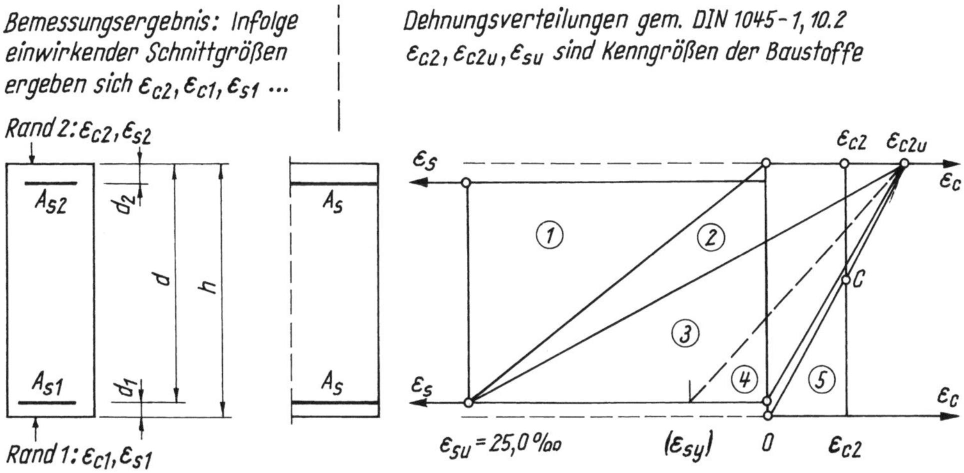

Abb. 5.4 Mögliche Dehnungsverteilungen im Grenzzustand der Tragfähigkeit

Bereich 2

Beanspruchung durch Biegemomente oder Biegung mit Normalkräften. Die Betonstauchungen erreichen mit zunehmender Beanspruchung die maximale Dehnung ε_{c2u}, die Stahldehnung liegt im gesamten Bereich bei der rechnerischen Bruchdehnung ε_{su}.

Bereich 3

Beanspruchung durch Biegemomente oder durch Biegung mit Normalkräften. Die Druckzone muss zur Aufnahme der Druckkräfte vergrößert werden. Da die Betondehnung am Druckrand mit ε_{c2u} den Grenzwert erreicht hat, kann diese Druckzonenvergrößerung nur durch eine Zurücknahme der Stahldehnungen auf Werte $\varepsilon_s < \varepsilon_{su} = 25$ ‰ erreicht werden. Die rechnerische Stahldehnung verringert sich von $\varepsilon_{su} = 25$ ‰ auf $\varepsilon_{sy} = 2{,}175$ ‰, vgl. Abb. 5.3.

Bereich 4

Beanspruchung durch Biegemomente oder durch eine ausmittig angreifende Druckkraft. Auf der Zugseite ist $\varepsilon_s < \varepsilon_{sy}$, der Stahl ist nicht mehr bis $\sigma_{sd} = f_{yk}/\gamma_s$ ausgenutzt. Beim Übergang zum Bereich 5 ist der Querschnitt voll überdrückt.

Bereich 5

Beanspruchung durch Druckkräfte mit geringer Exzentrizität. Die Dehnungen am Rand 2 liegen zwischen ε_{c2u} und ε_{c2}, am Rand 1 ist $|\varepsilon_c| \leqq |\varepsilon_{c2}|$. Bei mittiger Druckkraft ergibt sich über die gesamte Querschnittsfläche $\varepsilon_c = \varepsilon_{c2}$.

5.2 Herleitung von Bemessungsformeln

5.2.1 Einwirkende Schnittgrößen

In Abb. 5.5 ist ein Stahlbetonträger skizziert, der durch eine in der Schwerlinie des Trägers einwirkende Normalkraft N_{Ed} und ein Biegemoment M_{Ed} beansprucht wird. Bei der Bemessung von Stahlbetonquerschnitten erweist es sich häufig als zweckmäßig, die Normalkraft bis zur Schwerlinie der Zugbewehrung A_{s1} zu verschieben. Aus Abb. 5.5 lesen wir ab:

$$M_{Eds} = M_{Ed} - N_{Ed} \cdot z_{s1} \tag{5.4}$$

N_{Ed} positiv als Zugkraft einsetzen.

In (5.4) sind M_{Ed}, N_{Ed} und M_{Eds} die vom Querschnitt aufzunehmenden *Bemessungswerte* der einwirkenden Schnittgrößen.

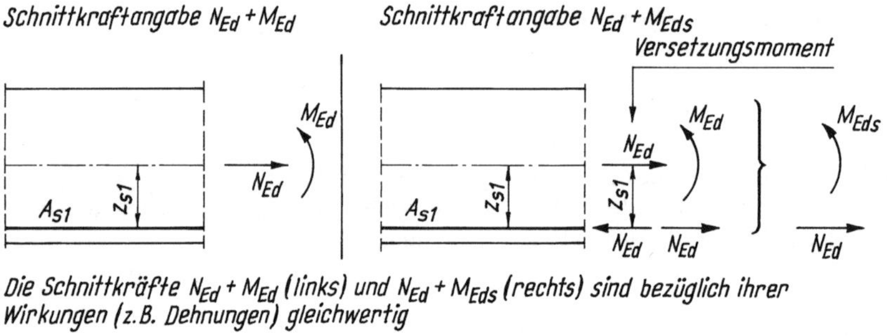

Abb. 5.5 Schnittgrößenangabe $N_{Ed} + M_{Ed}$ oder $N_{Ed} + M_{Eds}$

5.2.2 Innere Schnittgrößen (Bauteilwiderstände)

In Abb. 5.6 ist ein Biegeträger dargestellt, der durch die einwirkenden Schnittgrößen N_{Ed} und M_{Eds} beansprucht wird. Infolge der Beanspruchung durch diese Schnittgrößen stellt sich der dargestellte Dehnungszustand mit den Randdehnungen ε_{c2} und ε_{s1} ein. Die Bauteilwiderstände lassen sich aus den inneren Kräften (abhängig vom Dehnungszustand) errechnen:

Abstand der Nulllinie vom Druckrand

$$x = \frac{\varepsilon_{c2}}{\varepsilon_{c2} - \varepsilon_{s1}} \cdot d = \frac{1}{1 - \varepsilon_{s1}/\varepsilon_{c2}} \cdot d = \xi \cdot d \tag{5.5}$$

Größe der Stahlzugkraft

$$F_{s1d} = A_{s1} \cdot \sigma_{s1d} \tag{5.6}$$

Kennwerte der Biegedruckzone

Für alle Betonfestigkeitsklassen bis C 50/60 gilt nach Abb. 5.1 das Parabel-Rechteck-Diagramm mit dem Bemessungswert der Betondruckfestigkeit f_{cd}. Die *Größe* der Biegedruckzone

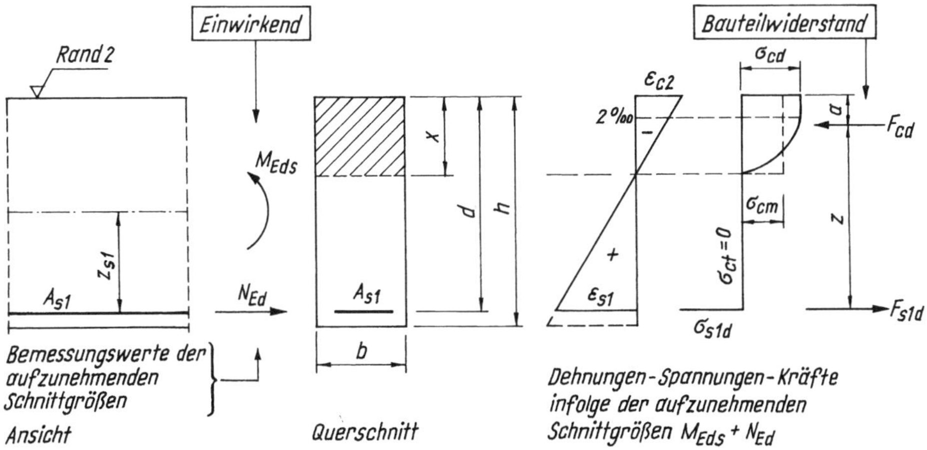

Abb. 5.6 Rechteckquerschnitt unter Wirkung der Schnittgrößen M_{Eds} und N_{Ed}

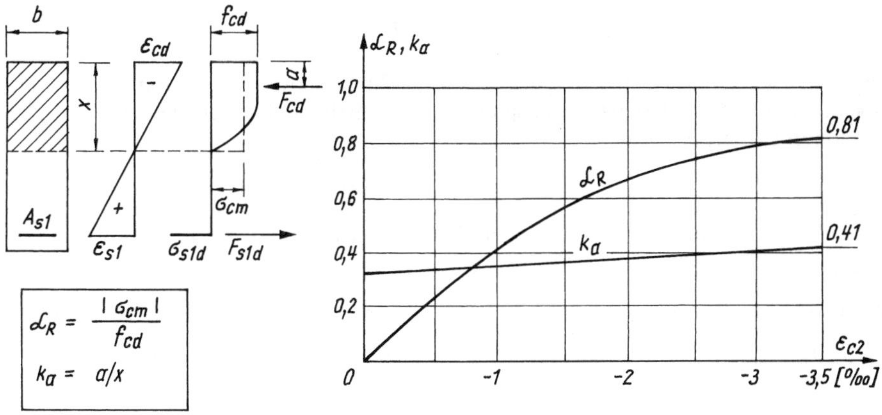

Abb. 5.7 Kennwerte der Biegedruckzone für Betonfestigkeitsklassen ≦ C 50/60 (nach [1.9])

ist nach (5.5) abhängig vom Dehnungsverhältnis $\varepsilon_{c2}/\varepsilon_{s1}$, die *Form* des von den Betondruckspannungen gebildeten Spannungskörpers ist abhängig von der Größe der Randstauchung ε_{c2}: Bei $\varepsilon_{c2} = -3{,}5$ ‰ wird die Form bestimmt durch das vollständige Parabel-Rechteck-Diagramm, unterhalb einer Randstauchung $\varepsilon_{c2} = -2{,}0$ ‰ wird die Form vorgegeben durch Teile der Parabel. Die über die Höhe der Druckzone gemittelte Betondruckspannung wird mit σ_{cm} bezeichnet, die Betondruckkraft F_{cd} ergibt sich aus der Integration aller Betondruckspannungen über die Druckzonenhöhe x, F_{cd} greift im Abstand a vom Druckrand an. Der Völligkeitsgrad α_R der Biegedruckzone beschreibt das Verhältnis der mittleren Betondruckspannung σ_{cm} zum Bemessungswert f_{cd}.

$$\alpha_R = |\sigma_{cm}|/f_{cd} \tag{5.7}$$

In Abb. 5.7 sind die Kennwerte der Biegedruckzone auf getragen. Hierin ist

$$k_a = a/x \rightarrow a = k_a \cdot x \tag{5.8}$$

Die Angaben in Abb. 5.7 gelten nur für Betonfestigkeitsklassen ≦ C 50/60. Wegen der aus Abb. 1.8 ablesbaren Änderung der Grenzdehnungen ε_{c2} und ε_{c2u} für Beton > C 50/60 gelten für diese Betonfestigkeitsklassen abweichende Werte α_R und k_a. Angaben zum funktionalen Verlauf der Betondruckspannungen vgl. [1.5] und [2.1].

Mit den Bezeichnungen in Abb. 5.6 und 5.7 ergibt sich

Größe der Betondruckkraft:

$$F_{cd} = \sigma_{cm} \cdot b \cdot x = \alpha_R \cdot f_{cd} \cdot b \cdot x \tag{5.9}$$

Hebelarm der inneren Kräfte

$$z = d - a = d - k_a \cdot x = d - k_a \cdot \xi \cdot d = (1 - k_a \cdot \xi) \cdot d$$

$$z = \zeta \cdot d \tag{5.10}$$

5.2.3 Gleichgewichtsbedingungen

Die einwirkenden Schnittgrößen M_{Ed} und N_{Ed} müssen mit den Bauteilwiderständen M_{Rd} und N_{Rd} im Gleichgewicht stehen, vgl. (5.1):

$$\Sigma N = 0: \quad N_{Ed} \leqq N_{Rd}, \qquad \Sigma m = 0: \quad M_{Ed} \leqq M_{Rd}$$

Wir ersetzen die Gleichgewichtsbedingung $\Sigma N = 0$ durch eine zweite Momentengleichgewichtsbedingung und wählen als Bezugspunkte die Angriffspunkte der Stahlzugkraft F_{s1d} bzw. der Betondruckkraft F_{cd}, vgl. Abb. 5.6.

Gleichgewichtsbedingung $\Sigma M = 0$ in Bezug auf den Angriffspunkt von F_{s1d}

Aus Abb. 5.6 ist ablesbar:

$$M_{Eds} = M_{Rds} = F_{cd} \cdot z$$

$$M_{Eds} = (\alpha_R \cdot f_{cd} \cdot b \cdot x) \cdot z = \alpha_R \cdot f_{cd} \cdot b \cdot \xi \cdot d \cdot \zeta \cdot d$$

$$\frac{M_{Eds}}{b \cdot d^2 \cdot f_{cd}} = \alpha_R \cdot \xi \cdot \zeta = \mu_{Eds}$$

$$\mu_{Eds} = \frac{M_{Eds}}{b \cdot d^2 \cdot f_{cd}} \tag{5.11}$$

Hierin ist $\mu_{Eds} = \alpha_R \cdot \xi \cdot \zeta$

Mit $\zeta = z/d$ und $z = (1 - k_a \cdot \xi) \cdot d$ kann für das bezogene Moment auch geschrieben werden

$$\mu_{Eds} = \alpha_R \cdot \xi \cdot (1 - k_a \cdot \xi) \tag{5.12}$$

Gleichgewichtsbedingung $\Sigma M = 0$ in Bezug auf den Angriffspunkt von F_{cd}

Aus Abb. 5.6 folgt mit (5.6) und (5.10)

$$M_{Eds} - F_{s1d} \cdot z + N_{Ed} \cdot z = 0$$

$$M_{Eds} - A_{s1} \cdot \sigma_{s1d} \cdot z + N_{Ed} \cdot z = 0$$

$$A_{s1} = \frac{M_{Eds}}{\sigma_{s1d} \cdot z} + \frac{N_{Ed}}{\sigma_{s1d}} \qquad z = \zeta \cdot d \tag{5.13}$$

In (5.11) sind die *bezogenen Momente* μ_{Eds} abhängig von α_{R}, ξ und ζ die ihrerseits abhängig sind vom Verhältnis der Randdehnungen $\varepsilon_{c2}/\varepsilon_{s1}$. In (5.13) gilt für $z = \zeta \cdot d$ das Gleiche und auch die Stahlspannung σ_{s1d} ist nach Abb. 5.3 bestimmbar, wenn die Stahldehnung ε_{s1} festliegt. Als Tafel 1 ist im Anhang dieses Buches ein „Allgemeines Bemessungsdiagramm für Rechteckquerschnitte“ wiedergegeben. Das Diagramm ist gültig für alle Betonfestigkeitsklassen ≦ C 50/60, für höhere Betonfestigkeitsklassen findet man entsprechende Diagramme in Handbüchern. In den Diagrammen sind die bezogenen Momente μ_{Eds} auf der Abszissenachse auf getragen, alle übrigen für die Bemessung interessierenden Angaben (ε_{c2}, ε_{s1}, ξ und ζ) sind als Ordinatenwerte ablesbar. Die erforderliche Zugbewehrung A_{s1} kann mit (5.13) errechnet werden, die Stahlspannung σ_{s1d} wird dabei in Abhängigkeit von ε_{s1} über die rechnerische Spannungs-Dehnungs-Linie des Betonstahls gem. Abb. 5.3 bestimmt.

Man kann auch den erforderlichen Bewehrungsgehalt in Abhängigkeit vom Nutzquerschnitt $b \cdot d$ bestimmen. Für das Bewehrungsverhältnis werden folgende Bezeichnungen gewählt:

Geometrischer Bewehrungsgrad

$$\varrho_1 = A_{s1}/(b \cdot d) \tag{5.14}$$

Mechanischer Bewehrungsgrad

$$\omega_1 = \varrho_1 \cdot \frac{f_{yd}}{f_{cd}} = \frac{A_{s1}}{b \cdot d} \cdot \frac{f_{yd}}{f_{cd}} \tag{5.15}$$

Durch die Einführung des mechanischen Bewehrungsgrades ω ist es möglich, *eine* Bemessungstabelle zu entwickeln, die für *alle* Betonfestigkeitsklassen bis C 50/60 gültig ist. Für höhere Betonfestigkeitsklassen sind wegen des unterschiedlichen Verlaufs der σ_c-ε_c-Linien gem. Abb. 1.10 jeweils gesonderte Bemessungstabellen erforderlich.

Ausgehend von (5.13) erhält man nach kurzer Umformung für die Zugbewehrung A_{s1} in Abhängigkeit von den bezogenen Momenten

$$A_{s1} = \frac{1}{\sigma_{s1d}} \cdot (\omega_1 \cdot b \cdot d \cdot f_{cd} + N_{\text{Ed}}) \tag{5.16}$$

Als Tafel 2 ist im Anhang eine Bemessungstabelle für Rechteckquerschnitte für Betonfestigkeitsklassen ≦ C 50/60 enthalten. Eingangswerte sind die bezogenen Momente μ_{Eds}, abgelesen wird ω_1. Für die Stahlspannungen σ_{s1d} kann wahlweise der Wert unter Berücksichtigung der Stahlverfestigung oder unter Ansatz der Vereinfachung gem. Abb. 5.3 abgelesen werden. Zusätzliche Informationen über den Ausnutzungsgrad liefern die ebenfalls ablesbaren bezogenen Größen $\xi = x/d$ und $\zeta = z/d$ sowie die Dehnungen ε_{c2} und ε_{s1}. Die Bemessungstabellen sind dimensionsrein. Empfohlen wird, mit den Dimensionen MN und m zu arbeiten. Anwendungen hierzu folgen in Abschn. 5.5.

Für die tägliche Bemessungsarbeit ist es häufig bequemer, mit dimensionsgebundenen Bemessungshilfen zu arbeiten. Wir gehen von (5.11) aus :

$$\mu_{\text{Eds}} = \frac{M_{\text{Eds}}}{b \cdot d^2 \cdot f_{cd}}$$

$$d = \frac{1}{\sqrt{\mu_{\text{Eds}} \cdot f_{cd}}} \cdot \sqrt{\frac{M_{\text{Eds}}}{b}}$$

$$k_d = \frac{d\,[\text{cm}]}{\sqrt{\dfrac{M_{Eds}\,[\text{kNm}]}{b\,[\text{m}]}}} \tag{5.17}$$

Hierin ist $k_d = 1/\sqrt{\mu_{Eds} \cdot f_{cd}}$, die k_d-Werte sind nicht mehr dimensionsunabhängig wegen der Einbeziehung von f_{cd}. Für die Bewehrung A_{s1} ergibt sich mit (5.13)

$$A_{s1} = \frac{M_{Eds}}{\sigma_{s1d} \cdot z} + \frac{N_{Ed}}{\sigma_{s1d}} = \frac{1}{\sigma_{s1d} \cdot \zeta} \cdot \frac{M_{Eds}}{d} + \frac{N_{Ed}}{\sigma_{s1d}}$$

$$A_{s1}\,[\text{cm}^2] = k_s \cdot \frac{M_{Eds}\,[\text{kNm}]}{d\,[\text{cm}]} + \frac{N_{Ed}\,[\text{kN}]}{43{,}5} \tag{5.18}$$

Als Tafel 3 ist im Anhang eine dimensionsgebundene Bemessungstabelle abgedruckt. Die Tabelle ist gültig für alle Betonfestigkeitsklassen ≦ C 50/60. Für die Stahlspannung wurde die vereinfachte Linie im σ_s-ε_s-Diagramm der Abb. 5.3 angesetzt. Hieraus folgen die angegebenen Stahlspannungen $\sigma_{s1d} = 435\ \text{N/mm}^2 \mathrel{\hat=} 43{,}5\ \text{kN/cm}^2$ für alle Stahldehnungen. Die in der Bemessungstabelle enthaltenen Angaben für $\xi = x/d$, $\zeta = z/d$ sowie ε_{c2} und ε_{s1} geben Hinweise in Bezug auf die vorliegende Querschnittsbeanspruchung. Die bezogenen Momente μ_{Eds} (dimensionslos) und die Richtwerte k_d (dimensionsbehaftet) können als Maßstab für die Ausnutzung eines Querschnittes gedeutet werden:

Kleine bezogene Momente μ_{Eds} und große Richtwerte k_d ergeben sich bei geringer Ausnutzung eines Querschnitts.

Große Werte μ_{Eds} und kleine Richtwerte k_d zeugen von hoher Ausnutzung des Querschnitts.

5.3 Grenzen der einfachen Bewehrung

5.3.1 Allgemeines

Man spricht von einfacher Bewehrung, solange nur eine Zugbewehrung A_{s1} im Querschnitt angeordnet wird. Bei sehr starker Ausnutzung eines Querschnittes kann es zweckmäßig oder auch notwendig sein, die Biegedruckzone durch Stahleinlagen A_{s2} am Druckrand zu verstärken. Bemessungsverfahren für Querschnitte mit Druckbewehrung werden im Abschn. 8 besprochen. Eine eindeutige und stets gültige Festlegung der Grenze, bis zu der mit einfacher Bewehrung gearbeitet werden kann, ist nicht möglich. Aus den im Abschn. 5.1.4 gegebenen Erläuterungen zu den in Abb. 5.4 skizzierten Dehnungsverteilungen geht hervor, dass bei Beanspruchung durch Biegemomente grundsätzlich jede Dehnungsverteilung in einem der Dehnungsbereiche 2, 3 oder 4 zulässig ist. Bedingung ist hierbei zunächst nur, dass die Randdehnungen ε_{c2} und ε_{s1} nicht größer sind als die zulässigen Werte. Diese allgemeine Feststellung soll genauer betrachtet werden im Hinblick auf

- die Tragfähigkeit der Biegedruckzone
- die möglichst wirtschaftliche Ausnutzung der Stahleinlagen
- die Sicherstellung einer ausreichenden Rotationsfähigkeit.

Als Maßstab für die Ausnutzung der Biegedruckzone und damit auch als Maßstab für die Ausnutzung des gesamten Querschnittes ist die bezogene Druckzonenhöhe $\xi = x/d$ besonders geeignet. Wir bezeichnen die gewünschte oder geforderte Grenze der bezogenen Druckzonenhöhe mit $\xi_{\lim}$

$$\xi_{\lim} = (x/d)_{\lim} \tag{5.19}$$

Statt der bezogenen Druckzonenhöhe $\xi_{\lim}$ kann auch das bezogenen Grenzmoment $\mu_{Eds,\lim}$ angegeben werden. Man erhält $\mu_{Eds,\lim}$, wenn in (5.12) ξ durch $\xi_{\lim}$ ersetzt wird:

$$\mu_{Eds,\lim} = \alpha_R \cdot \xi_{\lim} \cdot (1 - k_a \cdot \xi_{\lim}) \tag{5.20}$$

5.3.2 Tragfähigkeit der Druckzone

Die Tragfähigkeit eines biegebeanspruchten Querschnitts ist ganz offensichtlich erschöpft, wenn die Druckzonenhöhe den Wert $x = d$ erreicht. Für diese Fall ergibt sich nach Abb. 5.6 eine Stahldehnung $\varepsilon_{s1} = 0$, die Zugbewehrung A_{s1} strebt wegen $\sigma_{s1d} = 0$ gegen unendlich. Mit (5.19) und (5.20) erhalten wir

$$\xi_{\lim} = x/d = 1,0$$

$$\mu_{Eds,\lim} = \alpha_R \cdot (1 - k_a)$$

Für alle Betonfestigkeitsklassen ≦ C 50/60 ist gem. Abb. 5.7 $\alpha_R = 0,81$, $k_a = 0,41$ und damit

$$\mu_{Eds,\lim} = 0,81 \cdot (1 - 0,41) = 0,48$$

Dieser Grenzwert ist nur von theoretischem Interesse, da hiermit eine Bewehrung $A_{s1} = \infty$ verbunden ist. Eine vernünftige Konstruktion von biegebeanspruchten Rechteckquerschnitten mit bezogenen Momenten μ_{Eds} in der Nähe von $\mu_{Eds,\lim} = 0,48$ ist nicht möglich.

5.3.3 Grenzwerte im Hinblick auf die Wirtschaftlichkeit

Der Übergang vom Dehnungsbereich 3 in den Dehnungsbereich 4 ist in Abb. 5.4 gekennzeichnet durch die Stahldehnung $\varepsilon_{sy} = f_{yd}/E_s$, bei geringeren Stahldehnungen werden die Bemessungswerte $\sigma_{sd} = f_{yk}/\gamma_s$ (Abb. 5.3) nicht erreicht. Im Dehnungsbereich 4 wird außerdem der Hebelarm der inneren Kräfte $z = \zeta \cdot d$ rasch geringer. Beide Einflüsse (σ_{sd}, z) führen im Dehnungsbereich 4 zu unwirtschaftlichen Bewehrungsmengen A_{s1}. Aus diesem Grunde sollte der Bereich der einfachen Bewehrung durch die Dehnung an der Streckgrenze begrenzt werden. Für Betonstahl BSt 500 folgt hieraus für den Grenzwert der bezogenen Druckzonenhöhe für die Betonfestigkeitsklassen ≦ C 50/60:

$$\varepsilon_{s1} = \varepsilon_{yd} = \frac{f_{yk}/\gamma_s}{E_s} = \frac{500/1,15}{200\,000} = 2,174\,‰$$

$$\varepsilon_{c2} = -3,5\,‰$$

Mit Abb. 5.6

$$\xi = \frac{x}{d} = \frac{|\varepsilon_{c2}|}{|\varepsilon_{c2}| + \varepsilon_{s1}} = \frac{3,5}{3,5 + 2,174}$$

$$\xi_{\lim} = 0,617 \tag{5.21}$$

Für das bezogene Grenzmoment ist nach Abb. 5.7 $\alpha_R = 0{,}81$ und $k_a = 0{,}41$. Damit ergibt sich für das bezogene Grenzmoment mit (5.20):

$$\mu_{Eds,lim} = 0{,}81 \cdot 0{,}617 \cdot (1 - 0{,}41 \cdot 0{,}617)$$

$$\mu_{Eds,lim} = 0{,}371 \tag{5.22}$$

In Tafel 1 sind die Grenzwerte hervorgehoben. Für Betonfestigkeitsklassen > C 50/60 sind die Grenzwerte wegen der absinkenden Verformungsfähigkeit stets geringer; Zahlenangaben findet man in Handbüchern.

5.3.4 Grenzwerte zur Sicherstellung eines ausreichenden Rotationsvermögens

In Abschn. 3 wurde erläutert, dass für alle Stahlbetonbauteile eine ausreichende Rotationsfähigkeit sicherzustellen ist. Ein rechnerischer Nachweis der Rotationsfähigkeit ist häufig entbehrlich, wenn die bezogene Druckzonenhöhe beschränkt wird. Für die in DIN 1045-1, 8 angegebenen Verfahren zur Schnittgrößenermittlung lassen sich die folgenden Grenzwerte ξ_{lim} und $\mu_{Eds,lim}$ angeben.

a) *Linear-elastische Berechnung* der Schnittgrößen [vgl. (3.1)], *keine* besondere Umschnürung der Druckzone durch Bügel gem. DIN 1045-1, 13.1.1 (5).

$$\left.\begin{aligned} \xi_{lim} &= 0{,}45 \\ \mu_{Eds,lim} &= 0{,}296 \end{aligned}\right\} \quad \text{Beton} \leqq \text{C 50/60} \tag{5.23}$$

Die Grenzwerte gelten für Durchlaufträger mit einem Stützweitenverhältnis *benachbarter* Felder von $0{,}5 \leqq l_{eff,1}/l_{eff,2} \leqq 2{,}0$, für Riegel von Rahmen und sonstigen vorwiegend biegebeanspruchten Bauteilen wie einachsig und zweiachsig gespannten Platten. Für Betonfestigkeitsklassen > C 50/60 gilt $\xi_{lim} = 0{,}35$, es ergeben sich unterschiedliche Werte $\mu_{Eds,lim}$ für die einzelnen Festigkeitsklassen.

b) *Linear-elastische Berechnung* der Schnittgrößen und *konstruktive Umschnürung* der Druckzone durch Bügel gem. DIN 1045-1, 13.1.1 (5)

Es gelten die Grenzwerte im Hinblick auf Wirtschaftlichkeit gem. (5.21) und (5.22):

Beton ≦ C 50/60: $\xi_{lim} = 0{,}617$, $\mu_{Eds,lim} = 0{,}371$, Betonfestigkeitsklasse ≦ C 50/60

Für die Umschnürung gelten die in DIN 1045-1, 13.1.1 (5) angegebenen und in Abb. 5.8 wiedergegebenen konstruktiven Regeln.

Für plattenförmige Bauteile ist eine Umbügelung der Druckzone praktisch nicht ausführbar, für Platten sind daher die Grenzwerte (5.23) maßgebend.

c) *Linear-elastische Berechnung* der Schnittgrößen mit *begrenzter Umlagerung*

Die nach DIN 1045-1, 8.3 zulässige Umlagerung wurde im Abschn. 3.4.2 besprochen. Um eine ausreichende Verformungsfähigkeit sicherzustellen, ist das Verhältnis des umlagerten Mo-

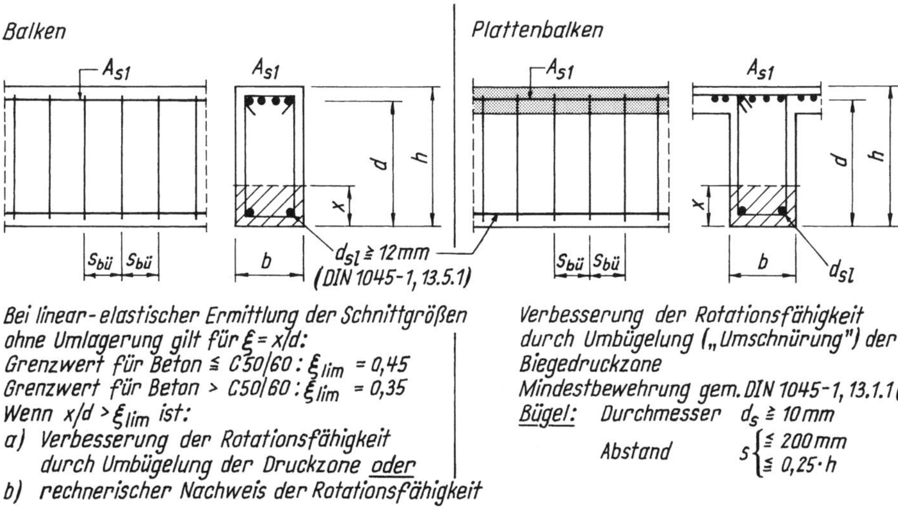

Abb.5.8 Verbesserung der Rotationsfestigkeit durch Umbügelung der Biegedruckzone bei hochbewehrten Balken („Umschnürung" der Biegedruckzone gem. der in DIN 1045-1, 13.1.1, Abs. 5 gewählten Bezeichnungsweise)

ments zum linear-elastisch berechneten Ausgangsmoment in Abhängigkeit von der bezogenen Druckzonenhöhe ξ zu begrenzen. Einzelheiten hierzu vgl. (3.2) und (3.3) sowie Abb. 3.6. Ein bestimmter Grenzwert kann nicht angegeben werden, weil die Grenzwerte abhängig sind vom Grad der Umlagerung.

d) *Schnittgrößenermittlung* mit Verfahren der *Plastizitätstheorie*

Plastische Verfahren zur Schnittgrößenermittlung werden eingesetzt, wenn eine linear-elastische Berechnung nicht mehr zulässig ist (z. B. bei scheibenartigen Bauteilen) oder wenn linear-elastische Methoden sehr aufwendig werden (z. B. bei Platten mit Öffnungen). Grundsätzlich ist bei einer Schnittgrößenermittlung mit plastischem Verfahren der Nachweis einer ausreichenden Rotationsfähigkeit gem. DIN 1045-1, 8.4.2 zu führen; vgl. hierzu auch Abschn. 16.2. Bei zweiachsig gespannten Platten sind geeignete Verfahren zum Nachweis der Rotationsfähigkeit nicht bekannt, auf diesen Nachweis darf daher bei zweiachsig gespannten Platten und Schnittgrößenermittlung nach der Plastizitätstheorie verzichtet werden, wenn gem. DIN 1045-1, 8.4.1 folgende Grenzwerte eingehalten werden:

$$\left.\begin{array}{ll} \left.\begin{array}{l} \xi_{\text{lim}} = 0{,}25 \\ \mu_{\text{Eds,lim}} = 0{,}181 \end{array}\right\} & \text{für Beton} \leq \text{C 50/60} \\ \left.\begin{array}{l} \xi_{\text{lim}} = 0{,}15 \\ \mu_{\text{Eds,lim}} \ \text{variabel} \end{array}\right\} & \text{für Beton} > \text{C 50/60} \end{array}\right\} \qquad (5.24)$$

Bei durchlaufenden Platten muss außerdem das Verhältnis von Stützmoment zu Feldmoment zwischen 0,5 und 2,0 liegen.

5.4 Durchführung von Bemessungsaufgaben im Stahlbetonbau

5.4.1 Entwurf der Konstruktion

Hier werden die erforderlichen Bauteilabmessungen festgelegt. Die Schnittgrößen können meist nur überschlägig bestimmt werden, da die Eigenlast noch nicht genau bekannt ist und bei mehreren unabhängigen veränderlichen Lasten die Bestimmung der maßgebenden Einwirkungskombination zu zeitaufwendig ist. Der Entwurf wird in einer Nebenrechnung erledigt, ist also kein Teil der endgültigen Berechnung. Häufig sind Nebenbestimmungen oder konstruktive Forderungen für die Festlegung von Bauteilabmessungen maßgebend: Bei Deckenplatten sind fast stets die Vorschriften zur Begrenzung der Verformung für die Festlegung der Bauteilhöhe maßgebend. In einem Stahlbetonskelettbau wird man auch bei unterschiedlichen Belastungen und unterschiedlichen Stützweiten die Unterzughöhen i. Allg. einheitlich wählen. Bei der Festlegung von Bauteilabmessungen sind auch die Forderungen bezüglich der Querkrafttragfähigkeit und bezüglich des Brandschutzes zu beachten. Ausführlich und instruktiv wird die Frage der Vorbemessung in [2.3] besprochen.

Wir beschränken uns hier auf den einfachsten Fall der Vorbemessung von Rechteckquerschnitten bei reiner Biegung ($N_{Ed} = 0$). Eine *eindeutige* Lösung ist auch für diesen Fall nicht möglich, es können jedoch die Mindestbetonabmessungen in Abhängigkeit von *einer* vorher festgelegten Querschnittsabmessung und einem gewählten Ausnutzungsgrad bestimmt werden. Hierzu wird das Maximalmoment M_{Ed} überschlägig bestimmt und die Querschnittsbreite b festgelegt. Mit den Hinweisen im Abschn. 5.3 wird eine bezogenen Druckzonenhöhe ξ gewählt. Mit (5.11) oder (5.17) kann dann die erforderliche Nutzhöhe d bestimmt werden:

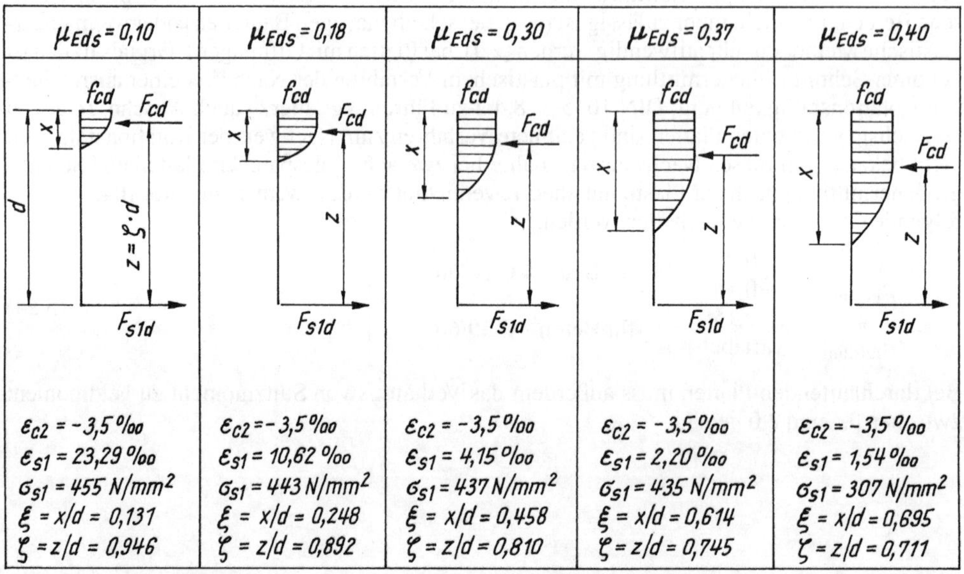

Abb. 5.9 Veränderung von $\varepsilon_{c2}/\varepsilon_{s1}$, σ_{s1} ξ und ζ bei zunnehmender Ausnutzung eines Querschnitts (Betonfestigkeitsklasse ≦ C 50/60)

ξ (gewählt): μ_{Ed} aus Tafel 1 oder Tafel 2, k_d aus Tafel 3

$$\mu_{Ed} = \frac{M_{Ed}}{b \cdot d^2 \cdot f_{cd}} \quad \rightarrow \text{„d“}$$

$$k_d = \frac{d}{\sqrt{M_{Ed}/b}} \quad \rightarrow \text{„d“}$$

Anschließend sollte man überprüfen, ob die erforderliche Bewehrung A_{s1} in den ermittelten Querschnittsabmessungen untergebracht werden kann.

Die Betonfestigkeitsklasse wird einheitlich für das gesamte Bauwerk oder zumindest für ein Geschoss festgelegt. Es ist also nicht sinnvoll, für *ein* Bauteil wegen größerer Beanspruchung eine höhere Betonfestigkeitsklasse zu wählen.

Man sollte bei der Vorbemessung beachten, dass mit zunehmender Ausnutzung eines Querschnitts der Stahlbedarf viel stärker anwächst, als es der Steigerung des Bemessungsmomentes entspricht. In Abb. 5.9 sind für verschiedene bezogene Momente die relevanten Daten aufgetragen. Man erkennt die starke Abhängigkeit des Hebelarms der inneren Kräfte z vom Ausnutzungsgrad und die Verringerung der Stahlspannungen σ_{s1d} bei Stahldehnungen $\varepsilon_{s1} < \varepsilon_{sy}$. Eine Konstruktion mit mäßigen Bewehrungssätzen ist im Regelfall zu bevorzugen.

5.4.2 Bemessung der Konstruktion

Die Aufgabe wird wahlweise mit den dimensionsreinen Bemessungstafeln (Tafel 2) oder mit den dimensionsgebunden k_d-Tabellen (Tafel 3) durchgeführt. Das „Allgemeine Bemessungsdiagramm“ (Tafel 1) zeigt den Bemessungsvorgang sehr anschaulich, das Arbeiten hiermit ist jedoch umständlicher.

Bei der Bemessung sind bekannt

- die Querschnittsabmessungen *b/h* (*b/d*)
- der Bemessungswert des Biegemomentes M_{Ed} sowie gegebenenfalls der Bemessungswert der Normalkraft N_{Ed}
- die Betonfestigkeitsklasse
- die Betonstahlsorte.

Gesucht ist

das Maß der Ausnutzung des Querschnitts, ausgedrückt durch $\varepsilon_{c2}/\varepsilon_{s1}$ oder $\xi = x/d$
- die erforderliche Zugbewehrung A_{s1}

Errechnet wird

$$M_{Eds} = M_{Ed} - N_{Ed} \cdot z_{s1} \tag{5.4}$$

Bei reiner Biegung ist wegen $N_{Ed} = 0$: $M_{Eds} = M_{Ed}$

a) mit dimensionsreinen Bemessungstabellen (Tafel 2)

$$\mu_{Eds} = \frac{MJ_{Eds}}{b \cdot d^2 \cdot f_{cd}} \rightarrow \omega_1 \text{ aus Tabelle} \tag{5.11}$$

$$A_{s1} = \frac{1}{\sigma_{s1d}} \cdot (\omega_1 \cdot b \cdot d \cdot f_{cd} + N_{Ed}) \tag{5.16}$$

b) mit dimensionsgebundenen k_d -Tabellen (Tafel 3)

$$k_d = \frac{d}{\sqrt{M_{Eds}/b}} \rightarrow k_s \text{ aus Tabelle} \tag{5.17}$$

$$A_{s1} = k_s \cdot M_{Eds}/d + N_{Ed}/43{,}5 \tag{5.18}$$

5.5 Anwendungen

Alle Beispiele werden mit Hilfe der im Anhang abgedruckten Tafeln 1–3 durchgerechnet. Es wird nur die Durchführung der Biegebemessung mit verschiedenen Verfahren entsprechend den Ausführungen in den vorhergehenden Abschnitten gezeigt.

5.5.1 Biegebemessung einer Platte

Aufgabe

Für die in Abb. 2.10 dargestellte Einfeldplatte mit Kragarm ist die Bemessung für das maximale Feldmoment in Feld 1 mit verschiedenen Verfahren durchzuführen, eine geeignete Bewehrung ist anzugeben. Baustoffe und Umweltbedingungen vgl. Abb. 5.10.

Vorwerte (vgl. Abb. 5.10)

Schnittgrößen vgl. Abb. 2.10: M_{Ed} = 55,06 kNm/m, N_{Ed} = 0; Plattendicke: h = 20 cm (in Nebenrechnung ermittelt)

Mindestbetonfestigkeitsklasse für die maßgebende Expositionsklasse gem. Abb. 4.3: C 20/25

Verlegemaß der Bewehrung:

Durchmesser der Bewehrung geschätzt: d_s = 14 mm

Nennmaß der Betondeckung gem. (4.2) und Abb. 4.5:

$$\left.\begin{aligned} c_{nom} &= c_{min} + \Delta c = 20 + 15 = 35\,\text{mm} \\ c_{nom} &= d_s + \Delta c = 14 + 15 = 29\,\text{mm} \end{aligned}\right\} \quad c_v = 35\,\text{mm}$$

Nutzhöhe

$$d = h - c_v - d_s/2 = 200 - 35 - 14/2 = 158\,\text{mm}$$

Hinweis zur Schnittgrößenangabe

Bei Platten werden alle Schnittgrößen auf 1,0 m breite Streifen bezogen, dies gilt auch für die Bewehrungsangaben a_s [cm^2/m], vgl. Abb. 5.11. Die hier noch mitgeschriebene Angabe „je Meter“ wird häufig weggelassen.

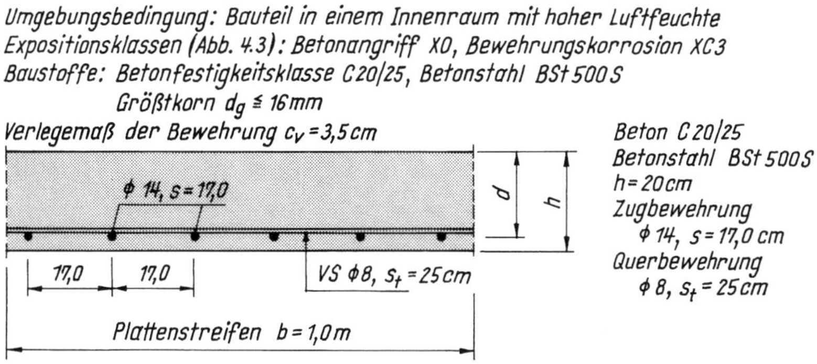

Abb. 5.10 Biegebemessung einer Platte (vgl. Abschn. 5.5.1)

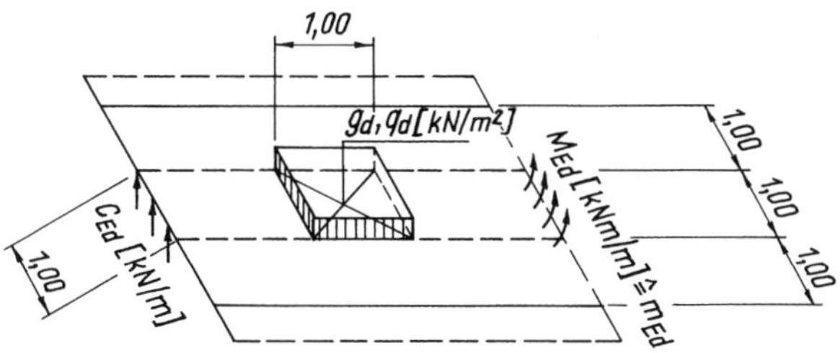

Abb. 5.11 Zur Angabe von Schnittgrößen bei Platten

Durchführung der Bemessung Beton: C 20/25

a) Bemessung mit k_d-Verfahren (Tafel 3)

$N_{Ed} = 0$: $M_{Eds} = M_{Ed} = 55{,}06$ kNm/m

$d = 15{,}8$ cm $b = 1{,}00$ m

$k_d = d/\sqrt{M_{Eds}/b} = 15{,}8/\sqrt{55{,}06/1{,}0} = 2{,}13$

Wir kennzeichnen die Querschnittsausnutzung durch Angabe der bezogenen Druckzonenhöhe ξ. Eine Interpolation ist entbehrlich, wenn die zum nächst kleineren k_d-Wert gehörende bezogene Druckzonenhöhe ξ angeschrieben wird:

$k_d = 15{,}8/\sqrt{55{,}06} = 2{,}13$ $\xi < 0{,}294$

$a_s = 2{,}62 \cdot 55{,}06/15{,}8 = 9{,}13$ cm²/m

Nachweis ausreichender Rotationsfähigkeit

Nach (5.23): $\xi_{lim} = 0{,}45 > \xi = 0{,}294$

Rotationsfähigkeit ohne Nachweis ausreichend

Vorwerte zur Bewehrungswahl (Abschn. 4.5.1)

$s_{max} = 20$ cm vgl. (4.5)

$a_{st} = a_s/5 = 9{,}13/5 = 1{,}82$ cm²/m vgl (4.6)

$s_t \leqq 25$ cm

Gewählte Bewehrung

Zugbewehrung Ø 14, $s = 17\,\text{cm}$ $a_s = 9{,}05\,\text{cm}^2/\text{m}$ ($\approx 9{,}13\,\text{cm}^2/\text{m}$)

Querbewehrung Ø 8, $s_t = 25\,\text{cm}$ $a_{st} = 2{,}01\,\text{cm}^2/\text{m}$

b) *Bemessung mit dimensionsreinen Beiwerten* (Anhang Tafel 2)

Vorwerte:

$M_{Eds} = M_{Ed} = 55{,}06\,\text{kNm/m}, \quad N_{Ed} = 0$

$h = 20\,\text{cm}, d = 15{,}8\,\text{cm}, b = 1{,}0\,\text{m}$

$f_{cd} = \alpha \cdot f_{ck}/\gamma_c$ vgl. Abb. 5.1

$f_{cd} = 0{,}85 \cdot 20{,}0/1{,}5 = 11{,}33\,\text{N/mm}^2$

Mit Tafel 2

$$\mu_{Eds} = \frac{0{,}05506}{1{,}0 \cdot 0{,}158^2 \cdot 11{,}33} = 0{,}195$$

$\omega_1 = 0{,}2198, \quad \xi < 0{,}28, \quad \zeta = 0{,}887$

$\varepsilon_{c2} = -3{,}5\,‰, \quad \varepsilon_{s1} > 9{,}02\,‰, \quad \sigma_{s1d} = 441{,}5\,\text{N/mm}^2$

$$a_s = \frac{1}{441{,}5} \cdot (0{,}2198 \cdot 1{,}0 \cdot 0{,}158 \cdot 11{,}33) \cdot 10^4$$

$a_s = 8{,}91\,\text{cm}^2/\text{m}$

Wahl der Bewehrung wie bei Rechnung a).

c) *Bemessung mit Allgemeinem Bemessungsdiagramm* (Anhang Tafel 1)

$M_{Eds} = 55{,}06\,\text{kN/m/m}, \quad N_{Ed} = 0$

$\mu_{Eds} = 0{,}195$ (vgl. Rechnung b). Hiermit aus Tafel 1:

$\varepsilon_{c2} = -3{,}5\,‰, \varepsilon_{s1} = 9{,}00\,‰ \quad \xi \approx 0{,}28, \quad \zeta \approx 0{,}89$

Aus Abb. 5.3:

$\sigma_{sd} = 434{,}8\,\text{N/mm}^2$ bei $\varepsilon_{sy} = 2{,}17\,‰$

$\varepsilon_{su} - \varepsilon_{sy} = 25{,}0 - 2{,}17 = 22{,}83\,‰, \quad \Delta\sigma_{sd} = 21{,}7\,\text{N/mm}^2$

Bei $\varepsilon_{s1} = 9{,}0\,‰$ ist

$\sigma_{s1} = 434{,}8 + 21{,}7 \cdot 6{,}83/22{,}83 = 441{,}3\,\text{N/mm}^2$

$$a_{s1} = \frac{1}{441{,}3} \cdot \frac{0{,}05506}{0{,}89 \cdot 0{,}158} \cdot 10^4 = 8{,}87\,\text{cm}^2/\text{m}$$

Wahl der Bewehrung usw. wie bei Rechnung a).

5.5.2 Bestimmung der Querschnittsabmessungen

Aufgabe

Für einen Stahlbetonbalken wurde in einer linear-elastischen Nebenrechnung ein Bemessungsmoment $M_{Ed} = 750\,kNm$ ($N_{Ed} = 0$) ermittelt. Eine Umschnürung der Druckzone ist möglich. Die Querschnittshöhe h ist zu bestimmen.

Sonstige Angaben:

Betonfestigkeitsklasse C 30/37

Betonstahl BSt 500, Querschnittsbreite $b = 35$ cm.

Durchführung mit Tafel 2 (Anhang)

Maßgebend sind die Grenzwerte in Bezug auf Wirtschaftlichkeit

Nach (5.22) $\mu_{Eds,lim} = 0{,}371$

Mit Tafel 2 und $M_{Eds} = M_{Ed}$:

$$f_{cd} = 0{,}85 \cdot 30{,}0/1{,}5 = 17{,}0\,N/mm^2$$

$$\mu_{Eds} = \frac{M_{Eds}}{b \cdot d^2 \cdot f_{cd}}\text{, daraus folgt } d = \sqrt{\frac{M_{Ed}}{b \cdot f_{cd} \cdot \mu_{Eds,lim}}}$$

$$d = \sqrt{\frac{0{,}75}{0{,}35 \cdot 17{,}0 \cdot 0{,}371}} = 0{,}58\,m$$

Querschnittshöhe:

$$h = d + c_v + d_{s,bü} + d_s/2 \approx 0{,}58 + 0{,}07 = 0{,}65\,m$$

Hierbei ist c_v das Verlegemaß für die Bügel, $d_{s,bü}$ der Bügeldurchmesser und d_s der Durchmesser der Längsbewehrung.

5.5.3 Biegebemessung eines Balkens

Aufgabe

Für den in Abb. 5.12 dargestellten Rechteckquerschnitt ist die Bemessung durchzuführen. Baustoffe, Bauteilabmessungen, Umweltbedingungen und Schnittgrößen vgl. Abb. 5.12.

Durchführung

Verlegemaß der Bewehrung $c_{nom} = c_{min} + \Delta c$. Nach Abschn. 4.2.3 dürfen die in Abb. 4.5 angegebenen Werte c_{min} um 5 mm verringert werden, wenn die Betonfestigkeitsklasse um mindestens 2 Klassen höher liegt als die Mindestbetonfestigkeitsklasse.

Damit hier $c_v = 20 - 5 + 10 = 25$ cm

Nutzhöhe $d \approx h - 7{,}0 = 63$ cm

Bemessung mit Tafel 2 (Anhang)

$$\text{C 30/37}: f_{cd} = 0{,}85 \cdot 30{,}0/1{,}5 = 17{,}0\,N/mm^2$$

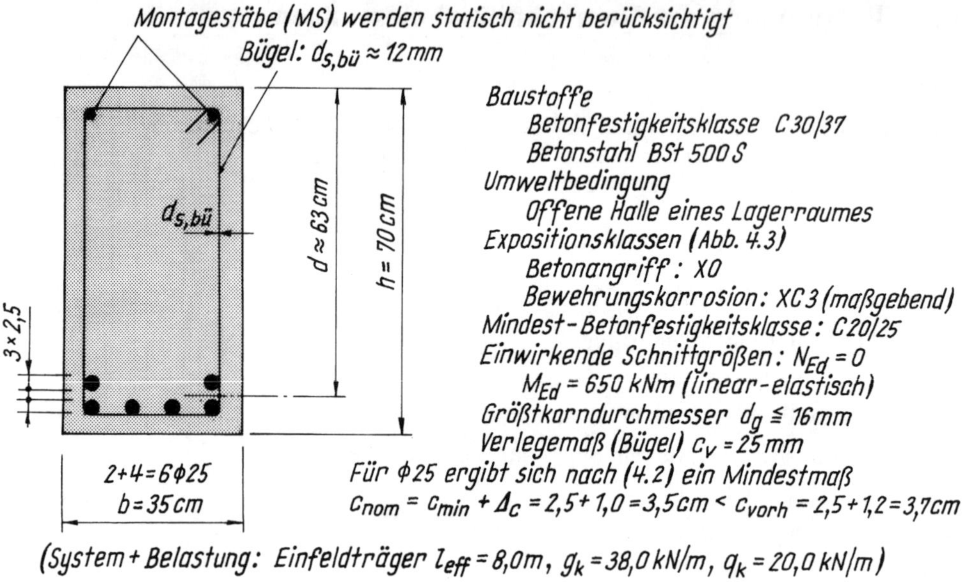

Abb. 5.12 Biegebemessung eines Balkens (vgl. Abschn. 5.5)

$$\mu_{Ed} = \frac{0{,}65}{0{,}35 \cdot 0{,}63^2 \cdot 17{,}0} = 0{,}275$$

$$\xi = 0{,}410 \qquad \zeta = 0{,}83 \qquad \varepsilon_{c2} = -3{,}5\,‰ \qquad \varepsilon_{s1} = 5{,}06\,‰$$

$$\omega_1 = 0{,}3315 \qquad \sigma^*_{s1d} = 437\ \text{N/mm}^2$$

$$A_{s1} = \frac{1}{437{,}0} \cdot (0{,}3315 \cdot 0{,}35 \cdot 0{,}63 \cdot 17{,}0) \cdot 10^4 = 28{,}4\ \text{cm}^2$$

Gewählte Bewehrung

$6\,\varnothing\,25 \qquad A_{s1} = 29{,}5\ \text{cm}^2$ (in 2 Lagen : 4 + 2)

Die bezogene Druckzonenhöhe ξ ist kleiner als der Grenzwert gem. (5.23):

$$\xi_{lim} = 0{,}45 > \xi_{vorh} = 0{,}41$$

Die Druckzone wird zur Verbesserung der Rotationsfähigkeit umbügelt, vgl. Abb. 5.8. Eine einlagige Bewehrung wäre bei den vorliegenden Betonabmessungen gerade noch möglich. Bei zweilagiger Bewehrung ist das Einbringen und Verdichten des Betons einfacher.

Wiederholungsrechnung mit Tafel 3 (Anhang)

$$k_d = 63/\sqrt{650{,}0/0{,}35} = 1{,}46 \qquad \xi < 0{,}415$$

$$A_{s1} = 2{,}78 \cdot 650{,}0/63{,}0 = 28{,}7\ \text{cm}^2$$

5.5.4 Bemessung einer Zweifeldplatte

Aufgabe

In Abb. 5.13 ist die Decke unter einem Versammlungsraum ausschnittweise dargestellt. Für die Decke Pos. 1 ist die Bemessung durchzuführen, die Bewehrung ist darzustellen. Baustoffe und Umweltbedingungen vgl. Abb. 5.13, die Plattendicke wurde in einer Vorbemessung mit h = 20 cm festgelegt.

Durchführung

Effektive Stützweite (Abb. 3.9)

$$l_{\text{eff},1} = l_{\text{eff},2} = 0{,}24/3 + 5{,}51 + 0{,}24/2 \approx 5{,}70\ \text{m}$$

Charakteristische Einwirkungen (DIN 1055-3)

Eigenlast = 0,20 · 25,0		= 5,0 kN/m²
Ausbaulast pauschal		= 1,5 kN/m²
	g_k	= 6,5 kN/m²
Nutzlast	q_k	= 5,0 kN/m²

Schnittgrößen (linear-elastisch)

Für die charakteristischen Lasten wurden die Schnittgrößen in einer Nebenrechnung ermittelt. Ergebnisse vgl. Abb. 5.13.

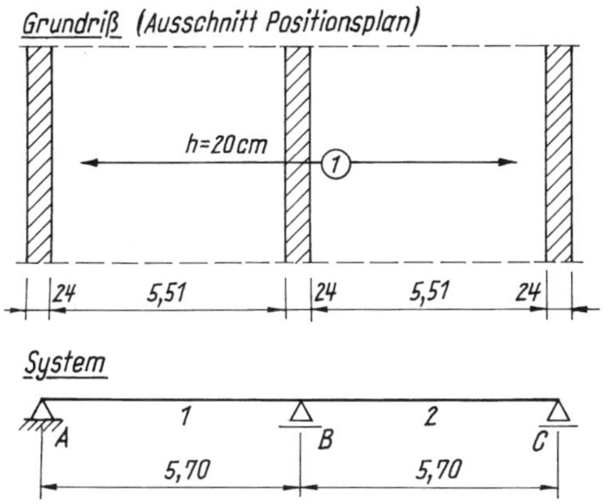

Baustoffe
Betonfestigkeitsklasse C 20/25
Betonstahl BSt 500 S (B)
Umweltbedingung
Innenraum, normale Luftfeuchte
Expositionsklassen (Abb. 4.3)
X0 bzw. XC1
Größtkorndurchmesser: $d_g \leq 16$ mm
Nutzung des Raumes über Pos. 1:
Versammlungsraum

Verlegemaß der Bewehrung: $c_v = 2{,}5$ cm

Charakteristische Lasten:
$g_k = 6{,}5\ \text{kN/m}^2$ $q_k = 5{,}0\ \text{kN/m}^2$

Schnittgrößen infolge g_k/q_k [kN/m], [kNm/m]

V_A	$V_{B,l}$	$V_{B,r}$	C_B	V_C	M_B	M_1	Laststellung
13,89	-23,16	+23,16	46,31	-13,89	-26,40	14,84	g_k
12,47	-16,03	1,78	17,81	-1,78	-10,15	15,55	q_{k1}
10,69	-17,81	+17,81	35,63	-10,69	-20,30	11,43	q_k

Abb. 5.13 Zweifeldplatte: System und Schnittgrößen

Bemessungsschnittgrößen *vor* Umlagerung

Mit den Teilsicherheitsbeiwerten gem. Abb. 2.6 erhält man für die maßgebenden Laststellungen gem. Abb. 3.10:

Mit $\gamma_G = 1{,}35$:

$$M_{Ed,B} = -1{,}35 \cdot 26{,}40 - 1{,}50 \cdot 20{,}30 = -66{,}09\ \text{kNm/m}$$
$$V_{Ed,A} = 1{,}35 \cdot 13{,}89 + 1{,}50 \cdot 12{,}47 = 37{,}46\ \text{kN/m}$$
$$M_{Ed,1}: \quad g_d = 8{,}77\ \text{kN/m}^2,\ q_d = 7{,}5\ \text{kN/m}^2$$
$$M_{Ed,1} = 37{,}46^2/[2 \cdot (8{,}77 + 7{,}5)] = 43{,}12\ \text{kNm/m}$$
$$C_{Ed,B} = 1{,}35 \cdot 46{,}31 + 1{,}5 \cdot 35{,}63 = 115{,}96\ \text{kN/m}$$

Mit $\gamma_G = 1{,}0$:

Auf die Ermittlung der Schnittgrößen mit $\gamma_g = 1{,}0$ wird hier verzichtet.

Schnittgrößen *nach* Umlagerung

Es wird eine Umlagerung des Stützmoments $\delta = 0{,}85$ gewählt.

$$M_{Ed,B} = -0{,}85 \cdot 66{,}09 = -56{,}18\ \text{kNm/m}$$

Zugehörige Schnittgrößen

$$V_{Ed,A} = (8{,}77 + 7{,}50) \cdot 5{,}70/2 - 56{,}18/5{,}70 = 36{,}51\ \text{kN/m}$$

$$C_{Ed,B} = (8{,}77 + 7{,}50) \cdot 5{,}70 + 2 \cdot 56{,}18/5{,}70 = 112{,}45\ \text{kN/m}$$

Für die Querkräfte bei A und C sowie für die Feldmomente in Feld 1 und 2 bleiben die Schnittgrößen *vor* Umlagerung maßgebend.

Abminderung des Stützmoments mit (3.5)

$$M'_{Ed,B} = M_{Ed,B} + C_{Ed,B} \cdot a/8$$

$$M'_{Ed,B} = -56{,}18 + 112{,}45 \cdot 0{,}24/8 = -52{,}81\ \text{kNm/m}$$

Maße der Betondeckung

Für Expositionsklasse XC1 nach Abb. 4.5 und (4.2)

$$c_{min} = 10\ \text{mm bzw. } c_{min} = d_s, \quad \Delta c = 10\ \text{mm}$$

$$c_{nom} = 1{,}2 + 1{,}0 = 2{,}2\ \text{cm}$$

Gewählt wird ein Verlegemaß $c_v = 2{,}5$ cm.

Biegebemessung mit Tafel 2 (Anhang)

Nutzhöhe: $d = h - c_v - d_s/2 = 20{,}0 - 2{,}5 - 1{,}2/2 = 16{,}9$ cm

$$f_{cd} = \alpha \cdot f_{ck}/\gamma_c = 0{,}85 \cdot 20{,}0/1{,}5 = 11{,}33\ \text{N/mm}^2$$

Feld 1 + 2: $M_{Ed} = 43{,}12\ \text{kNm/m} = M_{Eds}$ wegen $N_{Ed} = 0$

$$\mu_{Ed} = \frac{0{,}04312}{1{,}0 \cdot 0{,}169^2 \cdot 11{,}33} = 0{,}133$$

$$\omega_1 = 0{,}1436, \quad \sigma_{s1d} \approx 448\ \text{N/mm}^2$$

$$a_{s1} = \frac{1}{448} \cdot 0{,}1436 \cdot 1{,}0 \cdot 0{,}169 \cdot 11{,}33 \cdot 10^4$$

$$a_{s1} = 6{,}14\ \text{cm}^2/\text{m}$$

Querbewehrung gem. (4.6)

$$a_{st} = a_s/5 = 1{,}22\ \text{cm}^2/\text{m}$$

Stützung B $M'_{Ed} = -52{,}81$ kNm/m

$$\mu_{Ed} = \frac{0{,}05281}{1{,}0 \cdot 0{,}169^2 \cdot 11{,}33} = 0{,}163$$

$$\omega_1 = 0{,}1796, \quad \xi = 0{,}222, \quad \sigma_{s1} = 445\ \text{N/mm}^2$$

$$a_{s1} = \frac{1}{445} \cdot 0{,}1796 \cdot 1{,}0 \cdot 0{,}169 \cdot 11{,}33 \cdot 10^4 = 7{,}73\ \text{cm}^2/\text{m}$$

Gewählte Bewehrung

Stababstände gem. (4.5) und (4.6): $s \leqq 20$ cm, $s_t \leqq 25$ cm

Feld 1 +2:

Zugbewehrung:	Ø 12,	s = 18 cm	a_s = 6,28 cm²/m
Querbewehrung:	Ø 6,	s_t = 20 cm	a_{st} = 1,4 cm²/m
Stützung B:	Ø 12,	s = 14 cm	a_s = 8,08 cm²/m

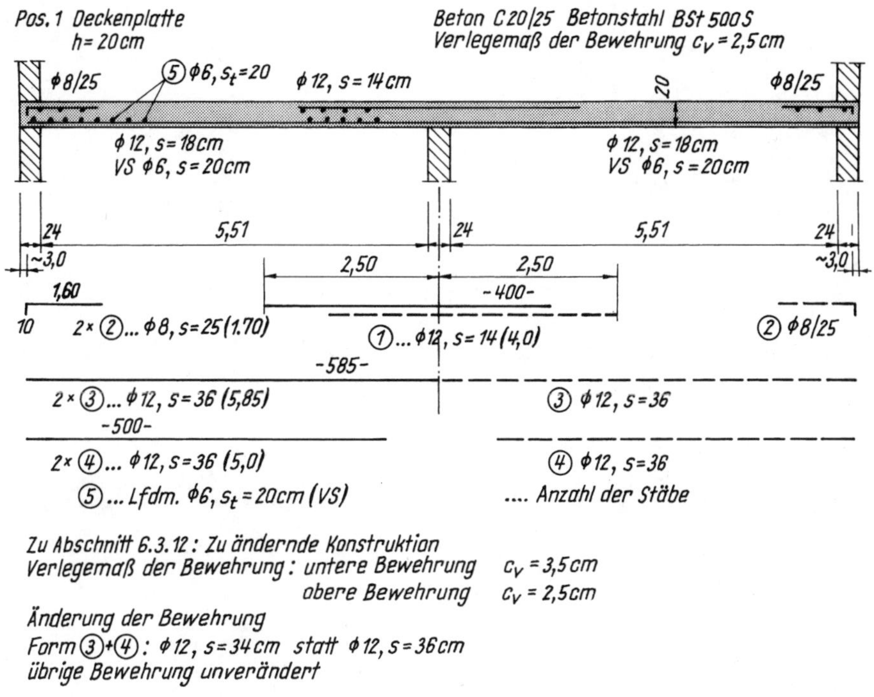

Abb. 5.14 Bewehrung einer über 2 Felder durchlaufenden Deckenplatte (vgl. Abschn. 5.5.4)

Nachweis Rotationsvermögen

Grenzwert der möglichen Umlagerung nach (3.2) für hochduktilen Stahl und $\xi = x_d/d = 0{,}222$ bei B:

$$\delta \geqq 0{,}64 + 0{,}8 \cdot x_d/d = 0{,}64 + 0{,}8 \cdot 0{,}22$$

$$\delta \geqq 0{,}81$$

Gewählt wurde $\delta = 0{,}85 > 0{,}81$, ein rechnerischer Nachweis des Rotationsvermögens ist daher nicht erforderlich.

Konstruktion vgl. Abb. 5.14

Die Längen der oberen Bewehrung wurden geschätzt. Auf Fragen der Mindestbewehrung und der Rissbreitenbegrenzung wurde im Rahmen dieses Beispiels nicht eingegangen.

6 Nachweise in den Grenzzustände der Gebrauchstauglichkeit

6.1 Grundlagen

Gemäß DIN 1045-1, 5.4.1 bezeichnen Grenzzustände der Gebrauchstauglichkeit Bedingungen, bei deren Überschreitung festgelegte Anforderungen für die Gebrauchstauglichkeit nicht mehr erfüllt sind. Eine ausreichende Gebrauchstauglichkeit ist nachzuweisen durch

- Begrenzung der Spannungen von Beton und Betonstahl
- Begrenzung der Rissbreiten
- Begrenzung der Verformung.

Alle Nachweise werden unter Gebrauchslast mit einer der im Abschn. 2.2.3 besprochenen Einwirkungskombinationen geführt. Diese Kombinationen unterscheiden sich durch die Größe des anzusetzenden Verkehrslastanteils. Für den Stahlbetonbau (ohne Spannbeton) ergeben sich mit (2.5), (2.6) und (2.7) drei unterschiedliche Beanspruchungsniveaus. Das anzusetzende Niveau bzw. die anzusetzende Einwirkungskombination ist von dem zu führenden Nachweis, von den Umgebungsbedingungen und evtl. von zusätzlichen Forderungen, z. B. bezüglich der Größe von Verformungsgrößen, abhängig. Im Regelfall werden die Schnittgrößen linear-elastisch berechnet. Gemäß DIN 1055-1, 8.5 sind auch nichtlineare Verfahren zugelassen. Für die Teilsicherheitsbeiwerte gilt $\gamma_G = \gamma_Q = 1{,}0$ (DIN 1045-1, 5.4.1), es wird also mit den charakteristischen Einwirkungen bzw. bei mehreren unabhängigen veränderlichen Einwirkungen mit den repräsentativen Größen gerechnet.

Die Nachweise im Grenzzustand der Gebrauchstauglichkeit werden rechnerisch nur bei Beanspruchung durch Biegemomente oder Biegemomente mit Längskraft geführt. Für Beanspruchung durch Querkräfte oder Torsionsmomente wird die Gebrauchstauglichkeit durch konstruktive Regeln gewährleistet.

6.2 Begrenzung der Spannungen

6.2.1 Grundlagen

Im Abschn. 3.3 wurden die für die Schnittgrößenermittlung zugelassenen Verfahren besprochen. Wenn das plastische Verformungsvermögen der Stahlbetonbauteile bei der Schnittgrößenermittlung für Nachweise im Grenzzustand der Tragfähigkeit berücksichtigt wird, ergeben sich teilweise große Unterschiede gegenüber einer Schnittgrößenbestimmung nach der Elastizitätstheorie. Unter Gebrauchslasten verhalten sich die Stahlbetontragwerke weitgehend elastisch, da die Spannungen sowohl im Beton als auch im Betonstahl gering sind. In DIN 1045-1, 11.1 sind daher für den Grenzzustand der Gebrauchstauglichkeit Spannungsnachweise für den Beton und für den Betonstahl vorgeschrieben, wenn von einer linear-elastischen Schnittgrößenermittlung im *größeren* Umfang abgewichen wird. Wenn der Betonstahl unter Gebrauchslast bis zur Streckgrenze f_{yk} beansprucht wird, entstehen im Stahl plastische Verformungen, die auch bei Entlastung nicht zurückgehen. Diese plastischen Verformungen des Stahls können zu breiten Rissen im Beton führen, die die Dauerhaftigkeit des Tragwerks beeinträchtigen. Die Spannungen im Betonstahl unter Gebrauchslast sind daher zu begrenzen.

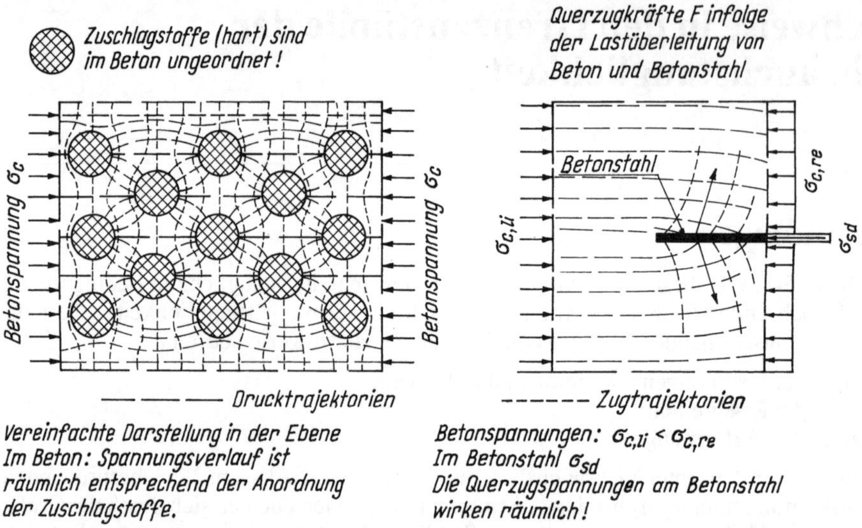

Abb. 6.1 Querzugspannungen im Beton durch Umlenkung der Druckkräfte (links) und Querzugspannungen im Krafteinleitungsbereich von Bewehrungsstäben (rechts)

Unter der Wirkung von hohen Betondruckspannungen können im Beton Risse und auch Abplatzungen auftreten. In unbewehrten Bauteilen ergeben sich Querzugspannungen aus der Umlenkung der Druckspannungen in dem aus Zementstein und Zuschlagstoffen bestehenden Beton. In bewehrtem Beton erfolgt eine teilweise Überleitung der Druckkraft vom Beton in den Stahl. Hiermit verbunden sind stets Querzugspannungen, die zu Längsrissen parallel zum Bewehrungsstab führen können (Abb. 6.1). Hohe, dauernd wirkende Druckspannungen führen zu entsprechenden Kriechverformungen des gedrückten Betons und damit zu einer überproportional großen Verformung des Bauteils.

6.2.2 Vorschriften

Ein gesonderter Nachweis der Spannungen ist gem. DIN 1045-1, 11.1.1 nicht erforderlich, wenn die folgenden Bedingungen eingehalten werden:

- Die Bemessung im Grenzzustand der Tragfähigkeit erfolgt entsprechend den Angaben in DIN 1045-1, 10, bei Beanspruchung durch überwiegende Biegung also entsprechend den im Abschn. 5 besprochenen Methoden.
- Die im Grenzzustand der Tragfähigkeit nach der Elastizitätstheorie ermittelten Schnittgrößen werden um nicht mehr als 15 % umgelagert (vgl. Abschn. 3.4.2).
- Die bauliche Durchbildung erfolgt gem. den Forderungen in DIN 1045.

Bei Einhaltung dieser Bedingungen ist nach den Erläuterungen in Abschn. 6.2.1 im Grenzzustand der Tragfähigkeit keine wesentliche Abweichung der Schnittgrößenverteilung von derjenigen unter Gebrauchslasten zu erwarten. Der Erfahrungsbereich mit der bisher gültigen Norm DIN 1045 wird nicht verlassen.

Bei Umlagerung der Schnittgrößen um mehr als 15 % oder bei Ermittlung der Schnittgrößen mit Verfahren nach der Plastizitätstheorie oder mit nichtlinearen Verfahren gelten gem. DIN 1045-1, 11.1.2 folgende Regeln:

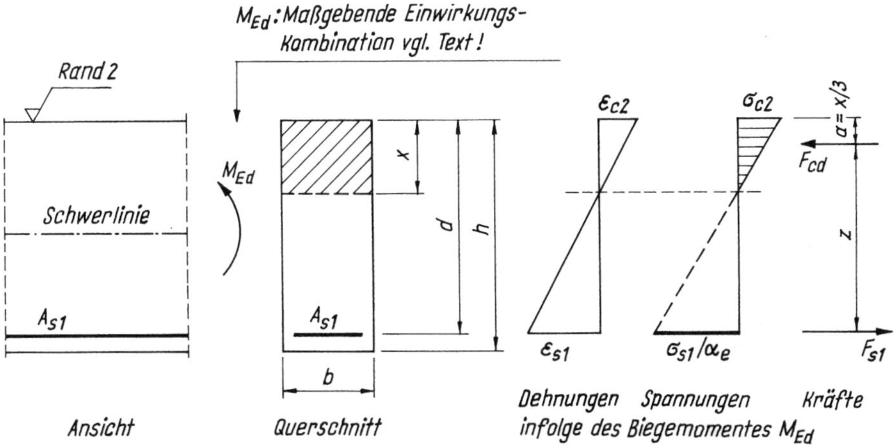

Abb. 6.2 Verlauf von Spannungen und Dehnungen bei einem Rechteckquerschnitt für Nachweise unter Gebrauchslast

a) Begrenzung der Betondruckspannungen auf $|\sigma_c| \leqq 0{,}6 \cdot f_{ck}$

Längsrisse im Beton infolge hoher Betondruckspannungen erleichtern den Zugang von Chloriden zu den Bewehrungsstäben und erhöhen somit die Gefahr von chloridinduzierter Bewehrungskorrosion. Eine erhöhte Gefahr für Betonangriff ist gegeben bei Rissbildung infolge hoher Betondruckspannungen bei Bauteilen, die einem Wechsel von Frost-Tau ausgesetzt sind. Für die Größe von Betondruckspannungen gilt daher für Bauteile, die den Bedingungen einer der Expositionsklassen XD, XF oder XS (vgl. Abb. 4.3) ausgesetzt sind, bei Ansatz der seltenen Einwirkungskombination (2.5) folgender Grenzwert:

$$\left.\begin{array}{l} |\sigma_c| \leqq 0{,}6 \cdot f_{ck} \\ \text{Seltene Einwirkungskombination (2.5)} \end{array}\right\} \quad (6.1)$$

Nach DIN 1045-1, 11.1.2 (5) darf dieser Nachweis entfallen, wenn „andere Maßnahmen" getroffen werden. In [1.5] wird darauf hingewiesen, dass weder eine Umschnürung der Druckzone noch eine Erhöhung der Betondeckung ein wirksamer Schutz gegen Längsrissbildung ist. Man sollte daher die Spannungsgrenzen (6.1) nicht überschreiten. Mit (6.1) soll eine Längsrissbildung infolge von *kurzzeitig* wirkenden Druckspannungen ausgeschlossen werden.

b) Begrenzung der Betondruckspannungen auf $|\sigma_c| \leqq 0{,}45 \cdot f_{ck}$

Unter *Dauerlast* erfährt der Beton eine zeitabhängige Verformung, die zusätzlich zur Kurzzeitverformung auftritt und im Wesentlichen nicht reversibel ist. Bei *ständig* wirkenden Betondruckspannungen wird nach [1.5] dieser Kriechvorgang überproportional verstärkt, wenn die Betonspannungen dauerhaft größer sind als $|\sigma_c| = 0{,}4 \cdot f_{cm}$. Wenn durch dieses *Betonkriechen* die Gebrauchstauglichkeit, die Tragfähigkeit oder die Dauerhaftigkeit wesentlich beeinflusst wird, ist gem. DIN 1045-1, 11.1.2 (2) die Größe der Betondruckspannungen zu beschränken. Von wesentlichem Einfluss kann das Kriechen des Betons z. B. sein bei der Verformungsberechnung von Platten oder Balken, hier kann somit die Gebrauchstauglichkeit in starkem Maße durch das Kriechen beeinflusst werden. Wenn durch das Kriechen die Gebrauchstauglichkeit, die Tragfähigkeit oder Dauerhaftigkeit wesentlich beeinflusst wird, sind die Betondruckspannungen unter der quasi-ständigen Einwirkungskombination zu beschränken auf

$$\left.\begin{array}{l} |\sigma_c| \leqq 0{,}45 \cdot f_{ck} \\ \text{quasi-ständige Kombination (2.7)} \end{array}\right\} \quad (6.2)$$

Wenn (6.2) nicht eingehalten wird, ist der Einfluss des Kriechens auf Gebrauchstauglichkeit, Verformungen, Schnittgrößen usw. rechnerisch zu untersuchen [1.5].

c) Begrenzung der Stahlspannungen

Die Betonstahlspannungen sind nach DIN 1045-1, 11.1.3 zu begrenzen, hierbei ist die *seltene* Einwirkungskombination anzusetzen. Als Grenzwert gilt

$$\left.\begin{array}{l} \sigma_s \leqq 0{,}8 \cdot f_{yk} \\ \text{seltene Kombination (2.5)} \end{array}\right\} \quad (6.3)$$

Wenn die Stahlspannungen *nur* aus Zwangseinwirkungen herrühren, gilt $\sigma_s \leqq f_{yk}$.

6.2.3 Ermittlung der Spannungen

Unter Gebrauchslasten ergeben sich in biegebeanspruchten Querschnitten fast immer Randstauchungen $|\varepsilon_c| < 0{,}5$ ‰. Nach Abb. 1.9 ist in diesem Dehnungsbereich ein annähernd linearer Zusammenhang zwischen Betondehnungen und zugehörigen Spannungen gegeben. Die Spannungsermittlung erfolgt daher unter folgenden Annahmen:

- Die Querschnitte bleiben eben, hieraus folgt ein linearer Dehnungsverlauf über die Querschnittshöhe (Annahme von *Bernoulli*).
- Es besteht ein linear-elastischer Zusammenhang zwischen Betonspannungen und Betondehnungen in der Druckzone (vgl. Abb. 3.1 a).
- Die Zugfestigkeit des Betons bleibt außer Ansatz (Zustand II).
- Es besteht voller Verbund zwischen Betonstahl und Beton.

Mit diesen Annahmen ergibt sich der in Abb. 6.2 dargestellt Verlauf von Spannungen und Dehnungen.

Aus der letzten Annahme folgt für den Zusammenhang von Beton- und Stahlspannungen:

Verbundgesetz: $\varepsilon_{s1} = \varepsilon_{cs}$
Hooke'sches Gesetz: $\sigma_{s1}/E_s = \sigma_{cs}/E_c$

Hierin ist ε_{cs} die Betondehnung in Höhe der Stahleinlagen. Für die Stahlspannung ergibt sich

$$\sigma_{s1} = (E_s/E_c) \cdot \sigma_{cs} = \alpha_e \cdot \sigma_{cs} \quad (6.4)$$

Für den Betonstahl gilt $E_s = 200\,000$ N/mm² (DIN 1045-1, 9.2.4), für den Beton ist mit E_{cm} gem. DIN 1045-1, Tab. 9 zu rechnen. Zahlenangaben für $\alpha_e = E_s/E_c$ vgl. z. B. [2].

Die Größe der Spannungen kann in folgender Weise ermittelt werden:

Nulllinienlage

In Abb. 6.2 stellt sich die Nulllinie so ein, dass sie die Schwerachse des wirksamen Querschnitts ist:

$$b \cdot x \cdot x/2 = \alpha_e \cdot A_{s1} \cdot (d - x)$$

Hieraus

$$x = \frac{\alpha_e \cdot A_{s1}}{b} \cdot \left(-1 + \sqrt{-1 + \frac{2 \cdot b \cdot d}{\alpha_e \cdot A_{s1}}}\right) \tag{6.5}$$

Hebelarm der inneren Kräfte

$$z = d - x/3 \tag{6.6}$$

Stahlspannung ($\Sigma M = 0$ in Bezug auf F_{cd})

$$F_{s1} = M_{Ed}/z = A_{s1} \cdot \sigma_{s1}$$

$$\sigma_{s1} = \frac{M_{Ed}}{z \cdot A_{s1}} = \frac{M_{Ed}}{(d - x/3) \cdot A_{s1}} \tag{6.7}$$

Betonrandspannung ($\Sigma M = 0$ in Bezug auf F_{s1})

$$F_{cd} = -M_{Ed}/z = \sigma_{c2} \cdot b \cdot x/2$$

$$\sigma_{c2} = \frac{2 \cdot M_{Ed}}{b \cdot x \cdot z} = \frac{2 \cdot M_{Ed}}{b \cdot x \cdot (d - x/3)} \tag{6.8}$$

Wenn keine allzu große Genauigkeit erforderlich ist, kann die Größe der Stahlspannungen auch mit dem aus der Biegebemessung im Grenzzustand der Tragfähigkeit bekannten Hebelarm der inneren Kräfte z bestimmt werden. Die Stahlspannung σ_{s1} wird dann etwas zu gering ermittelt, weil z wegen der völligeren Druckzone größer ist. Ausführliche Hilfstafeln zur Spannungsermittlung auch für Querschnitte mit Druckbewehrung findet man in vielen Handbüchern, vgl. z. B. [1.5], [2.2]. Für Rechteckquerschnitte ohne Druckbewehrung ist im Anhang als Tafel 4 eine solche Hilfstafel abgedruckt.

6.2.4 Anwendungsbeispiele

Aufgabe

Für die in Abschn. 5.5.4 behandelte Zweifeldplatte ist der Spannungsnachweis im Grenzzustand der Gebrauchstauglichkeit für Stützung B zu führen.

Vorbemerkung

Ein Spannungsnachweis ist gem. DIN 1045-1, 11.1.1 im vorliegenden Fall nicht erforderlich, weil die im Abschn. 6.2.2 angeführten Bedingungen sämtlich erfüllt sind. Die Nachweise werden hier aus Übungsgründen geführt.

Durchführung

Einwirkende Schnittgrößen

Infolge der charakteristischen Lasten $g_k + q_k$ gem. Abb. 5.13:

$M_{k,Bg} = -26{,}40$ kNm/m, $\quad M_{k,Bq} = -20{,}30$ kNm/m

Es ist nur eine unabhängige veränderliche Einwirkung q_k vorhanden. Damit erhält man für die einwirkenden Momente $M_{Ed,B}$:

Ansatz der seltenen Kombination (2.5):

$M_{Ed,B} = -26{,}40 - 20{,}30 \qquad = -46{,}70$ kNm/m

Ansatz der quasi-ständigen Kombination (2.7)

Kombinationsbeiwert ψ_2 gem. Abb. 2.5:

Versammlungsraum: $\psi_2 = 0{,}6$

$M_{Ed,B} = -26{,}40 - 0{,}6 \cdot 20{,}30 \qquad = -38{,}58$ kNm/m

Auf die zulässige Abminderung der Momente gem. (3.5) wird hier verzichtet.

a) Nachweis der Begrenzung der Betondruckspannung auf $|\sigma_{cd}| \leqq 0{,}6 \cdot f_{ck}$ gem. (6.1)

Für die Decke ist nach Abb. 5.13 die Expositionsklasse XC1 maßgebend. Dieser Nachweis entfällt, da keine der Expositionsklassen XD, XF oder XS vorliegt.

b) Nachweis der Begrenzung der Betondruckspannung auf $|\sigma_c| \leqq 0{,}45 \cdot f_{ck}$ gem. (6.2).

Einwirkend (quasi-ständig): $|M_{Ed}| = 38{,}58$ kNm/m

Vorwerte zum Spannungsnachweis:

Beton C 20/25:	E_{cm}	$= 28\,800$ N/mm²	(Abb. 1.8)
Betonstahl BSt 500:	E_s	$= 200\,000$ N/mm²	(Abb. 1.16)

$\alpha_e = E_s/E_{cm} = 6{,}94$

$A_{s1} = 8{,}08$ cm²/m ($\varnothing$ 12, $s = 14$ cm)

$b = 1{,}0$ m $\qquad d = 16{,}9$ cm

Nulllinienlage mit (6.5)

$$x = \frac{\alpha_e \cdot A_{s1}}{b} \cdot \left(-1 + \sqrt{-1 + \frac{2 \cdot b \cdot d}{\alpha_e \cdot A_{s1}}}\right)$$

$$= \frac{6{,}94 \cdot 8{,}08}{100} \cdot \left(-1 + \sqrt{-1 + \frac{2 \cdot 100 \cdot 16{,}9}{6{,}94 \cdot 8{,}08}}\right) = 3{,}76 \text{ cm}$$

oder Bestimmung der Nulllinienlage mit Tafel 4 (Anhang)

$$\alpha_e\,\varrho = \alpha_e \cdot \frac{A_s}{b \cdot d} = 6{,}94 \cdot \frac{8{,}08}{16{,}9 \cdot 100} = 0{,}033$$

$\xi = 0{,}226: \quad x = \xi \cdot d = 0{,}226 \cdot 16{,}9 = 3{,}82$ cm

Hebelarm der inneren Kräfte mit (6.6)

$z = d - x/3 = 16{,}9 - 3{,}76/3 = 15{,}65$ cm

Betonrandspannung mit (6.8)

$$\sigma_{c2} = \frac{2 \cdot M_{Ed}}{b \cdot x \cdot z} = \frac{2 \cdot 0{,}03858}{1{,}0 \cdot 0{,}0376 \cdot 0{,}1565}$$

$$= 13{,}11 \text{ MN/m}^2 > 0{,}45 \cdot f_{ck} = 0{,}45 \cdot 20{,}0 = 9{,}0 \text{ MN/m}^2$$

Nachweis der Begrenzung der Stahlspannung auf $\sigma_s \leqq 0{,}8 \cdot f_{yk}$ gem. (6.3)

Mit (6.7)

$$\sigma_{s1} = \frac{M_{Ed}}{z \cdot A_{s1}} = \frac{46{,}70}{0{,}1565 \cdot 8{,}08} = 36{,}93\ \text{kN/cm}^2 = 369{,}3\ \text{N/mm}^2$$

$$< 0{,}8 \cdot 500 = 400{,}0\ \text{N/mm}^2$$

Beurteilung

Die Betondruckspannungen unter der quasi-ständigen Einwirkungskombination sind wesentlich größer als der Grenzwert nach (6.2). Es muss mit überproportional großen Kriechverformungen gerechnet werden, Einzelheiten hierzu vgl. [1.5]. Eine Verbesserung der Konstruktion kann durch folgende Maßnahmen erreicht werden:

- Vergrößerung der Bauteilhöhe h
- Verstärkung der Bewehrung über das im Grenzzustand der Tragfähigkeit erforderliche Maß
- Wahl einer höheren Betonfestigkeitsklasse.

Bei einer Momentenumlagerung um mehr als 15 % wäre eine entsprechende Änderung der Konstruktion vorzunehmen. Man erkennt den Einfluss von Nachweisen im Grenzzustand der Gebrauchstauglichkeit, wenn bei der Schnittgrößenermittlung wesentlich von Ergebnissen nach linear-elatischen Methoden abgewichen wird.

6.3 Begrenzung der Rissbreiten

6.3.1 Allgemeine Hinweise

Eine Rissbildung im Bereich von Betonzugzonen ist nahezu unvermeidlich. Die Rissbildung kann dabei sowohl durch direkte Beanspruchung aus äußeren Einwirkungen (z. B. Lasten) als auch durch indirekte Einwirkungen aus Zwang (z. B. Temperatureinwirkung) verursacht werden. Eine Begrenzung der Rissbreiten ist erforderlich, um die Dauerhaftigkeit der Stahlbetonbauteile zu gewährleisten und weil ein ästhetisch einwandfreier Gesamteindruck des Bauwerks auf Dauer erhalten werden soll.

Für die Dauerhaftigkeit eines Bauteils von ausschlaggebender Bedeutung ist der Korrosionsschutz der Bewehrung. Die erforderlichen Angaben für Dicke und Qualität (Dichte) der Betondeckung der Stahleinlagen sind im Abschn. 4 dieses Buches besprochen worden. Durch Risse quer zu den Bewehrungsstäben mit einer Breite bis zu etwa 0,3 mm wird der Korrosionsvorgang nur unwesentlich beschleunigt. Für Längsrisse parallel zu den Bewehrungsstäben sind die Verhältnisse ungünstiger, vgl. Abschn. 6.2.

Im Hinblick auf ästhetische Gesichtspunkte werden in einigen Veröffentlichungen Rissbreiten bis zu etwa 0,4 mm an trockenen Betonflächen als „nicht störend“ oder in Abhängigkeit von der Entfernung des Betrachters als „nicht erkennbar“ beschrieben. Bei teilweise feuchter, nicht strukturierter Betonfläche sind jedoch auch sehr geringe Rissbreiten gut sichtbar.

Wenn keine besonderen Anforderungen gestellt werden, gelten die Anforderungen an die Dauerhaftigkeit *und* an das Erscheinungsbild als erfüllt, wenn die in DIN 1045-1, Tabelle 18 und 19 angegebenen Anforderungen eingehalten werden. Für die Rechenwerte der Rissbreite w_k gelten hiernach in Abhängigkeit von der Expositionsklasse die in Abb. 6.3 zusammengestellten Anforderungen. Bei der Expositionsklasse XD3 können bezüglich des Korrosionsschutzes der Bewehrung Zusatzmaßnahmen zur Erzielung eines ausreichenden Korrosionsschutzes erforderlich werden. Als Beispiel sei hier auf direkt befahrbare Decken von Parkdecks hingewiesen, vgl. DIN 1045-1, Tabelle 3.

<table>
<tr><th>Expositionsklasse</th><th>Mindest-anforderungsklasse</th><th>Anzusetzende Einwirkungskombination</th><th>Rechenwert der Rissbreite w_k in mm</th></tr>
<tr><td>XC 1</td><td>F</td><td rowspan="3">quasi-ständig
vgl. Abschn. 2.2.3
Gleichung (2.7)</td><td>0,4</td></tr>
<tr><td>XC 2, XC 3, XC 4</td><td>E</td><td>0,3</td></tr>
<tr><td>XD 1–XD 3, XS 1–XS 3</td><td>E</td><td>0,3</td></tr>
<tr><td colspan="4">XD 3: Im Einzelfall: Zusatzmaßnahmen als Korrosionschutz erforderlich, vgl. Abb 4.3.</td></tr>
</table>

Abb. 6.3 Anforderungen an die Begrenzung der Rissbreiten im Stahlbetonbau gem. DIN 1045-1, Tab. 18 und 19

Die Rissbreite *w* ist von sehr vielen Einflüssen abhängig, die wichtigsten sind:

- Zugfestigkeit des Betons
- Verbundfestigkeit zwischen Beton und Betonstahl
- Dicke und Qualität der Betondeckung der Stahleinlagen
- Anordnung der Zugbewehrung im Betonquerschnitt
- Form und Größe des Betonquerschnittes
- Verteilung der Zugspannungen über die Querschnittsfläche.

Hierbei sind insbesondere die Zugfestigkeit des Betons und die Verbundfestigkeit wegen großer Unterschiede in der Bauausführung (Konstruktion, Betoniervorgang, Nachbehandlung) sehr großen Streuungen unterworfen. *Eine „genaue" Vorausberechnung der zu erwartenden Rissbreiten ist wegen dieser Streuungen nicht möglich und wegen des geringen Einflusses von Rissbreiten < 0,4 mm auf den Korrosionsschutz der Stahleinlagen auch nicht notwendig* [80.2].

Das Ziel bei Bemessung und Konstruktion von Stahlbetonbauteilen ist also nicht die Vermeidung von Rissen, sondern eine Beschränkung der Rissbreiten auf Werte, die die ordnungsgemäße Funktion und die Dauerhaftigkeit der Bauteile nicht beeinträchtigen. In DIN 1045-1 wird dieses Ziel durch zwei Prinzipien angestrebt:

a) Vorschriften bezüglich einer Mindestbewehrung, durch die ein Fließen der Zugbewehrung und die Bildung breiter Risse verhindert werden soll. Wenn ein Bauteil *nur* durch Lasten (ohne Zwang) beansprucht wird, ist dies durch die Bemessung (Abschn. 5) und gegebenenfalls durch den Spannungsnachweis (Abschn. 6.2) gewährleistet.

b) Konstruktionsregeln für zulässige Stababstände und Stabdurchmesser. Bei Einhaltung dieser Regeln erübrigt sich ein rechnerischer Nachweis, die in Abb. 6.3 angegebenen Anforderungen werden i. Allg. eingehalten. Daneben sind in DIN 1045-1 Ansätze angegeben, mit denen eine direkte Berechnung der Rissbreite möglich ist. Die Ergebnisse einer solchen Berechnung sind mit den zuvor beschriebenen Unsicherheiten behaftet. Man wird eine *Berechnung* der Rissbreiten nur in seltenen Ausnahmefällen durchführen.

6.3.2 Zusammenhänge bei der Rissbildung

In Abb. 6.4 ist ein zentrisch bezogener Stahlbetonstab dargestellt. Vor Rissbildung erreicht die Betonspannung an keiner Stelle die Betonzugfestigkeit f_{ct}, der Stab befindet sich im Zustand I.

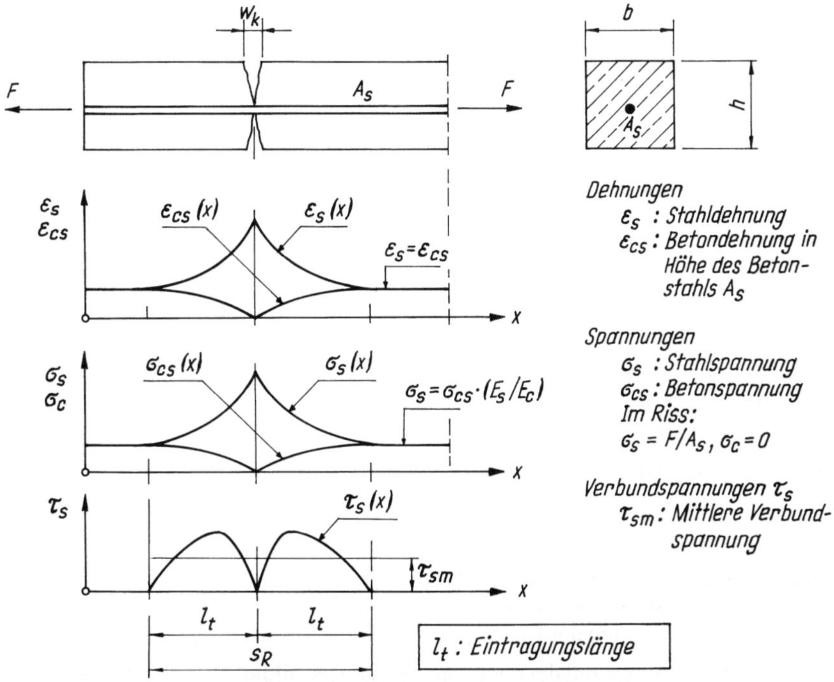

Abb. 6.4 Erstrissbildung bei einem zentrisch gezogenem Stab

Für Spannungen und Dehnungen gilt:

$\varepsilon_c = \varepsilon_s$: Betondehnung = Stahldehnung

$\sigma_c/E_c = \sigma_s/E_s \rightarrow \sigma_s = \sigma_c \cdot (E_s/E_c) = \sigma_c \cdot \alpha_e$

Bei Laststeigerung auf die zum Riss führende Zugkraft F_r kommt es zur Rissbildung. Der Ort dieser *Erstrissbildung* kann nicht vorhergesagt werden, der Riss wird an der Stelle der geringsten Betonzugfestigkeit auftreten. Im Augenblick der Rissbildung muss der zuvor vom Beton getragene Zugkraftanteil vom Betonstahl übernommen werden, die Stahlspannung wächst sprunghaft an auf den Wert

$\sigma_{sr} = F_r / A_s$

Die zugehörige Stahldehnung ist

$\varepsilon_{sr} = \sigma_{sr} / E_s$

Innerhalb der Eintragungslänge l_t wird ein Teil der Stahlspannungen σ_{sr} über Verbundspannungen τ_s in den Beton eingeleitet. Am Ende der Eintragungslänge sind Stahldehnung und Betondehnung wieder gleich groß: $\varepsilon_c = \varepsilon_s$. Im Bereich der Eintragungslänge l_t ist die Stahldehnung ε_s immer größer als die Betondehnung ε_c, dieser Dehnungsunterschied führt zur Rissbreite *w*. In Bereichen zwischen den Rissen verbleiben Stabteile im Zustand I
($\varepsilon_{cs} = \varepsilon_s$, $\sigma_s = \alpha_e \cdot \sigma_{es}$, $\alpha_e = E_s/E_c$).

In Abb. 6.5 ist ein durch Biegemomente belasteter Stahlbetonträger dargestellt. Vor Rissbildung befindet sich der gesamte Träger im Zustand I, der Verlauf der Spannungen über die Querschnittshöhe ist in Abb. 6.5 angegeben. Für die Stahldehnungen gilt wie zuvor $\varepsilon_s = \varepsilon_{cs}$ und für die Stahlspannungen $\sigma_s = \alpha_e \cdot \sigma_{cs}$. Unter Wirkung des Rissmomentes kommt es zur Rissbildung an der Stelle, an der *zufällig* die geringste Betonzugfestigkeit f_{ct} vorhanden ist. Die vor Riss-

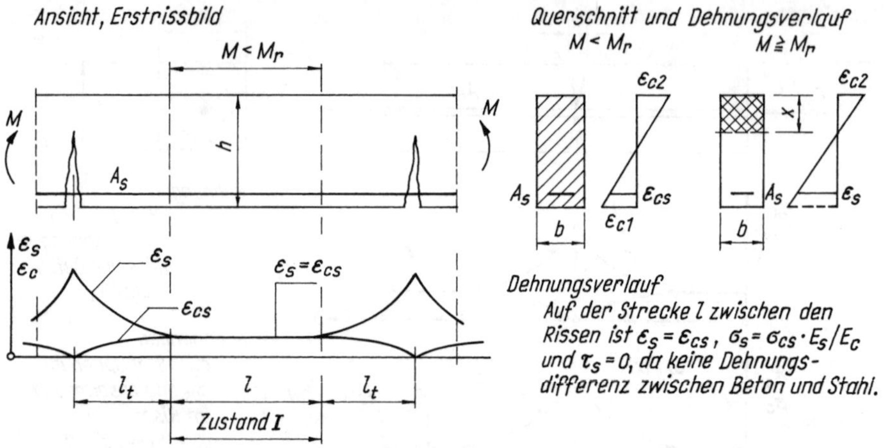

Abb. 6.5 Erstrissbildung bei einem Biegeträger (vgl. auch Abb. 6.4)

bildung im Beton vorhandenen Zugspannungen werden im Riss vom Stahl übernommen, dies führt zum Höchstwert der Stahldehnungen ε_s. Bezüglich des Verlaufes von Dehnungen und Spannungen im Bereich der Eintragungslänge l_t gelten die Angaben in Abb. 6.4 unverändert.

In Abb. 6.6 ist der Zustand der *abgeschlossenen* Rissbildung bei einem Zugstab dargestellt. Die aus Belastung oder Zwangeinwirkung ausgehende Beanspruchung des Stabs ist auf ganzer Länge größer als die Zugfestigkeit des Betons. Hieraus folgt, dass die Stahldehnung ε_s überall größer ist als die Betondehnung ε_c, es ist also im gesamten betrachteten Bereich eine Dehnungsdifferenz $\varepsilon_s - \varepsilon_c > 0$ vorhanden, an keiner Stelle liegt die für den Zustand I maßgebende Bedingung $\varepsilon_s = \varepsilon_{cs}$ vor. Bezüglich des Rissabstands s_r und des Ansatzes der Betonfläche bei Biegebeanspruchung folgen die erforderlichen Hinweise später.

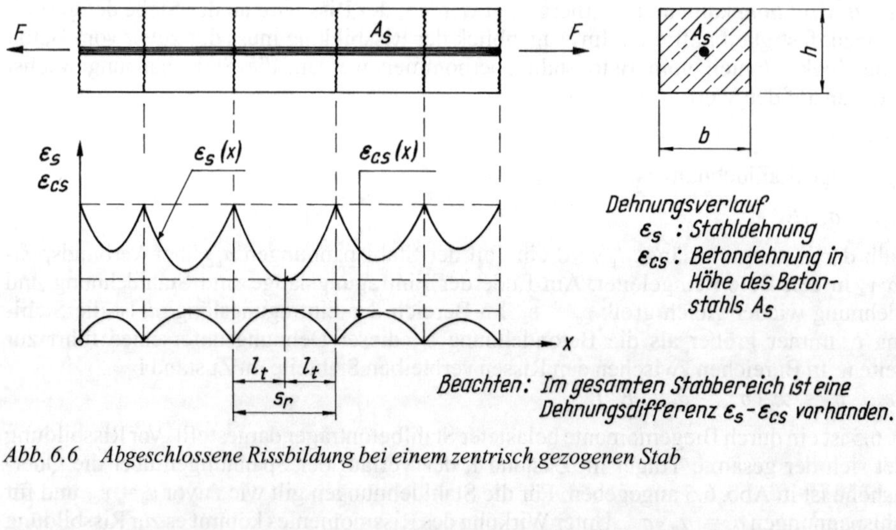

Abb. 6.6 Abgeschlossene Rissbildung bei einem zentrisch gezogenen Stab

6.3.3 Mitwirkung des Betons auf Zug zwischen den Rissen

Aus den Abb. 6.4 bis 6.6 ist erkennbar, dass die bei der Biegebemessung gem. Abb. 5.6 angesetzte Spannungsverteilung nur für den Querschnitt am Ort der Rissbildung zutreffend ist. Zwischen den Rissen beteiligt sich der Beton an der Aufnahme der Zugspannungen. In Abb. 6.7 wird der Zusammenhang zwischen der Stahlspannung σ_s und der Stahldehnung ε_s bei zunehmender Stahldehnung erläutert.

Bei geringer Beanspruchung verbleibt der Träger im Zustand I, es besteht ein linearer Zusammenhang zwischen Spannungs- und Dehnungsänderung. Dieser Bereich wird begrenzt durch die Stahlspannung bei Erstrissbildung σ_{sr}. Während der anschließenden Rissbildung ist nur eine geringe Steigerung der Schnittgröße (bzw. der Spannung) erforderlich, um eine überproportional steigende Dehnungszunahme zu erzielen. Dieser Bereich der Rissbildung ist abgeschlossen bei einer Stahlspannung $\sigma_s \approx 1{,}3 \cdot \sigma_{sr}$. Bei weiterer Laststeigerung wachsen Spannung und Dehnung wieder annähernd linear bis zur Stahlspannung $\sigma_s = f_y$. Oberhalb der Streckgrenze f_y tritt örtliches Fließen der Bewehrung ein, im Spannungsbereich $f_y < \sigma_s < f_t$ nehmen daher die Dehnungen wieder viel rascher zu als die Spannungen.

Zwischen den Rissen beteiligt sich der Beton an der Aufnahme der Zugkräfte. Infolge dieser Mitwirkung des Betons auf Zug zwischen den Rissen sind die Stahlspannungen σ_s immer

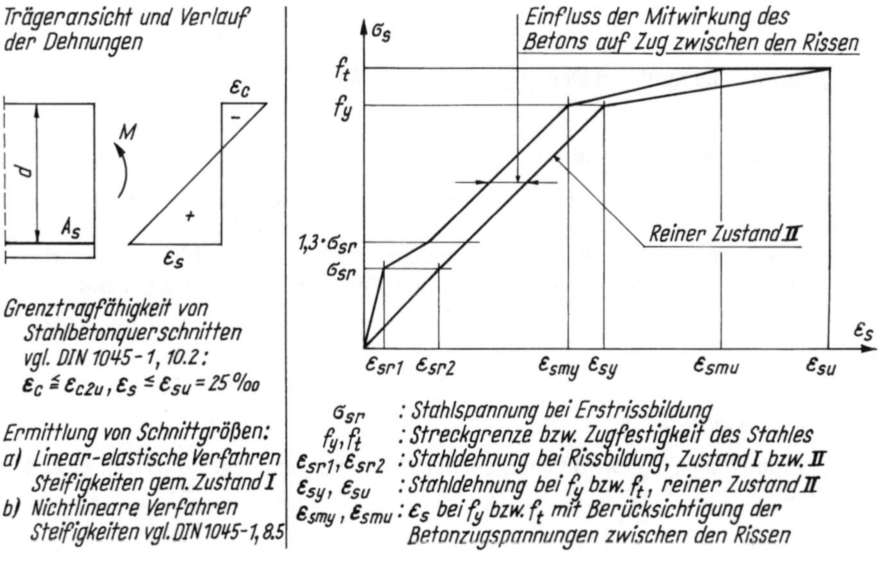

Abb. 6.7 Spannungs-Dehnungs-Linie des Betonstahls bei Berücksichtigung der Mitwirkung des Betons auf Zug zwischen den Rissen

geringer als diejenigen, die sich bei einer Rechnung nach dem reinen (nackten) Zustand II ergeben würden. Ausgenommen hiervon ist nur der Querschnitt im Riss. In DIN 1045-1 wird die Mitwirkung des Betons auf Zug zwischen den Rissen (tension stiffening) im Abschn. 8.5 behandelt. Die Steigung der σ_s-ε_s-Linie kann als Biegesteifigkeit B gedeutet werden. Für nichtlineare Verfahren der Schnittgrößenermittlung (vgl. Abschn. 3.3) muss die Biegesteifigkeit in Abhängigkeit vom jeweiligen Dehnungszustand bekannt sein.

Es soll hier darauf hingewiesen werden, dass in *einem* Bauteil mit örtlich unterschiedlicher Beanspruchung die in Abb. 6.4 und 6.6 angegebenen drei unterschiedlichen Dehnungszustände auftreten können [80.4]:

- Dehnungsunterschied zwischen Stahl und Beton ist gleich null. Es liegt Zustand I vor.
- Ein Dehnungsunterschied ist nur bereichsweise vorhanden (Abb. 6.4). Dies wird als Einzelrissbildung bezeichnet.
- Ein Dehnungsunterschied ist überall vorhanden (Abb. 6.6). Dies ist der Zustand der abgeschlossenen Rissbildung.

6.3.4 Ansätze zur rechnerischen Bestimmung des Rissabstands

Allgemeines

Bei der Bestimmung der Rissbreite w wird grundsätzlich zwischen den Zuständen *Einzelrissbildung* und *abgeschlossene Rissbildung* unterschieden [1.5].

Einzelrissbildung (vgl. Abb. 6.4 und 6.5)

Hierbei wird die einwirkende Kraft F (infolge Zwang) durch die Rissbildung reduziert, mit anwachsender Rissbildung wird F kleiner als die zur Rissbildung erforderliche Risszugkraft F_{cr}. Die Rissbreite ergibt sich aus dem Dehnungsunterschied von Betonstahl und Beton innerhalb der Eintragungslängen beidseitig des Risses:

$$w = 2 \cdot l_t \cdot (\varepsilon_{sm} - \varepsilon_{cm}) \tag{6.9}$$

Hierin sind ε_{sm} und ε_{cm} die mittleren Dehnungen innerhalb l_t.

Abgeschlossene Rissbildung (vgl. Abb. 6.6)

Die einwirkende Kraft F ist im ganzen Bereich größer als die Risszugkraft F_{cr}. Dies führt zu den in Abb. 6.6 angegebenen Dehnungsunterschieden zwischen Beton und Betonstahl. Zwischen zwei Rissen mit dem Abstand s_r muss über Verbundkräfte die zur Rissbildung erforderliche Risszugkraft vom Stahl in den Beton eingeleitet werden. Für die Rissbreite w gilt damit

$$w = s_r \cdot (\varepsilon_{sm} - \varepsilon_{cm}) \tag{6.10}$$

Eintragungslänge, Rissabstand

Im Bereich der Eintragungslänge wird vom Stahl über Verbundspannungen die Kraft F_c in den Beton eingeleitet:

$$F_c = \tau_{sm} \cdot l_t \cdot U_s \qquad U_s \text{ Stahlumfang} \tag{6.11}$$

Bei *Einzelrissbildung* ist am Ende der Eintragungslänge

$$\varepsilon_{s1} = \varepsilon_{cs}$$

$$\varepsilon_s = \frac{F_{s1}}{E_s \cdot A_s} = \varepsilon_{cs} = \frac{F_c}{E_c \cdot A_{ct,eff}}$$

$$F_{s1} = F_c \cdot \frac{E_s \cdot A_s}{E_c \cdot A_{ct,eff}} \tag{6.12}$$

Hierin ist $A_{ct,eff}$ die effektive Betonzugzone.

Im Riss wird die gesamte Zugkraft F vom Stahl aufgenommen, diese Stahlzugkraft F_s entspricht somit der Summe der Teilkräfte am Ende der Eintragungslänge:

$$F_s = \sigma_s \cdot A_s = F_{s1} + F_c$$

Mit (6.11) und (6.12) wird hieraus

$$\sigma_s \cdot A_s = F_{s1} + F_{s2} = F_c \cdot \frac{E_s \cdot A_s}{E_c \cdot A_{ct,eff}} + F_c$$

$$\sigma_s \cdot A_s = F_c \cdot \left(1 + \frac{E_s \cdot A_s}{E_c \cdot A_{ct,eff}}\right)$$

$$\sigma_s \cdot A_s = \tau_{sm} \cdot l_t \cdot U_s \cdot \left(1 + \frac{E_s \cdot A_s}{E_c \cdot A_{ct,eff}}\right)$$

Für die Eintragungslänge l_t erhält man hieraus mit $\alpha_e = E_s/E_c$ und $\varrho_{eff} = A_s/A_{ct,eff}$

$$l_t = \frac{\sigma_s \cdot A_s}{\tau_{sm} \cdot U_s} \cdot \frac{1}{1 + \alpha_e \cdot \varrho_{eff}}$$

$$l_t = \frac{\sigma_s \cdot \pi \cdot d_s^2/4}{\tau_{sm} \cdot d_s \cdot \pi} \cdot \frac{1}{1 + \alpha_e \cdot \varrho_{eff}}$$

$$l_t \approx \frac{\sigma_s \cdot d_s}{4 \cdot \tau_{sm}} \quad \text{(Einzelrissbildung)} \qquad (6.13)$$

Bei der *abgeschlossenen* Rissbildung ist aus Abb. 6.6 erkennbar, dass bei Laststeigerung zwischen zwei Rissen mit dem Abstand s_r über Verbundspannungen gerade die Risszugkraft F_{cr} in den Beton eingeleitet werden kann. Hieraus folgt der mögliche Rissabstand bei abgeschlossener Rissbildung

$$l_t \leqq s_r \leqq 2 \cdot l_t$$

Die Berechnung der Rissbreiten erfolgt mit dem Maximalwert $s_r = 2 \cdot l_t$. Dann wird zwischen zwei Rissen gerade die Risszugkraft erreicht:

$$l_t = \frac{F_{cr}}{\tau_{sm} \cdot U_s} = \frac{f_{ct} \cdot A_{ct}}{\tau_{sm} \cdot U_s}$$

Mit $U_s = 4 \cdot A_s/d_s$ und $\varrho_{eff} = A_s/A_{c,eff}$ folgt

$$l_t = \frac{f_{ct} \cdot A_{c,eff} \cdot d_s}{\tau_{sm} \cdot 4 \cdot A_s}$$

$$l_t = \frac{f_{ct} \cdot d_s}{4 \cdot \tau_{sm} \cdot \varrho_{eff}} \quad \text{(abgeschlossene Rissbildung)} \qquad (6.14)$$

In DIN 1045-1 wird bei Einzelrissbildung und bei abgeschlossener Rissbildung mit $\tau_{sm} = 1{,}8 \cdot f_{ct,eff}$ gerechnet. Für den maximalen Rissabstand ergibt sich mit $s_{r,max} = 2 \cdot l_t$ aus (6.13) und (6.14) die in DIN 1045-1, 11.2.4 angegebene Formel für den maximalen Rissabstand:

$$s_{r,max} = \frac{d_s}{3{,}6 \cdot \varrho_{eff}} \leqq \frac{\sigma_s \cdot d_s}{3{,}6 \cdot f_{ct,eff}} \qquad (6.15)$$

Der erste Term folgt aus der abgeschlossenen Rissbildung, der zweite aus der Einzelrissbildung.

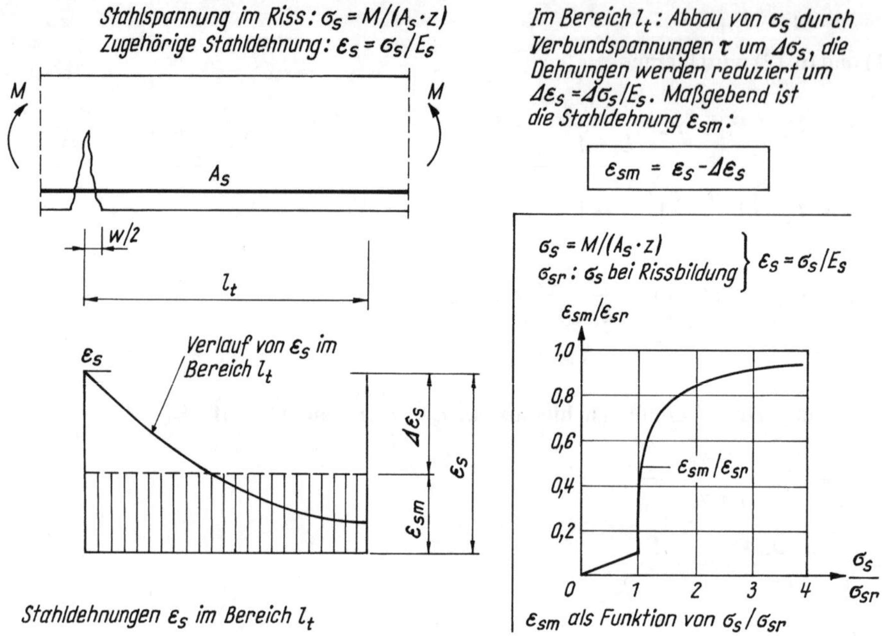

Abb. 6.8 Verlauf der Stahldehnungen ε_s innerhalb der Eintragungslänge l_f und mittlere Stahldehnung ε_{sm} in Abhängigkeit von der Stahlspannung bei Rissbildung

6.3.5 Ansätze zur rechnerischen Bestimmung der Rissbreiten

Der Dehnungsverlauf des Betonstahls im Bereich der Eintragungslänge ist in prinzipieller Form in Abb. 6.8 dargestellt. Die Stahldehnung im Riss hat unter Wirkung der maßgebenden Einwirkungskombination die Größe $\varepsilon_s = \sigma_s/E_s$ mit $\sigma_s = M/(A_s \cdot z)$. Innerhalb der Eintragungslänge wird die Stahlspannung über Verbundspannungen abgebaut, im gleichen Maße werden Zugspannungen im Beton aufgebaut. Für die maßgebende mittlere Stahldehnung ε_{sm} kann damit allgemein folgende Form angegeben werden [1.5]:

$$\varepsilon_{sm} = \varepsilon_s - \Delta\varepsilon_s$$

In Abb. 6.8 ist die mittlere Stahldehnung ε_{sm} nach [80.4] in Abhängigkeit von σ_s/σ_{sr} aufgetragen. Man erkennt, dass bei Rissbildung ($\sigma_s/\sigma_{sr} = 1$) ein sprunghafter Anstieg der bezogenen Dehnung $\varepsilon_{sm}/\varepsilon_s$ erfolgt, dies ist der Bereich der Erstrissbildung. Mit zunehmenden Werten σ_s/σ_{sr} strebt $\varepsilon_{sm}/\varepsilon_{sr}$ gegen 1,0, wegen der Mitwirkung des Betons auf Zug kann $\varepsilon_{sm} = \varepsilon_{sr}$ jedoch nie erreicht werden.

Nach (6.9) gilt für die Rissbreite w bei Einzelrissbildung

$$w = 2 \cdot l_t \cdot (\varepsilon_{sm} - \varepsilon_{cm})$$

Für die Bestimmung der Dehnungsdifferenz $\varepsilon_{sm} - \varepsilon_{cm}$ wird in DIN 1045-1 ein parabolischer Verlauf der Stahl- und Betondehnungen innerhalb l_t angenommen und außerdem ein Abbau der Verbundspannungen unter Dauerlast um 30 % auf 70 % der ursprünglichen Werte unterstellt [60.11]. Damit erhält man für die Dehnungsdifferenz $\varepsilon_{sm} - \varepsilon_{cm}$:

$$\varepsilon_{sm} - \varepsilon_{cm} = 0{,}6 \cdot \frac{\sigma_s}{E_s} \qquad (6.16)$$

Bei abgeschlossener Rissbildung gilt für die Rissbreite w nach (6.10)

$$w = s_r \cdot (\varepsilon_{sm} - \varepsilon_{cm})$$

Auch hier wird ein parabolischer Spannungsverlauf im Krafteinleitungsbereich angesetzt. Für die Dehnungsdifferenz erhält man bei abgeschlossener Rissbildung

$$\varepsilon_{sm} - \varepsilon_{cm} = \frac{\sigma_s}{E_s} - 0{,}4 \cdot \frac{f_{ct,eff}}{\varrho_{eff} \cdot E_s} \cdot (1 + \alpha_e \cdot \varrho_{eff}) \qquad (6.17)$$

In Gl. (6.17) erfasst der Teil

σ_s/E_s: die Stahldehnung im Riss

$0{,}4 \cdot \dfrac{f_{ct,eff}}{\varrho_{eff} \cdot E_s}$ die Mitwirkung des Betons auf Zug zwischen den Rissen.

Die Zugdehnung des Betons wird über den Term mit dem Steifigkeitsfaktor $\alpha_e \cdot \varrho_{eff}$ berücksichtigt [1.11]. Ausführliche Herleitungen der Ausdrücke vgl. [1.5], [60.11].

Für den Rechenwert der Rissbreite w_k erhält man damit die folgenden in DIN 1045-1, 11.2.4 angegebenen Ausdrücke:

$$\left.\begin{aligned} w_k &= s_{r,max} \cdot (\varepsilon_{sm} - \varepsilon_{cm}) \\ s_{r,max} &= \frac{d_s}{3{,}6 \cdot \varrho_{eff}} \leqq \frac{\sigma_s \cdot d_s}{3{,}6 \cdot f_{ct,eff}} \\ \varepsilon_{sm} - \varepsilon_{cm} &= \frac{\sigma_s}{E_s} - \frac{0{,}4}{E_s} \cdot \frac{f_{ct,eff}}{\varrho_{eff}} \cdot \left(1 + \alpha_e \cdot \varrho_{eff}\right) \geqq 0{,}6 \cdot \frac{\sigma_s}{E_s} \end{aligned}\right\} \qquad (6.18)$$

Aus Gl. (6.18) sind die für die Rissbreite wesentlichen Einflüsse zu erkennen: Die Rissbreite ist proportional der Größe der Stahldurchmesser d_s und in sehr starkem Maße abhängig von der Stahlspannung σ_s im Riss. Weitere wichtige Größen für die sich ergebenden Rissbreiten sind der effektive Bewehrungsgrad ϱ_{eff} und zur Berücksichtigung der Mitwirkung des Betons auf Zug zwischen den Rissen die effektive Betonzugfestigkeit $f_{ct,eff}$. Unter sonst gleichen Verhältnissen wird die Rissbreite größer mit

- anwachsendem Stahldurchmesser d_s
- anwachsender Stahlspannung σ_s
- abnehmendem Bewehrungsgrad ϱ_{eff}
- abnehmender Betonzugfestigkeit $f_{ct,eff}$.

Man sollte bei der Konstruktion insbesondere den großen Einfluss des Stahldurchmessers beachten. Wenn geringe Rissbreiten erwünscht oder erforderlich sind, sollte der Stahldurchmesser möglichst gering gewählt werden.

6.3.6 Wirkungsbereich der Bewehrung

In Abb. 6.9 ist das Rissbild eines biegebeanspruchten Stahlbetonträgers dargestellt. Wir erkennen, dass im Bereich der Zugbewehrung viele kleine Risse vorhanden sind, die sich im nur schwach bewehrten Steg zu breiteren Sammelrissen vereinigen. Ergänzende Hinweise zur Ursache dieser unterschiedlichen Art von Rissen findet man in [1.5]. Aus Abb. 6.9 ist abzule-

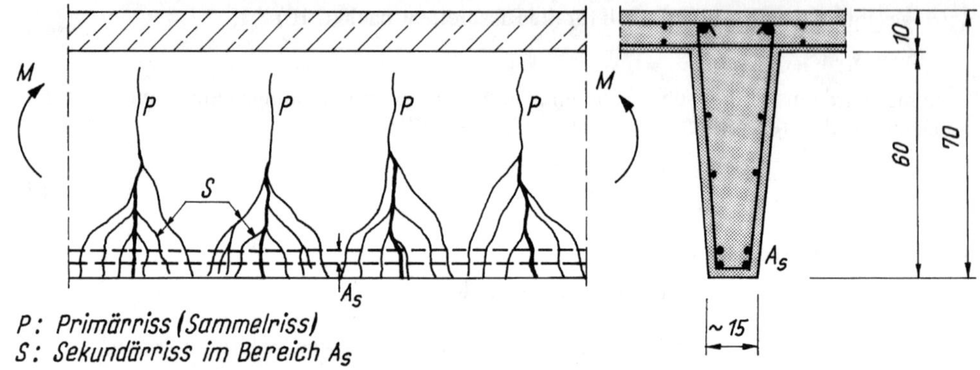

Abb. 6.9 *Rissbild eines hohen Balkens mit schwacher Stegbewehrung: Breite Sammelrisse „P" oberhalb der Zugbewehrung im Steg*

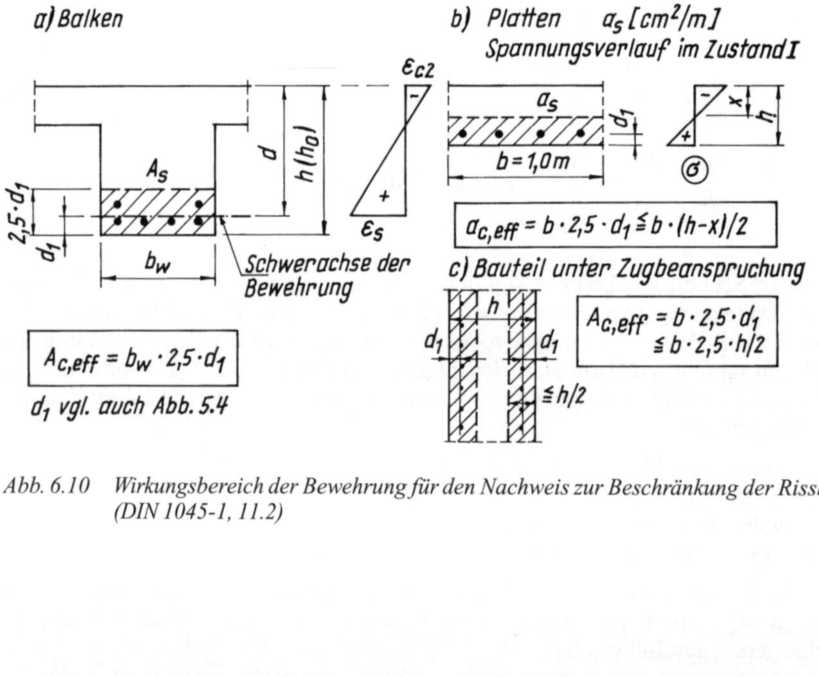

Abb. 6.10 *Wirkungsbereich der Bewehrung für den Nachweis zur Beschränkung der Rissbreite (DIN 1045-1, 11.2)*

sen, dass die Wirkungszone der Bewehrung von der Größe der Betonzugfläche abweicht. Für die Berechung der Rissbreiten ist jedoch die Kenntnis der Größe der wirksamen Betonzugzone von großer Bedeutung, vgl. hierzu $\varrho_{\text{eff}} = A_s/A_{c,\text{eff}}$ in (6.14) und (6.18). Für die Größe der effektiven Wirkungszone gibt es unterschiedliche Ansätze, so wurde früher [20] die Wirkungszone der Bewehrung vom Stahldurchmesser und von der Größe der Betondeckung abhängig gemacht.

In DIN 1045-1 wird der Wirkungsbereich der Bewehrung beschrieben mit dem 2,5fachen Abstand des Schwerpunktes der Zugbewehrung vom Zugrand, zur Berücksichtigung dünner Bauteile wird zusätzlich eine Abhängigkeit von der Druckzonenhöhe x eingeführt. Falls eine rechnerische Bestimmung der Rissbreite w mit (6.18) erfolgt, ist gem. DIN 1045-1, 11.2.4 mit dem effektiven Bewehrungsgrad ϱ_{eff} zu rechnen:

$$\varrho_{eff} = A_s / A_{c,eff} \tag{6.19}$$

Hierin ist

A_s Zugbewehrung
$A_{c,eff}$ Wirkungsbereich der Bewehrung.

In Abb. 6.10 sind die notwendigen Angaben zur Bestimmung von $A_{c,eff}$ zusammengestellt.

Bei biegebeanspruchten Bauteilen (Abb. 6.10 a u. b) wird im Bereich der Zugbewehrung gedanklich die wirksame Zugzone herausgetrennt. Für den so bestimmten Betonquerschnitt $A_{c,eff}$ gelten dann die gleichen Ansätze zur Rissbreitenbeschränkung wie für einen Zugstab (Abb. 6.10 c). Weitere Einzelheiten hierzu vgl. [1.5].

6.3.7 Hinweise zur Ableitung von Konstruktionsregeln

Der vollständige Ausdruck für den Rechenwert der Rissbreite lautet mit (6.18)

$$w_k = \frac{d_s}{3{,}6 \cdot \varrho_{eff}} \cdot \left[\frac{\sigma_s}{E_s} - \frac{0{,}4}{E_s} \cdot \frac{f_{ct,eff}}{\varrho_{eff}} \cdot (1 + \alpha_e \cdot \varrho_{eff}) \right] \tag{6.20}$$

Diese Gleichung kann nach dem Stahldurchmesser d_s aufgelöst werden. Hierbei wird vereinfachend $\alpha_e \cdot \mathrm{eff}\,\varrho = 0$ gesetzt. Für d_s erhält man dann

$$d_s = \frac{3{,}6 \cdot w_k \cdot \varrho_{eff} \cdot E_s}{\sigma_s - 0{,}4 \cdot f_{ct,eff} / \varrho_{eff}}$$

Der ungünstigste Wert von d_s ergibt sich, wenn die Stahlzugkraft F_s gleich der Risszugkraft des Betonquerschnitts F_{cr} gesetzt wird:

$$F_s = A_s \cdot \sigma_s = F_{cr} = A_{c,eff} \cdot f_{ct,eff}$$

$$\varrho_{eff} = \frac{A_s}{A_{c,eff}} = \frac{f_{ct,eff}}{\sigma_s}$$

Wenn ϱ_{eff} im obigen Ansatz für d_s eingesetzt wird, erhält man nach kurzer Umformung

$$d_s = \frac{3{,}6 \cdot w_k \cdot f_{ct,eff} \cdot E_s}{\sigma_s^2 \cdot (1 - 0{,}4)}$$

$$d_s = 6 \cdot w_k \cdot f_{ct,eff} \cdot E_s / \sigma_s^2 \tag{6.21}$$

Die Änderung von d_s in Abhängigkeit von w_k und σ_s ist aus Abb. 6.11 für eine Betonzugfestigkeit $f_{ct,eff} = 3{,}0\ \mathrm{N/mm^2}$ ablesbar. Man erkennt den sehr starken Einfluss der Stahlspannung σ_s.

Die mit (6.21) ermittelten *Grenzdurchmesser* d_s^* der Betonstähle sind in DIN 1045-1, Tab. 20 in Abhängigkeit vom Rechenwert der Rissbreite w_k und von der Stahlspannung σ_s angegeben. Als Bezugswert für die Betonzugfestigkeit wurde $f_{ct,0} = 3{,}0\ \mathrm{N/mm^2}$ gewählt. Wenn die Betonzugfestigkeit $f_{ct,eff}$ zum Zeitpunkt der Rissbildung geringer ist als $f_{ct,0}$, *muss* eine Modifikation der Grenzdurchmesser im Verhältnis $f_{ct,eff}/f_{ct,0}$ vorgenommen werden.

Wenn die Betonzugfestigkeit zum Zeitpunkt der Rissbildung größer ist als $f_{ct,0} = 3{,}0\ \mathrm{N/mm^2}$, liegen die Angaben für d_s auf der sicheren Seite. Darüber hinaus *darf* eine Modifikation der

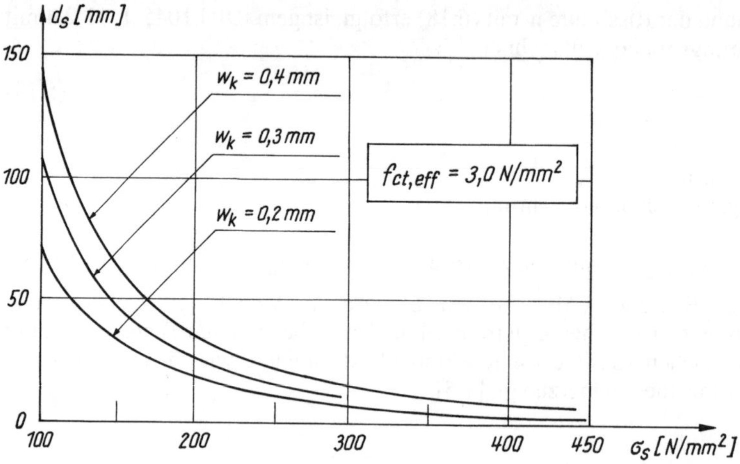

Abb. 6.11 Stahldurchmesser d_s in Abhängigkeit von der Stahlspannung σ_s (nach [60.11])

Grenzdurchmesser d_s^* in Abhängigkeit von der Bauteilhöhe vorgenommen werden. Hierbei wird unterschieden zwischen der abgeschlossenen Rissbildung (Bauteil befindet sich im Zustand II, vgl. Abb. 6.6) und der Erstrissbildung (Zwang, Bauteil befindet sich unmittelbar vor Rissbildung im Zustand I, vgl. Abb. 6.5). Bei *Lastbeanspruchung* gilt für den modifizierten Stahldurchmesser d_s gem. DIN 1045-1, 11.2.3

$$d_s = d_s^* \cdot \frac{\sigma_s \cdot A_s}{4 \cdot (h-d) \cdot b \cdot f_{ct,0}} \geqq d_s^* \cdot \frac{f_{ct,eff}}{f_{ct,0}} \qquad (6.22)$$

Hierin ist σ_s die Stahlspannung im Zustand II.

Bei *Zwang*beanspruchung ist gem. DIN 1045-1, 11.2.2 zu setzen

$$d_s = d_s^* \cdot \frac{k_c \cdot k \cdot h_t}{4 \cdot (h-d)} \cdot \frac{f_{ct,eff}}{f_{ct,0}} \geqq d_s^* \cdot \frac{f_{ct,eff}}{f_{ct,0}} \qquad (6.23)$$

Hierin ist h_t die Höhe der Zugzone *vor* Erstrissbildung (Zustand I), vgl. Abschn. 6.3.8.

In Abb. 6.12 sind die Grenzdurchmesser sowie die Korrekturvorschriften zusammengestellt.

Für die Ausarbeitung von *Stababstandstabellen* wird der Bewehrungsgrad ϱ_{eff} durch den Stahlquerschnitt A_s bezogen auf den Stababstand s ausgedrückt.

$$\varrho_{eff} = a_s/h_{eff} \qquad a_s = \frac{A_s}{s} = \frac{\pi \cdot d_s^2}{4 \cdot s}$$

Gemäß Abb. 6.10 setzt man für den Wirkungsbereich der Bewehrung $h_{eff} = 2{,}5 \cdot d_1$ und erhält

$$\varrho_{eff} = \frac{\pi \cdot d_s^2}{4 \cdot s \cdot 2{,}5 \cdot d_1} = \frac{\pi \cdot d_s^2}{10 \cdot s \cdot d_1}$$

Hiermit ergibt sich für w_k, wenn $\alpha_e \cdot \varrho_{eff} = 0$ gesetzt wird, nach (6.20):

Stahlspannung σ_s N/mm²	Rechenwert der Rissbreite w_k		
	0,4 mm	0,3 mm	0,2 mm
	Grenzdurchmesser d_s^* (Grundwerte)		
160	56	42	28
200	36	28	18
240	25	19	13
280	18	14	9
320	14	11	7
360	11	8	6
400	9	7	5
450	7	5	4

Abb. 6.12 Grenzdurchmesser d_s^* für den Nachweis zur Beschränkung der Rissbreite

Korrekturen

Wenn $f_{ct,eff} < f_{ct,0} = 3{,}0\ \text{N/mm}^2$ ist, *muss* d_s^* reduziert werden:

$d_s = d_s^* \cdot (f_{ct,eff}/f_{ct,0})$

In Abhängigkeit vom Randabstand der Bewehrung d_1 *darf* d_s^* modifiziert werden

a) bei Lastbeanspruchung

$$d_s = d_s^* \cdot \frac{\sigma_s \cdot A_s}{4 \cdot (h-d) \cdot b \cdot f_{ct,0})} \geq d_s^* \frac{f_{ct,eff}}{f_{ct,0}}$$

b) bei Zwangbeanspruchung

$$d_s = d_s^* \cdot \frac{k_c \cdot k \cdot h_t}{4 \cdot (h-d)} \cdot \frac{f_{ct,eff}}{f_{ct,0}} \geq d_s^* \frac{f_{ct,eff}}{f_{ct,0}}$$

$$w_k = \frac{d_s}{3{,}6 \cdot \varrho_{eff}} \cdot \left(\frac{\sigma_s}{E_s} - \frac{0{,}4}{E_s} \cdot \frac{f_{ct,eff}}{\varrho_{eff}} \right)$$

$$w_k = \frac{10 \cdot s \cdot d_1}{3{,}6 \cdot \pi \cdot d_s} \cdot \left(\frac{\sigma_s}{E_s} - \frac{4 \cdot f_{ct,eff} \cdot s \cdot d_1}{E_s \cdot \pi \cdot d_s^2} \right) \tag{6.24}$$

In DIN 1045-1 wird zur Ausarbeitung von Stababstandstabellen in (6.24) der Stahldurchmesser d_s durch (6.23) ausgedrückt und $d_1 = 4$ cm gesetzt. Die in DIN 1045-1, Tab. 21 angegebenen Stababstände sind somit sehr stark vom Randabstand d_1 abhängig. Für mehrlagige Bewehrung sollte die in Abb. 6.13 wiedergegebene Tabelle für die Höchstwerte der Stababstände nicht verwendet werden, für eine Rissbreitenbeschränkung bei Zwang ist diese Tabelle nicht geeignet.

Stahlspannung N/mm²	Rechenwert der Rissbreite w_k		
	0,4 mm	0,3 mm	0,2 mm
	Höchstwerte oder Stababstände in mm		
160	300	300	200
200	300	250	150
240	250	200	100
280	200	150	50
320	150	100	–
360	100	50	–

Abb. 6.13 Höchstwerte der Stababstände für den Nachweis zur Beschränkung der Rissbreite

Hinweise

1. Stababstandstabelle nur zur Rissbreitenbeschränkung unter Lastbeanspruchung einsetzen (bei Zwang: Abb. 6.12!)
2. Die Stababstände wurden errechnet für $d_1 = h - d = 4$ cm
   Daher:
   Tabelle nicht anwenden bei mehrlagiger Bewehrung.

Die Rissbreite im Stahlbetonbau wird somit *in der Regel* auf die in Abb. 6.3 angegebenen Rechenwerte der Rissbreite w_k beschränkt, wenn

- bei Rissbildung infolge überwiegender indirekter Einwirkung (Zwang) die Grenzdurchmesser nach Abb. 6.12 und
- bei Rissbildung infolge überwiegend direkter Einwirkung (Last) entweder die Grenzdurchmesser nach Abb. 6.12 oder die Stababstände nach Abb. 6.13 eingehalten werden.

Nach [60.11] sollte auf die Anwendung der Stababstandstabelle ganz verzichtet werden, weil mit der Modifikationsformel (6.22) der Einfluss des Bewehrungsgrades auf die Begrenzung der Rissbreite berücksichtigt werden kann.

6.3.8 Mindestbewehrung zur Begrenzung der Rissbreite

Wenn die Dehnung von Bauteilen behindert wird, können Zwangschnittgrößen auftreten. Unterschieden wird dabei zwischen innerem Zwang und äußerem Zwang. Bei *innerem Zwang* treten Zwangursache und Zwangauswirkung am gleichen Bauteil auf. Hierzu gehört z. B. Zwang infolge abfließender Hydratationswärme. Bei *äußerem Zwang* treten Zwangursache und Zwangauswirkung an verschiedenen Bauteilen auf, als Beispiel seien genannt Auflagerverschiebung oder Verformungsbehinderung durch angrenzende Bauteile. Äußerer Zwang kann nach dieser Definition nur bei statisch unbestimmt gelagerten Systemen auftreten, innerer Zwang ist auch bei statisch bestimmten Bauteilen möglich. In allen Bauteilen, in denen Zugspannungen infolge Zwang auftreten *können*, ist eine Mindestbewehrung zur Beschränkung der Rissbreite einzulegen. Diese Bewehrung muss in der Lage sein, die vor Rissbildung im Beton vorhandene Zugkraft mit Stahlspannungen unterhalb der Streckgrenze des Betonstahls f_{yk} aufzunehmen. Mit dieser Beschränkung der Stahlspannung wird eine Verteilung der vom Zwang ausgehenden Verformung auf mehrere Risse mit beschränkten Rissbreiten erzwungen, die Bildung *eines* breiten Einzelrisses am Ort der ersten Rissbildung wird verhindert. Durch die Rissbildung wird die Steifigkeit des Bauteils vermindert, die Zwangschnittgrößen werden mit zunehmender Rissbildung abgebaut. Man erhält die Rissschnittgrößen aus der Integration der Betonzugspannungen im Zustand I über die Querschnittshöhe unmittelbar vor Rissbildung. Für die Lastfälle „zentrischer Zug“ und „reine Biegung“ ergibt sich nach Abb. 6.14 für diese Lastfälle bei Rechteckquerschnitten (A_{ct}: Betonfläche unter Zugbeanspruchung vor Rissbildung):

Zentrischer Zug (F_{cr} = Risskraft)

Vor Rissbildung: $F_{cr}^{I} = A_{ct} \cdot f_{ct}$

Nach Rissbildung: $F_{cr}^{II} = F_s = A_s \cdot \sigma_s$

$$\left.\begin{array}{l} F_{cr}^{I} = A_{ct} \cdot f_{ct} \\ F_{cr}^{II} = F_s = A_s \cdot \sigma_s \end{array}\right\} \quad A_{ct} \cdot f_{ct} = A_s \cdot \sigma_s$$

$$A_s = A_{ct} \cdot f_{ct} / \sigma_s \tag{6.25 a}$$

Reine Biegung (M_{cr} Rissmoment)

Aus dem Momentengleichgewicht in Bezug auf den Angriffspunkt der Biegedruckkraft folgt:

Vor Rissbildung: $z \approx (2/3) \cdot h$

$$M_{cr}^{I} = A_{ct} \cdot f_{ct} \cdot 0{,}5 \cdot (2/3) \cdot h$$

Nach Rissbildung: $z \approx 0{,}85 \cdot h$

$$M_{cr}^{II} = F_{s1} \cdot z = A_s \cdot \sigma_s \cdot 0{,}85 \cdot h$$

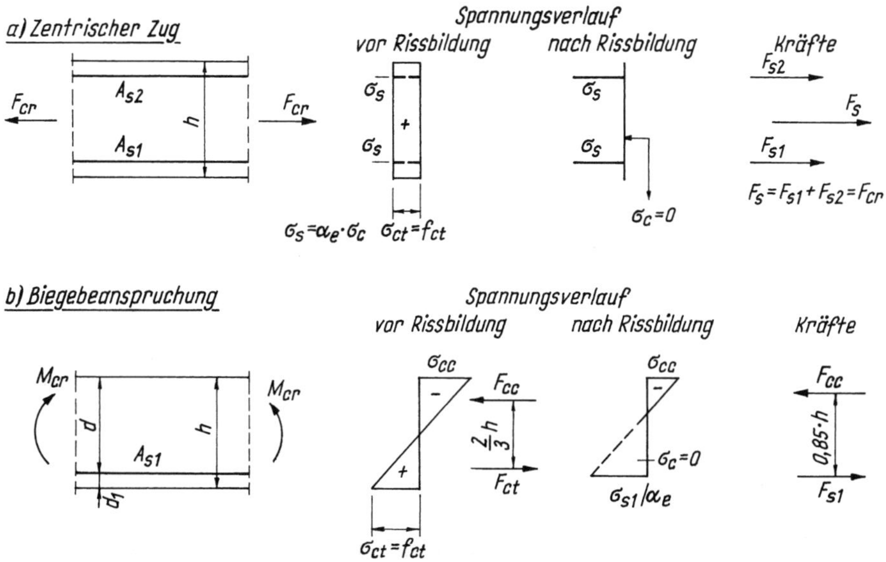

Abb. 6.14 Ansätze für die Mindestbewehrung zur Beschränkung der Rissbreite bei Zwang

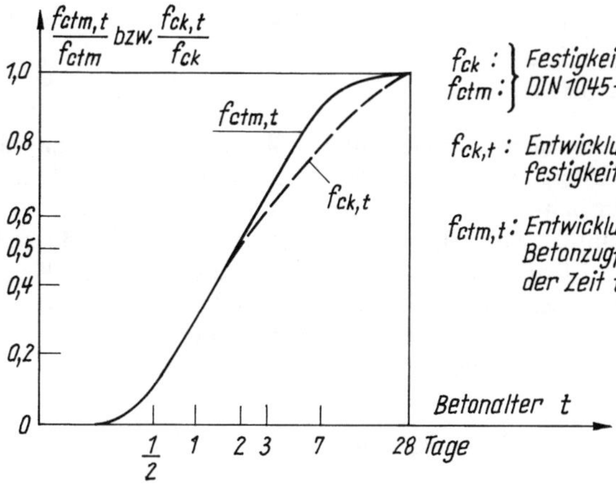

Abb. 6.15 Entwicklung der Betonfestigkeit f_{ck} und f_{ctm} innerhalb der ersten 28 Tage (nach [80.4])

Mit $M^{I}_{cr} = M^{II}_{cr}$ ergibt sich.

$$A_{ct} \cdot f_{ct} \cdot 0{,}5 \cdot (2/3) \cdot h = A_s \cdot \sigma_s \cdot 0{,}85 \cdot h$$

$$A_s \approx 0{,}40 \cdot A_{ct} \cdot f_{ct}/\sigma_s \qquad (6.25b)$$

In DIN 1045-1, 11.2.2 lautet der Ansatz zur Bestimmung des Mindestbewehrungsquerschnitts zur Begrenzung der Rissbreite bei Einwirkung von Zwang:

$$A_s = k_c \cdot k \cdot f_{ct,eff} \cdot A_{ct}/\sigma_s \qquad (6.26)$$

Ergänzend zu den Angaben in DIN 1045-1 folgen hier Erläuterungen zu den einzelnen Ausdrücken in Gl. (6.26):

Wirksame Betonzugfestigkeit

Die für die Abdeckung der Zwangschnittgrößen (N_{cr}, M_{cr}) erforderliche Bewehrung A_s ist nach (6.26) direkt proportional der wirksamen Bezugfestigkeit $f_{ct,eff}$. Für $f_{ct,eff}$ ist mit dem Mittelwert der Betonzugfestigkeit f_{ctm} zum Zeitpunkt der Rissbildung zu rechnen. Abb. 6.15 zeigt den Verlauf der Betonfestigkeiten innerhalb der ersten 28 Tage. Häufig ist für die Rissbildung der Zwang aus abfließender Hydratationswärme oder aus behinderter Schwindverkürzung maßgebend, die Rissbildung erfolgt dann in einem Betonalter von 3-5 Tagen. Die Betonzugfestigkeit liegt dann nach Abb. 6.15 bei etwa 50 % der Festigkeit nach 28 Tagen. Wenn eine Rissbildung infolge Zwang im frühen Betonalter zu erwarten ist, gilt daher gem. DIN 1045-1, 11.2.2:

$$f_{ct,eff} = 0{,}5 \cdot f_{ctm} \tag{6.27}$$

Hierin ist f_{ctm} die mittlere Betonzugfestigkeit nach 28 Tagen, vgl. Abb. 1.8.

Wenn die Rissbildung nicht mit Sicherheit innerhalb der ersten 28 Tage stattfindet, soll zur Berücksichtigung von möglichen Überfestigkeiten des Betons ein Mindestwert $f_{ct,eff} = 3{,}0\,\text{N/mm}^2 \geqq f_{ctm}$ angesetzt werden. Dieser Mindestwert gilt somit gem. DIN 1045-1, Tab. 9 für alle Betonfestigkeitsklassen $\leqq$ C 30/37. Zwang im späten Betonalter kann z. B. entstehen durch Auflagerverschiebungen oder Temperatureinflüsse.

$$\textit{Beiwert } k_c = 0{,}4 \cdot \left[1 + \frac{\sigma_c}{k_1 \cdot f_{ct,eff}}\right] \leqq 1$$

Mit k_c wird die Spannungsverteilung über die Querschnittshöhe und die Änderung des Hebelarms der inneren Kräfte z beim Übergang vom Zustand I in Zustand II (Abb. 6.14) erfasst. σ_c ist die Betonspannung in Höhe der Schwerlinie des Querschnittes ($\sigma_c < 0$ bei Druckspannungen). Der unterschiedlich große Einfluss von Eigenspannungen wird über h/h' erfasst, hierbei ist $h/h' = 1{,}0$ für Bauteilhöhen $h < 1{,}0$ m. Der unterschiedlich große Einfluss von Druck- und Zugkräften unter Einschluss des Einflusses der Bauteilhöhe h wird durch $k_1 = 1{,}5\ h/h'$ bei bei Drucknormalkräften bzw. $k_1 = 2/3$ bei Wirkung einer Zugnormalkraft erfasst. Für übliche Bauteilhöhen erhalten wir damit bei reinem Zug mit $\sigma_c = f_{ct,eff}$

$$k_c = 0{,}4 \cdot \left[1 + \frac{f_{ct,eff}}{(2/3) \cdot f_{ct,eff}}\right] = 1{,}0 \qquad \text{vgl. (6.25 a)}$$

und bei reiner Biegung mit $\sigma_c = 0$

$$k_c = 0{,}4 \qquad \text{vgl. (6.25 b)}$$

Beiwert k

Bei Beanspruchung eines Bauteils durch inneren Zwang (Ursache und Auswirkung in demselben Bauteil) treten immer Eigenspannungen im Bauteil auf. Durch diese Eigenspannungen wird die wirksame Zugfestigkeit vermindert, die Zwangschnittgrößen werden kleiner. In Abb. 6.16 ist der mögliche Verlauf von Zwängungsspannungen und Eigenspannungen infolge abfließender Hydratationswärme dargestellt. Die Größe der Eigenspannungen wächst mit zunehmender Bauteilhöhe h, bei äußerem Zwang (i. Allg. kein junger Beton) kann mit einer durch Eigenspannungen verursachten verringerten Betonzugfestigkeit nicht gerechnet werden.

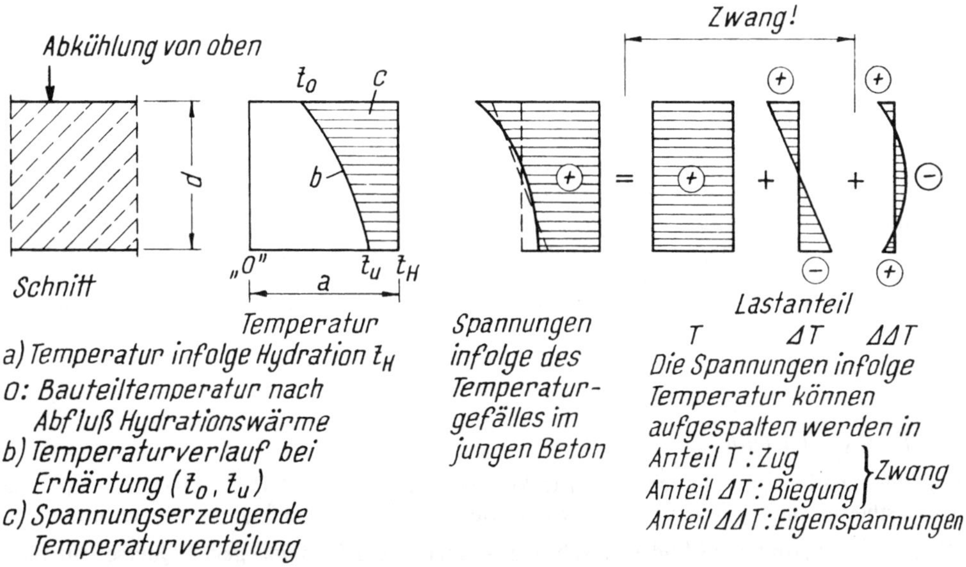

Abb. 6.16 Möglicher Temperaturverlauf sowie Verlauf der Zwängungsspannungen und der nichtlinearen Eigenspannungen infolge abfließender Hydratationswärme (nach [60.4])

Gemäß DIN 1045-1, 11.2.2 ist daher zu setzen

$$\left.\begin{array}{lll} \text{Innerer Zwang:} & & \\ h \leqq 300\,\text{mm:} & k = 0{,}8 & \multirow{2}{*}{\Big\} \text{ Zwischenwerte interpolieren}} \\ h \geqq 800\,\text{mm:} & k = 0{,}5 & \\ \text{Äußerer Zwang:} & k = 1{,}0 & \end{array}\right\} \qquad (6.28)$$

Ergänzende Hinweise zur Größe von Eigenspannungen findet man in [80.4].

d) *Stahlspannung* σ_s

Die Stahlspannung ist bei *ausschließlicher* Beanspruchung durch Zwangschnittkräfte gem. DIN 1045-1, 11.1.3 durch die Fließgrenze $\sigma_s = f_{yk}$ begrenzt. Zur Begrenzung der Rissbreiten muss die Stahlspannung jedoch weiter reduziert werden. Angesetzt werden soll gem. DIN 1045-1, 11.2.2 die vom gewählten Stahldurchmesser d_s und vom Rechenwert der Rissbreite w_k abhängige Stahlspannung σ_s gem. Abb. 6.12.

e) *Vergleich mit der statisch erforderlichen Bewehrung*

Die für den Grenzzustand der Tragfähigkeit (Abschn. 5) ermittelte Bewehrung darf voll auf die Mindestbewehrung angerechnet werden. Wenn A_s gem. Abschn. 5 mindestens so groß ist wie A_s gem. (6.26), ist keine Zusatzbewehrung erforderlich (Mindestbewehrung).

6.3.9 Ergänzende Hinweise

Verminderung der Mindestbewehrung

Wenn die Zwangschnittgröße die Rissschnittgröße (N_{cr}, M_{cr}) nicht erreicht, darf die nach (6.26) erforderliche Mindestbewehrung vermindert werden oder auch ganz entfallen. Die Mindestbewehrung muss dann nur für die *nachgewiesene* Zwangschnittgröße eingebaut werden, vgl. DIN 1045-1, 11.2.2 (2). Man sollte diese Ausnahmeregelung zur Verminderung der Mindestbewehrung nur mit großer Vorsicht anwenden, weil die Betonzugfestigkeit $f_{ct,eff}$ stark streut und weil eine Anwendung dieser Regel einen *Nachweis* aller möglichen Zwangeinwirkungen erfordert [1.5].

Profilierte Querschnitte

Bei Plattenbalken und ähnlichen Konstruktionsformen ist gem. DIN 1045-1, 11.2.2 (4) die Mindestbewehrung für jeden Teilquerschnitt (Stege und Gurtplatten) getrennt zu ermitteln.

Die mit (6.26) ermittelte Mindestbewehrung ist überwiegend am gezogenen Querschnittsrand anzuordnen. Zur Vermeidung von breiten Sammelrissen im Steg von hohen Balken (Abb. 6.9) ist gem. DIN 1045-1, 11.2.2 (4) ein *angemessener* Anteil außerhalb des Wirkungsbereichs dieser Bewehrung zu verteilen. Diese Regel sollte angewendet werden, wenn sich im Grenzzustand der Tragfähigkeit eine Höhe der Zugzone $(h-x) > 50$ cm ergibt.

Ein Anwendungsbeispiel zur Rissbreitenbeschränkung bei Plattenbalken folgt im Abschn. 9.6.4.

Bauteile ohne Rissbreitenbeschränkung

Nach DIN 1045-1, 11.2.1 (12) ist bei Platten in der Expositionsklasse XC1 ein Nachweis zur Begrenzung der Rissbreiten entbehrlich, wenn keine wesentliche Zugbeanspruchung vorliegt und die Plattendicke $h \leqq 200$ mm ist. Zur Vermeidung von Unstimmigkeiten wird empfohlen, mit dem Bauherrn eine Beschränkung der Rissbreiten z. B. auf $w_k = 0{,}4$ mm zu vereinbaren.

Unterschiedliche Stahldurchmesser

Wenn in einem Querschnitt Stäbe mit unterschiedlichen Durchmessern verwendet werden, darf gem. DIN 1045-1, 11.2.3 bei der vereinfachten Begrenzung der Rissbreite der mittlere Durchmesser d_{sm} mit dem Grenzdurchmesser d_s^* gem. Abb. 6.12 verglichen werden.

$$d_{sm} = \Sigma\, d_{s,i}^2 / \Sigma\, d_{s,i} \qquad (6.29)$$

Bei Betonstahlmatten mit Doppelstäben darf der Durchmesser eines Einzelstabes angesetzt werden. Bei Stabbündeln ist der Vergleichsdurchmesser d_{sV} gem. (4.10) anzusetzen.

Zusammenwirken von Last und Zwang

Wenn Zugspannungen aus Lasten *und* Zwangschnittgrößen entstehen, sind die entsprechenden Hinweise in DIN 1045-1, 11.2.4, Abs. 6 u. 7 zu beachten. In [1.11] findet man hierzu wertvolle Hinweise für näherungsweise Lösungen.

6.3.10 Zeitpunkt der Rissbildung

Der planmäßige Belastungsbeginn für Stahlbetonbauteile liegt bei dem Normalter von 28 Tagen. Die bezüglich der Dauerhaftigkeit und der Ästhetik zuzulassenden Rissbreiten können mit den im Abschn. 6.3.7 besprochenen Konstruktionsregeln bei Last- und Zwangbeanspruchung gesteuert werden. Besondere Aufmerksamkeit sollte dabei einer möglichen Rissbildung gewidmet werden, die nicht oder nicht nur aus Lastspannungen herrührt. In Abb. 6.17 ist die Zunahme der Betonzugfestigkeit f_{ct} in Abhängigkeit von der Zeit dargestellt (nach [60.4]). Für die Rissbildung werden neben den Lastspannungen vor allem folgende Ursachen genannt:

- Abfließen der Hydratationswärme
- Schwinden des Betons
- Temperatureinflüsse.

Häufigste Ursache für breite Risse im jungen Beton ist das Abfließen der Hydratationswärme, nach Abb. 6.16 sind sowohl Biegerisse als auch Trennrisse infolge Zwangbeanspruchung möglich. Die Gefahr einer solchen Rissbildung wird gemindert durch Verwendung von Zementen mit geringer Wärmeentwicklung, durch sorgfältige Nachbehandlung des Betons und durch alle Maßnahmen, die zu einem möglichst geringen Temperaturgradienten $t_o - t_u$ in Abb. 6.16 während der Abkühlphase beitragen.

Das Schwinden führt etwa 3-4 Monate nach Betonherstellung zu Zugspannungen im Stahlbetonbau, hierdurch kann es im Zusammenwirken mit Zugspannungen aus Lasten in diesem Zeitrahmen zur Rissbildung kommen, vgl. Abb. 6.17.

Infolge ungleicher Temperaturverteilung ΔT über die Querschnittshöhe können während der gesamten Lebensdauer des Bauteils Zugspannungen auftreten, die Spannungsverteilung ergibt sich analog Abb. 6.16. Besonders gefährdet sind hier Bauteile im Freien, die raschen Temperaturwechseln z. B. infolge direkter Sonneneinstrahlung ausgesetzt sind.

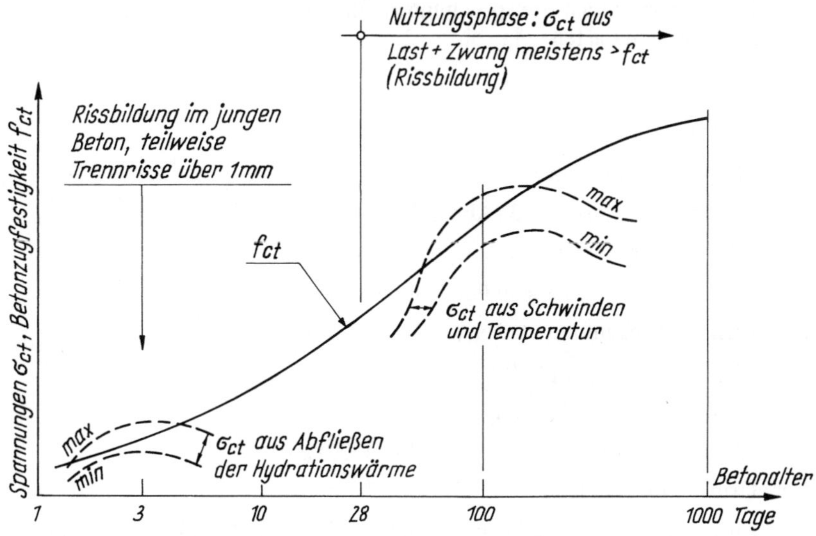

Abb. 6.17 Abhängigkeit des Zeitpunktes der Rissbildung von der Rissursache (nach [60.4])

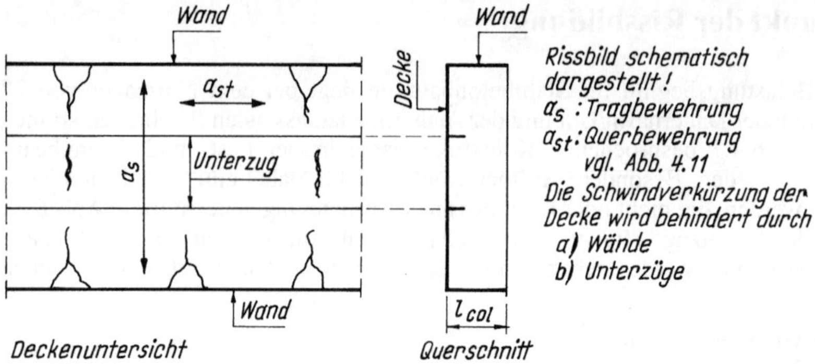

Abb. 6.18 Rissbildung in einer Deckenplatte parallel zur Tragbewehrung a_s (nach [80.4])

Auf mögliche Rissbildungen infolge von Zwang wird in [80.4] hingewiesen. Als Beispiel ist in Abb. 6.18 eine Rissbildung parallel zur Hauptbewehrung einer einachsig gerechneten Deckenplatte angeführt. Die geringe Querbewehrung $a_{st} = a_s/5$ nach (4.6) ist zur Rissbreitenbeschränkung hier unzureichend, weil die Schwindverkürzung durch Wände und Unterzüge behindert wird.

6.3.11 Anwendung 1: Rissbreitenbeschränkung bei einem Balken

Aufgabe

Für den im Abschn. 5.5.3 bemessenen Rechteckquerschnitt ist der Nachweis zur Beschränkung der Rissbreite unter Lastbeanspruchung zu führen. Angaben zum statischen System und zu den charakteristischen Lasten vgl. Abb. 5.12.

Durchführung

Anforderungen gem. Abb. 6.3:

Expositionsklasse XC3 (Abb. 5.12)

Rechenwert der Rissbreite $w_k =$ 0,3 mm

Nachweis mit quasi-ständiger Einwirkungskombination

Einwirkendes Biegemoment nach (2.7):

$$M_{Ed} = (g_k + \psi_2 \cdot q_k) \cdot l^2/8$$

Abb. 2.5: $\psi_2 =$ 0,8 (Lagerraum)

$$M_{Ed} = (38{,}0 + 0{,}8 \cdot 20{,}0) \cdot 8{,}0^2/8 = 432{,}0\,\text{kNm}$$

Hebelarm der inneren Kräfte z

Näherungsweise wird mit dem im Grenzzustand der Tragfähigkeit ermittelten Wert z gerechnet. Nach Abschn. 3.5.3

$$\zeta = z/d = 0{,}83, \quad d = 0{,}63\,\text{m}$$

Stahlspannung σ_s nach (6.7)

$$\sigma_s = \frac{M_{Ed}}{z \cdot A_{s1}}, \quad A_{s1} = 29{,}5\,\text{cm}^2 \quad (6\,\varnothing\,25)$$

$$\sigma_s = \frac{432{,}0}{0{,}83 \cdot 0{,}63 \cdot 29{,}5} = 28{,}0\,\text{kN/cm}^2 \mathrel{\hat{=}} 280\,\text{N/mm}^2$$

Grenzdurchmesser d_s^* nach Abb. 6.12:

$$\left.\begin{aligned} w_k &= 0{,}3\,\text{mm} \\ \sigma_s &= 280\,\text{N/mm}^2 \end{aligned}\right\} \quad d_s^* = 14\,\text{mm}$$

Modifikation von d_s^* (Korrekturformel vgl. Abb. 6.12):

$$d_s = d_s^* \cdot \frac{\sigma_s \cdot A_s}{4 \cdot (h-d) \cdot b \cdot f_{ct,0}}, \quad f_{ct,0} = 3{,}0\,\text{N/mm}^2$$

$$d_s = 14 \cdot \frac{280 \cdot 29{,}5 \cdot 10^{-4}}{4 \cdot (0{,}70 - 0{,}63) \cdot 0{,}35 \cdot 3{,}0} = 39{,}3\,\text{mm}$$

Nach Abb. 6.12: $d_{s,vorh} = 25\,\text{mm} < d_{s,zul} = 39{,}3\,\text{mm}$

6.3.12 Anwendung 2: Rissbreitenbeschränkung bei einer Platte

Aufgabe

Im Abschn. 5.5.4 wurde für eine Zweifeldplatte die Bemessung im Grenzzustand der Tragfähigkeit durchgeführt. Für den Raum unter dieser Deckenplatte ist alternativ auch eine Nutzung als gewerbliche Großküche vorgesehen. Es ist zu überprüfen, ob die gewählte Bewehrung im Hinblick auf die Begrenzung der Rissbreiten beibehalten werden kann.

Durchführung

Abb. 4.3: gewerblicher Feuchtraum: Expositionsklasse XC3
Abb. 6.3: Expositionsklasse XC3: quasi-ständige Kombination,
Rechenwert $w_k = 0{,}3\,\text{mm}$
Abb. 2.5: Versammlungsraum $\psi_2 = 0{,}6$
Abb. 5.13 und Kombination (2.7):
Einwirkendes Moment Feld 1:

$$M_{Ed,1} = M_{Eg,k} + \psi_2 \cdot M_{Eq,k1}$$

$$M_{Ed,1} = 14{,}84 + 0{,}6 \cdot 15{,}55 = 24{,}17\,\text{kNm/m}$$

Hebelarm der inneren Kräfte, vgl. Abschn. 6.2.3 und Anhang Tafel 3:

Beton C 20/25 (Abb. 5.13)

$$\alpha_e = E_s/E_{cm} = 200\,000/28\,800 = 6{,}94$$

$b = 1{,}00\,\text{m}$ $\quad d = 16{,}9\,\text{cm}$

$A_{s1} = 6{,}28\,\text{cm}^2$ $\quad (\varnothing\,12,\ \ s = 18\,\text{cm})$

$$x = \frac{6{,}94 \cdot 6{,}28}{100} \cdot \left(-1 + \sqrt{-1 + \frac{2 \cdot 100 \cdot 16{,}9}{6{,}94 \cdot 6{,}28}}\right) = 3{,}38\ \text{cm}$$

$$z = d - x/3 = 16{,}9 - 3{,}38/3 = 15{,}8\ \text{cm}$$

Stahlspannung mit (6.7)

$$\sigma_s = \frac{M_{Ed}}{z \cdot A_{s1}} = \frac{24{,}17 \cdot 10^{-3}}{0{,}158 \cdot 6{,}28 \cdot 10^{-4}} = 244\ \text{N/mm}^2$$

Abb. 6.12: $w_k = 0{,}3\ \text{mm}$ $\quad \sigma_s \approx 240\ \text{N/mm}^2$

$d_s^* = 14\ \text{mm} > d_{s,vorh} = 12\ \text{mm}$

Die gewählte Bewehrung *könnte* beibehalten werden.

Mindestbewehrung zur Beschränkung der Rissbreite

Zwangschnittgrößen können bei der Deckenplatte nicht mit Sicherheit ausgeschlossen werden. Es wird daher die Mindestbewehrung gem. (6.26) ermittelt:

$$A_s = k_c \cdot k \cdot f_{ct,eff} \cdot A_{ct}/\sigma_s$$

Hierin ist mit $N_{Ed} = 0$:

$k_c = 0{,}4$ (reine Biegung)

$k = 0{,}8$ (Bauteilhöhe < 300 mm)

$f_{ct,eff} = 3{,}0\ \text{N/mm}^2$ (Zwang im späten Betonalter z. B. infolge Schwindens)

$A_{ct} = b \cdot h/2$

Abb. 6.12: $\left.\begin{array}{l} w_k = 0{,}3\ \text{mm} \\ d_s = 12\ \text{mm} \end{array}\right\} \sigma_s = 306\ \text{N/mm}^2$

Damit ergibt sich:

$$A_s = (0{,}4 \cdot 0{,}8 \cdot 3{,}0 \cdot 1{,}0 \cdot 0{,}20 \cdot 0{,}5/306) \cdot 10^4$$

$$A_s = 3{,}14\ \text{cm}^2/\text{m} < a_{s,vorh} = 6{,}28\ \text{cm}^2/\text{m}$$

Die vorhandene Feldbewehrung ist größer als die Mindestbewehrung. Für das Stützmoment ist kein erneuter Nachweis erforderlich, weil sich nach der Aufgabenstellung die Umgebungsbedingungen nur für den Raum *unter* der Decke ändern können.

Überprüfung der Bemessung im Grenzzustand der Tragfähigkeit wegen geänderter Umgebungsbedingungen (Änderungen der Betondeckungsmaße):

Expositionsklasse XC3: $c_{min} = 20\ \text{mm}$

Verlegemaß der Bewehrung: $c_v = c_{min} + \Delta c = 20 + 15 = 35\ \text{mm}$

Nutzhöhe $d = h - c_v - d_s/2 = 200 - 35 - 12/2 = 159\ \text{mm}$

Bemessung mit Tafel 2 analog zum Rechengang im Abschn. 5.5.4:

$M_{Ed} = 43{,}12\ \text{kNm/m}$ (Feld 1 + 2)

$$\mu_{Ed} = \frac{0{,}04312}{1{,}0 \cdot 0{,}159^2 \cdot 11{,}33} = 0{,}151$$

$\omega_1 = 0{,}1650 \qquad \sigma_{s1d} = 446\ \text{N/mm}^2$

$$a_{s1} = \frac{1}{446} \cdot 0{,}165 \cdot 1{,}0 \cdot 0{,}159 \cdot 11{,}33 \cdot 10^4$$

$$a_{s1} = 6{,}66 \text{ cm}^2/\text{m}$$

Ergebnis der gesamten Untersuchung:

Die Konstruktion ist wie folgt abzuändern:

- Verlegemaß für die untere Bewehrung in Feld 1 + 2: $c_v = 3{,}5$ cm
- Bewehrung in Feld 1 + 2: ∅ 12, s = 17 cm, $a_s = 6{,}65 \text{ cm}^2/\text{m}$ (statt ∅ 12, s = 18 cm)
- obere Bewehrung unverändert.

In Abb. 5.14 ist die zu ändernde Konstruktion mit angegeben.

6.4 Begrenzung der Verformungen

6.4.1 Grundlagen

Die Verformungen eines Bauteils oder eines Tragwerks dürfen gem. DIN 1045-1, 11.3.1 weder die ordnungsgemäße Funktion noch das Erscheinungsbild eines Bauteils beeinträchtigen oder Schäden an angrenzenden Bauteilen hervorrufen. Als Beispiele für mögliche Beeinträchtigungen seien genannt:

- Die Gebrauchstauglichkeit einer Decke kann durch zu große Verformungen nicht mehr gegeben sein, das Erscheinungsbild kann beeinträchtigt werden, vgl. Abb. 6.19 a.
- Eine zu große Endverdrehung einer Decke kann zu Schäden an der Unterkonstruktion (Abb. 6.19 b), eine zu große Durchbiegung kann zu Schäden an Fassadenelementen oder Fenstern führen.
- Die Verformung von Bauteilen kann zu Schäden an leichten Trennwänden führen, die oberhalb der betrachteten Decke errichtet werden (Abb. 6.19 c). Bei leichten Trennwänden *unterhalb* einer Decke sind Schäden möglich, wenn die Wand ohne Ausgleichsmöglichkeit bis zur Deckenunterkante errichtet wird.

In DIN 1045-1, 11.3.1 wird zwischen *Durchhang* und *Durchbiegung* eines Bauteils unterschieden. *Durchhang* ist die vertikale Bauteilverformung, bezogen auf die Verbindungslinie der Unterstützungspunkte, vgl. Abb. 6.20. *Durchbiegung* ist die vertikale Bauteilverformung, bezogen auf die Systemlinie eines Bauteils. Die Systemlinie liegt bei Schalungsüberhöhungen stets oberhalb der Verbindungslinie der Auflagerpunkte, durch eine Überhöhung kann der zu erwartende Durchhang ganz oder teilweise ausgeglichen werden. Gemäß DIN 1045-1, 11.3.1 soll die Überhöhung begrenzt werden auf

$$\ddot{u} \leqq l/250 \tag{6.30}$$

Hierin ist $\ddot{u}$ die Schalungsüberhöhung, l die Stützweite.

Gemäß DIN 1045-1, 11.3.1 darf angenommen werden, dass das Erscheinungsbild und die Gebrauchstauglichkeit eines Tragwerks nicht beeinträchtigt wird, wenn der unter der quasiständigen Einwirkungskombination *berechnete* Durchhang eines Bauteils den Wert $l/250$ nicht überschreitet. Bei diesem Nachweis darf somit die zu erwartende Durchbiegung ganz oder teilweise durch Überhöhung ausgeglichen werden. Wenn nachträglich verformungsempfindliche Bauteile wie z. B. leichte Trennwände eingebaut werden, soll die nach Einbau dieser Bauteile *zu berechnende* Durchbiegung auf den Wert $l/500$ begrenzt werden. Ein Ausgleich durch Schalungsüberhöhung ist für diesen Nachweis also nicht möglich.

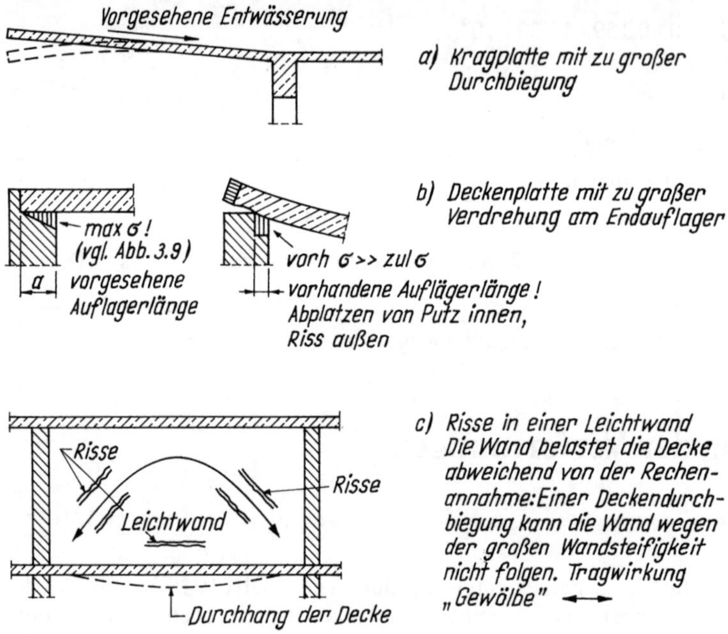

Abb. 6.19 Schäden infolge zu großer Verformung

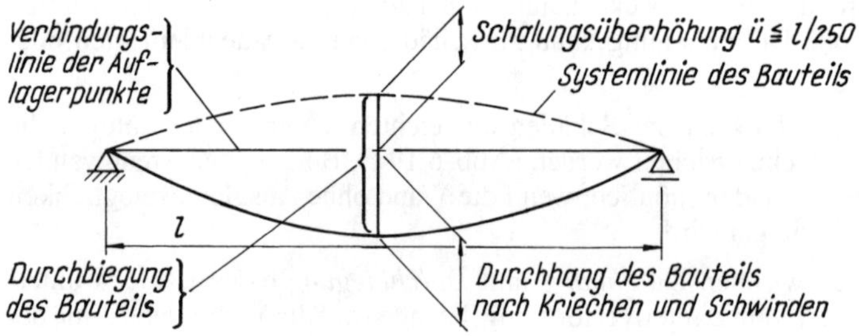

Abb. 6.20 Durchhang und Durchbiegung von Bauteilen gem. DIN 1045-1, 11.3.1

Für den üblichen Hochbau gelten somit bei einem rechnerischen *Nachweis* der Verformungen folgende Grenzwerte:

Allgemein:

$w \leqq l/250$ (w Durchhang) (6.31)

Bei verformungsempfindlichen angrenzenden Bauteilen

$w \leqq l/500$ (w Durchbiegung) (6.32)

In (6.31) und (6.32) ist l die Spannweite, die Schnittgrößen sind mit der quasi-ständigen Einwirkungskombination (2.7) zu bestimmen. Bei Kragträgern ist für l die 2,5fache Kraglänge einzusetzen.

Von dem Grenzwert (6.32) darf abgewichen werden, wenn durch konstruktive Maßnahmen dafür gesorgt wird, dass keine Schäden an verformungsempfindlichen Bauteilen auftreten können. Man sollte diese Möglichkeit nur sehr vorsichtig in Betracht ziehen. In [60.5] wird auf die zunehmende Ausnutzung der Tragwerke im Grenzzustand der Tragfähigkeit hingewiesen und daran erinnert, dass die Verformungen über einen sehr langen Zeitraum (bis zu 30 Jahren) insbesondere wegen des Betonkriechens anwachsen können.

Der Aufwand für eine analytische Bestimmung der Verformung ist relativ hoch, die Ergebnisse einer solchen Berechnung sollten zudem immer nur als ein mehr oder weniger wahrscheinlicher Wert der zu erwartenden Verformung interpretiert werden. Diese Unsicherheit eines Berechnungsergebnisses liegt an der Vielzahl der die Vorformung beeinflussenden Größen. Die Berechnung der Verformung von Stahlbetonbauteilen wird im Abschn. 16.3 dieses Buches besprochen, wertvolle Hinweise hierzu findet man in [1.5] , [2.4]. Wir beschränken uns hier auf die Darstellung der für die Baupraxis wichtigen Regeln für die Begrenzung der Verformung ohne direkte Berechnung.

6.4.2 Vereinfachter Nachweis

Gemäß DIN 1045-1. 11.3.2 darf der Nachweis der Begrenzung der Durchbiegung durch eine Begrenzung der Biegeschlankheit l_i/d geführt werden. Dies gilt, wenn die Durchbiegung vorwiegend durch die im betrachteten Feld wirkende Belastung verursacht wird. Die in (6.31) und (6.32) angegebenen Durchbiegungsgrenzen werden danach i. Allg. eingehalten, wenn die Biegeschlankheiten von Platten und Balken die folgenden Grenzwerte nicht übersteigen:

$$l_i/d \leqq 35 \qquad \text{für } w \leqq l/250 \tag{6.33}$$

$$l_i/d \leqq 150/l_i \qquad \begin{cases} \text{für } w \leqq l/500 \\ l_i \text{ in m einsetzen} \end{cases} \tag{6.34}$$

Hierin ist:

l_{eff}	effektive Stützweite
$l_i = \alpha \cdot l_{eff}$	Ersatzstützweite
α	Beiwert gem. Abb. 6.21
d	Nutzhöhe

Mit dem Beiwert $\alpha = l_i/l_{eff}$ werden die Lagerungsbedingungen des Bauteils erfasst. Bei rechteckigen, zweiachsig gespannten Platten ist die kleinere der beiden Ersatzstützweiten l_i maßgebend. Die in DIN 1045-1, Tab. 22 angegebenen Beiwerte sind in Abb. 6.31 zusammengestellt. Bei Rand- und Innenfeldern von durchlaufenden Bauteilen dürfen die angegebenen Werte verwendet werden, wenn das Verhältnis der angrenzenden benachbarten Stützweiten innerhalb des Bereiches $0{,}8 < l_{eff,1}/l_{eff,2} < 1{,}25$ liegt. Wenn diese Bedingung nicht erfüllt ist, darf als Ersatzstützweite l_i der Abstand der Momenten-Nullpunkte angesetzt werden [1.5], hierbei ist der Momentenverlauf mit der quasi-ständigen Einwirkungskombination zu bestimmen. Bei Durchlaufträgern mit Kragteil ist der Kragteil elastisch eingespannt. Der Grad der Einspannung ist vom Verhältnis der angrenzenden Stützweiten (l_{eff}/l_1 in Abb. 6.21) und von der Belastung im Feld und auf dem Kragteil abhängig. Mit einiger Erfahrung kann α sinnvoll abgeschätzt werden, Rechenregeln zur Bestimmung von α findet man auch in [2.2] und [80.14].

Bei Deckenplatten mit Belastung aus oberhalb liegenden Geschossen wird die Durchbiegung i. Allg. *nicht mehr vorwiegend* durch die Belastung im betrachteten Feld verursacht. Hier sollte daher eine Durchbiegungs*berechnung* vorgenommen werden.

Statisches System	Kurzbeschreibung	$\alpha = l_i / l_{eff}$
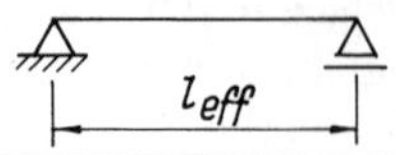	Einfeldträger, frei drehbar gelagert	1,0
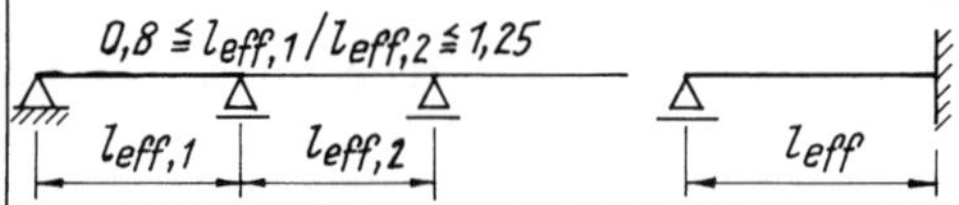	Endfeld. Durchlaufträger oder einseitig eingespannter Einfeldträger	0,8
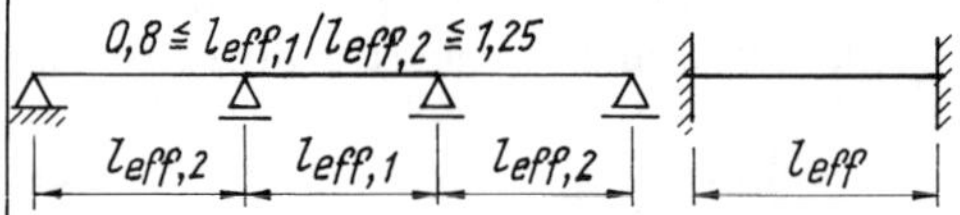	Innenfeld. Durchlaufträger oder beidseitig eingespannter Einfeldträger	0,6
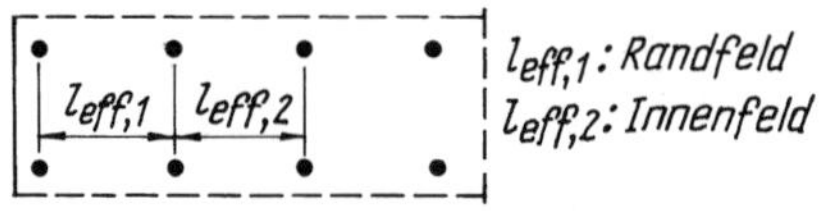	Flachdecke. Randfeld Innenfeld	0,9 0,7
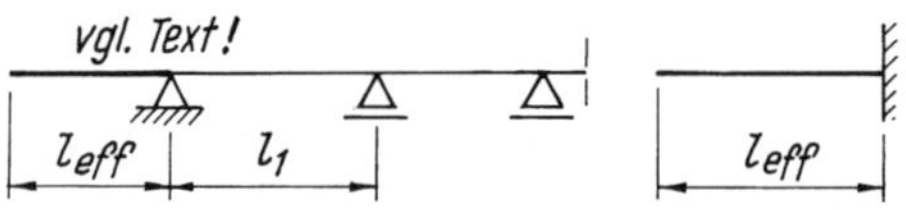	Durchlaufträger mit Kragteil oder starr eingespannter Kragträger	2,4

Abb. 6.21 Beiwerte α zur Bestimmung der Ersatzstützweite

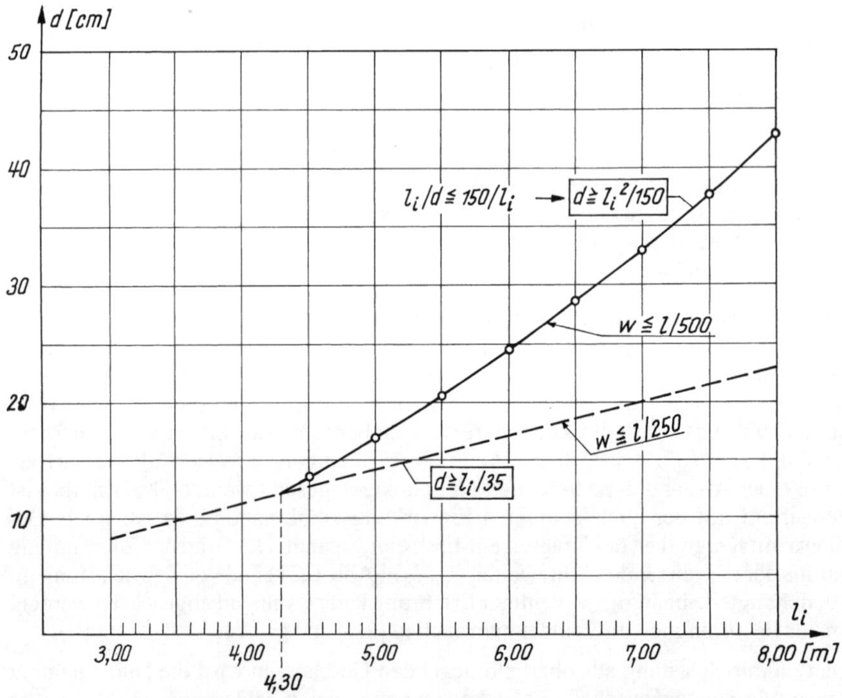

Abb. 6.22 Statische Nutzhöhe d in Abhängigkeit von der Ersatzstützweite l_i

In Abb. 6.22 sind die erforderlichen Nutzhöhen d in Abhängigkeit von l_i sowohl für eine Durchbiegungsbeschränkung auf $l_i/250$ wie auf $l_i/500$ aufgetragen. Man erkennt, dass für Ersatzstützweiten $l_i < 4{,}30$ m stets die Bedingung $d \geqq l_i/35$ maßgebend ist.

6.4.3 Anwendungsbeispiel

Aufgabe

Für die in Abb. 6.23 dargestellte Mehrfeldplatte mit Kragarm ist die erforderliche Plattendicke h im Hinblick auf die Begrenzung der Verformungen nach dem „Vereinfachten Verfahren“ zu bestimmen.

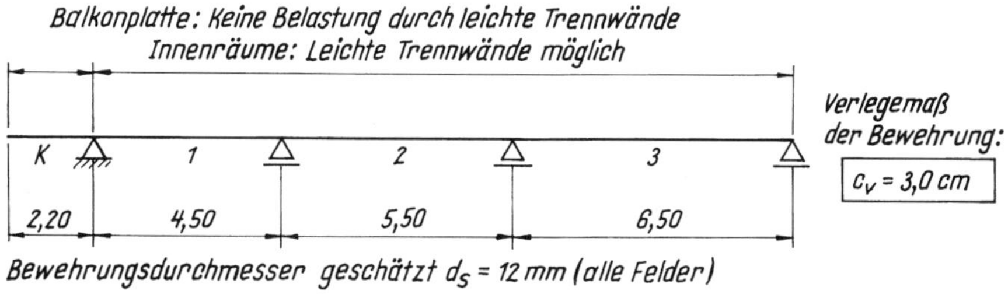

Abb. 6.23 Erforderliche Plattendicke h einer durchlaufenden Platte

Durchführung

Kragarm K: $l_i = \alpha \cdot l \approx 2{,}4 \cdot 2{,}20 = 5{,}28$ m

Keine Belastung durch Leichtwände

Nach (6.33): $d \geqq l_i/35$

$d \geqq 528/35 = 15{,}1$ cm

Feld 1 und 2: nicht maßgebend

Für Feld 2 wäre

$l_i = 0{,}6 \cdot 5{,}50 = 3{,}30\text{ m} < 4{,}30$ m (Abb. 6.22)

$d \geqq 330/35 = 9{,}4$ cm

Feld 3: $l_i = 0{,}8 \cdot 6{,}50 = 5{,}20\text{ m} > 4{,}30$ m

Nach (6.34):

$d \geqq l_i^2/150 = 5{,}20^2/150 = 0{,}18$ m

Plattendicke

erf $h = d + c_v + d_s/2 \qquad c_v \approx 3{,}0$ cm

erf $h = 18{,}0 + 2{,}5 + 1{,}6/2 = 21{,}3$ cm

Gewählt für alle Felder: $h = 22$ cm.

Der Kragarm erhält an der Kragarmspitze eine Überhöhung gem. (6.30). Bei Kragträgern ist l durch l_i zu ersetzen.

$ü = 2{,}4 \cdot 220/250 = 2{,}11$ cm

Gewählt: Überhöhung $ü = 2{,}0$ cm

7 Grenzzustand der Tragfähigkeit: Bemessung für Querkräfte sowie Verankerung und Stoß von Bewehrungsstäben

7.1 Grundlagen

7.1.1 Tragverhalten bei Querkraftbeanspruchung

In Abb. 7.1 ist das charakteristische Rissbild eines schlanken Biegeträgers dargestellt, der durch Biegemomente M_{Ed} und Querkräfte N_{Ed} beansprucht wird.

Während in Feldmitte die Risse nahezu senkrecht vom gezogenen Rand ausgehen und bis in die Gegend der Nulllinie reichen, werden sie im Bereich anwachsender Querkräfte zunehmend flacher, gehen teilweise von der Stegmitte aus und können in die Biegedruckzone hineinreichen. Risse entstehen, wenn die Betonzugfestigkeit f_{ct} überschritten wird. Aus dem Rissbild erkennen wir, dass die den Riss auslösenden *Hauptzugspannungen* in der Gegend des Querkraftnullpunktes annähernd waagerecht verlaufen müssen, während im Bereich anwachsender

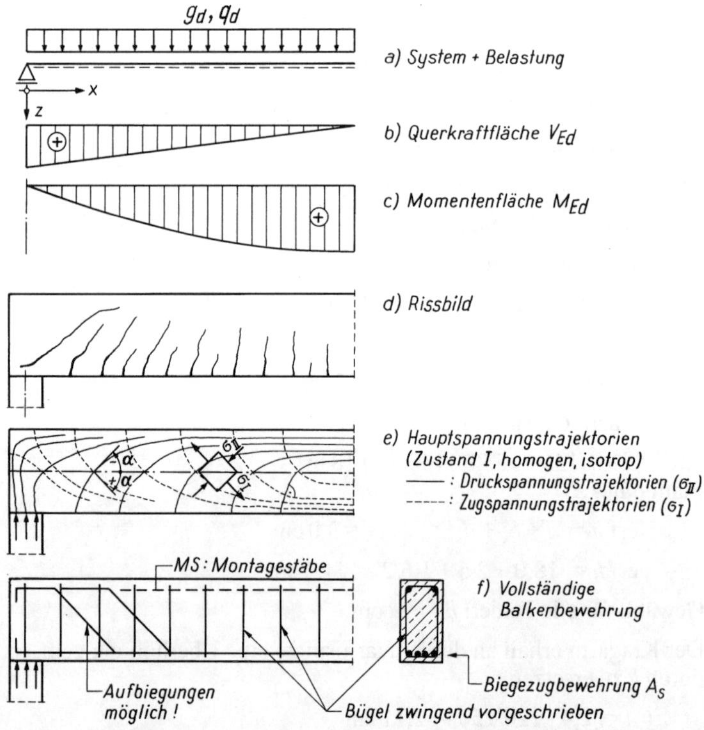

Abb. 7.1 Biegeträger bei Wirkung von Momenten M_{Ed} und Querkräften V_{Ed}

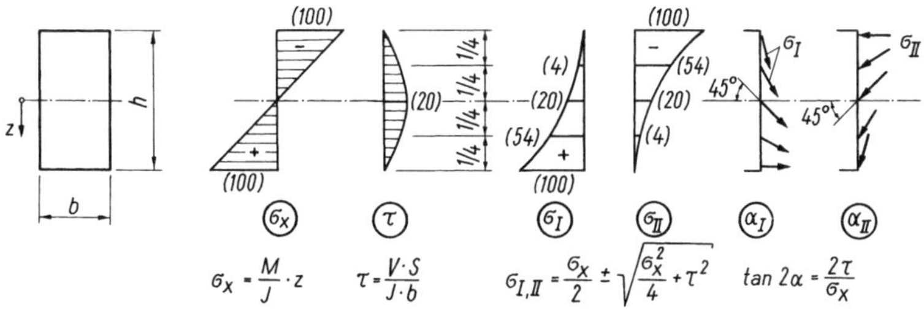

Abb. 7.2 Spannungen infolge Biegemoment und Querkraft (Zustand I, Material homogen und isotrop) σ_x Normalspannungen, τ Schubspannungen, $\sigma_{I,II}$ Hauptspannungen

Querkräfte diese Zugspannungen zunehmend stärker gegen die Horizontale geneigt sind. Um die Größe der Hauptzugspannungen σ_I und der Hauptdruckspannungen σ_{II} sowie deren Richtungen bestimmen zu können, muss bei Trägern aus homogenem Material im Zustand I (ungerissen) zunächst die Größe der Normalspannungen σ_x infolge des Schnittmomentes M

$$\sigma_x = \frac{M}{I} \cdot z$$

sowie die Größe der Schubspannungen τ bei Beanspruchung durch eine Querkraft V

$$\tau = \frac{V \cdot S}{I \cdot b}$$

bekannt sein. Für Größe und Richtung der Hauptspannungen σ_I und σ_{II} gelten dann ohne Berücksichtigung von Spannungen σ_z senkrecht zur Balkenachse bekanntlich die folgenden Beziehungen (vgl. z. B. [20]):

$$\sigma_{I,II} = \sigma_x/2 \pm \sqrt{\sigma_x^2/4 + \tau^2} \tag{7.1}$$

$$\tan 2\,\alpha = 2 \cdot \tau/\sigma_x \tag{7.2}$$

Aus Abb. 7.2 ist der Spannungsverlauf über die Querschnittshöhe bei einem Rechteckquerschnitt ersichtlich. Wenn man in der Ansichtsfläche eines Trägers die Hauptspannungsrichtungen einträgt, erhält man die Hauptspannungstrajektorien, vgl. Abb. 7.1 e: In der Schwerachse des Bauteils ergibt sich $\alpha = \pm 45\,°$ wegen $\sigma_x = 0$, an den Bauteilrändern ist $\alpha = 0$ wegen $\tau = 0$. Die Gleichungen (7.1) und (7.2) verlieren ihre Gültigkeit, wenn die Spannungen σ_z senkrecht zur Balkenachse nicht mehr vernachlässigbar klein sind. Dies ist der Fall in einem Bereich von der Länge $x \approx h$ neben den Auflagern, hier sind die Hauptspannungen und Hauptspannungsrichtungen sehr stark von der Art der Lasteinleitung abhängig.

Aus den Rissbildern kann auf die Ursache für das Versagen eines Bauteils geschlossen werden. In Abb. 7.3 sind die für einen Stahlbetonträger typischen Rissbilder im Versagensfall dargestellt (nach [20]):

a) Biegebruch ($V = 0$, d. h., M = konstant)
   Bei normal bewehrten Querschnitten wird die Streckgrenze das Stahles erreicht, es entstehen bei Laststeigerung zunehmend breite und höher wandernde Risse. Der Bruch tritt schließlich durch Versagen der immer niedriger werdenden Druckzone ein.
   Bei *sehr* stark bewehrten Querschnitten kann der Bruch vor Erreichen der Streckgrenze der Bewehrung durch Versagen der Druckzone eintreten.

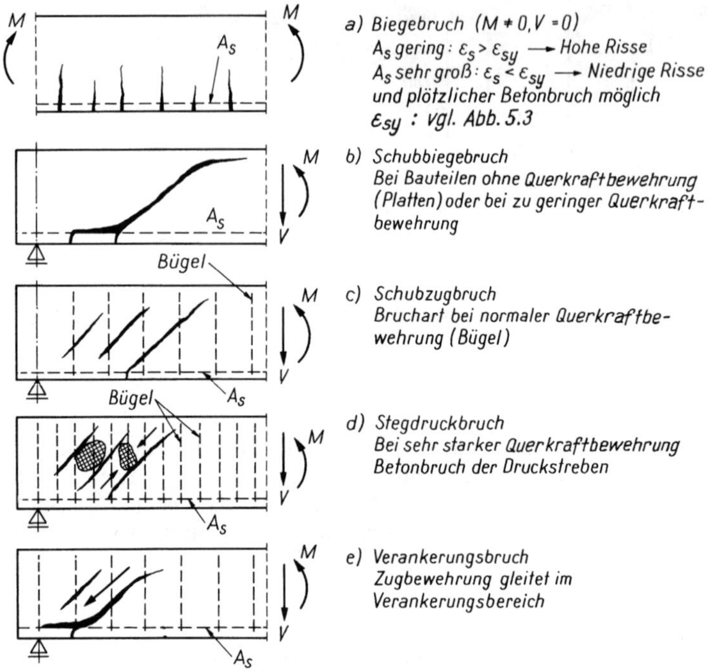

Abb. 7.3 Rissbilder und Brucharten von Stahlbeton-Biegeträgern

b) Schubbiegebruch
Diese Bruchart wird vor allem bei fehlender Schubbewehrung (Platten) beobachtet. Aus kleinen Biegerissen entwickeln sich Schubrisse, die die Druckzone zunehmend einengen und zum Bruch der Biegedruckzone führen.

c) Schubzugbruch
Ausgehend von den Biegerissen entwickeln sich schräggerichtete Schubrisse. Der Bruch entsteht durch Überschreiten der Streckgrenze in der Querkraftbewehrung. Dadurch werden die Risse breiter, die Druckzone wird eingeengt.

d) Stegdruckbruch
Bei starker Querkraftbewehrung und starker Zugbewehrung kann der Bruch durch die hohen, schrägen Hauptdruckspannungen im Steg ausgelöst werden. Diese Bruchart wird vor allem beobachtet bei Trägern mit dünnen Stegen und abstehenden Flanschen.

e) Verankerungsbruch
Wenn die Horizontalkomponente der auflagernahen Druckstrebe größer ist als die Kraft, die über Verbundspannungen oder Verankerungselemente in den Stahl eingeleitet werden kann, kommt es zum Gleiten der Bewehrung. Der Träger geht fast schlagartig zu Bruch.

Für die Querkraftbemessung von Stahlbetontragwerken von vorrangiger Bedeutung sind die in Abb. 7.3 angegebenen Brucharten *c*) und *d*). Die Querkraftbewehrung ist so auszulegen, dass ein Schubzugbruch infolge Versagens dieser Bewehrung ausgeschlossen ist. Durch geeignete Betonabmessungen und eine entsprechende Bewehrungsführung ist ein Bruch infolge zu hoher Stegdruckspannungen auszuschließen. Für die Querkraftbemessung im Stahlbetonbau sind die für homogene und isotrope Baustoffe gültigen Ausdrücke (7.1) und (7.2) nicht anwendbar. Der Baustoff Stahlbeton ist nicht homogen, bei Rissbildung steht für die Übertragung von Zugkräften nur die Bewehrung zur Verfügung. Für die Querkraftbemessung werden daher die Biegeträger als Fachwerkträger idealisiert.

7.1.2 Klassische und erweiterte Fachwerkanalogie

In Abb. 7.4 ist das von *Mörsch* entwickelte Gedankenmodell über die Tragwirkung von Biegeträgern skizziert. Die Biegedruckkraft $F_{cd} = M/z$ wird vom Betondruckgurt, die Biegezugkraft F_{s1} vom Stahlzuggurt abgetragen. Im Steg des parallelgurtigen Fachwerkträgers werden unter 45° geneigte Betondruckstreben angenommen. Die Aufnahme der Stegzugkräfte erfolgt durch vertikale Bügel (Ständerfachwerk), auch Schrägstäbe im Steg sind möglich (Strebenfachwerk). Die angesetzte Druckstrebenneigung $\alpha = 45°$ wurde von der Hauptspannungsrichtung $\alpha = \pm 45°$ gem. (7.2) für alle Trägerbereiche mit Normalspannungen $\sigma_x = 0$ abgeleitet. Diese Neigung gilt somit gem. Abb. 7.5 für alle Trägerteile im Bereich $d - x$, hier ist $\sigma_{ct} = 0$.

Umfangreiche Versuche, die vorwiegend in Stuttgart von *Leonhardt* und *Walther* [60.10] durchgeführt wurden, haben gezeigt, dass insbesondere bei geringer und mittlerer Beanspruchung durch Querkräfte die Druckstreben flacher als $\alpha = 45°$ verlaufen. Bei der *erweiterten* Fachwerkanalogie wird daher in Abhängigkeit von der Größe der Querkraftbeanspruchung mit

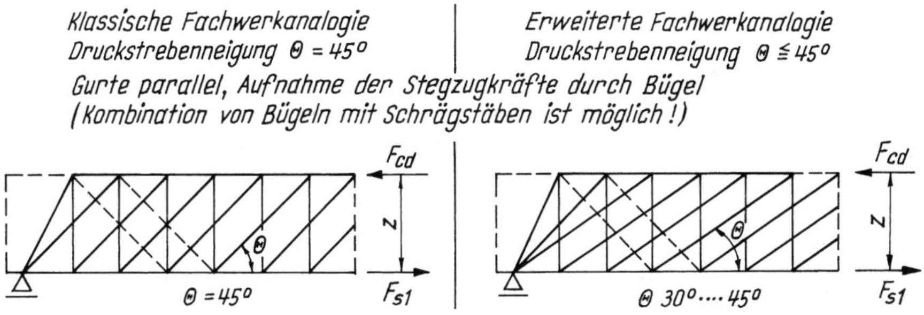

Abb. 7.4 Klassische und erweiterte Fachwerkanalogie

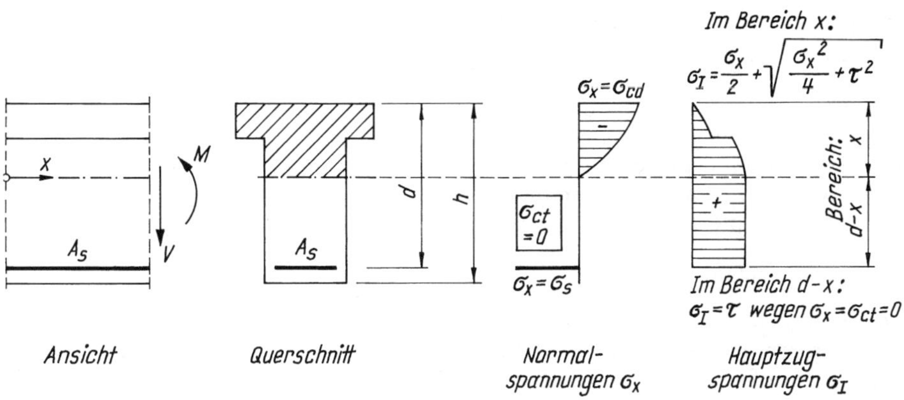

Abb. 7.5 Hauptzugspannungen σ_I bei gerissener Zugzone

variablen Druckstrebenneigungen $\alpha = 30° \ldots 45°$ gerechnet. Ergänzende Hinweise hierzu und Angaben über weiterführende Literatur findet man u. a. in [1.5].

In DIN 1045-1 wird das Fachwerkmodell mit veränderlicher Druckstrebenneigung als Bemessungsgrundlage für die Bestimmung der Querkraftbewehrung beibehalten. Die Grenzwerte der zulässigen Druckstrebenneigung werden jedoch abweichend von den Annahmen in der „erweiterten Fachwerkanalogie“ festgelegt unter Berücksichtigung des Einflusses von Längskräften und Kräften, die an den Rissufern der Druckstreben übertragen werden können .

7.2 Das Nachweisverfahren in DIN 1045-1

Für den Grenzzustand der Tragfähigkeit gilt grundsätzlich das im Abschn. 2.1 besprochene Nachweisformat (2.1):

$E_d \leqq R_d \rightarrow$ Einwirkung $\leqq$ Widerstand

Bei der Bemessung für Querkräfte im Grenzzustand der Tragfähigkeit lautet damit die grundsätzliche Nachweisform

$$V_{Ed} \leqq V_{Rd} \tag{7.3}$$

Hierin ist

V_{Ed} Bemessungswert der einwirkenden Querkraft (vgl. Abschn. 7.3)
V_{Rd} Bemessungswert der vom Querschnitt aufnehmbaren Querkraft.

Die Tragfähigkeit eines Querschnitts für Querkraft wird durch verschiedene Versagensmechanismen begrenzt. Auf der Seite der Bauteilwiderstände wird daher bezüglich der aufnehmbaren Querkräfte eine Differenzierung gem. DIN 1045-1, 10.3.1 vorgenommen. Damit ergeben sich für die Querkraftbemessung die folgenden Nachweisformate:

$$V_{Ed} \leqq V_{Rd,ct} \tag{7.4}$$

Jeder Querschnitt in dem $V_{Ed} \leqq V_{Rd,ct}$ ist, erfordert *rechnerisch* keine Querkraftbewehrung.

Die Indizes weisen darauf hin, dass bei der Bestimmung des Bauteilwiderstands die Betonzugfestigkeit in Ansatz gebracht wird. Die Ermittlung von $V_{Rd,ct}$ wird im Abschn. 7.4 gezeigt.

$$V_{Rd,ct} < V_{Ed} \leqq V_{Rd,sy} \tag{7.5}$$

In Querschnitten, in denen die einwirkende Querkraft V_{Ed} den Wert $V_{Rd,ct}$ überschreitet, ist eine Querkraftbewehrung rechnerisch erforderlich. In (7.5) ist $V_{Rd,sy}$ der Bemessungswert der durch die Tragfähigkeit der Querkraftbewehrung begrenzten aufnehmbaren Querkraft. Die Ermittlung von $V_{Rd,sy}$ bzw. die Ermittlung der erforderlichen Querkraftbewehrung wird im Abschn. 7.5 besprochen.

$$V_{Ed} \leqq V_{Rd,max} \tag{7.6}$$

Der Bemessungswert der einwirkenden Querkraft V_{Ed} darf an keiner Stelle den Wert $V_{Rd,max}$ überschreiten. Hierbei ist $V_{Rd,max}$ der Bemessungswert der durch die Druckstrebenfestigkeit begrenzten aufnehmbaren Querkraft gem. den Angaben im Abschn. 7.5.

Konstruktive Hinweise auch zur Größe der Mindestquerkraftbewehrung folgen im Abschn. 7.6.

7.3 Bemessungswert der einwirkenden Querkraft

7.3.1 Konstante Bauteilhöhe

In Abb. 7.6 ist der Verlauf der Druckspannungstrajektorien im Auflagerbereich eines Trägers dargestellt, der durch eine gleichmäßig verteilte Last $g_d + q_d$ beansprucht wird. Wenn die Auflagerkraft von unten auf das lastabgebende Bauteil einwirkt (*direkte* Stützung), ist ein fächerförmiger Verlauf der Druckspannungstrajektorien neben dem Auflager zu beobachten. Gleichlastanteile im Bereich dieses Drucktrajektorienfächers werden direkt über Sprengwerkwirkung zum Auflager abgetragen, für diese Lastanteile ist somit keine Querkraftbewehrung erforderlich. Bei *indirekter* Lasteinleitung haben nach Abb. 7.6 die Druckspannungstrajekorien eine annähernd gleichmäßige Neigung unter dem Winkel Θ. Eine fächerförmige Ausbildung der Drucktrajektorien fehlt, da schräggerichtete Druckspannungen keine Gegenkraft an der Balkenunterseite finden.

Wenn Einzellasten in der Nähe eines *direkten* Auflagers angreifen, stellt sich nach Abb. 7.7 eine Sprengwerkwirkung ein. Hierdurch wird die Last ganz oder teilweise zum Auflager hin abgetragen. Für diesen Lastanteil ist ebenfalls keine Querkraftbewehrung erforderlich. Aus dem in Abb. 7.7 angedeuteten Trajektorienverlauf ist erkennbar, dass im Bereich der Druckstrebe Querzugspannungen auftreten. Bei auflagernahen Einzellasten sollte daher eine konstruktive Netzbewehrung im Balkensteg angeordnet werden.

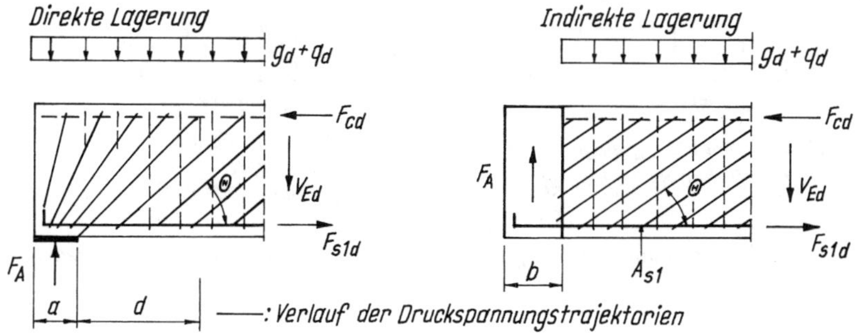

Abb. 7.6 Verlauf der Druckspannungstrajektorien bei direkter und indirekter Auflagerung (nach [1.9])

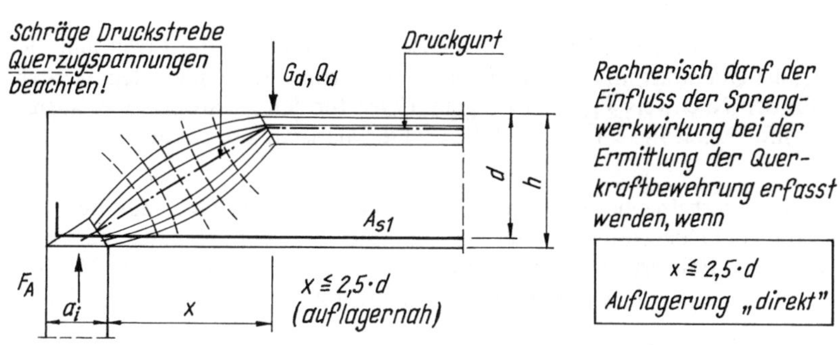

Abb. 7.7 Lastabtrag bei auflagernahen Einzellasten

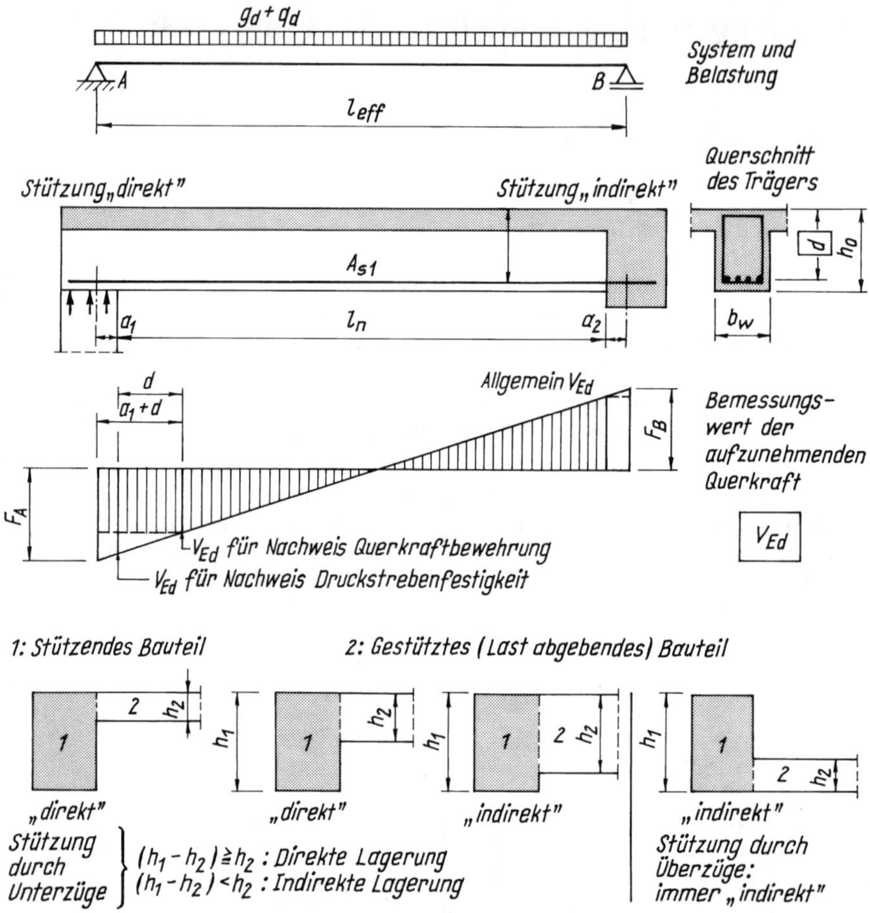

Abb. 7.8 Bemessungswert V_{Ed} der einwirkenden Querkraft bei Bauteilen mit gleichmäßig verteilter Belastung

Damit gelten für den Bemessungswert der einwirkenden Querkraft V_{Ed} bei Trägern mit konstanter Bauteilhöhe folgende Regeln, vgl. DIN 1045-1, 10.3.2:

a) Der Bemessungswert der einwirkenden Querkraft ist für Platten und Balken i. Allg. die größte Querkraft am Auflagerrand.

b) Bei *direkter* Stützung und gleichmäßig verteilter Belastung darf für die Ermittlung der Querkraftbewehrung die Querkraft im Abstand *d* vom Auflagerrand zugrunde gelegt werden. Dies gilt also *nur* für den Nachweis $V_{Ed} \leqq V_{Rd,sy}$ gem. (7.4); für den Nachweis einer ausreichenden Druckstrebenfestigkeit $V_{Ed} \leqq V_{Rd,max}$ ist die größte Querkraft am Auflagerrand anzusetzen.

c) Bei Einzellasten, die innerhalb eines Bereiches $x < 2{,}5 \cdot d$ vom Auflagerrand angreifen, darf bei direkter Auflagerung der Querkraftanteil dieser Einzellasten bei der Berechnung der Querkraftbewehrung mit dem Beiwert β abgemindert werden. Beim Nachweis der Druckstrebentragfähigkeit $V_{Ed} \leqq V_{Rd,max}$ ist diese Abminderung nicht zulässig. Für β gilt gem. DIN 1045-1, 10.3.2

$$\beta = x/(2{,}5 \cdot d) \qquad (7.7)$$

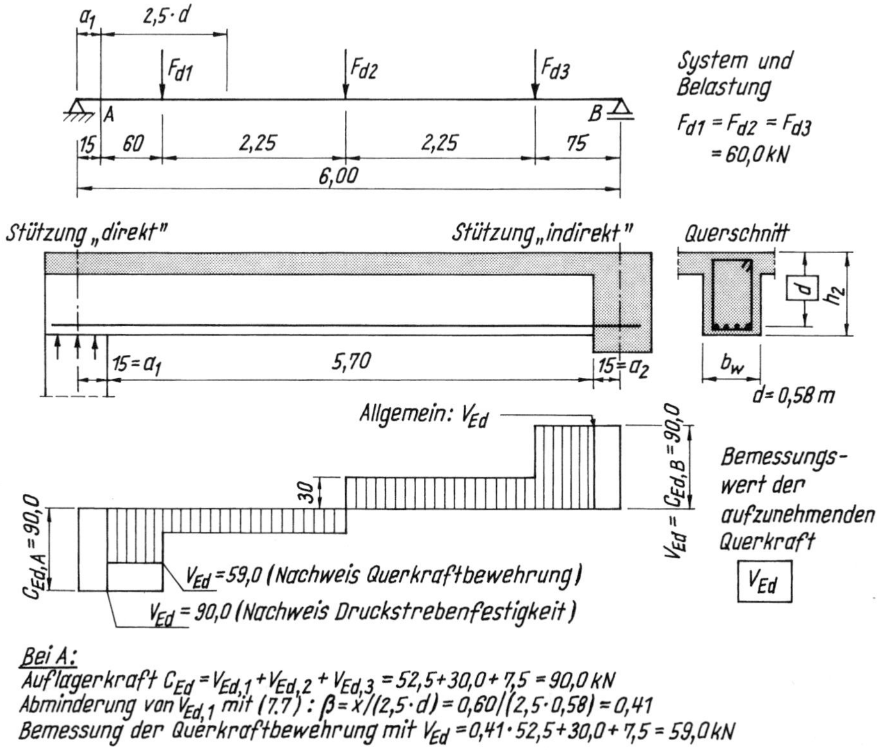

Abb. 7.9 Bemessungswert der einwirkenden Querkraft V_{Ed} bei Belastung durch Einzellasten

In Abb. 7.8 werden die Regeln zur Bestimmung von V_{Ed} bei einem Träger mit gleichmäßig verteilter Belastung erläutert. Die Angaben zur Unterscheidung von direkter und indirekter Stützung in DIN 1045-1, 7.3.1 sind mit aufgenommen. Indirekte Stützung liegt vor bei Lastabgabe in der unteren Balkenhälfte, bei Stahlbetonüberzügen sind die Decken daher stets indirekt gelagert, vgl. Abb. 7.8. In Abb. 7.9 wird an einem durch Einzellasten beanspruchten Träger die Bestimmung der Bemessungs-Querkräfte V_{Ed} gezeigt.

Voraussetzung für eine einwandfreie Sprengwerkwirkung bei auflagernahen Einzellasten nach Abb. 7.7 ist ein ausreichend dimensioniertes und gut verankertes Zugband. Hierauf ist insbesondere bei kurzen Auflagerlängen a_{i} zu achten.

7.3.2 Veränderliche Bauteilhöhe

Bei veränderlicher Bauteilhöhe werden die Bemessungswerte der einwirkenden Querkraft durch die senkrecht zur Bauteilachse wirkenden Komponenten der Biegedruckkraft und gegebenenfalls der Stahlzugkraft beeinflusst. Diese Komponenten *müssen* berücksichtigt werden, wenn hierdurch die Stegbeanspruchung (Druckstrebenfestigkeit, Querkraftbewehrung) erhöht wird. Bei einer Verminderung der Stegbeanspruchung *dürfen* die Komponenten berücksichtigt werden. In Abb. 7.10 ist ein Trägerabschnitt mit geneigtem Ober- und Untergurt dargestellt, der

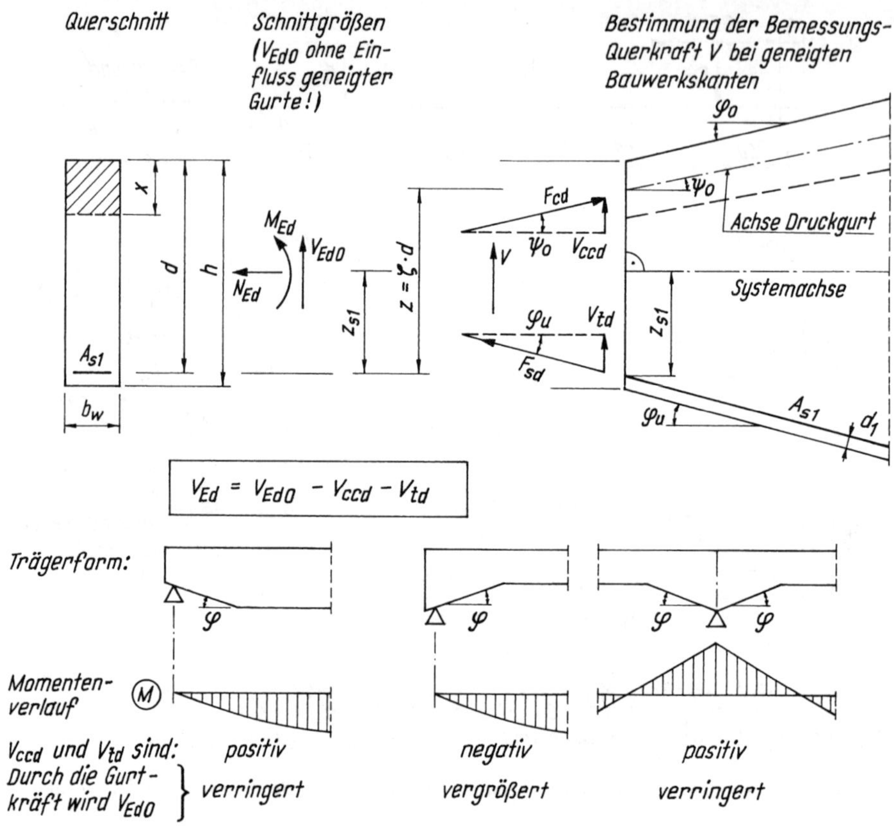

Abb. 7.10 Ermittlung des Bemessungswertes der einwirkenden Querkraft bei veränderlicher Bauteilhöhe

durch die Schnittgrößen M_{Ed}, N_{Ed} und V_{Ed0} beansprucht wird. Hierbei ist V_{Ed0} der Grundbemessungswert der einwirkenden Querkraft, V_{Ed0} würde bei konstanter Bauteilhöhe an dieser Stelle für die Querkraftbemessung maßgebend sein. Wir beziehen das Biegemoment auf die Schwerlinie der Zugbewehrung und erhalten mit (5.4)

$$M_{Eds} = M_{Ed} - N_{Ed} \cdot z_{s1}$$

Mit der Gleichgewichtsbedingung $\Sigma M = 0$ in Bezug auf die Schwerlinie der Zugbewehrung erhalten wir die Größe der Biegedruckkraft

$$F_{cd} = M_{Eds}/z$$

und hieraus die Querkraftkomponente parallel zu V_{Ed0}

$$V_{ccd} = F_{cd} \cdot \tan \psi_0$$

Näherungsweise kann die Neigung des Druckgurtes ψ_0 gleich der Neigung der Betonaußenkante φ_0 gesetzt werden. Dann ist $\tan \psi_0 \approx \tan \varphi_0$ und

$$V_{ccd} \approx (M_{Eds}/z) \cdot \tan \varphi_0$$

Aus der Gleichgewichtsbedingung $\Sigma M = 0$ in Bezug auf F_{cd} erhalten wir die Größe der Stahlzugkraft

$$F_{sd} = M_{Eds}/z + N_{Ed}$$

und hieraus die Größe der Querkraftkomponente der Zugbewehrung parallel zu V_{Ed0}

$$V_{td} = F_{sd} \cdot \tan \varphi_u$$

$$V_{td} = (M_{Eds}/z) \cdot \tan \varphi_u + N_{Ed} \cdot \tan \varphi_u$$

Die Komponenten V_{ccd} und V_{td} verringern oder vergrößern die auf den Querschnitt einwirkenden Querkräfte. Eine Verringerung liegt vor, wenn die Kraftrichtung der Komponenten derjenigen von V_{Ed0} entspricht. Dieser Fall ist in Abb. 7.10 dargestellt, hier wird ein Teil der einwirkenden Querkraft von den Komponenten der Gurtkräfte aufgenommen. Allgemein gilt daher bei geneigten Gurten für den Bemessungswert der einwirkenden Querkraft:

$$V_{Ed} = V_{Ed0} - V_{ccd} - V_{td} \tag{7.9}$$

Hierin sind (vgl. Abb. 7.10 und DIN 1045-1, 10.3.2) :

V_{Ed} Bemessungswert der einwirkenden Querkraft
V_{Ed0} Grundbemessungswert der einwirkenden Querkraft
V_{ccd} Querkraftkomponente der Biegedruckkraft
$V_{ccd} \approx (M_{Eds}/z) \cdot \tan \varphi_o$
V_{td} Querkraftkomponente der Betonstahlzugkraft
$V_{td} = (M_{Eds}/z) \cdot \tan \varphi_u + N_{Ed} \cdot \tan \varphi_u$
M_{Eds} $= M_{Ed} - N_{Ed} \cdot z_{s1}$

Die Komponenten V_{ccd} und V_{td} sind positiv, wenn mit zunehmendem Biegemoment $|M|$ auch die Nutzhöhe d anwächst [1.9], vgl. Abb. 7.10.

7.4 Bauteile ohne rechnerisch erforderliche Querkraftbewehrung

7.4.1 Grundlagen

Ohne rechnerisch nachzuweisende Querkraftbewehrung dürfen i. Allg. nur Platten hergestellt werden. Die Querkrafttragfähigkeit von Platten ohne Querkraftbewehrung ist von vielen Einflüssen abhängig, die wichtigsten sind

- die Betonzugfestigkeit
- der Längsbewehrungsgrad $\varrho_l = A_{sl}/(b \cdot d)$
- die Bauteilnutzhöhe d
- die Wirkung von Normalkräften.

Die Tragfähigkeit von Platten ohne Querkraftbewehrung ist in Abb. 7.11 erläutert. Man geht in DIN 1045-1 bei Bauteilen ohne Querkraftbewehrung von einem kammartigen Tragsystem aus, vgl. hierzu [20], [1.5]. Die Rissufer der Betonzähne sind infolge der Betonkörnung rau und miteinander verzahnt. An den Rissufern können somit Querkräfte F_k übertragen werden. Eine weitere Verdübelung $F_{Dü}$ erfolgt durch die Zugbewehrung A_{sl}. Der Unterschied der Biegezugkräfte auf der betrachteten Stablänge Δx von der Größe ΔF_{sl} führt zu einer Biegebeanspruchung des in der Druckzone eingespannten Betonzahns. Hieraus folgen Biegezugspannungen im Beton; die Biegetragfähigkeit des Betonzahns ist erschöpft, wenn die Betonzugfestigkeit f_{ct} erreicht ist. Diese Tragwirkung der Betonzähne ist in Abb. 7.11 angedeutet. Mit zunehmender Beanspruchung vergrößern sich die Rissbreiten, die Dübelkräfte am Betonzahn verlieren an Bedeutung gegenüber dem Bogen-Zugband-Modell bei Platten mit starker Rissbildung.

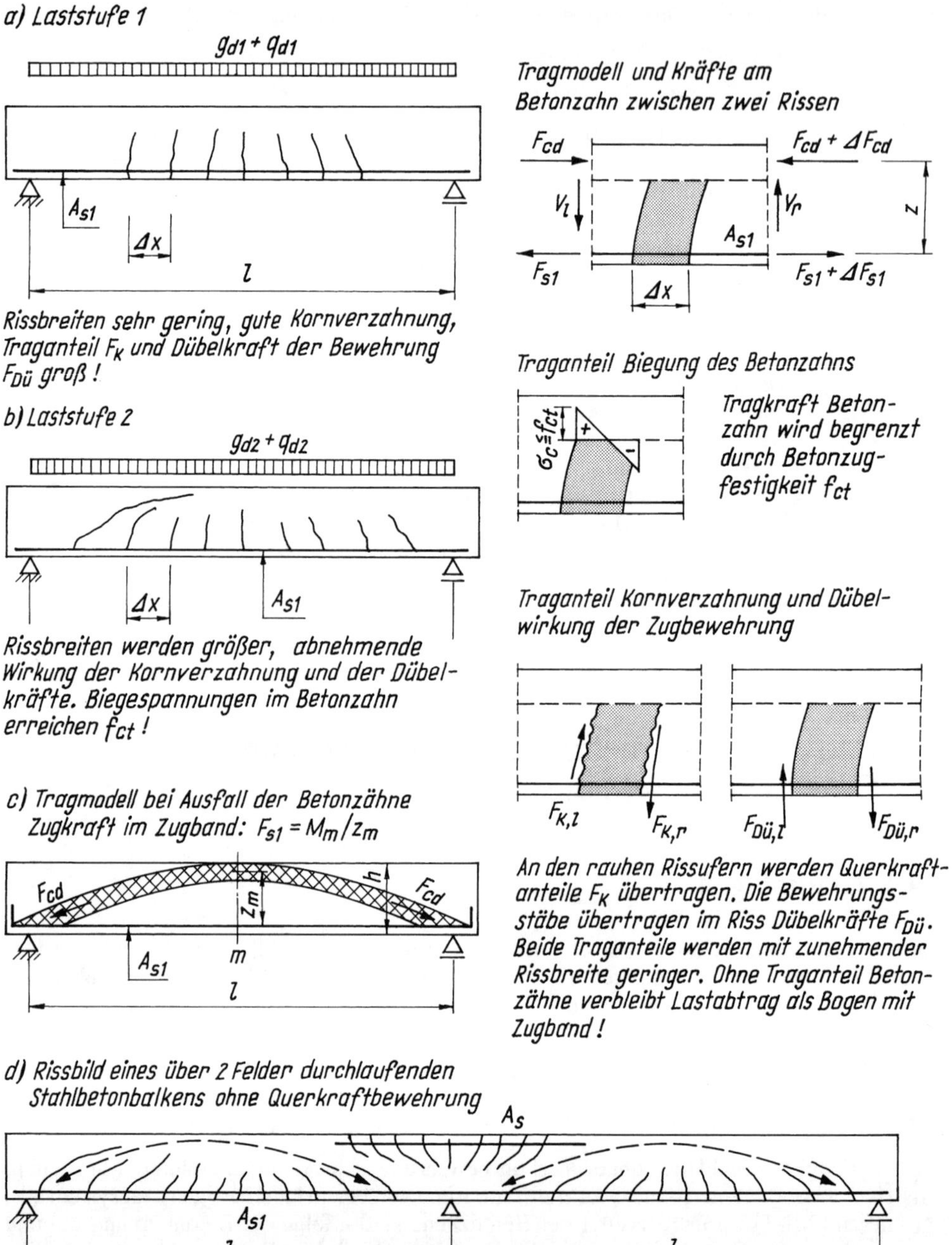

Abb. 7.11 Tragverhalten von Bauteilen ohne Querkraftbewehrung

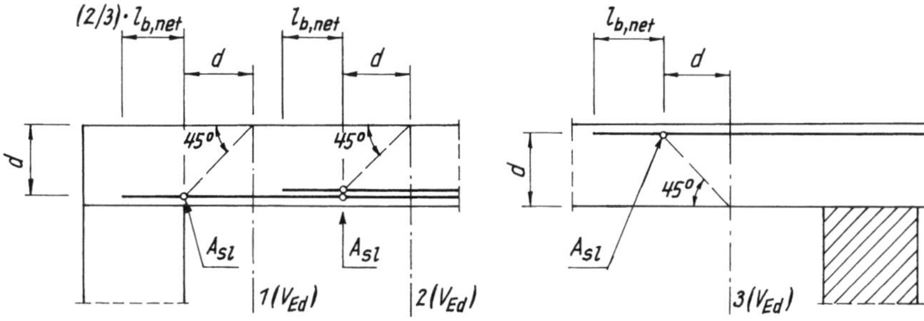

1, 2, 3 ··· : Betrachtete Schnitte bei der Ermittlung von V_{Ed}
A_{sl} : Fläche der Zugbewehrung, die mindestens um das Maß d über den betrachteten Schnitt hinausgeführt und dort verankert wird
$l_{b,net}$: Verankerungslänge, vgl. Abschnitt 7.8

Abb. 7.12 Definition von A_{sl} für die Ermittlung von ϱ_l in (7.9) und (7.10)

Der in DIN 1045-1, 10.3.3 angegebene Bemessungswert $V_{Rd,ct}$ für Bauteile ohne rechnerisch erforderliche Querkraftbewehrung wurde teilweise empirisch bestimmt. Der Ansatz lautet für Normalbeton:

$$V_{Rd,ct} = [0{,}10 \cdot \kappa \cdot (100 \cdot \varrho_l \cdot f_{ck})^{1/3} - 0{,}12 \cdot \sigma_{cd}] \cdot b_w \cdot d \qquad (7.9)$$

Hierin ist (vgl. auch DIN 1045-1, 10.3.3)

κ	$= 1 + \sqrt{200/d} \leqq 2{,}0$	d in mm
ϱ_l	$= A_{sl}/(b_w \cdot d) \leqq 0{,}02$	(Längsbewehrungsgrad)
A_{sl}	Fläche der Zugbewehrung, die um das Maß d über den betrachteten Querschnitt hinausgeführt und verankert wird, vgl. Abb. 7.12	
b_w	Kleinste Querschnittbreite innerhalb der Zugzone in mm	
d	Nutzhöhe in mm	
σ_{cd}	$= N_{Ed}/A_c$ in N/mm^2 (Betonlängsspannung in Höhe der Schwerlinie des Querschnitts)	
N_{Ed}	Längskraft, $N_{Ed} < 0$ als Druckkraft	
A_c	Gesamtfläche des Betonquerschnitts	

Der Faktor η_1 in DIN 1045-1, 10.3.3 berücksichtigt die abweichenden Festigkeitseigenschaften von Leichtbeton.

Erläuterungen zu (7.9)

Bei gleich großer Verkrümmung ergeben sich bei Bauteilen mit kleinen Nutzhöhen kleinere Rissbreiten als bei Bauteilen mit größerer Höhe. Die Kornverzahnung F_k (Abb. 7.11) vermindert sich daher mit zunehmender Nutzhöhe d. In (7.9) wird dies durch κ berücksichtigt. Für Bauteilhöhen $d \leqq 200$ mm (oder $h \approx 230$ mm) ergibt sich stets $\kappa = 1{,}0$. Der Einfluss der Betonzugfestigkeit wird über f_{ck} erfasst. Die Dübelwirkung der Bewehrung und auch die günstige Wirkung eines über den betrachteten Querschnitt hinaus geführten Zugbandes beschreibt der geometrische Bewehrungsgrad der Längsbewehrung ϱ_l. Eine *Druck*kraft N_{Ed} wirkt sich *günstig* auf die Querkrafttragfähigkeit $V_{Rd,ct}$ aus (Verringerung der Rissbreiten, Verbesserung der Kornverzahnung, Verringerung der Biegemomente in den Betonzähnen). Das additive Glied $0{,}12 \cdot \sigma_{cd}$ führt daher bei *Druckkräften* zu einer Vergrößerung von $V_{Rd,ct}$.

Platten und Balken mit Normalkräften N_{Ed} sind im Hochbau die Ausnahme. Ohne Berücksichtigung des Einflusses von Längskräften kann man (7.9) in folgender Form angeben:

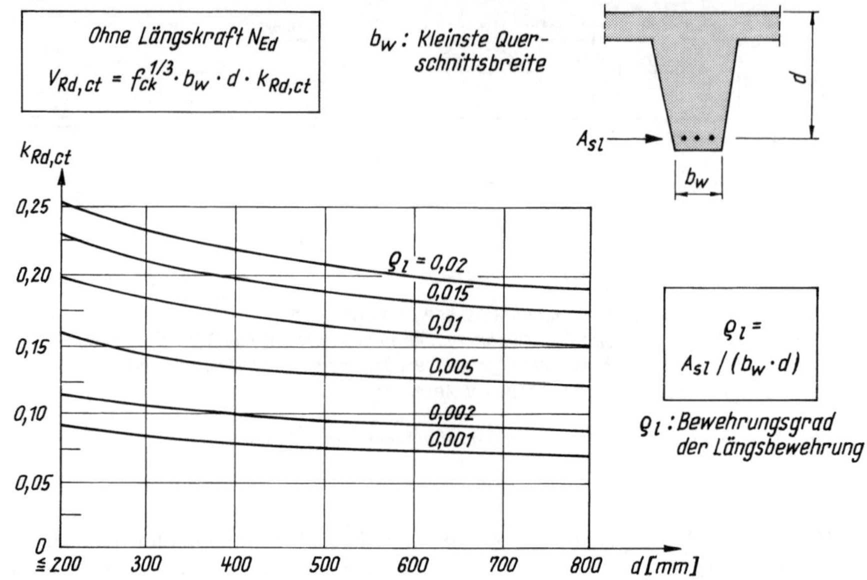

Betonfestigkeitsklasse } C	12/15	16/20	20/25	25/30	30/37	35/45	40/50	45/55	50/60
Werte $f_{ck}^{1/3}$ $\left[\frac{N}{mm^2}\right]$	2,29	2,52	2,71	2,92	3,11	3,27	3,42	3,56	3,68

Abb. 7.13 Beiwerte $k_{Rd,ct}$ zur Bestimmung des Bemessungswerts der aufnehmbaren Querkraft $V_{Rd,ct}$

$$V_{Rd,ct} = 0{,}10 \cdot \kappa \cdot (100 \cdot \varrho_l \cdot f_{ck})^{1/3} \cdot b_w \cdot d$$

$$V_{Rd,ct} = f_{ck}^{1/3} \cdot b_w \cdot d \cdot k_{Rd,ct} \qquad (7.10)$$

Hierin ist

$$k_{Rd,ct} = 0{,}10 \cdot \kappa \cdot (100 \cdot \varrho_l)^{1/3}$$

In Abb. 7.13 sind die Werte $f_{ck}^{1/3}$ und $k_{Rd,ct}$ zusammengestellt. Der Einfluss der Nutzhöhe d und des Bewehrungsgehalts ϱ_l auf die Größe von $V_{Rd,ct}$ ist gut erkennbar.

7.4.2 Anwendungsbeispiele

Aufgabe

Für die in Abb. 7.14 dargestellten Stahlbetonquerschnitte sind die Bemessungswerte der Querkrafttragfähigkeit $V_{Rd,ct}$ zu bestimmen. Für beide Bauteile gilt $N_{Ed} = 0$.

Durchführung

a) Stahlbetonplatte gem. Abb. 7.14 a

Mit (7.10) und Abb. 7.13

$$\varrho_l = A_s/(b_w \cdot d)$$
$$A_s = 4{,}43\ \text{cm}^2, \quad b_w = 1{,}00\ \text{m}, \quad d = 19\ \text{cm}$$
$$\varrho_l = 4{,}43/(100 \cdot 19) = 0{,}00233$$

Aus Abb. 7.13

$$\left.\begin{array}{l} d = 190\ \text{mm} < 200\ \text{mm} \\ \varrho_l = 0{,}0023 \end{array}\right\} \quad k_{\text{Rd,ct}} \approx 0{,}12$$

Betonfestigkeitsklasse C 20/25: $f_{ck}^{1/3} = 2{,}71\ \text{N/mm}^2$

Mit (7.10)

$$V_{\text{Rd,ct}} = 2{,}71 \cdot 1{,}0 \cdot 0{,}19 \cdot 0{,}12 = 0{,}062\ \text{MN/m} \mathrel{\widehat{=}} 62\ \text{kN/m}$$

Vergleichsrechnung mit (7.9)

$$\kappa = 1 + \sqrt{200/d} = 2{,}0 \text{ wegen } d < 200\ \text{mm}$$
$$\varrho_l = 0{,}00233 \text{ (siehe oben)}$$

Beton C 20/25 $\quad f_{ck} = 20\ \text{N/mm}^2$

$$b_w = 1{,}0\ \text{m}, \quad d = 19\ \text{cm}, \quad \sigma_{cd} = 0 \text{ wegen } N_{Ed} = 0$$
$$V_{\text{Rd,ct}} = 0{,}10 \cdot 2{,}0 \cdot (100 \cdot 0{,}0023 \cdot 20)^{1/3} \cdot 1{,}0 \cdot 0{,}19 = 0{,}063\ \text{MN/m} \mathrel{\widehat{=}} 63\ \text{kN/m}$$

Ergebnis

Für einwirkende Querkräfte $V_{Ed} \leqq 63$ kN/m ist rechnerisch keine Querkraftbewehrung erforderlich.

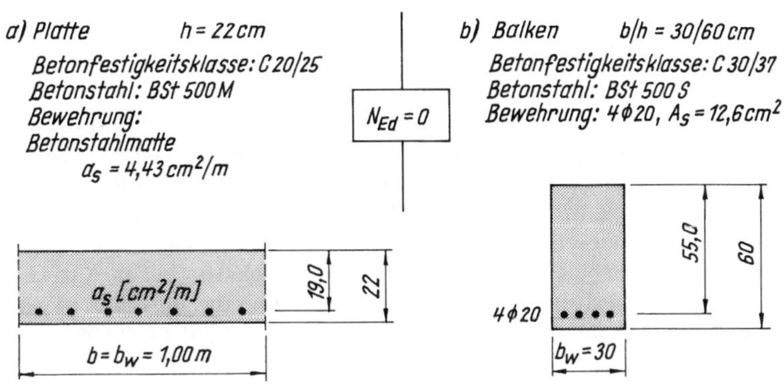

Abb. 7.14 Bauteilabmessungen und Baustoffe zur Beispielrechnung Abschn. 7.4.2

b) *Stahlbetonbalken* gem. Abb. 7.14 b

Mit (7.10) und Abb. 7.12

$$\varrho_l = A_{sl}/(b_w \cdot d) = 12{,}6/(30 \cdot 55) = 0{,}076$$

Aus Abb. 7.13

$$\left.\begin{aligned} d &= 550\,\text{mm} \\ \varrho_l &= 0{,}076 \end{aligned}\right\} \quad k_{\text{Rd,ct}} \approx 0{,}14$$

Beton C 30/37: $f_{\text{ck}}^{1/3} = 3{,}11\ \text{N/mm}^2$

Mit (7.10)

$$V_{\text{Rd,ct}} = 3{,}11 \cdot 0{,}30 \cdot 0{,}55 \cdot 0{,}14 = 0{,}072\ \text{MN}$$

Vergleichsrechnung mit (7.9)

$$\kappa = 1 + \sqrt{200/d} = 1 + \sqrt{200/550} = 1{,}60$$

$\varrho_l = 0{,}076$ (s. oben), $\sigma_{\text{cd}} = 0$ wegen $N_{\text{Ed}} = 0$

Beton C 30/37: $f_{\text{ck}} = 30\ \text{N/mm}^2$

$$V_{\text{Rd,ct}} = 0{,}10 \cdot 1{,}60 \cdot (100 \cdot 0{,}0076 \cdot 30)^{1/3} \cdot 0{,}30 \cdot 0{,}55 = 0{,}075\ \text{MN} \mathrel{\hat{=}} 75\ \text{kN}$$

Ergebnis:

Für einwirkende Querkräfte $V_{\text{Ed}} \leqq 75$ kN ist rechnerisch keine Querkraftbewehrung erforderlich.

7.5 Bauteile mit rechnerisch erforderlicher Querkraftbewehrung

7.5.1 Grundlagen

Bei Bauteilen mit rechnerisch erforderlicher Querkraftbewehrung wird als Tragmodell ein parallelgurtiges Fachwerk gem. Abb. 7.15 angesetzt. Die Biegedruckzone bildet den Obergurt, die Zugbewehrung den Untergurt dieses Trägers. Im Steg werden unter dem Winkel Θ geneigte Betondruckstreben und unter dem Winkel α geneigte Stahlzugstreben zur Verbindung der beiden Gurte angesetzt. Alle Stegzugkräfte werden diesen Streben zugewiesen, die Betonzugfestigkeit bleibt bei der Ermittlung der Stegzugkräfte außer Ansatz. Für einen durch eine Querkraft V_{Ed} beanspruchten Träger lassen sich für das in Abb. 7.15 skizzierte Tragmodell die Strebenkräfte ermitteln. Die Indizes w weisen immer auf Kräfte bzw. Spannungen im Steg hin.

Länge eines Fachwerkfeldes

$$c = z \cdot \cot \Theta + z \cdot \cot \alpha$$

$$c = z \cdot (\cot \Theta + \cot \alpha) \tag{7.11}$$

Aus der Gleichgewichtsbedingung $\Sigma V = 0$ im Bereich der Druckdiagonalen werden die Betondruckspannungen σ_{cd} und die Größe der Betondruckkraft F_{cdw} ermittelt.

$$F_{\text{cdw}} = V_{\text{Ed}} / \sin \Theta \tag{7.12}$$

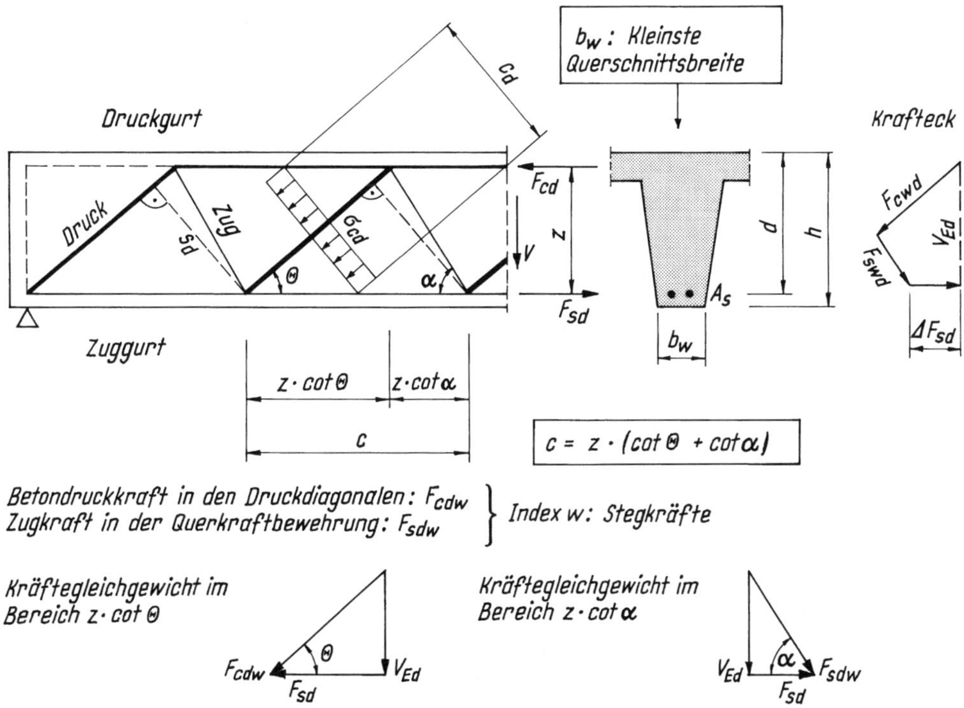

Abb. 7.15 Fachwerksystem und Kräfte im Fachwerk bei Bauteilen mit rechnerisch erforderlicher Querkraftbewehrung

Hierbei muss die Kraft in der Betondruckstrebe der Summe aller Betonspannungen eines Fachwerkfeldes entsprechen:

$$F_{cdw} = \sigma_{cd} \cdot c_d \cdot b_w$$

Für b_w ist nach Abb. 7.15 und DIN 1045-1, 10.3.4 die kleinste Querschnittsbreite anzusetzen, c_d ist die Einflussbreite normal zur Kraftrichtung der Druckdiagonalen, hierfür ergibt sich nach Abb. 7.15

$$c_d = c \cdot \sin \Theta$$

$$c_d = z \cdot (\cot \Theta + \cot \alpha) \cdot \sin \Theta$$

und hiermit sowie mit $V_{Ed} = F_{cdw} \cdot \sin \Theta$ gem. (7.12)

$$F_{cdw} = \sigma_{cd} \cdot b_w \cdot z \cdot (\cot \Theta + \cot \alpha) \cdot \sin \Theta$$

$$V_{Ed} = \sigma_{cd} \cdot b_w \cdot z \cdot (\cot \Theta + \cot \alpha) \cdot \sin^2 \Theta \qquad (7.13)$$

Für die Größe der Betonspannungen gilt dann

$$\sigma_{cd} = \frac{V_{Ed}}{b_w \cdot z} \cdot \frac{1}{\cot \Theta + \cot \alpha} \cdot \frac{1}{\sin^2 \Theta} \qquad (7.14)$$

Aus der Gleichgewichtsbedingung $\Sigma V = 0$ im Bereich der Zugdiagonalen folgt für die Größe der Stegzugkraft

$$F_{sdw} = V_{Ed} / \sin \alpha$$

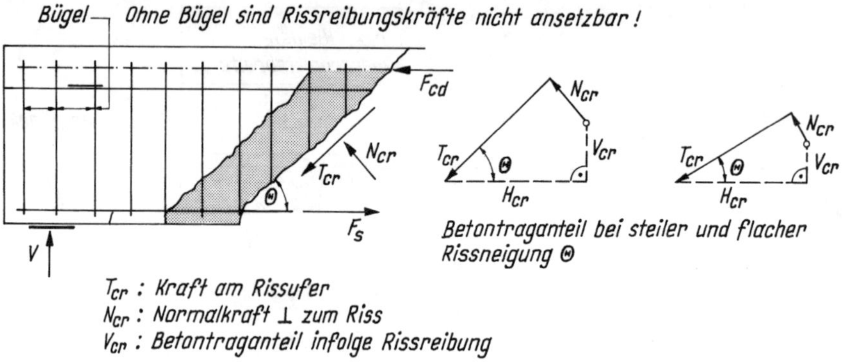

Abb. 7.16 Betontraganteil infolge Rissreibung (nach [70.3])

F_{sdw} ist die in einem Fachwerkfeld von der Länge c im Balkensteg von der Querkraftbewehrung aufzunehmende Zugkraft. Bezogen auf die Längeneinheit ergibt sich

$$F'_{sdw} = F_{sdw}/c = \frac{V_{Ed}}{\sin\alpha} \cdot \frac{1}{z \cdot (\cot\Theta + \cot\alpha)}$$

Die Stegzugkraft F'_{sdw} wird aufgenommen von der Querkraftbewehrung je Längeneinheit A_{sw}/s_w mit einer Spannung σ_{sd}:

$$F'_{sdw} = (A_{sw}/s_w) \cdot \sigma_{sd}$$

und hieraus mit $F_{sdw} = V_{Ed}/\sin\alpha$

$$\frac{A_{sw}}{s_w} \cdot \sigma_{sd} = F'_{sdw} = \frac{V_{Ed}}{\sin\alpha} \cdot \frac{1}{z \cdot (\cot\Theta + \cot\alpha)}$$

$$V_{Ed} = \frac{A_{sw}}{s_w} \cdot \sigma_{sd} \cdot z \cdot \sin\alpha \cdot (\cot\Theta + \cot\alpha) \qquad (7.15)$$

In (7.13) und (7.15) sind die Bauteilwiderstände V_{Rd} (rechte Seite der Gleichungen) in starkem Maße abhängig von der Neigung der Druckstreben. In dem in Abb. 7.15 dargestellten Tragmodell werden alle Stegzugkräfte der Querkraftbewehrung zugewiesen, die Druckstreben werden durch die Spannungen σ_{cd} beansprucht. Das tatsächliche Tragverhalten ist in Abb. 7.16 dargestellt. Ein Teil der Querkraft wird hiernach durch Rissreibungskräfte $V_{Rd,c}$ über einen Schrägriss hinweg übertragen. Die Größe dieser Kräfte ist abhängig von der Beanspruchung im Steg, vom Rissneigungswinkel und von der Bauhöhe [70.3]. Man erkennt aus Abb. 7.16, dass der Traganteil der Rissreibungskraft V_{cr} mit flacher werdender Rissneigung abnimmt.

In DIN 1045 wird der Einfluss der Rissreibungskraft bei der Ermittlung von Grenzwerten der Neigung der Druckstreben angesetzt. Dabei sind diese Grenzwerte in Abhängigkeit von Längskraft und Querkraft zu bestimmen. Innerhalb dieser Grenzwerte darf die Neigung der Druckstreben variiert werden. Die Ermittlung der Druckstrebenkräfte und die Bestimmung der erforderlichen Querkraftbewehrung erfolgt dann an dem in Abb. 7.15 skizzierten Fachwerkmodell.

7.5.2 Grenzwerte der Neigung der Druckstreben

Die Neigung Θ der Druckstreben ist nach DIN 1045-1, 10.3.4 zu begrenzen:

$$\cot \Theta = \frac{1{,}2 - 1{,}4 \cdot \sigma_{cd}/f_{cd}}{1 - V_{Rd,c}/V_{Ed}} \begin{cases} \geqq 0{,}58 \\ \leqq 3{,}00 \end{cases} \tag{7.16}$$

Hierin ist für Normalbeton (vgl. auch Text der Norm)

$$V_{Rd,c} = \beta_{ct} \cdot 0{,}1 \cdot f_{ck}^{1/3} \cdot \left(1 + 1{,}2 \cdot \frac{\sigma_{cd}}{f_{cd}}\right) \cdot b_w \cdot z$$

$\beta_{ct} = 2{,}4$

$\sigma_{cd} = N_{Ed}/A_c$ Bemessungswert der Betonlängsspannung in Höhe der Schwerlinie des Querschnitts in κ/mm^2

N_{Ed} Bemessungswert der Längskraft ($N_{Ed} < 0$ als Druckkraft)

$V_{Rd,c}$ ist der Querkraftanteil des *verbügelten* Querschnitts infolge Rissreibung. Die Neigung der Druckstreben ist somit zwischen $\Theta \approx 18{,}5°$ ($\cot \Theta = 3{,}0$) und $\Theta \approx 60°$ ($\cot \Theta = 0{,}58$) zu wählen. Druckstrebenneigung $\Theta > 45°$ sind nur in Sonderfällen, z. B. bei sehr kurzen Auflagerlängen, sinnvoll. Hierauf werden wir an anderer Stelle zurückkommen. Für Bauteile ohne Längskräfte N_{Ed} ergibt sich für die Grenzwerte der Druckstrebenneigung

$$\cot \Theta = \frac{1{,}2}{1 - V_{Rd,c}/V_{Ed}} \quad \begin{matrix} \geqq 0{,}58 & N_{Ed} = 0 \\ \leqq 3{,}00 & (\sigma_{cd} = 0) \end{matrix} \tag{7.17}$$

Für $V_{Rd,c}$ folgt mit $\sigma_{cd} = 0$ und $z = 0{,}9 \cdot d$ für Normalbeton

$$V_{Rd,c} = 0{,}24 \cdot f_{ck}^{1/3} \cdot b_w \cdot 0{,}9 \cdot d \tag{7.18}$$

Mit $\cot \Theta$ gem. (7.16) oder (7.17) werden Grenzwerte der zulässigen Druckstrebenneigung bestimmt. Die Wahl von *kleineren* Werten $\cot \Theta$, also einem *steileren* Druckstrebenwinkel, ist innerhalb der angegebenen Grenzen Θ zulässig.

7.5.3 Durch die Druckstrebenfestigkeit begrenzte aufnehmbare Querkraft

Für die Tragfähigkeit der Druckstreben in Abhängigkeit von Druckstrebenneigung Θ und Neigung der Querkraftbewehrung α, gilt nach (7.13)

$$V_{Ed} = \sigma_{cd} \cdot b_w \cdot z \cdot (\cot \Theta + \cot \alpha) \cdot \sin^2 \Theta$$

Für die Betondruckspannungen σ_{cd} ist gem. DIN 1045-1, 10.3.4 mit $\alpha_c \cdot f_{cd}$ zu rechnen. Bei Normalbeton wird mit $\alpha_c = 0{,}75$ gerechnet. Die Druckstreben werden von der Bügelbewehrung gekreuzt (Abb. 7.16), bei geringen Abständen der Schrägrisse müssen die Druckstreben auch über Risse hinweg verlaufen. Schließlich entsteht, durch die an den Rissufern eingeleitete Rissreibungskraft in den Druckstreben ein mehrachsiger Spannungszustand [70.3]. Alle Einflüsse führen zu einer Festigkeitsminderung, dies wird durch α_c berücksichtigt. Für den Hebelarm der inneren Kräfte darf mit $z \approx 0{,}9 \cdot d$ gerechnet werden. Die Bügel müssen jedoch stets die Zugbewehrung und die Druckzone umschließen. Bei Bauteilen mit niedriger Bauhöhe (Platten) ist daher der Grenzwert $z \leqq d - 2 \cdot c_{nom}$ zu beachten. Der Bemessungswert der durch die

Druckstrebenfestigkeit begrenzten aufnehmbaren Querkraft hat nach (7.6) die Bezeichnung $V_{Rd,max}$. Hierfür ergibt sich

$$V_{Rd,max} = \sigma_{cd} \cdot b_w \cdot z \cdot (\cot\Theta + \cot\alpha) \cdot \sin^2 \cdot \Theta$$

$$\sin^2\Theta = 1/(1 + \cot^2\Theta)$$

$$V_{Rd,max} = \alpha_c \cdot f_{cd} \cdot b_w \cdot z \cdot \frac{\cot\Theta + \cot\alpha}{1 + \cot^2\Theta} \qquad (7.19)$$

Hierin ist, vgl. DIN 1045-1, 10.3.4, Abs. 7

$\alpha_c = 0{,}75 \cdot \eta_1, \quad \eta_1 = 1{,}0$ für Normalbeton

$z \approx 0{,}9 \cdot d, \quad f_{cd} = \alpha \cdot f_{cd}/\gamma_c$ vgl. Abb. 7.17

($z \leqq d - 2 \cdot c_{nom}$, c_{nom} für Bewehrung in der Druckzone)

Für den Sonderfall einer Querkraftbewehrung nur mit Bügeln senkrecht zu Bauteilachse ($\alpha = 90°$) erhält man mit $\cot\alpha = 0$ nach kurzer Umformung (vgl. DIN 1045-1, 10.3.4, Abs. 6):

$$V_{Rd,max} = \alpha_c \cdot f_{cd} \cdot b_w \cdot z \cdot \frac{\cot\Theta}{1 + \cot^2\Theta}$$

$$V_{Rd,max} = \frac{\alpha_c \cdot f_{cd} \cdot b_w \cdot z}{\tan\Theta + \cot\Theta} \qquad \boxed{\alpha = 90°} \qquad (7.20)$$

Für den Fall einer lotrechten Querkraftbewehrung und einer Druckstrebenneigung $\Theta = 45°$ erhält man

$$V_{Rd,max} = \frac{1}{2} \cdot \alpha_c \cdot f_{cd} \cdot b_w \cdot z \qquad \boxed{\alpha = 90°, \Theta = 45°}$$

Der Verlauf von $V_{Rd,max}$ in Abhängigkeit von Θ (Druckstrebenneigung) und α (Aufbiegewinkel) ist in Abb. 7.17 in dem durch (7.17) begrenzten Bereich $0{,}58 \leqq \cot\Theta \leqq 3{,}0$ aufgetragen. Für den Neigungswinkel α der Querkraftbewehrung sind fast ausschließlich die Werte $\alpha = 90°$ für Bügel und $\alpha = 45°$ für Schrägstäbe von Interesse, nur bei Balken mit großer Bauhöhe können auch Aufbiegewinkel $\alpha = 60°$ zweckmäßig sein. Mit $z = 0{,}9 \cdot d$, $\alpha_c = 0{,}75$ für Normalbeton kann man (7.19) in folgender Form schreiben

$$V_{Rd,max} = 0{,}75 \cdot f_{cd} \cdot b_w \cdot 0{,}9 \cdot d \cdot \frac{\cot\Theta + \cot\alpha}{1 + \cot^2\Theta}$$

$$V_{Rd,max} = b_w \cdot d \cdot f_{cd} \cdot k_{Rd,max} \qquad (7.21)$$

Hierin ist

$$k_{Rd,max} = 0{,}75 \cdot 0{,}9 \cdot \frac{\cot\Theta + \cot\alpha}{1 + \cot^2\Theta}$$

Aus Abb. 7.17 ist abzulesen, dass bei einer Konstruktion mit Bügeln ($\alpha = 90°$) die von der Druckstrebenfestigkeit begrenzte aufnehmbare Querkraft bei einer Druckstrebenneigung $\Theta = 45°$ den maximal möglichen Wert erreicht. Man erkennt auch, dass bei einer Konstruktion mit Schrägstäben ($\alpha = 45°$ oder $\alpha = 60°$) wesentlich größere Werte $V_{Rd,max}$ erreichbar sind. Druckstrebenneigungen $\Theta > 45°$ sind nur in Sonderfällen, z. B. bei sehr kleinen Auflagerlängen, sinnvoll. Der entsprechende Bereich ist in Abb. 7.17 kenntlich gemacht.

Wertvolle Hinweise und Bemessungshilfen für den Tragfähigkeitsnachweis für Querkräfte findet man auch bei *Heydel* [70. 1].

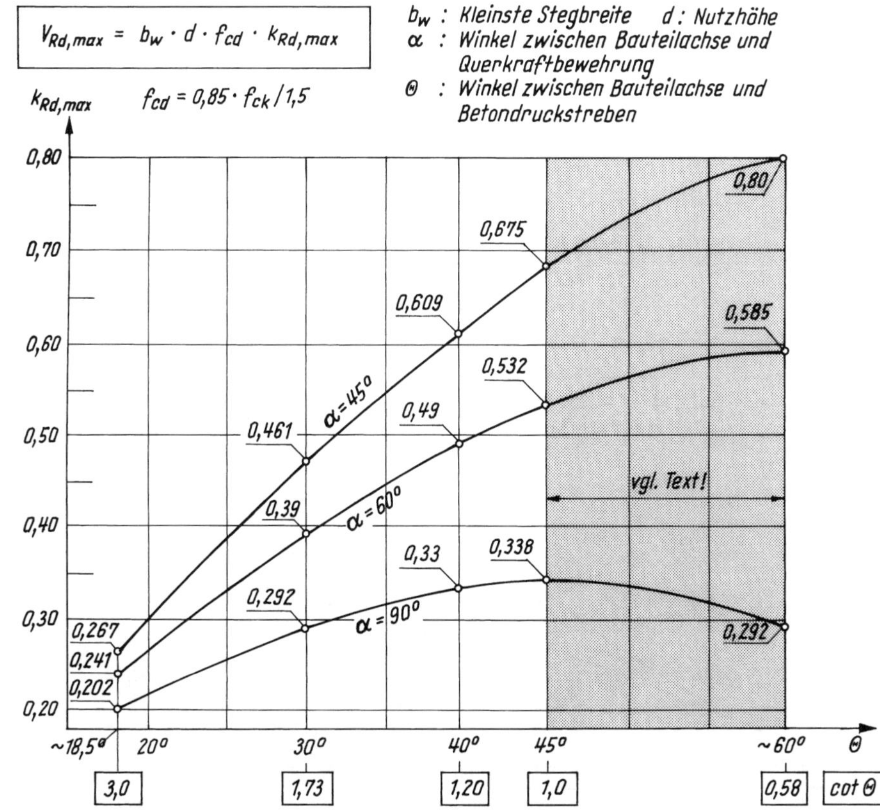

Betonfestigkeitsklasse	C	12/15	16/20	20/25	25/30	30/37	35/45	40/50	45/55	50/60
Bemessungswerte [N/mm²]	f_{cd}	6,80	9,07	11,33	14,17	17,0	19,83	22,67	25,50	28,33

Abb. 7.17 Einfluss der Druckstrebenneigung Θ und der Neigung der Querkraftbewehrung α auf den Bemessungswert der aufnehmbaren Querkraft

7.5.4 Durch die Tragfähigkeit der Bewehrung begrenzte aufnehmbare Querkraft: Konstruktion nur mit Bügeln

Das Nachweisformat bezüglich einer ausreichenden Tragfähigkeit der Querkraftbewehrung lautet gem. (7.5)

$$V_{Ed} \leqq V_{Rd,sy}$$

Hierin ist V_{Ed} die einwirkende Querkraft, $V_{Rd,sy}$ ist der Bemessungswert der durch die Tragfähigkeit der Querkraftbewehrung begrenzten aufnehmbaren Querkraft. Aus der Gleichgewichtsbedingung $\Sigma V = 0$ an dem in Abb. 7.15 skizzierten Fachwerk ergibt sich die Abhängigkeit einer Querkraft V_{Ed} vom Stahlquerschnitt im Steg und den Neigungen Θ und α. Im Grenzzustand der Tragfähigkeit ist für die Stahlspannung gem. DIN 1045-1, 10.3.4 mit $\sigma_{sd} = f_{yd} = f_{yk}/\gamma$ zu rechnen. Für den Bemessungswert der aufnehmbaren Querkraft erhält man dann aus (7.15) den in DIN 1045-1 angegebenen Zusammenhang:

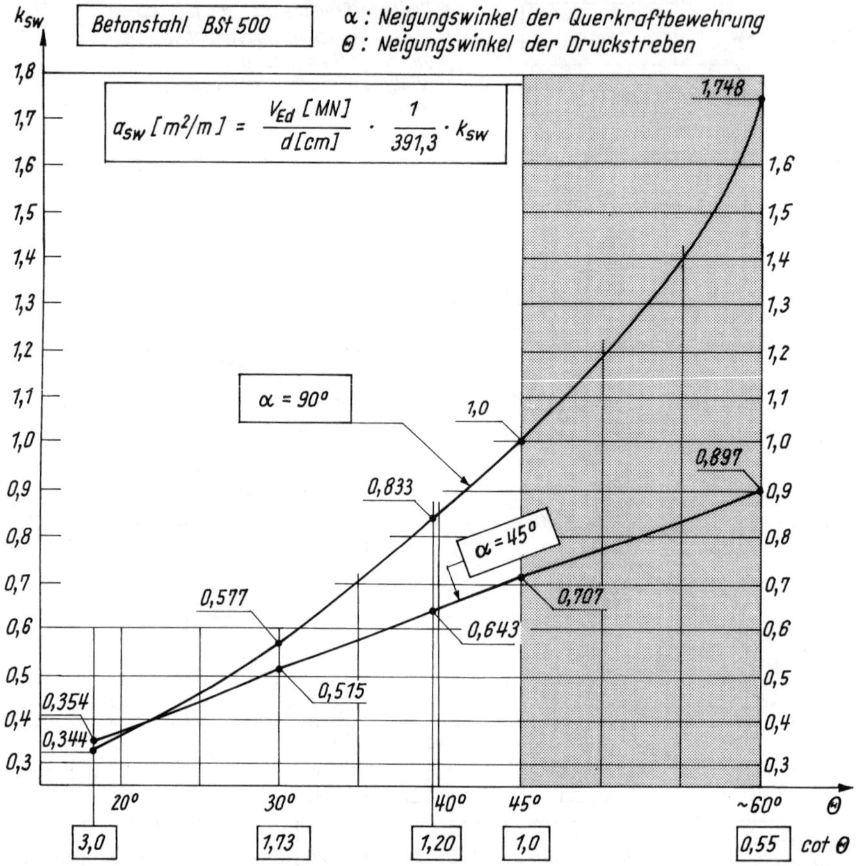

Abb. 7.18 Einfluss der Druckstrebenneigung Θ und der Neigung der Querkraftbewehrung α auf die Größe der erforderlichen Querkraftbewehrung

$$V_{Rd,sy} = \frac{A_{sw}}{s_w} \cdot f_{yd} \cdot z \cdot \sin\alpha \cdot (\cot\Theta + \cot\alpha) \qquad (7.22)$$

In sehr vielen Fällen wird eine Querkraftbewehrung nur aus Bügeln senkrecht zur Bauteilachse bestehen Dann ist $\alpha = 90°$ und somit $\sin\alpha = 1$, $\cot\alpha = 0$. Für $V_{Rd,sy}$ ergibt sich dann

$$V_{Rd,sy} = \frac{A_{sw}}{s_w} \cdot f_{yd} \cdot z \cdot \cot\Theta \qquad (7.23)$$

Vgl. hierzu DIN 1045-1, Gleichung 75.

Der geringste Stahlverbrauch ergibt sich, wenn $V_{Ed} = V_{Rd,sy}$ gesetzt wird. Die Größe der erforderlichen Querkraftbewehrung je Längeneinheit erhalten wir aus (7.22)

$$V_{Rd,sy} = V_{Ed} = \frac{A_{sw}}{s_w} \cdot f_{yd} \cdot z \cdot \sin\alpha \cdot (\cot\Theta + \cot\alpha)$$

Mit $a_{sw} = A_{sw}/s_w$ erhält man die erforderliche Querkraftbewehrung je Längeneinheit in Abhängigkeit von V_{Ed}:

$$a_{sw} = \frac{V_{Ed}}{f_{yd} \cdot z} \cdot \frac{1}{\sin\alpha \cdot (\cot\Theta + \cot\alpha)} \tag{7.24}$$

Wenn die Querkraftbewehrung nur mit lotrechten Bügeln ausgeführt wird, folgt für diesen Sonderfall mit $\alpha = 90°$

$$a_{sw} = \frac{V_{Ed}}{f_{yd} \cdot z} \cdot \frac{1}{\cot\Theta} \qquad \boxed{\alpha = 90°} \tag{7.25}$$

Für Betonstahl BSt 500 folgt mit $f_{yd} = f_{yk}/\gamma_s = 500/1{,}15$ N/mm² und $z = 0{,}9 \cdot d$

$$a_{sw} = \frac{V_{Ed}}{d} \cdot \frac{1{,}15}{500} \cdot \frac{1}{0{,}9} \cdot \frac{1}{\sin\alpha \cdot (\cot\Theta + \cot\alpha)}$$

$$a_{sw}\left[\frac{\text{m}^2}{\text{m}}\right] = \frac{V_{Ed}\,[\text{MN}]}{d\,[\text{m}]} \cdot \frac{1}{391{,}3} \cdot k_{sw} \tag{7.26}$$

In Abb. 7.18 sind die Werte k_{sw} aufgetragen. Aus wirtschaftlichen und konstruktiven Gründen wird eine möglichst geringe Querkraftbewehrung angestrebt. Dies wird erreicht, wenn innerhalb der durch (7.16) gesetzten Grenzen eine möglichst kleine Neigung der Druckstreben gewählt wird. Hierbei ist natürlich zu beachten, dass bei der gewählten Druckstrebenneigung eine ausreichende Tragfähigkeit der Druckstreben gem. (7.19) oder Abb. 7.17 erreicht wird. Aus Abb. 7.15 ist erkennbar, dass mit flacher werdender Druckstrebenneigung eine stetig größere Horizontalkraft F_{sd} in die Zugbewehrung eingeleitet wird. Hierauf wird im Abschn. 7.7 ausführlich eingegangen. Der Bereich der Druckstrebenneigung $45° < \Theta \leqq 60°$ ist in Abb. 7.18 gekennzeichnet. Die Werte k_{sw} wachsen hier steil an, im Regelfall ergibt sich ein unwirtschaftlicher Bedarf an Querkraftbewehrung für Werte $\Theta > 45°$.

Aus dem zuvor Gesagten folgt, dass eine *eindeutige* Aussage über die zweckmäßige Wahl der Druckstrebenneigungen Θ nicht möglich ist. Bei einer Querkraftbewehrung nur mit Bügeln rechtwinklig zur Bauteilachse ($\alpha = 90°$) darf gem. DIN 1045-1, 10.3.4 bei der Ermittlung der Querkraftbewehrung vereinfachend mit folgenden Werten gerechnet werden:

$$\left.\begin{array}{ll} \cot\Theta = 1{,}2: & \text{reine Biegung} \\ \cot\Theta = 1{,}2: & \text{Biegung mit Längsdruck} \\ \cot\Theta = 1{,}0: & \text{Biegung mit Längszug} \end{array}\right\} \tag{7.27}$$

7.5.5 Anwendungsbeispiel: Bügel bilden die Querkraftbewehrung

Aufgabe

Für den in Abb. 7.19 dargestellten Querschnitt sind die erforderlichen Nachweise im Grenzzustand der Tragfähigkeit für Querkraft zu führen; eine geeignete Querkraftbewehrung ist zu wählen. Baustoffe, einwirkende Schnittgrößen und Bauteilabmessungen vgl. Abb. 7.19.

Durchführung

a) Grenzwert der Druckstrebenneigung gem. (7.17):

$$\cot\Theta = \frac{1{,}2}{1 - V_{Rd,c}/V_{ED}} \quad \begin{array}{l} \geqq 0{,}58 \\ \leqq 3{,}0 \end{array}$$

Beton C 20/25: $f_{ck} = 20$ N/mm² $\hat{=}$ 20 MN/m²

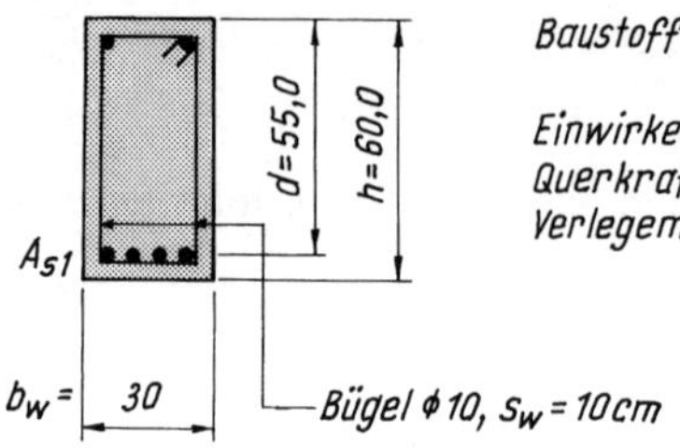

Baustoffe: Betonfestigkeitsklasse C 20/25
Betonstahl BSt 500 S
Einwirkende Schnittgrößen : V_{Ed} = 500 kN, N_{Ed} = 0
Querkraftbewehrung: Nur Bügel, α = 90°
Verlegemaß der Bewehrung: c_v = 3,0 cm

Neigung der Druckstreben	$\Theta \approx 33{,}9°$ $\cot\Theta = 1{,}49$	$\Theta \approx 39{,}8°$ $\cot\Theta = 1{,}20$	$\Theta = 45°$ $\cot\Theta = 1{,}0$
Grenzwert $V_{Rd,max}$ [kN]	584	621	632
Bügelbewehrung [cm²/m]	15,6	19,36	23,23

Abb. 7.19 Querkrafttragfähigkeit: Anwendungsbeispiel bei Konstruktion nur mit Bügeln

$$V_{Rd,c} = 0{,}24 \cdot f_{ck}^{1/3} \cdot b_w \cdot 0{,}9 \cdot d \qquad \text{vgl. (7.18)}$$

$$V_{Rd,c} = 0{,}24 \cdot 20^{1/3} \cdot 0{,}30 \cdot 0{,}9 \cdot 0{,}55 = 0{,}097\,\text{MN}$$

$$\cot\Theta \leqq \frac{1{,}2}{1-0{,}097/0{,}50} = 1{,}49: \quad \Theta \approx 33{,}9°$$

Bereich der zulässigen Druckstrebenneigungen:
$1{,}49 \leqq \cot\Theta \leqq 3{,}0 \rightarrow 33{,}9° \leqq \Theta \leqq 60°$

b) Nachweise mit $\cot\Theta = 1{,}49$

Es wird zunächst mit der kleinsten zulässigen Druckstrebenneigung $\Theta = 33{,}9°$ gerechnet

Druckstrebenfestigkeit

Rechnung mit (7.20), vgl. auch Abb. 7.17

$$V_{Rd,max} = \frac{\alpha_c \cdot f_{cd} \cdot b_w \cdot z}{\tan\Theta + \cot\Theta}$$

$$= \frac{0{,}75 \cdot 11{,}33 \cdot 0{,}30 \cdot 0{,}9 \cdot 0{,}55}{1/1{,}49 + 1{,}49}$$

$$V_{Rd,max} = 584\,\text{kN} > V_{Ed} = 500\,\text{kN}$$

Druckstrebenfestigkeit ausreichend.

Querkraftbewehrung

Mit (7.25) und $f_{yd} = 500/1{,}15 = 434{,}8\,\text{N/mm}^2$

$$a_{sw} = \frac{V_{Ed}}{f_{yd} \cdot z} \cdot \frac{1}{\cot\Theta}$$

$$a_{sw} = \frac{0{,}500}{434{,}8 \cdot 0{,}9 \cdot 0{,}55} \cdot \frac{1}{1{,}49} \cdot 10^4 = 15{,}6\,\text{cm}^2/\text{m}$$

c) Wiederholungsrechnung mit $\cot\Theta = 1{,}20$

Aus Übungsgründen erfolgt eine Wiederholungsrechnung mit $\cot\Theta = 1{,}20$, vgl. (7.27):
Tragfähigkeit *Druckstrebe* mit (7.20)

$$V_{Rd,max} = \frac{0{,}75 \cdot 11{,}30 \cdot 0{,}30 \cdot 0{,}9 \cdot 0{,}55}{1/1{,}20 + 1{,}20} = 0{,}62\,\text{MN}$$

vgl. hierzu den Verlauf von $V_{Rd,max}$ in Abhängigkeit von $\cot\Theta$ in Abb. 7.17.

Querkraftbewehrung mit (7.25)

$$a_{sw} = \frac{0{,}50 \cdot 10^4}{434{,}8 \cdot 0{,}9 \cdot 0{,}55 \cdot 1{,}20} = 19{,}36\,\text{cm}^2/\text{m}$$

d) Wiederholungsrechnung mit $\cot\Theta = 1{,}0$

Mit Abb. 7.17 und Abb. 7.18

$$V_{Rd,max} = 0{,}30 \cdot 0{,}55 \cdot 11{,}33 \cdot 0{,}338 = 0{,}632\,\text{MN}$$

$$a_{sw} = \frac{0{,}50}{0{,}55} \cdot \frac{1}{391{,}3} \cdot 1{,}0 \cdot 10^4 = 23{,}23\,\text{cm}^2/\text{m}$$

e) Wahl der Bügelbewehrung

Jeder Bügel hat $n = 2$ lotrechte Bügelschenkel (zweischnittig). Mit dem Querschnitt A_s eines Bügelschenkels und dem Bügelabstand s_w erhält man für den Bügelquerschnitt je Längeneinheit

$$a_{sw} = n \cdot A_s/s_w$$

Gewählt wurden für das vorliegende Beispiel Bügel Ø 10, $s_w = 10$ cm mit

$$a_{sw} = 2 \cdot 0{,}785/0{,}10 = 15{,}7\,\text{cm}^2/\text{m}$$

$$a_{sw} = 15{,}7\,\text{cm}^2/\text{m} > 15{,}6\,\text{cm}^2/\text{m (Rechnung a))}$$

f) In Abb. 7.18 sind die Ergebnisse der einzelnen Rechengänge mit eingetragen. Man erkennt, dass sich bei der geringst möglichen Druckstrebenneigung auch die geringste Bügelbewehrung und die geringste Druckstrebentragfähigkeit ergibt. Für die Biegezugbewehrung A_{s1} erhält man bei flachen Druckstrebenneigungen i. Allg. einen erhöhten Stahlbedarf, bei kurzen Auflagerlängen sind zudem bei flachen Druckstrebenneigungen konstruktive Schwierigkeiten zu erwarten. Der vereinfachte Nachweis gem. (7.27) kann daher häufig ein vernünftiger Ansatz sein.

7.5.6 Bemessungswerte der aufnehmbaren Querkraft bei Konstruktion mit Bügeln und Schrägstäben

Wenn die Querkraftbewehrung aus einer Kombination von Bügeln mit Schrägstäben besteht, sind die zuvor entwickelten Bemessungsansätze nur in modifizierter Form anwendbar, (vgl. hierzu auch [26] und [70.1]).

Bemessungswert $V_{Rd,sy}$ gem. (7.22)

$$V_{Rd,sy} = \frac{A_{sw}}{s_w} \cdot f_{yd} \cdot z \cdot \sin\alpha \cdot (\cot\Theta + \cot\alpha)$$

Von den Bügeln wird der Traganteil $V^{bü}_{Rd,sy}$ aufgenommen. Für diesen Traganteil ist $\alpha = 90°$, $\sin\alpha = 1{,}0$ und $\cot\alpha = 0$. Von der Schrägbewehrung ist der Traganteil $V^{S}_{Rd,sy}$ aufzunehmen. Insgesamt gilt dann für Betonstahl BSt 500 mit $f_{yd} = f_{yk}/\gamma_s = 500/1{,}15$ MN/m^2 und $z = 0{,}9 \cdot d$ sowie $A_{sw}/s_w = a_{sw}$

$$V_{Rd,sy} = V^{bü}_{Rd,sy} + V^{S}_{Rd,sy}$$

$$= a_{sw,bü} \cdot \frac{500}{1{,}15} \cdot 0{,}9 \cdot d \cdot 1{,}0 \cdot (\cot\Theta + 0) + a_{sw,S} \cdot \frac{500}{1{,}15} \cdot 0{,}9 \cdot d \cdot \sin\alpha\,(\cot\Theta + \cot\alpha)$$

$$V_{Rd,sy} = \left[a_{sw,bü} + a_{sw,S} \cdot \sin\alpha \cdot \left(1 + \frac{\cot\alpha}{\cot\Theta}\right)\right] \cot\Theta \cdot \frac{500}{1{,}15} \cdot 0{,}9 \cdot d$$

$$V_{Rd,sy} = \left(a_{sw,bü} + a_{sw,S} \cdot k_{sw,S}\right) \cot\Theta \cdot \frac{500}{1{,}15} \cdot 0{,}9 \cdot d$$

Für die erforderliche Querkraftbewehrung erhalten wir analog zum Rechengang im Abschn. 7.5.4:

$$V_{Ed} = V_{Rd,sy} = (a_{sw,bü} + a_{sw,S} \cdot k_{sw,S}) \cdot \cot\Theta \cdot 391{,}3 \cdot d$$

$$a_{sw} = a_{sw,bü} + a_{sw,S} \cdot k_{sw,S} = \frac{V_{Ed}\,[\text{MN}]}{391{,}3 \cdot d\,[\text{m}] \cdot \cot\Theta} \qquad (7.28)$$

Hierin ist:

a_{sw} Gesamt-Querkraftbewehrung in m^2/m
$a_{sw,bü}$ Bügelbewehrung, $\alpha = 90°$ in m^2/m
$a_{sw,S}$ Schrägbewehrung, $\alpha \neq 90°$ in m^2/m
$k_{sw,S} = \sin\alpha\,(1 + \cot\alpha/\cot\Theta)$

Die Werte $k_{sw,S}$ sind in Abb. 7.20 für Druckstrebenneigungen $18{,}5° < \Theta \leqq 45°$ sowie Aufbiegewinkel $\alpha = 45°$ und $\alpha = 60°$ zusammengestellt. Bei einer Querkraftbewehrung mit Bügeln und Schrägstäben ergibt sich damit folgender Rechengang:

$\cot\Theta$ wählen, Grenzwerte gem. (7.16) beachten

$$a_{sw}\left[\frac{\text{m}^2}{\text{m}}\right] = a_{sw,bü} + a_{sw,S} \cdot k_{sw,S} = \frac{V_{Ed}\,[\text{MN}]}{391{,}3 \cdot d\,[\text{m}] \cdot \cot\Theta}$$

$\alpha_{sw,bü}$ wählen, Mindestbügelquerschnitt beachten

$a_{sw,S} = (a_{sw} - a_{sw,bü})/k_{sw,S}$ errechnen

$k_{sw,S}$ aus Abb. 7.20 in Abhängigkeit von Θ und α (7.29)

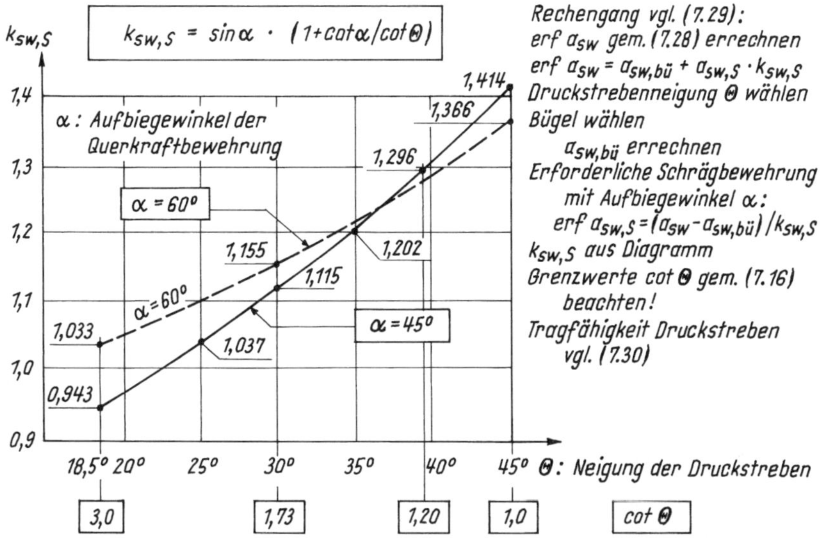

Abb. 7.20 Hilfswerte $k_{sw,S}$ für Konstruktionen mit lotrechten Bügeln und Schrägstäben

Wenn eine Konstruktion mit lotrechten Bügeln ($\alpha = 90°$) *und* Schrägstäben ($\alpha = 45°$ oder $\alpha = 60°$) erfolgt, weicht $\cot\alpha$ umso mehr von $\cot\alpha = \cot 90° = 0$ (nur Bügelbewehrung) ab, je größer der Anteil an Schrägstäben an der gesamten Querkraftbewehrung ist. Zur Bestimmung des Bemessungswerts der Druckstrebenfestigkeit bei Konstruktionen mit Bügeln und Schrägstäben gehen wir von (7.19) aus :

$$V_{Rd,max} = \alpha_c \cdot f_{cd} \cdot b_w \cdot z \cdot \frac{\cot\Theta + \cot\alpha}{1 + \cot^2\Theta}$$

$$= \alpha_c \cdot f_{cd} \cdot b_w \cdot z \cdot \frac{\cot\Theta}{1 + \cot^2\Theta} \left(1 + \cot\alpha/\cot\Theta\right)$$

Bei einer Querkraftbewehrung nur aus Bügeln mit $\alpha = 90°$ wird der Klammerausdruck zu 1. Wir bezeichnen den Anteil der Schrägbewehrung an der Gesamt-Querkraftbewehrung mit $\varrho_{w,S}$ und erhalten

$$V_{Rd,max} = \alpha_c \cdot f_{cd} \cdot b_w \cdot z \cdot \frac{\cot\Theta}{1 + \cot^2\Theta} \left(1 + \frac{\varrho_{w,S} \cdot \cot\alpha)}{\cot\Theta}\right) \qquad (7.30)$$

Hierin ist

$\varrho_{w,S} = a_{sw,S} / a_{sw}$ vgl. (7.29)

Bei Konstruktion ohne Schrägstäbe ist $\varrho_{sw,S} = 0$, es ergibt sich $V_{Rd,max}$ gem. (7.19). Die Auswertung von (7.30) ist häufig entbehrlich: Mit $\alpha = 90°$ erhält man nach Abb. 7.17 die geringste Druckstreben-Tragfähigkeit. Wenn mit (7.20) oder (7.21) für die angesetzte Druckstrebenneigung und $\alpha = 90°$ (nur Bügel) der Nachweis

$$V_{Rd,max} \geqq V_{Ed}$$

geführt wird, liegt man stets auf der „sicheren" Seite. Durch Schrägstäbe mit $\alpha < 90°$ wird $V_{Rd,max}$ angehoben. Der Nachweis mit (7.30) ist daher nur erforderlich, wenn ohne Ansatz der Schrägstäbe Druckstrebentragfähigkeiten $V_{Rd,max} < V_{Ed}$ errechnet werden.

7.5.7 Anwendungsbeispiel: Bügel und Schrägstäbe bilden die Querkraftbewehrung

Aufgabe

Für den in Abb. 7.21 dargestellten Stahlbetonträger sind die erforderlichen Nachweise im Grenzzustand der Tragfähigkeit für Querkraft zu führen. Es ist alternativ eine Querkraftbewehrung ohne und mit Schrägstäben zu wählen. Baustoffe und Bauteilabmessungen sowie Ergebnis der Biegebemessung (Nebenrechnung) vgl. Abb. 7.21.

Durchführung

Einwirkende Querkraft V_{Ed} (vgl. Abb. 7.8).

Nachweis Druckstrebenfestigkeit: V_{Ed} am Auflagerrand

Nachweis Querkraftbewehrung: V_{Ed} im Abstand d vom Auflagerrand

Ergebnis vgl. Abb. (7.21)

Grenzwert der Neigung der Druckstreben:

Normalkraft $N_{Ed} = 0$, daher mit (7.18):

$$V_{Rd,c} = 0{,}24 \cdot f_{ck}^{1/3} \cdot b_w \cdot 0{,}9 \cdot d = 0{,}24 \cdot 30^{1/3} \cdot 0{,}30 \cdot 0{,}9 \cdot 0{,}59 = 0{,}119 \text{ MN}$$

$V_{Ed} = 318{,}3$ kN am Auflagerrand

$$\cot \Theta \leqq \frac{1{,}2}{1 - 0{,}119/0{,}318} = 1{,}91$$

a) Konstruktion nur mit Bügeln, $\alpha = 90°$

Druckstrebenfestigkeit mit Abb. 7.17

Gewählt $\cot \Theta = 1{,}73 < 1{,}91$

$$V_{Rd,max} = b_w \cdot d \cdot f_{cd} \cdot k_{Rd,max} = 0{,}30 \cdot 0{,}59 \cdot 17{,}0 \cdot 0{,}292 = 0{,}879 \text{ MN}$$

$V_{Rd,max} = 879 \text{ kN} \gg V_{Ed} = 318 \text{ kN}$ bei $x = a_1$

Bügelbewehrung mit Abb. 7.18

$$a_{sw} = \frac{V_{Ed}}{d} \cdot \frac{1}{391{,}3} \cdot k_{sw}, \quad \cot \Theta = 1{,}73$$

$V_{Ed} = 262$ kN bei $x = a_1 + d, \quad k_{sw} = 0{,}577$

$$a_{sw} = \frac{0{,}262}{0{,}59} \cdot \frac{1}{391{,}3} \cdot 0{,}577 \cdot 10^4 = 6{,}55 \text{ cm}^2/\text{m}$$

Gewählt Bügel Ø 8, Abstände vgl. Abb. 7.21.

b) Konstruktion mit Bügeln und Schrägstäben

Druckstrebenfestigkeit: Ein Nachweis erübrigt sich, vgl. hierzu die Hinweise bei (7.30).

Bei $\alpha < 90°$ ist $V_{Ed} > 879 \text{ kN} \gg V_{Ed} = 318$ kN.

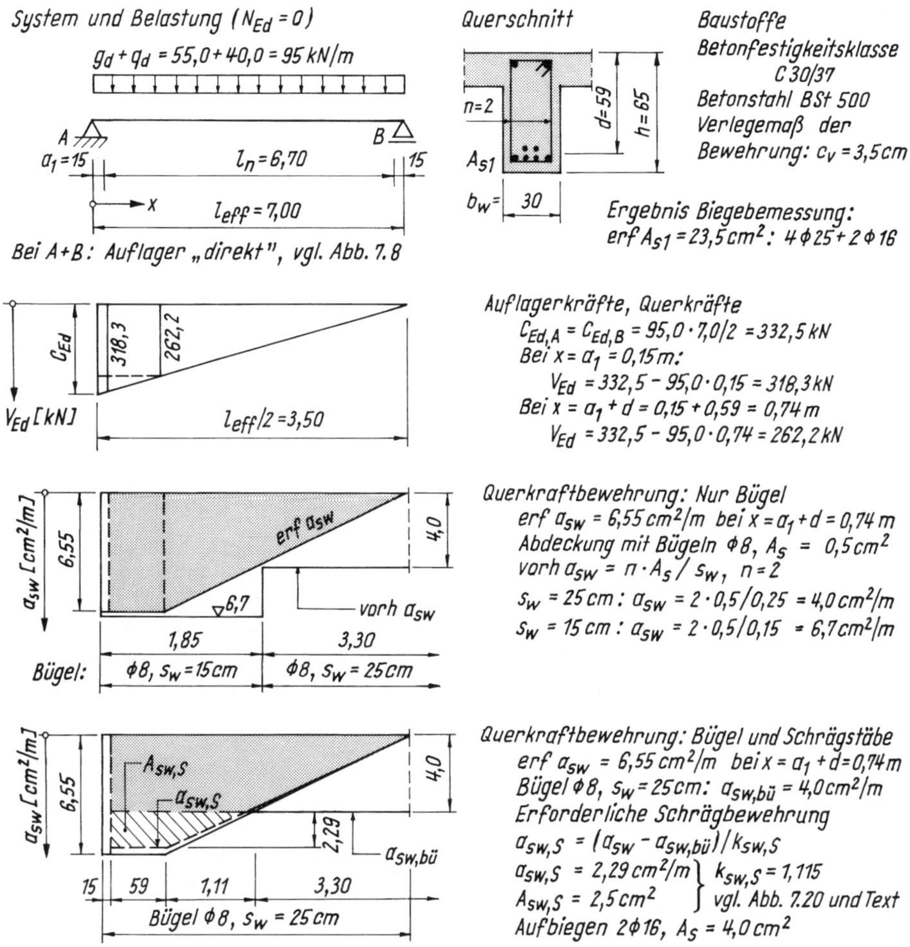

Abb. 7.21 Querkraftbewehrung mit Bügeln sowie mit Bügeln und Schrägstäben

Querkraftbewehrung mit (7.29) und Abb. 7.20

Druckstrebenneigung gewählt $\cot\Theta = 1{,}73$

$V_{Ed} = 262$ kN an der Stelle $x = a_1 + d$

$$a_{sw} = \frac{0{,}262 \cdot 10^4}{391{,}3 \cdot 0{,}59 \cdot 1{,}73} = 6{,}55 \text{ cm}^2/\text{m} \qquad \text{(vgl. Rechnung a))}$$

Gewählt: Bügel Ø 8, $s_w = 25$ cm $\qquad a_{sw,bü} = 4{,}0$ cm²/m

$$\text{Abb. 7.20:} \quad \left.\begin{aligned} \cot\Theta &= 1{,}73 \\ \alpha &= 45° \end{aligned}\right\} \quad k_{sw,S} = 1{,}115$$

Erforderliche Schrägbewehrung $A_{s,S}$, vgl. Abb. 7.21

$$a_{sw,S} = (a_{sw} - a_{sw,bü})/k_{sw,S} = (6{,}55 - 4{,}0)/1{,}115 = 2{,}29 \text{ cm}^2/\text{m} \qquad (\text{an der Stelle } x = a_1 + d)$$

Insgesamt erforderliche Schrägbewehrung (vgl. die Maßangaben in Abb. 7.21)

$A_{s,S} = 2{,}29 \cdot 0{,}59 + 2{,}29 \cdot 1{,}11/2 = 2{,}6\ \text{cm}^2$

Aufgebogen werden unter $\alpha = 45°$ von der Gesamtzugbewehrung

(vgl. A_{s1} in Abb. 7.21): 2 Ø 16

vorh $A_{s,S} = 4{,}0\ \text{cm}^2 > 2{,}6\ \text{cm}^2$

Hinweise bezüglich der Lage der Schrägstäbe im Querschnitt folgen im Abschn. 7.6.

7.6 Konstruktive Hinweise

7.6.1 Mindestquerkraftbewehrung

Zur Vermeidung eines schlagartigen Schubbiegebruchs (Abb. 7.3) muss in den Stegen von Balken eine Mindestquerkraftbewehrung eingebaut werden in Bereichen mit $V_{Ed} \leqq V_{Rd,ct}$ [1.5]. Diese Mindestquerkraftbewehrung ist somit für die Konstruktion maßgebend in Balkenbereichen mit geringer Querkraftbeanspruchung.

Die Mindestquerkraftbewehrung muss in der Lage sein, die unmittelbar vor Rissbildung im Steg vorhandenen schrägen Zugkräfte mit einer Stahlspannung $\sigma_s \leqq f_{yk}$ aufzunehmen. Da die Zugfestigkeit des Betons mit ansteigender Betonfestigkeitsklasse zunimmt, muss auch der Mindestbewehrungsgrad der Querkraftbewehrung von der Betonfestigkeitsklasse abhängig sein. Der Bewehrungsgrad der Querkraftbewehrung ist in DIN 1045-1, 13.2.3 definiert:

$$\varrho_w = \frac{A_{sw}}{s_w \cdot b_w \cdot \sin\alpha} \tag{7.31}$$

Hierin ist:

A_{sw}	Querschnittsfläche der Querkraftbewehrung auf der Länge s_w
s_w	Abstand der Querkraftbewehrung in Bauteillängsrichtung
b_w	Stegbreite
α	Neigungswinkel der Querkraftbewehrung

Die Mindestwerte der Querkraftbewehrungsgrade sind in DIN 1045-1 in Abhängigkeit von Grundwerten ϱ für die Ermittlung der Mindestbewehrung festgelegt. Für ϱ gilt dabei der Ansatz

$$\varrho = 0{,}16 \cdot f_{ctm}/f_{yk}$$

Für Balken und Plattenbalken darf gem. DIN 1045-1, 13.2.3 der Bewehrungsgrad der Querkraftbewehrung den Mindestwert ϱ_w nicht unterschreiten. Für ϱ_w gilt

$$\min \varrho_w = 1{,}0 \cdot \varrho \tag{7.32}$$

Für ϱ sind die Werte in DIN 1045-1, Tabelle 29 einzusetzen.

In Balkenbereichen mit geringer Querkraftbeanspruchung wird man als Querkraftbewehrung im Regelfall nur Bügel mit $\alpha = 90°$ zur Bauteilachse einsetzen. Dann gilt für den erforderlichen Mindestbewehrungsgrad der Querkraftbewehrung

$$\min \varrho_w = 1{,}0 \cdot \varrho = \frac{A_{sw}}{b_w \cdot s_w} \qquad \boxed{\alpha = 90°} \tag{7.31 a}$$

Für den erforderlichen Mindest-Bügelquerschnitt in Balken und Plattenbalken erhält man mit

$a_{sw} = a_{s,bü} = A_{sw}/s_w$ und $s_w = 100\ \text{cm}$

aus (7.31 a):

Querkraftbewehrung: Nur Bügel $\alpha = 90°$

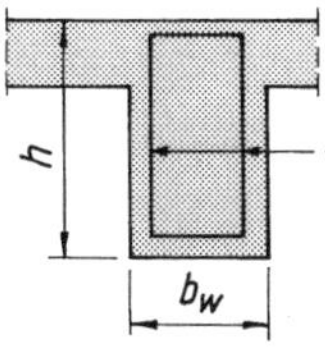

$a_{sw} = n \cdot A_{s,bü} / s_w$
$n = 2$ für zweischnittige Bügel
$A_{s,bü}$: Fläche *eines* Bügelschenkels
s_w: Bügelabstand

Grundwerte ϱ zur Bestimmung der Mindestbewehrung									
	Betondruckfestigkeit f_{ck} [N/mm²]								
	16	20	25	30	35	40	45	50	55
ϱ (‰)	0,61	0,70	0,83	0,93	1,02	1,12	1,21	1,31	1,34
Vollständige Angaben vgl. DIN 1045-1, Tabelle 29									

Erforderliche Mindest-Bügelbewehrung ($\alpha = 90°$)

$$a_{s,bü}\ [cm^2/m] = \varrho \cdot b_w\ [cm] \cdot 100$$

Querkraftbewehrung: Nur Bügel, $\alpha = 90°$

Beispiel:
Gegeben: Balken $b_w/h = 30/60$ cm, Betonfestigkeitsklasse C30/37: $f_{ck} = 30\ N/mm^2$
Mindestbügelbewehrung: $a_{s,bü} = \varrho \cdot b_w \cdot 100 = 0{,}93 \cdot 10^{-3} \cdot 30 \cdot 100 = 2{,}79\ cm^2/m$

Abb. 7.22 Mindestwerte der Querkraftbewehrung von Balken gem. DIN 1045-1, 13.2.3

$$a_{s,bü}\ [cm^2/m] \geqq \varrho \cdot b_w\ [cm] \cdot 100 \qquad \boxed{\text{Bügel}, \alpha = 90°} \qquad (7.33)$$

Hierin ist:

$a_{s,bü}$ erforderliche Mindestbügelbewehrung
ϱ Grundwerte gem. DIN 1045-1, Tab. 29

In Abb. 7.22 werden die Angaben zur Mindestquerkraftbewehrung erläutert, die Grundwerte sind für einige Betonfestigkeitsklassen mit aufgenommen.

Eine Mindestquerkraftbewehrung ist nicht erforderlich in Bauteilen von untergeordneter Bedeutung [1.5]. Hierzu gehören z. B. Tür- und Fensterstürze mit geringen Spannweiten (etwa $l \leqq 2{,}0$ m) mit Decken- und Brüstungslasten *eines* Geschosses. Bei wesentlich höherer Belastung liegen auch bei Stützweiten $l < 2{,}0$ m keine Bauteile von untergeordneter Bedeutung vor.

7.6.2 Bügelformen, Bügelabstände, Abstand von Schrägstäben

Die Bügel haben die Aufgabe, die Vertikalkomponenten der schrägen Druckkräfte aufzunehmen und an den Zug- und Druckgurt anzuschließen, vgl. Abb. 7.15, sie sind daher ausreichend zu verankern. Die Bügel müssen bei Balken die Zugbewehrung umschließen und sollen möglichst den gesamten Druckbereich einfassen. Die Bügel müssen dabei am unteren und oberen Balkenrand geschlossen werden, um in Balkenquerrichtung wirkende Kräfte aus der Abstützung der schrägen Betondruckstreben auffangen zu können und um kleinere, rechnerisch nicht erfasste Torsionsmomente abdecken zu können (vgl. Abschnitt 18). Dieses Schließen kann dabei durch die waagerechten Bügelschenkel oder bei Plattenbalken durch die Deckenbewehrung erfolgen.

Bügel aus Stabstahl werden durch Haken oder Winkelhaken gemäß Abb. 7.24 verankert, diese Verankerungselemente sind möglichst nahe am Druck- bzw. am Zugrand anzuordnen, keinesfalls darf bei Balken ein Teil der Zugbewehrung außerhalb der Bügel liegen. Die möglichen Bügelformen sind von der Querschnittsform (Balken oder Plattenbalken) und von der Beanspruchung am Ort der Verankerung (Zug- oder Druckbereich) abhängig. Wenn Bügel bei Balken im Zugbereich durch Haken oder Winkelhaken geschlossen werden, besteht gemäß

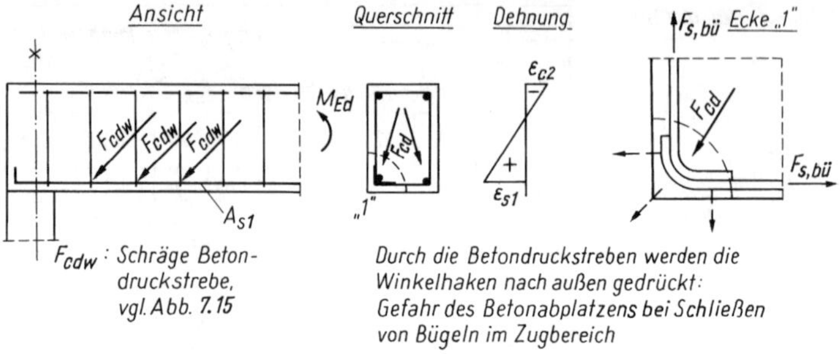

Abb. 7.23 Bruchbild des Betons beim Schließen von Bügeln in der Biegezugzone von Balken (nach [80.8])

Abb. 7.23 die Gefahr des Abplatzens der Betonschale im Verankerungsbereich. Für das Schließen von Bügeln in der Zugzone von Balken sind daher große Übergreifungslängen l_s erforderlich (vgl. Abschnitt 7.8). Besser ist es, Bügelstöße im Zugbereich von Balken zu vermeiden, z. B. durch Schließen der Bügel an der *Balkenunterseite* im Bereich negativer Momente. Wenn die Bügel als „Umschnürung" der Druckzone zur Verbesserung der Rotationsfähigkeit in Ansatz gebracht werden, gilt für die Mindestbügelbewehrung DIN 1045-1, 13.3.3, Abs. 5. Für die konstruktive Ausbildung dieser Bügel gelten die Vorschriften für Bügel in Stützen [1.18], vgl. hierzu DIN 1045-1, 13.5.2 und Abb. 8.2.

Bei Plattenbalken verhindert die oben liegende Deckenbewehrung ein Abplatzen des Betons im Verankerungsbereich, Einzelheiten werden im Abschnitt 9 besprochen. Hier sind daher im Zug- und im Druckbereich offene Bügel ausreichend, die durch eine Querbewehrung zu schließen sind. In der Praxis verwendet man auch bei Plattenbalken häufig Bügel mit oberem Bügelschenkel (Regelbiegeform, Abb. 7.24). Hierdurch wird bei der Montage ein steiferer Bewehrungskorb erzielt und der Einbau der oberen Längsstäbe erleichtert. In Abb. 7.24 sind die in DIN 1045-1, 12.7 angeführten Verankerungselemente für Bügel und mögliche Bügelformen zusammengestellt.

Bei einer Verankerung in der Druck- und Zugzone mit angeschweißten Querstäben fehlt der horizontale Bügelschenkel zur Aufnahme der in Balkenquerrichtung wirkenden Kräfte. Diese Verankerungen sind daher gem. DIN 1045-1 nur zulässig, wenn im Verankerungsbereich eine seitliche Betondeckung

$$c_{min} \geqq 50 \text{ mm bzw. } c_{min} \geqq 3 \cdot d_s$$

vorhanden ist.

Ein Schließen der Bügel durch die obere Querbewehrung der Platte a_{sq} ist zulässig, wenn die einwirkende Querkraft V_{Ed} nicht größer ist als 2/3 der maximalen Betondruckstrebentragfähigkeit:

$$V_{Ed} \leqq (2/3) \cdot V_{Rd,max} \tag{7.34}$$

Damit gelten bei *Plattenbalken* die in Abb. 7.24 für das Schließen von Bügeln im Bereich der Platte von Plattenbalken zusammengestellten Regeln. Wenn bei Plattenbalken Bügel außerhalb der Platte geschlossen werden (z. B. bei Überzügen), gelten die Vorschriften für Balken.

a) Platte liegt in der Druckzone.

Das Schließen erfolgt wie bei Balken in der Druckzone (Abb. 7.24) *oder* bei Konstruktion mit offenen Bügeln *und* $V_{Ed} \leqq (2/3) \cdot V_{Rd,max}$ durch die obere Deckenbewehrung a_{sq}.

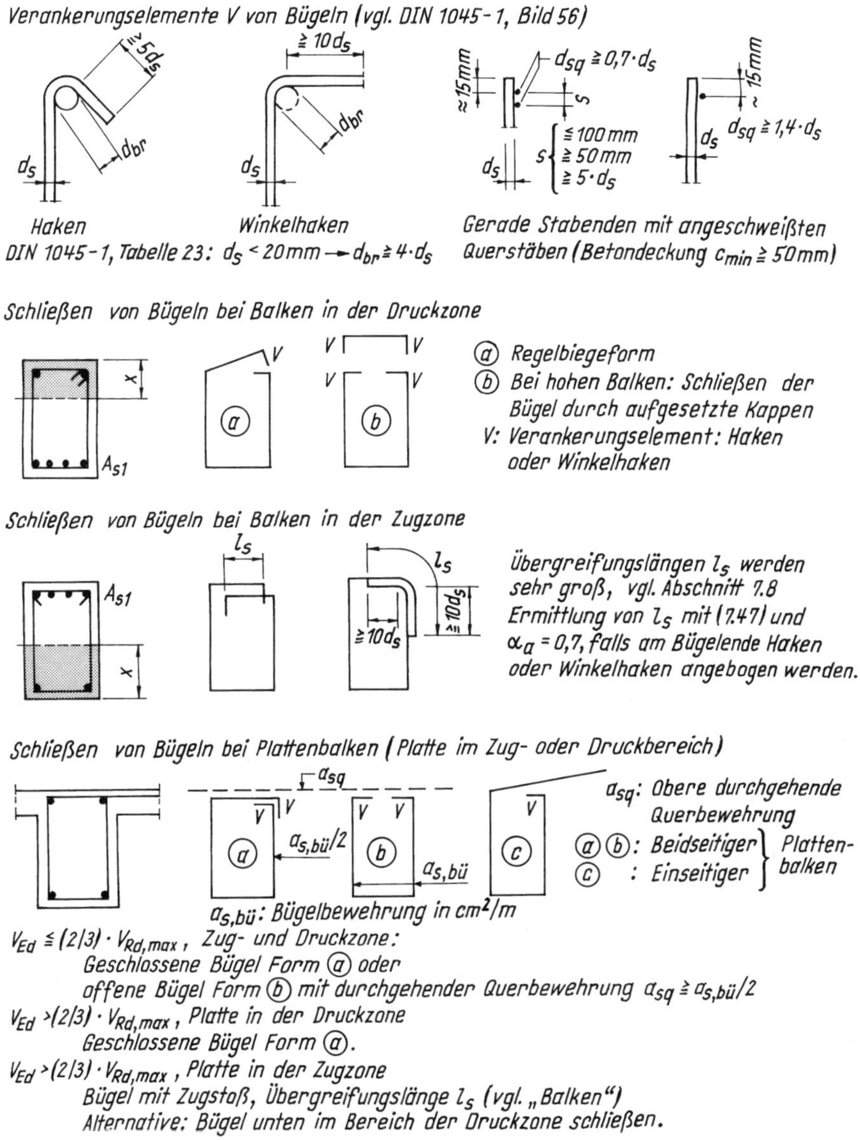

Abb. 7.24 Verankerungselemente von Bügeln und Bügelformen

b) Platte liegt in der Zugzone.

(7.34) ist eingehalten: Schließen durch die obere Deckenbewehrung .

(7.34) ist nicht eingehalten: Schließen der Bügel wie bei Balken in der Zugzone.

c) Bei einseitigen Plattenbalken wird eine Ausführung nach Form *c*, Abb. 7.24 empfohlen. Wenn bei einseitigen Plattenbalken (7.34) nicht eingehalten ist, muss bei Platten in der Zugzone ein Übergreifungsstoß der Bügelbewehrung ausgeführt werden.

Wir haben in Abb. 7.15 angenommen, dass die Betondruckstrebe von zwei Schrägrissen begrenzt wird und auch hiermit das Tragverhalten eines Stahlbetonträgers nach der Fachwerkanalogie erklärt. Die Anzahl der Schrägrisse ist in starkem Maße abhängig von der Größe der Querkraftbeanspruchung. Jeder Schrägriss soll möglichst von mehreren Bügeln gekreuzt werden, die Bügelabstände müssen daher in Abhängigkeit von der Querkraftbeanspruchung und von der Bauteilhöhe begrenzt werden. Um die Rissbreiten im Steg unter Gebrauchslast gering zu halten, ist außerdem eine Begrenzung der Bügelabstände in absoluten Maßen in cm erforderlich. Die schräge Druckkraft F_{cd} (Abb. 7.23) wird vorwiegend in den Bügeleckpunkten abgesetzt, da die Streben auf den waagerechten, biegeweichen Bügelschenkeln keine Stützung finden. Hieraus folgen große örtliche Pressungen in den Bügelecken. Die Bügelabstände müssen daher auch in Balkenquerrichtung beschränkt werden.

Gemäß DIN 1045-1 sollte die Querkraftbewehrung mit der Schwerachse des Bauteils einen Winkel von $\alpha = 45°$ bis $90°$ bilden. Die Querkraftbewehrung kann bestehen aus einer Kombination verschiedener Bewehrungselemente:

– Bügel, die die Längsbewehrung und die Druckzone umfassen
– Schrägstäbe (z. B. Aufbiegungen)
– Querkraftzulagen in Form von Körben, Leitern o. Ä., die die Zugbewehrung nicht umschließen müssen, aber ausreichend in der Zug- und Druckzone verankert sind.

In Balken sind Bügel (Außenbügel, Umschließungsbügel) zwingend vorgeschrieben. Mindestens 50 % der erforderlichen Querkraftbewehrung muss durch Bügel abgedeckt werden, für den restlichen Teil sind Schrägstäbe und Querkraftzulagen erlaubt. Eine Verankerung dieser Zulagen mit den in Abb. 7.24 angegebenen Verankerungselementen V wird als ausreichend betrachtet.

Es ist dem Konstrukteur freigestellt, ob Schrägstäbe (Aufbiegungen) zur Aufnahme der Stegzugkräfte herangezogen werden. Mit Schrägstäben ergibt sich i. Allg. eine geringe Stahlersparnis gegenüber Konstruktionen nur mit einer Querkraftbewehrung unter $\alpha = 90°$. Eine Konstruktion mit Schrägstäben ist jedoch arbeitsintensiver. Hinzu kommt, dass bei programmunterstützter EDV-Berechnung eine Schrägbewehrung nur mit Schwierigkeiten zu erfassen ist. In der Regel wird man daher heute ohne Schrägstäbe konstruieren. Gut geeignet sind Schrägstäbe jedoch zur Abdeckung von Spitzen der Querkraftbeanspruchung, z. B. bei Querkräften infolge auflagernaher Einzellasten [2.7]. Bei der Konstruktion mit Schrägstäben sind folgende Konstruktionsregeln zu beachten:

Zu dicht am Auflager angeordnete Aufbiegungen sind praktisch wirkungslos und zu vermeiden, vgl. Abb. 7.25. Jeder Schrägstab sollte einen möglichen, parallel zu den Druckstreben verlaufenden Schrägriss kreuzen. Der Abstand s_{max} von Schrägstäben ist daher zu begrenzen. Gemäß DIN 1045-1, 13.2.3 gilt hierfür

$$s_{max} = 0{,}6 \cdot h \cdot (1 + \cot \alpha) \tag{7.35}$$

Für den Aufbiegewinkel $\alpha = 45°$ folgt

$$s_{max} = 1{,}2 \cdot h$$

Schrägstäbe sollen möglichst gleichmäßig über die Querschnittsbereite b_w verteilt werden. Die für Bügel einzuhaltenden Querabstände gelten auch für Schrägstäbe. An den Abbiegestellen wirken nach Abb. 4.8 große, nach außen gerichtete Umlenkkräfte. Aufgebogene Stäbe sollen daher nicht an den Außenseiten eines Querschnitts verlegt werden.

In Abb. 7.25 sind die in DIN 1045-1 angegebenen Vorschriften über Höchstabstände von Bügeln und Querkraftzulagen zusammengestellt. Die angegebenen Höchstabstände sind von der Größe der *örtlich* vorhandenen einwirkenden Querkraft V_{Ed} abhängig. In Balkenlängsrichtung liegt im Regelfall ein veränderlicher Verlauf von V_{Ed} vor, vgl. z. B. Abb. 7.8 u. 7.9. Man erkennt, dass sich in Balkenlängsrichtung häufig unterschiedlich zulässige Höchstabstände der Bügel in Abhängigkeit von der Größe der örtlich vorhandenen einwirkenden Querkraft V_{Ed}

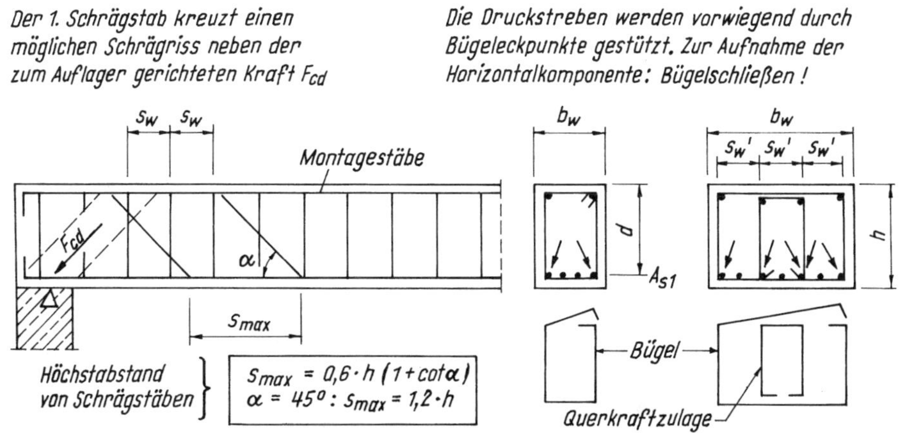

Höchstabstände von Bügeln und Querkraftzulagen (DIN 1045-1, 13.2.3)

Querkraftausnutzung	Festigkeitsklasse des Betons			
	≦ C 50/60	> C 50/60	≦ C 50/60	> C 50/60
	Längsabstand s_w		Querabstand s_w'	
$V_{Ed} \leqq 0{,}30 \cdot V_{Rd,max}$	0,7·h bzw. 300 mm	0,7·h bzw. 200 mm	h bzw. 800 mm	h bzw. 600 mm
$0{,}30\,V_{Rd,max} < V_{Ed} \leqq 0{,}60 \cdot V_{Rd,max}$	0,5·h bzw. 300 mm	0,5·h bzw. 200 mm	h bzw. 600 mm	h bzw. 400 mm
$V_{Ed} > 0{,}60 \cdot V_{Rd,max}$	0,25·h bzw. 200 mm			

Bügelformen bei breiten Balken sowie bei hoher Querkraftbeanspruchung

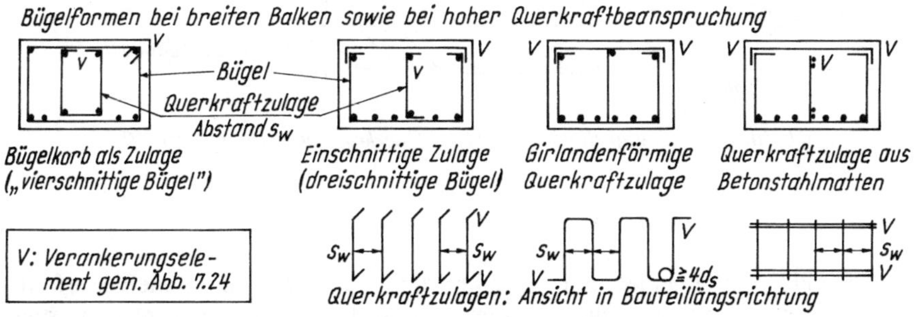

Abb. 7.25 Abstände und Formen von Bügeln, Schrägstäben und Querkraftzulagen

ergeben. Auch die Grenzwerte der Neigung der Druckstreben gem. (7.18) sind von den Bemessungswerten V_{Ed} *im Querschnitt* abhängig (DIN 1045-1, 10.3.4). Es darf also auch mit in Balkenlängsrichtung veränderlichen Druckstrebenneigungen gerechnet werden. Im Regelfall wird man entsprechend der Querkraftbeanspruchung eine Abstufung der Querkraftbewehrung entlang der Bauteillängsachse vornehmen. Gemäß DIN 1045-1, 13.2.3 muss hierbei die eigentlich selbstverständliche Forderung $V_{Rd} \geqq V_{Ed}$ an *jeder Stelle* erfüllt werden. In Abb. 7.26 ist die Erfüllung dieser Forderung in prinzipieller Form dargestellt: Die Widerstandskräfte V_{Rd} längs der Balkenachse sind größer als die einwirkenden Kräfte V_{Ed}. Statt mit den Kräften V_{Ed} und V_{Rd} zu rechnen, ist es häufig einfacher, die erforderliche Querkraftbewehrung erf a_{sw} längs der Balkenachse zu ermitteln und diese Werte mit der vorhandenen Querkraftbewehrung zu vergleichen (vgl. z. B. Abb. 7.21). Bei Bauteilen des üblichen Hochbaus ist nach DIN 1045-1

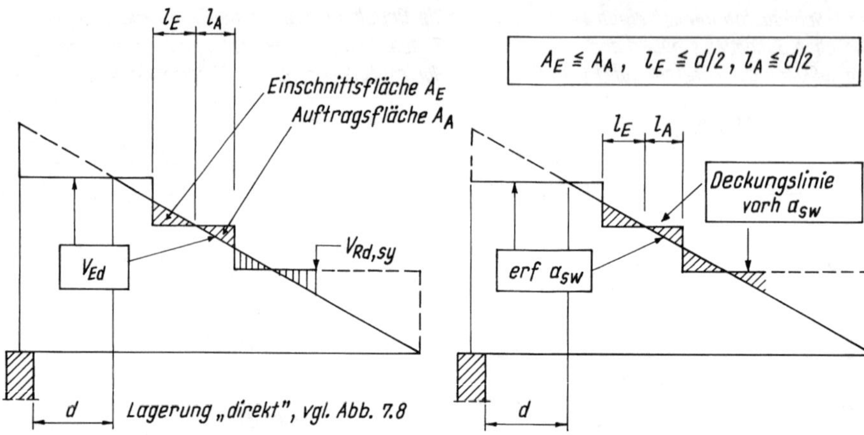

Abb. 7.26 Zulässiges Einschneiden der Querkraftdeckungslinie bzw. der Querkraftbewehrungslinie

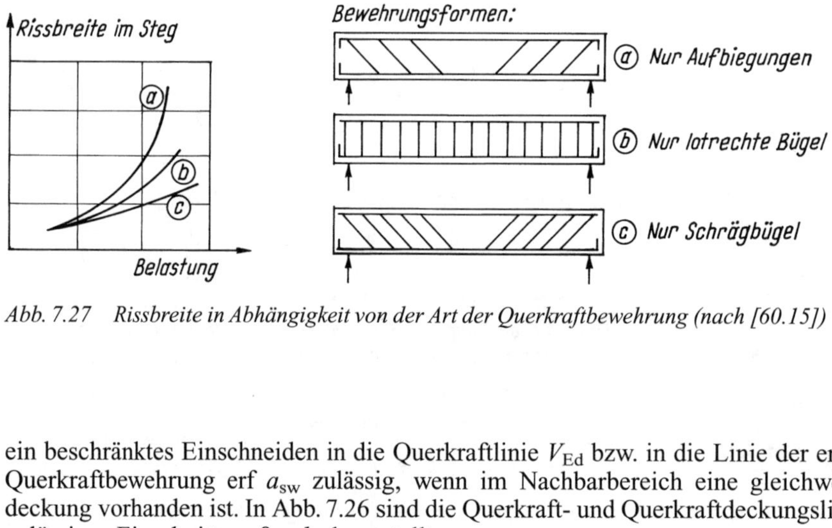

Abb. 7.27 Rissbreite in Abhängigkeit von der Art der Querkraftbewehrung (nach [60.15])

ein beschränktes Einschneiden in die Querkraftlinie V_{Ed} bzw. in die Linie der erforderlichen Querkraftbewehrung erf a_{sw} zulässig, wenn im Nachbarbereich eine gleichwertige Überdeckung vorhanden ist. In Abb. 7.26 sind die Querkraft- und Querkraftdeckungslinien mit den zulässigen Einschnittsmaßen l_E dargestellt.

Ein Nachweis zur Beschränkung der Rissbreite im Steg infolge Querkraftbeanspruchung (Schubrissbreiten) ist nur schwer zu führen und mit erheblichen Unsicherheiten behaftet. Gemäß DIN 1045-1, 11.2.3 gilt die Begrenzung der Schubrissbreiten auf unschädliche Werte als sichergestellt, wenn die Mindestquerkraftbewehrung eingebaut wird und die zuvor besprochenen Bewehrungsrichtlinien eingehalten werden.

Die geringsten Rissbreiten ergeben sich bei Konstruktionen mit Schrägbügeln, die die parallel zu den Druckstreben möglichen Schrägrisse unter etwa 90° kreuzen [20], vgl. Abb. 7.27. Eine solche Lösung ist baupraktisch kaum ausführbar. Bei lotrechten Bügeln ($\alpha = 90°$) ergeben sich etwa doppelt so große Rissbreiten wie bei Schrägbügeln. Die Mindestquerkraftbewehrung gem. (7.31) und die Vorschriften bezüglich der Bügelabstände sind zusammenhängende Konstruktionselemente zur Beschränkung der Schubrissbreiten. Schrägstäbe im Bauteilinneren (Aufbiegungen) sind zur Rissbreitenbeschränkung nur in sehr geringem Maße wirksam [20].

7.6.3 Indirekte Auflagerung

Bei *direkter* Lagerung eines Trägers wird die zum Auflager gerichtete Druckstrebe gestützt durch den Zuggurt und die vertikale Auflagerkraft. Wenn Nebenträger (NT) ihre Auflagerkraft C_{Ed} in Hauptträger (HT) mit annähernd gleicher Bauhöhe abgeben, fehlt diese vertikale Stützung. In diesen Fällen muss daher zunächst die gesamte Last C_{Ed} mit einer Aufhängebewehrung A_{sA} bis zur Oberseite des Hauptträgers geführt werden. Danach kann bei Berechnung und Konstruktion des Hauptträgers die Last des Nebenträgers wie eine äußere, oben angreifende Last behandelt werden. In Abb. 7.28 ist das Tragverhalten im Auflagerbereich von indirekt gelagerten Nebenträgern nach [1.11] erläutert. Bei unterschiedlichen Bauhöhen von Haupt- und Nebenträgern darf hiernach im Hauptträger eine Lastausbreitung unter 45° angenommen werden, als Aufhängebewehrung dürfen dann alle auf der Strecke s vorhandenen Bügel angesetzt werden. Nach DIN 1045-1, 13.11 muss *im Kreuzungsbereich* eine Aufhängebewehrung vorgesehen werden. Diese Bewehrung soll vorzugsweise aus Bügeln bestehen, einige Bügel dürfen auch in dem in Abb. 7.28 gekennzeichneten, dem Kreuzungsbereich benachbarten Balkenteil eingebaut werden. Für die im Nebenträger angeordnete Aufhängebewehrung außerhalb des Kreuzungsbereiches ist aus Gleichgewichtsgründen eine entsprechende Horizontalbewehrung erforderlich (Last F_{sH} in Abb. 7.28). Gemäß DIN 1045.1, 13.11 ist eine Horizontalbewehrung auch im Hauptträger erforderlich, wenn Bügel außerhalb des Kreuzungsbereichs als Aufhängebewehrung angesetzt werden. Die Aufhängebewehrung im Hauptträger darf voll auf die erforderliche Querkraftbewehrung angerechnet werden.

Für eine Auflagerkraft des Nebenträgers C_{Ed} ergibt sich damit folgender Rechengang zur Bestimmung der Aufhängebewehrung A_{sA} bei Verwendung von Betonstahl BSt 500:

a) Aufhängebewehrung nur Bügel

$$A_{sA} = C_{Ed}/f_{yd} \qquad f_{yd} = f_{yk}/\gamma_s = 43{,}5\ \text{kN/cm}^2$$

$$A_{sA}\,[\text{cm}^2] = C_{Ed}\,[\text{kN}]/43{,}5 \tag{7.36}$$

b) Aufhängebewehrung Bügel + Schrägstäbe

Man wählt Bügel und bestimmt den Bügelquerschnitt $A_{s,bü}$ auf der Strecke s (Abb. 7.28). Tragfähigkeit dieser Bügel (BSt 500):

$$F_{sd,bü}\,[\text{kN}] = A_{s,bü}\,[\text{cm}^2] \cdot 43{,}5$$

Von den Schrägstäben aufzunehmen

$$\Delta F_{Ed} = C_{Ed} - F_{sd,bü}$$

Die Schrägstäbe werden nach Abb. 7.28 symmetrisch zur Wirkungslinie der Auflagerkaft angeordnet, für die in Richtung der Schrägstäbe wirkende Kraft $F_{Ed,S}$ erhält man dann mit dem Aufbiegewinkel α der Schrägstäbe

$$F_{Ed,S} = \frac{1}{2} \cdot \Delta F_{Ed}/\sin\alpha$$

und für den erforderlichen Querschnitt der Schrägbewehrung

$$A_{s,S} = \frac{1}{2} \cdot \Delta F_{Ed}/(\sin\alpha \cdot f_{yd}) \tag{7.37a}$$

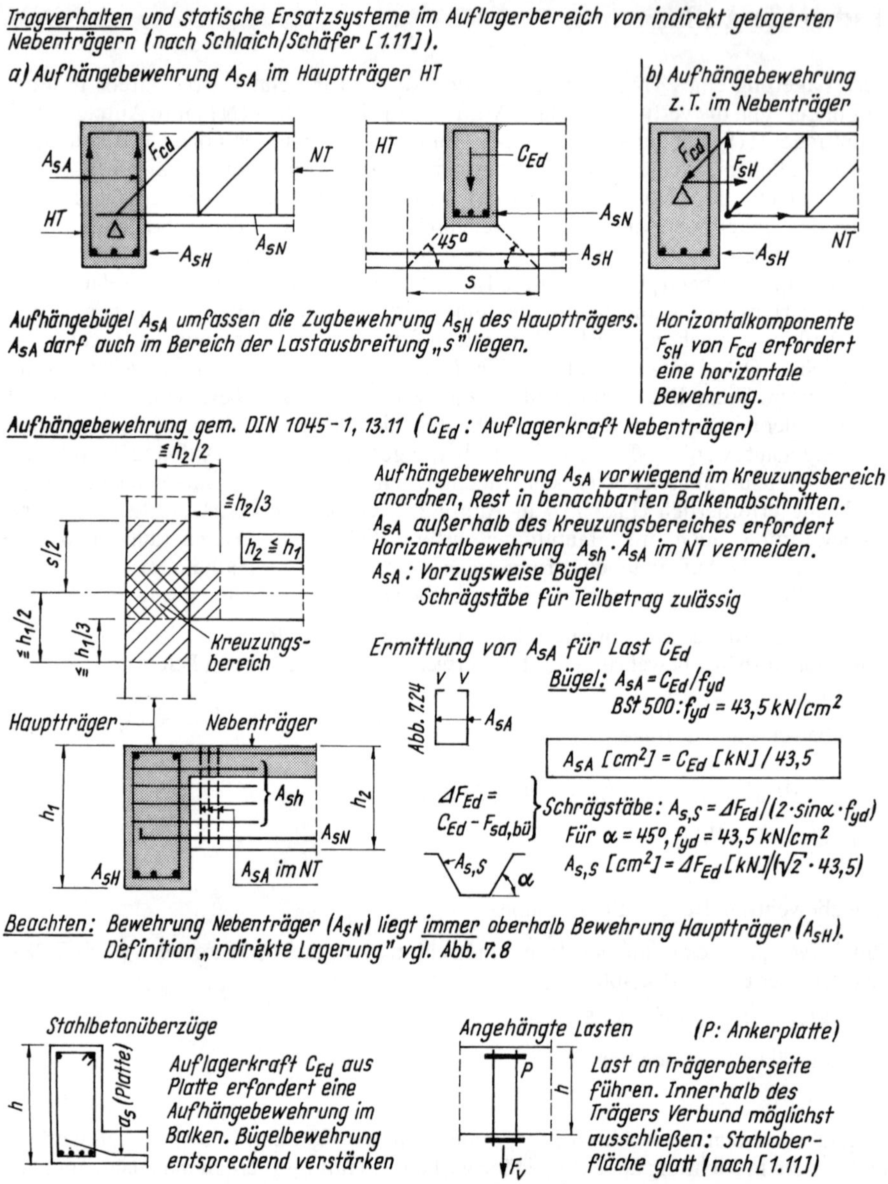

Abb. 7.28 Indirekte Lagerung: Tragverhalten und Aufhängebewehrung

Für BSt 500 mit $f_{yd} = 43{,}5\ \text{kN/cm}^2$ folgt

$$A_{s,S}\ [\text{cm}^2] = \Delta F_{Ed}\ [\text{kN}]/(2 \cdot \sin\alpha \cdot 43{,}5) \tag{7.37 b}$$

und für $\alpha = 45°$

$$A_{s,S}\ [\text{cm}^2] = \Delta F_{Ed}\ [\text{kN}]/(\sqrt{2} \cdot 43{,}5) \tag{7.37c}$$

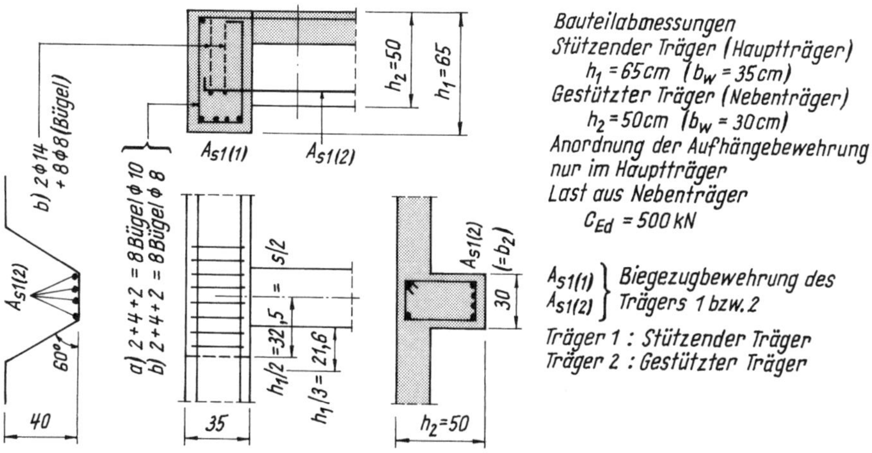

Abb. 7.29 Anwendungsbeispiel: Aufhängebewehrung

Die Regeln für die Aufhängebewehrung gelten sinngemäß auch, wenn die Last aus Platten in Balkenstege oberhalb der Platten (Überzüge) eingeleitet werden muss, und bei angehängten Lasten, vgl. hierzu Abb. 7.28.

Anwendungsbeispiel

Von dem in Abb. 7.29 dargestellten Nebenträger NT wird die Auflagerkaft C_{Ed} = 500 kN an den Hauptträger HT abgegeben. Die Aufhängebewehrung (BSt 500) ist zu bestimmen.

a) Aufhängebewehrung nur Bügel, vgl. (7.36)

$A_{s,A} = C_{Ed}/43{,}5 = 500/43{,}5 = 11{,}5\,\text{cm}^2$

gewählt: 8 Bügel Ø 10 $\quad A_s = 2 \cdot 8 \cdot 0{,}785 = 12{,}6\,\text{cm}^2$

4 Bügel im Kreuzungsbereich, je 2 Bügel beidseitig daneben im Bereich $s/2$

Nach Abb. 7.28:

$s/2 = h_1/2 = 65/2 = 32{,}5$ cm (maßgebend) bzw.

$s/2 = b_2/2 + h_1/3 = 30/2 + 65/3 = 36{,}6$ cm

b) Aufhängebewehrung Bügel + Schrägstäbe, vgl. (7.37)

$A_{s,A} = 11{,}5\,\text{cm}^2$ (unverändert)

gewählt: 8 Bügel Ø 8 $\quad A_s = 2 \cdot 8 \cdot 0{,}5 = 8{,}0\,\text{cm}^2$

Verteilung wie unter a): 2 + 4 + 2

Tragfähigkeit Bügel

$F_{sd,bü} = A_{s,bü} \cdot f_{yd} = 8{,}0 \cdot 43{,}5 = 348\,\text{kN}$

Von Schrägstäben aufzunehmen, mit (7.37 b):

$\alpha = 60°$, $\sin\alpha = 0{,}866$, $\Delta F_{Ed} = C_{Ed} - F_{sd,bü}$

$\Delta F_{Ed} = 500 - 348 = 152$ kN

$A_{s,S} = \Delta F_{Ed}/(2 \cdot \sin\alpha \cdot 43{,}5) = 152/(2 \cdot 0{,}866 \cdot 43{,}5)$

$A_{s,S} = 2{,}65\ \text{cm}^2$

gewählt: 2 Schrägstäbe Ø 14, $A_{s,S} = 2 \cdot 1{,}54 = 3{,}08\ \text{cm}^2$

7.6.4 Besonderheiten bei Platten

Bei Platten ist i. Allg. keine Mindestquerkraftbewehrung erforderlich, solange $V_{Ed} \leqq V_{Rd,ct}$ ist. In diesen Fällen erfolgt die Lastabtragung von Querkräften entsprechend den im Abschn. 7.4.1 gegebenen Erläuterungen über Rissreibung, Dübelwirkung der Bewehrung und Ansatz der Betonzugfestigkeit f_{ct}, vgl. Abb. 7.11. Für alle Beanspruchungsfälle $V_{Ed} > V_{Rd,ct}$ erfordert das der Ermittlung der Querkraftbewehrung zugrunde liegende Tragmodell (Fachwerk) jedoch auch zwingend eine Mindestquerkraftbewehrung. Im Einzelnen gilt gem. DIN 1045-1. 13.3.3:

1. Schmale Platten $b/h < 4{,}0$

Schmale Platten mit einem Verhältnis von Breite zu Höhe $b/h < 4$ sind bezüglich der Bemessung für Querkräfte wie Balken zu behandeln. In solchen Bauteilen ist die Mindestquerkraftbewehrung gem. (7.31) einzubauen; die in Abb. (7.25) angegebenen Abstände von Bügeln und Querkraftzulagen dürfen nicht überschritten werden. Diese Vorschriften sollten auch in schmalen Plattenteilen (z. B. in Stegen zwischen Plattenaussparungen) eingehalten werden.

2. Platten mit $b/h > 5$

In Platten mit $b/h > 5{,}0$, in denen *rechnerisch* keine Querkraftbewehrung erforderlich ist ($V_{Ed} \leqq V_{Rd,ct}$), ist keine Mindestquerkraftbewehrung erforderlich .

3. Platten mit $5 \geqq b/h \geqq 4{,}0$

Für Platten mit diesen Bauteilabmessungen gelten die folgenden Regeln:

3.1 Rechnerisch ist keine Querkraftbewehrung erforderlich: $V_{Ed} \leqq V_{Rd,ct}$

Die Mindestquerkraftbewehrung gem. (7.31) darf wie folgt reduziert werden:

$$\left.\begin{array}{ll} b/h \geqq 5{,}0 & \min \varrho_w = 0 \\ b/h = 4{,}0 & \varrho_w = 1{,}0 \cdot \min \varrho_w \end{array}\right\} \qquad (7.38\,a)$$

3.2 Rechnerisch ist Querkraftbewehrung erforderlich: $V_{Ed} > V_{Rd,ct}$

$$\left.\begin{array}{ll} b/h \geqq 5{,}0 & \varrho_w = 0{,}6 \cdot \min \varrho_w \\ b/h = 4{,}0 & \varrho_w = 1{,}0 \cdot \min \varrho_w \end{array}\right\} \qquad (7.38\,b)$$

In (7.38) ist ϱ_w der Bewehrungsgrad der Querkraftbewehrung, $\min \varrho_w$ ist der Mindestwert gem. (7.31). Zwischen den Grenzwerten soll linear in Abhängigkeit von b/h interpoliert werden.

4. Platten $b/h > 5{,}0$, $V_{Ed} \leqq 0{,}30\ V_{Rd,max}$

Die Querkraftbewehrung darf vollständig aus Schrägstäben und Querkraftzulagen bestehen. Es sind also keine die Zugbewehrung umfassenden Bügel erforderlich.

5. Platten $b/h > 5{,}0$ $V_{Ed} > 0{,}30\ V_{Rd,max}$

Es gelten bezüglich der Querkraftbewehrung die Regelungen für Balken.

6. Abstände der Querkraftbewehrung

Wie bei Balken sind die Abstände in Abhängigkeit von der Beanspruchung zu begrenzen. Für Bügel und Querkraftzulagen unter $\alpha = 90°$ gilt gem. DIN 1045-1, 13.3.3:

In Längsrichtung

$$V_{Ed} \leqq 0{,}30 \cdot V_{Rd,max} \qquad s_{max} = 0{,}7 \cdot h$$
$$0{,}30 \cdot V_{Rd,max} < V_{Ed} \leqq 0{,}6 \cdot V_{Rd,max} \qquad s_{max} = 0{,}5 \cdot h$$
$$V_{Ed} > 0{,}6 \cdot V_{Rd,max} \qquad s_{max} = 0{,}25 \cdot h$$

In Querrichtung: $s_{max} = h$

Für Schrägstäbe gilt in Längsrichtung: $s_{max} = h$

7.6.5 Anwendungsbeispiel: Platte mit erforderlicher Querkraftbewehrung

Aufgabe

Für die in Abb. 7.30 dargestellte Platte Pos. 2 sind die erforderlichen Nachweise im Grenzzustand der Tragfähigkeit (Biegung und Querkraft) zu führen. Die Konstruktion ist darzustellen. Abmessungen, Umgebungsbedingungen und Baustoffe vgl. Abb. 7.30.

Durchführung

Erforderliche Plattendicke h: mit (6.34) für $w \leqq l/500$:

$$l_i = l_{eff} = 6{,}00\,\text{m} \qquad \text{(vgl. Abb. 6.21)}$$

$$d \geqq l_i^2/150 = 0{,}24\,\text{m}$$

$$h = d + c_v + d_s/2 = 24 + 3{,}0 + 2{,}0/2 = 28\,\text{cm}$$

Gewählt wird $h = 30$ cm, da die Verformung der Platte nicht nur aus der Last im betrachteten Feld verursacht wird (DIN 1045-1, 11.3.2).

Bemessungslasten

Für die Grundkombination (2.3) ergeben sich mit den Teilsicherheitsbeiwerten $\gamma_G = 1{,}35$ und $\gamma_Q = 1{,}5$ (Abb. 2.6) die in Abb. 7.30 angegebenen einwirkenden Lasten:

$$g_d = 1{,}35 \cdot g_k, \quad G_d = 1{,}35 \cdot G_k, \quad q_d = 1{,}5 \cdot q_k$$

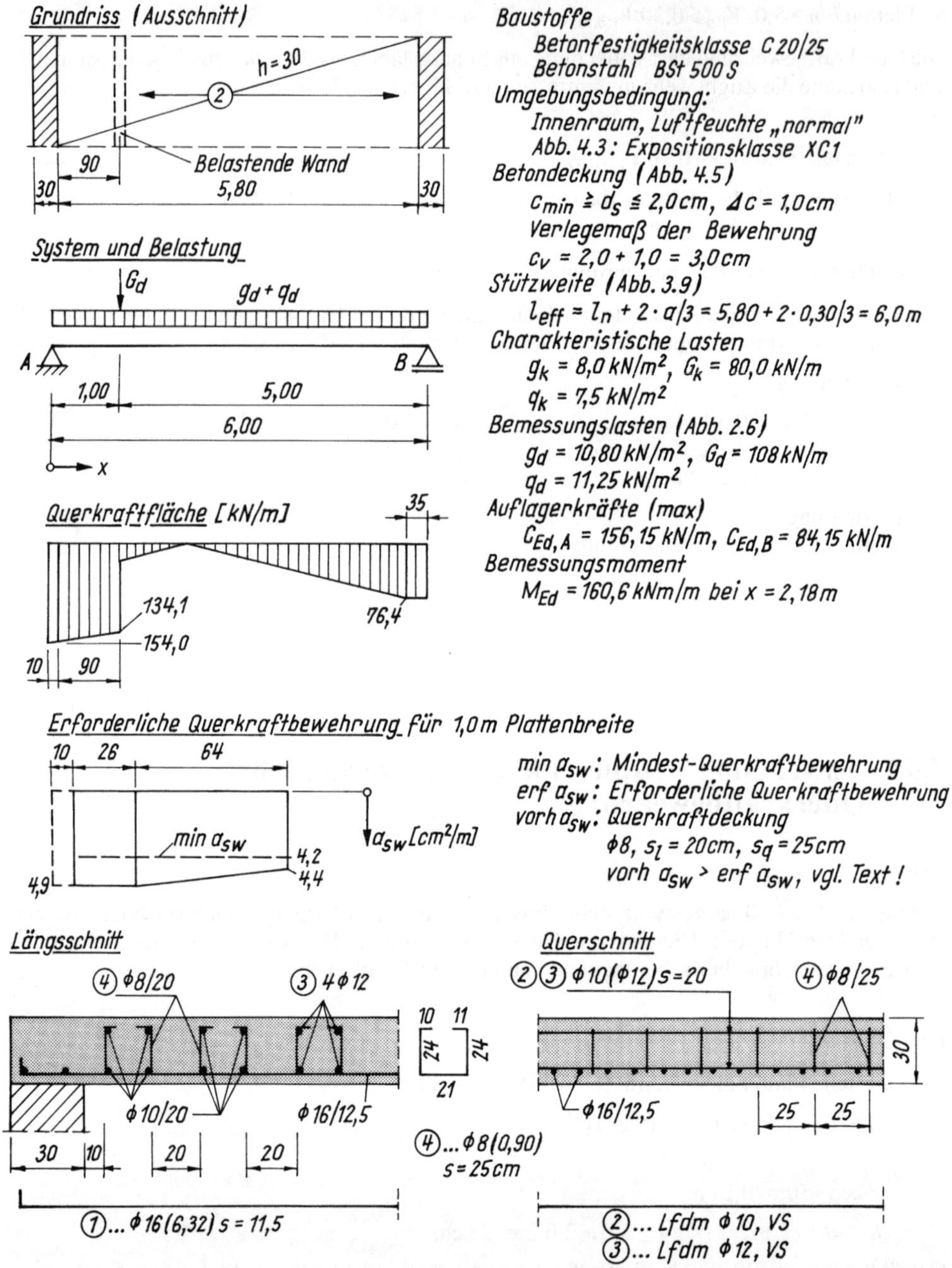

Abb. 7.30 Einfeldplatte mit erforderlicher Querkraftbewehrung

Schnittgrößen (Nebenrechnung)

$C_{\mathrm{Ed,A}} = 156{,}15\ \mathrm{kN/m},\ C_{\mathrm{Ed,B}} = 84{,}15\ \mathrm{kN/m}$

$M_{\mathrm{Ed}} = 160{,}6\ \mathrm{kNm/m}$

Biegemessung (Tafel 2, Anhang)

$d = h - c_{\mathrm{v}} - d_{\mathrm{s}}/2 = 30{,}0 - 3{,}0 - 2{,}0/2 = 26\ \mathrm{cm}$

Beton C 20/25: $f_{\mathrm{cd}} = 11{,}33\ \mathrm{N/mm^2}$

$$\mu_{\mathrm{Ed}} = \frac{0{,}1606}{1{,}0 \cdot 0{,}26^2 \cdot 11{,}33} = 0{,}21$$

$\xi = 0{,}296 \quad \omega_1 = 0{,}2395 \quad \sigma_{\mathrm{s1d}} = 441\ \mathrm{N/mm^2}$

$$a_{\mathrm{s1}} = \frac{1}{441} \cdot 0{,}2395 \cdot 1{,}0 \cdot 0{,}26 \cdot 11{,}33 \cdot 10^4 = 16{,}0\ \mathrm{cm^2}$$

$a_{\mathrm{st}} = a_{\mathrm{s}}/5 = 3{,}2\ \mathrm{cm^2/m}$ vgl. (4.6)

Gewählte Bewehrung

In Tragrichtung:	Ø 16, $s = 12{,}5$ cm	$a_{\mathrm{s}} = 16{,}09\ \mathrm{cm^2/m}$
In Querrichtung:	5 Ø 10/m	$a_{\mathrm{st}} = 3{,}9\ \mathrm{cm^2/m}$

unter der belastenden Wand 2 Ø 12 oben und unten

Nachweis Rotationsvermögen

Mit (5.23): $\xi_{\mathrm{lim}} = 0{,}45 > \xi_{\mathrm{vorh}} = 0{,}296$

Kein rechnerischer Nachweis erforderlich.

Querkrafttragfähigkeit

Einwirkende Querkräfte (Abb. 7.8 und Abb. 7.9)

Für G_{d}: $x = 1{,}0\ \mathrm{m} > 2{,}5 \cdot d + a_1 = 2{,}5 \cdot 0{,}26 + 0{,}10 = 0{,}75\ \mathrm{m}$

Keine Abminderung gem. (7.7) zulässig.

Querkräfte am Auflagerrand und im Abstand $d = 0{,}26$ m neben dem Auflagerrand:

Für Druckstrebentragfähigkeit ($x = 0{,}10$ m)

$V_{\mathrm{Ed,A}} - 156{,}15 - (10{,}80 + 11{,}25) \cdot 0{,}10 \approx 154{,}0\ \mathrm{kN/m}$

$V_{\mathrm{Ed,B}} = 84{,}15 - 2{,}20 \approx 82{,}0\ \mathrm{kN/m}$

Für Tragfähigkeit Querkraftbewehrung ($x = 0{,}36$ m)

$V_{\mathrm{Ed,A}} = 156{,}15 - (10{,}80 + 11{,}25) \cdot 0{,}36 \approx 148{,}0\ \mathrm{kN/m}$

$V_{\mathrm{Ed,B}} = 84{,}15 - 7{,}94 \approx 76{,}0\ \mathrm{kN/m}$

Bestimmung von $V_{\mathrm{Rd,ct}}$ mit Abb. 7.13

$$\varrho_1 = \frac{A_{\mathrm{sl}}}{b_{\mathrm{w}} \cdot d} = \frac{16{,}09}{100 \cdot 26} = 0{,}006$$

$h = 300\,\text{mm} \rightarrow k_{Rd,ct} = 0{,}15$

$V_{Rd,ct} = f_{ck}^{1/3} \cdot b_w \cdot d \cdot k_{Rd,ct}$

$= 2{,}71 \cdot 1{,}0 \cdot 0{,}26 \cdot 0{,}15 = 0{,}106\,\text{MN/m}$

Vergleich mit einwirkenden Querkräften

bei A: $V_{Ed,A} = 154\,\text{kN/m} > V_{Rd,ct} = 106\,\text{kN/m}$

bei B: $V_{Ed,B} = 82\,\text{kN/m} < V_{Rd,ct}$

Bei B ist keine Querkraftbewehrung erforderlich, vgl. Abschn. 7.6.4, Abs. 2.

Nachweis für Querkraft bei A

Grenzwert der Druckstrebenneigung mit (7.17)

$$\cot\Theta = \frac{1{,}2}{1 - V_{Rd,c}/V_{Ed}} \quad \begin{matrix} \geqq 0{,}58 \\ \leqq 3{,}0 \end{matrix}$$

$V_{Rd,c} = 0{,}24 \cdot f_{ck}^{1/3} \cdot b_w \cdot 0{,}9 \cdot d$ vgl. (7.18)

$V_{Rd,c} = 0{,}24 \cdot 20^{1/3} \cdot 1{,}0 \cdot 0{,}9 \cdot 0{,}26 = 0{,}152\,\text{MN/m}$

$V_{Ed} = 154\,\text{kN/m}$

$$\cot\Theta = \frac{1{,}2}{1 - 0{,}152/0{,}154} \gg 3{,}0$$

Bemerkung

Für kleine einwirkende Querkräfte V_{Ed} kann der Rissreibungsanteil $V_{Rd,ct}$ in der gleichen Größenordnung wie V_{Ed} oder auch größer als V_{Ed} sein. Mit (7.16) oder (7.17) erhält man dann unsinnige Ergebnisse. In diesen Fällen ist für die Druckstrebenneigung der Grenzwert $\cot\Theta = 3{,}0$ maßgebend [1.5].

Tragfähigkeit Druckstreben

Mit Abb. 7.17: Winkel $\alpha = 90°$

$$\left.\begin{matrix} \cot\Theta = 3{,}0 \\ \alpha = 90° \end{matrix}\right\} \quad k_{Rd,max} = 0{,}202$$

$V_{Rd,max} = b_w \cdot d \cdot f_{cd} \cdot k_{Rd,max} = 1{,}0 \cdot 0{,}26 \cdot 11{,}33 \cdot 0{,}202 = 0{,}595\,\text{MN/m}$

$= 595\,\text{kN/m} > V_{Ed} = 154\,\text{kN/m}$

Druckstrebentragfähigkeit ausreichend.

Erforderliche Querkraftbewehrung

Mit Abb. 7.18 und $V_{Ed} = 148\,\text{kN/m}$

$$\left.\begin{matrix} \cot\Theta = 3{,}0 \\ \alpha = 90° \end{matrix}\right\} \quad k_{sw} = 0{,}334$$

$$a_{sw} = \frac{V_{Ed}}{d} \cdot \frac{1}{391{,}3} \cdot k_{sw} = \frac{0{,}148 \cdot 10^4}{0{,}26 \cdot 391{,}3} \cdot 0{,}334$$

$a_{sw} = 4{,}9\,\text{cm}^2/\text{m}$

Unter der Einzellast ($x = 1{,}0$ m) ist nach Abb. 7.30 $V_{Ed} = 134{,}0$ kN/m, hierfür ergibt sich in gleicher Weise $a_{sw} = 4{,}4 \text{ cm}^2/\text{m}$.

Mindestquerkraftbewehrung

$$\max V_{Ed} = 154 \text{ kN/m bei } x = 0{,}10 \text{ m}$$

$$V_{Rd,max} = 595 \text{ kN/m}$$

$$\max V_{Ed} = 0{,}26 \cdot V_{Rd,max} < 0{,}30 \cdot V_{Rd,max}$$

Mit (7.38b) und Abb. 7.22

Grundwert $\varrho = 0{,}7$ ‰ für C 20/25

$$a_{sw} = 0{,}6 \cdot \varrho \cdot b_w \cdot 100$$

$$\min a_{sw} = 0{,}6 \cdot 0{,}7 \cdot 10^{-3} \cdot 100 \cdot 100 = 4{,}2 \text{ cm}^2/\text{m}$$

Als Querkraftbewehrung werden Querkraftzulagen ($\alpha = 90°$) gewählt.

Erforderliche Gesamtquerkraftbewehrung

$$A_{sw} = 4{,}9 \cdot 0{,}26 + (4{,}9 + 4{,}4) \cdot 0{,}5 \cdot 0{,}64 = 4{,}25 \text{ cm}^2$$

Gewählte Querkraftbewehrung

Bügel Ø 8 als Querkraftzulagen
Abstand in Längsrichtung $s = 20$ cm
Abstand in Querrichtung $s = 25$ cm

Zulässige Abstände (Abschn. 7.6.4, Abs. 6)

in Längsrichtung: $s_{max} = 0{,}7 \cdot h = 21$ cm
in Querrichtung: $s_{max} = h = 30$ cm

Vorhandene Querkraftbewehrung auf der Strecke $x = 0{,}10$ m bis $x = 0{,}90$ m:

in Längsrichtung: 0,90/0,20 = 4,5 Stäbe

in Querrichtung: 1,00/0,25 = 4 Reihen

Insgesamt vorhanden mit $A_s = 0{,}5 \text{ cm}^2$ (1 Ø 8):

$$A_{sw} = 4{,}5 \cdot 4 \cdot 0{,}5 = 9{,}0 \text{ cm}^2 > 4{,}25 \text{ cm}^2$$

In Abb. 7.30 ist die Konstruktion angedeutet. Der waagerechte, untere Schenkel der Querkraftzulagen wurde parallel zu der Ebene der Zugbewehrung (Ø 16/12,5 cm) und parallel zu diesen Stäben verlegt. Die bei der Biegebemessung angesetzte Nutzhöhe d bleibt somit unverändert.

7.7 Zugkraft und Zugkraftdeckung

7.7.1 Die Zugkraftlinie

Im Abschn. 7.5.1 wurde die Größe der Stegdruckkräfte F_{cdw} und die Größe der Stegzugkräfte F_{sdw} in Abhängigkeit von der Neigung der Druckstreben Θ und von der Zugstrebenneigung α ermittelt. Aus Abb. 7.15 war bereits ersichtlich, dass infolge des angesetzten Fachwerksystems auch Gurtkräfte hervorgerufen werden, die bei einer Berechnung nach der Balkentheorie nicht auftreten. In Abb. 7.31 ist ein parallelgurtiger *Fachwerkträger* dargestellt, die Zugkräfte F_{sd}^{F} im Untergurt dieses Fachwerksystems betragen für die angegebene Belastung

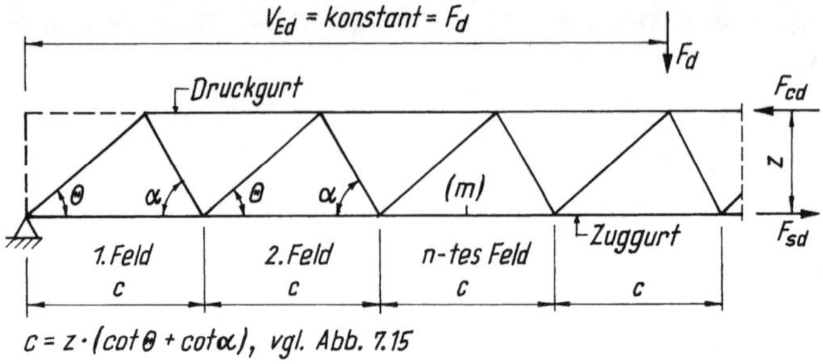

Abb. 7.31 Fachwerksystem zur Bestimmung des Versatzmaßes

im 1. Feld: $F^{F}_{sd,1} = V_{Ed} \cdot \cot \Theta$

im 2. Feld: $F^{F}_{sd,2} = 2 \cdot V_{Ed} \cdot \cot \Theta + V_{Ed} \cdot \cot \alpha$

im n-ten Feld: $F^{F}_{sd,n} = V_{Ed} \cdot [n \cdot \cot \Theta + (n-1) \cdot \cot \alpha]$

Wie bei der Biegebemessung (Abschn. 5.2) bestimmen wir im Vergleich hierzu die Größe der Zuggurtkraft in der Mitte des n-ten Feldes aus der Gleichgewichtsbedingung $\Sigma = 0$ in Bezug auf den Druckgurt (Index B: Biegetheorie) :

$$M^{B}_{md} = (n-1) \cdot V_{Ed} \cdot c$$

$$F^{B}_{sd,n} = \frac{M^{B}_{md}}{z} = \left(n - \frac{1}{2}\right) \cdot V_{Ed} \cdot (\cot \Theta + \cot \alpha)$$

Die Differenz $\Delta F_{sd} = F^{F}_{sd} - F^{B}_{sd}$ ist die von der Querkraft V_{Ed} bei dem der Querkraftbemessung zugrunde liegenden Tragmodell *zusätzlich* bewirkte Zugkraft in der Biegezugbewehrung.

$$\Delta F_{sd,n} = F^{F}_{sd,n} - F^{B}_{sd,n} = V_{Ed} \cdot [n \cdot \cot \Theta + (n-1) \cdot \cot \alpha] - (n - 1/2) \cdot V_{Ed} \cdot (\cot \Theta + \cot \alpha)$$

$$\Delta F_{sd} = \frac{1}{2} \cdot V_{Ed} \cdot (\cot \Theta - \cot \alpha) \qquad (7.39)$$

Die im Abschn. 5 besprochene Biegebemessung erfolgt i. Allg. an den Orten der Extremwerte der Momente. An diesen Stellen ist jedoch die Querkraft $V_{Ed} = 0$, infolge des bei der Querkraftbemessung angesetzten Tragsystems erfolgt *hier* keine Vergrößerung der Gurtzugkräfte. An allen Orten zwischen den Extremwerten der Momente muss jedoch die nach der Biegetheorie ermittelte Zugkraft F_{sd} um den Betrag ΔF_{sd} gem. (7.39) vergrößert werden, vgl. hierzu DIN 1045-1, 10.3.4, Bild 33. Wenn dies rechnerisch im Zuge der Schnittgrößenermittlung erfolgen soll, müssen jedoch die bei der Querkraftbemessung angesetzte Druckstrebenneigung Θ und die Neigung der Querkraftbewehrung α bekannt sein, vgl. (7.39) .

Alternativ zu DIN 1045-1, 10.3.4 darf der Einfluss von ΔF_{sd} in der Zugbewehrung infolge Querkraft durch eine Verschiebung der für Biegung oder für Biegung mit Normalkraft ermittelten F_{sd}-Linie um das Versatzmaß a_l bestimmt werden. Die so bestimmte *Zugkraftlinie* ist gem. DIN 1045-1, 13.2.2 mit Bewehrung abzudecken. Diese *Zugkraftdeckung* ist i. Allg. in den Grenzzuständen der Gebrauchstauglichkeit und der Tragfähigkeit nachzuweisen. Bei linear-elastischer Schnittgrößenermittlung *ohne* sowie *mit* Umlagerung sind unter Gebrauchslast keine wesentlichen Abweichungen des Zugkraftverlaufs gegenüber dem im Grenzzustand der Tragfähigkeit zu erwarten. Gemäß DIN 1045-1, 13.2.2 ist dann ein Nachweis der Zugkraftdeckung unter Gebrauchslast entbehrlich.

Die F_{sd}-Linie ist nach Abb. 7.32 die Umhüllende der Stahlzugkraft infolge der einwirkenden Biegemomente M_{Ed} und gegebenenfalls einer Längskraft N_{Ed}:

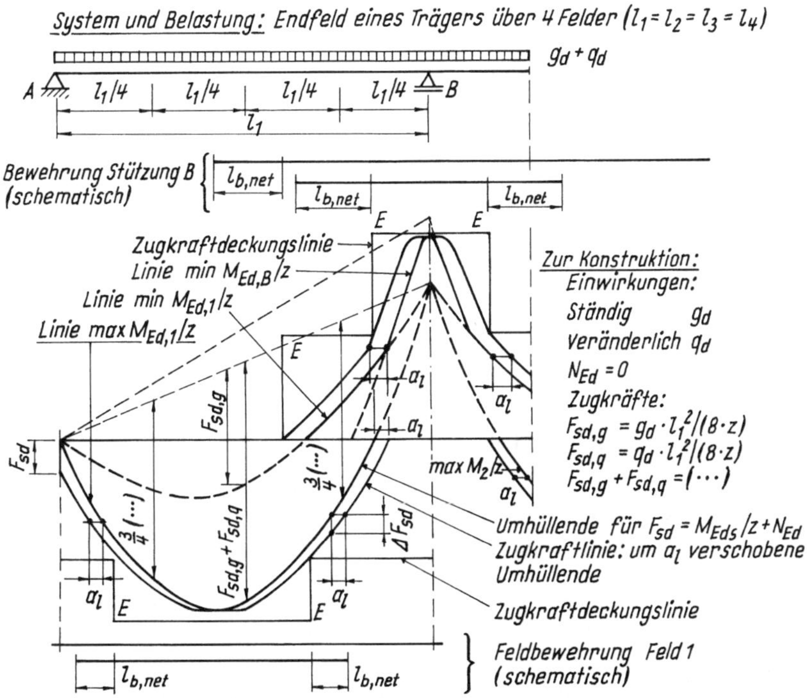

Abb. 7.32 Zugkraftlinie, Zugkraftdeckungslinie und Verankerungslängen bei biegebeanspruchten Bauteilen

Neigung Θ	Bügel: $\alpha = 90°$		Schrägstäbe: $\alpha = 45°$	
	ΔF_{sd}	a_l	ΔF_{sd}	a_l
18,5°	$1{,}50 \cdot V_{Ed}$	$1{,}50 \cdot z$	$1{,}0\ V_{Ed}$	$1{,}0 \cdot z$
30°	$0{,}866 \cdot V_{Ed}$	$0{,}866 \cdot z$	$0{,}366 \cdot V_{Ed}$	$0{,}366 \cdot z$
39,8°	$0{,}60 \cdot V_{Ed}$	$0{,}60 \cdot z$	$0{,}10 \cdot V_{Ed}$	$0{,}10 \cdot z$
45°	$0{,}50 \cdot V_{Ed}$	$0{,}50 \cdot z$	–	–

Erläuterungen

Θ Winkel zwischen Betondruckstreben und Bauteilachse

α Winkel zwischen Querkraftbewehrung und Bauteilachse

ΔF_{sd}, a_l Gurtkraftänderung bzw. Versatzmaß, vgl. (7.39) bzw. (7.40)

$z \approx 0{,}9 \cdot d$ nach DIN 1045-1, 13.2.2

Abb. 7.33 Zugkraftanteil ΔF_{sd} und Versatzmaße a_l für ausgewählte Druckstrebenneigungen und Neigungen der Querkraftbewehrung

$$F_{sd} = \frac{M_{Eds}}{z} + N_{Ed} \qquad \text{vg. (5.13)} \tag{7.40}$$

Die Größe des Versatzmaßes a_l folgt aus Abb. 7.32 und (7.39)

$$a_l = \Delta M_{Ed}/V_{Ed} \qquad \Delta M_{Ed} = \Delta F_{sd} \cdot z$$

$$a_l = \frac{\Delta F_{sd} \cdot z}{V_{Ed}} = \frac{1}{V_{Ed}} \cdot z \cdot \frac{1}{2} \cdot V_{Ed} \cdot (\cot \Theta - \cot \alpha)$$

$$a_l = \frac{z}{2} \cdot (\cot \Theta - \cot \alpha) \geqq 0 \tag{7.41}$$

Hierin ist (vgl. DIN 1045-1, 13.2.2):

Θ	Neigung der Druckstreben
α	Neigung der Querkraftbewehrung
$z \approx 0{,}9 \cdot d$	Hebelarm der inneren Kräfte

Mit den Versatzmaßen a_l wird die Vergrößerung der Zuggurtkräfte um den Betrag ΔF_{sd} infolge des bei der Querkraftermittlung angesetzten Fachwerkmodells erfasst. Es ist erkennbar, dass dieser Vergrößerung der Zuggurtkräfte eine entsprechende Verringerung der Druckgurtkräfte entsprechen muss, vgl. z. B. in Abb. 7.31 die Druckgurtkraft F_{cd} im 1. Feld. Rechnerisch wird diese Änderung der Druckkräfte nicht berücksichtigt. Die starke Abhängigkeit der Versatzmaße und der Zusatzkräfte in den Gurten von der Druckstrebenneigung wird aus Abb. 7.33 ersichtlich.

Bei Trägern mit unterschiedlicher Nutzhöhe d sind die Versatzmaße mit den an den *betrachteten Stellen* vorhandenen Nutzhöhen d zu bestimmen. Für Platten ohne Querkraftbewehrung ist mit $a_l = 1{,}0 \cdot d$ zu rechnen (DIN 1045-1, 13.3.2).

Wenn die Querkraftbewehrung aus Bügeln und Schrägstäben besteht, dürfen die Versatzmaße entsprechend dem jeweiligen Bewehrungsanteil mit $\cot \alpha = \cot 90° = 0$ für Bügel und $\cot \Theta$ für Schrägstäbe bestimmt werden. Da Bügel stets mit einem Anteil von mindestens 50 % vorhanden sind, wird empfohlen, in (7.41) den Einfluss der Schrägbewehrung zu vernachlässigen. Man bestimmt a_l damit etwas zu groß, liegt also auf der „sicheren" Seite, vgl. Abb. 7.33.

7.7.2 Die Zugkraftdeckungslinie

Die von der örtlich vorhandenen Bewehrung aufnehmbare Zugkraft muss stets mindestens so groß sein wie die an dieser Stelle vorhandene Zugkraft. Dieser Nachweis wird bei *wichtigen* Bauteilen durch die Konstruktion der Zugkraftdeckungslinie geführt. Für die von der Bewehrung aufnehmbare Zugkraft gilt

$$F_{sd} = A_s \cdot \sigma_{sd} \tag{7.42}$$

Hierin ist:

F_{sd}	von der Bewehrung an der betrachteten Stelle aufnehmbare Zugkraft
A_s	Zugbewehrung an der betrachteten Stelle
σ_{sd}	bei der Biegebemessung angesetzte Stahlspannung

Wenn bei der Biegebemessung mit der „vereinfachten Annahme" gem. Abb. 5.3 gearbeitet wurde, ist für alle Stahldehnungen $\varepsilon_s \geqq \varepsilon_{sy} = 2{,}17$ ‰ die Stahlspannung konstant, für Betonstahl BSt 500 gilt mit $\gamma_s = 1{,}15$ dann $\sigma_{sd} = 434{,}8\ \text{MN/m}^2$. Wenn bei der Biegebemessung der

Verfestigungsbereich des Betonstahls oberhalb der Streckgrenze ausgenutzt wird, ist die Stahlspannung σ_{sd} in Abhängigkeit von ε_{s1} von der Biegebemessung her bekannt, vgl. z. B. die Beispielrechnungen im Abschn. 5.5.1.

Die „rechnerischen Endpunkte E" in Abb. 7.32 sind diejenigen Punkte, an denen der betreffende Stab nicht mehr benötigt wird. An diesen Stellen reicht somit die nicht endende Bewehrung allein zur Abdeckung der Zugkraft aus. Die endenden Stäbe müssen mit der Verankerungslänge $l_{b,net}$ über die rechnerischen Endpunkte E hinausgeführt werden, vgl. hierzu Abschn. 7.8. Für diese Stäbe wird dann in DIN 1045-1, Bild 66 an den Stellen E eine *volle* Tragfähigkeit angesetzt. Dies führt zu dem angegebenen treppenförmigen Verlauf der Zugkraftdeckungslinie. Wenn Stäbe aus der unteren Zugbewehrung als Teil der Querkraftbewehrung oder zur Abdeckung von Stützmomenten aufgebogen werden, stehen diese Stäbe an den Abbiegestellen unter der rechnerischen Stahlspannung σ_{sd}. Die Punkte E liegen dann lotrecht über bzw. unter der Abbiegestelle.

7.8 Verankerung und Stoßausbildung der Bewehrung

7.8.1 Verbundspannung, Verbundbedingung

Nach Abb. 7.34 müssen bei jeder Kraftänderung im Bewehrungsstab am Umfang der Stahleinlagen Verbundspannungen f_{bd} wirksam sein, deren Summe der Größe der Kraftänderung auf der betrachteten Strecke entspricht. Für eine Änderung ΔF_{sd} im Bewehrungsstab erhält man nach Abb. 7.34 aus der Gleichgewichtsbedingung $\Sigma H = 0$ am Stahlumfang u:

$$f_{bd} \cdot u \cdot \Delta x = \Delta F_{sd}$$

$$f_{bd} = \frac{\Delta F_{sd}}{\Delta x} \cdot \frac{1}{u} = \frac{\Delta M_{Ed}}{\Delta x} \cdot \frac{1}{z} \cdot \frac{1}{u}$$

Mit $\Delta x \rightarrow 0$ erhalten wir $\mathrm{d}M/\mathrm{d}x = V$ und damit

$$f_{bd} = \frac{V_{Ed}}{z \cdot u}$$

Die Verbundspannungen f_{bd} erreichen ihren Größtwert im Bereich maximaler Querkräfte V_{Ed}, weil hier auf kurzen Stablängen Δx große Kräfte ΔF_{sd} vom Beton in den Stahl eingeleitet werden. Die Kraftübertragung vom Beton in den Stahl ist in Abb. 4.4 dargestellt und im Abschn. 4.2.2 erläutert: Die Betonstähle sind gerippt, die schrägen Betondruckstreben stützen sich auf diese Rippen. Die Streben verlaufen räumlich um den Bewehrungsstab, hierdurch entstehen bei jeder Kraftänderung eines Bewehrungstabes Ringzugspannngen im Krafteinleitungsbereich .

Die *Verbundfestigkeit* f_{bd} ist neben der Oberflächenbeschaffenheit des Stahls vor allem abhängig von der Betonzugfestigkeit f_{ct} und von der Lage des Stahls beim Betonieren. Die Verbundfestigkeit wird günstig beeinflusst durch allseitigen Querdruck (Aufnahme der Ringzugspannungen) , sie wird ungünstig beeinflusst durch Querzug. Ein direkter Nachweis der auftretenden Verbundspannungen wird nicht geführt. Der Nachweis erfolgt indirekt über den Nachweis der Verankerung der Bewehrungsstäbe. Hierzu sind in DIN 1045-1, Tabelle 25 Bemessungswerte der Verbundspannungen f_{bd} angegeben. Diese Werte sind so festgelegt, dass im Grenzzustand der Tragfähigkeit ausreichende Sicherheit gegen Versagen des Verbundes und im Grenzzustand der Gebrauchstauglichkeit ausreichende Sicherheit gegen wesentliche Verschiebungen zwischen Beton und Betonstahl (Gleiten) besteht. Die Bemessungswerte f_{bd} in DIN 1045-1, Tab. 25 wurden bestimmt über den Ansatz

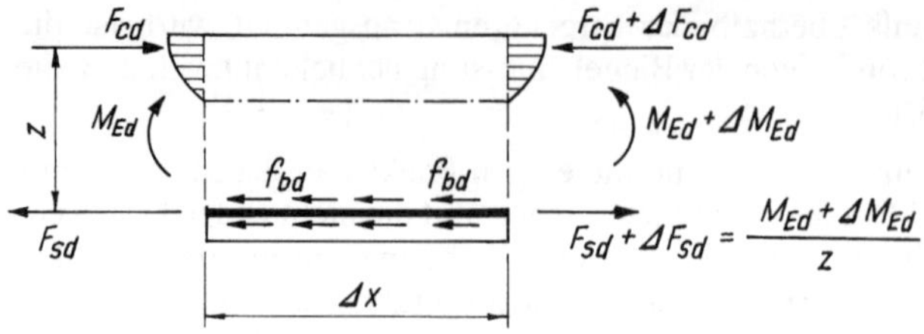

Abb. 7.34 Verbundspannungen am Balkenelement

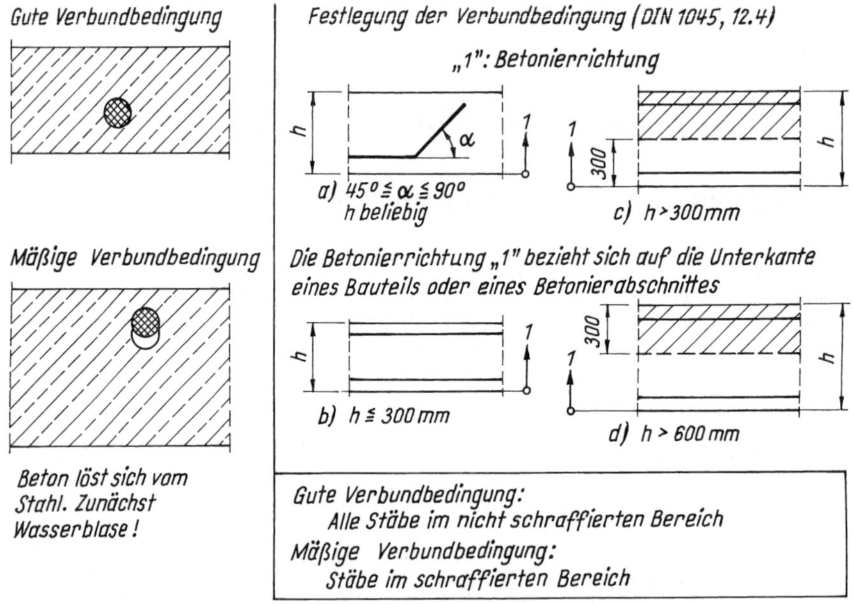

Bemessungswerte der Verbundspannungen f_{bd} [N/mm²] gem. DIN 1045-1, Tabelle 25

Druckfestigkeit f_{ck} [N/mm²]	12	16	20	25	30	35	40	45	50
Gute Verbundbedingung f_{bd}	1,8	2,0	2,3	2,7	3,0	3,4	3,7	4,0	4,3
Mäßige Verbundbedingung	70 % der Werte f_{bd} für gute Verbundbedingung								

Abb. 7.35 Verbundbedingungen und Bemessungswerte der Verbundspannungen f_{bd}

$$f_{bd} = 2{,}25 \cdot f_{ctk;0,05} / \gamma_c \qquad \text{mit } \gamma_c = 1{,}5$$

Man erkennt die Abhängigkeit des Bemessungswertes der Verbundfestigkeit von der Betonzugfestigkeit. Bezüglich der Lage des Bewehrungsstabes im Querschnitt wird unterschieden zwischen *guten* und *mäßigen* Verbundbedingungen. Mäßige Verbundbedingungen liegen vor, wenn das unvermeidliche Sacken des Betons nach dem Verdichten zu einer teilweisen Ablösung des Betons vom Stahl führt, vgl. Abb. 7.35. Auch bei mäßigen Verbundbedingungen wird mit der vollen Stahloberfläche gerechnet, die Verbundspannungen sind jedoch mit $0{,}7 \cdot f_{bd}$ anzusetzen. In Abb. 7.35 werden die Verbundbedingungen erläutert, die Bemessungswerte f_{bd} sind angegeben.

Für Stahldurchmesser $d_s > 32$ mm sind die Bemessungswerte f_{bd} gem. DIN 1045-1 abzumindern. Bei Querdruck ist eine Erhöhung der Bemessungswerte zulässig. Hierfür sind in DIN 1045-1, 12.5 zwei Möglichkeiten angegeben, die *alternativ* angesetzt werden dürfen:

1. Querdruck p rechtwinklig zur Bewehrungsebene

$$\text{Erhöhungsfaktor} \quad k = \frac{1}{1 - 0{,}04 \cdot p} \leqq 1{,}5$$

p mittlerer Querdruck im Verankerungs- oder Übergreifungsbereich in N/mm²

oder

2. Allseitig durch Bewehrung gesicherte Betondeckung $\geqq 10\, d_s$:

Erhöhungsfaktor $k = 1{,}5$.

Eine allseitige Betondeckung $\geqq 10\, d_s$ wird nur in seltenen Ausnahmefällen anzutreffen sein. Wegen weiterer Einzelheiten wird daher hier auf DIN 1045-1, 12.5 verwiesen.

7.8.2 Verankerungslängen von Einzelstäben

In Abb. 7.36 ist der Verlauf der Zugkraft F_{sd} im Verankerungsbereich eines einbetonierten Stabes skizziert. Die Verbundspannungen erreichen kurz hinter der Einspannstelle ihren Größtwert, die Zugkraft F_{sd} wird hier am stärksten abgebaut. Infolge der Verteilung der Stahlzugkraft auf die Querschnittsbreite b' müssen im Beton Querzugspannungen vorhanden sein.

Die wirkliche Verteilung der Verbundspannungen f_{bd} im Verankerungsbereich ist kaum zu erfassen. Man rechnet gem. DIN 1045-1, 12.6.2 mit einer über die Verankerungslänge und über

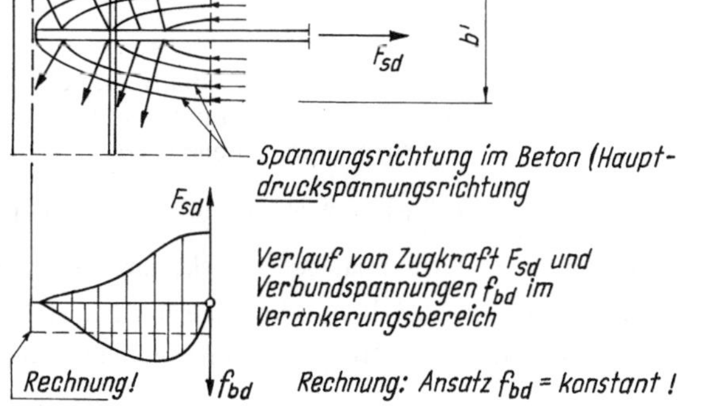

Abb. 7.36 Verlauf von Verbundspannungen und Zugkraft im Verankerungsbereich

den Stahlumfang konstanten Verbundspannung. Als Grundmaß der Verankerungslänge l_b wird die gerade Verankerungslänge bezeichnet, mit der über Verbundspannungen f_{bd} in den Stab eine Kraft $F_{sd} = A_s \cdot f_{yd}$ eingeleitet .werden kann:

$$F_{sd} = A_s \cdot f_{yd} = (d_s^2 \cdot \pi/4) \cdot f_{yd}$$

$$F_{sd} = l_b \cdot u \cdot f_{bd} = l_b \cdot d_s \cdot \pi \cdot f_{bd}$$

Aus der Gleichsetzung beider Ausdrücke folgt

$$l_b = (d_s/4) \cdot (f_{yd}/f_{bd}) \tag{7.43}$$

Hierin ist l_b das Grundmaß der Verankerungslänge eines Einzelstabes. Hierfür könnnen wir schreiben

$$l_b = \frac{f_{yd}}{f_{bd}} \cdot \frac{1}{4} \cdot d_s = k_{\varnothing} \cdot d_s \tag{7.43a}$$

Für Betonstahl BSt 500 mit $f_{yd} = f_{yk}/\gamma_s = 500/1{,}15 = 434{,}8$ N/mm² und für den Bemessungswert der Verbundspannungen f_{bd} gem. (7.41) erhält man die in Abb. 7.37 eingetretenen Faktoren $k_{\varnothing}$. Für $f_{ctk;0,05}$ wurde dabei mit dem Ansatz (1.4) gearbeitet:

$$f_{ctk;0,05} = 0{,}7 \cdot f_{ctm} = 0{,}7 \cdot 0{,}3 \cdot f_{ck}^{2/3}$$

Die Wirksamkeit einer Verankerung ist von der Art und der Ausbildung der Verankerung abhängig. In Abb. 7.37 sind die gebräuchlichsten Verankerungsarten angegeben, ausführlichere Hinweise findet man in DIN 1045-1, Tab. 26. Rechnerisch erfolgt die Berücksichtigung der Wirksamkeit einer Verankerung durch Beiwerte α_a, vgl. Abb. 7.37. An Krümmungsstellen treten nach Abb. 4.8 auch nach außen gerichtete Umlenkkräfte auf. Die Beiwerte α_a dürfen daher nur mit dem angegebenen Kleinstwert angesetzt werden, wenn rechtwinklig zur Krümmungsebene eine Betondeckung von mindestens $3 \cdot d_s$, eine enge Verbügelung oder Querdruck vorhanden ist. Bei Schlaufenverankerung und vergrößertem Biegerollendurchmesser darf der Wirksamkeitsbeiwert α_a wegen geringerer Querzugspannungen vermindert werden.

Bei Überschuss an Bewehrung wird die Stahlspannung $f_{yd} = f_{yk}/\gamma_s$ im Bewehrungsstab nicht erreicht. Bei Ansatz unveränderter Verbundspannungen f_{bd} ergeben sich dann kürzere Verankerungslängen, dies wird berücksichtigt durch das Verhältnis der erforderlichen zur vorhandenen Bewehrung. Ein bestimmter Mindestwert der Verankerungslänge darf nicht unterschritten werden, um Verlegeungenauigkeiten abzudecken. Damit erhalten wir für die erforderliche Verankerungslänge $l_{b,net}$ von Betonstählen, vgl. DIN 1045-1. 12.6.2:

$$l_{b,net} = \alpha_a \cdot l_b \cdot \frac{A_{s,erf}}{A_{s,vorh}} \geqq l_{b,min} \tag{7.44}$$

Hierin ist:

α_a	Beiwert zur Berücksichtigung der Wirksamkeit einer Verankerung gem. Abb. 7.37. Die Klammerwerte gelten für Betondeckungen rechtwinklig zur Krümmungsebene < 3 d_s
$A_{s,erf}$, $A_{s,vorh}$	erforderliche bzw. vorhandene Querschnittsfläche der Bewehrung
l_b	Grundmaß der Verankerungslänge gem. (7.43)

$l_{b,min} = 0{,}3 \cdot \alpha_a \cdot l_b \geqq 10\, d_s$ Verankerung Zugstäbe

$l_{b,min} = 0{,}6 \cdot \alpha_a \cdot l_a \geqq 10\, d_s$ Verankerung Druckstäbe

Bei der Verankerung von Druckstäben wirken Haken, Winkelhaken und Schlaufen ungünstig, diese Verankerungselemente sind daher für Druckverankerungen unzulässig. Im Verankerungsbereich von Stäben sind nach Abb. 7.36 stets Querzugspannungen vorhanden, die zu

Grundmaß der Verankerungslänge $l_b = (d_s/4) \cdot (f_{yd}/f_{bd})$, d_s: Stabdurchmesser $l_b = k_\phi \cdot d_s$ Stabbündel + Doppelstabmatten $d_{sV} = d_s \cdot \sqrt{n}$ statt d_s, vgl. (4.10)									
Betonfestigkeitsklasse C	12/15	16/20	20/25	25/30	30/37	35/45	40/50	45/55	50/60
Gute Verbundbedingung k_ϕ =	66	54	47	40	36	32	30	27	25
Mäßige Verbundbedingung k_ϕ =	94	78	67	58	51	46	42	39	36

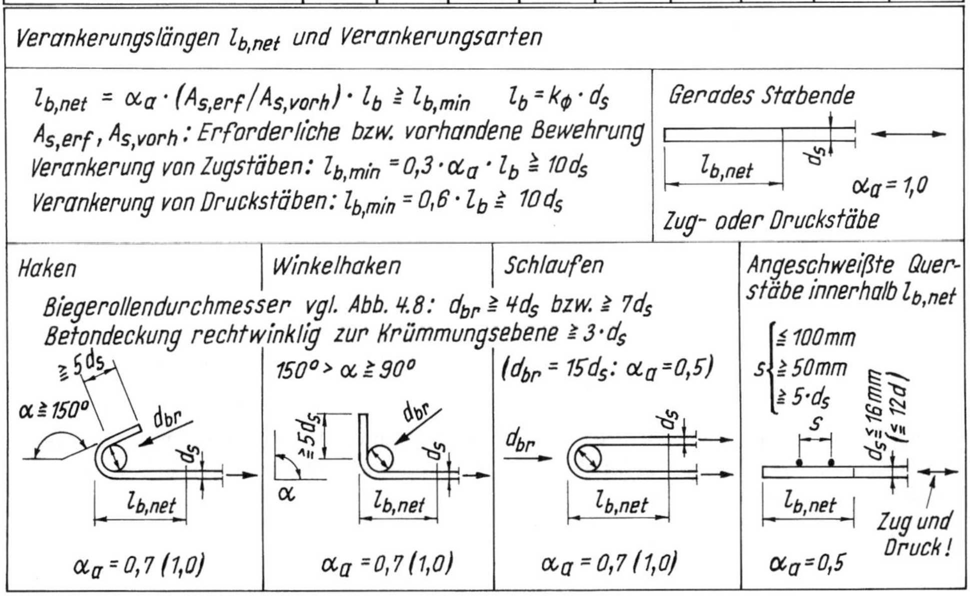

Abb. 7.37 Verankerungslängen und Verankerungsarten

Absprengungen von Betonteilen führen können. Gemäß DIN 1045-1 muss zur Aufnahme dieser Querzugspannungen im Verankerungsbereich eine entsprechende Querbewehrung vorhanden sein. Diese Forderung gilt als erfüllt, wenn bei Platten die Mindestquerbewehrung gem. (4.6) und bei Balken die Mindestbügelbewehrung gem. (7.31) *auch im Verankerungsbereich* angeordnet wird. Für sehr große Stahldurchmesser (d_s > 32 mm) sind zusätzliche Bewehrungen im Verankerungsbereich erforderlich, vgl. DIN 1045-1, 12.6.3.

7.8.3 Verankerung von Stabbündeln

Bei der Verankerung von Stabbündeln sind die Enden der Einzelstäbe des Stabbündels i. Allg. gegeneinander zu versetzen. Bei Stabbündeln wächst die Gefahr von Rissbildungen im Verankerungsbereich, wenn alle Stäbe eines Bündels an einer Stelle enden und hierdurch große Querzugspannungen und eine große Längskraftdifferenz in der nicht endenden Bewehrung eintritt. Zugbeanspruchte Stabbündel dürfen daher gem. DIN 1045-1, 12.9 bei beliebigem Vergleichsdurchmesser d_{sV} nur über *direkten* Auflagern ohne Längsversatz enden. Außerhalb der Auflager (und auch bei indirekten Auflagern) ist eine Verankerung nach einer der in Abb. 7.38 dargestellten Verankerungsarten vorzunehmen. Abweichend hiervon dürfen zugbeanspruchte Stabbündel mit $d_{sV} \leqq 28$ mm ohne Längsversatz der Einzelstäbe enden. Dies gilt

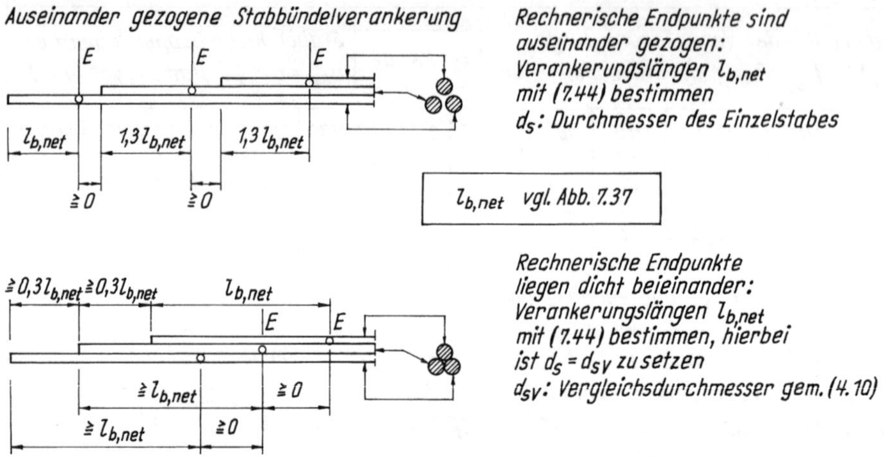

Abb. 7.38 Verankerung von Stabbündeln außerhalb von Auflagern (DIN 1045-1, 12.9)

somit für Stabbündel aus zwei Stäben mit $d_s \leqq 20$ mm ($d_{sV} \leqq 28{,}3$ mm) oder Stabbündel aus drei Stäben mit $d_s \leqq 16$ mm.

In Abb. 7.38 sind die gem. DIN 1045-1, 12.9 einzuhaltenden Verankerungslängen von Stabbündeln zusammengestellt. Bei Stabbündeln wird man nur eine Verankerung mit geradem Stabende ($\alpha_a = 1{,}0$) vornehmen.

7.8.4 Verankerung an Endauflagern

Die Verankerung der Bewehrung an Endauflagern ohne wesentliche Einspannung muss nach DIN 1045-1, 13.2.2 eine Zugkraft

$$F_{sd} = V_{Ed} \cdot a_l / z + N_{Ed} \geqq V_{Ed}/2 \qquad (7.45)$$

aufnehmen können. Hierin ist F_{sd} die Zugkraft an der theoretischen Auflagerlinie, vgl. Abb. 7.32, Auflager A. Bei den erforderlichen Verankerungslängen wird unterschieden zwischen direkter und indirekter Auflagerung. Bei direkter Lagerung darf wegen der günstigen Wirkung der Querpressungen die Verankerungslänge auf (2/3) · $l_{b,net}$ verringert werden. Die Verankerungslänge beginnt an der Auflagervorderkante, die Bewehrung ist jedoch in jedem Fall über die rechnerische Auflagerlinie hinauszuführen. Damit erhält man für die erforderlichen Verankerungslängen an Endauflagern mit $l_{b,net}$ gem. (7.44):

direkte Auflagerung:

$$\left.\begin{aligned} l_{b,dir} &= \frac{2}{3} \cdot l_{b,net} \geqq 6 \cdot d_s \quad \text{bzw.} \\ l_{b,dir} &= \frac{2}{3} \cdot \alpha_a \cdot l_b \cdot \frac{A_{s,erf}}{A_{s,vorh}} \geqq \frac{2}{3} \cdot l_{b,min} \geqq 6 \cdot d_s \end{aligned}\right\} \qquad (7.46)$$

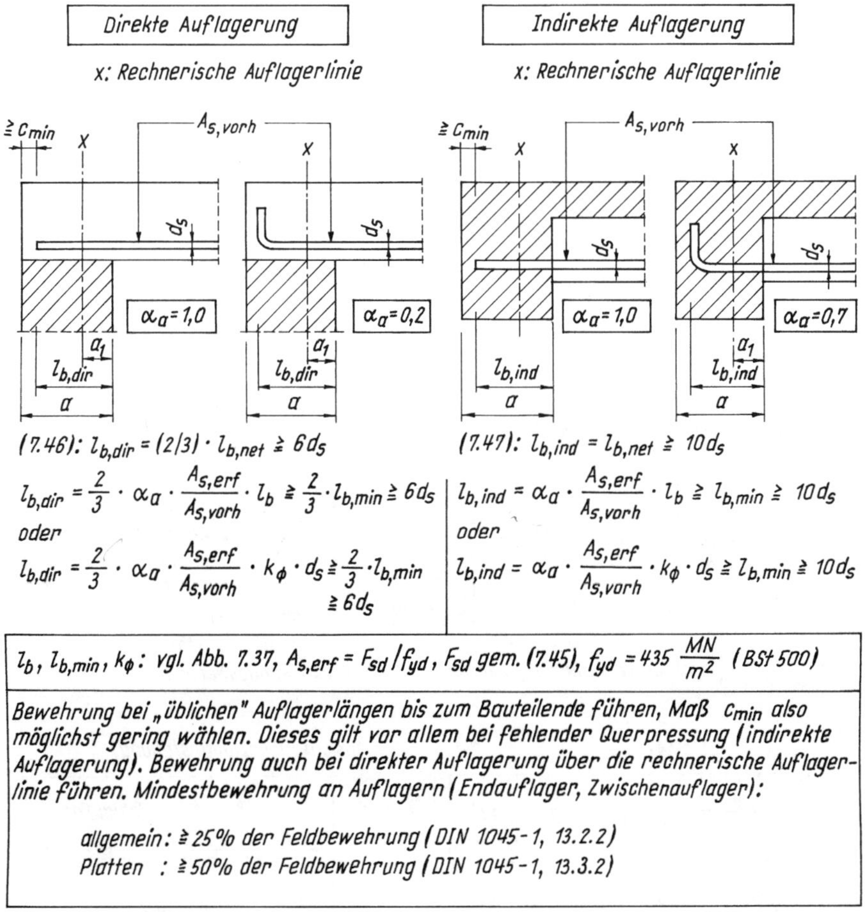

Abb. 7.39 Verankerung an Endauflagern

indirekte Auflagerung:

$$\left.\begin{aligned} l_{\mathrm{b,ind}} &= l_{\mathrm{b,net}} \geqq 10\, d_{\mathrm{s}} \qquad \text{bzw.} \\ l_{\mathrm{b,ind}} &= \alpha_{\mathrm{a}} \cdot l_{\mathrm{b}} \cdot \frac{A_{\mathrm{s,erf}}}{A_{\mathrm{s,vorh}}} \geqq l_{\mathrm{b,min}} \geqq 10\, d_{\mathrm{s}} \end{aligned}\right\} \qquad (7.47)$$

Eine Erhöhung der Verbundspannung f_{bd} und damit eine Verkürzung der Verankerungslängen wegen Querdruck entsprechend den Hinweisen im Abschn. 7.8.1 ist nicht zulässig. Bei direkter Auflagerung ist dieser Einfluss bereits durch den Faktor 2/3 erfasst. In Abb. 7.39 sind die Vorschriften zur Verankerung an Endauflagern zusammengestellt.

Bei Balken und Plattenbalken muss mindestens ein Viertel der (erforderlichen) Feldbewehrung zum Auflager geführt und dort verankert werden, bei Platten muss nach DIN 1045-1, 13.3.2 mindestens die Hälfte der Feldbewehrung zum Auflager geführt und verankert werden. Der jeweils übrige Bewehrungsanteil darf vor den Auflagern im Bereich der Zugzone mit $l_{\mathrm{b,net}}$ verankert werden, vgl. Abb. 7.32.

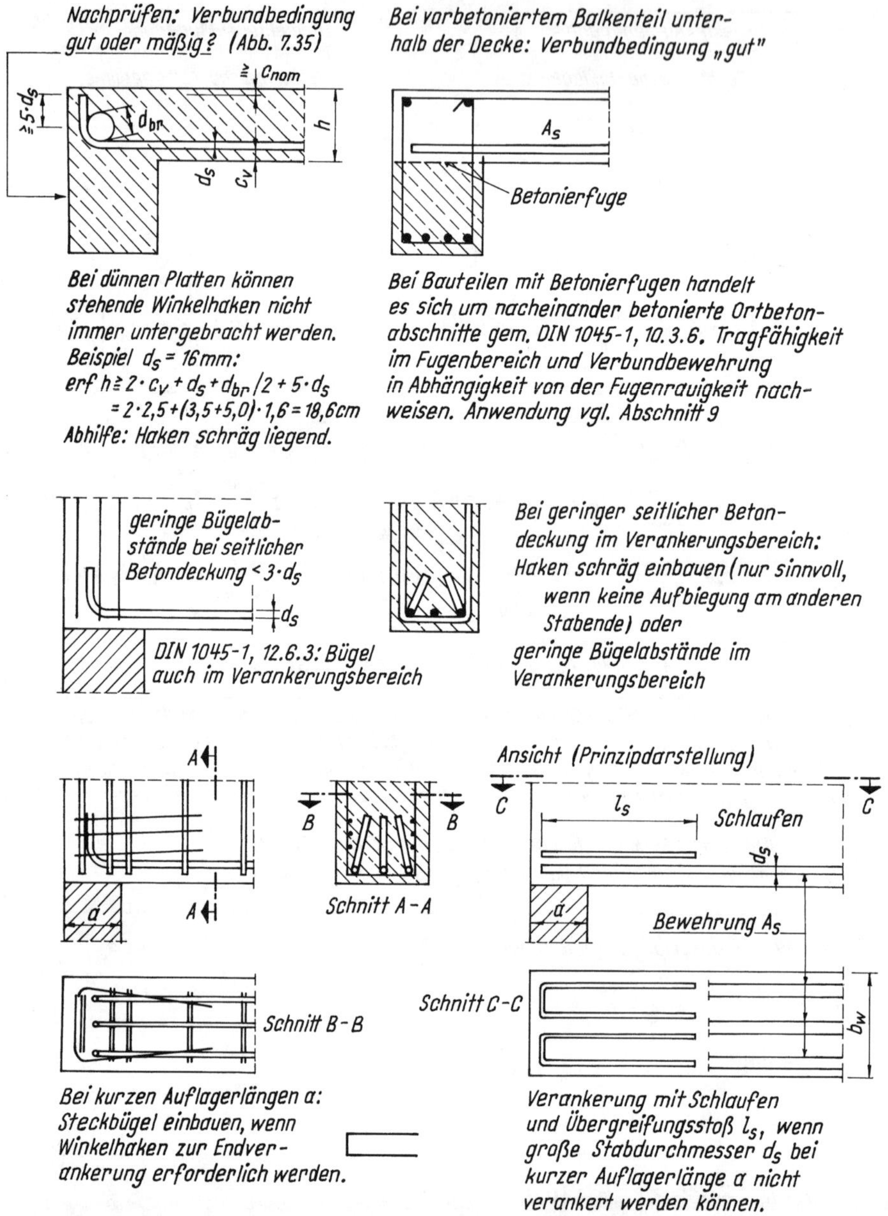

Abb. 7.40 Verankerung an Endauflagern: Konstruktive Einzelheiten

Anzustreben ist eine Verankerung mit geradem Stabende ($\alpha_a = 1{,}0$). Wenn auch bei Anordnung von Winkelhaken ($\alpha_a = 0{,}7$) die errechneten Verankerungslängen innerhalb der vorhandenen Auflagerlängen nicht untergebracht werden können, kann eine Verringerung der erforderlichen Verankerungslänge erreicht werden durch

- Vergrößerung von $A_{s,vorh}$ (z. B. dadurch, dass ein größeren Bewehrungsanteil bis zum Auflager durchgeführt wird), *oder*
- Konstruktion mit geringerem Stahldurchmesser d_s im Feld *oder*
- Wahl eines kleineren Wertes cot Θ der Druckstrebenneigung. Hierdurch verringert sich die zu verankernde Zugkraft F_{sd} gem. (7.45), die Querkraftbewehrung ist entsprechend zu verstärken.

In Abb. 7.40 findet man ergänzende konstruktive Hinweise zur Verankerung der Zugbewehrung an Endauflagern. Anwendungsbeispiele folgen im Abschnitt 7.9 und im Kapitel 11.

7.8.5 Verankerung an Zwischenauflagern, Verankerung im Feld

An Zwischenauflagern von durchlaufenden Bauteilen ist die erforderliche Bewehrung gem. DIN 1045-1, 13.2.2 mindestens um das Maß $6 \cdot d_s$ bis hinter die Auflagervorderkante zu führen. Zusätzlich *sollte* die untere Bewehrung so ausgeführt werden, dass sie positive Momente infolge außergewöhnlicher Beanspruchung aufnehmen kann, vgl. hierzu die Hinweise im Abschn. 4.5.2. Bei Auflagerung von Platten auf Mauerwerk kann dieser Anwendungsregel durch Weiterführen der Bewehrung bis zur gegenüber liegenden Auflagerseite entsprochen werden. Bei Auflagerung von Platten auf Stahlbetonunterzügen ist dies nur möglich, wenn die Querstäbe der Lagermatten aufgeschnitten werden (Kosten). Bei Stahlbetonbalken auf Stahlbetonstützen ist diese Lösung wegen des erforderlichen Platzbedarfs kaum ausführbar. Man arbeitet dann besser mit einer Zulagebewehrung ΔA_s. Die Verbindung mit dem zum Auflager geführten Teil der Feldbewehrung erfolgt durch einen Übergreifungsstoß von der Länge l_s. Für ΔA_s wird in [6] mit $A_{s,Feld}/4$ gerechnet, $A_{s,Feld}$ ist dabei die erforderliche Feldbewehrung. In Abb. 7.41 sind die Regeln zur Verankerung an Zwischenauflagern zusammengestellt.

Im Feld endende Bewehrungsstäbe sind nach Abb. 7.32 von den Stellen E aus mit $l_{b,net}$ zu verankern. An den Stellen E wird der betreffende Stab rechnerisch nicht mehr benötigt, mit $A_{s,erf} = 0$ erhält man aus (7.44)

$$l_{b,net} \geqq 0,3 \cdot \alpha_a \cdot l_b \geqq 10 \cdot d_s$$

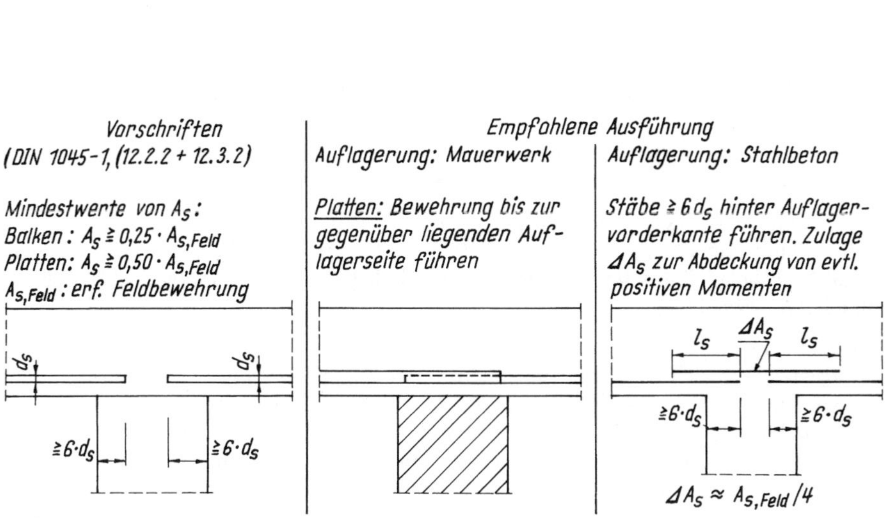

Abb. 7.41 Verankerung von Bewehrungsstäben an Zwischenauflagern

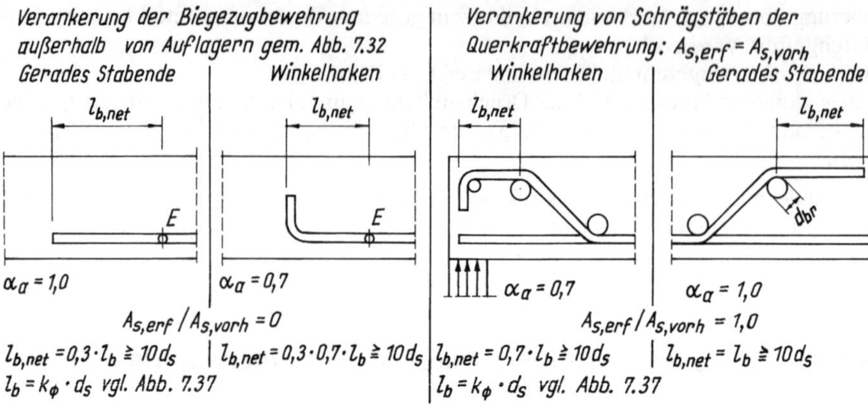

Abb. 7.42 *Verankerung von im Feld endenden Bewehrungsstäben, Verankerung von Schrägstäben der Querkraftbewehrung*

Im Regelfall erfolgt die Verankerung mit geraden Stabenden, vgl. Abb. 7.42. Dann ist

$A_{s,erf}/A_{s,vorh} = 0$, $\alpha_a = 1{,}0$ und

$l_{b,net} \geqq 0{,}3 \cdot l_b \geqq 10 \cdot d_s$

$$\alpha_a = 1{,}0$$

Wenn als Querkraftbewehrung auch Schrägstäbe eingesetzt werden, sind diese gem. DIN 1045-1, 12.7 über die *volle* Querschnittshöhe zu führen. Man geht von einer konstanten Stahlspannung $\sigma_{sd} = f_{yd}$ im Schrägstab aus. Für die Ermittlung der Verankerungslängen parallel zu den Bauteilrändern ist dann $A_{s,erf} = A_{s,vorh}$, mit (7.44) erhält man die in Abb. 7.42 angegebenen Verankerungslängen von Schrägstäben.

7.8.6 Übergreifungsstöße von zugbeanspruchten Stabstählen

Stöße von Zugstäben sind möglichst zu vermeiden; da die Regellänge von Stabstählen 12 bis 14 m beträgt, sind Zugstöße nur selten erforderlich.

Stöße ohne Mitwirkung des Betons an der Kraftübertragung (*direkte* Stöße) sind durch Schweißung gem. den Angaben in DIN 1045-3 oder durch mechanische Verbindungsmittel mit bauaufsichtlicher Zulassung möglich. Eine ausführliche Beschreibung dieser Stoßarten findet man bei *Bertram* [1.4].

Im Hochbau wird vorwiegend ein Stoß durch Übergreifen der Bewehrungsstäbe ausgeführt (*indirekter* Stoß). Hierbei wird die Zugkraft des einen Stabes *über den Beton* in den anderen Stab geleitet, bei dieser Kraftüberleitung sind nach Abb. 7.43 hohe Querzugkräfte zu erwarten. Die Überleitung der Stahlzugkräfte erfolgt zum größeren Teil an der Stabseite mit Lastangriff durch die Betondruckstreben. Die Übergreifungslängen l_s müssen daher häufig größer sein als die Verankerungslängen $l_{b,net}$. Übergreifungsstöße sind immer Schwachstellen einer Konstruktion, sie sollten daher nicht in hochbeanspruchten Bereichen liegen; im Bereich von plastischen Zonen (Abb. 3.3) sind Übergreifungsstöße nicht zulässig, vgl. DIN 1045-1, 12.8.1.

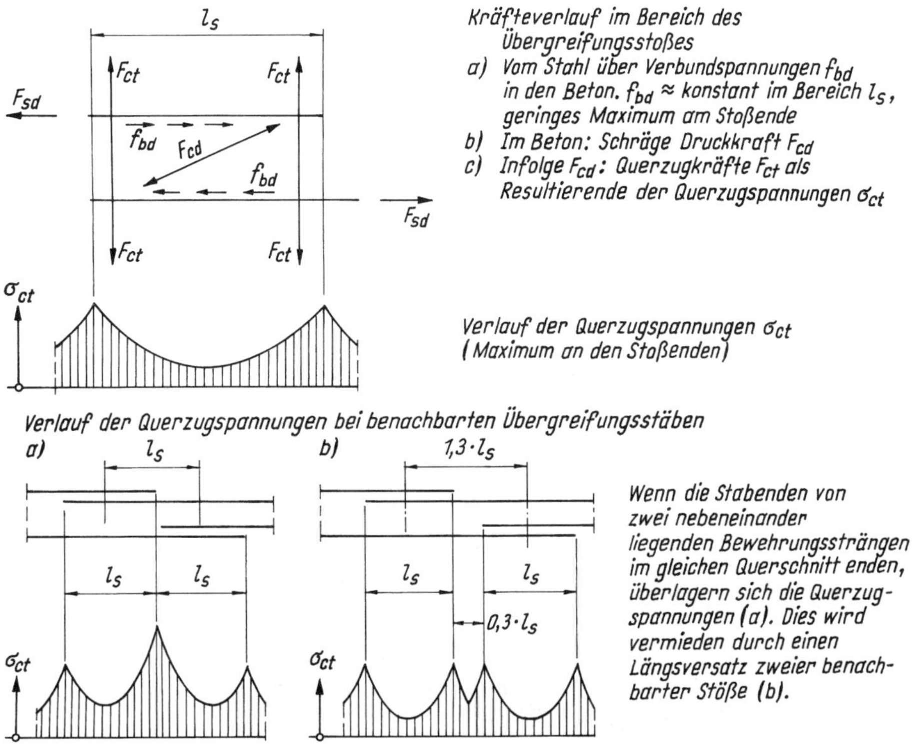

Abb. 7.43 Querzugspannungen bei Übergreifungsstößen (nach [60.14])

Die zu stoßenden Stäbe sollen möglichst nahe nebeneinander liegen, um den Überleitungsbereich im Beton gering zu halten: die Querzugkräfte wachsen mit zunehmendem Abstand, vgl. die Neigung der schrägen Druckkraft in Abb. 7.43. Der lichte Abstand der zu stoßenden Stäbe ist daher auf 4 d_s zu beschränken. Wenn diese Bedingung nicht eingehalten ist, muss die Übergreifungslänge l_s entsprechend vergrößert werden, vgl. DIN 1045-1, 12.8.2 und Abb. 7.44.

Je größer der Anteil der in *einem* Querschnitt gestoßenen Stäbe ist, umso größer sind auch die Querzugspannungen und umso größer müssen daher die erforderlichen Übergreifungslängen sein. Aus Abb. 7.44 ist abzulesen, dass eine wesentliche Beeinflussung der Querzugkräfte nicht mehr zu erwarten ist, wenn die Stoßenden voneinander einen ausreichenden Abstand haben. Gemäß DIN 1045-1, Bild 57 gelten Stöße als *längsversetzt*, wenn der Abstand der Stoßmitten $\geqq 1{,}3 \cdot l_s$ ist. Bei nicht längsversetzten Stößen ist die Größe der resultierenden Querzugspannungen auch vom Abstand s der Stoßachsen voneinander abhängig. Die Gefahr des Abplatzens von Betonteilen an den Außenkanten des Querschnitts infolge der Querzugkräfte im Übergreifungsbereich wächst mit abnehmenden Randabständen s_0. Die Größe der Übergreifungslängen l_s muss daher auch von den in Abb. 7.44 mit angegebenen Abständen s und s_0 abhängig sein. Gemäß DIN 1045-1, 12.8.2 gilt für die Übergreifungslängen l_s und für Mindestwerte $l_{s,min}$ die aus konstruktiven Gründen nicht unterschritten werden dürfen:

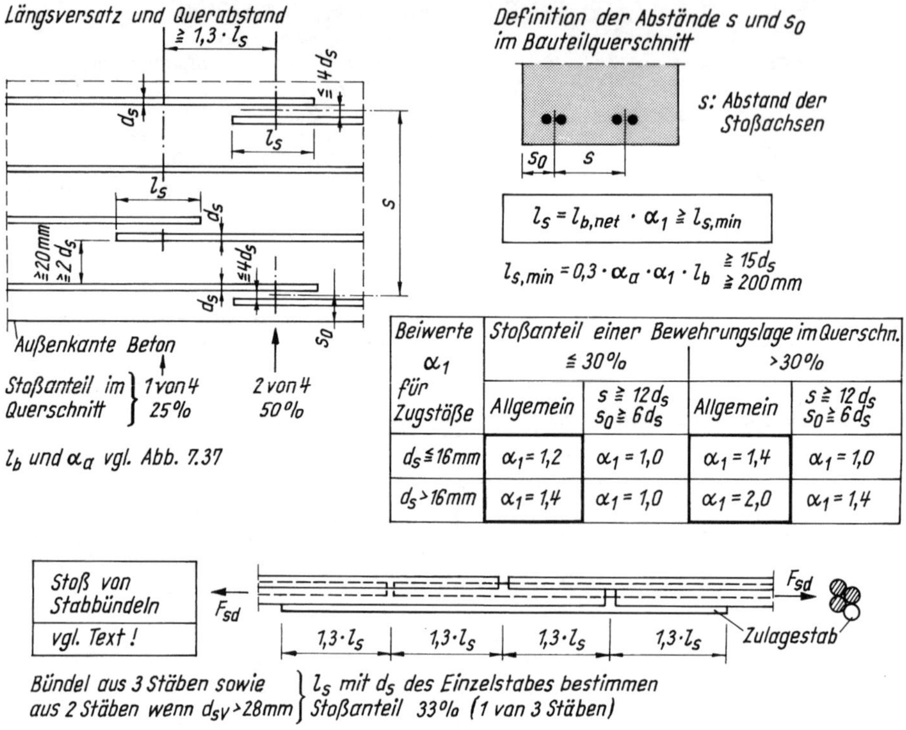

Abb. 7.44 Übergreifungsstöße von Stabstahl

$$l_s = l_{b,net} \cdot \alpha_1 \geqq l_{s,min} \tag{7.48}$$

Hierin ist

$l_{b,net}$	=	$\alpha_a \cdot (A_{s,erf}/A_{s,vorh}) \cdot l_b$	vgl. (7.44)
l_b	=	$(d_s/4) \cdot (f_{yd}/f_{bd})$	vgl. (7.43)
oder			
l_b	=	$k_{\varnothing} \cdot d_s$	vgl. Abb. 7.37
α_1		Beiwert für die Übergreifungslänge	vgl. Abb. 7.44

$$l_{s,min} = 0{,}3 \cdot \alpha_a \cdot \alpha_1 \cdot l_b \begin{cases} \geqq 15\, d_s \\ \geqq 200 \text{ mm} \end{cases}$$

In Abb. 7.44 sind die besprochenen Regeln zur Ermittlung der Übergreifungslänge l_s für Stöße von Zugstäben zusammengestellt. Übergreifungsstöße von druckbeanspruchten Stabstählen vgl. Abschn. 12.

Beim Stoß von Stabbündeln aus zwei Stäben und $d_{sV} \leqq 28$ mm (2 Stäbe, $d_s \leqq 20$ mm) gelten gem. DIN 1045-1, 12.9 die vorstehenden Regeln unverändert. Bei der Berechnung von l_s sowie der Abstände s und s_0 ist jedoch mit d_{sV} statt d_s zu arbeiten. Für Stabbündel aus drei Stäben sowie aus zwei Stäben mit $d_{sV} > 28$ mm sind die in DIN 1045-1, 12.9 angegebenen Regeln in Abb. 7.44 mit enthalten.

7.8.7 Querbewehrung im Bereich von Übergreifungsstößen

Im Bereich von Übergreifungsstößen ist stets eine Querbewehrung A_{st} zur Aufnahme der Querzugkräfte F_{ct} anzuordnen. Die Querbewehrung muss gem. DIN 1045-1, 12.8.3 zwischen der Längsbewehrung und der Betonoberfläche angeordnet werden. Eine Querbewehrung an den Innenseiten der Längsbewehrung ist nach Abb. 7.45 fast wirkungslos. Im Regelfall werden die zu stoßenden Stäbe im Querschnitt nebeneinander angeordnet, nach Abb. 7.45 wirkt dann der untere waagerechte Bügelschenkel bei Balken als Querbewehrung. Infolge der räumlich wirkenden Verbundspannungen im Verankerungsbereich entstehen auch bei dieser Stoßanordnung Querzugkräfte normal zur Stoßebene. Zur Aufnahme dieser Kräfte reicht i. Allg. die Betonzugfestigkeit und die stets vorhandene sonstige Bewehrung (lotrechte Bügelschenkel) aus. Wenn in *einem* Querschnitt nebeneinander liegende Stäbe bei Abständen der Stoßachsen $s \leqq 12\ d_s$ vorhanden sind, muss die Querbewehrung jedoch im Regelfall bügelartig ausgebildet werden nur bei geringer Querzugbeanspruchung im Stoßbereich darf die nach DIN 1045-1, 13 erforderliche Querbewehrung als ausreichend angesehen werden.

Im Einzelnen gilt damit bezüglich der Querbewehrung im Bereich von Übergreifungsstößen gem. DIN 1045-1, 12.8.3:

a) Stabdurchmesser $d_S < 16$ mm, Betonfestigkeitsklasse ≦ C 55/67
oder
Stoßanteil in einem Querschnitt ≦ 20 %.

Die vorhandene Querbewehrung (Bügel in Balken, Querbewehrung in Platten) reicht zur Aufnahme der Querzugspannungen aus. Zusatzmaßnahmen sind nicht erforderlich.

b) Stabdurchmesser $d_S \geqq 16$ mm (Betonfestigkeitsklasse ≦ C 55/67)
oder
Stoßanteil in einem Querschnitt > 20 %:

Es ist eine Querbewehrung ΣA_{st} anzuordnen. Hierfür gilt, wenn der Abstand der Stoßachsen $s > 12\ d_s$:

$$\Sigma A_{st} = 1{,}0 \cdot A_s$$

A_s Querschnitt *eines* gestoßenen Stabes, Querbewehrung „gerade“

Abstand der Stoßachsen $s \leqq 12\ d_s$

$$\Sigma A_{st} = 1{,}0 \cdot A_s$$

Querbewehrung bügelartig ausbilden.

Die Querbewehrung ist in $l_s/3$ zu verlegen, vgl. hierzu den Verlauf der Querzugkräfte gem. Abb. 7.43. In Abb. 7.45 sind die Regelungen für die Querbewehrung zusammengestellt.

Für Betonfestigkeitsklassen ab C 70/85 und für Stöße bei mehrlagiger Bewehrung findet man ergänzende Bestimmungen in der Norm.

Man wird eine bügelartige Umfassung der Stäbe im Bereich von Übergreifungsstößen durch entsprechendes Versetzen der Stöße in Längsrichtung des Bauteils vermeiden (Längsversatz in Abb. 7.44).

Wenn ein Stoß der Querbewehrung a_{st} von Platten erforderlich ist, sollten diese Stöße versetzt angeordnet werden. Die Verankerung erfolgt mit geradem Stabende, es wird eine Übergreifungslänge $l_s = l_b$ empfohlen. Der Stoß erfolgt in der Ebene der Querbewehrung (innere Bewehrungslage).

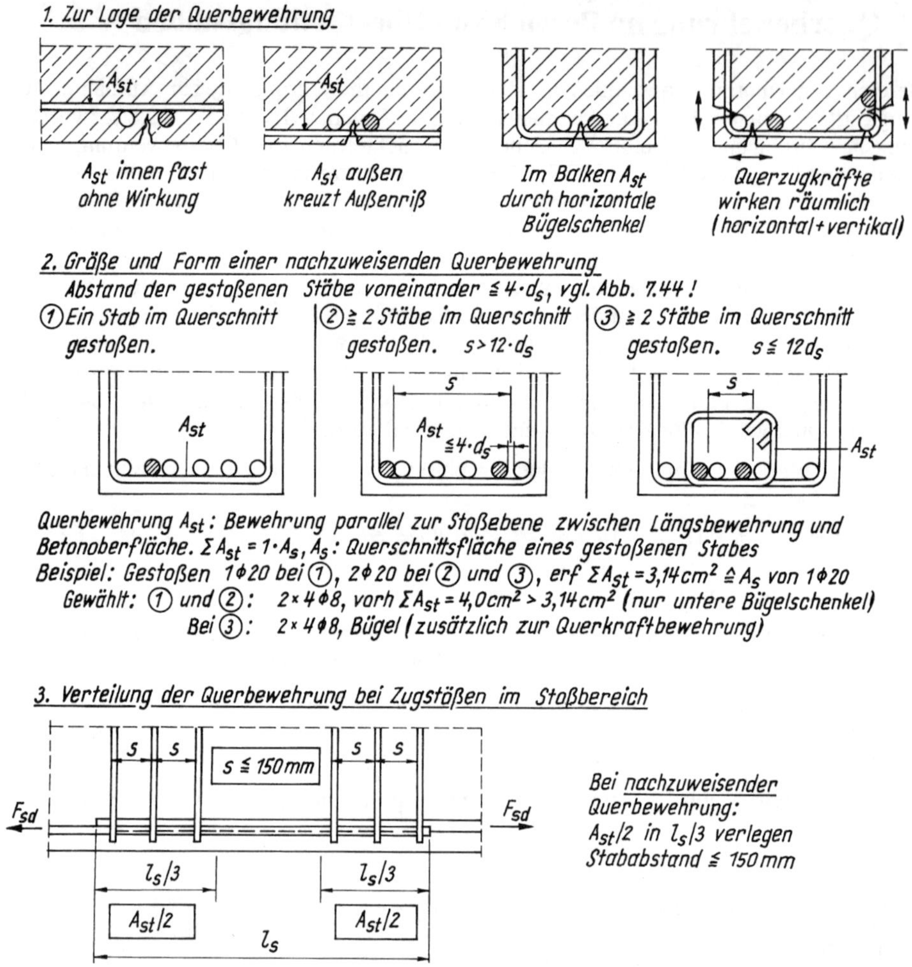

Abb. 7.45 Querbewehrung im Bereich von Übergreifungsstößen bei nachzuweisender Querbewehrung

7.8.8 Verankerung und Stoßausbildung von Betonstahlmatten

Für die Verankerung von Betonstahlmatten gelten die Regelungen für Betonstabstahl unverändert. Gemäß DIN 1045-1, 12.1 sind Betonstahlmatten mit Doppelstäben wie Stabbündel zu behandeln, die Verankerungslängen sind also mit dem Vergleichsdurchmesser

$$d_{sV} = d_s \cdot \sqrt{n} = d_s \cdot \sqrt{2} \quad \text{(Doppelstabmatten)}$$

zu bestimmen. Haken oder Winkelhaken werden nicht angebogen, der Einfluss von angeschweißten Querstäben innerhalb der Verankerungslänge $l_{b,net}$ darf durch den Wirksamkeitsfaktor α_a gem. Abb. 7.37 berücksichtigt werden.

Bei der Ausbildung von Übergreifungsstößen wird unterschieden zwischen Ein-Ebenen-Stoß und Stoß in zwei Ebenen. Wenn die zu stoßenden Stäbe in einer Ebene liegen, gelten die Regelungen für den Stoß von Stabstählen unverändert. Ein solcher Stoß ist möglich bei einer

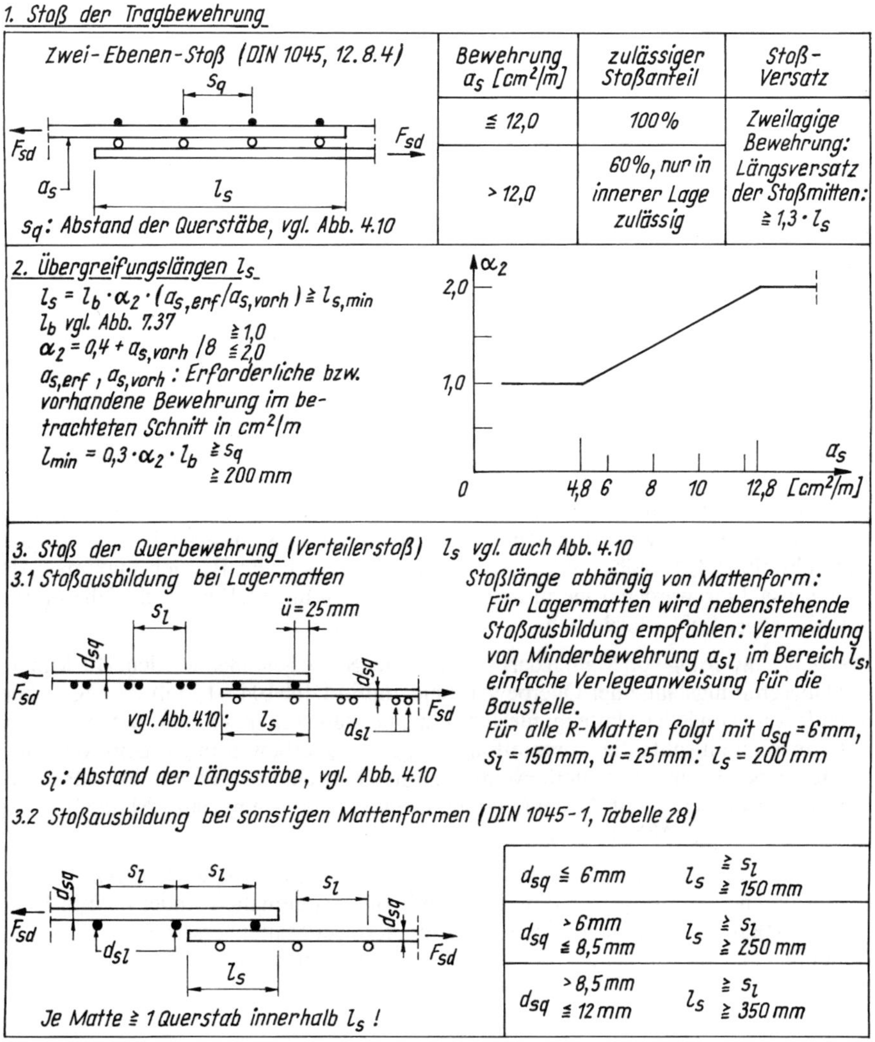

Abb. 7.46 Übergreifungsstöße von Betonstahlmatten

Konstruktion mit Listenmatten, wenn der Überstand der Tragstäbe über den letzten Querstab ($ü_1$ in Abb. 4.10) ausreichend groß gewählt wird.

Im Regelfall führen jedoch die angeschweißten Querstäbe der Matten nach Abb. 7.44 zu einem Stoß der Tragstäbe in zwei Ebenen. Tragstöße mit einem Bewehrungsquerschnitt $a_s \leq 12$ cm²/m dürfen gem. DIN 1045-1, 12.8.4 ohne Längsversatz ausgeführt werden. Bei $a_s > 12$ cm²/m sind Stöße nur bei mehrlagiger Bewehrung zulässig. Hierbei muss die gestoßene Matte in der inneren Bewehrungslage liegen, der Stoßanteil ist auf 60 % des erforderlichen Gesamtquerschnitts zu begrenzen. Durch die untere durchgehende Mattenlage wird das Rissverhalten im Stoßbereich günstig beeinflusst. Bei mehrlagiger Bewehrung sind Stöße der einzelnen Lagen stets um $1{,}3 \cdot l_s$ längsversetzt auszuführen.

Für die Übergreifungslängen l_s von Tragstößen gilt gem. DIN 1045-1, 12.8.4

$$l_s = l_b \cdot \alpha_2 \cdot \frac{a_{s,erf}}{a_{s,vorh}} \geqq l_{s,min} \tag{7.47}$$

Hierin ist

l_b Grundmaß der Verankerungslänge gem. (7.43), vgl. Abb. 7.37

α_2 Beiwert zur Berücksichtigung des Mattenquerschnittes

$$\alpha_2 = 0{,}4 + a_{s,vorh}/8 \quad \begin{cases} \geqq 1{,}0 \\ \leqq 2{,}0 \end{cases}$$

$\left.\begin{matrix} a_{s,erf} \\ a_{s,vorh} \end{matrix}\right\}$ erforderliche bzw. vorhandene Bewehrung im Stoßbereich

$$l_{s,min} = 0{,}3 \cdot \alpha_2 \cdot l_b \quad \begin{cases} \geqq s_q \\ \leqq 200\,\text{mm} \end{cases}$$

s_q Abstand der angeschweißten Querstäbe

Bei Doppelstabmatten ist das Grundmaß der Verankerungslänge l_b mit dem Vergleichsdurchmesser $d_{sV} = d_s \cdot \sqrt{2}$ zu bestimmen. Der Beiwert α_2 berücksichtigt auch den günstigen Einfluss angeschweißter Querstäbe. Stöße sollten möglichst nicht im Bereich maximaler Beanspruchung ausgeführt werden. Eine zusätzliche Querbewehrung im Bereich der Übergreifungsstöße von Matten ist nicht erforderlich.

Die *Querbewehrung* von Matten darf stets an einer Stelle gestoßen werden. Die Mindestwerte l_s der Übergreifungslänge der Querbewehrung sind in DIN 1045-1, Tab. 28 angegeben, im Bereich l_s muss von jeder Matte mindestens ein Querstab vorhanden sein. Bei einer Konstruktion mit Lagermatten sollte die Übergreifungslänge der Querbewehrung l_s dem Randeinsparungsbereich entsprechen, um Unterbewehrungen in Tragrichtung zu vermeiden. Bei mehrlagiger Bewehrung werden die Stöße der Querbewehrung um etwa eine halbe Mattenbreite gegeneinander versetzt, vgl. Abb. 4.14.

In Abb. 7.46 sind die wichtigsten Regeln zur Ausführung von Mattenstößen zusammengestellt. Weiterführende Hinweise zur Bewehrung mit Betonstahlmatten findet man in Handbüchern (z. B. [2.7]). In ausführlichen Konstruktionsblättern der Mattenhersteller sind u. a. Angaben für Bügelmatten, Unterstützungskörbe und Listenmatten enthalten.

7.9 Anwendungsbeispiel

In Abb. 7.47 ist das statische System eines Zweifeldträgers dargestellt. Es soll sich um einen Träger in einem offenen Garagengebäude mit einer Decke aus Stahlbeton-Fertigteilen handeln. Baustoffe, anzusetzende Umgebungsklassen und Betondeckungsmaße sind in der Abbildung angegeben. Die Schnittgrößenermittlung erfolgte für die angegebene Belastung in einer Nebenrechnung, die Ergebnisse sind aus Abb. 7.47 ersichtlich. Im Rahmen dieses Beispiels soll die Bemessung für Biegung und Querkraft im Zusammenhang gezeigt werden.

Durchführung

Biegebemessung (Tafel 2) $h/d = 80/74$ cm

Beton C 25/30 $f_{cd} = 14{,}17$ MN/m²

$M_{Ed} = M_{Eds}$ wegen $N_{Ed} = 0$

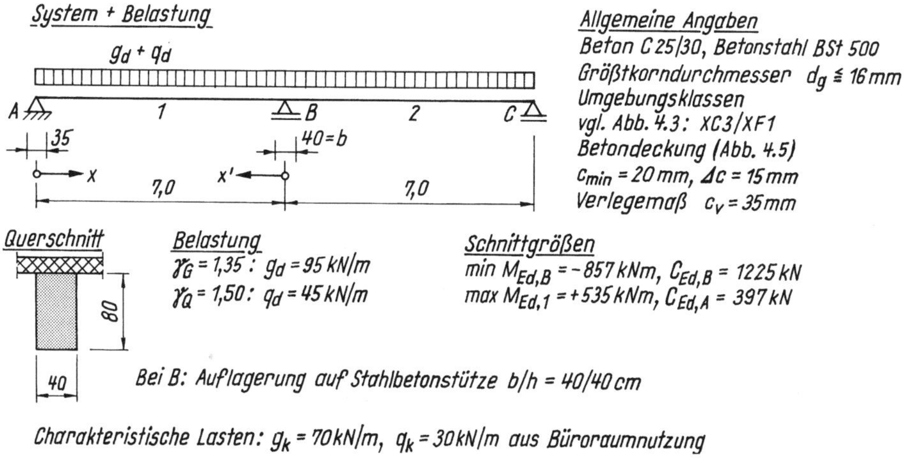

Abb. 7.47 Anwendungsbeispiel: System, Belastung, Schnittgrößen (Abschn. 7.9)

Feld 1 + 2: $M_{\text{Ed}} = 535\,\text{kNm}$

$$\mu_{\text{Eds}} = \frac{0{,}535}{0{,}40 \cdot 0{,}74^2 \cdot 14{,}17} = 0{,}172$$

$\omega_1 = 0{,}1907,\quad \xi = 0{,}235,\quad \zeta = 0{,}902,\quad \varepsilon_{c2} = -3{,}5\,‰,$

$\varepsilon_{s1} = 11{,}38\,‰,\quad \sigma^*_{s1d} = 444\,\text{MN/m}^2$

$$A_{s1} = \frac{1}{444} \cdot (0{,}1907 \cdot 0{,}40 \cdot 0{,}74 \cdot 14{,}17 \cdot 10^4) = 18{,}0\,\text{cm}^2$$

Gewählt: 6 Ø 20 $\quad A_s = 18{,}8\,\text{cm}^2$

Stützung B $\quad M_{\text{Ed}} = -857\,\text{kNm}$

$|V_{\text{Ed}}| = C_{\text{Ed,B}}/2 = 612\,\text{kN}$

Mit (3.6) und $b = 40\,\text{cm}$

$M_{\text{Ed,I}} = -857 + 612 \cdot 0{,}40/2 = -735\,\text{kNm}$

$$\mu_{\text{Eds}} = \frac{0{,}735}{0{,}40 \cdot 0{,}74^2 \cdot 14{,}17} = 0{,}237$$

$\omega_1 = 0{,}2762,\quad \xi = 0{,}341,\quad \zeta = 0{,}858,\quad \varepsilon_{c2} = -3{,}5\,‰,$

$\varepsilon_{s1} = 6{,}77\,‰,\quad \sigma^*_{s1d} = 439\,\text{MN/m}^2$

$$A_{s1} = \frac{1}{439} \cdot (0{,}2762 \cdot 0{,}40 \cdot 0{,}74 \cdot 14{,}17 \cdot 10^4) = 26{,}4\,\text{cm}^2$$

Gewählt:

Konstruktion mit Schrägstäben (Abb. 7.48)

4 Ø 20 + 3 Ø 25 $\quad A_s = 27{,}3\,\text{cm}^2$

Konstruktion ohne Schrägstäbe (Abb. 7.49)

6 Ø 25 $\quad A_s = 29{,}5\,\text{cm}^2$

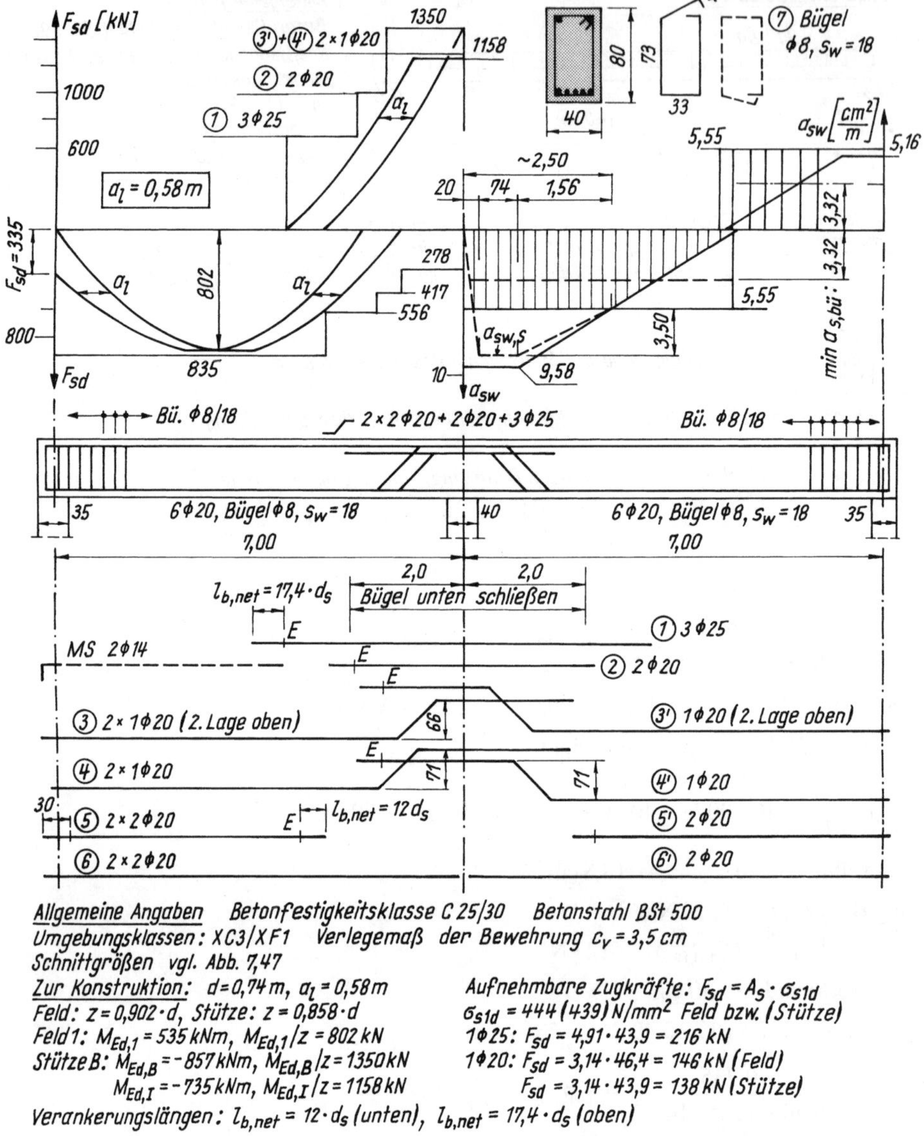

Abb. 7.48 Anwendungsbeispiel: Zugkraftdeckung und Querkraftdeckung bei einem Zweifeldträger

Nachweis Rotationsvermögen

Linear-elastische Schnittgrößenermittlung

Nach (5.23): $\xi_{lim} = 0{,}45 > \xi_{vorh} = 0{,}341$

Rotationsvermögen ausreichend.

Bemessung für Querkräfte

Einwirkende Querkräfte

Bei Auflage A (Abstände x vgl. Abb. 7.47)

$a_1 = 35\,\text{cm}, \quad d = 74\,\text{cm}, \quad g_d + q_d = 140\,\text{kN/m}$

$x = a_1/2: \quad V_{Ed} = 387 - 140 \cdot 0{,}35/2 = 363\,\text{kN}$

$x = a_1/2 + d: \quad V_{Ed} = 387 - 140 \cdot 0{,}915 = 259\,\text{kN}$

Bei Auflager B (Abstände x' vgl. Abb. 7.47), $b = 40\,\text{cm}$

$|V_{Ed}| = C_{Ed,B}/2 = 613\,\text{kN}$

$x' = b/2: \quad V_{Ed} = 613 - 140 \cdot 0{,}20 = 585\,\text{kN}$

$x' = b/2 + d: \quad V_{Ed} = 613 - 140 \cdot 0{,}94 = 481\,\text{kN}$

Grenzwerte der Druckstrebenneigung mit (7.17)

Rissreibungskraft $V_{Rd,c}$ gem. (7.18)

$V_{Rd,c} = 0{,}24 \cdot f_{ck}^{1/3} \cdot b_w \cdot 0{,}9 \cdot d$

$V_{Rd,c} = 0{,}24 \cdot 25{,}0^{1/3} \cdot 0{,}40 \cdot 0{,}9 \cdot 0{,}74 = 0{,}187\,\text{MN}$

$V_{Ed} = 585\,\text{kN}$ (Auflagerrand bei B)

$$\cot\Theta \leqq \frac{1{,}2}{1 - 187/585} = 1{,}76$$

Gewählt wird für die *gesamte* Querkraftbemessung

$\cot\Theta = 1{,}73 \qquad (\Theta = 30°)$

Druckstrebentragfähigkeit

Maßgebende Querkraft $V_{Ed} = 585\,\text{kN}$ (Auflager B_{li})

Mit Abb. 7.17 und $\alpha = 90°$ (gewählt)

$$\left.\begin{aligned} \alpha &= 90° \\ \cot\Theta &= 1{,}73 \end{aligned}\right\} \quad k_{Rd,max} = 0{,}292$$

$V_{Rd,max} = b_w \cdot d \cdot f_{cd} \cdot k_{Rd,max} = 0{,}40 \cdot 0{,}74 \cdot 14{,}17 \cdot 0{,}292$

$V_{Rd,max} = 1{,}225\,\text{MN} \gg V_{Ed,vorh} = 0{,}585\,\text{MN}$

Druckstrebentragfähigkeit ausreichend.

Querkraftbewehrung mit Abb. 7.18

Bei A: $V_{Ed} = 259\,\text{kN}$

$$\left.\begin{aligned} \alpha &= 90° \\ \cot\Theta &= 1{,}73 \end{aligned}\right\} \quad k_{sw} = 0{,}577$$

$$a_{sw} = \frac{V_{Ed}}{d} \cdot \frac{1}{391{,}3} \cdot k_{sw} = \frac{0{,}259}{0{,}74} \cdot \frac{1}{391{,}3} \cdot 0{,}577 \cdot 10^4 = 5{,}16\,\text{cm}^2/\text{m}$$

Bei B: $V_{Ed} = 481\,\text{kN}$

$a_{sw} = 5{,}16 \cdot 481/259 = 9{,}58\,\text{cm}^2/\text{m}$

Mindestquerkraftbewehrung mit Abb. 7.22

Beton C 25/30: $f_{ck} = 25\ \text{N/mm}^2 \quad \varrho = 0{,}83\ ‰$

$a_{s,bü} \geqq \varrho \cdot b_w \cdot 100 = 0{,}83 \cdot 10^{-3} \cdot 40 \cdot 100$

$a_{s,bü} \geqq 3{,}32\ \text{cm}^2/\text{m}$

Zur Konstruktion

Zulässige Bügelabstände vgl. Abb. 7.25

$V_{Rd,max} = 1225\ \text{kN}, \quad V_{Ed} \leqq 585\ \text{kN}$ (bei B)

$0{,}3 \cdot 1225 = 368\ \text{kN} < 585\ \text{kN} < 0{,}6 \cdot 1225 = 735\ \text{kN}$

Bügelabstand $s_{bü} \leqq 300\ \text{mm}$

Konstruktion mit Bügeln und Schrägstäben, vgl. Abb. 7.48

Gewählt Bügel Ø 8, $s_w = 18\ \text{cm}, \quad a_{sw} = 5{,}55\ \text{cm}^2/\text{m}$

Bei Stützung A und C ist damit

vorh $a_{sw} = 5{,}55\ \text{cm}^2/\text{m} >$ erf $a_{sw} = 5{,}16\ \text{cm}^2/\text{m}$

Bei Stützung B_l und B_r wird der nicht durch Bügel abgedeckte Teil Schrägstäben zugewiesen. Mit Abb. 7.20 und den Maßangaben in Abb. 7.48 erhält man:

erf $a_{sw} = 9{,}58\ \text{cm}^2/\text{m}$

Bügel Ø 8, $s_w = 18\ \text{cm}: \quad a_{sw,bü} = 5{,}55\ \text{cm}^2/\text{m}$

$$\left.\begin{array}{l}\cot\Theta = 1{,}73\\ \alpha = 45°\end{array}\right\} \quad k_{sw,S} = 1{,}115$$

$a_{sw,S} = (9{,}58 - 5{,}55)/1{,}115 = 3{,}50\ \text{cm}^2/\text{m}$

$A_{sw,S} \approx 3{,}50 \cdot 0{,}74 + 3{,}50 \cdot 1{,}56/2 = 5{,}32\ \text{cm}^2$

Aufgebogen 2 Ø 20, $A_s = 6{,}3\ \text{cm}^2$

Konstruktion nur mit Bügeln, vgl. Abb. 7.49

Gewählt Bügel Ø 8, Abstände werden der erforderlichen Querkraftbewehrungslinie angepasst.

Verankerung an den Endauflagern mit (7.46)

Zu verankernde Zugkraft mit (7.45)

$F_{sd} = V_{Ed} \cdot a_l/z, \quad V_{Ed} = C_{Ed,A} = 387\ \text{kN}$

Versatzmaß a_l mit (7.41)

$$a_l = \frac{z}{2} \cdot (\cot\Theta - \cot\alpha), \quad \cot\alpha = \cot 90° = 0$$

$a_l = 0{,}5 \cdot z \cdot 1{,}73 = 0{,}865 \cdot z$

$F_{sd} = 387 \cdot 0{,}865 \cdot z/z = 335\ \text{kN}$

$A_{s,erf} = F_{sd}/f_{yd} = 335/43{,}5 = 7{,}7\ \text{cm}^2$

Verankerungslänge l_b mit Abb. 7.37

$$\left.\begin{array}{l}\text{Beton C 25/30}\\ \text{gute Verbundbedingung}\end{array}\right\} \quad l_b = 40 \cdot d_s$$

Zum Auflager durchgeführt wird die Feldbewehrung:

6 Ø 20, $A_{s,vorh} = 18{,}8\,\text{cm}^2$

Mit Abb. 7.39 und $\alpha_a = 1{,}0$

$$l_{b,dir} = \frac{2}{3} \cdot \alpha_a \cdot \frac{A_{s,erf}}{A_{s,vorh}} \cdot l_b \geqq \frac{2}{3} \cdot l_{b,min} \geqq 6 \cdot d_s$$

$$l_{b,dir} = \frac{2}{3} \cdot 1{,}0 \cdot \frac{7{,}7}{18{,}8} \cdot l_b = 0{,}273 \cdot 40 \cdot 2{,}0 \approx 22\,\text{cm}$$

$$\frac{2}{3} \cdot l_{b,min} = \frac{2}{3} \cdot 0{,}3 \cdot \alpha_a \cdot l_b = 0{,}20 \cdot l_b < 0{,}273 \cdot l_b$$

Die Stäbe werden etwa 30 cm über die Auflagervorderkanten geführt.

Verankerung im Feld, vgl. Abb. 7.42

Verankerung mit geraden Stabenden

$l_{b,net} = 0{,}3 \cdot l_b \geqq 10 \cdot d_s$

$l_b = 40 \cdot d_s$ bzw. $58 \cdot d_s$ vgl. Abb. 7.37

gute Verbundbedingung: $l_{b,net} = 12{,}0 \cdot d_s$
mäßige Verbundbedingung: $l_{b,net} = 17{,}4 \cdot d_s$

Vgl. hierzu die Konstruktionsangaben in Abb. 7.48.

Versatzmaß

$a_l = 0{,}865 \cdot z = 0{,}865 \cdot 0{,}9 \cdot 0{,}74 = 0{,}58\,\text{m}$

In Abb. 7.49 ist die Konstruktion ohne Schrägstäbe dargestellt. Die Stablängen wurden geschätzt.

Mindestbewehrung zur Sicherstellung eines duktilen Bauteilverhaltens mit (4.8)

$$A_{s,min} = f_{ctm} \cdot \frac{b \cdot h^2}{6 \cdot 0{,}9 \cdot d} \cdot \frac{1}{f_{yk}}$$

Abb. 1.8 $f_{ctm} = 2{,}6\,\text{N/mm}^2$

$$A_{s,min} = 2{,}6 \cdot \frac{0{,}40 \cdot 0{,}80^2}{6 \cdot 0{,}9 \cdot 0{,}74} \cdot \frac{1}{500} \cdot 10^4 = 3{,}3\,\text{cm}^2 \gg A_{s,vorh}$$

Wie bereits im Abschnitt 4.7 ausgeführt, ist dieser Nachweis i. Allg. im Stahlbetonbau nicht maßgebend. Die Konstruktionsregeln für die Mindestbewehrung werden eingehalten. Es braucht daher gemäß DIN 1045-1, 8.2 (4) bei der Ermittlung der Schnittgrößen der Rechengang mit $\gamma_{G,inf} = 1{,}0$ nicht berücksichtigt zu werden.

Nachweise im Grenzzustand der Gebrauchstauglichkeit

a) Begrenzung der Spannungen

Die in DIN 1045-1, 11.1.1 angeführten Bedingungen sind eingehalten. Ein gesonderter Nachweis der Spannungen ist nicht erforderlich, vgl. hierzu Abschn. 6.2.2.

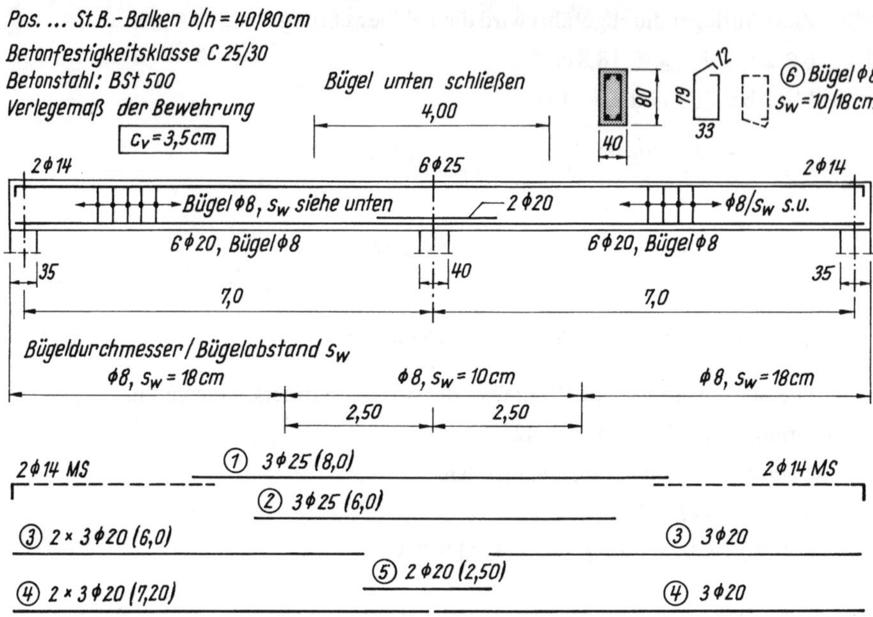

Abb. 7.49 Anwendungsbeispiel: Konstruktion ohne Schrägstäbe

b) Begrenzung der Rissbreiten

Mindestbewehrung zur Begrenzung der Rissbreiten:

Der Nachweis erfolgt für Stützung B mit (6.26).

Vorwerte für Biegezwang mit $\sigma_c = 0$:

$k_c = 0{,}4, \quad k = 0{,}8, \quad \text{da } h = 800\,\text{mm}$

$f_{ct,eff} = 3{,}0\,\text{N/mm}^2$

$A_{ct} = b \cdot h/2 = 0{,}40 \cdot 0{,}80/2$

Umgebungsklasse XC3: $w_k = 0{,}3$ mm nach Abb. 6.3

Abb. 6.12: $d_s \leqq 25\,\text{mm} \rightarrow \sigma_s = 214\,\text{N/mm}^2$

$A_s \geqq (0{,}4 \cdot 0{,}8 \cdot 3{,}0 \cdot 0{,}40 \cdot 0{,}80 \cdot 0{,}5/214) \cdot 10^4$

$A_s \geqq 7{,}18\,\text{cm}^2 \ll A_{s,vorh} = 27{,}3\,\text{cm}^2$

Für die Feldmomente ist ein Nachweis der Mindestbewehrung entbehrlich.

Nachweis der Rissbreitenbeschränkungen für die statische Bewehrung.

Der Nachweis erfolgt für Stützung B mit der quasi-ständigen Einwirkungskombination (2.7).

$M_{Ed} = -(g_k + \psi_2 \cdot q_k) \cdot l^2/8$

Abb. 7.47: $g_k = 70\,\text{kN/m}, \quad q_k = 30\,\text{kN/m}, \quad l = 7{,}0\,\text{m}$

Abb. 2.5: $\psi_2 = 0{,}3$ (Büroraum)

$M_{Ed} = -(70 + 0{,}3 \cdot 30) \cdot 7{,}0^2/8 = -490\,\text{kNm}$

Mit (6.7): $\sigma_s = M_{Ed}/(z \cdot A_{s1})$

Aus Biegebemessung: $z \approx 0{,}858 \cdot d$, $A_{s1} = 27{,}3\ \text{cm}^2$

$$\sigma_s = \frac{490}{0{,}858 \cdot 0{,}74 \cdot 27{,}3} = 28{,}3\ \text{kN/cm}^2 \mathrel{\hat{=}} 283\ \text{N/mm}^2$$

Aus Abb. 6.12:

$d_s^* = 14\ \text{mm}$ für $w_k = 0{,}3\ \text{mm}$, $\sigma_s = 280\ \text{N/mm}^2$

$$d_s = d_s^* \cdot \frac{\sigma_s \cdot A_s}{4 \cdot (h-d) \cdot b \cdot f_{ct0}}$$

$A_s = 27{,}3\ \text{cm}^2$, $h - d = 6\ \text{cm}$, $b = 40\ \text{cm}$, $f_{ct0} = 3{,}0\ \text{N/mm}^2$

$$d_s = 14 \cdot \frac{283 \cdot 27{,}3 \cdot 10^{-4}}{4 \cdot 0{,}06 \cdot 0{,}4 \cdot 3{,}0} = 37{,}6\ \text{mm} > d_{s,vorh} = 25\ \text{mm}$$

c) Begrenzung der Verformung

Mit (6.33) und Abb. 6.21: $l_i = 0{,}8 \cdot l$

$l_i/d = 0{,}8 \cdot 7{,}0/0{,}74 = 7{,}6 \gg < 35$

Mit (6.34)

$l_i^2/150 = (0{,}8 \cdot 7{,}0)^2/150 = 0{,}21\ \text{m} = d_{erf} \gg d_{vorh} = 0{,}74\ \text{m}$

Die Bauteilabmessungen sind nach dem „vereinfachten Nachweis“ für eine Durchbiegung $w \leqq l/500$ gem. (6.32) ausreichend festgelegt.

8 Querschnitte mit Druckbewehrung

8.1 Allgemeines

Wenn bei einer vorgegebenen oder gewählten Druckzonenhöhe $\xi = x/d$ die Betondruckzone zur Aufnahme der Biegedruckkraft nicht ausreicht, kann sie durch Stahleinlagen verstärkt werden. Es liegt dann eine Konstruktion mit *Druckbewehrung* vor.

Die Kriech- und Schwindverkürzung des Betons wird durch eine Druckbewehrung behindert, die Langzeitverformung eines Bauteils wird daher unter sonst gleichen Verhältnissen geringer als bei einer Konstruktion ohne Druckbewehrung. Andererseits weist Druckbewehrung immer auf eine starke Ausnutzung des Querschnitts hin. Man sollte eine Konstruktion mit Druckbewehrung daher möglichst vermeiden. Ausnahmen sind möglich und sinnvoll, wenn

- innerhalb eines Bauteils eine örtlich begrenzte Querschnittsverringerung z. B. infolge einer Aussparung vorliegt *oder* wenn
- die Druckzonenhöhe zur Sicherstellung einer ausreichenden Rotationsfähigkeit auf die Werte ξ_{lim} gem. Abschn. 5.3.4 beschränkt werden muss.

Die Druckbewehrung muss sorgfältig durch Bügel gegen Ausknicken gesichert werden, um ein frühzeitiges Versagen der Betondruckzone auszuschließen. Dies ist besonders wichtig, weil durch das Kriechen des Betons zeitabhängig eine Kraftumlagerung von Beton zum Betonstahl erfolgt.

8.2 Bemessungsansätze bei Anordnung von Druckbewehrung

Der in Abb. 8.1 dargestellte Querschnitt wird durch die einwirkenden Schnittgrößen M_{Ed} und N_{Ed} beansprucht. Wir beziehen die Schnittgrößen auf die Schwerlinie der Zugbewehrung A_{s1} und erhalten mit (5.4)

$$M_{Eds} = M_{Ed} - N_{Ed} \cdot z_{s1}$$

Für einwirkende Momente

$$M_{Eds} \leq M_{Eds,lim} \text{ bzw. } \mu_{Eds} \leq \mu_{Eds,lim}$$

ist keine Druckbewehrung A_{s2} erforderlich, die Bemessung erfolgt entsprechend den im Abschn. 5.4.2 zusammengestellten Regeln. Wenn sich $\mu_{Eds} > \mu_{Eds,lim}$ ergibt, wird das einwirkende Moment in zwei Anteile aufgespalten:

$$M_{Eds} = M_{Eds,lim} + \Delta M_{Eds} \tag{8.1}$$

Für den Momentenanteil $M_{Eds,lim}$ wird der Bewehrungsanteil A_{s1} in gewohnter Weise ermittelt. Das Restmoment ΔM_{Eds} wird einem Kräftepaar zugewiesen, das von der Stahldruckkraft F_{s2d} und einer zusätzlichen Kraft in der Zugbewehrung ΔF_{s1d} gebildet wird. Aus den Momentengleichgewichtsbedingungen folgt nach Abb. 8.1:

1. $\sum M = 0$ in Bezug auf den Angriffspunkt von F_{s2d}:

$$\Delta M_{Eds} = \Delta F_{s1d} \cdot (d - d_2) = \Delta A_{s1} \cdot \sigma_{s1d} \cdot (d - d_2)$$

$$\Delta A_{s1} = \frac{\Delta M_{Eds}}{\sigma_{s1d} \cdot (d - d_2)} \tag{8.2}$$

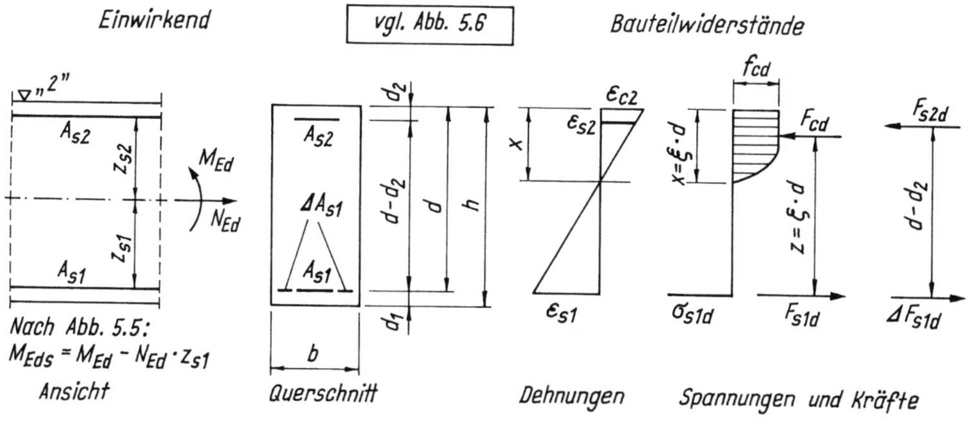

Abb. 8.1 Querschnitt mit Druckbewehrung

Für das gewählte oder vorgegebene bezogene Moment μ_{Eds} folgt aus dem Allgemeinen Bemessungsdiagramm (Tafel 1, Anhang) oder der entsprechenden Tafel 2 (Anhang) mit dimensionslosen Beiwerten die Größe der interessierenden Werte ε_{c2}, ε_{s1}, ζ und ξ. Für die Biegezugbewehrung A_{s1} ergibt sich:

Erforderliche Bewehrung für $M_{\text{Eds,lim}}$

Mit (5.13)

$$A_{s1} = \frac{1}{\sigma_{s1d}} \cdot \left(\frac{M_{\text{Eds,lim}}}{z} + N_{\text{Ed}} \right)$$

Gesamtbewehrung mit Tafel 1 (Anhang)

$$A_{s1} = \frac{1}{\sigma_{s1d}} \cdot \left(\frac{M_{\text{Eds,lim}}}{z} + \frac{\Delta M_{\text{Ed}}}{d - d_2} + N_{\text{Ed}} \right) \tag{8.3}$$

In ähnlicher Form erhält man bei Bemessung mit Tafel 2, vgl. (5.16):

$$A_{s1} = \frac{1}{\sigma_{s1d}} \cdot \left(\omega_1 \cdot b \cdot d \cdot f_{\text{cd}} + \frac{\Delta M_{\text{Ed}}}{d - d_2} + N_{\text{Ed}} \right) \tag{8.4}$$

Hierbei ist ω_1 dem bei der Ermittlung von $M_{\text{Eds,lim}}$ angesetzten Wert μ_{Eds} zugeordnet.

2. $\sum M = 0$ in Bezug auf den Angriffspunkt von F_{s1d}

$$\Delta M_{\text{Eds}} = F_{s2d} \cdot (d - d_2) = A_{s2} \cdot \sigma_{s2d} \cdot (d - d_2)$$

$$A_{s2} = \frac{\Delta M_{\text{Eds}}}{\sigma_{s2d} \cdot (d - d_2)} \tag{8.5}$$

Die Stahlspannung σ_{s2d} wird in Abhängigkeit von ε_{s2} aus der rechnerischen Spannungs-Dehnungs-Linie des Betonstahls gem. Abb. 5.3 bestimmt. Bei Anordnung von Druckbewehrung ist für alle Betonfestigkeitsklassen ≦ C 50/60 stets $\varepsilon_{s2} = \varepsilon_{c2u} = -3{,}5\,‰$. Für die Dehnung der Druckbewehrung wird sich daher in den meisten Fällen $|\varepsilon_{s2}| \geqq |\varepsilon_{sy}| = 2{,}17\,‰$ ergeben. Bei Ansatz der Vereinfachung gem. Abb. 5.3 ist dann $\sigma_{s2d} = f_{yd} = f_{yk}/\gamma_s = 435\ \text{N/mm}^2$.

Querschnitte mit Druckbewehrung

Nur bei Bauteilen mit sehr geringer Bauhöhe h (oder großen bezogenen Werten d_2/d) wird man Werte $|\varepsilon_{s2}| < 2{,}17\,‰$ erhalten. In diesen Fällen ist dann $\sigma_{s2d} = \varepsilon_{s2} \cdot E_s \leqq f_{yd}$. Für die Größe der Stahldehnung ist aus Abb. 8.1 ablesbar:

$$\frac{\varepsilon_{c2}}{x} = \frac{\varepsilon_{s2}}{x - d_2}$$

$$\varepsilon_{s2} = \varepsilon_{c2} \frac{x - d_2}{x} \tag{8.6}$$

Aus Tafel 1 kann auch die Stahldehnung ε_{s2} bei unterschiedlichen bezogenen Randabständen d_2/d direkt abgelesen werden.

Das vorstehend beschriebene Verfahren zur Bemessung von Rechteckquerschnitten mit Druckbewehrung ist sehr anschaulich, aber etwas umständlich. Einfachere Bemessungsansätze erhält man, wenn Bemessungstabellen für bestimmte *vorgegebene* Grenzdehnungsverhältnisse $\varepsilon_{c2}/\varepsilon_{s1}$ bzw. für vorgegebene bezogene Druckzonenhöhen ξ_{lim} ausgearbeitet werden.

Hierbei kann sowohl mit dimensionslosen Ansätzen wie auch mit dimensionsgebundenen Beiwerten gearbeitet werden. Die Tabellen gelten für Betonstahl BSt 500 und einem Teilsicherheitsbeiwert $\gamma_s = 1{,}15$. Wegen der unterschiedlichen Grenzstauchungen ε_{c2u} sind die Tabellen auch von der vorliegenden Betonfestigkeitsklasse abhängig. Auf eine Darstellung der Herleitung der Bemessungsansätze wird hier verzichtet, für den Rechengang ergeben sich folgende Regeln:

a) Rechnung mit *dimensionslosen* Beiwerten

Tafelauswahl nach ξ_{lim} und nach der jeweils vorliegenden Betonfestigkeitsklasse

Tafeleingangswerte:

$$\mu_{Eds} = \frac{M_{Eds}}{b \cdot d^2 \cdot f_{cd}}, \qquad d_2/d$$

Aus Tafel entnehmen: ω_1, ω_2
Errechnen

$$\left.\begin{aligned} A_{s1} &= \frac{1}{\sigma_{s1d}} \cdot \left(\omega_1 \cdot b \cdot d \cdot f_{cd} + N_{Ed}\right) \\ A_{s2} &= \omega_2 \cdot b \cdot d \cdot f_{cd} / \sigma_{s2d} \end{aligned}\right\} \tag{8.7}$$

Als Tafel 5 ist im Anhang eine Bemessungstafel für $\xi_{lim} = 0{,}45$ und Betonfestigkeitsklassen $\leqq$ C 50/60 abgedruckt. In Handbüchern findet man entsprechende Bemessungstafeln für andere bezogene Druckzonenhöhen und höhere Betonfestigkeitsklassen. Die Stahlspanungen σ_{s1d} und σ_{s2d} wurden unter Ansatz des *ansteigenden* Astes in Abb. 5.3 ermittelt. Für $\varepsilon_{c2} = -3{,}5\,‰$ und $\xi = 0{,}45$ ergibt sich eine Stahldehnung $\sigma_{s1d} = 436{,}8$ MN/m². Für die Druckbewehrung A_{s2} ergeben sich in Abhängigkeit von d_2/d unterschiedliche Stahldehnungen ε_{s2} und damit auch unterschiedliche Stahlspannungen σ_{s2d}.

b) Rechnung mit *dimensionsgebundenen* Bemessungstafeln

Tafelauswahl nach ξ_{lim} und nach der jeweils vorliegenden Betonfestigkeitsklasse

Tafeleingangswerte:

$$k_d = \frac{d\,[\text{cm}]}{\sqrt{\dfrac{M_{Eds}\,[\text{kNm}]}{b\,[\text{m}]}}}, \qquad d_2/d$$

Aus Tafel entnehmen: $k_{s1}, k_{s2}, \varphi_1, \varphi_2$
Errechnen

$$\left.\begin{aligned} A_{s1}\,[\text{cm}^2] &= \varphi_1 \cdot k_{s1} \cdot \frac{M_{Eds}\,[\text{kNm}]}{d\,[\text{cm}]} + \frac{N_{Ed}\,[\text{kN}]}{43{,}5} \\ A_{s2}\,[\text{cm}^2] &= \varphi_2 \cdot k_{s2} \cdot \frac{M_{Eds}\,[\text{kNm}]}{d\,[\text{cm}]} \end{aligned}\right\} \qquad (8.8)$$

Die Tafelwerte k_{s1} und k_{s2} sind errechnet für einen Randabstand der Druckbewehrung $d_2 = 0{,}07 \cdot d$. Für die Aufnahme des Differenzmomentes ΔM_{Ed} wird somit ein Hebelarm der inneren Kräfte $d - d_2 = 0{,}93 \cdot d$ angesetzt. Für Werte $d_2 > 0{,}07 \cdot d$ erfolgt eine Korrektur durch die Beiwerte φ_1 und φ_2. Bei Randabständen $d_2 < 0{,}07 \cdot d$ wird $d - d_2$ geringer als vorhanden angesetzt, man errechnet etwa zu große Bewehrungen A_{s1} und A_{s2}. Für die Ausarbeitung der Bemessungstabellen wurde die „vereinfachte" σ_s-ε_s-Linie (Abb. 5.3) angesetzt. Als Tafel 6 ist eine k_d-Tabelle für Rechteckquerschnitte mit Druckbewehrung im Anhang zu finden.

8.3 Vorschriften

Für die Höchstbewehrung eines Querschnitts gilt nach (4.9) $A_{s,max} \leqq 0{,}08 \cdot A_c$. Eine ausdrückliche Beschränkung der Größe der Druckbewehrung A_{s2} wird in DIN 1045 nicht vorgeschrieben. Bei vorwiegend biegebeanspruchten Bauteilen sollte jedoch die Zugbewehrung immer wesentlich größer sein als die Druckbewehrung. Die mehrlagige Anordnung einer Druckbewehrung ist zu vermeiden. Als Konstruktionsregel für Druckbewehrung bei überwiegender Biegebeanspruchung ergibt sich damit:

$$\left.\begin{aligned} &A_{s2} < 0{,}02 \cdot A_c \text{ (Empfehlung)} \\ &A_{s2} \ll A_{s1} \\ &A_{s1} + A_{s2} \leqq 0{,}08 \cdot A_c \end{aligned}\right\} \qquad (8.9)$$

Hierin ist A_c der Betonquerschnitt.

Druckstäbe sind wie Längsstäbe in Stützen gegen Ausknicken zu sichern. Die in DIN 1045-1, 13.5.3 angegebenen Regeln für die Querbewehrung sind in Abb. 8.2 wiedergegeben. Die Verankerung von druckbeanspruchten Stäben erfolgt mit geradem Stabende; Haken oder Winkelhaken sind nicht zulässig, vgl. Abschn. 7.8.2. Ohne Überschuss an Bewehrung erhält man für die Verankerungslängen von Druckbewehrung mit $A_{s,erf} = A_{s,vorh}$ und $\alpha_a = 1{,}0$ gem. (7.44)

$$l_{b,net} = l_b = k_\Phi \cdot d_s \qquad \text{vgl. Abb. 7.37}$$

In Platten sollte eine Konstruktion mit Druckbewehrung A_{s2} grundsätzlich vermieden werden. Die erforderliche Querbewehrung zur Knicksicherung der Stäbe ist kaum ordnungsgemäß durchzuführen.

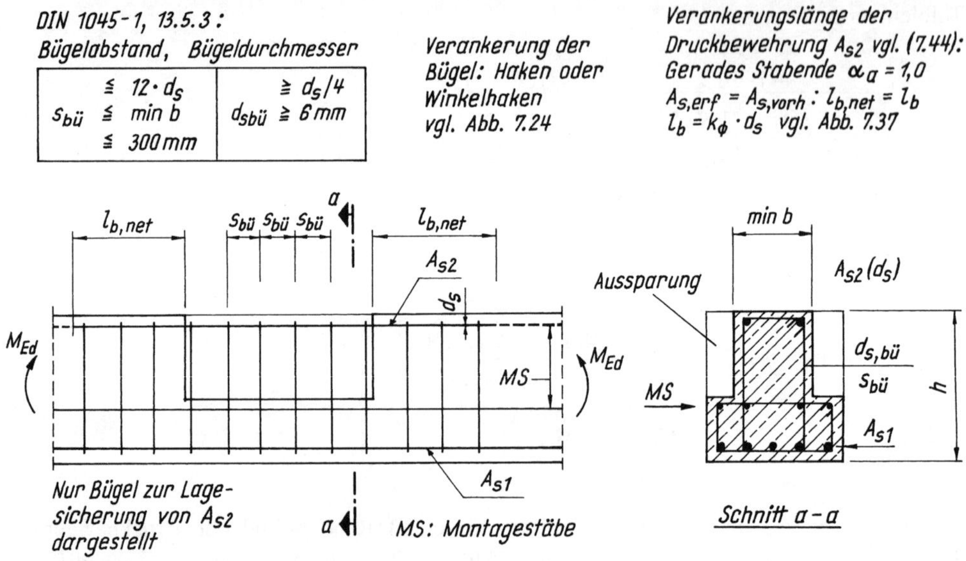

Abb. 8.2 Lagesicherung und Verankerung von Druckbewehrungen

8.4 Anwendungen

8.4.1 Beispiel 1

Aufgabe

Für den in Abb. 8.3 dargestellten Rechteckquerschnitt ist die Biegebemessung nach unterschiedlichen Verfahren durchzuführen.

Vorwerte

Querschnitt:	$b/h = 30/55$ cm, $d = 50$ cm
Einwirkend:	$M_{Ed} = 360$ kNm, $N_{Ed} = 0$
Baustoffe:	Betonfestigkeitsklasse C 20/25, Betonstahl BSt 500

Durchführung

a) Bemessung mit dem Allgemeinen Bemessungsdiagramm, Tafel 1 (Anhang)

$$\mu_{Eds} = \frac{M_{Eds}}{b \cdot d^2 \cdot f_{cd}} \qquad N_{Ed} = 0: \quad M_{Eds} = M_{Ed}$$

$$f_{cd} = 0{,}85 \cdot f_{ck}/\gamma_c = 0{,}85 \cdot 20{,}0/1{,}5 = 11{,}33 \text{ N/mm}^2$$

$$\mu_{Eds} = \frac{0{,}36}{0{,}30 \cdot 0{,}50^2 \cdot 11{,}33} = 0{,}424$$

Tafel 1: $\varepsilon_{s1d} = 1{,}0$ ‰, $\varepsilon_{c2} = -3{,}5$ ‰

$\xi = x/d = 0{,}78$ $\quad\zeta = z/d = 0{,}68$

Abb. 5.3: $\varepsilon_{s1d} < \varepsilon_{sy} = 2{,}17\,‰$
$\sigma_{s1d} = \varepsilon_{s1d} \cdot E_s = 1{,}0 \cdot 10^{-3} \cdot 200\,000 = 200\ \text{N/mm}^2$

Tafel 1: $A_{s1} = \dfrac{0{,}36 \cdot 10^4}{200 \cdot 0{,}78 \cdot 0{,}50} = 46{,}2\ \text{cm}^2$

$A_{s2} = 0!$

Die Bewehrung ist im Querschnitt nicht unterzubringen, die Bemessung ist unwirtschaftlich ($\varepsilon_{s1} < \varepsilon_{sy}$).

b) Wiederholungsrechnung mit dem Allgemeinen Bemessungsdiagramm

Gewählt mit (5.21) und (5.22)

$\xi_{lim} = 0{,}617,\ \mu_{Eds,lim} = 0{,}371$

Mit (8.1)

$$M_{Eds,lim} = \mu_{Eds,lim} \cdot b \cdot d^2 \cdot f_{cd}$$
$$= 0{,}371 \cdot 0{,}30 \cdot 0{,}50^2 \cdot 11{,}33 = 0{,}315\ \text{MNm}$$
$$\Delta M_{Ed} = 0{,}360 - 0{,}315 = 0{,}045\ \text{MNm}$$

Tafel 1: $\varepsilon_{c2} = -3{,}5\,‰,\ \varepsilon_{s1d} = 2{,}17\,‰,\ \zeta = z/d = 0{,}75$

$\sigma_{s1d} = f_{yk}/\gamma_s = 434{,}8\ \text{MN/m}^2$

$d_2/d = 5/50 = 0{,}10:\ \varepsilon_{s2d} = 2{,}9\,‰$

$\sigma_{s2d} \approx 435{,}5\ \text{MN/m}^2$ (ansteigender Ast)

Mit (8.3)

$$A_{s1} = \frac{1}{434{,}8} \cdot \left(\frac{0{,}315}{0{,}75 \cdot 0{,}50} + \frac{0{,}045}{0{,}50 - 0{,}05}\right) \cdot 10^4$$
$$A_{s1} = 21{,}7\ \text{cm}^2$$

Mit (8.5)

$$A_{s2} = \frac{0{,}045 \cdot 10^4}{435{,}5 \cdot (0{,}50 - 0{,}05)} = 2{,}3\ \text{cm}^2$$

c) Wiederholungsrechnung mit Tafel 6

$$k_d = \frac{50}{\sqrt{360/0{,}30}} = 1{,}44$$

$$\left.\begin{array}{l}\xi = 0{,}617\\ f_{ck} = 20\ \text{MN/m}^2\end{array}\right\}\quad k_{s1} = 3{,}02,\ k_{s2} = 0{,}33$$

$d_2/d = 0{,}10:\ \varphi_1 = 1{,}0,\ \varphi_2 = 1{,}03$

$A_{s1} = 1{,}0 \cdot 3{,}02 \cdot 360/50 = 21{,}7\ \text{cm}^2$

$A_{s2} = 1{,}03 \cdot 0{,}33 \cdot 360/50 = 2{,}5\ \text{cm}^2$

d) Wiederholungsrechnung mit Tafel 5

$\xi_{lim} = 0{,}45$ vgl. hierzu (5.23)!

$\mu_{Eds} = 0{,}424$ vgl. Rechnung a)

Tafel 5 mit $d_2/d = 0{,}10$:

$\omega_1 = 0{,}506,\ \omega_2 = 0{,}142,\ \sigma_{s1d} = 436{,}8\ \text{MN/m}^2,\ \sigma_{s2d} = 435{,}3\ \text{MN/m}^2$

$$A_{s1} = \frac{1}{436{,}8} \cdot (0{,}506 \cdot 0{,}30 \cdot 0{,}50 \cdot 11{,}33) \cdot 10^4 = 19{,}7\ \text{cm}^2$$

$$A_{s2} = 0{,}142 \cdot 0{,}30 \cdot 0{,}50 \cdot (11{,}33/435{,}3) \cdot 10^4 = 5{,}5\ \text{cm}^2$$

In Abb. 8.3 sind die Ergebnisse der verschiedenen Rechengänge zusammengestellt. Die geringste Gesamtbewehrung $A_{s1} + A_{s2}$ ergibt sich bei voller Ausnutzung der Stahleinlagen ($\varepsilon_{s1} = \varepsilon_{sy}$) und $\xi_{lim} = 0{,}617$.

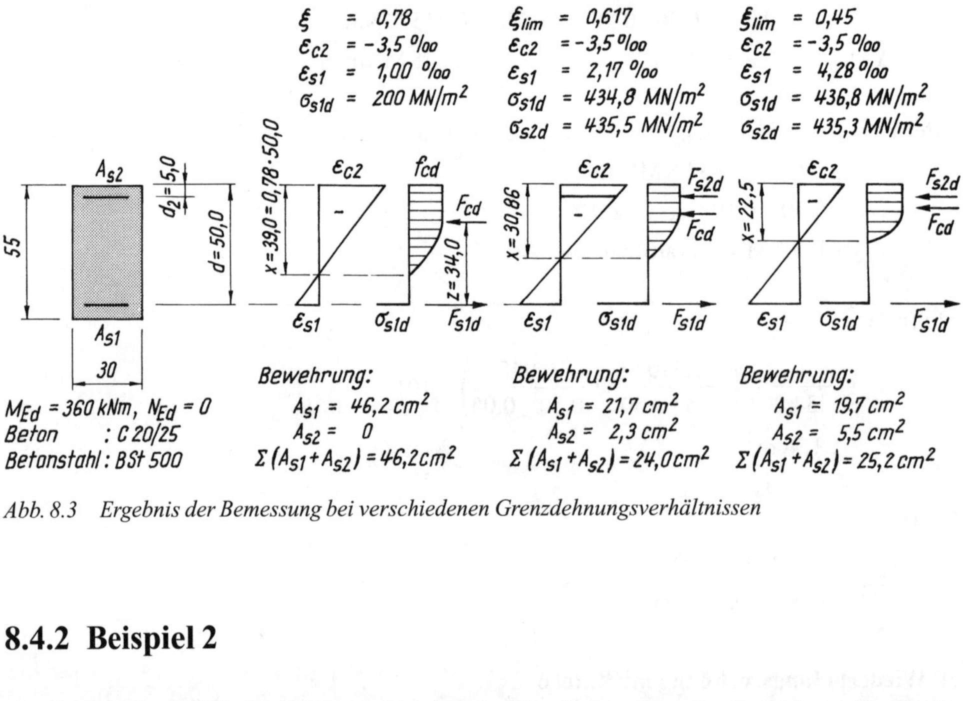

Abb. 8.3 Ergebnis der Bemessung bei verschiedenen Grenzdehnungsverhältnissen

8.4.2 Beispiel 2

Für den in Abb. 8.4 dargestellten Balken ist die Biegebemessung durchzuführen. Baustoffe, einwirkende Schnittgrößen und Bauteilabmessungen vgl. Abb. 8.4.

Durchführung mit Tafel 6 (Anhang)

Gewählt $\xi_{lim} = 0{,}45$

$k_d = 62{,}5 : \sqrt{980/0{,}35} = 1{,}18$

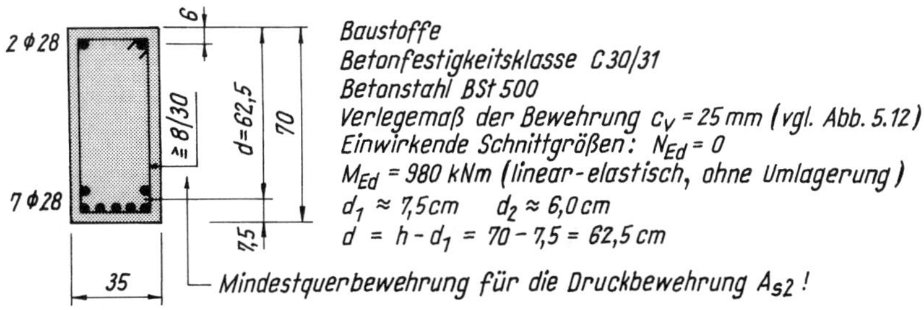

Abb. 8.4 Anwendungsbeispiel: Biegebemessung mit Druckbewehrung (Abschn. 8.4.2)

Aus Tafel 6:

$f_{ck} = 30\,\text{N/mm}^2,\; d_2/d = 6/62{,}5 \approx 0{,}10$

$k_{s1} = 2{,}72,\; k_{s2} = 0{,}74,\; \varphi_1 = 1{,}01,\; \varphi_2 = 1{,}03$

$A_{s1} = 1{,}01 \cdot 2{,}72 \cdot 980/62{,}5 = 43{,}1\,\text{cm}^2$

$A_{s2} = 1{,}03 \cdot 0{,}74 \cdot 980/62{,}5 = 12{,}0\,\text{cm}^2$

Gewählte Bewehrung

unten	5 + 2 =	7 Ø 28	$A_{s1} = 43{,}1\,\text{cm}^2$
oben		2 Ø 28	$A_{s2} = 12{,}3\,\text{cm}^2$

Bügel zur Knicksicherung der Druckstäbe:

≧ Ø 8, $s_{bü} = 30$ cm (Mindestbewehrung)

Vgl. Abb. 8.2: min $d_{sbü} = 28/4 = 7{,}0$ mm, $s_{bü} \leqq 30$ cm

Die erforderliche Querkraftbewehrung erfordert wesentlich größere Bügelquerschnitte!

9 Plattenbalken, deckengleiche Balken

9.1 Begriffe, Tragverhalten

Unter Plattenbalken versteht man Bauteile, bei denen die Druckzone von Balken durch Platten neben den Balkenstegen verbreitert wird.

Der Plattenbalken ist die ideale Bauform für Biegeträger im Stahlbetonbau: Alle überflüssigen Betonteile in der Zugzone sind herausgeschnitten, es verbleibt gerade so viel Stegbeton, wie für eine ausreichende Querkrafttragfähigkeit und zur Unterbringung der Bewehrung erforderlich ist. Die Druckplatte des Plattenbalkens wird dabei i. Allg. quer zur Balkenspannrichtung als Biegeplatte ausgenutzt, während sie in Spannrichtung als Druckteil (Scheibe) des Plattenbalkens wirkt. Durch die schubfeste Verbindung von Platte und Balkensteg wird ein Teil der Biegedruckkraft über Längsschubkräfte vom Balkensteg in die Flanschflächen übergeleitet, vgl. hierzu Abb. 9.2.

Die „genaue“ Ermittlung der Spannungsverteilung in der Druckplatte ist schwierig und mit den Mitteln der Stabstatik nicht durchzuführen, da die Querschnittsabmessungen der Scheibe nicht

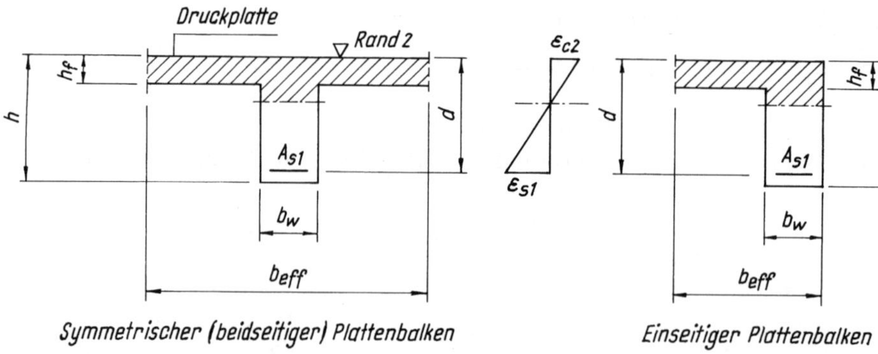

Abb. 9.1 Plattenbalkenquerschnitte

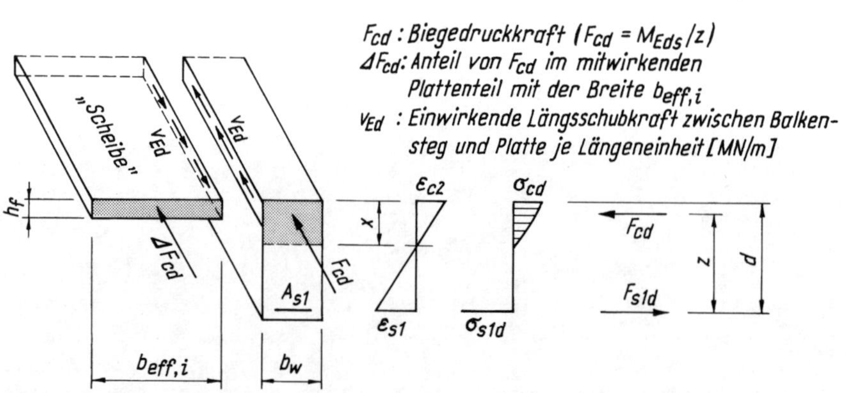

Abb. 9.2 Plattenbalken: Übertragung eines Teils der Biegedruckkraft durch Schubkräfte in den mitwirkenden Plattenteil

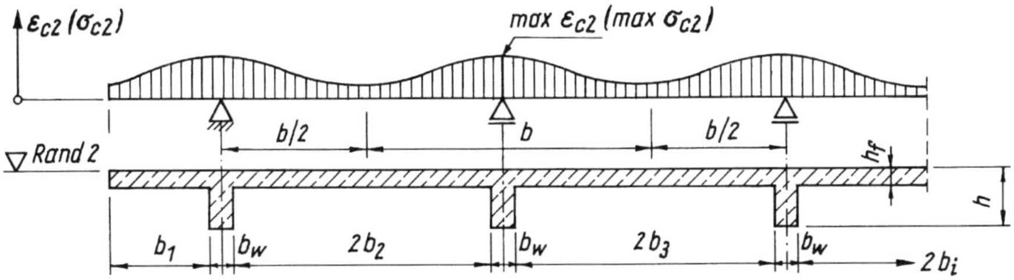

Abb. 9.3 Möglicher Verlauf der Randdehnungen ε_{c2} bzw. der Randspannungen σ_{c2} bei Plattenbalkensystemen

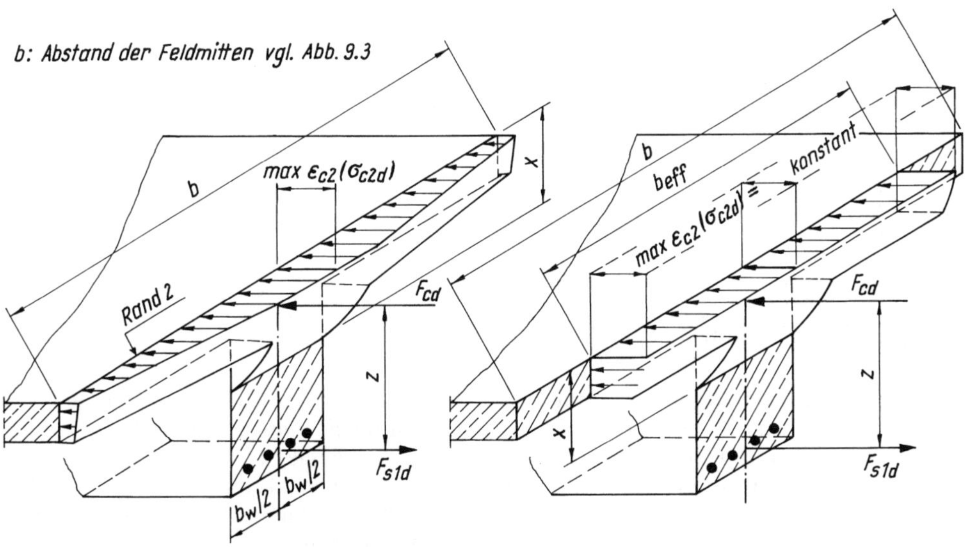

Abb. 9.4 Verteilung der Druckspannungen bei Plattenbalkenquerschnitten
links: Tatsächlich mögliche Verteilung
rechts: Angenommene Verteilung (Rechnung mit „mitwirkender Plattenbreite")

mehr klein gegenüber den Längenabmessungen sind. Beispiele für *mögliche* Spannungsverteilungen in Plattenbalken sind in Abb. 9.3 und 9.4 skizziert.

Statt einer Rechnung mit der tatsächlichen Druckspannungsverteilung wird mit dem Begriff der „mitwirkenden Plattenbreite b_{eff}" gearbeitet. Man erhält b_{eff} aus der Bedingung , dass die im Druckgurt des Plattenbalkens wirkende Druckkraft F_{cd} bei der wirklichen Spannungsverteilung über die tatsächlich vorhandene Breite b gleich derjenigen ist, die sich bei konstanter Randspannung über die Breite b_{eff} ergibt. Die Nulllinienlage bleibt unverändert, auch die Annahme von *Bernoulli* wird beibehalten. Hieraus folgt, dass in bestimmten Abständen von der Nulllinie in beiden Fällen gleiche Dehnungen und somit auch gleiche Spannungen vorhanden sind. Bei der wirklichen Spannungsverteilung über die Breite b liegt der Angriffspunkt der Biegedruckkraft F_{cd} jedoch etwas näher am gedrückten Rand als bei Rechnung mit konstanter Randspannung über die Breite b_{eff}. Der Hebelarm der inneren Kräfte z wird daher etwas zu gering ermittelt, man errechnet etwas zu große Zugkräfte F_{s1d} bzw. etwas zu große Bewehrungen A_{s1}.

Die Größe der mitwirkenden Plattenbreite b_{eff} ist u. a. abhängig von der Belastungsart (Gleichlast, Einzellast), von den Auflagerbedingungen (Einfeld- oder Mehrfeldträger), von der Stützweite und vom Verhältnis der Querschnittsabmessungen von Platte und Steg. Die in DIN 1045-1, 7.3.1 enthaltenen Angaben zur Ermittlung von b_{eff} beruhen im Wesentlichen auf Untersuchungen von *Brendel* [30], sie gehen vom ungerissenen Beton (Zustand I) aus und berücksichtigen sowohl den Schubwiderstand als auch die Biegesteifigkeit der Platte.

9.2 Ermittlung der mitwirkenden Plattenbreite b_{eff}

9.2.1 Allgemeines

In Abb. 9.5 sind die in DIN 1045-1 angegebenen Bezeichnungen zur Bestimmung der mittragenden Breite b_{eff} zusammengestellt. Für biegebeanspruchte Plattenbalken darf bei annähernd gleichmäßiger Beanspruchung die mitwirkende Breite b_{eff} über folgenden Ansatz ermittelt werden:

$$b_{eff} = \sum b_{eff,i} + b_w \tag{9.1}$$

Hierin ist

$$b_{eff,i} = 0{,}2 \cdot b_i + 0{,}1 \cdot l_0 \begin{cases} \leqq 0{,}2 \cdot l_0 \\ \leqq b_i \end{cases}$$

Der Ansatz (9.1) darf sowohl für symmetrische (beidseitige) wie auch für einseitige Plattenbalken angesetzt werden. Die Ansätze für b_{eff} gelten für die Schnittgrößenermittlung und für die Querschnittsbemessung in den Grenzzuständen der Tragfähigkeit und der Gebrauchstauglichkeit. Mit (9.1) erhält man teilweise deutlich geringere Breiten als mit den entsprechenden Ansätzen in [80.14], eine Verringerung der mitwirkenden Breiten im Bereich von konzentrierten Einzellasten wird in DIN 1045 daher nicht mehr vorgeschrieben.

Bei etwa gleichen Steifigkeiten benachbarter Felder entspricht die wirksame Stützweite l_0 in Abb. 9.6 dem Abstand der Momentennullpunkte. Die Angaben für l_0 in Abb. 9.6 dürfen angesetzt werden, wenn für benachbarte Felder das Stützweitenverhältnis innerhalb der Grenzen $0{,}67 \leqq l_{eff,i}/l_{eff,i1\,1} \leqq 1{,}5$ liegt. Die Kragarmlänge sollte nicht größer als die halbe angrenzende Feldweite sein.

Bei einer linear-elastischen Schnittgrößenermittlung ohne oder mit begrenzter Umlagerung darf bei der im Hochbau üblichen Genauigkeit mit einer über die gesamte Bauteillänge konstanten mitwirkenden Plattenbreite gerechnet werden. Bei konstanter Bauhöhe h ist dann I_c = konstant. Es darf jedoch auch mit feldweise unterschiedlichen Breiten b_{eff} und mit den wesentlich geringeren Breiten b_{eff} im Bereich von Zuggurten gerechnet werden. Diese Berechnungsmethode führt zu geringeren Stützmomenten bei gleichzeitig etwas größeren Feldmomenten und somit zu einer entsprechenden Änderung der erforderlichen Bewehrung über den Stützungen und im Feld.

Wenn die Platten mit Plattenschrägen (Vouten) an den Balkensteg angeschlossen sind, darf eine Verbreiterung der wirksamen Stegbreite b_w um den Betrag b_v gem. Abb. 9.7 angesetzt werden.

Die mitwirkenden Breiten b_{eff} nach (9.1) gelten für Druckgurte und Zuggurte im Zustand I. Bei der Querschnittsbemessung bleibt die gesamte Zugzone des Querschnitts außer Ansatz (Abb. 5.6), die mitwirkende Breite ist damit für die Bemessung im Zugbereich bedeutungslos. Wenn jedoch für bestimmte Nachweise der Verlauf der Querschnittswerte *über die Bauteillänge*

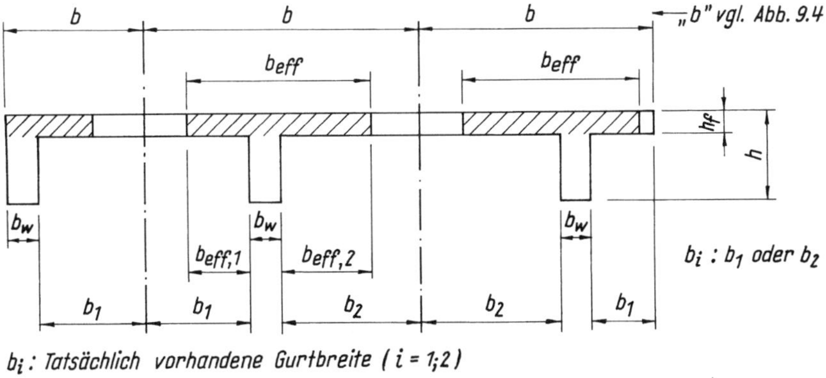

Abb. 9.5 Mitwirkende Breite b_{eff} gem. DIN 1045-1, 7.3.1

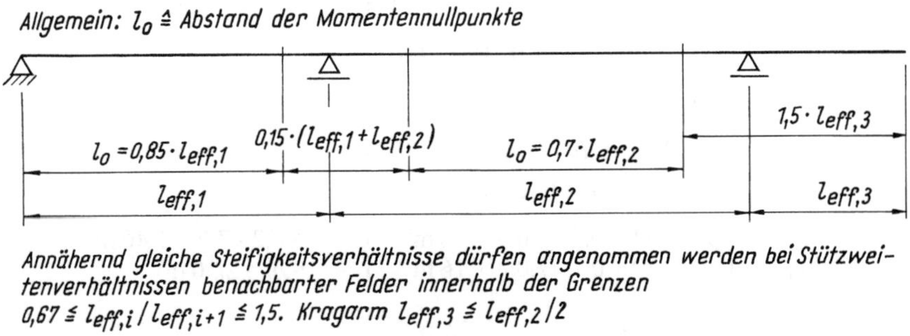

Abb. 9.6 Wirksame Stützweite l_0 von Plattenbalken zur Berechnung der mitwirkenden Breite

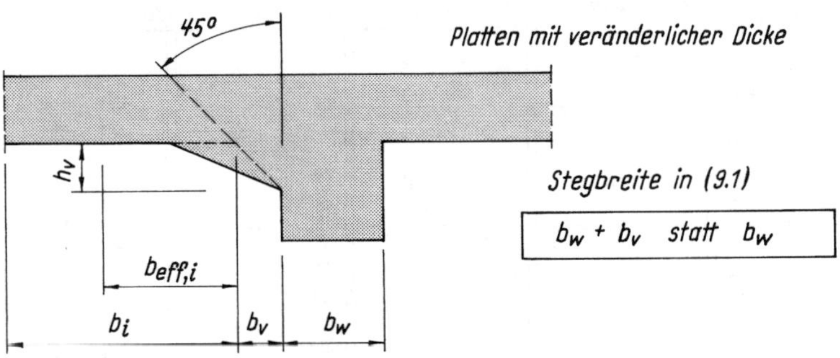

Abb. 9.7 Wirksame Stegbreite bei Platten mit Schrägen

benötigt wird, soll nach [1.5] eine mitwirkende Breite im Zustand II angesetzt werden, die halb so groß ist wie diejenige im Zustand I:

$$b^{\mathrm{II}}_{\text{eff}} \approx 0{,}5 \cdot b^{\mathrm{I}}_{\text{eff}}, \qquad b^{\mathrm{I}}_{\text{eff}} \text{ nach (9.1)}$$

Bei sehr großen vorhandenen Gurtbreiten b_i wird empfohlen, mit dem Grenzwert $0{,}2 \cdot l_0$ zu rechnen (nach [80.14]). Dies trifft z. B. bei Plattenbalken gleichlaufend mit der Spannrichtung der Decke zu, vgl. z. B. den Randbalken Pos. 15 in Abb. 9.8.

9.2.2 Anwendungsbeispiele

In Abb. 9.8 ist der Grundriss eines Skelettbaus ausschnittsweise dargestellt. Für die Plattenbalken Pos. 10, 11 und 12 sind die mitwirkenden Plattenbreiten zu bestimmen.

Durchführung

Pos. 10 Randbalken $b_w/h = 30/60$ cm

$b_1 = 0,\; b_2 = 4{,}65/2 = 2{,}32\,\text{m},\; b_w = 0{,}30\,\text{m}$

$l_0 = l_{eff} = 7{,}00\,\text{m}$ (Randeinspannung vernachlässigt)

Mit (9.1)

$$b_{eff,2} = 0{,}2 \cdot 2{,}32 + 0{,}1 \cdot 7{,}0 = 1{,}16\,\text{m} \left\} \begin{array}{ll} < 0{,}2 \cdot 7{,}0 = 1{,}40\,\text{m} \\ < b_1 \qquad = 2{,}32\,\text{m} \end{array} \right.$$

$$b_{eff} = \sum b_{eff,i} + b_w = 1{,}16 + 0{,}30 = 1{,}46\,\text{m}$$

Pos. 11 Plattenbalken $b_w/h = 40/60$ cm

$b_1 = 4{,}65/2 = 2{,}32\,\text{m},\; b_2 = 4{,}60/2 = 2{,}30\,\text{m}$

$l_0 = l_{eff} = 7{,}0\,\text{m}$ (wie bei Pos. 1)

$$\left. \begin{array}{l} b_{eff,1} = 0{,}2 \cdot 2{,}32 + 0{,}1 \cdot 7{,}0 = 1{,}16\,\text{m} \\ b_{eff,2} = 0{,}2 \cdot 2{,}30 + 0{,}1 \cdot 7{,}0 = 1{,}16\,\text{m} \end{array} \right\} \quad \begin{array}{l} < 0{,}2 \cdot 7{,}0 = 1{,}40\,\text{m} \\ < b_i = 2{,}30\,\text{m} \end{array}$$

$$b_{eff} = 2 \cdot 1{,}16 + 0{,}40 \qquad = 2{,}72\,\text{m}$$

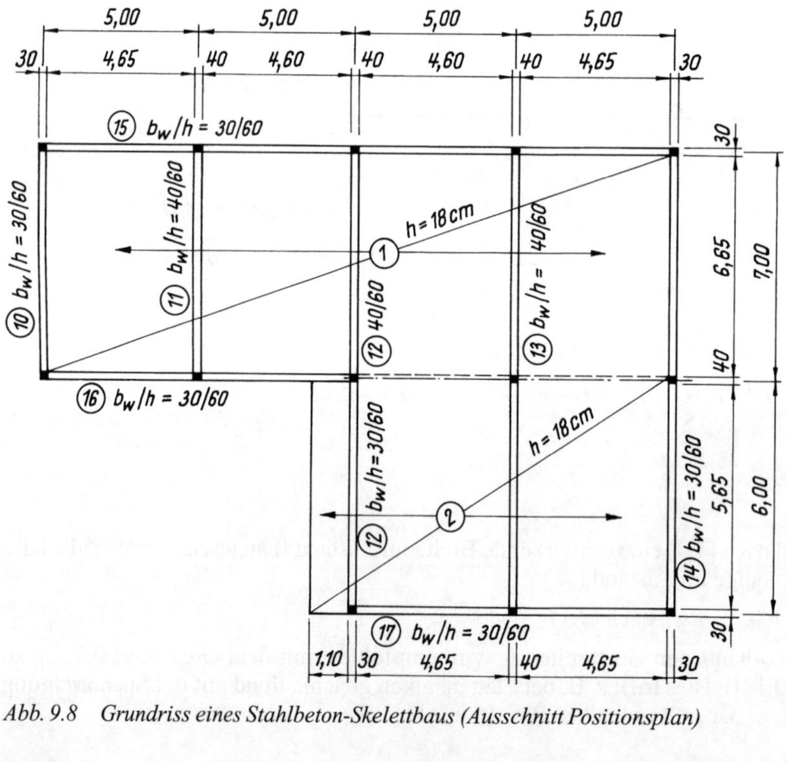

Abb. 9.8 Grundriss eines Stahlbeton-Skelettbaus (Ausschnitt Positionsplan)

Pos. 12 Zweifeldträger $b_w/h = 30/60$ cm bzw. 40/60 cm

$l_{eff,1}/l_{eff,2} = 6{,}0/7{,}0 > 0{,}67$ vgl. Abb. 9.6

Feld 1: $b_1 = 1{,}10$ m, $b_2 = 2{,}32$ m, $l_0 = 0{,}85 \cdot 6{,}0 = 5{,}10$ m

$$b_{eff,1} \begin{cases} = 0{,}2 \cdot 1{,}10 + 0{,}1 \cdot 5{,}10 & = \underline{0{,}73\,\text{m}} \\ < 0{,}2 \cdot 5{,}10 & = 1{,}02\,\text{m} \\ < b_1 & = 1{,}10\,\text{m} \end{cases}$$

$$b_{eff,2} \begin{cases} = 0{,}2 \cdot 2{,}32 + 0{,}1 \cdot 5{,}1 & = \underline{0{,}97\,\text{m}} \\ < 0{,}2 \cdot 5{,}10 & = 1{,}02\,\text{m} \\ < b_2 & = 2{,}32\,\text{m} \end{cases}$$

$$b_{eff} = 0{,}73 + 0{,}97 + 0{,}30 \qquad = 2{,}00\,\text{m}$$

Feld 2: $b_1 = b_2 = 2{,}30$ m, $l_0 = 0{,}85 \cdot 7{,}0 = 5{,}95$ m

$$b_{eff,1} = b_{eff,2} \begin{cases} = 0{,}2 \cdot 2{,}30 + 0{,}1 \cdot 5{,}95 & = \underline{1{,}06\,\text{m}} \\ < 0{,}2 \cdot 5{,}95 & = 1{,}19\,\text{m} \\ < b_i & = 2{,}30\,\text{m} \end{cases}$$

$$b_{eff} = 2 \cdot 1{,}06 + 0{,}40 \qquad = 2{,}52\,\text{m}$$

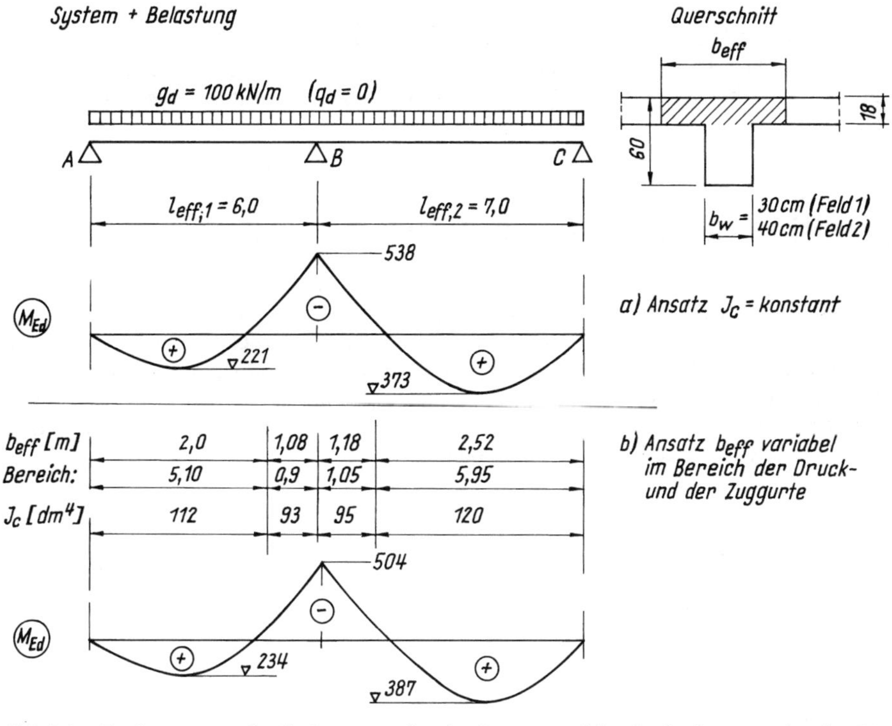

Abb. 9.9 Einfluss unterschiedlicher mitwirkender Breiten auf die Größe der einwirkenden Momente

Wenn die geringere mitwirkende Breite im Bereich der Innenstützung berücksichtigt werden soll, erhält man hier mit $l_0 = 0{,}15 \cdot (l_{\text{eff},1} + l_{\text{eff},2}) = 1{,}95$ m in gleicher Weise:

Feld 1: $b_1 = 1{,}10$ m, $b_2 = 2{,}32$ m, $l_0 = 1{,}95$ m

$$b_{\text{eff},1} = 0{,}2 \cdot 1{,}95 = 0{,}39 \text{ m (maßgebend)}$$
$$b_{\text{eff},2} = 0{,}32 \text{ m}$$
$$b_{\text{eff}} = 2 \cdot 0{,}39 + 0{,}30 = 1{,}08 \text{ m}$$

Feld 2: $b_1 = b_2 = 2{,}32$ m, $l_0 = 1{,}95$ m

$$b_{\text{eff},1} = b_{\text{eff},2} = 0{,}39 \text{ m}$$
$$b_{\text{eff}} = 2 \cdot 0{,}39 + 0{,}40 = 1{,}18 \text{ m}$$

Für die Schnittgrößenermittlung sind mehrere Möglichkeiten zulässig:

a) Ansatz I_c = konstant für den gesamten Plattenbalken (Regelfall bei gleichen Bauhöhen h)

b) Ansatz von feldweise konstanten mitwirkenden Breiten entsprechend den ermittelten Werten b_{eff}, hier also $b_{\text{eff}} = 2{,}0$ m im Feld 1, $b_{\text{eff}} = 2{,}52$ m in Feld 2

c) Ansatz von unterschiedlichen mitwirkenden Breiten im Druckbereich und im Bereich von Zuggurten eines jeden Feldes.

In Abb. 9.9 sind die Biegemomente M_{Ed} für den Zweifeldträger Pos. 12 bei Belastung mit g_d = 100 kN/m für den Ansatz a (I_c = konstant) und für den Ansatz c (unterschiedliche mitwirkende Breiten im Druck- und Zugbereich) dargestellt. Man erkennt den Einfluss verminderter Biegesteifigkeit im Bereich der Innenstütze. Der Einfluss der Bewehrungsmengen und der Einfluss des teilweisen Übergangs in den Zustand II führt jedoch zu wesentlich größeren Unterschieden im Momentenverlauf. Man rechnet daher bei annähernd gleichen Steifigkeitsverhältnissen häufig mit I_c = konstant oder mit feldweise konstanten b_{eff}, ermittelt für den Druckgurtbereich.

9.3 Biegebemessung von Plattenbalken

Die hier angegebenen Bemessungsverfahren setzen voraus, dass die Nulllinie parallel zum Druckrand verläuft, d. h., dass sich der Träger normal zur Druckplattenebene durchbiegt. Im Allgemeinen wird dies auch bei Randträgern durch die Verbindung des Plattenbalkens mit der übrigen Stahlbetonkonstruktion erzwungen, in Sonderfällen kann jedoch die Druckzone von der Rechteckform abweichen (Abb. 9.10). Bemessungsansätze hierzu werden in Band 2 im Abschnitt „zweiachsige Biegung“ besprochen.

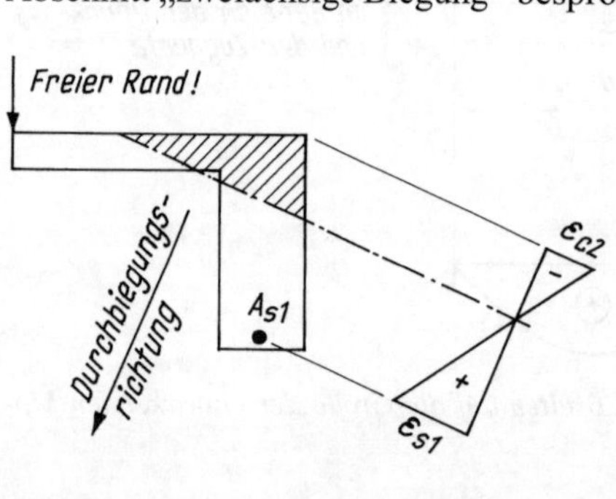

Abb. 9.10 Plattenbalken mit von der Rechteckform abweichender Druckzone

9.3.1 Nulllinie liegt in der Druckplatte

Bei der Bemessung von Rechteckquerschnitten wurde vorausgesetzt, dass die Betonfläche im Biegedruckbereich rechteckförmig ist (vgl. Abb. 5.6). Die Querschnittsform im Zugbereich war für die Biegebemessung ganz uninteressant, da die Zugfestigkeit des Betons nicht in Ansatz gebracht wurde.

Die Bemessung des Plattenbalkens unterscheidet sich damit nach Abb. 9.11 so lange nicht von derjenigen eines Rechteckquerschnitts, wie die Nulllinie in der Platte liegt!

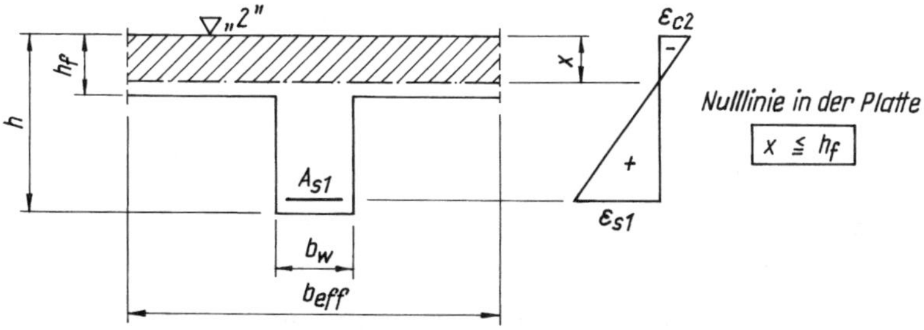

Abb. 9.11 Plattenbalken: Nulllinie in der Platte

Die Durchführung der Bemessung erfolgt, wie im Abschnitt 5.4.2 für Rechteckquerschnitte besprochen. Für das k_d-Verfahren (Anhang, Tafel 3) ergibt sich folgender Rechengang:

$$\left.\begin{array}{ll} 1.\ b_{eff} \text{ gem. (9.1) bestimmen} & \\ 2.\ \text{Errechnen:} & k_d = \dfrac{d}{\sqrt{M_{Eds}/b_{eff}}} \\ 3.\ \text{Prüfen:} & x = \xi \cdot d \leqq h_f ? \\ 4.\ \text{Wenn } x \leqq h_f: A_s = k_s \cdot M_{Eds}/d + N_{Ed}/43{,}5 & \end{array}\right\} \quad (9.2)$$

Bei einer Bemessung mit dimensionslosen Beiwerten wird sinngemäß vorgegangen. Zusätzlich zur Bemessung von Rechteckquerschnitten ist stets der Nachweis $x \leqq h_f$ zu führen.

Wegen der großen mitwirkenden Breite b_{eff} ergeben sich bei Plattenbalkenkonstruktionen im Hochbau regelmäßig geringe Ausnutzungsgrade mit hochliegender Nulllinie und $x < h_f$. Nur wenn in Ausnahmefällen $x > h_f$ nach (9.2) ermittelt wird, ist nach einem der nachfolgend besprochenen Verfahren zu bemessen.

9.3.2 Nulllinie liegt im Steg

Bei Nulllinienlage im Steg ist es sinnvoll, zwischen schlanken und gedrungenen Plattenbalkenquerschnitten zu unterscheiden. Als schlanke Bauteile werden Plattenbalken mit einem Verhältnis $b_{eff}/b_w \geqq 5$ bezeichnet. Hierbei ist der Einfluss der Stegdruckspannungen vernachlässigbar gering, man nimmt näherungsweise eine konstante Druckspannungsverteilung in der Druckplatte an und ermittelt die Größe der erforderlichen Zugbewehrung mit dem Hebelarm der inneren Kräfte $d - h_f/2$. In Abb. 9.12 sind die Bemessungsansätze für schlanke Plattenbalken

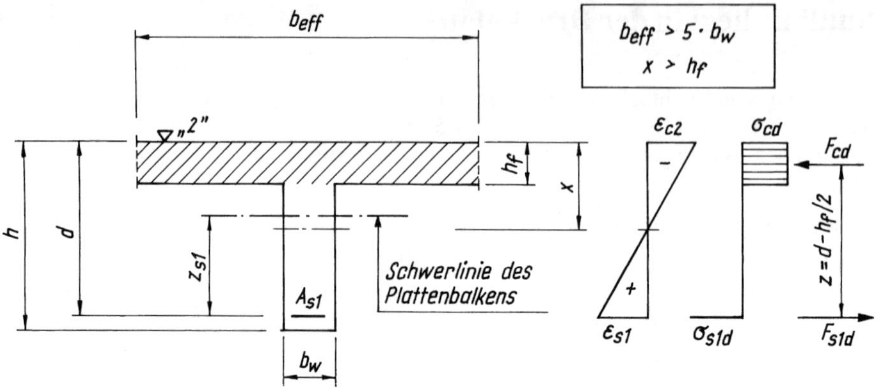

$$A_{s1} = \frac{1}{\sigma_{s1d}} \cdot \left(\frac{M_{Eds}}{d - h_f/2} + N_{Ed} \right) \qquad \sigma_{cd} = \frac{M_{Eds}}{(d - h_f/2) \cdot b_{eff} \cdot h_f} \leq f_{cd}$$

$$M_{Eds} = M_{Ed} - N_{Ed} \cdot z_{s1}, \text{ vgl. (5.4)} \qquad f_{cd} = \alpha \cdot f_{ck}/\gamma_c = 0{,}85 \cdot f_{ck}/1{,}5$$

BSt 500: $\sigma_{s1d} = f_{yk}/\gamma_s = 435\ \text{N/mm}^2$, vgl. Abb. 5.3: „Vereinfachung"

Abb. 9.12 Plattenbalken mit Nulllinie im Steg: stark profilierter (schlanker) Querschnitt

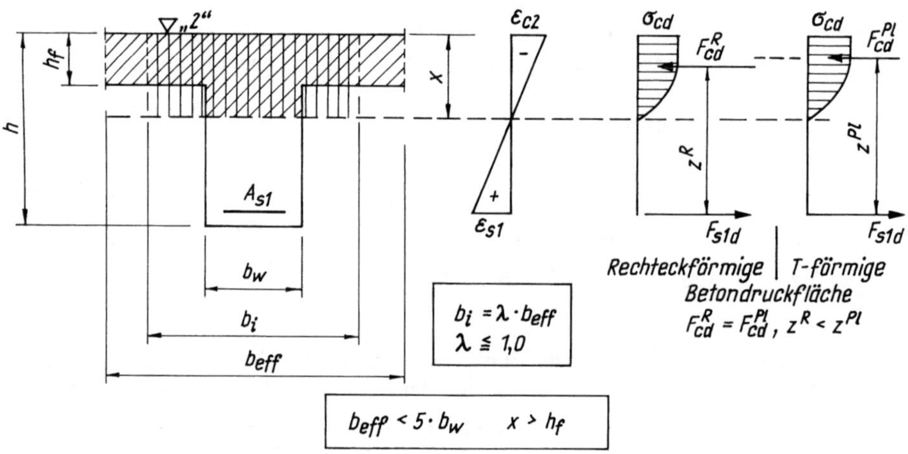

Abb. 9.13 Plattenbalken mit Nulllinie im Steg: gedrungener Querschnitt

und $x > h_f$ zusammengestellt. Die Betondruckzone ist im Regelfall nur gering ausgenutzt, der Nachweis $\sigma_{cd} < f_{cd}$ somit meist entbehrlich.

Für gedrungene Plattenbalkenquerschnitte mit $b_{eff} < 5 \cdot b_w$ und Nulllinie im Steg können die Druckspannungen im Steg nicht mehr vernachlässigt werden. Die Bemessung mit der T-förmigen Druckfläche (in Abb. 9.13 schräg schraffiert) ist umständlich. Man kann diese Berechnung umgehen, indem man die wirkliche Druckfläche mit der Breite b_{eff} in einen rechteckförmigen Druckbereich von der Breite b_i umwandelt. Bei der Berechnung von $b_i = \lambda \cdot b_{eff}$ geht man von der Bedingung aus, dass Nulllinienlage, Randdehnungen und Größe der Druckkraft in beiden Fällen gleich groß sein sollen. b_i muss im Regelfall iterativ bestimmt werden. Die Bemessung wird dann mit einem der im Abschnitt 5 besprochenen Verfahren durchgeführt. Die Bewehrung wird etwas größer als erforderlich ermittelt, weil der Hebelarm der inneren Kräfte z etwas zu klein angesetzt wird, vgl. Abb. 9.13. Tafeln zur Bestimmung von b_i findet man in vielen Handbüchern, vgl. z. B. [8].

In Handbüchern findet man auch zusätzlich Bemessungstabellen, mit denen eine *direkte* Bemessung von Plattenbalken möglich ist. Hierbei erfolgt die Tafelauswahl über das Verhältnis h_f/d und die jeweils vorliegende Betonfestigkeitsklasse. Tafeleingangswerte sind die bezogenen Momente μ_{Eds}, abgelesen wird der mechanische Bewehrungsgrad ω_1. Die Entwicklung dieser Bemessungshilfen erfolgt weitgehend analog zu derjenigen für Rechteckquerschnitte (vgl. Abschn. 5), eine detaillierte Darstellung erübrigt sich daher hier. Der Vorteil einer Anwendung dieser allgemein gültigen Bemessungstabellen für Plattenbalkenquerschnitte liegt darin, dass sie sowohl für $x < h_f$ wie für $x > h_f$ und unabhängig von dem Verhältnis b_{eff}/b_w anwendbar sind. Die in den Tabellen angegebenen Werte $\xi_{lim} = 0{,}25; 0{,}35; 0{,}45$ und $\xi_{lim} = 0{,}617$ geben die Grenzwerte an, bis zu denen eine Bemessung ohne Druckbewehrung möglich ist. Auf die Darstellung einer Bemessung von Plattenbalkenquerschnitten mit Druckbewehrung wird vollständig verzichtet: Eine Konstruktion von Plattenbalken mit Druckbewehrung A_{s2} im Bereich b_{eff} weist *immer* auf eine fehlerhafte Konstruktion hin. Plattenbalken mit Druckbewehrung sind unbedingt zu vermeiden. Der Dehnungszustand $\varepsilon_{c2}/\varepsilon_{s1}$ bzw. $\xi = x/d$ infolge der einwirkenden Schnittgrößen M_{Ed} bzw. $M_{Ed} + N_{Ed}$ ist aus den angeführten Bemessungstabellen für Plattenbalkenquerschnitte nicht ablesbar.

9.3.3 Anwendungsbeispiel

Für den in Abb. 9.14 dargestellten Querschnitt ist die Biegebemessung durchzuführen. Querschnittsangaben, Baustoffe und einwirkende Schnittgrößen vgl. Abb. 9.14.

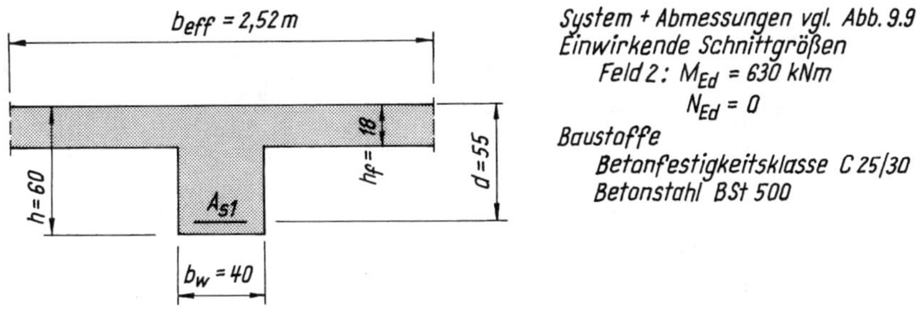

Abb. 9.14 Plattenbalkenquerschnitt zum Anwendungsbeispiel Abschn. 9.3.3

Durchführung

Bemessung mit Tafel 3, Anhang, vgl. (9.2)

$M_{Eds} = M_{Ed} = 630$ kNm wegen $N_{Ed} = 0$

$b_{eff} = 2{,}52$ m

$$k_d = d/\sqrt{M_{Ed}/b_{eff}} = \frac{55}{\sqrt{630/2{,}52}} = 3{,}48 \rightarrow \xi \leqq 0{,}087 \qquad (\zeta > 0{,}966)$$

$x = \xi \cdot d \approx 0{,}087 \cdot 55 = 4{,}8 \text{ cm} < h_f = 18$ cm

$A_s = 2{,}38 \cdot 630/55 = 27{,}3 \text{ cm}^2$

Bei Bemessung mit Tafel 2 ergibt sich ein geringfügig geringerer Wert A_s, weil der Verfestigungsbereich der Stahleinlagen ausgenutzt werden kann. Eine Bemessung als „schlanker Plattenbalkenquerschnitt“ gem. Abb. 9.12 würde zu fehlerhaften Ergebnissen führen, weil der Hebelarm der inneren Kräfte ($z = \zeta \cdot d = 0{,}966 \cdot 55 = 53$ cm) wesentlich von dem in Abb. 9.12 angegebenen Wert $d - h_f/2 = 46$ cm abweicht.

9.3.4 Durchlaufende Plattenbalkensysteme

In allen *Feldern* von durchlaufenden Plattenbalken mit oben liegender Druckplatte kann für die Aufnahme der positiven Biegemomente eine mitwirkende Breite b_{eff} in Ansatz gebracht werden. Im Bereich der Stützmomente und etwaiger negativer Feldmomente liegt die Platte in der Zugzone. Die Biegedruckkraft ist allein vom Steg mit der Breite b_w aufzunehmen. In Abb. 9.15 sind die bei der Biegebemessung anzusetzenden Breiten b_{eff} oder b_w durch Schraffur hervorgehoben.

Bei Stahlbetonüberzügen nach Abb. 9.16 liegen umgekehrte Verhältnisse vor. Auf Besonderheiten der Bemessung im Bereich von Arbeitsfugen wird im Abschnitt 9.6 eingegangen.

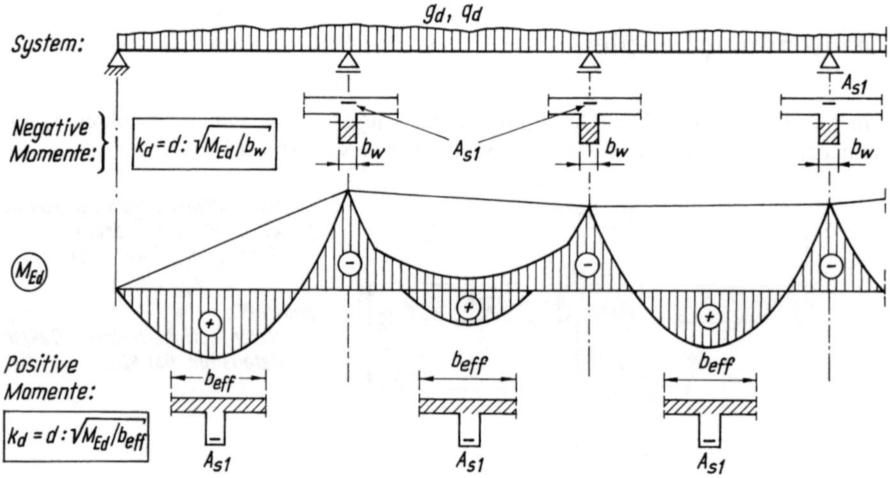

Abb. 9.15 Durchlaufträger als Plattenbalken

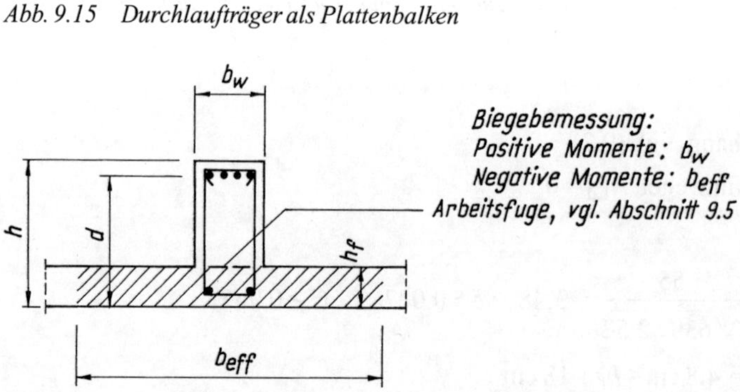

Abb. 9.16 Stahlbetonüberzug

9.3.5 Bestimmung der erforderlichen Bauteilabmessungen

Im Bereich negativer einwirkender Momente liegt die Platte im Zugbereich, die Bemessung erfolgt für einen Rechteckquerschnitt mit den Abmessungen b_w /h. Für die Bestimmung der erforderlichen Bauteilabmessungen gelten die Hinweise im Abschnitt 5.4.1 unverändert.

Im Bereich positiver Momente steht für die Aufnahme der Biegedruckkraft die mitwirkende Breite b_{eff} zur Verfügung. Eine auch nur annähernd volle Ausnutzung der Plattenbalkenquerschnitte unter Ansatz von b_{eff} und $\xi = \xi_{lim}$ ist im Hochbau kaum möglich. Es ergeben sich dann sehr geringe Bauhöhen mit entsprechend großer Zugbewehrung A_{s1} und unwirtschaftlichen Querkraftbewehrungen. Einen Anhalt für wirtschaftlich vernünftige Nutzhöhen erhält man über folgende Faustformel:

$$\text{erf}\, d = l_{eff}/10 \cdots l_{eff}/14 \qquad (9.3)$$

9.4 Bemessung für Querkräfte bei Plattenbalken

9.4.1 Querkraftbemessung in den Balkenstegen

Bei den im Abschnitt 7 besprochenen Nachweisen zur Querkrafttragfähigkeit wurde gem. DIN 1045-1, 10.3 als anzusetzende Breite mit b_w gerechnet. Hierbei ist b_w die kleinste Querschnittsbreite. Bei Plattenbalken ist b_w die kleinste Stegbreite. Hieraus folgt, dass bezüglich der Querkrafttragfähigkeit der Balkenstege und bezüglich der erforderlichen Querkraftbewehrung die im Abschn. 7 angegebenen Ansätze unverändert gültig sind. Dies gilt auch für alle konstruktiven Hinweise und für die Mindestquerkraftbewehrung.

9.4.2 Anschluss von Gurten an den Balkensteg: Grundlagen, einwirkende Kräfte

Nach Abb. 9.2 wird bei Plattenbalken ein Teil der Druckkraft F_{cd} von der Druckplatte aufgenommen. Die Gurte müssen daher schubfest an die Stege angeschlossen werden. Bei der Ermittlung der Anschlusskräfte zwischen Steg und Gurtplatte gehen wir nach Abb. 9.17 von einem in der Druckplatte liegenden Fachwerk aus, das durch die auszulagernde Gurtkräfte schräge Druckkräfte und senkrecht zum Steg wirkende Zugkräfte erfährt. Für dieses Fachwerk ist wie bei der Bemessung für Querkräfte ein Nachweis der Druckstrebentragfähigkeit und der Nachweis einer ausreichenden Anschlussbewehrung zu führen.

Der Nachweis erfolgt grundsätzlich durch einen Vergleich der am Flanschanschnitt einwirkenden Längsschubkräfte V_{fEd} mit den Bauteilwiderständen V_{fRd}. Der Index f weist auf den Anschluss eines Flansches hin (DIN 1045-1, 3.2.4). Damit lautet die grundsätzliche Nachweisform

$$\left.\begin{array}{ll} V_{fEd} \leqq V_{fRd,max} & \text{(Druckstrebentragfähigkeit)} \\ V_{fEd} \leqq V_{fRd,sy} & \text{(Tragfähigkeit Bewehrung)} \end{array}\right\} \qquad (9.4)$$

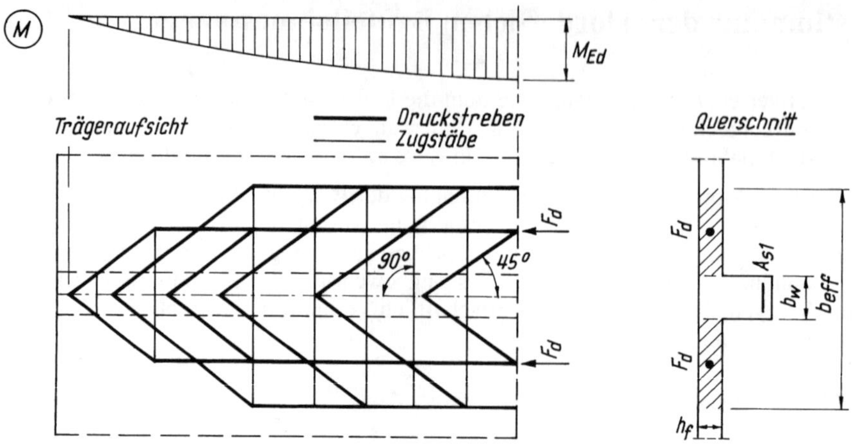

Abb. 9.17 Anschluss von Gurtplatten: Fachwerkmodell in der Platte

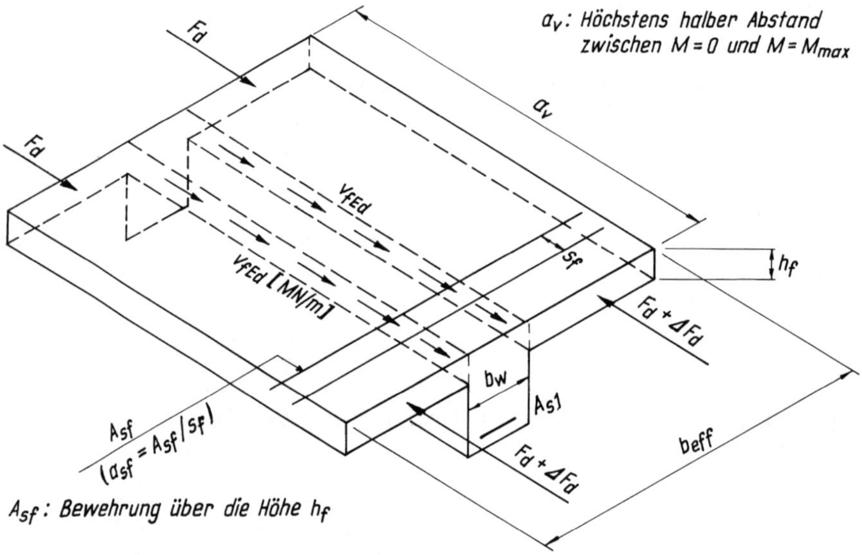

Abb. 9.18 Anschluss von Gurtplatten: Bezeichnungen

Der Bemessungswert der einwirkenden Längsschubkraft wird gem. DIN 1045-1, 10.3.5 ermittelt aus der Längskraftdifferenz ΔF_d in einem einseitigen Gurtabschnitt von der Länge a_v.

$$V_{fEd} = \Delta F_d \tag{9.5}$$

Für die Länge a_v darf höchstens der halbe Abstand zwischen Momentennullpunkt und Momentenhöchstwert angenommen werden. Bei nennenswerten Einzellasten sollen die angesetzten Längen a_v nicht über die Querkraftsprünge hinausgehen. Innerhalb der Länge a_v wird eine konstante Beanspruchung angenommen, hier wird also eine teilweise Umlagerung der Längsschubkraft in benachbarte Bereiche berücksichtigt.

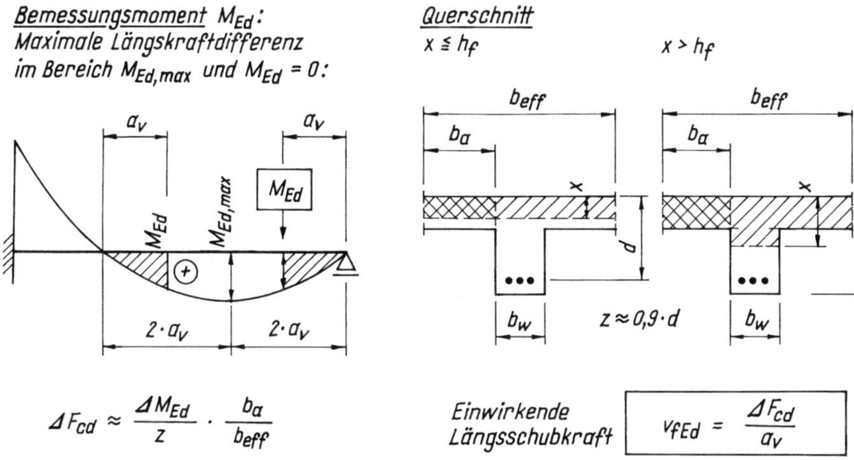

Abb. 9.19 Einwirkende Längsschubkraft bei Anschluss eines Druckgurtes

Bei der Ermittlung der Längskraftdifferenz ΔF_d wird zwischen den anzuschließenden Kräften von Druckgurten ΔF_{cd} und den anzuschließenden Kräften von Zuggurten ΔF_{sd} bei ausgelagerter Bewehrung unterschieden. Bei einem Druckgurtanschluss nach Abb. 9.19 nehmen wir eine konstante Druckspannungsverteilung im gedrückten Bereich des Plattenbalkens an. Der Einfluss von Druckspannungen im Stegbereich bei Nulllinienlage $x > h_f$ wird vernachlässigt. Aus der Biegedruckkraft für den Gesamtquerschnitt $F_{cd} = M_{Ed}/z$ folgt für die zu übertragende Längskraftdifferenz ΔF_{cd} (ohne N_{Ed})

$$\Delta F_{cd} = \frac{\Delta M_{Ed}}{z} \cdot \frac{A_{ca}}{A_{cc}} \approx \frac{M_{Ed}}{z} \cdot \frac{b_a}{b_{eff}} \tag{9.6}$$

Hierin ist

M_{Ed}	Bemessungsmoment, vgl. Abb. 9.19
z	Hebelarm der inneren Kräfte, Näherung: $z \approx 0{,}9 \cdot d$
A_{cc}	Gesamtfläche der Druckzone
A_{ca}	Fläche *eines* abliegenden Druckflansches
b_a	Breite eines abliegenden Flansches
b_{eff}	mitwirkende Breite

Eine evtl. vorhandene Längskraft N_{Ed} ist zusätzlich zu berücksichtigen.

Wenn im Bereich negativer Momente ein Teil der Bewehrung gem. Abb. 9.20 vom Steg in die Platte ausgelagert wird, erhält man für die anzusetzende Längskraftdifferenz

$$\Delta F_{sd} = \frac{\Delta M_{Ed}}{z} \cdot \frac{A_{sa}}{A_s} \tag{9.7}$$

Hierin ist

ΔM_{Ed}	Bemessungswert, vgl. Abb. 9.20
A_{sa}	Fläche der in *einen* Flansch ausgelagerten Bewehrung
A_s	Gesamtfläche der Zugbewehrung

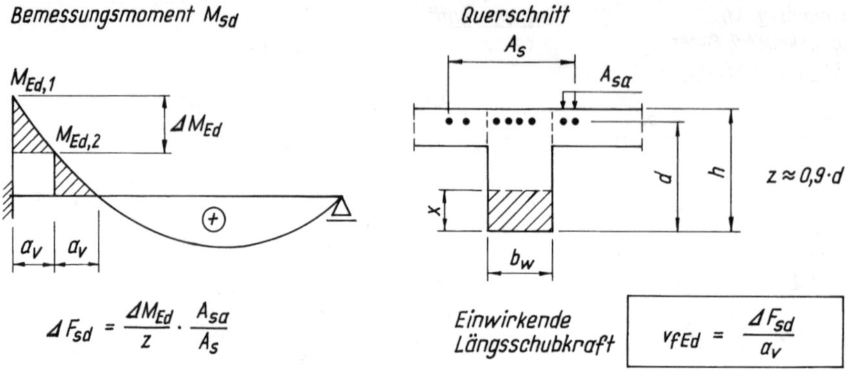

Abb. 9.20 Einwirkende Längsschubkraft bei Anschluss eines Zuggurtes

Wenn bei der Biegebemessung für das Randmoment $M_{Ed,I}$ bemessen wurde, darf dies auch bei der Ermittlung von ΔF_{sd} angesetzt werden. Die Größe des Schubflusses auf der Länge a_v erhält man aus (9.6) und (9.7):

$$\left.\begin{array}{ll} v_{fEd} \leqq \Delta F_{cd}/a_v & \text{(Druckgurt)} \\ v_{fEd} \leqq \Delta F_{sd}/a_v & \text{(Bewehrung)} \end{array}\right\} \qquad (9.8)$$

Gemäß DIN 1045-1, 10.3.5 ist für den Bemessungswert der einwirkenden Längsschubkraft die Längskraft*differenz* auf der Länge a_v maßgebend. In Abb. 9.19 und 9.20 sind die für die Ermittlung von ΔF_d maßgebenden Momente M_{Ed} hervorgehoben. Wenn beim Anschluss von Druckgurten $M_{Ed,max} = \Delta M_{Ed}$ (Abb. 9.19) und beim Anschluss von Zuggurten $M_{Ed,1} = \Delta M_{Ed}$ (Abb. 9.20) gesetzt wird, liegt man stets auf der „sicheren" Seite, die Ausschlussbewehrung wird größer als erforderlich ermittelt.

9.4.3 Anschluss von Gurten: Druckstrebentragfähigkeit und Anschlussbewehrung

Gemäß DIN 1045-1 darf der Nachweis der Querkrafttragfähigkeit nach den in Abschn. 7 entwickelten Grundsätzen geführt werden. Hierbei ist b_w durch die Gurtplattendicke h_f zu ersetzen, als Hebelarm der inneren Kräfte wird mit a_v statt z gerechnet. Für die Neigung der Druckstreben cot Θ darf in Zuggurten mit cot Θ = 1,0 und in Druckgurten mit cot Θ = 1,2 gerechnet werden, vgl. hierzu (7.27). Die Querkraftbewehrung verläuft praktisch immer senkrecht zur Balkenlängsachse (α = 90°). Mit den Ansätzen im Abschn. 7.5 erhält man die folgenden Bemessungsansätze für Normalbeton:

Druckstrebenfähigkeit mit (7.20)

$$V_{Rd,max} = \frac{\alpha_c \cdot f_{cd} \cdot b_w \cdot z}{\tan\Theta + \cot\Theta}$$

$\alpha_c = 0{,}75,\ b_w = h_f,\ z = a_v$

Druckgurt: $\cot\Theta = 1{,}20,\ \tan\Theta = 0{,}833$

Zuggurt: $\cot\Theta = \tan\Theta = 1{,}0$

Anschluss Druckgurt:

$\alpha_c/(\tan \Theta + \cot \Theta) = 0{,}75/2{,}033 = 0{,}369$

$\Delta F_d \leqq V_{Rd,max} = 0{,}369 \cdot f_{cd} \cdot h_f \cdot a_v$

Anschluss Zuggurt:

$\alpha_c/(\tan \Theta + \cot \Theta) = 0{,}375$

$\Delta F_d \leqq V_{Rd,max} = 0{,}375 \cdot f_{cd} \cdot h_f \cdot a_v$

Anschlussbewehrung mit (7.24)

$$V_{Rd,sy} = \frac{A_{sw}}{s_w} \cdot f_{yd} \cdot z \cdot \sin \alpha \cdot (\cot \Theta + \cot \alpha)$$

$z = a_v$, $\sin \alpha = \sin 90° = 1{,}0$, $\cot \alpha = \cot 90° = 0$

$A_{sw} = A_{sf}, s_w = s_f$ vgl. Abb. 9.18

Anschluss Druckgurt

$$\Delta F_{cd} = V_{Rd,sy} = \frac{A_{sf}}{s_f} \cdot f_{yd} \cdot a_v \cdot 1{,}20$$

$$a_{sf} = \frac{A_{sf}}{s_f} = \Delta F_{cd} / (f_{yd} \cdot a_v \cdot 1{,}20)$$

Anschluss Zuggurt

$$\Delta F_{sd} = V_{Rd,sy} = \frac{A_{sf}}{s_f} \cdot f_{yd} \cdot a_v \cdot 1{,}0$$

$$a_{sf} = \frac{A_{sf}}{s_f} = \Delta F_{sd} / (f_{yd} \cdot a_v)$$

Für BSt 500 ist mit $\gamma_s = 1{,}15$: $f_{yd} = 435$ N/mm²

Zusammenstellung der erforderlichen Nachweise:

Druckgurt: Einwirkend ΔF_{cd} gem. (9.6)

$$\left.\begin{array}{l} \Delta F_d = \Delta F_{cd} \leqq 0{,}369 \cdot f_{cd} \cdot h_f \cdot a_v \\ \Delta F_d = \Delta F_{cd} \leqq (A_{sf}/s_f) \cdot f_{yd} \cdot a_v \cdot 1{,}20 \\ \textit{oder} \\ a_{sf} = A_{sf}/s_f \geqq \Delta F_{cd} / (f_{yd} \cdot a_v \cdot 1{,}20) \end{array}\right\} \qquad (9.9)$$

Zuggurt: Einwirkend ΔF_{sd} gem. (9.7)

$$\left.\begin{array}{l} \Delta F_d = \Delta F_{sd} \leqq 0{,}375 \cdot f_{cd} \cdot h_f \cdot a_v \\ \Delta F_d = \Delta F_{sd} \leqq (A_{sf}/s_f) \cdot f_{yd} \cdot a_v \\ \textit{oder} \\ a_{sf} = A_{sf}/s_f \geqq \Delta F_{sd} / (f_{yd} \cdot a_v) \end{array}\right\} \qquad (9.10)$$

9.4.4 Anschluss von Gurten: Konstruktive Hinweise

Wenn eine kombinierte Beanspruchung aus Querbiegung und Schub zwischen Gurtplatte und Balkensteg vorliegt, ist gem. DIN 1045-1, 10.3.5 der größere erforderliche Stahlquerschnitt entweder aus der Biegebemessung oder aus der Bemessung für Schub einzulegen. Biegedruckzone und Biegezugzone sind dabei getrennt zu betrachten. Es soll jeweils die Hälfte der erforderlichen Anschlussbewehrung an der Plattenoberseite und an der Plattenunterseite eingelegt werden.

In [1.5] wird empfohlen, die sich aus beiden Beanspruchungen ergebenden Bewehrungen zu addieren, weil die Umlagerungsmöglichkeit bereits über die Länge a_v ausgenutzt wird. Eine Mindestquerkraftbewehrung für den Anschluss von Gurten ist nicht vorgeschrieben.

9.4.5 Anschluss von Gurten: Anwendungsbeispiel

In Abb. 9.21 ist das Endfeld eines Zweifeldträgers dargestellt. Für die angegebenen Bemessungslasten wurden die Schnittgrößen in einer Vergleichsrechnung bestimmt, die Ergebnisse der Biegebemessung sowie die gewählte Bewehrung ist angegeben. Die Bemessung wurde mit den k_d-Tafeln durchgeführt, bei Stützung B wurde $\xi_{lim} = 0{,}45$ gewählt. Im Rahmen dieses Beispiels sind die Nachweise für die Gurtanschlüsse im Feld und im Bereich der Stützung zu führen.

Baustoffe: Betonfestigkeitsklasse C 25/30 Betonstahl BSt 500

Durchführung

Einwirkende Längskräfte

a) Anschluss Druckgurt vgl. Abb. 9.19

Abstand M_{max} bis Auflager C: 2,80 m → $a_v = 2{,}80/2 = 1{,}40$ m

1,40 m neben Auflager C: $M_{Ed} = 375$ kNm

Am Auflager: $M_{Ed} = 0 \rightarrow \Delta M_{Ed} = 375$ kNm

$b_{eff} = 2{,}52$ m, $b_a = (2{,}52 - 0{,}40)/2 = 1{,}06$ m

$$\Delta F_{cd} = \frac{375}{0{,}9 \cdot 0{,}55} \cdot \frac{1{,}06}{2{,}52} = 319 \text{ kN}$$

Druckstrebentragfähigkeit, vgl. (9.9)

$h_f = 18$ cm, $a_v = 2{,}80/2 = 1{,}40$ m

$f_{cd} = 0{,}85 \cdot 25{,}0/1{,}5 = 14{,}17 \text{ MN/m}^2$

$\Delta F_{cd} = 0{,}319 \text{ MN} < 0{,}369 \cdot 14{,}17 \cdot 0{,}18 \cdot 1{,}40 = 1{,}32 \text{ MN}$

$\Delta F_{cd} = 0{,}319 \text{ MN} < 1{,}32 \text{ MN}$

Druckstrebentragfähigkeit ausreichend.

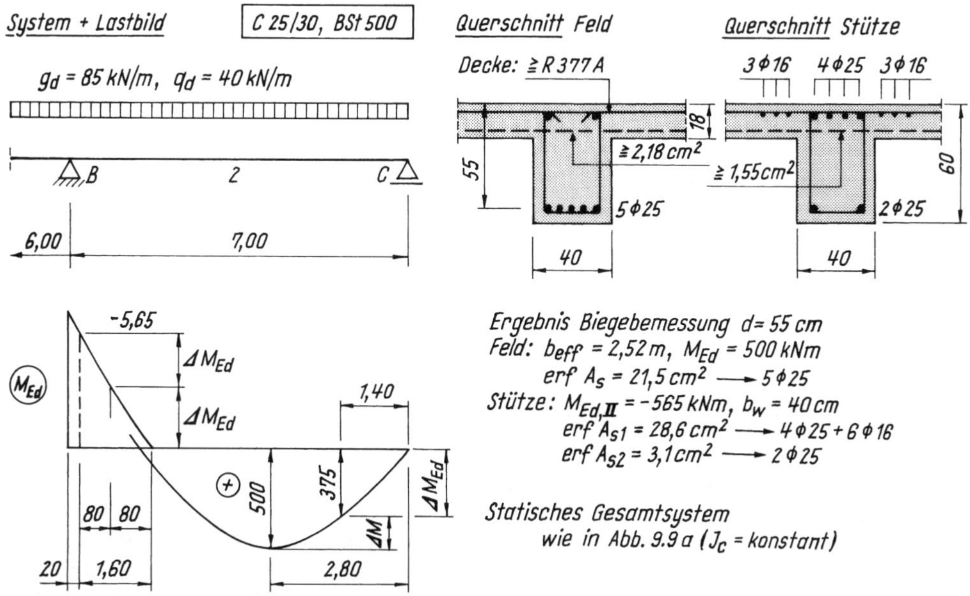

Abb. 9.21 Anschluss von Gurten: Anwendungsbeispiel

Anschlussbewehrung, vgl. (9.9)

Betonstahl BSt 500: $f_{yd} = 435 \text{ N/mm}^2$

$$a_{sf} = \Delta F_{cd}/(f_{yd} \cdot a_v \cdot 1{,}20)$$

$$a_{sf} = \frac{0{,}319 \cdot 10^4}{435 \cdot 1{,}40 \cdot 1{,}20} = 4{,}36 \text{ cm}^2/\text{m}$$

oben: vorh $a_s \geqq 3{,}77 \text{ cm}^2 > 4{,}36/2 = 2{,}18 \text{ cm}^2$

unten: Mindestbewehrung $a_s = 2{,}18 \text{ cm}^2/\text{m}$ als Anschlussbewehrung einbauen.

Bemerkung:

Für den mittleren Bereich ist der Bemessungswert der einwirkenden Längsschubkraft aus der Differenz der Momente M_{Ed} (= 500 kNm) – M_{Ed} (= 375 kNm) (Abb. 9.21) zu bestimmen.

b) Anschluss Zuggurt

$2 \cdot a_v = 1{,}60 \text{ m}$ vgl. Abb. 9.21

Einwirkend nach (9.7) und Abb. 9.21:

$A_s = 31{,}7 \text{ cm}^2$ (6 Ø 16 + 4 Ø 25), $A_{sa} = 6{,}0 \text{ cm}^2$ (3 Ø 16)

$\Delta M_{Ed} = 565/2 = 283 \text{ kNm}$, $z = 0{,}9 \cdot 0{,}55 \text{ m}$

$$\Delta F_{sd} = \frac{\Delta M_{Ed}}{z} \cdot \frac{A_{sa}}{A_s} = \frac{283}{0{,}9 \cdot 0{,}55} \cdot \frac{6{,}0}{31{,}7} = 108 \text{ kN}$$

Druckstrebentragfähigkeit, vgl. (9.10)

$f_{cd} = 14{,}17 \text{MN/m}^2$, $h_f = 0{,}18 \text{ m}$, $a_v = 0{,}80 \text{ m}$

$\Delta F_{sd} = 0{,}108 \text{ MN} < 0{,}375 \cdot 14{,}17 \cdot 0{,}18 \cdot 0{,}80 = 0{,}765 \text{ MN}$

Druckstrebentragfähigkeit ausreichend.

Anschlussbewehrung, vgl. (9.10)

$$a_{sf} = \Delta F_{sd} / (f_{yd} \cdot a_v) = \frac{0{,}108 \cdot 10^4}{435 \cdot 0{,}80}$$

$$a_{sf} = 3{,}10 \text{ cm}^2/\text{m}$$

oben: vorh $a_s \geqq 3{,}77 \text{ cm}^2/\text{m} > 3{,}10/2 = 1{,}55 \text{ cm}^2/\text{m}$

unten: Mindestbewehrung $a_s = 1{,}55 \text{ cm}^2/\text{m}$ als Anschlussbewehrung einbauen.

9.5 Schubkraftübertragung in Arbeitsfugen

9.5.1 Grundlagen, Nachweisform

Bei Stahlbetonüberzügen gem. Abb. 9.22 ist eine monolithische Ausführung praktisch nicht möglich. Zwischen Deckenplatte und Stegbeton befindet sich eine Arbeitsfuge. Der Stegbeton wird dabei häufig erst zusammen mit dem nachfolgenden Betonierabschnitt eingebracht, die Deckenplatte muss im Bereich des Überzuges entsprechend lange eingeschalt und unterstützt bleiben. Eine Profilierung der Arbeitsfuge wird durch die aus der Platte in den Steg hineinreichende Querkraftbewehrung erschwert, sehr oft verbleibt die Betonoberfläche nach dem Verdichten im Stegbereich ohne weitere Nachbehandlung.

Die Regelungen zur Schubkraftübertragung in Fugen in DIN 1045-1 gelten für

- Fugen zwischen nebeneinander liegenden Fertigteilen sowie
- Fugen zwischen einem vorgefertigten Bauteil mit Ortbetonergänzung und
- Fugen zwischen nacheinander betonierten Ortbetonbauteilen.

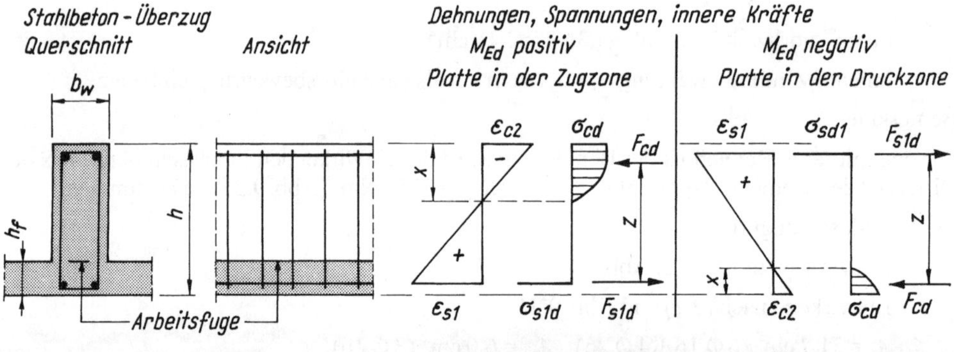

Rauigkeitsbeiwerte β_{ct} und Reibungsbeiwerte μ gem. DIN 1045-1:

Fugenbreite (Kontaktfläche): $b = b_w$
Bei Zug rechtwinklig zur Fuge ist bei rauen oder glatten Fugen zu setzen: $\beta_{ct} = 0$

Oberflächenbeschaffenheit vgl. DIN 1045-1, 10.3.6	β_{ct}	μ
verzahnt (vgl. Abb. 9.23)	2,4	1,0
rau	2,0	0,7
glatt	1,4	0,6
sehr glatt	0	0,5

Abb. 9.22 Zur Schubkraftübertragung bei Überzügen

Die Tragfähigkeit der Fuge ist wesentlich abhängig von der Rauigkeit der Fuge und von der Größe der die Fuge kreuzenden Bewehrung. Die Oberflächenbeschaffenheit wird beschrieben durch Rauigkeitsbeiwerte β_{ct}. Wenn im Fugenbereich *Druck*normalkräfte wirken, darf eine Erhöhung der Fugentragfähigkeit durch Reibungskräfte angesetzt werden, dies wird erfasst durch Reibungsbeiwerte μ. Die Beiwerte β_{ct} und μ gem. DIN 1045-1 sind in Abb. 9.22 mit aufgenommen. Die Oberflächenbeschaffenheit ist ausführlich in DIN 1045-1, 10.3.6 und ergänzend in Heft 525 [80.6] definiert. Eine Betonoberfläche, die nach dem Verdichten des Betons ohne weitere Behandlung verbleibt, gilt hiernach als „glatt".

Das allgemein gültige Nachweisformat $E_d \leqq R_d$ gem. (2.1) gilt auch für die Nachweise im Bereich von Schubfugen. Hiernach ist der Bemessungswert der in der Fuge einwirkenden Schubkraft v_{Ed} zu vergleichen mit vom Bauteil in der Fuge aufnehmbaren Schubkräften v_{Rd}.

$$v_{Ed} \leqq v_{Rd} \tag{9.11}$$

Für die einwirkende Schubkraft v_{Ed} je Längeneinheit darf gem. DIN 1045-1 gesetzt werden

$$v_{Ed} = \frac{F_{cdj}}{F_{cd}} \cdot \frac{V_{Ed}}{z} \tag{9.12}$$

Hierin ist im betrachteten Querschnitt

F_{cdj}	Bemessungswert des über die Fuge zu übertragenden Längskraftanteils; bei reiner Biegung ($N_{Ed} = 0$) somit der über die Fuge zu übertragende Anteil der Biegedruckkraft.
$F_{cd} = M_{Ed}/z$	Bemessungswert der Gurtlängskraft infolge Biegung
V_{Ed}	Bemessungswert der Querkraft
$z \approx 0{,}9 \cdot d$	Hebelarm der inneren Kräfte

Aus Abb. 9.22 ist ersichtlich, dass bei Stahlbetonüberzügen im Regelfall die *gesamte* Druckkraft F_{cd} in der Fuge zu übertragen ist. Dann ist $F_{cdj} = F_{cd}$ und $v_{Ed} = V_{Ed}/z$. Der Einfluss von Druckspannungen im Steg bei $x > h_f$ und negativem Moment ist vernachlässigbar.

Bei der Ermittlung der in der Fuge aufnehmbaren Schubkraft wird wie bei der Querkraftbemessung unterschieden zwischen Fugen ohne Verbundbewehrung und bewehrten Fugen. Bei Stahlbetonüberzügen ist stets eine Bügelbewehrung vorhanden, Konstruktionen ohne Bewehrung sind möglich im Fertigteilbau und bei Fugen zwischen Wand- und Deckenelementen.

Ohne Anordnung einer Verbundbewehrung gilt für den Bemessungswert der aufnehmbaren Schubkraft in Fugen (Betontraganteil) gem. DIN 1045-1, 10.3.6

$$v_{Rd,ct} = (0{,}042 \cdot \eta_1 \cdot \beta_{ct} \cdot f_{ck}^{1/3} - \mu \cdot \sigma_{Nd}) \cdot b \tag{9.13}$$

Hierin ist (vgl. auch Text der Norm)

$\eta_1 = 1{,}0$	für Normalbeton
β_{ct}	Rauigkeitsbeiwert (Abb. 9.22)
μ	Reibungsbeiwert (Abb. 9.22)
σ_{Nd}	Normalspannung senkrecht zur Fuge ($\sigma_{Nd} < 0$ als Druckspannung) $\sigma_{Nd} = n_{Ed}/b \geqq -0{,}6 \cdot f_{cd}$ in N/mm^2
n_{Ed}	unterer Bemessungswert der Normalkraft senkrecht zur Fuge (vgl. Abb. 9.23)
b	Fugenbreite

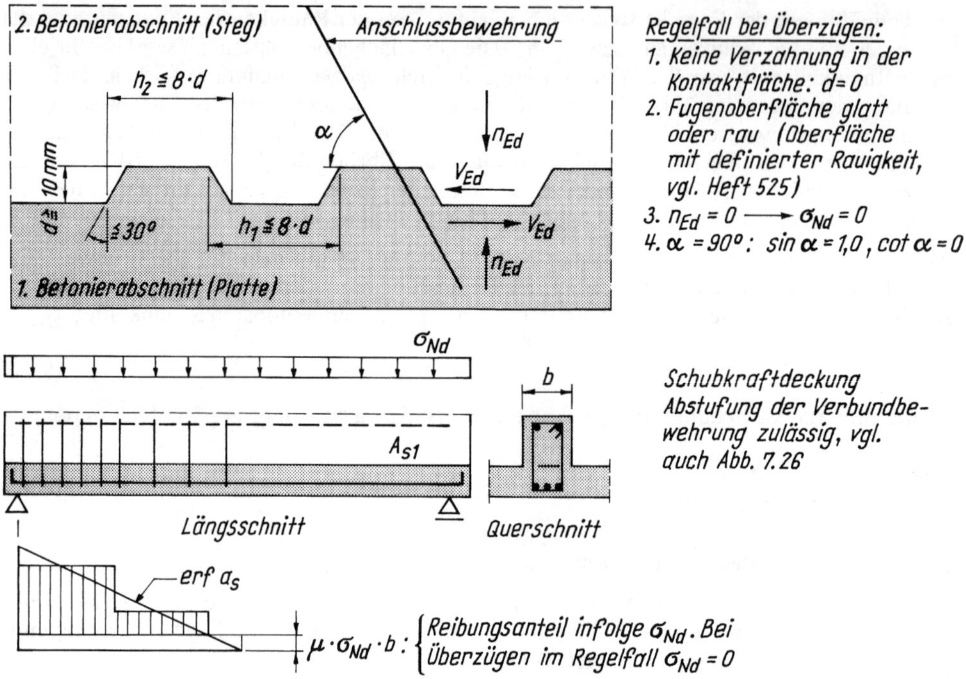

Abb. 9.23 Ausführung einer Verzahnung, Abstufung der Verbundbewehrung

Wie bei der Querkrafttragfähigkeit ohne rechnerisch erforderliche Bewehrung wird der Einfluss der Betonzugfestigkeit über $f_{ck}^{1/3}$ erfasst, vgl. (7.9). Für Zugnormalkräfte in der Fuge ($\sigma_{Nd} > 0$) ist der Reibungsanteil $\mu \cdot \sigma_{Nd} = 0$, der Rauigkeitsbeiwert β_{ct} darf bei Normalspannungen $\sigma_{Nd} > 0$ nur bei verzahnten Fugen angesetzt werden. Hieraus folgt, dass bei $\sigma_{Nd} > 0$ bei rauen, glatten und sehr glatten Fugen der Betontraganteil $v_{Rd,ct} = 0$ ist. In diesen Fällen ist stets eine Fugenbewehrung anzuordnen.

Eine Verbundbewehrung ist erforderlich, wenn die einwirkende Querkraft v_{Ed} größer ist als der Betontraganteil $v_{Rd,ct}$. Die Größe der erforderlichen Bewehrung ist dann mit einem Fachwerkmodell zu ermitteln. Wie beim Nachweis der Querkraftbewehrung sind für die zulässige Neigung der Druckstreben Grenzwerte einzuhalten, innerhalb dieser Grenzwerte ist der Neigungswinkel frei wählbar. Die Grenzwerte sind indirekt vom Rauigkeitsbeiwert und direkt vom Reibungsbeiwert abhängig. Für cot Θ gilt gem. DIN 1045-1, 10.3.6 für Normalbeton, vgl. hierzu (7.16):

$$\cot \Theta \leqq \frac{1{,}2 \cdot \mu - 1{,}4 \cdot \sigma_{cd}/f_{cd}}{1 - v_{Rd,ct}/v_{Ed}} \quad \begin{matrix} \geqq 1{,}0 \\ \leqq 3{,}0 \end{matrix} \tag{9.14}$$

Hierin ist:

σ_{cd}	Bemessungswert der Längsspannung im anzuschließenden Gurtteil, $\sigma_{cd} < 0$ als Druckspannung.
$v_{Rd,ct}$	nach Gleichung (9.13)

Der Bemessungswert der aufnehmbaren Schubkraft in Abhängigkeit von der die Fuge kreuzenden Bewehrung beträgt

$$v_{Rd,sy} = a_s \cdot f_{yd} \cdot (\cot \Theta + \cot \alpha) \cdot \sin \alpha - \mu \cdot \sigma_{Nd} \cdot b \quad (9.15)$$

Hierin ist

a_s	Querschnitt der Verbundbewehrung je Längeneinheit
α	Winkel der die Fuge kreuzenden Bewehrung, vgl. Abb. 9.23

Bei Balken und Plattenbalken ist als Querkraftbewehrung immer eine Bügelbewehrung vorhanden, die die Aufgabe der Verbundbewehrung mit übernimmt. Für diese Bewehrung ist $\alpha = 90°$, $\cot \alpha = 0$ und $\sin \alpha = 1{,}0$. Durch *Druck*-Normalspannungen senkrecht zur Fuge wird infolge der Reibung die erforderliche Verbundbewehrung vermindert, bei Zugnormalspannungen entsprechend vergrößert. Der Betontraganteil nach (9.13) bleibt bei der Bewehrungsermittlung außer Ansatz, weil bereits bei geringen Verschiebungen im Fugenbereich $v_{Rd,ct} = 0$ wird; dann ist die Spannung in der Verbundbewehrung $\sigma_s \ll f_{yd}$ [1.5]. Die geringste erforderliche Verbundbewehrung ergibt sich, wenn $v_{Ed} = v_{Rd,sy}$ gesetzt wird:

$$v_{Ed} = v_{Rd,sy} = a_s \cdot f_{yd} \cdot \cot \Theta - \mu \cdot \sigma_{Nd} \cdot b \quad (9.16)$$

Hierin beschreibt der Term $\mu \cdot \sigma_{Nd} \cdot b$ den günstigen Einfluss der Reibung bei Druck-Normalspannungen. Bei Stahlbetonüberzügen erzeugt die angehängte Deckenlast eine Zugnormalspannung in der Fuge, wir setzen daher $\sigma_{Nd} = 0$ und erhalten für die erforderliche Verbundbewehrung

$$a_s = \frac{v_{Ed}}{f_{yd} \cdot \cot \Theta} \qquad \boxed{\alpha = 90°,\ n_{Ed} = 0} \quad (9.17)$$

Der Einfluss der angehängten Deckenlast (Zugnormalspannung) ist bereits bei der Querkraftbemessung als Aufhängebewehrung erfasst, vgl. Abb. 7.28.

Wie bei der Querkraftbemessung darf eine Abstufung der Verbundbewehrung entsprechend der Größe der einwirkenden Schubkraft erfolgen, vgl. Abb. 9.23.

9.5.2 Anwendungsbeispiel

Der in Abb. 9.24 dargestellte Stahlbetonüberzug wird beansprucht durch angehängte Deckenlasten von 50 kN/m sowie durch Eigenlast und aufstehendes Mauerwerk von 30 kN/m. Hieraus resultiert die Gesamtbelastung $g_d + q_d = 80$ kN/m. Die maßgebenden Schnittgrößen wurden durch Vergleichsrechnung bestimmt, Ergebnisse und Bemessung vgl. Abb. 9.24. Im Rahmen dieses Beispiels sind die erforderlichen Nachweise für die Schubfuge zu führen.

Durchführung

Arbeitsfuge ohne Behandlung nach dem Verdichten: Arbeitsfuge „glatt“

DIN 1045-1, 10.3.6 (4): $\beta_{ct} = 0$

Fuge steht unter Zugspannungen $(\sigma_{Nd} > 0)$: $\mu \cdot \sigma_{Nd} = 0$

Mit (9.13) folgt: $v_{Rd,ct} = 0$

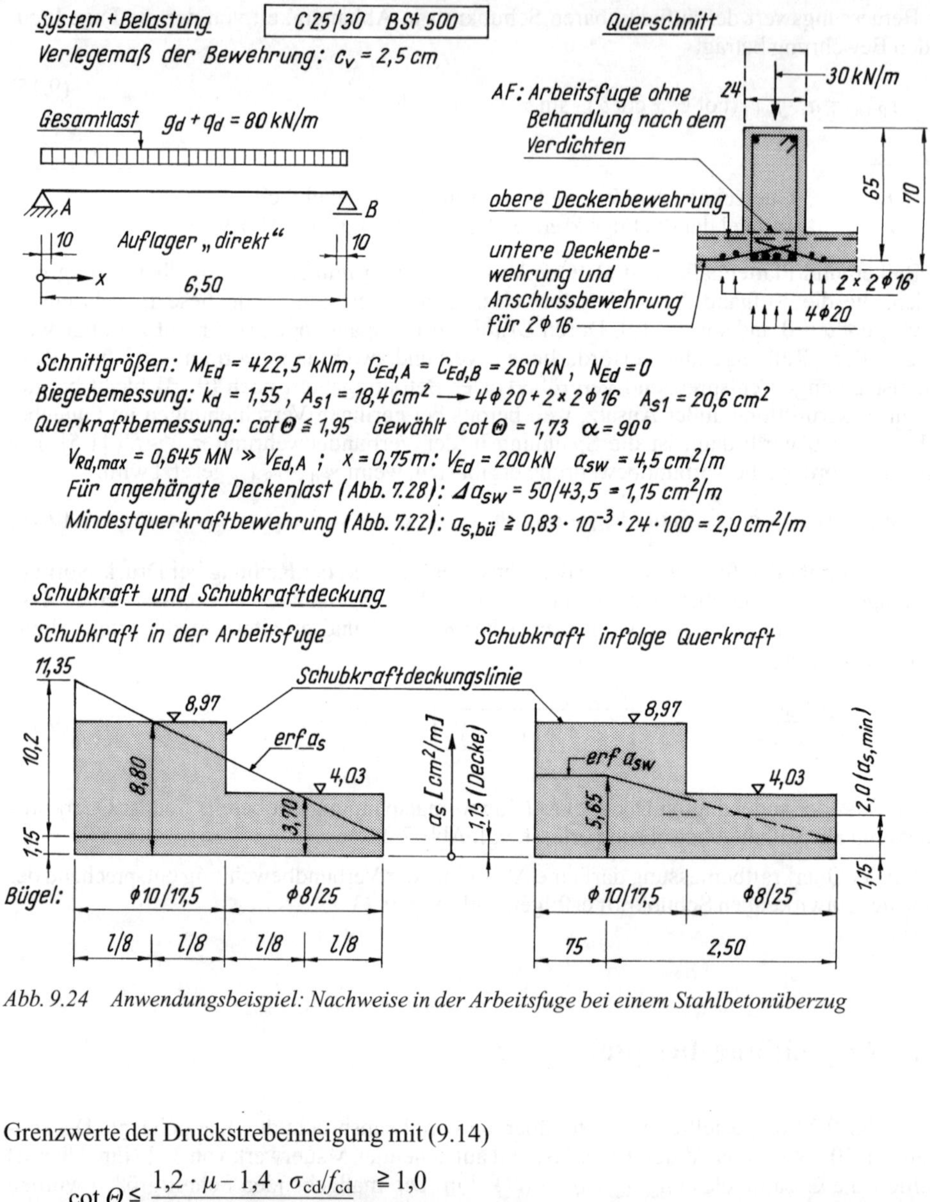

Abb. 9.24 Anwendungsbeispiel: Nachweise in der Arbeitsfuge bei einem Stahlbetonüberzug

Grenzwerte der Druckstrebenneigung mit (9.14)

$$\cot \Theta \leqq \frac{1{,}2 \cdot \mu - 1{,}4 \cdot \sigma_{cd}/f_{cd}}{1 - \nu_{Rd,ct}/\nu_{Ed}} \quad \begin{matrix} \geqq 1{,}0 \\ \leqq 3{,}0 \end{matrix}$$

Hierin: $\mu = 0{,}6$

$\sigma_{cd} = 0$, weil $N_{Ed} > 0$ und damit $\sigma_{cd} = N_{Ed}/A_c = 0$

Es wird mit $\cot \Theta = 1{,}0$ ($\Theta = 45°$) gerechnet.

Einwirkende Längsschubkraft mit (9.12)

Gesamtschubkraft (Bereich $x = 0$ bis $x = l/2$)

$V_{Ed} = C_{Ed,A} = 260$ kN, $z = 0{,}9 \cdot d$, $d = 0{,}65$ m

$F_{cdj} = F_{cd} = M_{Ed}/z = 422{,}5/(0{,}9 \cdot 0{,}65) = 722$ kN

An der Stelle $x = 0$ mit $F_{cdj} = F_{cd}$

$$v_{Ed} = \frac{F_{cdj}}{F_{cd}} \cdot \frac{V_{Ed}}{z} = \frac{260}{0{,}9 \cdot 0{,}65} = 444 \text{ kN/m}$$

Mit (9.17), $\cot \Theta = 1{,}0$, $f_{yd} = 43{,}5$ kN/cm² erhält man als Verbundbewehrung bei $x = 0$:

$a_s = v_{Ed}/f_{yd} = 444/43{,}5 \quad = 10{,}2$ cm²/m

Gewählte Verbund- und Querkraftbewehrung

$0 \leqq x \leqq l/4$ und $0{,}75 \cdot l \leqq x \leqq l$ vgl. Abb. 9.24

Bügel Ø 10, $s = 17{,}5$ cm vorh $a_{sbü} = 8{,}97$ cm²/m

erf $a_{s,bü} = 10{,}2 \cdot 0{,}75 + 1{,}15 \quad = 8{,}80$ cm²/m

Querkraft- und Aufhängebewehrung bei A:

erf $a_{sbü} = 4{,}5 + 1{,}15 \quad = 5{,}65$ cm²/m

Bereich $l/4 \leqq x \leqq (3/4) \cdot l$

Bügel Ø 8, $s = 25$ cm vorh $a_{s,bü} = 4{,}03$ cm²/m

erf $a_{s,bü} = 10{,}2 \cdot 0{,}25 + 1{,}15 \quad = 3{,}70$ cm²/m

Querkraft- und Aufhängebewehrung

erf $a_{s,bü} = 2{,}0$ ($= a_{s,min}$) $+ 1{,}15 \quad = 3{,}15$ cm²/m

Die Schubkraftdeckungslinie ist in Abb. 9.24 mit aufgetragen.

9.6 Konstruktive Besonderheiten

9.6.1 Einzellasten

Die mitwirkende Breite b_{eff} wird am Angriffspunkt einer Einzellast stark reduziert, bei Berücksichtigung einer Lastverteilung innerhalb des Last aufnehmenden Bauteils wird die Einschnürung gemildert, vgl. Abb. 9.25. Da für die mitwirkende Breite b_{eff} gem. (9.1) ein sehr vorsichtiger Ansatz gewählt wurde, ist eine rechnerische Berücksichtigung der Einschnürung bei einer Bemessung gem. DIN 1045-1 nicht erforderlich.

Beim Nachweis des Anschlusses von Gurtplatten an den Steg sind wir im Abschn. 9.4.2 von einem *gleichmäßigen* Schubfluss innerhalb der Bezugslänge a_v ausgegangen. Bei wesentlichen Einzellasten treten nach Abb. 9.26 jedoch am Angriffspunkt der Einzellast konzentrierte Horizontalkräfte im in der Decke anzusetzenden Fachwerkmodell für den Gurtplattenanschluss auf. Am Angriffspunkt der Einzellast sollte daher eine zusätzliche Querbewehrung in der Platte angeordnet werden, vgl. hierzu [2.7].

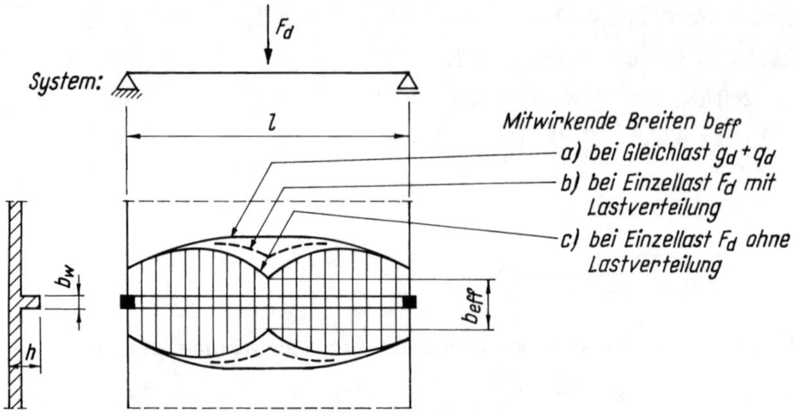

Abb. 9.25 Einschnürung der mitwirkenden Plattenbreite bei Einzellasten

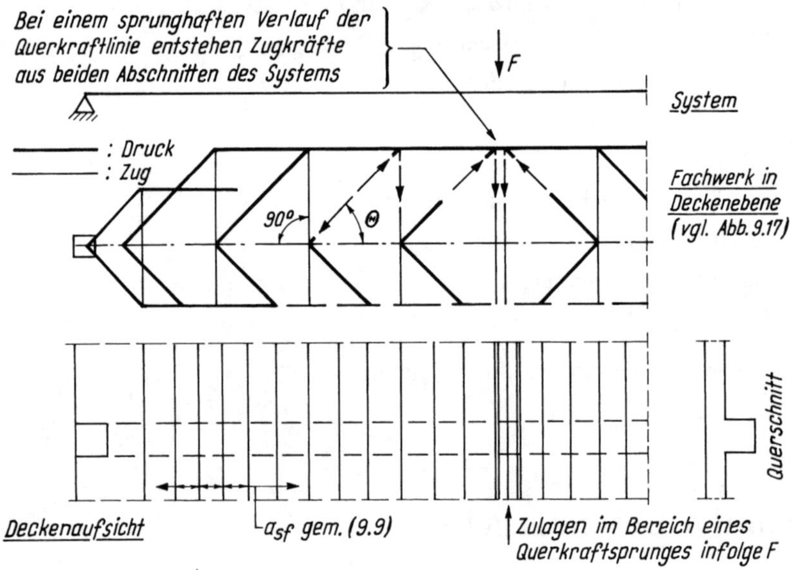

Abb. 9.26 Zur Anschlussbewehrung von Gurten bei Wirkung wesentlicher Einzellasten (nach [2.7])

9.6.2 Unbeabsichtigte Stützungen, unbeabsichtigte Einspannungen

Die Deckenplatte ist stets wesentlich weicher als der Unterzug, die Verformung der Platte ist daher immer größer als die Plattendurchbiegung, vgl. Abb. 9.27. Im Bereich des Unterzuges führt dies bei der Platte zu einer zweiachsigen Tragwirkung für die Platte, auch wenn diese einachsig, parallel zum Unterzug bemessen wird. Bei der Schnittkraftermittlung von parallel zur Deckenspannrichtung gespannten Balken ist ein angemessener Lastanteil der Platte zu berücksichtigen. Die Größe dieses Lastanteils ist vorwiegend abhängig vom Verhältnis der

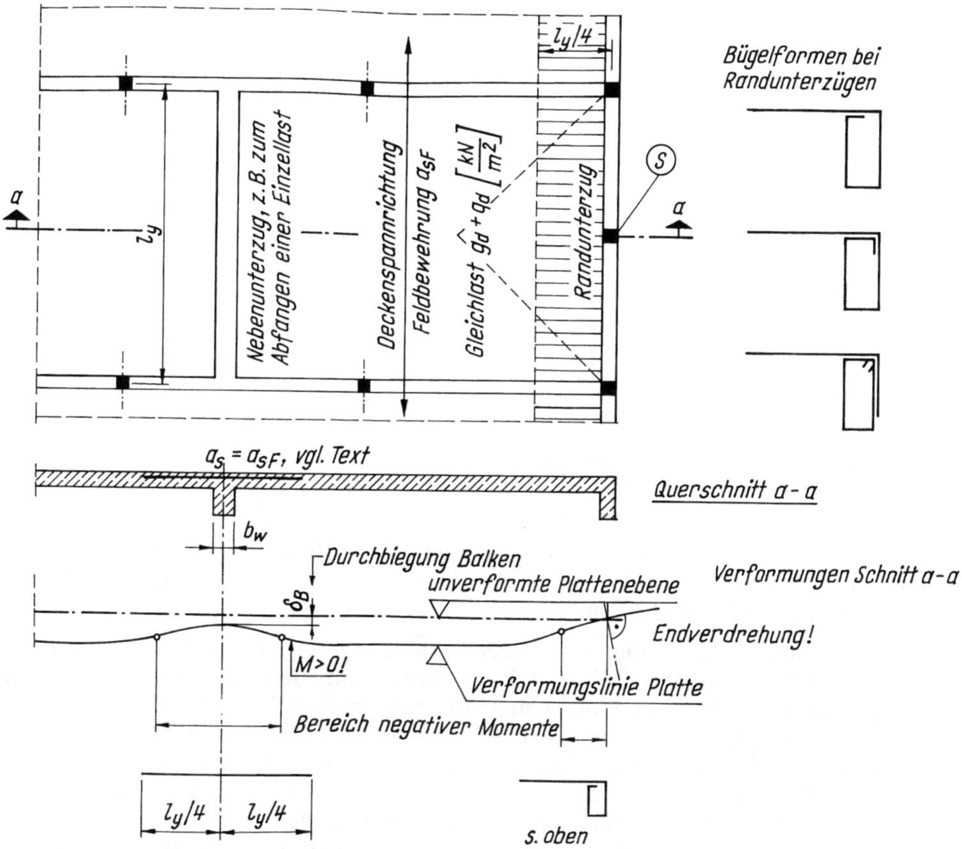

Abb. 9.27 Unbeabsichtigte Stützungen

Steifigkeiten von Platte und Balken. Ausführliche Angaben hierzu findet man bei *Stiglat/ Wippel* [1.7]. Häufig wird für diese *Streichlast* ein Lastanteil gem. (9.28) angesetzt, dieser Anteil ergibt sich auch für mittlere Steifigkeitsverhältnisse von Platte und Unterzug nach [1.7], vgl. hierzu Abb. 9.27.

$$\Delta(g_d + q_d) = (g_d + q_d) \cdot l_y/4 \qquad (9.18)$$

Der Ansatz gilt für Randbalken; für einen Innenunterzug parallel zur Deckenspannrichtung sind diese Lastanteile zu verdoppeln. Mit der Last $\Delta(g_d + q_d)$ werden die erforderlichen Nachweise für den Unterzug (Biegebemessung, Querkraftbemessung usw.) geführt. Für die *Lastweiterleitung* bleibt dieser Lastanteil im Regelfall außer Ansatz, da die Deckenlasten über die Längsunterzüge (Abb. 9.27) erfasst sind. Ausgenommen hiervon sind Bauteile, die planmäßig keine Deckenlasten erhalten, z. B. die Stütze „S" in Abb. 9.27.

Im Bereich einer bei der Deckenbemessung nicht berücksichtigten Stützung erfolgt der Lastabtrag der Decke in Richtung zu dieser Stützung, die Plattenmomente in Haupttragrichtung verschwinden vollständig. Die Querbiegemomente über der nicht berücksichtigten Stützung erreichen nach *Leonhardt* [20] die Größe des Feldmomentes der benachbarten, einachsig gerechneten Platte. Hieraus folgt die Empfehlung, rechtwinklig zur nicht berücksichtigten

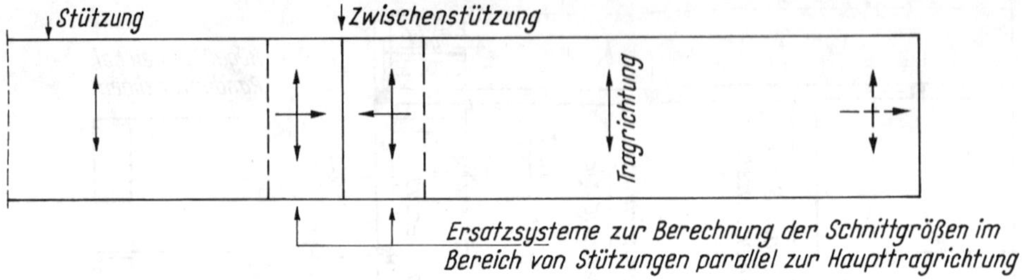

Abb. 9.28 Zur Schnittgrößenermittlung bei unbeabsichtigten Stützungen

Stützung den gleichen Querschnitt einzulegen wie im benachbarten ungestörten Feldbereich: $a_{s,oben} = a_{s,Feld}$. Eine rechnerische Bestimmung der zu erwartenden Schnittgrößen über einer Stützung gleichlaufend zur Deckenspannrichtung ist möglich, wenn gem. Abb. 9.28 eine Aufteilung der Platte in einachsig und dreiseitig gelagerte Plattenteile erfolgt, vgl. hierzu auch Abschn. 10.

Aus dem in Abb. 9.27 angedeuteten Verformungsverhalten ist abzulesen, dass neben einer nicht erfassten Innenstützung auch kleinere positive Momente in Plattenquerrichtung vorhanden sind. Zur Abdeckung dieser Momente reicht die Querbewehrung gem. (4.6) aus.

Bei der Systemfestlegung von Platten wird frei drehbare Lagerung über den Stützungen angesetzt, vgl. Abschn. 3.5.2. Wenn an Endauflagern Platten mit einem Randunterzug biegefest verbunden sind, liegt hier eine unbeabsichtigte Einspannung vor, dies gilt z. B. für den Randbalken Pos. 10 in Abb. 9.8. Auch bei Randbalken parallel zur Deckenspannrichtung ist nach Abb. 9.27 die freie Drehbarkeit am Deckenrand nicht gewährleistet. In beiden Fällen ist die Größe dieser unbeabsichtigten Einspannung stark abhängig von der Torsionssteifigkeit der Unterzüge und von der Steifigkeit der Stützen zur Aufnahme dieser Torsionsmomente unterhalb der Unterzüge. Rechnerisch werden die *Randeinspannmomente* nicht berücksichtigt, konstruktive Maßnahmen werden jedoch getroffen, um die unkontrollierte Bildung breiter Risse zu verhindern. Im Regelfall genügt es, die Bügel in die Decke zu klappen, ein Schließen der Bügel wie im Zugbereich (Abb. 7.24) ist vorteilhaft. Das Verlegen der Deckenbewehrung wird erleichtert, wenn statt der abgebogenen Bügelschenkel mit Zulagewinkeln gearbeitet wird, vgl. hierzu Abb. 9.27. Diese obere Bewehrung zwischen Randunterzug und Platte dient auch als Anschlussbewehrung a_{sf} für die Gurtplatte des einseitigen Plattenbalkens.

9.6.3 Hinweise zur Bewehrung

Bei Plattenbalken mit Gurtplatte im Zugbereich zeigte sich schon bei den Stuttgarter Versuchen [60.10], dass bei einer Konzentration der Bewehrung im Balkensteg breite Risse in der Platte neben dem Steg zu beobachten sind. Diese Rissbildung wird vermieden, wenn ein Teil der Bewehrung außerhalb des Steges in der Platte verlegt wird. Es wird daher empfohlen, etwa 50 % der Gesamtbewehrung in die Platte auszulagern, vgl. auch [1.11]. Nach DIN 1045-1, 13.2.1 darf diese Bewehrung in der Platte höchstens auf eine Breite gleich der halben mitwirkenden Breite b_{eff} verlegt werden. Für die in die Platte ausgelagerte Bewehrung soll der Stahldurchmesser auf etwa $d_s \leqq h_f/10$ beschränkt werden, vgl. Abschn. 4.5.2. Da für den Plattenbereich praktisch immer mit „guten Verbundbedingungen“ gem. Abb. 7.35 gerechnet werden kann, ergeben sich für dieser Stäbe kurze Verankerungslängen $l_{b,net}$. Nach DIN 1045-1, 13.2.2 ist das Versatzmaß a_l

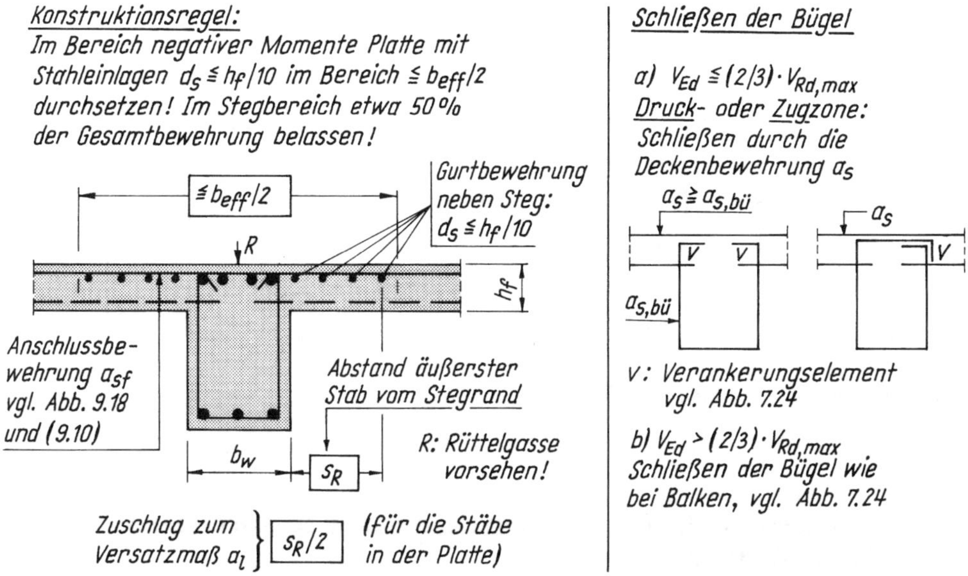

Abb. 9.29 Bewehrung von Balken im Bereich negativer Momente, Schließen der Bügel im Bereich von Gurtplatten

um den Abstand der einzelnen Stäbe vom Steganschnitt zu erhöhen. Hiermit wird der Einfluss der schrägen Druckstreben in der Platte auf die Größe der Zugkraft berücksichtigt. In Abb. 9.29 sind die angeführten Regeln zur Bewehrung von Plattenbalken im Zugbereich zusammengestellt.

Das Schließen der Bügel darf gem. DIN 1045-1, 12.7 durch die obere durchgehende Deckenbewehrung erfolgen, solange die einwirkende Querkraft V_{Ed} höchstens 2/3 der maximalen Querkrafttragfähigkeit $V_{Rd,max}$ beträgt (V_{Ed} vgl. Abschn. 7.3, $V_{Rd,max}$ vgl. Abschn. 7.5.3). Der Querschnitt a_s der oberen, durchgehenden Deckenbewehrung sollte mindestens so groß sein wie die Querschnittsfläche der nicht geschlossenen Bügel. Für Werte $V_{Ed} > (2/3) \cdot V_{Rd,max}$ gelten bezüglich des Schließens der Bügel die Regelungen für Balken, vgl. hierzu Abb. 9.29.

In den Stegen schwach bewehrter hoher Balken ist nach Abb. 6.9 die Bildung breiter Sammelrisse möglich. Im Abschn. 6.2.9 wurde darauf hingewiesen, dass gem. DIN 1045-1, 11.2.2 ein *angemessener* Teil der mit (6.26) ermittelten Mindestbewehrung zur Begrenzung der Rissbreiten außerhalb des Wirkungsbereiches dieser Bewehrung über die Zugzone zu verteilen ist. Nach *Schlaich/Schäfer* [1.11] sollte bei Zugzonenhöhen $(h - x) > 50$ cm eine Längsbewehrung zwischen Biegezugbewehrung und Nulllinie im Abstand von 15-30 cm eingebaut werden. Als Stabdurchmesser wird $d_s = 8$ mm bis $d_s = 10$ mm empfohlen. Bei der Festlegung der Gurtbewehrung darf diese Bewehrung unter Berücksichtigung von Lage und Dehnungszustand berücksichtigt werden, im Hochbau ist dies kaum lohnend. In Abb. 9.30 sind diese konstruktiven Angaben zur Stegbewehrung hoher Balken zusammengestellt. Im folgenden Abschnitt werden Vorschriften zur Mindestbewehrung bei profilierten Querschnitten erläutert.

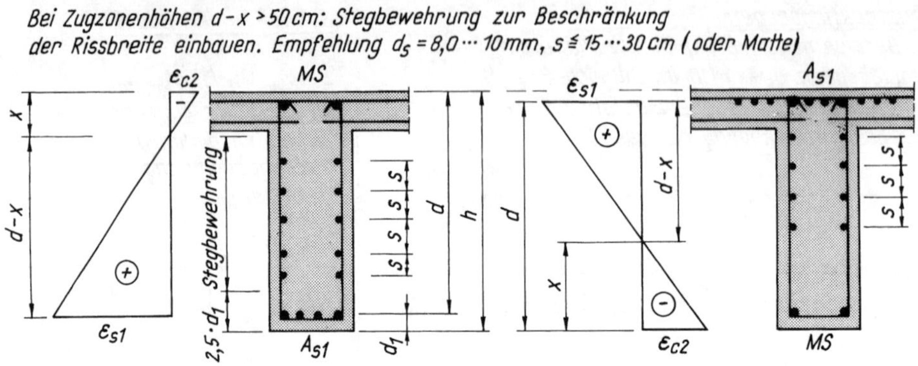

Abb. 9.30 Zur Stegbewehrung hoher Balken

9.6.4 Mindestbewehrung zur Begrenzung der Rissbreite bei Plattenbalken

Die in Abb. 9.30 angegebene Stegbewehrung ist eine konstruktive Empfehlung nach *Schlaich/ Schäfer* [1.11]. Hier sollen die Grundlagen für einen rechnerichen Nachweis zur Beschränkung der Rissbreite in Zuggurten von Plattenbalken und in hohen Stegen zusammengestellt werden.

Gem. DIN 1045-1, 11.2.2 (4) ist bei profilierten Querschnitten wie Plattenbalken die Mindestbewehrung zur Beschränkung der Rissbreite für jeden Teilquerschnitt (Gurtplatte, Steg) getrennt zu ermitteln. In Abb. 9.31 ist ein Plattenbalkenquerschnitt dargestellt, der durch ein positives Moment (Platte im Druckbereich, Abb. 9.31a) und an einem anderen Querschnitt durch ein negatives Moment (Platte im Zugbereich, Abb. 9.31b) beansprucht wird. Die Ermittlung der Mindestbewehrung erfolgt nach den im Abschn. 6.3.8 besprochenen Regeln. Der Rechengang wird beispielhaft für die in Abb. 9.31 dargestellten Querschnittsabmessungen erläutert. Vor Rissbildung stellt sich eine lineare Spannungsverteilung mit Nulllinienlage in Höhe des Schwerpunktes S des Plattenbalkens ein. In Abb. 9.31 ist diese Spannungsverteilung für ein negatives Moment (Zugzone oben) angegeben.

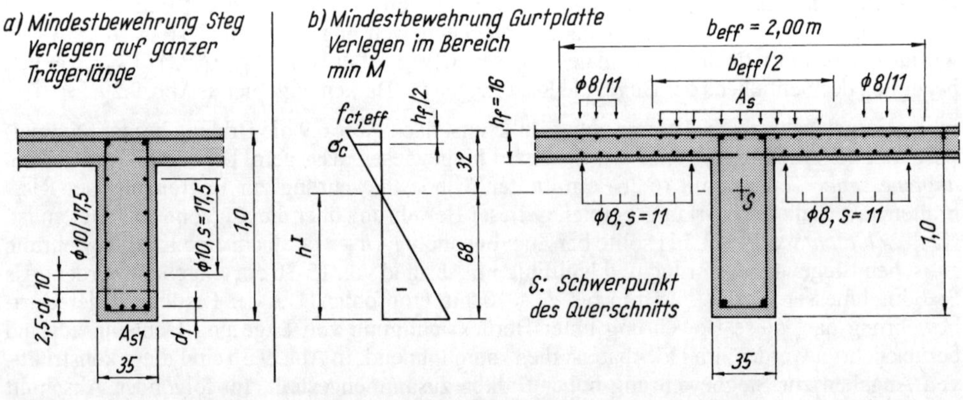

Abb. 9.31 Mindestbewehrung zur Rissbreitenbeschränkung bei hohen Plattenbalken

a) Mindestbewehrung Steg (Abb. 9.31a)

$$A_s = k_c \cdot k \cdot f_{ct,eff} \cdot A_{ct} / \sigma_s$$

$$k_c = 0{,}4 \left(1 + \frac{\sigma_c}{k_1 \cdot f_{ct,eff}}\right) \leqq 1{,}0$$

Es wird zentrischer Zwang im Steg angenommen. Damit ist in der Schwerlinie des Teilquerschnitts „Steg“ $\sigma_c = f_{ct,eff}$ und $k_1 = 2/3$ (Zugnormalkraft). Mit den Erläuterungen zu (6.26) ergibt sich

$$k_c = 1{,}0, \quad f_{ct,eff} = 0{,}5 \cdot f_{ctm} \qquad \text{vgl. (6.27)}$$

Für Beton C 25/30 ist gem. Abb. 1.8

$$f_{ctm} = 2{,}6\ \text{N/mm}^2: \quad f_{ct,eff} = 1{,}3\ \text{N/mm}^2$$

Beiwert k (im Bauteil selbst hervorgerufener Zwang): Für k ist der kleinere Wert von Höhe oder Breite des Teilquerschnitts zu setzen [7]. Hier mit (6.28):

$$k = 0{,}77 \qquad \text{für } h = b = 35\ \text{cm}$$

Betonzugzone vor Rissbildung

$$A_{ct} = b_w \cdot h^I = 0{,}35 \cdot 0{,}68 = 0{,}24\ \text{m}^2/\text{m}$$

Nach Abb. 6.3 gilt für die Expositionsklasse XC3 die Anforderungsklasse E und ein Rechenwert der Rissbreite $w_k = 0{,}3$ mm. Nach Abb. 6.12 ist für $\sigma_s = 280\ \text{N/mm}^2$ und $w_k = 0{,}3$ mm ein Grenzdurchmesser $d_s^* = 14$ mm ansetzbar. Gewählt wird ein Stahldurchmesser für die Rissbreitenbeschränkung von 10 mm. Kontrolle erfolgt mit der Modifikationsformel bei Abb. 6.12, ob dieser Stahldurchmesser zulässig ist:

$$d_s = d_s^* \cdot \frac{k_c \cdot k \cdot h_t}{4 \cdot (h - d)} \cdot \frac{f_{ct,eff}}{f_{ct,0}} \geqq d_s^* \cdot \frac{f_{ct,eff}}{f_{ct,0}}$$

Hierin ist: $f_{ct,0} = 3{,}0\ \text{N/mm}^2$, $f_{ct,eff} = 1{,}3\ \text{N/mm}^2$

$$k_c = 1{,}0, \quad k = 0{,}77, \quad h_t = b_w = 0{,}35\ \text{m} = h$$

$$d = h - c_{nom} - d_s/2 = 35 - 3{,}5 - 1{,}0/2 = 31\ \text{cm}$$

$$d_s = 14 \cdot \frac{1{,}0 \cdot 0{,}77 \cdot 0{,}35}{4 \cdot (0{,}35 - 0{,}31)} \cdot \frac{1{,}3}{3{,}0} = 10{,}2\ \text{mm} > 14 \cdot 1{,}3/3{,}0 = 6{,}1\ \text{mm}$$

Der gewählte Stahldurchmesser $d_s = 10$ mm ist zulässig.

$$A_s = 1{,}0 \cdot 0{,}77 \cdot 1{,}3 \cdot 0{,}24 \cdot 10^4/280 = 8{,}6\ \text{cm}^2/\text{m}$$

Gewählt an beiden Stegseiten

$$\varnothing\ 10, \quad s = 17{,}5\ \text{cm}, \quad \sum a_s = 8{,}98\ \text{cm}^2/\text{m}$$

Die Mindestbewehrung wird über die gesamte Steghöhe verteilt, beginnend etwa 10 cm außerhalb des Wirkungsbereiches der Bewehrung (Abb. 6.10). Bei durchlaufenden Systemen wird die Stegbewehrung auch im Bereich von Zwischenstützungen durchgezogen.

b) Mindestbewehrung in der Gurtplatte, vgl. Abb. 9.31b

Als Verteilungsbreite wird mit $b_{eff} = 2{,}00$ m gerechnet.

$$A_s = k_c \cdot k \cdot f_{ct,eff} \cdot A_{ct}/\sigma_s$$

$$k_c = 0{,}4 \cdot \left(1 + \frac{\sigma_c}{k_1 \cdot f_{ct,eff}}\right) \leqq 1{,}0$$

σ_c ist die Betonspannung in der Schwerlinie des Teilquerschnitts „Gurtplatte".
Mit $f_{ct,eff} = 3{,}0$ N/mm² erhält man nach Abb. 9.31b

$$\sigma_c = 3{,}0 \cdot (32 - 8)/32 = 2{,}25 \text{ N/mm}^2$$

$$k_1 = 2/3 \text{ (Zugnormalkraft)}$$

$$k_c = 0{,}4 \cdot \left(1{,}0 + \frac{2{,}25}{(2/3) \cdot 3{,}0}\right) = 0{,}85$$

$$k = 0{,}8 \quad (h = 160 \text{ mm} < 300 \text{ mm})$$

$$A_{ct} = 1{,}0 \cdot 0{,}16 = 0{,}16 \text{ m}^2/\text{m}$$

Abb. 6.12: $\sigma_s = 360$ N/mm² $\rightarrow d_s^* = 8$ mm

Modifikation auf den zulässigen Stahldurchmesser d_s:

$$d_s = d_s^* \cdot \frac{k_c \cdot k \cdot h_t}{4 \cdot (h - d)} \cdot \frac{f_{ct,eff}}{f_{ct,0}} \geqq d_s^* \cdot \frac{f_{ct,eff}}{f_{ct,0}}$$

$$d_s = 8 \cdot \frac{0{,}85 \cdot 0{,}8 \cdot 0{,}16}{4 \cdot (0{,}16 - 0{,}12)} \cdot \frac{3{,}0}{3{,}0} = 5{,}44 \text{ mm} < 8{,}0 \cdot 3{,}0/3{,}0 = 8{,}0 \text{ mm}$$

Maßgebend ist hier $d_s^* \cdot f_{ct,eff}/f_{ct,0}$

$$A_s = 0{,}85 \cdot 0{,}8 \cdot 3{,}0 \cdot 0{,}16 \cdot 10^4/360 = 9{,}1 \text{ cm}^2/\text{m}$$

Die Bewehrung wird zu gleichen Teilen an der Ober- und Unterseite der Platte verlegt.

Gewählt als Zulagen zur Deckenbewehrung parallel zum Unterzug

oben + unten Ø 8, $s = 11$ cm, $\sum a_s = 9{,}14$ cm²/m

Die Bewehrung wird verlegt in Bereichen mit Platte in der Biege*zug*zone des Balkens. Wenn bei der Deckenbewehrung mit Q-Matten konstruiert wird, sind die Zulagen neben der ausgelagerten Balkenbewehrung i. Allg. entbehrlich.

9.7 Deckengleiche Unterzüge

9.7.1 Tragverhalten

Bei der Systemfestlegung für Deckenplatten gehen wir nach Abb. 3.11 von einer linienförmigen, frei drehbaren Lagerung von Deckenplatten aus. Wenn im Bereich von Tür- oder Fensteröffnungen keine balkenförmigen Bauteile zur Deckenstützung eingebaut werden, fehlt hier diese Stützung für die vertikalen Auflagerkräfte. Diese fehlende Stützung kann in begrenztem Maße durch eine Konstruktion innerhalb der Deckenplatte ersetzt werden, man spricht dann von *deckengleichen* Unterzügen oder Blindbalken. Durch eine solche Konstruktion werden die

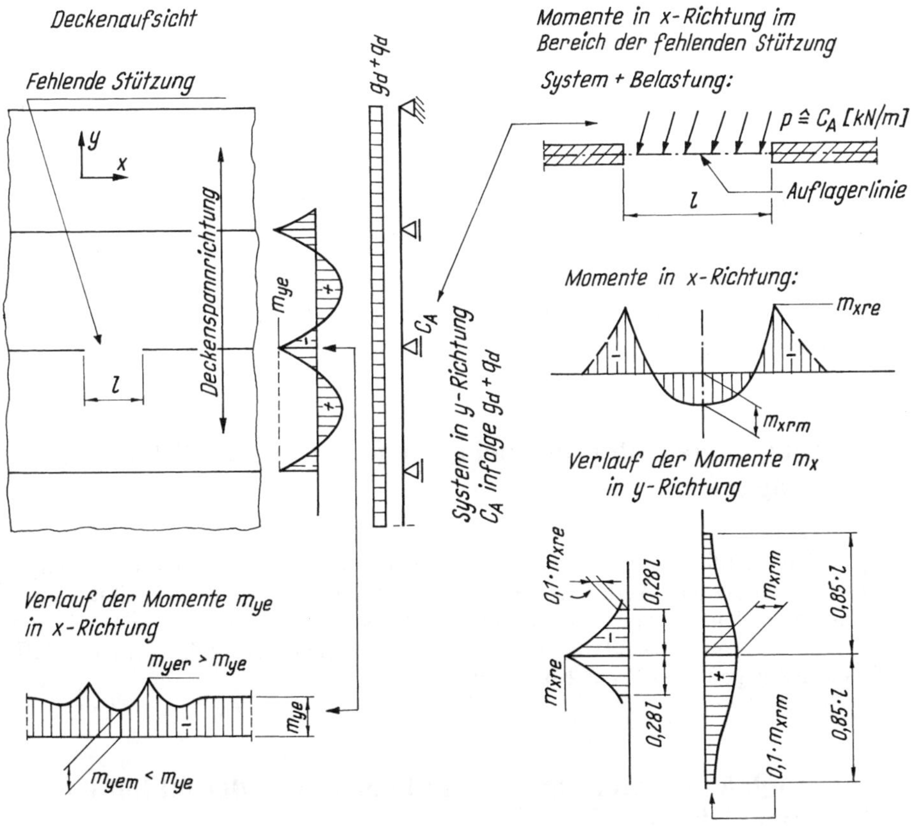

Abb. 9.32 Beispiel für die Änderung von Schnittgrößen im Bereich einer unterbrochenen Stützung (nach [1.7])

Schnittgrößen im *gesamten* benachbarten Plattenbereich beeinflusst. Hierbei ist nach [1.7] besonders zu beachten:

a) Das Stützmoment einer durchlaufenden Platte wird im Feldbereich eines deckengleichen Balkens wegen der Nachgiebigkeit der Konstruktion geringer als bei kontinuierlicher Stützung. Am Übergang zur durchgehenden Stützung ist das Plattenstützmoment wegen der annähernd punktförmigen Stützung wesentlich größer als das Moment bei kontinuierlicher Stützung, vgl. hierzu den Verlauf der Momente m_{ye} in x-Richtung in Abb. 9.32.

b) Die Feldmomente m_x senkrecht zur unterbrochenen Stützung ergeben sich insbesondere in dem der Öffnung benachbarten Bereich größer als bei kontinuierlicher Stützung, vgl. hierzu Abb. 9.32. Dies ist auf die im Öffnungsbereich fehlende direkte Stützung der Platte zurückzuführen.

Hilfstafeln und Regeln zur Schnittgrößenermittlung von Platten mit unterbrochenen Stützungen auf plattentheoretischer Grundlage findet man bei *Stiglat/Wippelt* [1.7]. Die Schnittgrößen der gesamten Platte einschließlich des Öffnungsbereichs werden dabei bestimmt aus der Superposition der Schnittgrößen einer Platte mit durchgehender Stützung. Diesen Ergebnissen überlagert werden die Schnittgrößen einer Platte mit Öffnung, die im Öffnungsbereich mit einer Linienlast p belastet wird. Hierbei entspricht p der Auflagerkaft C_A der durchgehend gestützten Platte, vgl. Abb. 9.32.

Wenn linienförmige Unterstützungen von Platten nur auf kurzen Längen einer Platte fehlen, darf die Ermittlung der Schnittgrößen, wie nachfolgend besprochen, nach dem in Heft 240 [80.14] angegebenen Näherungsverfahren erfolgen. Das Verfahren ist nur zugelassen bei fehlender Stützung in einem *begrenzten* Bereich einer Plattenseite; wenn die fehlende Stützung eine ganze Plattenseite erfasst, ist die betreffende Platte als dreiseitig gelagerte Platte zu berechnen.

Bei einer Berechnung der Plattenschnittgrößen nach dem Näherungsverfahren stimmt das tatsächliche Tragverhalten im Grenzzustand der Tragfähigkeit nicht mit dem angenommenen überein [1.7]. Es werden Lastanteile von stärker beanspruchten Plattenteilen in weniger stark ausgenutzte Bereiche umgelagert, hierbei sind größere Verformungen und größere Rissbreiten möglich. Eine Konstruktion mit deckengleichen Unterzügen sollte daher nur bei ausreichender Bauhöhe der Platte erfolgen.

9.7.2 Deckengleiche Unterzüge bei geringer Länge der fehlenden Stützung ($l \leqq 7 \cdot h_f$)

Bei geringer Länge der fehlenden Stützung genügen bei normalen Tür- und Fensteröffnungen ohne wesentliche zusätzliche Auflasten konstruktive Stabstahlzulagen. Zweckmäßig werden obere und untere Stahleinlagen gewählt, die oberen Stäbe sollten zur Abdeckung des Stützmoments (m_{xre} Abb. 9.32) ausreichend weit über den Auflagerrand hinaus geführt werden. Häufig werden für diese Zulagen 2 ∅ 10 oder 2 ∅ 12 gewählt.

9.7.3 Deckengleiche Unterzüge bei mäßiger Länge der fehlenden Stützung ($7 \cdot h_f < l \leqq 15 \cdot h_f$)

Statt einer genaueren Berechnung gem. den Angaben in Abschn. 9.7.1 darf die Schnittgrößenermittlung und die Bemessung näherungsweise in folgender Weise erfolgen:

a) Bemessung in Richtung der unterbrochenen Stützung

Entsprechend den Lagerungsbedingungen wird gem. Abb. 9.33 mit einseitig oder beidseitig voller Einspannung gerechnet. Die Deckenlasten werden vorwiegend auf die Wände neben den deckengleichen Unterzügen abgetragen, als Belastungsfläche *dürfen* daher die Lastflächen nach Abb. 9.33 angesetzt werden. Für die Bemessung darf mit folgenden mitwirkenden Breiten gerechnet werden:

$$\left.\begin{array}{lll} \text{Endauflager (Pos. 1 + 2, Abb. 9.32)} & & \\ b_{eff,F} = 0{,}25 \cdot l & b_{eff,S} = 0{,}125 \cdot l & b_w = a + h_f/2 \\ \text{Zwischenauflager (Pos. 1a + 2a, Abb. 9.32)} & & \\ b_{eff,F} = 0{,}50 \cdot l & b_{eff,S} = 0{,}25 \cdot l & b_w = a + h_f \end{array}\right\} \quad (9.10)$$

Hierin sind b_{eff} die bei der Biegebemessung im Feld (F) bzw. über der Stütze (S) anzusetzenden mitwirkenden Breiten, b_w ist die anzusetzende Breite bei der Bemessung für Querkräfte. Für Querkräfte gelten die Angaben im Abschn. 7 unverändert. Wenn sich $V_{Ed} \leqq V_{Rd,ct}$ ergibt, ist rechnerisch keine Querkraftbewehrung erforderlich, in diesen Fällen darf auch auf den Einbau einer Mindestquerkraftbewehrung gem. (7.32) verzichtet werden; Bügel würden in diesem Fall nur zu einer unnötigen Verminderung der ohnehin geringen Nutzhöhe führen. Immer erforder-

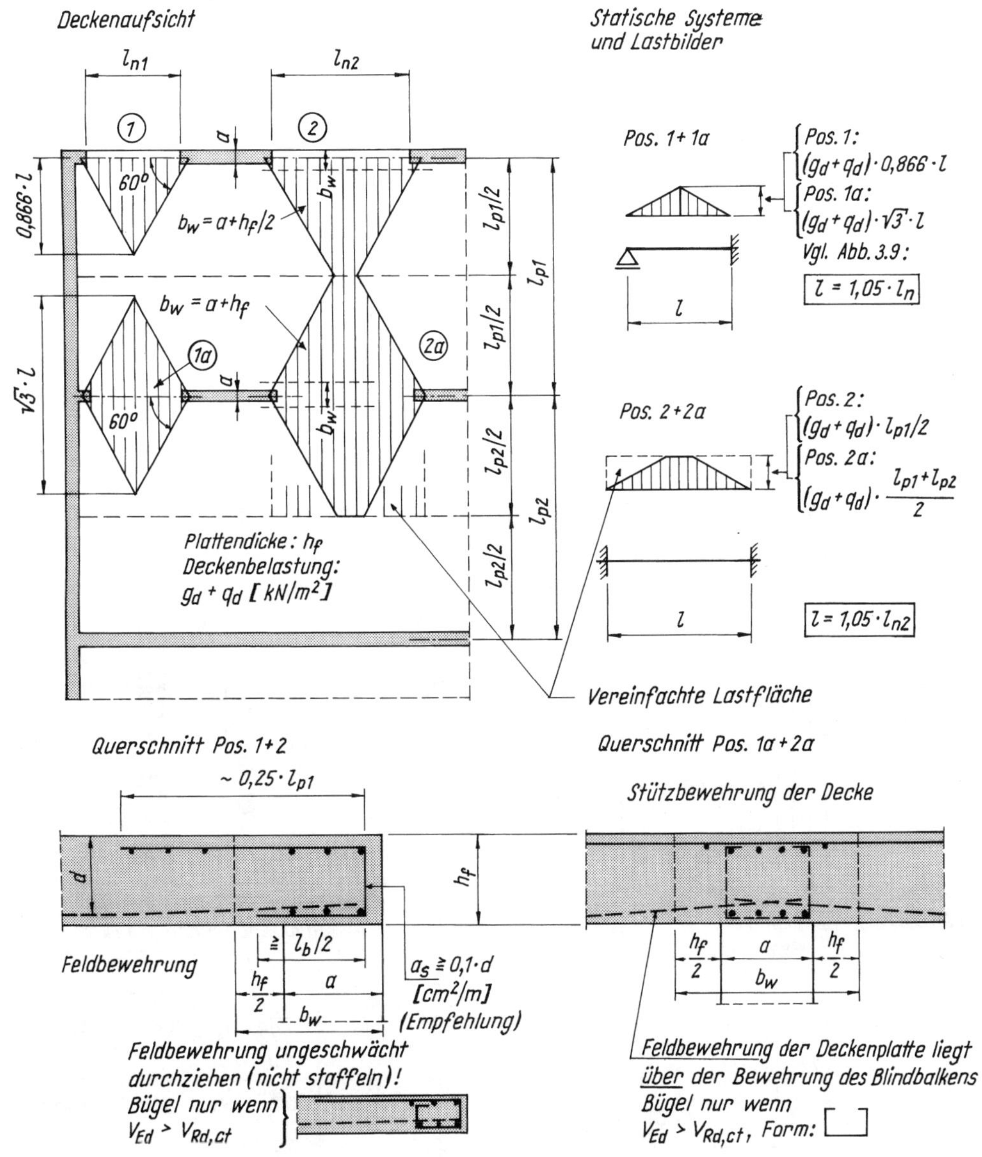

Abb. 9.33 Deckengleiche Unterzüge bei mäßiger Länge: Systemfestlegung, Belastung

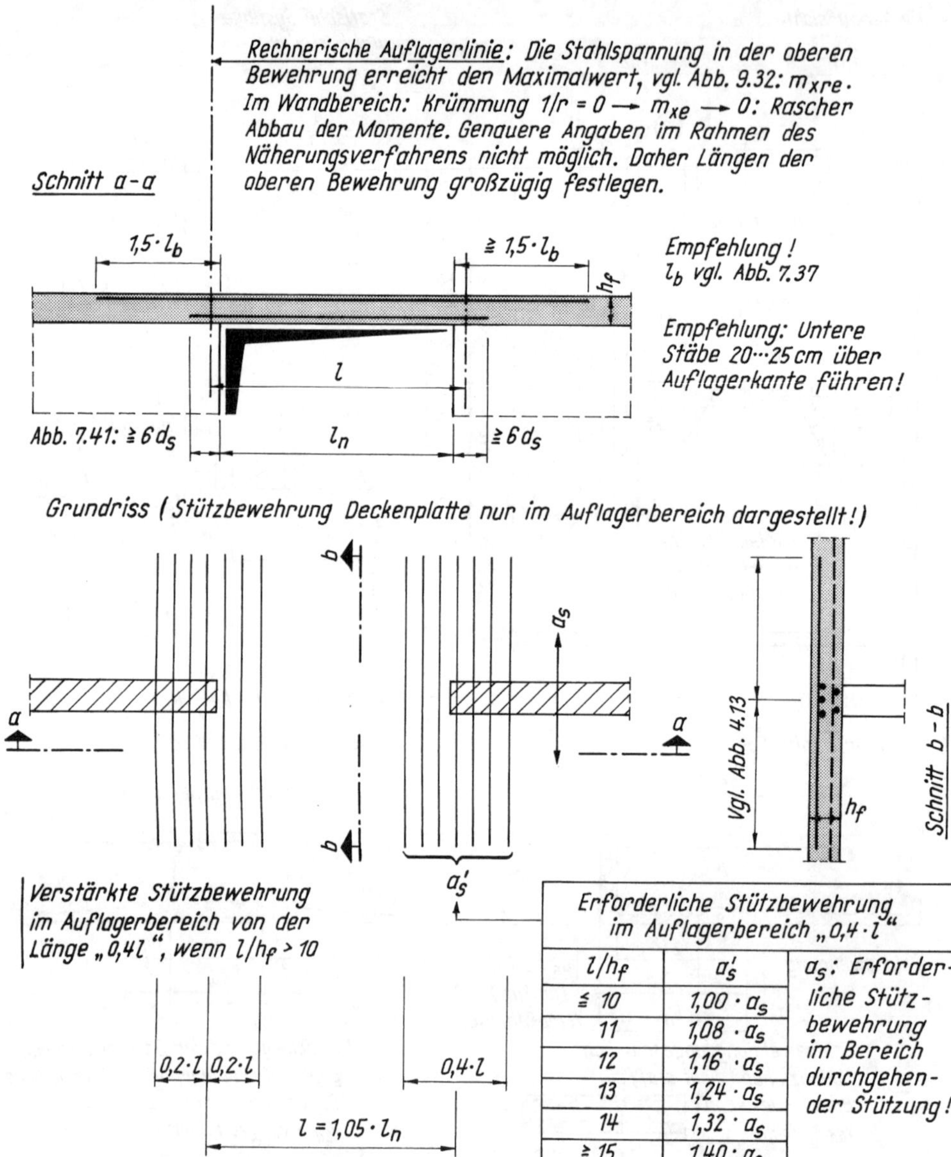

Erforderliche Stützbewehrung im Auflagerbereich „$0{,}4 \cdot l$“

l/h_f	a_s'	
≤ 10	$1{,}00 \cdot a_s$	a_s: Erforderliche Stützbewehrung im Bereich durchgehender Stützung!
11	$1{,}08 \cdot a_s$	
12	$1{,}16 \cdot a_s$	
13	$1{,}24 \cdot a_s$	
14	$1{,}32 \cdot a_s$	
≥ 15	$1{,}40 \cdot a_s$	

Abb. 9.34 Zur Bewehrung von deckengleichen Unterzügen

lich ist jedoch eine Randeinfassung an freien Plattenrändern entsprechend den Angaben im Abschn. 4.5.1, vgl. hierzu auch die Bewehrungshinweise in Abb. 9.33.

b) Maßnahmen rechtwinklig zur unterbrochenen Stützung

Die Änderung der Schnittgrößen rechtwinklig zur unterbrochenen Stützung muss rechnerisch nicht verfolgt werden, wenn die in Abb. 9.33 und Abb. 9.34 beschriebenen konstruktiven Maßnahmen vorgenommen werden. Bei unterbrochenen Stützungen an Endlauflagern von Platten ist im Endfeld eine Staffelung der Feldbewehrung unzulässig.

9.7.4 Unterbrochene Stützungen größerer Länge ($l > 15 \cdot h_f$)

Wenn die Länge der unterbrochenen Stützung größer ist als $15 \cdot h_f$, kann das wirkliche Tragverhalten mit dem zuvor beschriebenen Näherungsverfahren nicht mehr ausreichend genau erfasst werden. Die Schnittgrößen sind dann auf der Grundlage der Plattentheorie gem. den Angaben im Abschn. 9.7.1 oder mit Hilfe eines geeigneten EDV-Programms zu bestimmen.

Im Abschn. 11.4 wird die Bemessung eines Türsturzes als deckengleicher Unterzug durchgeführt. Ein besonderes Anwendungsbeispiel erübrigt sich daher an dieser Stelle.

10 Zweiachsig gespannte Platten

10.1 Tragverhalten, Verformung

Zweiachsig oder kreuzweise gespannte Platten sind flächenhafte Tragwerke, bei denen die normal zur Mittelfläche wirkenden Lasten in zwei Richtungen abgetragen werden. Die statische Wirkungsweise solcher Bauteile wird aus Abb. 10.1 deutlich:

Die Randstreifen (a, e; 1, 5) erfahren weder eine Durchbiegung (kontinuierlich ausgelagert) noch eine Verdrehung in Richtung des betrachteten Randes. Die vertikale Durchbiegung, beispielsweise des Streifens c, ist ohne Verdrehungsbehinderung durch den senkrecht dazu verlaufenden Streifen 3 möglich, während alle anderen zu „3“ parallelen Streifen infolge der Durchbiegung des Streifens c verdreht werden. Da diese Verdrehung nicht ungehindert möglich ist (durchgehende Auflagerung in a und e!), entstehen in diesen Streifen Torsionsmomente, die in Platten Drillmomente genannt werden.

Umgekehrt entstehen natürlich auch Drillmnomente in b infolge der Durchbiegung von 2 usw. Die Biegemomente in Feldmitte werden durch diese Drillmomente gegenüber Tragwerken ohne Drillsteifigkeit (zwei Trägerscharen *übereinander* liegend!) kleiner, die Drillmomente erreichen ihre Größtwerte in den Ecken, vgl. hierzu das in Abb. 10.1b skizzierte Verformungsbild.

Bei eingespannten Platten (*waagerechte* Endtangente, vgl. hierzu Abb. 8.1b) ist die Durchbiegung und damit auch die Verdrillung wesentlich geringer. Die günstige Wirkung der Drillmomente wird sich daher besonders bei frei aufliegenden Platten bemerkbar machen.

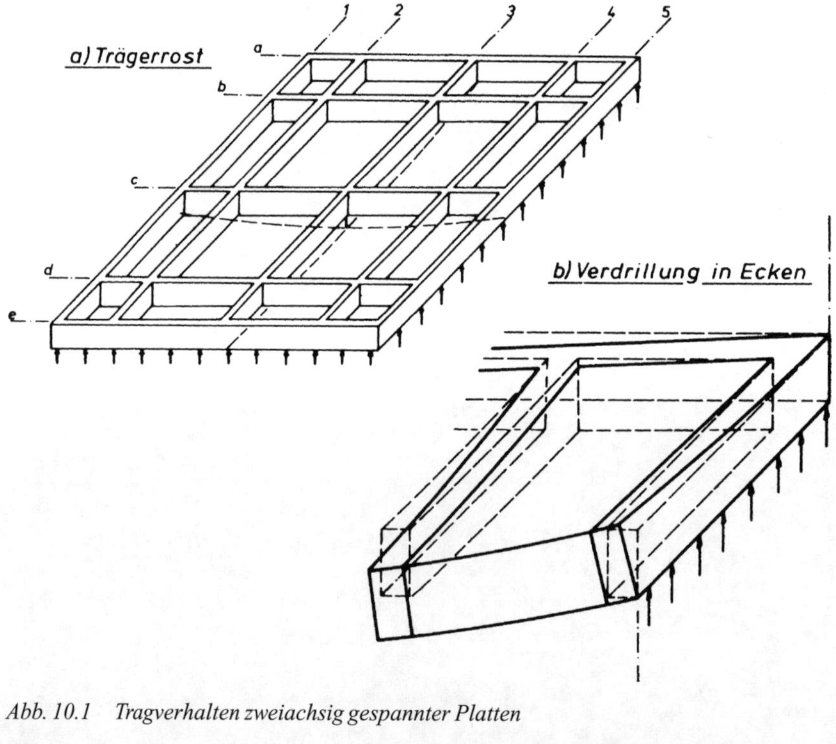

Abb. 10.1 Tragverhalten zweiachsig gespannter Platten

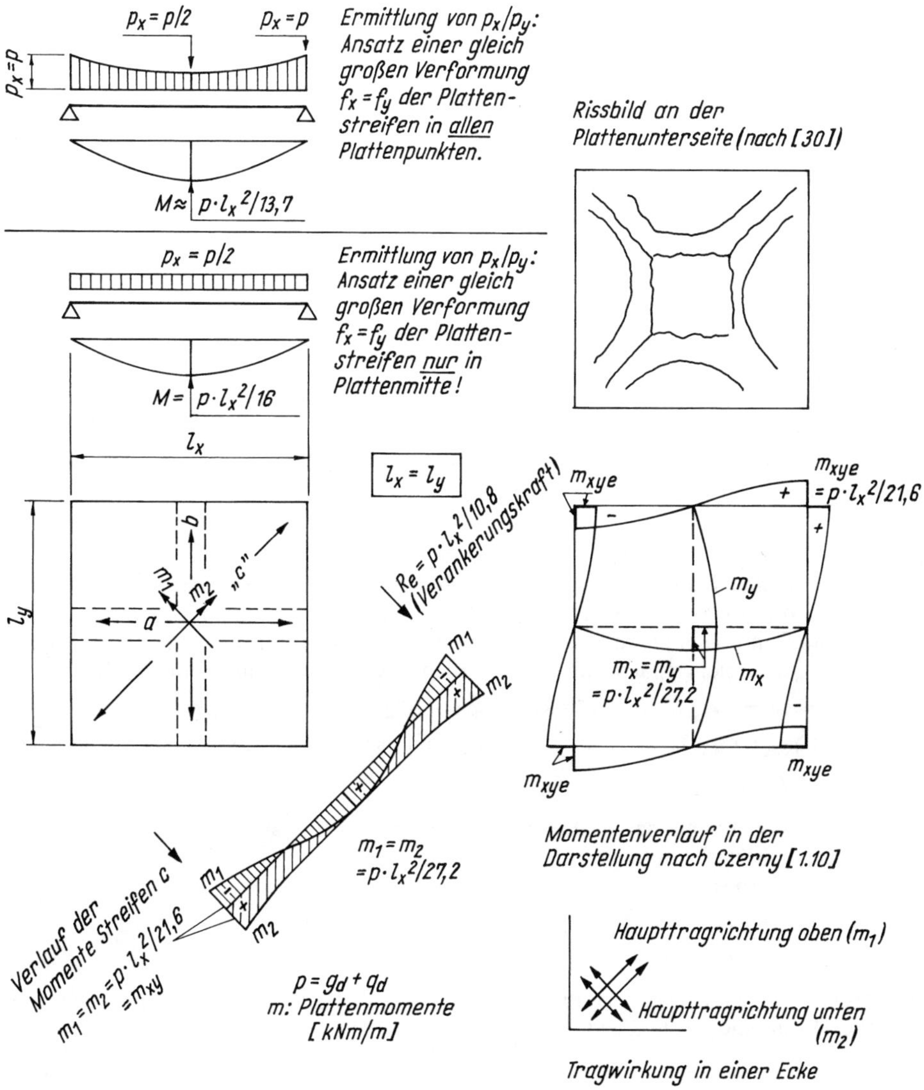

Abb. 10.2 Momentenverlauf und Rissbild einer zweiachsig gespannten Platte

Durch die drillsteifen Ecken wird die Größe und die Richtung des Momentenvektors wesentlich beeinflusst. Dies wird besonders leicht erkennbar an einer mit Gleichlast p belasteten quadratischen, frei aufliegenden Platte nach Abb. 10.2. Die parallel zu den Rändern verlaufenden Mittelstreifen a und b haben im Plattenmittelpunkt gleiche Verformungen und gleiche Krümmungen. Hieraus folgt für diesen Punkt eine Streifenbelastung $p_x = p_y = p/2$, mit $p = g_d + q_d$ (Plattenbelastung). Wenn diese Belastung *konstant* über die Streifenlänge angesetzt wird, erhält man für die Mittenmomente der quadratischen drillweichen Einfeldplatte

$$M_x = M_y = p_x \cdot l_x^2/8 = p \cdot l^2/16$$

Bei einer genaueren Berechnung wird die Verformungsgleichheit nicht nur in Plattenmitte, sondern an jedem Punkt der Platte angesetzt. Hierbei ist am Rande eines jeden Plattenstreifens

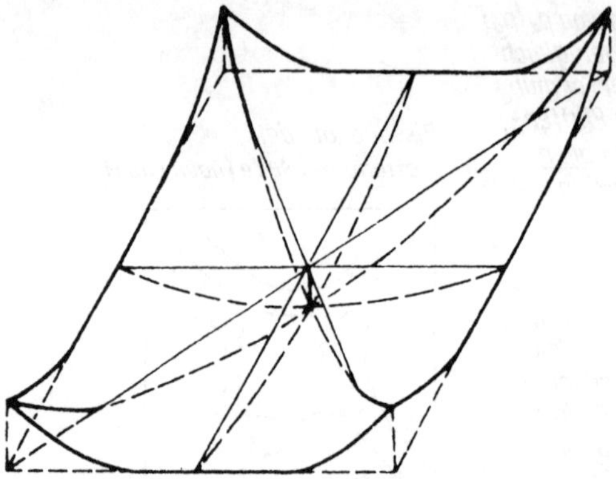

Abb. 10.3 Verformung einer vierseitig frei drehbar gelagerten Platte ohne Eckverankerung

die Lastordinate $p_x = p$ bzw. $p_y = p$, weil der unmittelbar neben dem betrachteten Rand verlaufende Plattenstreifen wegen des benachbarten Auflagers keine Krümmung erfährt. Für diese Streifen werden daher Belastung und Biegemomente zu null, ein Lastabtrag erfolgt nur normal zum Rand. Wenn vom Rand bis Feldmitte ein parabelförmiger Verlauf der Belastung angesetzt wird, erreichen nach Abb. 10.2 die Biegemomente in Plattenmitte die Größe

$$M_x = M_y = p \cdot l_x^2/8 - 0{,}5 \cdot (5/48) \cdot p \cdot l_x^2 = 0{,}0729 \cdot p \cdot l_x^2 \approx p \cdot l_x^2/13{,}7$$

Genau ergibt sich für eine drillweiche quadratische Platte ohne Einspannung nach [1.7]

$$M_x = M_y = p \cdot l_x^2/13{,}1$$

Unter Berücksichtigung der Drillmomente errechnet man nach der Plattentheorie [1.10] (E = konstant, Material homogen und isotrop) für die in Abb. 10.2 dargestellte Platte Feldmomente von der Größe

$$m_x = m_y = p \cdot l_x^2/27{,}2 \approx 0{,}50 \cdot p \cdot l_x^2/13{,}1$$

Im Vergleich zu der drillweichen Platte werden bei der besprochenen Platte also fast 50 % der Last von Drillmomenten mit der Größe

$$m_{xy} = \pm p \cdot l_x^2/21{,}6$$

abgetragen, vgl. Abb. 10.2.

Der Verlauf der Momente in Diagonalrichtung ist aus Abb. 10.2 erkennbar. In Richtung des Diagonalstreifens c haben die Hauptmomente m_1 den angegebenen Momentenverlauf, senkrecht dazu wirken die positiven Momente m_2. Die Deckenbelastung wird in den steifen Ecken durch die Momente m_2 über kurze Spannweiten senkrecht zur Diagonalrichtung c auf die unterstützenden Bauteile abgetragen. In *Richtung* der Diagonale c entstehen die negativen Biegemomente m_1, diese negativen Momente führen zu den abhebenden Eckkräften R_e, für die die Plattenecken zu verankern sind. Die Haupttragrichtungen in den Ecken sind in Abb. 10.2 noch einmal hervorgehoben, dieses Tragverhalten ist auch aus dem dargestellten Rissbild ablesbar. Da in Plattenmitte $m_1 = m_2$ ist, erhält man für die quadratische, frei aufliegende Einfeldplatte hier $m_x = m_y = m_1 = m_2$. Der Verlauf der Momente m_x, m_y sowie m_{xye} ist in Abb. 10.2 mit aufgenommen.

Das Verformungsverhalten einer frei aufliegenden Platte ist in Abb. 10.3 angedeutet: Die Ecken haben das Bestreben, sich von der Unterstützung abzuheben. Abgesehen davon, dass dabei die

Gebrauchsfähigkeit der Decke beeinträchtigt wird, gehen auch die Drillmomente weitgehend verloren, da ja die vorher behinderte Verdrehung des Randes jetzt eintritt. Die Feldmomente werden entsprechend größer. Bei frei aufliegenden Platten auf Mauerwerk hat man also durch Auflast (Mauerwerk) oder Zuganker im obersten Geschoss ein Abheben zu verhindern. Wenn dies nicht möglich ist, erreichen die Drillmomente in den Ecken nicht die volle Größe, die Feldmomente werden entsprechend größer. Bei der Schnittkraftermittlung ist dies zu berücksichtigen.

10.2 Schnittgrößen von vierseitig gelagerten Einfeldplatten

10.2.1 Einfluss der Querdehnzahl

Bei der im elastizitätstheoretischen Sinne exakten Berechnung von Platten im Zustand I (ungerissen) geht die Querdehnzahl über die Plattensteifigkeit N ein

$$N = \frac{E \cdot h^2}{12 \cdot (1 - \mu^2)} \qquad h\text{: Plattendicke}$$

Im Grenzzustand der Tragfähigkeit wird für alle biegebeanspruchten Bauteile mit Zustand II (gerissene Zugzone) gerechnet. Der Einfluss der Querdehnzahl ist dann auf die Betondruckzone beschränkt, da die Zugkräfte ausschließlich von den Stahleinlagen aufgenommen werden, vgl. Abb. 4.11. Auch im ungerissenen Zustand I ist nach [1.7] der Einfluss der Querdehnzahl auf die Größe der maßgebenden Momente gering; es wird empfohlen, bei Stahlbetonplatten stets mit $\mu = 0$ zu rechnen.

Falls bei Platten Nachweise im Grenzzustand der Gebrauchstauglichkeit zu führen sind, sollte nach [1.5] mit einer Querdehnzahl $\mu = 0{,}2$ gerechnet werden. Hierfür kann man nach [1.5] die Biegemomente näherungsweise über folgenden Ansatz bestimmen

$$\left.\begin{aligned} M_{x(\mu=0,2)} &= M_{x(\mu=0)} + 0{,}2 \cdot M_{y(\mu=0)} \\ M_{y(\mu=0,2)} &= M_{y(\mu=0)} + 0{,}2 \cdot M_{x(\mu=0)} \\ M_{xy(\mu=0,2)} &= (1 - 0{,}2) \cdot M_{xy(\mu=0)} \end{aligned}\right\} \qquad (10.1)$$

Gemäß DIN 1045-1, 9.1.3 darf die Querdehnzahl mit $\mu = 0$ angesetzt werden. Dies gilt für alle Nachweise, in denen ein elastisches Verhalten des Baustoffes Beton vorausgesetzt wird.

10.2.2 Biegemomente in Einfeldplatten nach der Plattentheorie

Für vierseitig gelagerte Einzelplatten stehen zur Schnittgrößenermittlung umfangreiche Tabellenwerke zur Verfügung. Grundlage ist fast immer eine linear-elastische Berechnung der Biegemomente und der Ansatz der Querdehnzahl $\mu = 0$. Ferner wird meist mit voller Drillsteifigkeit der Platten gerechnet. Die Tafelwerte gelten also nur, wenn die Plattenecken gegen Abheben gesichert sind und sich in den Eckbereichen keine größeren Aussparungen befinden.

Unter Beachtung der Randbedingungen ergeben sich die in Abb. 10.4 angegebenen sechs Lagerungsfälle von vierseitig gelagerten Einfeldplatten. Bei dreiseitig gelagerten Einfeldplat-

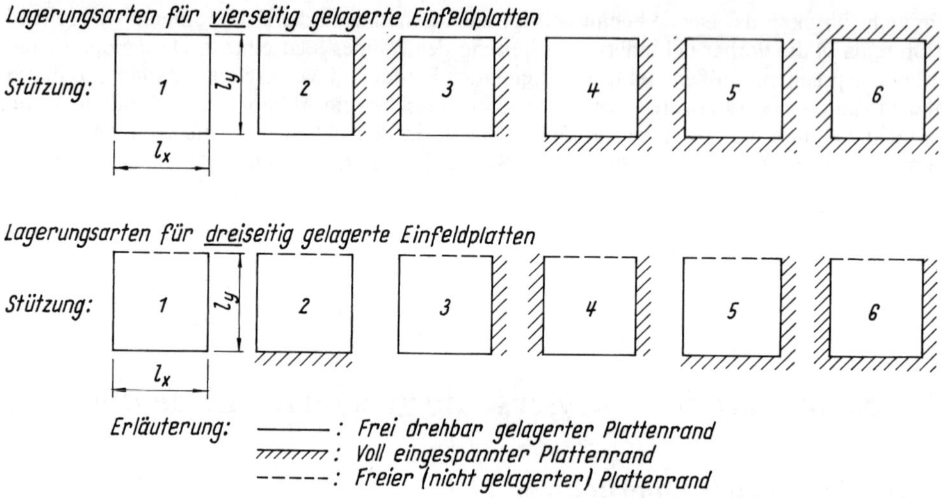

Abb. 10.4 Lagerungsarten von vierseitig und dreiseitig gelagerten Einfeldplatten

ten ist ein freier, nicht aufgelagerter Deckenrand vorhanden. Auch für diese Plattenart ergeben sich die in Abb. 10.4 angegebenen sechs Lagerungsfälle.

In den Tafeln von *Czerny* [1.10] ist der Verlauf der Schnittgrößen in Abhängigkeit von der Lagerungsart und vom Stützweitenverhältnis l_y/l_x angegeben. Neben den Biegemomenten m_x und m_y sowie den Drillmomenten m_{xy} enthalten diese Tafeln auch Angaben über die Größe der Eckkräfte R, bezüglich der Größe der Stützkräfte und Hinweise zum Verlauf der Momente, der Stütz- und Querkräfte im gesamten Plattenbereich. Für die Plattenmomente sind folgende Ansätze gewählt:

$$\left.\begin{array}{ll} \left.\begin{array}{l} m_x = p \cdot l_x^2/m_{x,i} \\ m_y = p \cdot l_x^2/m_{y,i} \end{array}\right\} & \text{(Feldmomente)} \\ \left.\begin{array}{l} m_{xe} = p \cdot l_x^2/m_{xe,i} \\ m_{ye} = p \cdot l_x^2/m_{ye,i} \end{array}\right\} & \text{(Einspannmomente)} \\ m_{xy} = \pm p \cdot l_x^2/d_{xy} & \text{(Drillmomente)} \end{array}\right\} \qquad (10.2)$$

Die Beiwerte $m_{x,i}$, $m_{y,i}$, $m_{xe,i}$, $m_{ye,i}$ und d_{xy} sind in den Tafeln für Stützweitenverhältnisse $l_y/l_x \geqq 1{,}0$ angegeben. In (10.2) ist $p = g_d + q_d$ die für die Bemessung anzusetzende Belastung.

Das Tragverhalten von dreiseitig gelagerten Platten ist in Abb. 10.5 für eine frei aufliegende Platte nach *Franz* [21] erläutert. Man erkennt, dass die fehlende Stützung am freien Rand zu großen Randmomenten führt.In den Tafeln von *Czerny* [1.10] sind daher sowohl die Momente am freien Plattenrand als auch die Momente in Plattenmitte ausgewiesen. Bei *Czerny* verläuft der freie Plattenrand stets parallel zur x-Richtung, die Momente werden in Abhängigkeit von l_y^2 angegeben.

Bei Stützweitenverhältnissen $l_y/l_x > 2{,}0$ ergeben sich in der minderbeanspruchten Richtung Biegemomente, die nicht wesentlich größer sind als 20 % derjenigen in der Haupttragrichtung. Das Tragverhalten entspricht dann weitgehend demjenigen von einachsig gespannten Platten, vgl. hierzu Abschn. 4.5.1. Man legt daher bei Rechnung nach einer der nachfolgend beschriebenen Methoden die Abgrenzung zwischen einachsig und zweiachsig gespannten Platten bei $l_y/l_x = 2{,}0$ fest.

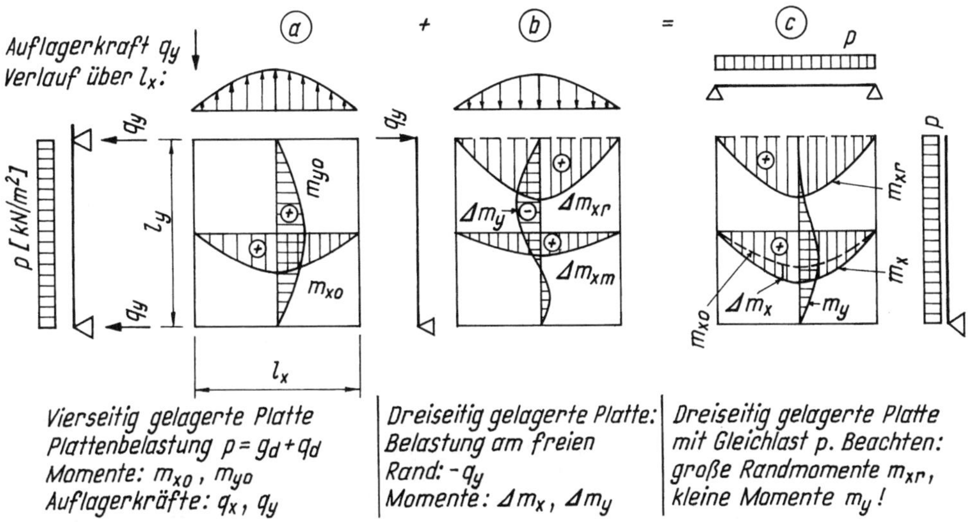

Abb. 10.5 Schnittkräfte einer dreiseitig frei drehbar gelagerten Platte (nach [21])
a: Momente einer vierseitig gelagerten Platte mit Gleichlast
b: Momente einer dreiseitig gelagerten Platte mit Randlast
c: endgültige Momente durch Überlagerung

10.2.3 Schnittgrößenermittlung nach der Plastizitätstheorie (Grenzwertsätze)

In der Elastizitätstheorie wird ein vollständig elastisches Verhalten der Baustoffe angenommen, es gilt das Last-Verformungsgesetz gem. Abb. 3.1a. In der Plastizitätstheorie werden alle Verformungsanteile, die vor Erreichen der Fließgrenze eines Baustoffes auftreten, vernachlässigt, es wird mit dem Last-Verformungsgesetz gem. Abb. 3.1e gearbeitet. Einige Grundlagen der Plastizitätstheorie wurden im Abschn. 3.2 bereits bei der Darlegung der „Momentenumlagerung“ erläutert. In der Plastizitätstheorie werden zwei Grenzwertsätze abgeleitet, mit deren Kenntnis die mögliche Traglast eines statischen Systems eingegrenzt werden kann.

Statischer Grenzwertsatz (untere Schranke)

> Ein Belastungssystem, das zu einem statisch zulässigen Spannungszustand gehört, ergibt einen *unteren* Grenzwert der Traglast eines Systems. Voraussetzung ist hierbei, dass die Fließbedingung an keiner Stelle verletzt wird.

Jeder beliebige Gleichgewichtszustand eines statischen Systems liefert hiernach eine sichere Systemtraglast, wenn die im Tragsystems wirkenden Momente an keiner Stelle die Größe des plastischen Moments (Fließmoment) überschreiten. In Abb. 10.6 ist dieser Satz für ein einfaches Stabsystem erläutert: Die Gleichgewichtsbedingungen sind eingehalten, das Fließmoment M_{pl} wird unter der Einzellast erreicht, an der Einspannstelle ist $M_E < M_{pl}$. Die Tragfähigkeit des Systems ist erst erreicht, wenn nach Laststeigerung auch an der Einspannstelle $M_E = M_{pl}$ ist: Man nähert sich der Systemtraglast von der *sicheren* Seite aus an.

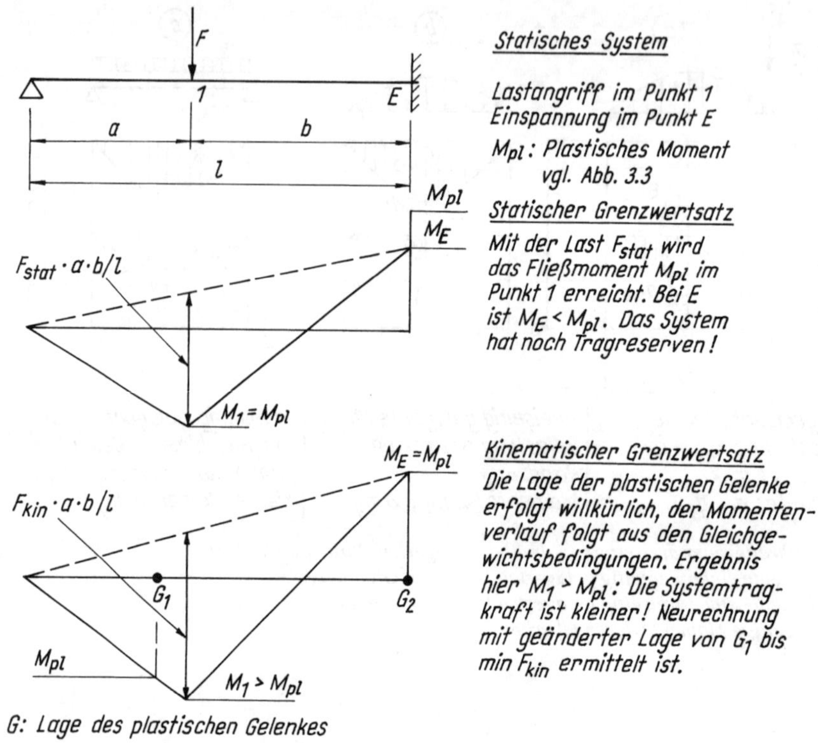

Abb. 10.6 Statischer und kinematischer Grenzwertsatz der Plastizitätstheorie: Erläuterung am Stab

Kinematischer-Grenzwertsatz (obere Schranke)

> Ein Belastungssystem, das in einem kinematisch zulässigen Bewegungszustand die Gleichgewichtsbedingungen erfüllt, liefert einen *oberen* Grenzwert der Traglast eines Systems.

Bei diesem kinematischen Verfahren wird ein Versagensmechanismus vorgegeben, es werden. also bei Stäben Fließgelenke und bei Platten Fließgelenklinien (Bruchlinien) angesetzt. Zwischen den Gelenken (bzw. Bruchlinien) werden die Systemteile wie starre Körper betrachtet.

Für ein einfaches Stabsystem folgt auch hier eine Erläuterung in Abb. 10.6. Die Lage der Fließgelenke wurde willkürlich gewählt, die Gleichgewichtsbedingungen liefern die Momentenlinie zwischen den plastischen Gelenken. Man erkennt, dass im dargestellten Fall das maximale Feldmoment größer ist als das plastische Moment M_{pl}: Die Systemtraglast ist kleiner als errechnet. Man muss eine andere Form der kinematischen Kette, also eine andere Lage der Fließgelenke wählen und sich so von der *unsicheren* Seite her der tatsächlichen Systemtraglast annähern.

Bei Platten werden nach Abb. 10.7 die Plattenteile zwischen den Bruchlinien als starr angesehen. In den Bruchlinien ist auf ganzer Länge das plastische Moment wirksam, an den Bruchkanten entsteht hierdurch der Verdrehwinkel Θ. Wenn auf das System eine virtuelle Verschiebung δ_w aufgebracht wird, leistet die Belastung p eine äußere Arbeit auf diesem Verschiebungsweg. Diese äußere Arbeit muss im Gleichgewicht stehen mit der vom Tragwerk an der Gesamtlänge der Bruchlinien geleisteten inneren Arbeit. Da der maßgebende Bruchlinienverlauf i.Allg. nicht bekannt ist, muss durch Vergleichsrechnungen derjenige Verlauf

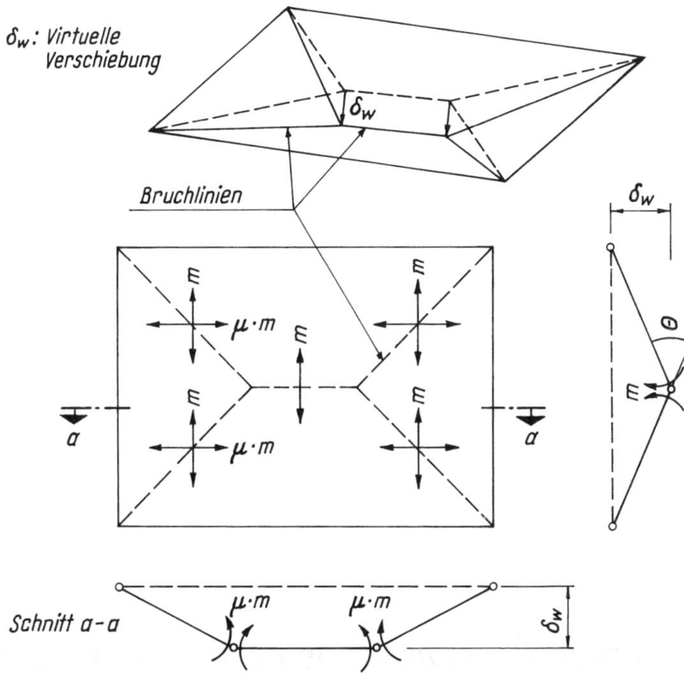

Abb. 10.7 Bruchfigur einer vierseitig gelagerten Platte unter Gleichlast (nach [2.5])

gesucht werden, der die geringste Traglast des Systems liefert. Der Rechenaufwand zur Lösung dieser Extremwertaufgabe ist groß, vgl. z. B. [1.5]. Die Bruchlinien-Theorie gehört zu den kinematischen Verfahren der Plastizitätstheorie: Wenn die Bruchlinien richtig bestimmt worden sind, ist das System ohne Lasterhöhung frei verformbar: Man ermittelt eine *obere* Schranke der Systemtraglast. Eine ausführliche Darstellung der Bruchlinientheorie findet man in [2.5]. Der Beitrag enthält auch Hinweise über den Verlauf von Bruchlinien und Tafeln, mit denen die Momente nach der Bruchlinientheorie für Einfeldplatten in einfacher Weise bestimmt werden können. Die Anwendung wird durch Beispielrechnungen erläutert.

Zu den plastischen Verfahren zählt auch die bereits im Abschn. 10.1 angeführte Streifenmethode (*Hillerborg*-Streifenmethode). Hierbei wird die Platte in beliebig gewählte Streifen aufgeteilt. Unter Einhaltung der Gleichgewichtsbedingungen erfolgt für diese Streifen die Schnittgrößenermittlung. Die Betrachtung der Verträglichkeit der Verformungen bleibt außer Ansatz, man erhält die Schnittgrößen einer drillweichen Platte. Die wirkliche Traglast des Systems ist immer größer als die errechnete, die Streifenmethode liefert eine *untere* Schranke der Systemtraglast. Die Streifenmethode eignet sich besonders zur Schnittgrößenermittlung von Platten und plattenartigen Bauteilen, für die keine geschlossenen Lösungen bestehen, sowie zur überschlägigen Überprüfung von Lösungen, die elektronisch, z. B. mit der Methode der Finiten Elemente, ermittelt wurden. Beispiele hierzu folgen in späteren Abschnitten.

Die Bemessung erfolgt *unabhängig* von der Schnittgrößenermittlung auf Querschnittsebene, bei Rechteckquerschnitten also gem. Abschn. 5.

Gemäß DIN 1045-1, 8.4.1 sind Verfahren zur Schnittgrößenermittlung nach der Plastizitätstheorie für Nachweise im Grenzzustand der *Tragfähigkeit* anwendbar. Zusätzlich ist i. Allg. der Nachweis einer ausreichenden Rotationsfähigkeit zu führen. Für mehrseitig gelagerte Flächentragwerke sind keine geeigneten Verfahren zur Berechnung der plastischen Rotation in den Fließgelenken (Bruchlinien) bekannt. Wenn Schnittgrößen nach der Bruchlinientheorie oder nach der Streifenmethode ermittelt werden, muss ein ausgeprägtes plastisches Verhalten im Gelenkbereich möglich sein: Die Plastifizierung erfolgt durch das Fließen der Bewehrung, ein Betonversagen muss ausgeschlossen werden. Daher gilt für zweiachsig gespannte Platten, wenn die Schnittgrößen nach der Bruchlinientheorie oder mit der Streifenmethode ermittelt wurden, gem. DIN 1045-1, 8.4.1:

- Bezogene Druckzonenhöhe
  $x/d \leqq 0{,}25$ für Betonfestigkeitsklassen $\leqq$ C 50/60
  $x/d \leqq 0{,}15$ für Betonfestigkeitsklassen $\geqq$ C 55/67
- Verhältnis Stützmoment zu Feldmoment liegt zwischen 0,5 und 2,0
- Keine Verwendung von normalduktilem Stahl, vgl. (1.11)

(10.3)

Aus (10.3) folgt, dass bei einer Schnittgrößenermittlung mit Verfahren der Plastizitätstheorie eine Bewehrung mit Betonstahlmatten normaler Duktilität unzulässig ist.

10.3 Schnittgrößenermittlung bei durchlaufenden Plattensystemen

10.3.1 Systeme mit geringen Stützweitenunterschieden

In Abb. 10.8 ist ein mehrfeldriges Deckensystem mit der Belastung $p = g_d + q_d$ dargestellt. Wir belasten zunächst alle Felder mit einem Teilbetrag $p' = g_d + q_d/2$, die zugehörigen Biegelinien sind in Abb. 10.8a eingetragen. Über den Innenstützungen der Platte erkennen wir bei diesem Belastungsfall eine fast waagerechte Tangente an die Biegelinie: Die Plattenmomente können für den Lastanteil p' aus Vergleichseinfeldplatten berechnet werden, bei denen volle Einspannung an Innenrändern und frei drehbare Lagerung an Außenrändern angesetzt wird.

Bei einer schachbrettartigen Belastung des Gesamtsystems mit $p'' = \pm\, q_d/2$ stellen sich nach Abb. 10.8 Biegeflächen wie bei frei drehbar gelagerten Einfeldplatten ein. Die Biegemomente infolge $p'' = \pm\, q_d/2$ können daher für frei aufliegende Vergleichseinfeldplatten errechnet werden.

Den Extremwert der Momente erhalten wir durch Addition der Momente beider Rechengänge dieses *Belastungsumordnungsverfahrens:*

$$\left.\begin{aligned} \max m_x &= p' \cdot l_x^2/m_{xi} + p'' \cdot l_x^2/m_{x1} \\ \max m_y &= p' \cdot l_x^2/m_{yi} + p'' \cdot l_x^2/m_{y1} \end{aligned}\right\} \qquad (10.4)$$

Hierin ist:

$i = 2, 3, \ldots 6$ je nach Stützungsart (Abb. 10.4)

m_{xi}, m_{yi} Momentenzahl m_{xm} bzw. m_{ym} für die entsprechende Stützungsart, z. B. nach *Czerny*

$m_{x,1}, m_{y1}$ Momentenzahl m_{xm} bzw. m_{ym} für Stützung 1, z. B. nach *Czerny*

In Abb. 10.9 ist dieses Verfahren für die Felder a, b und c der skizzierten durchlaufenden vierseitig gelagerten Platten erläutert.

Charakteristische Lasten: g_k, q_k gem. Lastnorm (z. B. DIN 1055)
Bemessungslasten gem. Abschnitt 2.2; $g_d = \gamma_G \cdot g_k$, $q_d = \gamma_Q \cdot q_k$

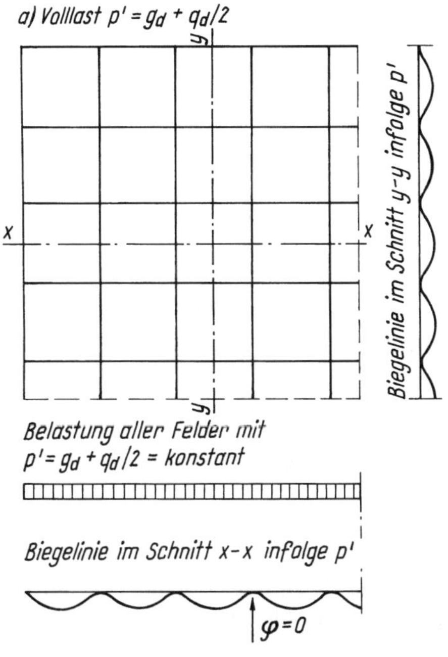

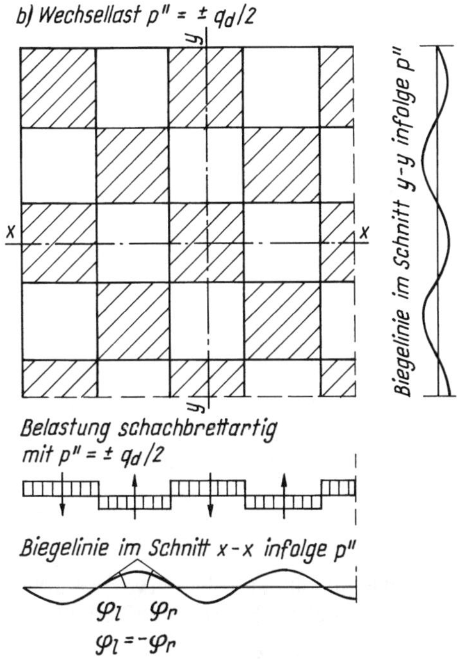

Abb. 10.8 Ermittlung der Momente in vierseitig gelagerten Platten bei geringen Stützweitenunterschieden (Belastungsumordnungsverfahren)

Gesamtlast $p = g_d + q_d$ [kN/m²]

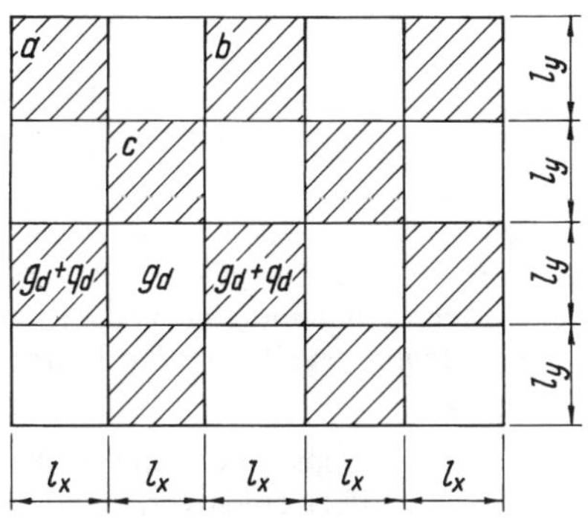

min $l_x \geqq 0{,}75 \cdot$ max l_x
min $l_y \geqq 0{,}75 \cdot$ max l_y

$p' = g_d + q_d/2$, $p'' = \pm q_d/2$

Beispiele zur Momentenermittlung		
Feld	Vergleichs-Einfeldplatten	max m_{xm} [kNm/m] =
a	p' 4 + p'' 1	$p' \cdot l_x^2/m_{x4}$ + $p'' \cdot l_x^2/m_{x1}$
b	p' 5 + p'' 1	$p' \cdot l_x^2/m_{x5}$ + $p'' \cdot l_x^2/m_{x1}$
c	p' 6 + p'' 1	$p' \cdot l_x^2/m_{x6}$ + $p'' \cdot l_x^2/m_{x1}$

„l_x" des betrachteten Feldes einsetzen!

Abb. 10.9 Beispiele zur Laststellung und zur Bestimmung der Feldmomente von zweiachsig gespannten Platten bei geringen Stützweitenunterschieden

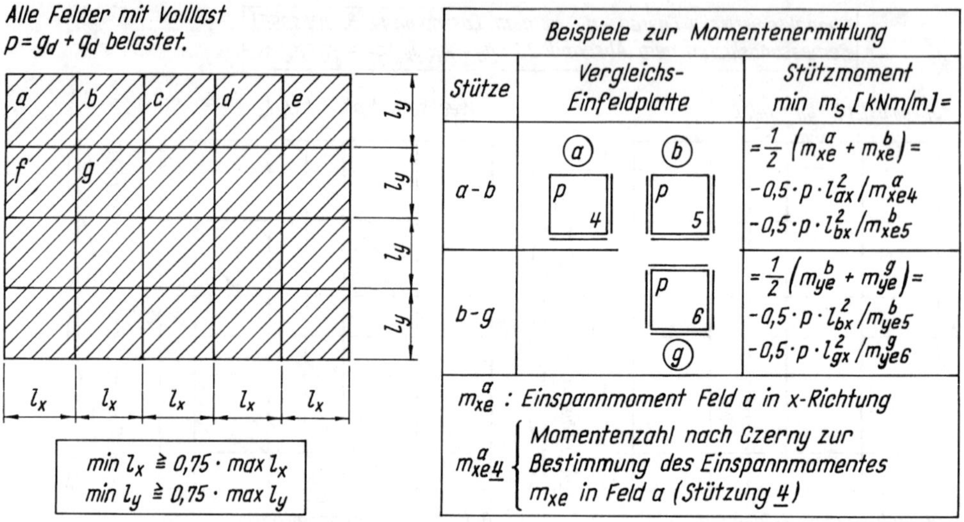

Abb. 10.10 Beispiele zur Bestimmung der Stützmomente von zweiachsig gespannten Platten

Die kleinsten Feldmomente erhalten wir, wenn von den Momenten infolge p' diejenigen infolge p'' abgezogen werden (vgl. hierzu den Verlauf der Biegelinien in Abb. 10.8b):

$$\left.\begin{aligned} \min m_{xm} &= p' \cdot l_x^2/m_{xi} - p'' \cdot l_x^2/m_{x1} \\ \max m_y &= p' \cdot l_x^2/m_{yi} + p'' \cdot l_x^2/m_{y1} \end{aligned}\right\} \tag{10.4a}$$

Bei der Berechnung der Stützmomente geht man von der Vorstellung aus, dass bei *Volllast in allen Feldern* die Verdrehung über den Innenstützungen vernachlässigbar klein ist (vgl. Abb. 10.8a, Lastfall p': $\varphi \approx 0$!). Wir nehmen daher an diesen Stellen für die Berechnung *volle* Einspannung an und errechnen hierfür zunächst die Einspannmomente der Vergleichseinfeldplatte (m_{xe}, m_{ye}). Als Stützmoment m_S über dem betreffenden Plattenrand wird das arithmetische Mittel aus den Einspannmomenten links (m^{li}_{xe}) und rechts (m^{re}_{xe}) der Stützung definiert:

$$\left.\begin{aligned} m_{Sx} &= \frac{1}{2}\,(m^{li}_{xe} + m^{re}_{xe}) \\ m_{Sy} &= \frac{1}{2}\,(m^{li}_{ye} + m^{re}_{ye}) \end{aligned}\right\} \tag{10.5}$$

Die vorstehenden Gleichungen (10.5) können als der erste Schritt eines Momentenausgleichsverfahrens (z. B. des *Cross*-Verfahrens) gedeutet werden. Hierbei wird mit gleicher Plattensteifigkeit beidseitig der Stützung gerechnet, ein etwaiges Differenzmoment $\Delta m = m^{li}_e - m^{re}_e$ verändert dabei die Einspannmomente links und rechts der Stützung jeweils um den Betrag $\Delta\, m/2$ auf den Wert m_S.

In Abb. 10.10 wird (10.5) erläutert. Weitere Hinweise und Beispielrechnungen sind in der Arbeit von *Czerny* [1.10] enthalten. Dort findet man auch Angaben über einen verbesserten Momentenausgleich zur Ermittlung der Stützmomente.

Das vorstehend beschriebene Verfahren liefert nur ausreichend genaue Ergebnisse bei annähernd gleichen Feldsteifigkeiten in der jeweiligen Richtung. Neben einer konstanten Plattendicke h in allen Feldern sind daher die Grenzen für noch zulässige Stützweitenunterschiede gem. den Hinweisen in Abb. 10.9 und Abb. 10.10 zu beachten.

10.3.2 Systeme mit größeren Stützweitenunterschieden

Bei unregelmäßigen Systemen, die vor allem im Hochbau die Regel sind, wird das Belastungsumordnungsverfahren unzuverlässig. In Abb. 10.11 ist angedeutet, wie stark die Plattengeometrie und die Plattenlagerung die Momentenverteilung und die Plattensteifigkeit beeinflussen. Eine Momentenermittlung in durchlaufenden, vierseitig gelagerten Plattensystemen nach den für Stäbe geltenden Regeln führt daher zu unzutreffenden Ergebnissen.

Vor der Bereitstellung geeigneter EDV-Programme für durchlaufende Plattensysteme wurden die Momente häufig mit dem Einspanngrad-Verfahren von *Eichstaedt* [60.6] bestimmt. Diese Näherungsmethode geht von „vierseitigen Knoten“ gem. Abb. 10.12 aus. Im Bereich eines dreiseitigen Knotens verläuft die Tangente an die Biegelinie wegen der anschließenden Querwand praktisch horizontal, für die benachbarten großen Deckenfelder liegt hier somit annähernd volle Einspannung vor.

In [60.7] haben *Pieper* und *Martens* untersucht, wie groß bei verschiedenem Verkehrslastanteilen, bei unterschiedlichen Seitenverhältnissen und Lagerungsbedingungen und unterschiedlichen Verhältnissen benachbarter Spannweiten die *Änderung* der Feld- und der Stützmomente ist. Als Ergebnis dieser Untersuchungen zeigte sich:

a) Feldmomente

Als Bemessungswerte der Momente in den Feldern einer durchlaufenden Platte dürfen i. Allg. die an Vergleichseinfeldplatten für 50 % *Einspannung* ermittelten Momente zugrunde gelegt

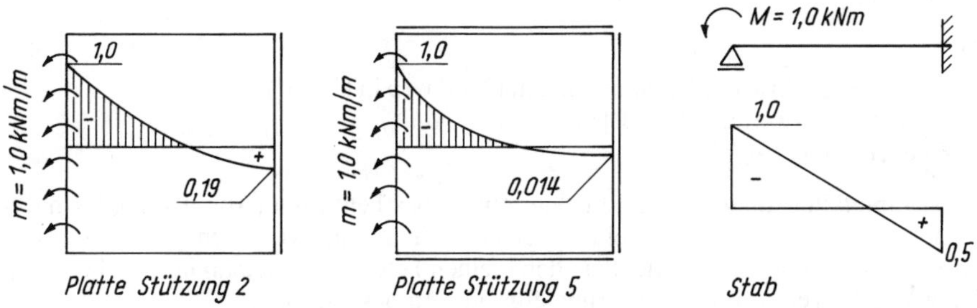

Abb. 10.11 Fortleitung eines Randmoments zum gegenüber liegenden, voll eingespannten Rand (nach [33])

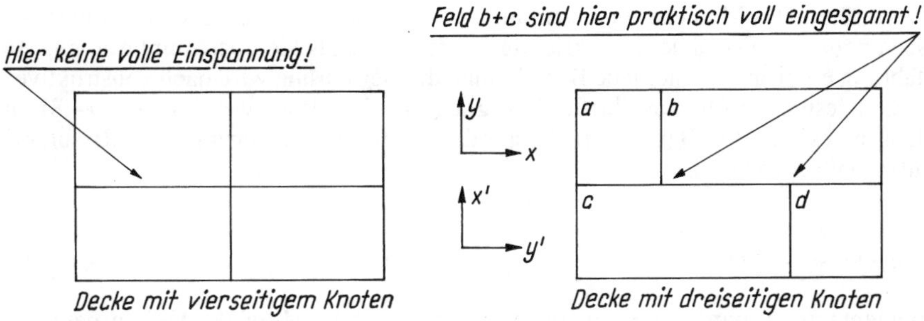

Abb. 10.12 Einfluss der Unterstützungsart auf den Einspanngrad von Decken (nach [60.7])

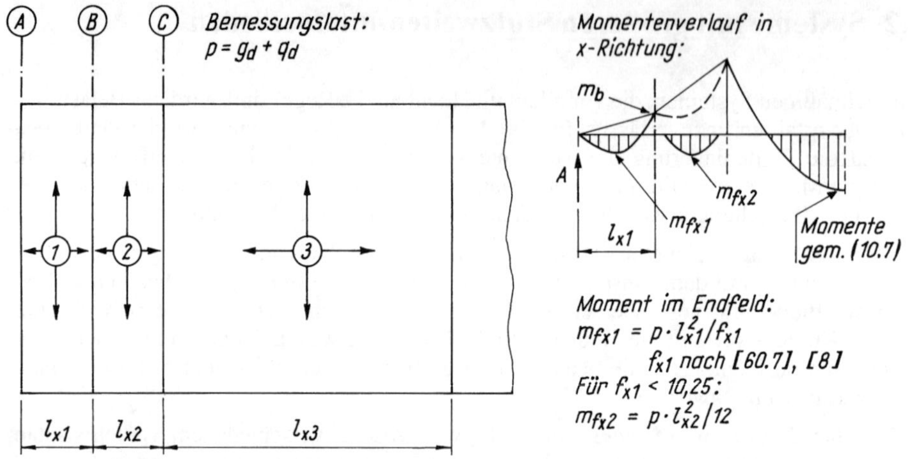

Abb. 10.13 *Zweiachsig gespannte Plattensysteme mit zwei kleinen Feldern neben einem wesentlich größeren Feld*

werden. Man könnte also die Momente nach *Czerny* [1.10] sowohl für Volleinspannung an den Innenstützungen als auch für allseitig freie Auflagerung errechnen und diese Werte mitteln. *Pieper/Martens* geben diese gemittelten Momente in folgender Form an:

$$\left.\begin{aligned} m_{fx} &= p \cdot l_x^2/f_x \\ m_{fy} &= p \cdot l_x^2/f_y \end{aligned}\right\} \qquad (10.6)$$

Hierin sind

m_{fx}, m_{fy} Bemessungswerte der Feldmomente in kNm/m (p in kN/m^2)
f_x, f_y Momentenbeiwerte, vgl. z. B. [8]
p Flächenlast $g_d + q_d$

Wenn in Ausnahmefällen auf zwei kleine Felder ein großes Feld folgt (Abb. 10.13), kann das Stützmoment zwischen den beiden kleinen Feldern sehr klein, evtl. auch positiv werden. Hilfstafeln zur Bestimmung der Momente in den kleinen Feldern findet man in [60.7] und [8]. Eine auch konstruktiv vernünftige Bewehrungsführung ergibt sich, wenn

– die größere der beiden für m_{fx1} bzw. m_{fx2} erforderlichen Bewehrungen durchlaufend in beiden Feldern und über der Zwischenstützung und zusätzlich

– eine obere Stützbewehrung über der Zwischenstützung

eingebaut wird [2.5]. Das Moment zur Bestimmung der oberen Bewehrung kann für normale Lagerungsbedingungen, also ohne Berücksichtigung des großen Feldes, bestimmt werden. Mit einiger Erfahrung erübrigt sich hier jede Berechnung, die Bewehrung wird nach konstruktiven Gesichtspunkten festgelegt. Die Vorschriften bezüglich einer Mindestbewehrung, z. B. (4.8) zur Sicherstellung eines duktilen Bauteilverhaltens oder (6.26) zur Begrenzung der Rissbreite, werden häufig maßgebend sein.

b) Stützmomente

Als Stützmoment min m_S wird analog zu (10.5) das arithmetische Mittel der Volleinspannmomente links und rechts des betrachteten Randes angesehen, jedoch soll mindestens für 75 % des größeren Einspannmomentes bemessen werden. Bei sehr großen Stützweitenunterschieden ($l_{li} : l_{re} > 5 : 1$) soll stets das Volleinspannmoment des größeren Feldes als Stützmoment angesehen werden:

$$\left.\begin{aligned} & l_1 : l_2 \leqq 5 : 1 \\ & m_S = \frac{m_{S0i} + m_{S0k}}{2} \geqq 0{,}75 \cdot \min m_{S0} \\ & l_1 : l_2 > 5 : 1 \\ & m_S = \min m_{S0} \end{aligned}\right\} \tag{10.7}$$

Hierin sind

$$m_{S0} = p \cdot l_x^2 / s \qquad p = (g_d + q_d) \tag{10.8}$$

die Volleinspannmomente links (m_{S0i}) bzw. rechts (m_{S0k}) der Stützung. Die Momentenbeiwerte s entnimmt man Tabellenwerken [60.7], [8], sie sind identisch mit den entsprechenden Werten bei *Czerny* [1.10].

Kragplatten (Balkone) dürfen als einspannend angesehen werden, wenn die *ständig* wirkenden Momente (m_g) größer sind als 50 % der Volleinspannmomente des benachbarten Feldes. Das Moment aus der Kragplatte wirkt wie ein von außen auf das Plattensystem angreifendes Biegemoment. Eine Mittelbildung mit den Volleinspannmomenten etwa nach [10.7] wäre unsinnig und ist daher unzulässig. Es sei hier darauf hingewiesen, dass nach *Pieper/Martens* auch Deckensysteme berechnet werden können, bei denen zweiachsig gespannte Felder zusammen mit einachsig gespannten vorhanden sind.

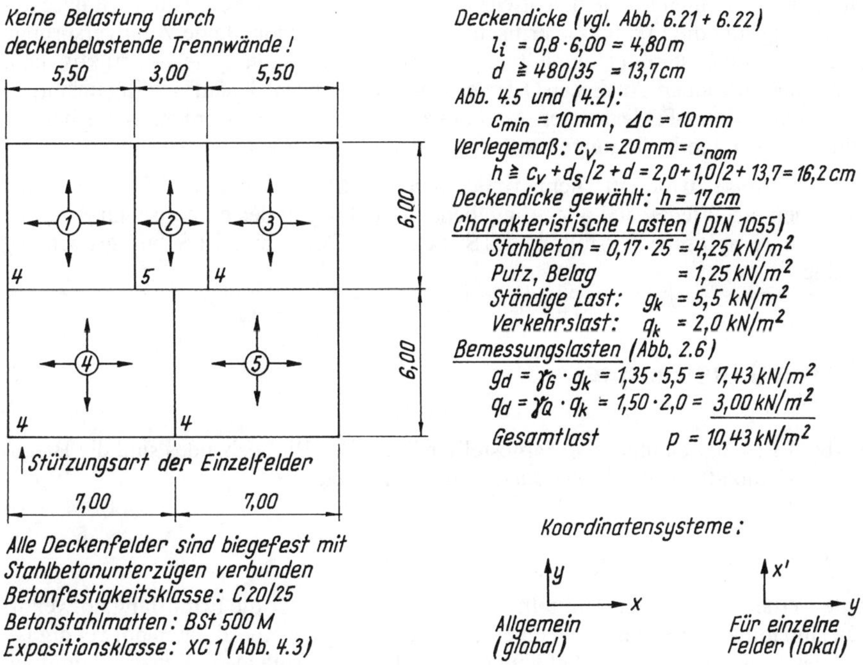

Abb. 10.14 Bürogebäude: Deckensystem zur Ermittlung der Schnittgrößen

Mit dem hier besprochenen Verfahren werden keine exakten Werte der Biegemomente errechnet. Es liefert jedoch ausreichend genaue Werte bei geringem Arbeitsaufwand und ist für die Berechnung von zweiachsig gespannten Platten mit unterschiedlichen Stützweiten besonders gut geeignet. Das Verfahren darf angewendet werden, solange der Verkehrslastanteil q_d nicht größer ist als 2/3 der Gesamtlast $p = g_d + q_d$. Nur in Ausnahmefällen wird diese Bedingung nicht erfüllt.

In den Tabellen von *Czerny* und von *Pieper/Martens* sind die Beiwerte zur Ermittlung der Momente (f_x, f_y und s) für Stützweitenverhältnisse $l_y/l_x \geqq 2{,}0$ enthalten. Bei der Berechnung legt man gem. Abb. 10.14 das für die ganze Decke geltende x-y-System in üblicher Weise fest (*globale* Koordinaten). Für einzelne Felder kann es erforderlich werden, die Koordinaten zu vertauschen (x′-y′-System: *lokale* Koordinaten), vgl. hierzu das Anwendungsbeispiel im Abschn. 10.3.4. Voraussetzung für die Anwendung der Näherungsverfahren ist stets annähernd gleiche Deckendicke h in allen Feldern. Bei *wesentlichen* Unterschieden sind genauere Verfahren anzuwenden, vgl. z. B. [1.10]. Dort findet man auch Hinweise auf den Einfluss von Stützensenkungen. Insbesondere bei Deckenauflagerung auf Stahlträgern geringer Steifigkeit kann die Durchbiegung dieser Träger zu erheblichen Änderungen der Momentenverteilung führen. Bei der in [2.5] gewählten Darstellungsform für das Verfahren nach *Pieper/Martens* können die Momente aller Einfeldplatten mit einem einheitlichen globalen Koordinatensystem bestimmt werden.

10.3.3 Hinweise zur EDV-unterstützten Ermittlung von Schnittgrößen

In sehr vielen Fällen werden heute die Schnittgrößen von Platten mit Programmen ermittelt, die nach der Methode der Finiten Elemente entwickelt wurden. Vor allem bei Platten mit unregelmäßiger Berandung sind die Ergebnisse kritisch zu betrachten. Schon kleine Wandversprünge führen bei Annahme einer starren Unterstützung zu Einspannmomenten, die konstruktiv nicht aufgenommen werden können. An diesen Orten ergeben sich dann auch häufig völlig unsinnige Auflager- und Querkräfte. Fehler dieser Art können nur vermieden werden, wenn bei der Systemfestlegung die Lagerbedingungen realistisch idealisiert werden.

Sehr wertvolle Hinweise zu diesem Thema findet man in [2.6]. Besonders wichtig ist bei allen FEM-Programmen die Wiedergabe aller Eingabedaten und neben der numerischen Ausgabe der Ergebnisse eine graphische Darstellung des Systems, der Belastung, der Schnittgrößen und der Verformung.

10.3.4 Anwendungsbeispiel

Für den in Abb. 10.14 ausschnittsweise dargestellten Teil eines Bürogebäudes sind die Biegemomente der Deckenplatte nach *Pieper/Martens* zu bestimmen.

Durchführung

Die Momente werden tabellarisch ermittelt, vgl. Abb. 10.15. Die für die Ermittlung notwendigen Tabellen sind mit aufgenommen. Wenn eine Vertauschung der Koordinaten notwendig ist, wird dies durch Unterstreichen der Feldlängen und des Stützweitenverhältnisses kenntlich gemacht.

a) Ermittlung der Momente der Einzelplatten mit (10.6) und (10.8)

Plat-te Nr.	Stüt-ze	l_x l'_y	l_y l'_x	l_y/l_x l'_y/l'_x	f_x	f_y	s_x	s_y	m_{fx}	m_{fy}	$-m_{s0x}$	$-m_{s0y}$
–	–	m	m	–	–	–	–	–	kN/m/m			
1	4	5,50	6,00	1,09	27,9	34,0	12,9	13,7	11,3	9,3	24,5	23,0
2	5	3,00	6,00	2,00	14,6	56,9	12,0	17,5	6,4	1,6	7,8	5,4
3	4	5,50	6,00	1,09	27,9	34,0	12,9	13,7	11,3	9,3	24,5	23,0
4	4′	7,00	6,00	1,17	35,1	24,5	13,2	11,9	10,7	15,3	28,4	31,6
5	4′	7,00	6,00	1,17	35,1	24,5	13,2	11,9	10,7	15,3	28,4	31,6

Endgültige Feldmomente ↑

Volleinspannmomente ↑

c) Tabellenwerte

Stützung 4

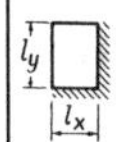

l_y/l_x	f_x	f_y	s_x	s_y
1,0	33,2	33,2	14,3	14,3
1,1	27,3	34,1	12,7	13,6
1,2	23,3	35,5	11,5	13,1
1,3	20,6	37,7	10,7	12,8
1,4	18,5	39,9	10,0	12,6
1,5	16,9	41,9	9,6	12,4
1,6	15,8	43,5	9,2	12,3
1,7	14,9	44,9	8,9	12,2
1,8	14,2	46,2	8,7	12,2
1,9	13,6	47,2	8,5	12,2
2,0	13,1	48,3	8,4	12,2
$\to \infty$	10,2	*	8,0	11,2

b) Ermittlung der Stützmomente mit (10.7)

Stüt-zung *i–k*	$m_{S0} = m_{Si}$	$m_{S0} = m_{Sk}$	$\frac{m_{Si} + m_{Sk}}{2}$	0,75 · min m_{S0}	min m_S
–	kNm/m				
1–2	−24,5	−7,8	−16,2	−18,4	−18,4
2–3	−7,8	−24,5	−16,2	−18,4	−18,4
4–5	−28,4	−28,4	−28,4	−31,3	−28,4
1–4 = 3–5	−23,0	−31,6	−27,3	−23,7	−27,3
2–4 = 2–5	−5,4	−31,6	−18,5	−23,7	−23,7

l_x oder l'_x ist stets die kleinere der beiden Spannweiten.

i, k: Platten-Nummer gem. Abb. 10.14

Plattenbelastung gem. Abb. 10.14: $p = 10{,}43\ \text{kN/m}^2$

$p = g_d + q_d$

Stützung 5

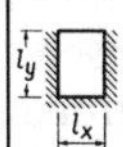

l_y/l_x	f_x	f_y	s_x	s_y
1,0	33,6	37,3	16,2	18,3
1,1	28,2	38,7	14,8	17,7
1,2	24,4	40,4	13,9	17,5
1,3	21,8	42,7	13,2	17,5
1,4	19,8	45,1	12,7	17,5
1,5	18,3	47,5	12,5	17,5
1,6	17,2	49,5	12,3	17,5
1,7	16,3	51,4	12,2	17,5
1,8	15,6	53,3	12,1	17,5
1,9	15,0	55,1	12,0	17,5
2,0	14,6	56,9	12,0	17,5
$\to \infty$	12,0	*	12,0	17,5

Feldmomente gem. (10.6): $m_{fx} = p \cdot l_x^2/f_x, \quad m_{fy} = p \cdot l_x^2/f_x$

Einspannmomente gem. (10.8): $m_{S0x} = p \cdot l_x^2/s_x, \quad m_{S0y} = p \cdot l_x^2/s_y$

Abb. 10.15 Ermittlung der Bemessungsmomente für das in Abb. 10.14 dargestellte Deckensystem

Wir erkennen deutlich, dass die größeren Biegemomente in der steiferen Richtung auftreten. Bei Feld 4 und 5 mussten die Koordinaten vertauscht werden (l_x, l_y und l_y/l_x unterstrichen: Rechnung mit lokalen Koordinaten); die Momentenbeiwerte f_x waren daher den Biegemomenten m_y zuzuordnen (globale Koordinaten). Für die übrigen Momente der Felder 4 und 5 gilt das Gleiche. Bei der Ermittlung der Stützmomente wird das Volleinspannmoment links der Stützung mit m_{Si}, dasjenige rechts der Stützung mit m_{Sk} bezeichnet. Der weitere Rechengang ist aus Abb. 10.15 ersichtlich.

10.4 Vorschriften, Besonderheiten

10.4.1 Begrenzung der Verformung

Die im Abschn. 6.4 besprochenen Regeln und Vorschriften zur Begrenzung der Verformung gelten unverändert auch für drei- und vierseitig gelagerte Platten. Gemäß DIN 1045-1, 11.3.2 ist bei rechteckigen (vierseitig gelagerten) Platten bei der Bestimmung der statischen Nutzhöhe d die kleinere der beiden Ersatzstützweiten $l_i = \alpha \cdot l_{eff}$ anzusetzen. Für regelmäßige Systeme mit geringen Stützweitenunterschieden sind die Faktoren α in Abb. 6.21 zusammengestellt. Dreiseitig gelagerte Platten erfahren die größte Verformung am freien Plattenrand, die Ersatzstützweite ist mit der Stützweite l_{eff} parallel zum freien Rand zu bestimmen.

Bei vierseitig gelagerten Platten bleibt der günstige Einfluss einer zweiachsigen Lastabtragung bei der Bestimmung der erforderlichen Bauteilabmessung mit (6.33) oder (6.34) außer Ansatz. Es ergeben sich gleich große Nutzhöhen d, wenn die Ersatzstützweite einer einachsig gespannten Platte der kleineren Ersatzstützweite einer zweiachsig gespannten Platte entspricht. In [8] werden die wesentlichen Einflussgrößen auf die Formänderung von auf Biegung beanspruchten Stahlbetonbauteilen untersucht. Hierzu gehört bei Platten insbesondere die Plattengeometrie und die Größe der veränderlichen Lasten. Es ergaben sich teilweise deutliche Unterschiede für die erforderlichen Nutzhöhen im Vergleich zu den vereinfachten Ansätzen zur Festlegung der Biegeschlankheit im Absch. 6.4.2. Im Abschn. 16.3 wird hierauf bei der rechnerischen Ermittlung von Verformungsgrößen näher eingegangen.

In Abb. 10.14 wurde l_i für die Felder 4 und 5 bestimmt ($l_i = 0{,}8 \cdot 6{,}0 = 4{,}80$ m), für die übrigen Felder ist l_i geringer.

10.4.2 Nutzhöhen, Stababstände

Die Nutzhöhen d unterscheiden sich bei der Feldbewehrung um die Größe eines Stahldurchmessers. Die untere Bewehrungslage wird zur Deckung des größeren Momentes, i. Allg. also in der steiferen Richtung angeordnet. Für die maximalen Stababstände s der Stahleinlagen gilt gem. DIN 1045-1, 13.3.2-1, vgl. (4.5):

$$\left.\begin{array}{l}\text{Haupttragrichtung}\\ s = 25\text{ cm für Plattendicken } h \geqq 25\text{ cm}\\ s = 15\text{ cm für Plattendicken } h \leqq 15\text{ cm}\\ \text{Zwischenwerte linear interpolieren}\\ \text{Minderbeanspruchte Richtung } s \leqq 25\text{ cm}\end{array}\right\} \quad (10.9)$$

10.4.3 Drillbewehrung

Die in Abb. 10.2 angegebenen Drillmomente treten bei zweiachsiger Lastabtragung an allen frei drehbar gelagerten Plattenrändern auf, sie erreichen ihren Größtwert in Plattenecken, in denen zwei frei drehbare Ränder zusammentreffen. Die Biegemomente der Einzelplatten sind, wie im Abschn. 10.2.2 vermerkt, unter Ansatz der vollen Drillsteifigkeit ermittelt. Dann ist gem. DIN 1045-1, 13.3.2 die Bewehrung in den Plattenecken unter Berücksichtigung der Drillmomente

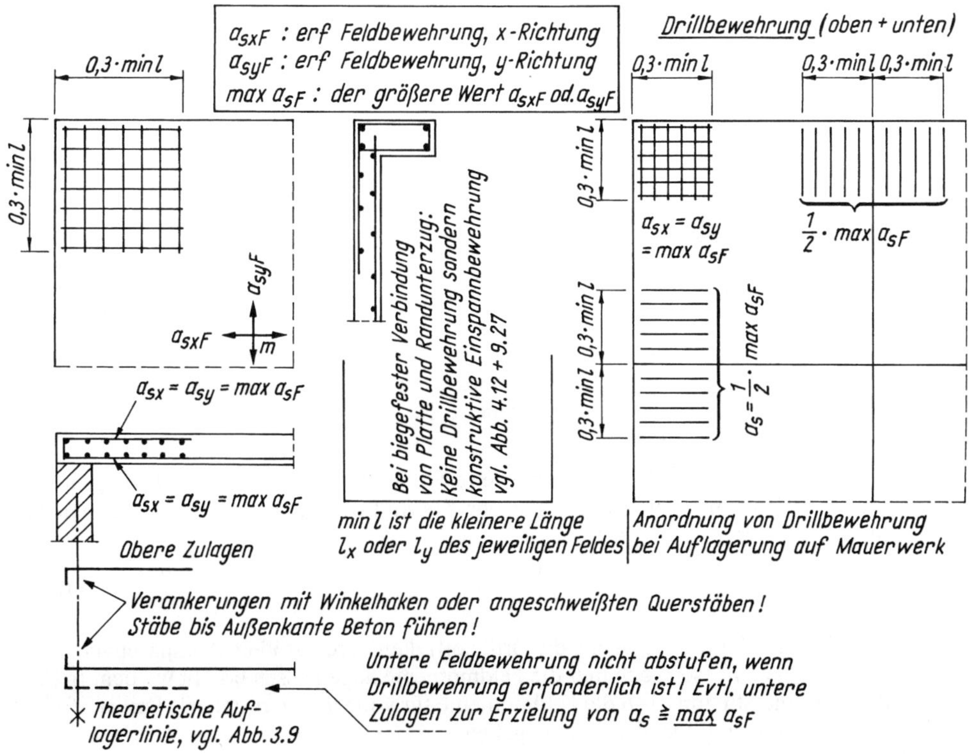

Abb. 10.16 Drillbewehrung in zweiachsig gespannten Platten

zu bestimmen. Eine optimale Abdeckung der Hauptmomente in den Ecken würde nach Abb. 10.2 eine obere Eckbewehrung in Diagonalrichtung und eine untere Bewehrung senkrecht hierzu erfordern. Aus baupraktischen Gründen wird jedoch fast ausschließlich mit der in DIN 1045-1, Bild 70, angegebenen randparallelen Drillbewehrung gearbeitet.

Wenn die in Abb. 10.16 zusammengestellten konstruktiven Maßnahmen zur Abdeckung der Drillmomente getroffen werden, ist eine *Bemessung* für Drillmomente entbehrlich. Diese Eckbewehrung ist am Plattenrand maximal beansprucht, sie sollte daher möglichst sorgfältig verankert sein, bei Matten mit Querstab am Außenrand der Platte. Der Querschnitt der Eckbewehrung muss in beiden Richtungen der größten Feldbewehrung (a_{sx} oder a_{sy}) entsprechen [1.11]. In Ecken, in denen ein eingespannter und ein frei aufliegender Rand zusammenstoßen, soll die Hälfte dieser Bewehrung rechtwinklig zum freien Rand eingebaut werden.

Wenn die Deckenplatten mit Randbalken biegefest verbunden sind, ist eine besondere Drillbewehrung nicht erforderlich. In diesen Fällen ist immer eine konstruktive Einspannbewehrung gem. Abb. 9.27 vorhanden.

Wenn vierseitig gelagerte Platten als einachsig gespannte Systeme berechnet werden, sollte in den Plattenecken bei Auflagerung auf Mauerwerk eine Drillbewehrung nach den vorstehend angegebenen Regeln zur Rissbreitenbeschränkung eingebaut werden.

10.4.4 Platten mit verminderter Drillsteifigkeit

Wenn bei Auflagerung der Decke auf Mauerwerk die vorstehend beschriebene Drillbewehrung nicht eingebaut wird, wenn die Drillsteifigkeit der Ecken durch größere Aussparungen verringert wird oder wenn die freien Ecken nicht gegen Abheben gesichert sind, werden die Feldmomente größer als bei der angenommenen vollen Drillsteifigkeit in Ecken. In Heft 240 [80.14] sind Vergrößerungsfaktoren δ angegeben, mit denen die Feldmomente bei verminderter Drillsteifigkeit über den Ansatz

$$\left.\begin{aligned} m'_x &= \delta \cdot m_x \\ m'_y &= \delta \cdot m_y \end{aligned}\right\} \qquad (10.10)$$

errechnet werden können. Hierin sind m_x und m_y die für volle Drillsteifigkeit, z. B. nach *Czerny* ermittelten Momente, m'_x bzw. m'_y sind die Momente bei verringerter Drillsteifigkeit in Platten mit Ecken, an denen zwei frei drehbar gelagerte Ränder zusammentreffen (Stützung 1, 2 oder 4).

In Handbüchern [8] sind auch Momentenbeiwerte f^0 für Deckenplatten der Stützungsart 1, 2 und 4 mit verminderter Drillsteifigkeit angegeben. Hiermit werden die Feldmomente analog zu (10.6) über die Ansätze

$$\left.\begin{aligned} m_{fx} &= p \cdot l_x^2 / f_x^0 \\ m_{fy} &= p \cdot l_x^2 / f_y^0 \end{aligned}\right\} \qquad (10.11)$$

ermittelt. Wenn bei Stützung 2, 5 oder 6 die Drillsteifigkeit durch größere Aussparungen in den Ecken vermindert ist, müssen auch hier die Feldmomente angemessen erhöht werden. In [2.5] werden daher für die Stützung 1–6 die Feldmomente für volle *und* verminderte Drillsteifigkeit bei 50 % Einspannung in folgender Form gegeben:

$$\left.\begin{aligned} m_{fx} &= K/f_x \quad \text{bzw.} \quad m_{fx} = K/f_x^0 \\ m_{fy} &= K/f_y \quad \text{bzw.} \quad m_{fy} = K/f_y^0 \end{aligned}\right\} \qquad (10.12)$$

Hierin ist

$$K = p \cdot l_x \cdot l_y \qquad p = g_d + q_d$$

10.4.5 Nachträglich mit Ortbeton ergänzte Deckenplatten

Insbesondere im Wohnungsbau werden häufig nachträglich mit Ortbeton ergänzte Fertigteilplatten verwendet. Hierbei wird bei einachsig berechneten Platten die Tragbewehrung und die Querbewehrung in der Fertigteilplatte angeordnet, im Fugenbereich wird die Querbewehrung gestoßen, vgl. Abb. 10.17. Bei zweiachsig gespannten Platten wird die Feldbewehrung in der Haupttragrichtung innerhalb des Fertigteils verlegt, in der minder beanspruchten Richtung wird Stabstahl oberhalb der meist 50-60 mm dicken Fertigteilplatten zugelegt. Der Verbund zwischen Fertigteil und Ortbeton erfolgt durch Gitterträger gem. DIN 1045-1, Bild 74.

Wenn Fertigteile mit statisch mitwirkender Ortbetonschicht als zweiachsig gespannte Platten eingesetzt werden, darf gem. DIN 1045-1, 13.4.3 die günstige Wirkung der Drillsteifigkeit nur in Ansatz gebracht werden, wenn sich innerhalb des Drillbereichs von $0{,}3 \cdot l$ ab der Ecke keine Stoßfuge der Fertigteilplatten befindet. Die Aufnahme der Drillmomente in Ecken ohne Verbindung mit Nachbarplatten ist bei Auflagerung auf Mauerwerk *nachzuweisen,* vgl. hierzu den Hinweis auf die untere Drillbewehrung in Abb. 10.16.

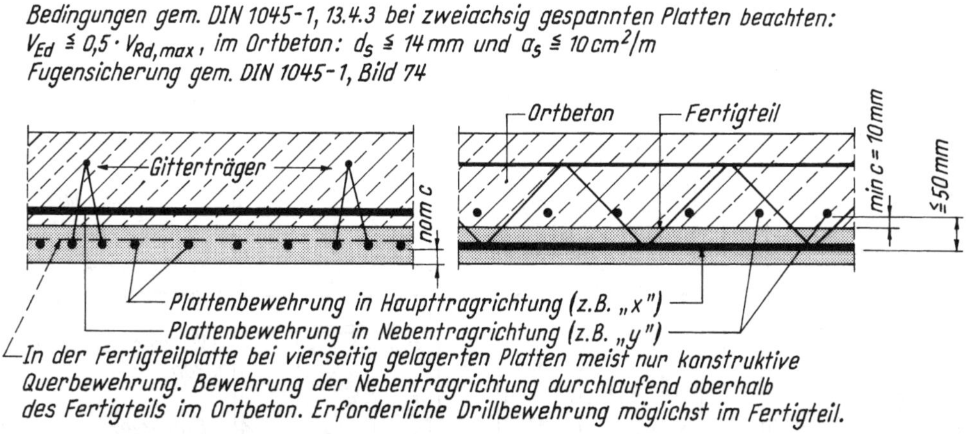

Abb. 10.17 Nachträglich mit Ortbeton ergänzte Deckenplatten

Die Bewehrung in der Ortbetonschicht oberhalb des Fertigteils muss gem. DIN 1045-1, 6.3 eine Mindestbetondeckung von 10 mm erhalten zur Einleitung der Verbundkräfte in diese Bewehrung, vgl. Abb. 10.17. Die unterschiedliche Nutzhöhe der beiden Bewehrungslagen d_x bzw. d_y wird bei der Bemessung berücksichtigt. Eine Schnittgrößenermittlung mit Ansatz gleicher Steifigkeiten in beiden Richtungen ist nur zulässig, solange der Abstand der beiden Bewehrungslagen ≦ 50 mm ist, vgl. DIN 1045-1, 8.2.

In der Baupraxis wird auch bei Plattenfugen innerhalb des Bereiches $0{,}3 \cdot l$ häufig die günstige Wirkung der Drillsteifigkeit angesetzt; Abstandhalter oberhalb des Fertigteils für $c_{min} = 10$ mm waren bisher nur selten anzutreffen.

10.4.6 Momentengrenzflächen, Zugkraftflächen

Mit der Berechnung der Bemessungsmomente nach Abschn. 10.2 oder Abschn. 10.3 erhalten wir die Schnittgrößen an bestimmten *Punkten* der Platten. Der Verlauf der Momente im gesamten Plattenbereich kann u. a. den Tafeln von *Czerny* [1.10] entnommen werden. Hierbei ist insbesondere zu beachten, dass die Größe der Feldmomente in weiten Plattenbereichen den Maximalwerten nahekommt. Die wichtigsten Regeln zur Bestimmung der Momentengrenzflächen bei Volleinspannung sind in Abb. 10.18 nach *Czerny* zusammengestellt. Hinweise über den Verlauf der Stützmomente längs eines eingespannten Randes und Momentengrenzflächen für dreiseitig gelagerte Platten sind in [1.10] zu finden.

Nach [2.5] erreichen die Feldmomente bei 50 % Einspannung bereits in einer Entfernung von $a = 0{,}2 \cdot \min l$ (bzw. $a = 0{,}25 \cdot \min l$ bei Stützung 5) vom eingespannten Auflagerrand die Maximalwerte der Momente. Bei einer Bewehrungsabstufung ist dies zu beachten, in Abb. 10.19 sind die Momentengrenzflächen für Stützung 3, 4 und 5 hierzu dargestellt. Für Stützung 2 und 6 ist sinngemäß zu verfahren.

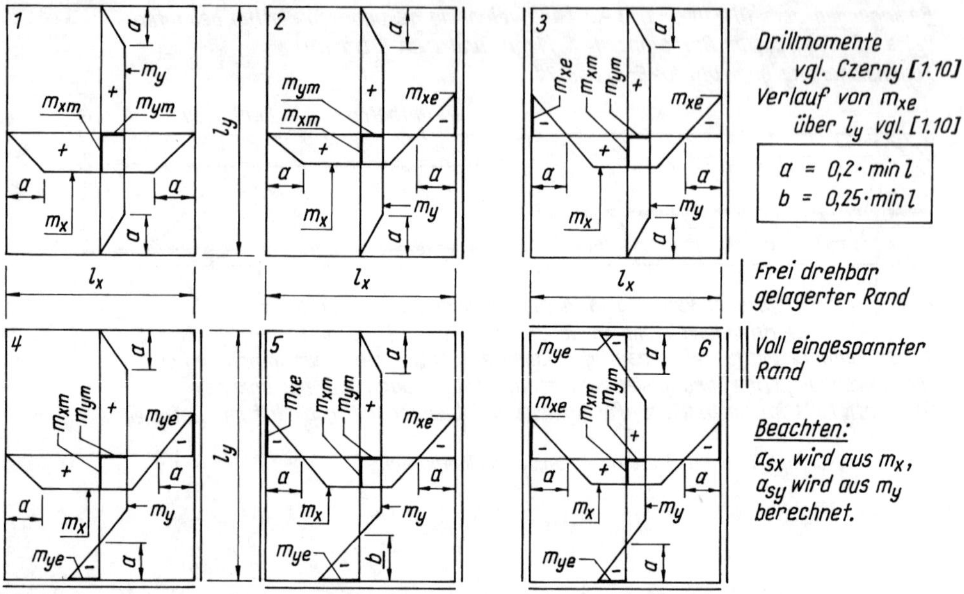

Abb. 10.18 Vereinfachte Darstellung von Momentengrenzflächen bei voller Einspannung nach Czerny [1.10]

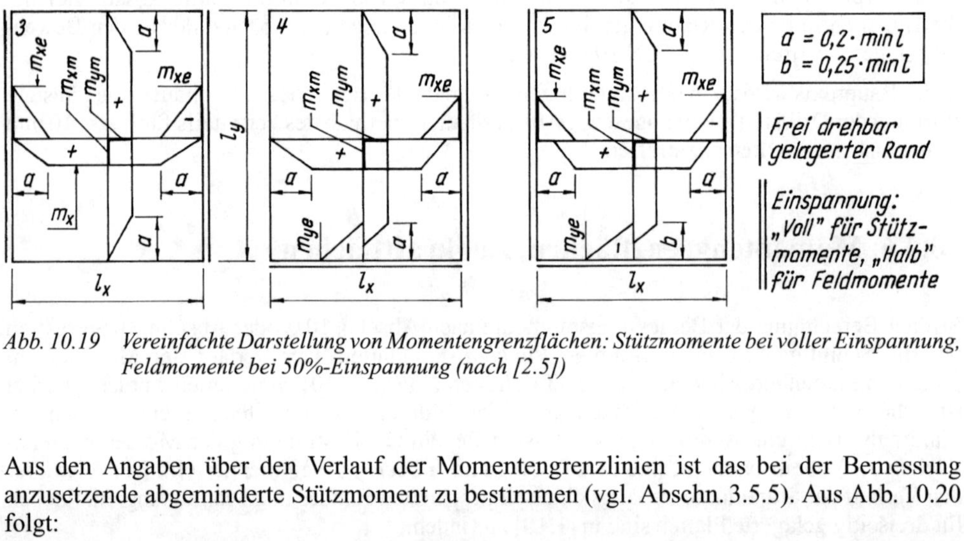

Abb. 10.19 Vereinfachte Darstellung von Momentengrenzflächen: Stützmomente bei voller Einspannung, Feldmomente bei 50%-Einspannung (nach [2.5])

Aus den Angaben über den Verlauf der Momentengrenzlinien ist das bei der Bemessung anzusetzende abgeminderte Stützmoment zu bestimmen (vgl. Abschn. 3.5.5). Aus Abb. 10.20 folgt:

$$\frac{m'_S}{m_S} = \frac{0{,}2 \cdot l_{min} - b_w/2}{0{,}2 \cdot l_{min}} = 1 - \frac{b_w/2}{0{,}2 \cdot l_{min}}$$

$$m'_S = m_S - (b_w/0{,}4 \cdot l_{min}) \cdot m_S$$

$$\left.\begin{array}{ll} m'_S = m_S - |\Delta m| & \text{Auflagerung Stahlbeton} \\ m'_S = m_S - |\Delta m/2| & \text{Auflagerung Mauerwerk} \end{array}\right\} \qquad (10.13)$$

Hierin ist

$$\Delta m = (b_w/0{,}4 \cdot l_{min}) \cdot m_S = 2{,}5 \cdot (b_w/l_{min}) \cdot m_S$$

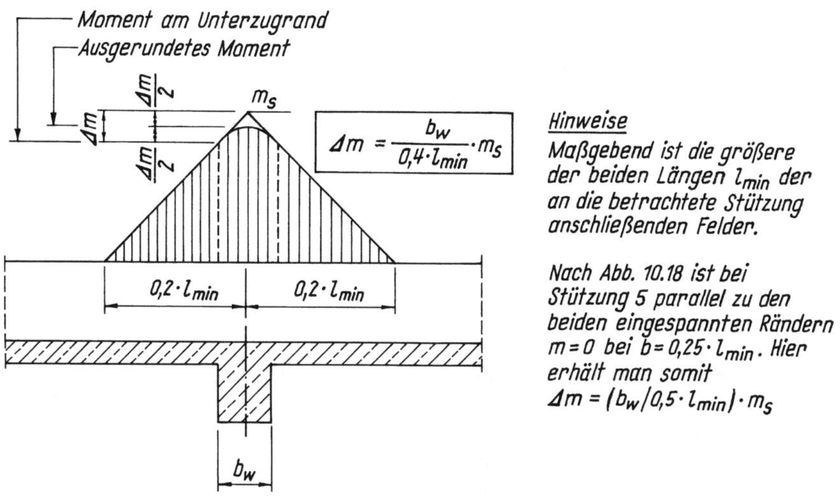

Abb. 10.20 Abminderung von Stützmomenten bei zweiachsig gespannten, durchlaufenden Platten

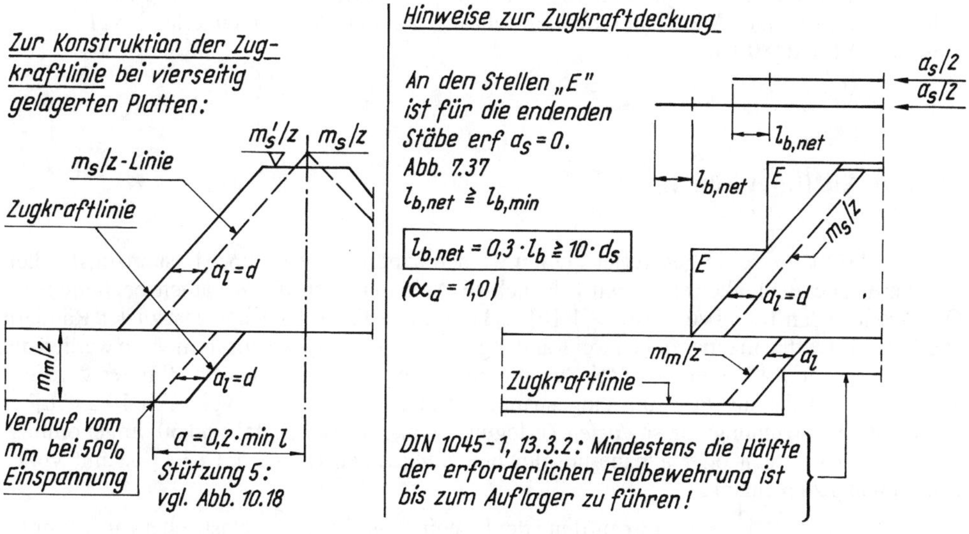

Abb. 10.21 Zugkraft und Zugkraftdeckung bei zweiachsig gespannten Platten

Momente, die nach dem Lastumordnungsverfahren (Abschn. 10.3.1) ermittelt wurden, werden nicht abgemindert, nach [80.14] sind die Momente gem. (10.5) als Bemessungsmomente anzusehen.

Die *Zugkraftflächen* von zweiachsig gespannten Platten erhalten wir aus den Momentengrenzflächen analog zu den Angaben bezüglich der Zugkraftlinie im Abschn. 7.7. In zweiachsig gespannten Platten ist nur in Ausnahmefällen, z. B. bei Belastung durch Einzellasten in der Nähe einer Berandung, eine Querkraftbewehrung erforderlich. Für Platten ohne Querkraftbewehrung ist gem. DIN 1045-1, 13.3.2 ein Versatzmaß $a_l = d$ anzusetzen. In Abb. 10.2.1 sind Einzelheiten zur Zugkraftfläche und zur Zugkraftdeckung zusammengestellt.

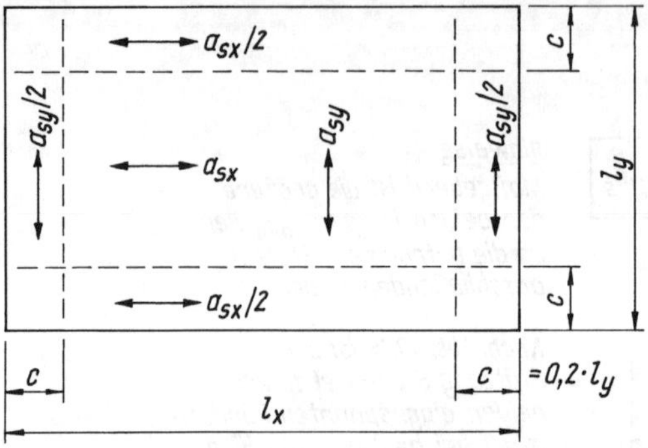

Abb. 10.22 Zulässige Verminderung der Bewehrung in Randstreifen von zweiachsig gespannten Platten ohne genaueren Nachweis

Wenn kein genauerer Nachweis, z. B. im Rahmen einer FEM-Berechnung, erfolgt, darf die Feldbewehrung parallel zu den Rändern gem. Abb. 10.22 vermindert werden. Hierdurch erfolgt näherungsweise eine Anpassung der Bewehrung an den Momentenverlauf, vgl. hierzu Abschn. 10.1 und [80.16].

10.4.7 Auflagerkräfte

Die Stützkräfte vierseitig gelagerter Platten werden näherungsweise über Lasteinzugsflächen bestimmt. Die Plattenbelastung wird danach in Anlehnung an die Angaben bezüglich der Querkräfte in den Tafeln von *Czerny* [1.10] als Dreieckslast oder als Trapezlast zu den Rändern abgetragen. Treffen in einer Ecke zwei Ränder gleicher Lagerungsart zusammen, so werden die Lastflächen unter 45° getrennt. Bei Zusammentreffen ungleich gelagerter Ränder wird der Trennungswinkel unter 60° zum eingespannten Rand angenommen, vgl. Abb. 10.23. Liegt keine volle Einspannung vor, so *dürfen* Zerlegungswinkel zwischen 45° und 60° angenommen werden. Bei gleichen oder annähernd gleichen Stützweiten (Abschn. 10.3.1) ist mit voller Einspannung zu rechnen.

In [2.5] sind auch Beiwerte zur Ermittlung der Lasteinzugsflächen bei elastischer Einspannung angegeben. Angesetzt wird ein Zerlegungswinkel (45° + 60°)/2 = 52,5°

Man erkennt, dass sich teilweise recht unregelmäßige Lastbilder für die Unterzüge ergeben. Wenn keine elektronischen Rechengeräte zur Verfügung stehen, wird sich häufig eine sinnvolle Vereinfachung der Lastbilder oder die Verwendung von Ersatzgleichlasten empfehlen.

Mit den heute zur Verfügung stehenden EDV-Programmen erfolgt die Bestimmung der Auflagerkräfte im Regelfall programmgesteuert, für die stützenden Unterzüge wird dann häufig die anzusetzende Belastung direkt durch Lastübernahme aus der Deckenberechnung bestimmt.

In den freien Ecken von vierseitig gelagerten Platten sind nach Abb. 10.1 nach oben gerichtete Eckabhebekräfte wirksam. Die Größe dieser Kräfte *R* kann aus den Drillmomenten ermittelt werden, hierfür gilt der Ansatz

$$R_e = 2 \cdot |m_{xy}| \qquad (10.14)$$

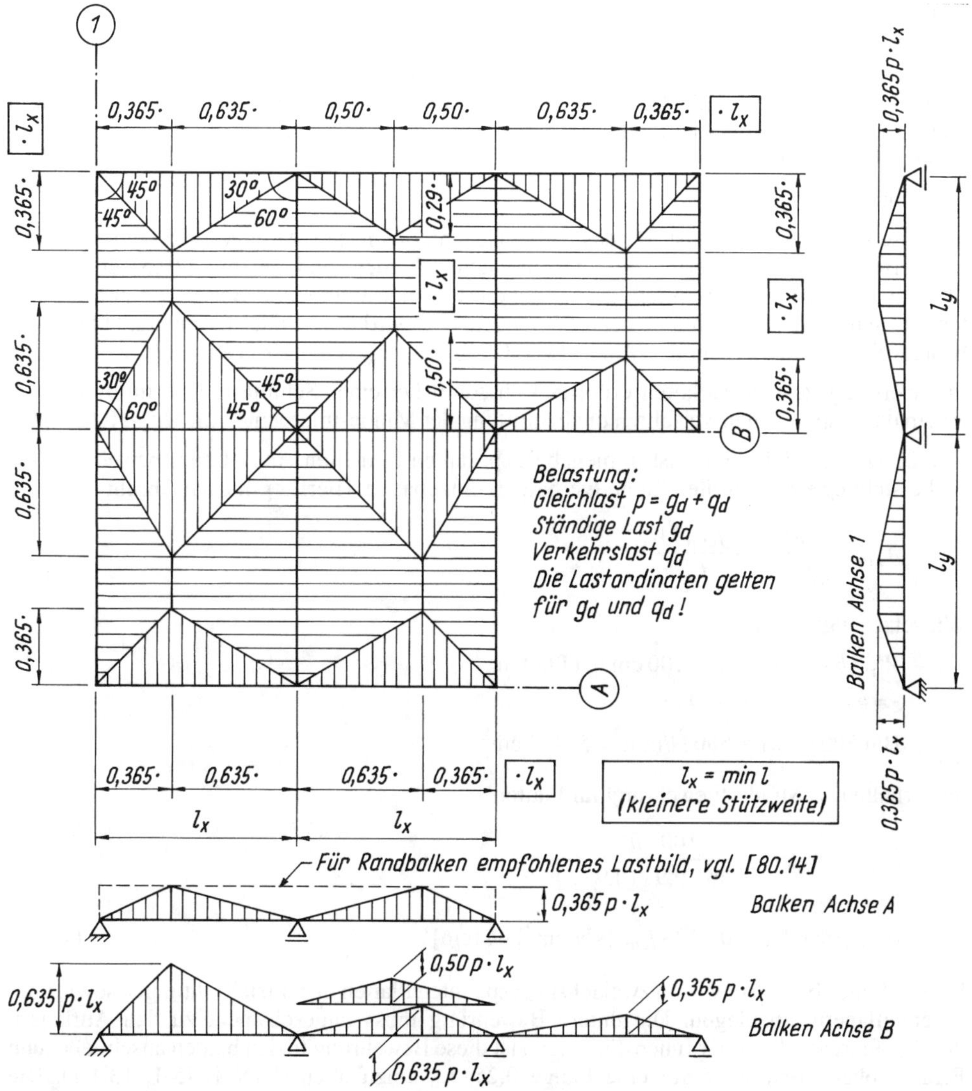

Abb. 10.23 Auflagerkräfte von zweiachsig gespannten Platten

Für die Kräfte R_e ist somit eine Eckverankerung oder eine entsprechende Auflast erforderlich. Durch die Eckkräfte R_e erfolgt bei Randbalken eine Lastverlagerung zur Feldmitte hin. Um die hierdurch bedingte Mehrbeanspruchung der Randbalken auszugleichen, wird empfohlen, die für die Biege- und Querkraftbemessung maßgebenden Schnittgrößen unter Ansatz einer gleichmäßig verteilten Belastung zu ermitteln, vgl. Abb. 10.23.

10.5 Mindestwerte für Biegemomente

Gemäß DIN 1045-1, 7.3.2 soll zur Berücksichtigung von vorgenommenen Idealisierungen in den Anschnitten von durchlaufenden Trägern bei biegefester Verbindung mit der Unterstützung für ein Mindestmoment

$$\min M_{Ed} = 0{,}65 \cdot M_0 \qquad \text{vgl. (3.7)}$$

bemessen werden. Hierin ist M_0 das Volleinspannmoment am Auflagerrand. Bei vierseitig gelagerten Platten mit geringen Stützweitenunterschieden sind die mit (10.5) ermittelten Stützmomente immer wesentlich größer als diese Mindestmomente. Bei größeren Stützweitenunterschieden und Rechnung nach *Pieper/Martens* wird das Mindestmoment nicht maßgebend, weil als Stützmoment der Mindestwert $0{,}75 \cdot \min m_{S0}$ gem. (10.7) angesetzt wird.

Für vierseitig gelagerte Platten erübrigt sich somit bei einer Schnittgrößenermittlung nach einem der besprochenen Verfahren die Ermittlung der Mindestmomente $\min M_{Ed} = 0{,}65 \cdot M_0$.

Gemäß DIN 1045-1, 13.1.1 ist in biegebeanspruchten Bauteilen eine Mindestbewehrung zur Sicherstellung eines duktilen Bauteilverhaltens einzubauen. Hierfür gilt nach Abschn. 4.7

$$A_{s,min} = \frac{M_{cr}}{f_{yk} \cdot z} = \frac{f_{ctm} \cdot W_c}{f_{yk} \cdot z}$$

Wir setzen, vgl. (4.7):

$$W_c = b \cdot h^2/6 \qquad b = 100\,\text{cm bei Platten}$$

$$z \approx 0{,}9 \cdot d \qquad d \approx 0{,}9 \cdot h$$

$$\text{BSt 500}: \quad f_{yk} = 500\,\text{N/mm}^2 \mathrel{\widehat{=}} 50\,\text{kN/cm}^2$$

und erhalten als Mindestbewehrung für Platten

$$a_{s,min} = f_{ctm} \cdot \frac{100 \cdot h^2}{6 \cdot 50 \cdot 0{,}9 \cdot (0{,}9 \cdot h)}$$

$$a_{s,min}\,[\text{cm}^2/\text{m}] = 0{,}412 \cdot f_{ctm}\,[\text{kN/cm}^2] \cdot h\,[\text{cm}] \qquad (10.15)$$

Diese Mindestbewehrung ist in zweiachsig gespannten Platten in beiden Richtungen sowie über Innenauflagern einzulegen. Die untere Bewehrung muss ungeschwächt zu den Auflagern durchgeführt werden, über Innenstützungen ist diese Bewehrung in den beiden anschließenden Feldern oben mindestens auf eine Länge $0{,}25 \cdot l_{eff}$ einzubauen (DIN 1045-1, 13.1.1). Die Mindestbewehrung wird in zweiachsig gespannten Platten in kleinen Feldern und für Stützungen zwischen kleinen Feldern häufig maßgebend.

Beispiel

Für das in Abb. 10.14 dargestellte Deckensystem ist die Mindestbewehrung zu bestimmen.

Betonfestigkeitsklasse C 20/25

Deckendicke $h = 17$ cm

Abb. 1.8: C 20/25 $\rightarrow f_{ctm} = 2{,}2\,\text{N/mm}^2$

Mit (10.15)

$$a_{s,min} = 0{,}412 \cdot 2{,}2 \cdot 10^{-1} \cdot 17 = 1{,}54\,\text{cm}^2/\text{m}$$

10.6 Hinweise zur Bewehrung

Besonders geeignet ist auch bei zweiachsig gespannten Platten eine Bewehrung mit Betonstahlmatten, vgl. Abb. 4.14. Hierbei werden die Mattenlängsstäbe i. Allg. in der Haupttragrichtung verlegt, in Querrichtung ist dann ein Tragstoß gem. den Angaben in Abb. 7.46 auszuführen. Schwierigkeiten beim Einbau der unteren Bewehrung können nach Abb. 10.24 auftreten, wenn von *einer* Matte sowohl die Längsstäbe wie auch die Querstäbe in Unterzüge eingeführt werden sollen. Dies ist problemlos nur möglich, wenn die obere Balkenlängsbewehrung noch nicht eingebaut ist. Bei der oberen Mattenbewehrung ist eine Häufung von Mattenstößen insbesondere im Bereich von Unterzügen zu vermeiden, die erforderliche Betondeckung der Stahleinlagen wird hier häufig nicht eingehalten. Wenn im Kreuzungsbereich von Unterzügen mit Matten für einachsige Bewehrung (R-Mattenformen bei Lagermatten, vgl. z. B. Abb. 4.10) gearbeitet wird, lassen sich drei Mattenlagen übereinander im Stoßbereich nicht vermeiden, vgl. Abb. 10.25a. Wenn zudem mit gestaffelter Bewehrung (Abb. 4.14) konstruiert wird, ist in den Stoßbereichen häufig schon das ordnungsgemäße Einbringen und Verdichten des Betons nicht mehr möglich. Bei Plattenauflagerung auf Stahlbetonunterzügen ist daher bei der Festlegung der Bügelmaße der Unterzüge auf den erforderlichen Platzbedarf für die Deckenbewehrung zu achten. Eine Bewehrung im direkten Kreuzungsbereich von Unterzügen mit Q-Matten führt meist zu einer Verbesserung der Konstruktion. Abb. 10.25 enthält hierzu einige Hinweise.

Bei Stabstahlbewehrung sollte man auf Aufbiegungen vollständig verzichten. Bei einer Konstruktion nur mit geraden Stäben lässt sich eine gute Anpassung an die Zugkraftfläche erreichen, vgl. z. B. Abb. 5.14. Im Bereich von Stahlbetonunterzügen lässt sich die obere Deckenbewehrung ohne Schwierigkeiten verlegen. Bei Stahlbeton*überzügen* (Abb. 9.16) ist eine Bewehrung mit Betonstahlmatten nur schwer ausführbar, hier ist eine Stabstahlbewehrung im Bereich der Stützmomente der Regelfall.

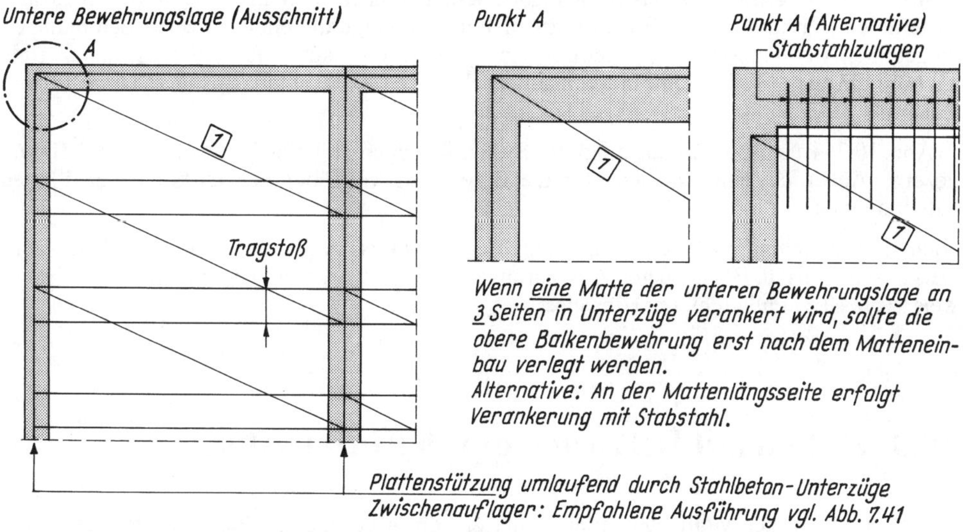

Abb. 10.24 Zur Ausführung der unteren Bewehrungslage bei zweiachsig gespannten Platten auf Unterzügen

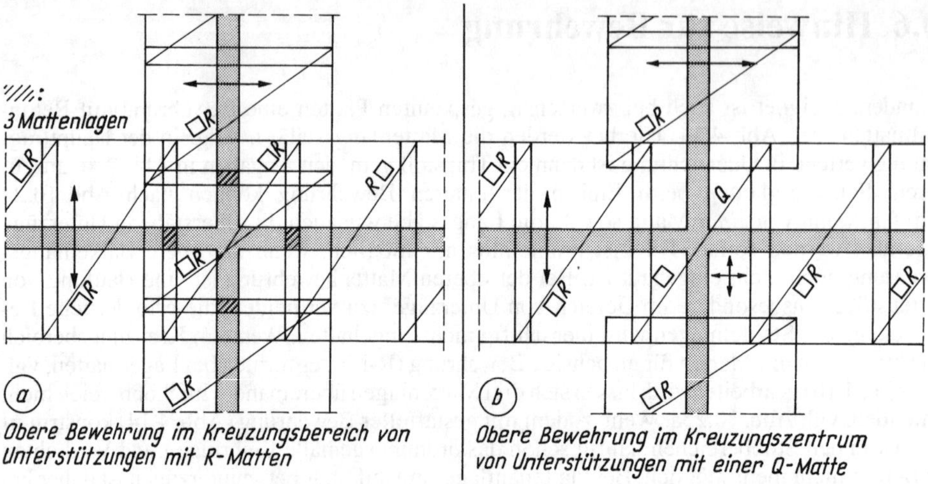

Abb. 10.25 Zur Ausführung der oberen Bewehrungslage von zweiachsig gespannten Platten

10.7 Platten mit unregelmäßiger Berandung und Platten mit Öffnungen

Die Angaben zur Berechnung der Schnittgrößen in den Abschnitten 10.2 und 10.3 gelten für Rechteckplatten. Wenn keine Rechteckform vorliegt, wird man in den meisten Fällen durch eine geeignete Kombination von einachsig und zweiachsig gespannten Platten zu brauchbaren Näherungen kommen. Besonders hilfreich kann dabei der im Abschn. 10.2.3 besprochene statische Grenzwertsatz der Plastizitätstheorie sein. Hiernach hat man bei der Wahl der Ersatzsysteme einen relativ weiten Ermessungsspielraum, solange die Gleichgewichtsbedingungen eingehalten werden. Bei der Systemfestlegung sollte man auf eine zumindest annähernde Verträglichkeit der Teilsysteme untereinander achten. In [80.3] findet man hierzu Hinweise und Beispiele.

In Abb. 10.26 ist beispielhaft die mögliche Systemfestlegung für eine Platte mit großer Öffnung gezeigt. Außerdem sind Angaben für die Bewehrung von über Eck auskragenden Platten aufgenommen.

Kleinere Öffnungen in Platten werden durch Bewehrungszulagen ohne rechnerischen Nachweis ausgewechselt. Bei größeren Aussparungen erfolgt zweckmäßig ein rechnerischer Nachweis, Abb. 10.27 enthält hierzu Hinweise.

10.8 Platten mit Belastung durch Einzellasten

In Abb. 10.28 ist der Momentenverlauf einer einachsig gespannten Platte infolge Belastung durch eine Einzellast *F* dargestellt. Man erkennt, dass durch die Einzellast die Platte in Längs- und Querrichtung beansprucht wird. Nach [80.3] wird die Einzellast auf eine mitwirkende

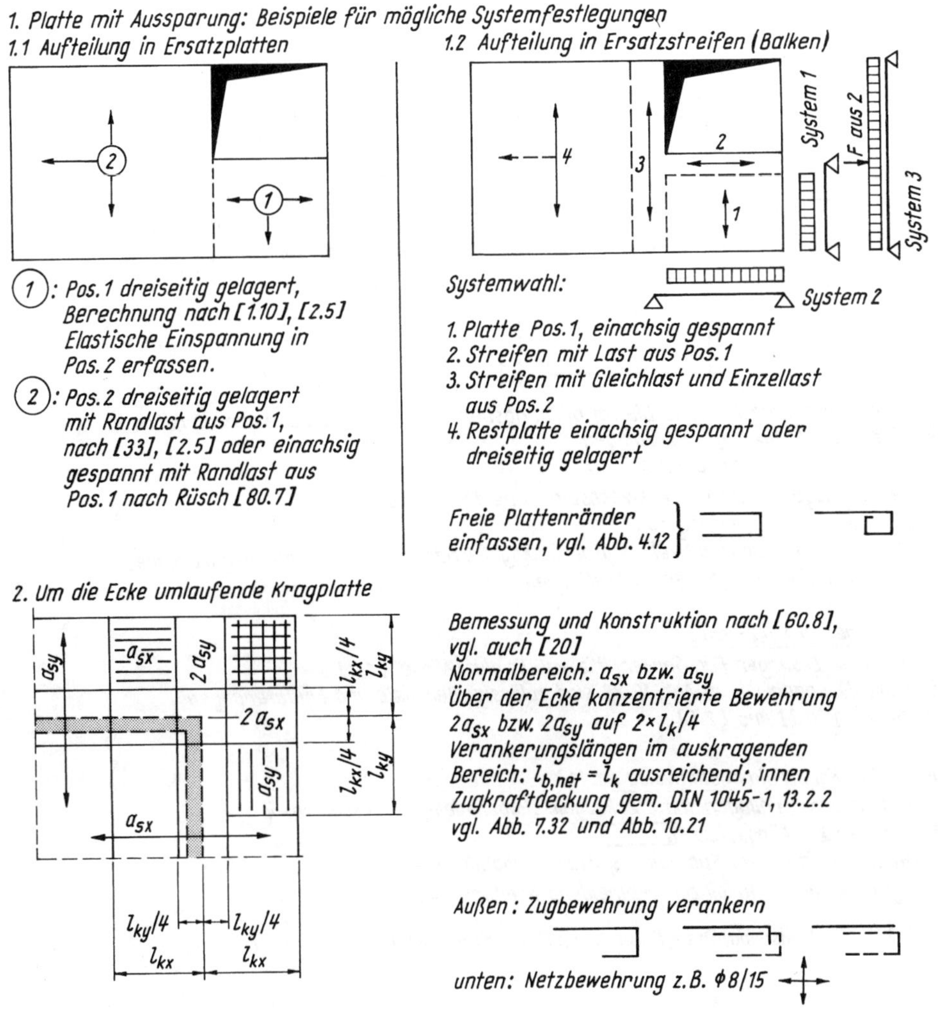

Abb. 10.26 Platten mit Öffnungen (Beispiele zur Systemfestlegung), Kragplatte an einer Gebäudeecke (Hinweise zur Bewehrung)

Breite b_{eff} verteilt, hierbei sind diese Breiten abhängig vom statischen System, von der Laststellung und von der Aufstandsfläche der Einzellast. Für die Bemessung im Grenzzustand der Tragfähigkeit werden die Momente aus Gleichlast (z. B. $g_d + q_d$) überlagert mit denjenigen aus Einzellast. Hierbei wird mit einem konstanten Moment im Bereich der Breite b_{eff} gerechnet. Der durch die Einzellast bewirkte Bewehrungsanteil ist dann unter der Einzellast konzentriert auf einer Breite $b_{eff}/2$ einzubauen. Zur Abdeckung der Quermomente ist normal zur Spannrichtung eine Querbewehrung $A_{st} = 0{,}6 \cdot A_s$ einzulegen. Hierbei ist A_s die durch die Einzellast bedingte Bewehrung in Spannrichtung der Platte, die Querbewehrung ist zusätzlich zur üblichen Plattenquerbewehrung $a_{st} = 0{,}2 \cdot a_s$ gem. (4.6) einzubauen. Einzelheiten zur Größe von b_{eff} findet man in den einschlägigen Handbüchern, z. B. [8], [2.5].

Mit dem vorstehend beschriebenen Verfahren wird die Schnittgrößenermittlung von Platten mit Einzellasten auf eine Stabbemessung zurückgeführt. Ausführliche Tabellen zur Bestimmung

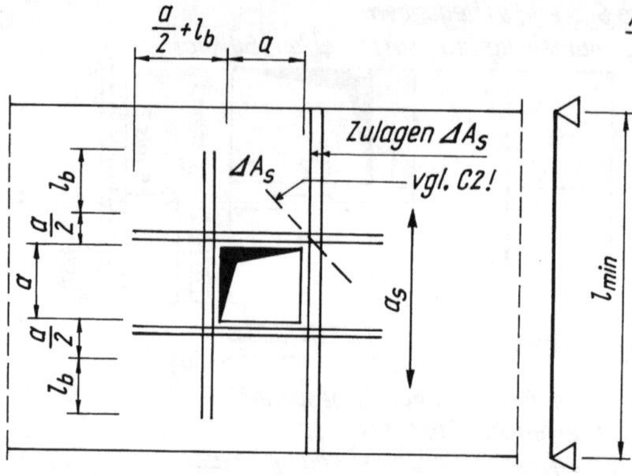

A. <u>Aussparungen $a \leq 0{,}2 \cdot \min l$</u>
<u>Grundregeln:</u>
Tragbewehrung neben der Öffnung ergänzen (ΔA_s).
Obere Längsstäbe und Steckbügel umlaufend zur Rissbreitenbeschränkung.
Die Verankerung der Zulagen beginnt ≈ a/2 neben der Öffnung, Stablänge entsprechend festlegen, l_b vgl. Abb. 7.37

1. Einachsig gespannte Platten: Die im Öffnungsbereich entfallende Bewehrung neben der Öffnung als $\Delta A_s \geq a_s \cdot a/2$ zulegen
   In Querrichtung: Querzulagen A_{sq}
2. Vierseitig gelagerte Platten: Auswechseln in beiden Richtungen
   $\Delta A_{sx} = a_{sx} \cdot a/2$, $\Delta A_{sy} = a_{sy} \cdot b/2$
3. Allgemeine Empfehlung: Bewehrung großzügig festlegen, die auftretenden Momente am Lochrand sind nur schwer zu bestimmen.

B. <u>Aussparungen $a > 0{,}2 \cdot \min l$</u>
1. Geschlossene Lösungen für Sonderfälle vgl. Stiglat/Wippel [1.7]
2. Näherungslösungen wie in Abb. 10.26 sind zulässig. Beispiele und Erläuterungen hierzu vgl. [80.3] und [2.5]

C. <u>Allgemeine Konstruktionshinweise [1.11]</u>
1. Alle Ränder der Öffnungen mit Steckbügeln (Haarnadeln) einfassen sowie oben + unten ≥ 1 Längsstab
2. In den Ecken sind stets Spannungsspitzen vorhanden (Kerbwirkung). Schrägstäbe sind sinnvoll zur Vermeidung breiter Risse.

Abb. 10.27 Zur Konstruktion im Bereich von Plattenaussparungen

der Momente unter Einzellasten sind bei *Stiglat/Wippel* [1.7] zu finden. Mit den Tabellenwerten werden die Momente nach der Plattentheorie ermittelt; auf zwei Besonderheiten soll hier hingewiesen werden:

– Die Größe der Feldmomente ist sehr weitgehend abhängig vom Verhältnis der Eintragungslänge t_x (t_y) zur Spannweite, die Laststellung und die Lagerungsart sind von sekundärer Bedeutung.

– Die Größe der Einspannmomente ist dagegen vor allem von der Laststellung abhängig. Diese Plattenmomente sind oft wesentlich größer als Momente, die nach dem Ersatzbalkenverfahren mit b_{eff} errechnet werden.

Die Tafeln [1.7] sind für einachsig gespannte Platten ebenso anwendbar wie für vierseitig gelagerte Platten. Neben den Momentenbeiwerten findet man Hinweise zur Bewehrung und Angaben für Belastung durch Streifenlasten. Das Ersatzbalkenverfahren ist zur Schnittgrößenbestimmung von vierseitig gelagerten Platten mit Einzellasten ungeeignet.

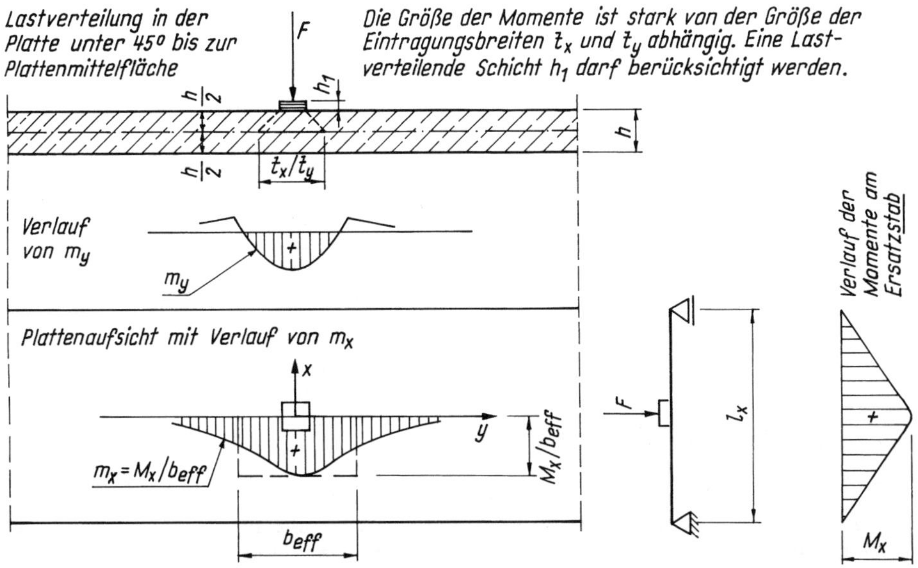

Abb. 10.28 Momentenverlauf in einer Platte infolge einer Einzellast (nach [20])

Bruckner [31] gibt umfangreiche Tabellen an, mit denen die Längs- und Quermomente von Platten bei Belastung durch Einzel- und Streckenlasten direkt ermittelt werden können. Auch bei *Hahn* [33] findet man Tabellen, mit denen der Einfluss von Einzel- und Streckenlasten bei vierseitig gelagerten Platten ermittelt werden kann. Alle genannten Arbeiten verlieren an Bedeutung, da zunehmend Sonderlasten auf rechteckigen Platten mit geeigneten EDV-Programmen erfasst werden können.

Ein Anwendungsbeispiel für eine Platte mit Gleichlast und Einzellast folgt im Abschnitt 11.2.

11 Anwendungen

11.1 Positionspläne, Schalpläne

DIN 1045-1, 4.2.1 enthält die allgemeinen Anforderungen, die an Zeichnungen gestellt werden. Die Darstellung von Positions- und Schalplänen wird in der Praxis sehr unterschiedlich gehandhabt. Eine gute Kurzfassung der wichtigsten Regeln findet man in [8].

Die Nummerierung der einzelnen Bauteile („Positionierung") führt man zweckmäßigerweise nach einem bestimmten Schema durch. Bewährt hat sich folgende Einteilung:

Oberstes Geschoss	Pos. 1– 99
2. Geschoss von oben	Pos. 101–199
3. Geschoss von oben	Pos. 201–299 usw.

Auch bei den Positionsangaben innerhalb eines Geschosses sollte man sich an bestimmte Regeln halten, die vor allem bei größeren Bauvorhaben die Arbeit erleichtern und Übersichtlichkeit gewährleisten:

Deckenplatten:	Pos. 1–19
Unterzüge:	Pos. 20–39
Treppen, Podeste:	Pos. 40–49
Stützen:	Pos. 50–69
Wände:	Pos. 70–... usw.

Eine Kennzeichnung von einzelnen Tragwerksteilen durch vorangestellte Kennbuchstaben ist ebenfalls möglich (z. B. *D* für Decken, *U* für Unterzüge usw.).

Stützen werden häufig auch durch die Kreuzungspunkte von Achsen bezeichnet, vor allem bei reinen Skelettbauten. Nicht vorhandene Positionen werden in der statischen Berechnung mit dem Vermerk „entfallen" angeführt.

Übereinander liegende Bauteile erhalten zweckmäßigerweise die gleichen Endziffern bei der Tragteilberechnung. So sollten z. B. die Pos. 3, 103 und 203 die an der gleichen Stelle eines Gebäudes in verschiedenen Geschossen liegenden Decken bezeichnen. Die statische Berechnung wird dadurch übersichtlicher, die Zusammenstellung von Stützenlasten wird erleichtert. Die Festlegung der wichtigsten Bauteilpositionen sollte man *vor* Beginn der statischen Berechnung vornehmen. Man wird dadurch dazu gezwungen, sich bereits am Anfang der statischen Bearbeitung einen Überblick über den Kraftfluss vom Dach bis zu den Fundamenten zu verschaffen.

Der Entwurfsverfasser (Architekt) stellt ein bestimmtes Geschoss als Draufsicht von oben dar. Die horizontale Schnittebene liegt innerhalb der Fensteröffnungen, im Schnitt dargestellt werden die tragenden Bauteile *oberhalb* der betrachteten Ebene. Treppen sieht man in der Ansicht von oben.

Der Tragwerksplaner stellt ein bestimmtes Geschoss als Untersicht dar. Die horizontale Schnittebene liegt in Höhe der Fenster des darunter liegenden Geschosses, im Schnitt dargestellt werden die tragenden Bauteile *unterhalb* der betrachteten Ebene. Treppen sieht man in der Ansicht von unten.

Positionspläne sind Bauzeichnungen des Tragwerks mit Angabe der statischen Positionen, meist im Maßstab 1 : 100. Schalpläne (M. = 1:50) sind Bauzeichnungen mit Darstellung der genauen Betonmaße. Sie enthalten Angaben über Aussparungen, Einbauteile, Höhenkoten, Bauwerksachsen usw. Meist sind auch die Positionsangaben enthalten. Der Übergang von Positionsplänen zu Schalplänen ist fließend. Bei einfachen Bauvorhaben wird gelegentlich auf die Anfertigung von Schalplänen verzichtet. Die gem. DIN 1045-1, 4.2.1 für Bewehrungspläne *vorgeschriebene* Angabe der vorgesehenen Betonfestigkeitsklasse und der Betonstahlsorte sowie der in der statischen Berechnung angesetzten Expositionsklassen sollte auch bei Positions- und Schalplänen immer vorgenommen werden. Auf Bewehrungspläne ist außerdem immer das Verlegemaß der Bewehrung c_v sowie das Nennmaß c_{nom} und das Mindestmaß c_{min} der Betondeckung anzugeben. Anzugeben sind auch die erforderlichen Abstandhalter sowie die Höhe von Unterstützungskörben o. ä. für die obere Bewehrungslage sowie bei gebogenen Bewehrungsstäben der Biegerollendurchmesser.

Ausführliche Angaben zum zweckmäßigen Aufbau einer statischen Berechnung findet man in [8]. Die Rechenergebnisse sollen möglichst graphisch dargestellt werden (DIN 1045-1, 4.3), eine Baubeschreibung ist immer dann erforderlich, wenn Einzelheiten nicht ohne weiteres aus der Berechnung bzw. aus der Zeichnung entnommen werden können. Hierzu gehört z. B. die Lage eines Bauwerks in einer Gegend mit hohem Schneeanfall oder ein ungewöhnlich hoher Grundwasserstand. Auch besondere Nutzungsbedingungen sollten in der Baubeschreibung angeführt werden. Hierzu gehören z. B. vom Nutzer geforderte Verformungsbeschränkungen für einzelne Bauteile oder die geforderte Wasserundurchlässigkeit eines Tragteils.

Die folgenden Beispiele werden möglichst praxisnah durchgerechnet. Der „Entwurf einer Konstruktion" (Abschn. 5.4.1) wird in statische Berechnungen nicht mit aufgenommen, auch „Bemerkungen" in den folgenden Beispielen erläutern einzelne Rechengänge, sie sind nicht Teil der eigentlichen statischen Berechnung.

11.2 Einachsig gespannte Einfeldplatte mit Einzellast

11.2.1 Aufgabenstellung

Abb. 11.1 zeigt den Ausschnitt aus dem Positionsplan eines Wohnhauses. Die Decke Pos. 1 ist zu berechnen, die Konstruktion ist darzustellen. Baustoffe und Expositionsklasse vgl. Abb. 11.1. Eine Belastung durch deckenbelastende leichte Trennwände ist nicht vorgesehen. Die Decke wird auch durch eine Stütze der Dachkonstruktion belastet, hieraus resultiert eine ständige Last $G_k = 30\,\text{kN}$, die veränderlichen Lasten Q (Schnee, Wind) werden im Rahmen dieses Beispiels vernachlässigt.

11.2.2 Durchführung

Pos. 1 Stahlbetondecke $h = 19\,\text{cm}$

Stützweite (Abb. 3.9)

$$l_{eff} = 5{,}01 + 0{,}24/3 + 0{,}30/3 \approx 5{,}20\,\text{m}$$

Betondeckung der Stahleinlagen

Expositionsklasse XC1 (Abb. 4.3)
Stahldurchmesser d_s = 14 mm (geschätzt)
$c_{min} = 14\,\text{mm}$, $\Delta c = 10\,\text{mm}$

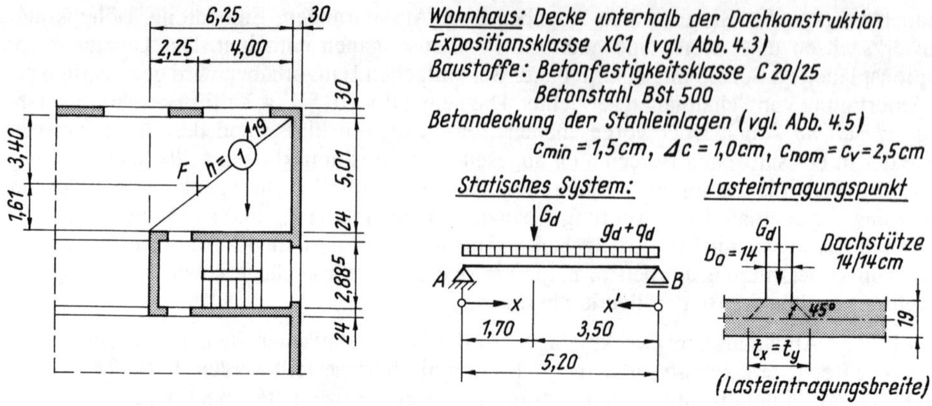

Abb. 11.1 Anwendungsbeispiel Abschn. 11.2: Ausschnitt Positionsplan, statisches System, Lasteintragungsbreite

$c_{nom} = c_{min} + \Delta c \qquad = 24\,mm$
gewählt Verlegemaß $c_v = 2{,}5\,cm$

(Abstandhalter sind i. Allg. nur mit Abstufungen im 5 mm-Raster verfügbar.)

Entwurf (vgl. Abschn. 6.4.2 und Abb. 6.22)

Keine Belastung durch Leichtwände

$l_i/d \quad \leqq 35$ für $w \leqq l/250$
$l_i \quad = \alpha \cdot l_{eff} = 5{,}2\,m$
$d \quad \geqq l_i/35 = 520/35 = 14{,}9\,cm$
$h \quad \geqq d + c_{nom} + d_s/2 = 14{,}9 + 2{,}5 + 1{,}4/2 = 18{,}1\,cm$

gewählt $h = 19\,cm$

System und Lastbild vgl. Abb. 11.1

Charakteristische Lasten (DIN 1055)

19 cm Beton = 0,19 · 25,0	=	4,75 kN/m²
Putz, Belag	=	1,25 kN/m²
	g_k =	6,00 kN/m²
Verkehrslast	q_k =	1,50 kN/m²
Dachstiel	G_k =	30,00 kN

Bemessungslasten

Teilsicherheitsbeiwerte vgl. Abb. 2.6

$g_d = \gamma_G \cdot g_k \quad = 1{,}35 \cdot 6{,}0 \quad = \ \ 8{,}10\,kN/m^2$
$G_d = \gamma_G \cdot G_k \quad = 1{,}35 \cdot 30{,}0 \quad = 40{,}50\,kN$
$q_d = \gamma_Q \cdot q_k \quad = 1{,}50 \cdot 1{,}50 \quad = \ \ 2{,}25\,kN/m^2$

Schnittgrößen

Infolge $g_d + q_d$

$M_{Ed} = (8{,}10 + 2{,}25) \cdot 5{,}20^2/8 \qquad = 34{,}98$ kNm/m

$V_{Ed,A} = V_{Ed,B} = (8{,}10 + 2{,}25) \cdot 5{,}20/2 \qquad = 26{,}91$ kN/m

Infolge $g_d + q_d + G_d$

Mitwirkende Lastverteilungsbreiten für die Einzellast gem. [80.14], vgl. auch [8]

$t_y = b_o + 2 \cdot h/2$		$= 14 + 19$	$= 33$ cm
Feldmoment:	b_{eff}	$= 0{,}33 + 2{,}5 \cdot 1{,}70\,(1 - 1{,}70/5{,}20)$	$= 3{,}19$ m
Querkraft $V_{Ed,A}$:	b_{eff}	$= 0{,}33 + 0{,}5 \cdot 1{,}70$	$= 1{,}18$ m
Querkraft $V_{Ed,B}$:	b_{eff}	$= 0{,}33 + 0{,}5 \cdot 3{,}50$	$= 2{,}08$ m

Maßgebendes Feldmoment:

$C_{Ed,B} = (8{,}1 + 2{,}25) \cdot 5{,}20/2 + (1/3, 19) \cdot 40{,}5 \cdot 1{,}70/5{,}20$

$= 26{,}91 + 4{,}15 \qquad = 31{,}06$ kN/m

$x' = 31{,}06/(8{,}1 + 2{,}25) = 3{,}00$ m

$M_{Ed} = 31{,}06 \cdot 3{,}0/2 \qquad = 46{,}59$ kNm/m

Auflagerkräfte infolge $g_d + q_d + G_d$

$C_{Ed,A} = 26{,}91 + (1/1{,}18) \cdot 40{,}50 \cdot 3{,}50/5{,}20 \qquad = 50{,}01$ kN/m

$C_{Ed,B} = 26{,}91 + (1/2{,}08) \cdot 40{,}50 \cdot 1{,}70/5{,}20 \qquad = 33{,}28$ kN/m

Biegebemessung Tafel 2, Anhang

$d = h - c_{nom} - d_s/2 = 19 - 2{,}5 - 1{,}4/2 \qquad = 15{,}8$ cm

Beton C 20/25: $f_{cd} = 0{,}85 \cdot 20{,}0/1{,}5 \qquad = 11{,}33$ N/mm²

Für $g_d + q_d$: $\qquad M_{Ed} = M_{Ed,s} = 34{,}98$ kNm/m

$$\mu_{Eds} = \frac{0{,}03498}{1{,}0 \cdot 0{,}158^2 \cdot 11{,}33} = 0{,}124: \quad \xi = 0{,}165$$

$\omega_1 = 0{,}1331, \quad \varepsilon_{c2}/\varepsilon_{s1} = -3{,}5/17{,}82\,‰, \quad \sigma_{sd} = 449{,}7$ N/mm²

$$a_{s1} = \frac{1}{449{,}7} \cdot (0{,}1331 \cdot 1{,}0 \cdot 0{,}158 \cdot 11{,}33) \cdot 10^4 = 5{,}30 \text{ cm}^2/\text{m}$$

Für $g_d + q_d + G_d$: $\qquad M_{Ed} = 46{,}59$ kNm/m

$\mu_{Eds} = 0{,}124 \cdot 46{,}59/34{,}98 = 0{,}167: \qquad \xi = 0{,}228$

$\omega_1 = 0{,}1845, \quad \varepsilon_{c2}/\varepsilon_{s1} = -3{,}5/11{,}88\,‰, \quad \sigma_{sd} = 444$ N/mm²

$$a_{s1} = \frac{1}{444} \cdot (0{,}1845 \cdot 1{,}0 \cdot 0{,}158 \cdot 11{,}33) \cdot 10^4 = 7{,}44 \text{ cm}^2/\text{m}$$

Zusatzbewehrung unter der Einzellast

$\Delta A_s = (7{,}44 - 5{,}30) \cdot 3{,}19 \qquad = 6{,}83$ cm²

Diese Zusatzbewehrung soll verlegt werden auf etwa $b_{eff}/2 = 3{,}19/2 = 1{,}60$ m

Querbewehrung: 60 % von ΔA_s:

$\Delta A_{st} = 0{,}60 \cdot 6{,}83 \qquad = 4{,}10\ \text{cm}^2$

Gewählte Bewehrung

In der ganzen Platte

$\varnothing$ 10, $s = 14$ cm $\qquad a_s = 5{,}61\ \text{cm}^2 > 5{,}30\ \text{cm}^2$

VS 4 $\varnothing$ 6/m $\qquad a_{st} = 1{,}1\ \text{cm}^2 > 5{,}30/5$

Zusatzbewehrung unter der Einzellast:

13 $\varnothing$ 10, $s = 14$ cm $\qquad \Delta A_s = 10{,}2\ \text{cm}^2 > 6{,}83\ \text{cm}^2$

Vorhanden unter der Einzellast somit

$\varnothing$ 10, $s = 7$ cm $\qquad \sum a_s = 11{,}22\ \text{cm}^2/\text{m}$

Zusätzliche Querbewehrung im Bereich der Einzellast 8 $\varnothing$ 10, $\quad A_{st} = 6{,}2\ \text{cm}^2 > 4{,}10\ \text{cm}^2$

Länge dieser Bewehrung $\geqq b_{eff} + 2 \cdot l_b$

Die Bewehrung wird ohne Staffelung auf ganzer Feldlänge durchgezogen, Einzelheiten zur Konstruktion vgl. Abb. 11.2

Mindestbewehrung (Duktilitätskriterium)

$$A_{s,min} = f_{ctm} \cdot \frac{b \cdot h^2}{6 \cdot 0{,}9 \cdot d} \cdot \frac{1}{f_{yk}} \qquad \text{vgl. (4.8)}$$

$f_{ctm} = 2{,}2\ \text{N/mm}^2, \quad f_{yk} = 500\ \text{N/mm}^2$

$$A_{s,min} = 2{,}2 \cdot \frac{1{,}0 \cdot 0{,}19^2}{6 \cdot 0{,}9 \cdot 0{,}158} \cdot \frac{10^4}{500} = 1{,}86\ \text{cm}^2/\text{m} < a_{s,vorh}$$

Mindestbewehrung (Rissbreitenbeschränkung)

Auf den Nachweis einer Mindestbewehrung gem. (6.26) wird wegen der geringen Bauteilabmessungen verzichtet, vgl. DIN 1045-1, 11.2.2 (2).

Begrenzung der Rissbreite (Normalbereich)

Gemäß DIN 1045-1, 11.2.1 (12) ist ein Nachweis zur Beschränkung der Rissbreite bei Platten in der Expositionsklasse XC1und $h \leqq 200$ mm nicht erforderlich. Der Nachweis wird hier aus Übungsgründen geführt.

Abb. 6.3: Expositionsklasse XC1: $\quad w_k = 0{,}4$ mm

Quasi-ständige Einwirkungskombination

Mit (2.7): $\quad M_{Ed} = (g_k + \psi_2 \cdot q_k) \cdot l^2/8 \qquad \psi_2 = 0{,}3$

$M_{Ed} = (6{,}0 + 0{,}3 \cdot 1{,}5) \cdot 5{,}20^2/8 = 21{,}8\ \text{kN/m}$

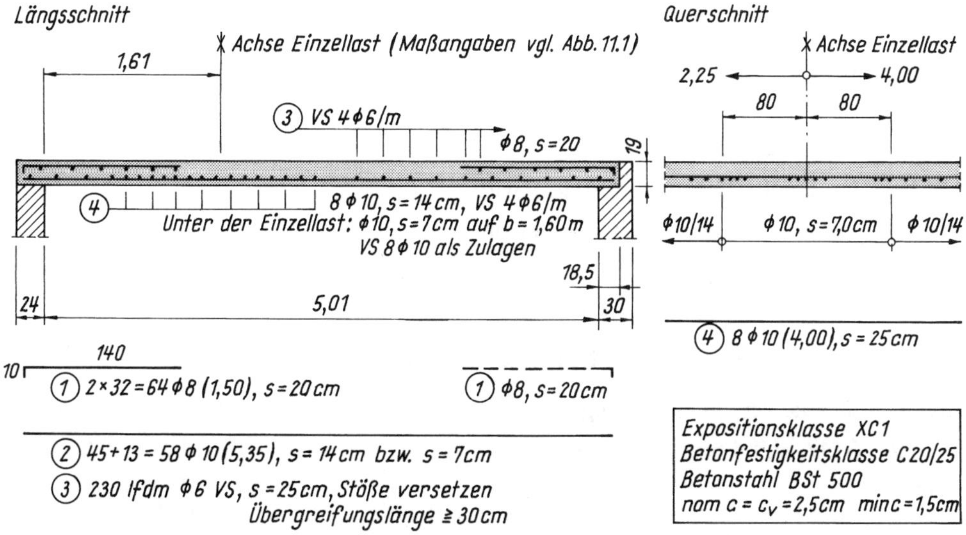

Abb. 11.2 Bewehrungsskizze Pos. 1 (Abschn. 11.2)

Mit (6.7) und $z \approx 0{,}9 \cdot d$ (Näherung)

$$\sigma_{s1} = \frac{M_{Ed}}{z \cdot A_{s1}} = \frac{21{,}8}{0{,}9 \cdot 0{,}158 \cdot 5{,}61} = 27{,}3 \text{ kN/cm}^2$$

Abb. 6.13: $\sigma_s \approx 280 \text{ N/mm}^2$: $s_{zul} = 200$ mm bei $w_k = 0{,}4$ mm

Vorhanden im Normalbereich: $s = 14$ cm < 20 cm

Auf den Nachweis zur Begrenzung der Rissbreite im Bereich der Einzellast wird hier verzichtet.

Nachweis für Querkräfte

Im Bereich des Einzellast: $C_{Ed,A} = 50{,}01$ kN/m

$V_{Ed} < C_{Ed,A} = 50{,}01$ kN/m

Mit Abb. 7.13 und $a_s = 11{,}22 \text{ cm}^2\text{/m}$

$\varrho_l = 11{,}22/(100 \cdot 15{,}8) = 0{,}007$

$d < 200 \text{ mm} \rightarrow k_{Rd,ct} > 0{,}17$

$V_{Rd,ct} = 2{,}71 \cdot 1{,}0 \cdot 0{,}158 \cdot 0{,}17 = 0{,}0728$ MN/m

$V_{Rd,ct} = 72{,}8 \text{ kN/m} > V_{Ed} = 50{,}01$ kN/m

Keine Querkraftbewehrung erforderlich, vgl. Abschn. 7.4.

Verankerung am Endauflager

Der Nachweis erfolgt für Auflager A im Bereich der Einzellast

Mit (7.45): $F_{sd} = V_{Ed} \cdot a_l / z \geqq V_{Ed}/2$

DIN 1045-1, 13.3.2: $a_l = 1{,}0 \cdot d$

Mit $V_{Ed} = C_{Ed,A} = 50{,}01$ kN/m, $z = 0{,}9 \cdot d$ wird

$F_{sd} = 50{,}01 \cdot 1{,}0 \cdot d/(0{,}9 \cdot d) = 55{,}6$ kN/m

Mit Abb. 7.37 (direktes Auflager):

$a_{s,erf} = F_{sd}/f_{yd} = 55{,}6/43{,}5 = 1{,}3\ \text{cm}^2/\text{m}$

$a_{s,vorh} = 11{,}22\ \text{cm}^2/\text{m}$, $\alpha_a = 1{,}0$ (gerades Stabende)

Abb. 7.37 für gute Verbundbedingung

$l_{b,dir} = 47 \cdot d_s = 47$ cm (C 20/25)

Damit

$$l_{b,dir} = \frac{2}{3} \cdot 1{,}0\ \frac{1{,}3}{11{,}22} \cdot 47 \cdot d_s = 3{,}6 \cdot d_s$$

$$\geqq \frac{2}{3} \cdot l_{b,min} = \frac{2}{3} \cdot 0{,}3 \cdot 47 \cdot d_s = 9{,}4 \cdot d_s$$

$$\geqq 6\, d_s$$

Maßgebend $l_{b,dir} = 9{,}4 \cdot d_s = 9{,}4$ cm.

Die Stahleinlagen werden bei A etwa 20 cm und bei B etwa 14 cm über die jeweilige Auflagervorderkante hinausgeführt, vgl. Abb. 11.2.

Konstruktion vgl. Abb. 11.2

11.3 Einachsig bewehrte Mehrfeldplatte

11.3.1 Aufgabenstellung

In Abb. 11.3 ist der Positionsplan eines mehrgeschossigen Warenhauses dargestellt. Für die Decke Pos. 401 ist die Bemessung durchzuführen, die Konstruktion ist darzustellen. Baustoffe und Expositionsklasse vgl. Abb. 11.3.

11.3.2 Durchführung

Statisches System vgl. Abb. 11.4

Feldweiten gem. Abb. 11.4, vgl. hierzu Abb. 3.9.

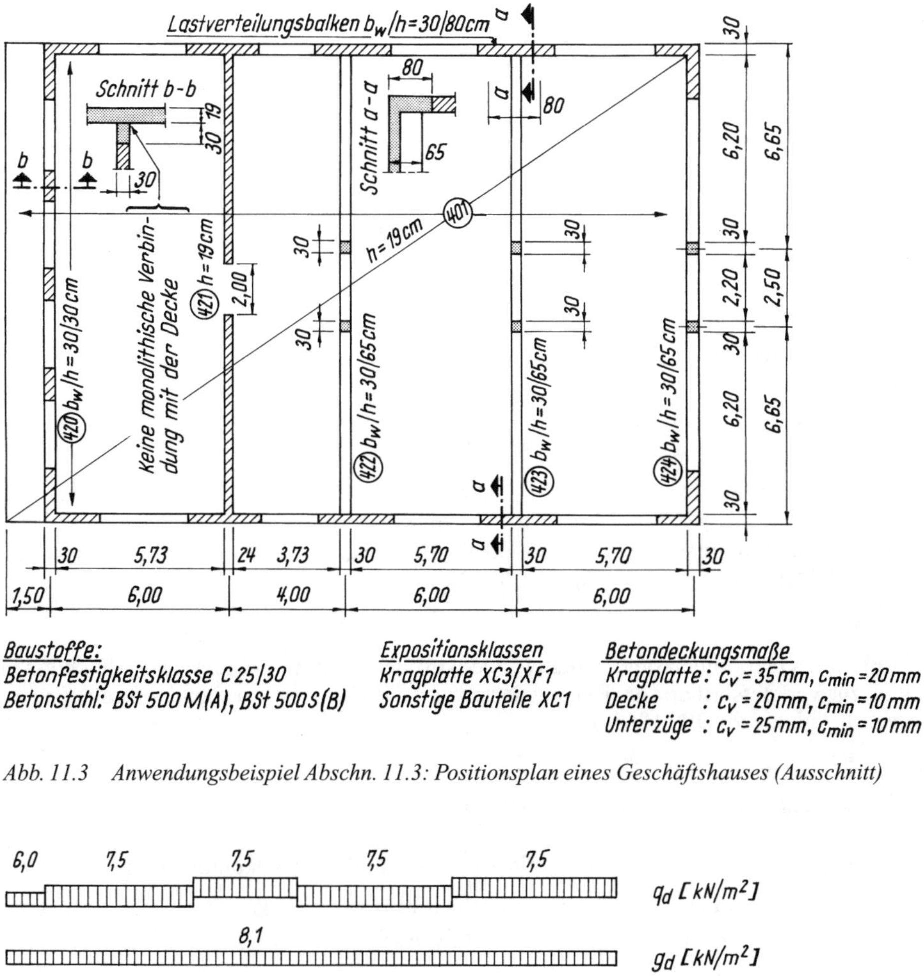

Abb. 11.3 Anwendungsbeispiel Abschn. 11.3: Positionsplan eines Geschäftshauses (Ausschnitt)

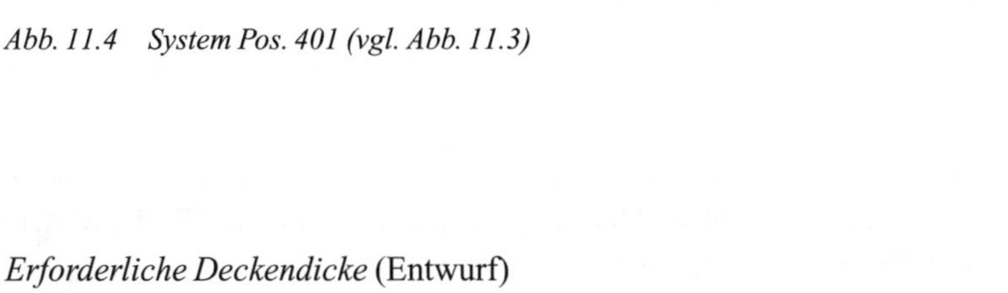

Abb. 11.4 System Pos. 401 (vgl. Abb. 11.3)

Erforderliche Deckendicke (Entwurf)

Es wird angenommen, dass die Errichtung von deckenbelastenden leichten Trennwänden geplant ist. Ersatzstützweiten gem. Ab. 6.21:

Kragplatte:	l_i	$= 2{,}4 \cdot 1{,}50$	$= 3{,}60$ m
Feld 4:	l_i	$= 0{,}8 \cdot 6{,}0$	$= 4{,}80$ m
Mit (6.34):	erf d	$= 4{,}80^2/150$	$= 0{,}154$ m

Betondeckungsmaße vgl. Abb. 4.5

Stahldurchmesser $d_s = 10$ mm (geschätzt)

Innenbauteile: Expositionsklasse XC1

$c_{min} = 10$ mm, $\Delta c = 10$ mm, $c_{nom} = c_v = 20$ mm

erf h = erf $d + c_v + d_s/2 = 15{,}4 + 2{,}0 + 1{,}0/2 = 17{,}9$ cm

Kragplatte: Expositionsklasse XC3

$c_{min} = 20$ mm, $\Delta c = 15$ mm, $c_{nom} = c_v = 35$ mm

(Nicht maßgebend für erf h)

Gewählt $h = 19$ cm

Die Plattendicke wurde reichlich gewählt, da mit gestaffelter Bewehrung gearbeitet werden soll, vgl. Abb. 4.14.

Charakteristische Lasten (DIN 1055)

19 cm Stahlbeton = 0,19 · 25,0		= 4,75 kN/m²
Ausstattung (Putz, Belag)		≈ 1,25 kN/m²
	g_k	= 6,00 kN/m²
Kragplatte (Balkon)	q_k	= 4,00 kN/m²
Innenfelder	q_k	= 5,00 kN/m²

Bemerkung:

Der Einfluss leichter, unbelasteter Trennwände wird bei geringen Nutzlasten q_k durch einen Zuschlag zur Verkehrslast erfasst. Bei Nutzlasten $q_k \geqq 5{,}0$ kN/m² ist ein solcher Zuschlag nicht erforderlich, vgl. hierzu DIN 1055-3.

Bemessungslasten (Grenzzustand der Tragfähigkeit)

Teilsicherheitsbeiwerte vgl. Abb. 2.6. Damit ergibt sich für die Grundkombination:

$g_d = \gamma_G \cdot g_k = 1{,}35 \cdot 6{,}0 = 8{,}1 \text{ kN/m}^2$

$q_d = \gamma_Q \cdot q_k = 1{,}50 \cdot 4{,}0 = 6{,}0 \text{ kN/m}^2$

$q_d = \gamma_Q \cdot q_k = 1{,}50 \cdot 5{,}0 = 7{,}5 \text{ kN/m}^2$

Die Konstruktionsregeln für die Mindestbewehrung werden beachtet, eine Rechnung mit $\gamma_G = 1{,}0$ ist daher nicht erforderlich.

Schnittgrößen

Die Schnittgrößen wurden in einer Nebenrechnung linear-elastisch ohne Umlagerung ermittelt, Laststellung der veränderlichen Lasten gem. Abb. 3.10. In Abb. 11.5 sind die für die weitere Bearbeitung wichtigsten Daten zusammengestellt.

Abminderung der Stützmomente (vgl. Abschn. 3.5.5)

$M'_{ED,A} = 15{,}9 - 64{,}1 \cdot 0{,}30/8 = 13{,}5 \text{ kNm/m}$

$M'_{Ed,B} = 50{,}1 - 95{,}1 \cdot 0{,}24/8 = 47{,}3 \text{ kNm/m}$

$M_{Ed,CI} = 36{,}9 - 34{,}9 \cdot 0{,}30/2 = 31{,}7 \text{ kNm/m}$

$M_{Ed,DI} = 65{,}0 - 54{,}2 \cdot 0{,}30/2 = 56{,}9 \text{ kNm/m}$

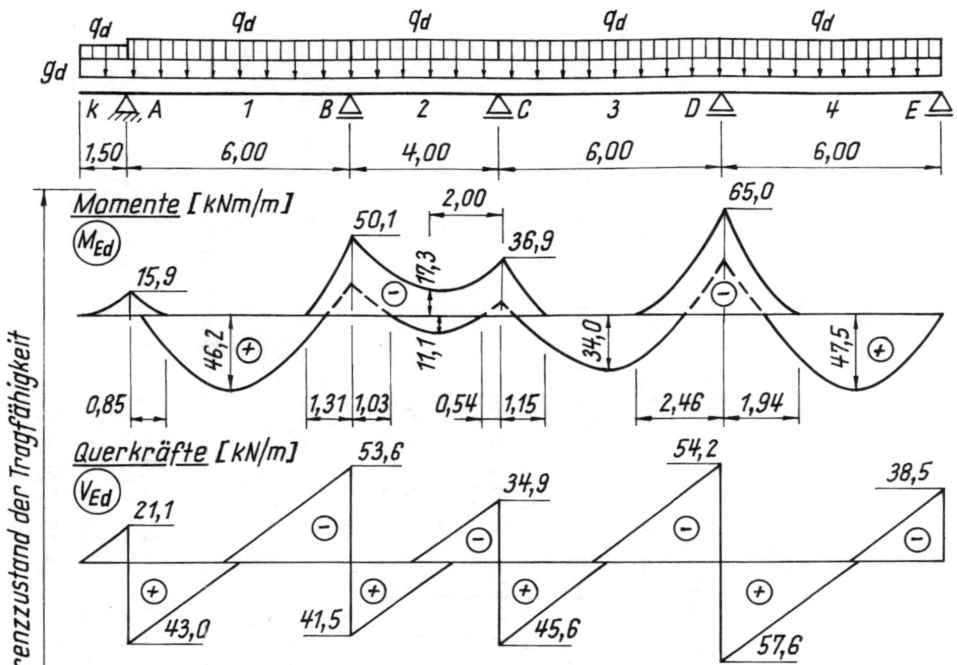

Auflagerkräfte C_{Ed} [kN/m] („g": Alle Felder mit g_d belastet)

	A	B	C	D	E
max:	64,1	95,1	80,5	111,8	38,5
„g":	34,2	45,0	35,1	57,3	18,8
min:	33,2	37,2	22,0	55,8	16,5

Auflagerkräfte C_{Ed} [kN/m] infolge $g_k = 6{,}0\ kN/m^2$, $q_k = 4{,}0/5{,}0\ kN/m^2$

	A	B	C	D	E
max:	45,3	66,7	56,3	78,8	27,1
„g":	25,3	33,4	26,0	42,4	13,9
min:	24,6	28,1	17,3	41,5	12,4

Belastung

Ständige Last: $g_d = 8{,}1\ kN/m^2$

Veränderliche Last:

Kragarm: $q_d = 6{,}0\ kN/m^2$

Feld 1 - 4: $q_d = 7{,}5\ kN/m^2$

Stützmomente lastfallweise

a) Belastung mit $g_d + q_d$

Stütze	$-M_{Ed}$ [kNm/m] infolge g_d	q_d nur in Feld K	1	2	3	4
A	9,11	6,75	–	–	–	–
B	22,84	-2,12	21,17	4,92	-3,43	1,14
C	13,89	0,46	-4,58	5,42	17,16	-5,72
D	32,98	-0,11	1,14	-1,36	12,58	18,31

b) Belastung mit $g_k + q_k$

Stütze	$-M_{Ed}$ [kNm/m] infolge g_k	q_k nur in Feld K	1	2	3	4
A	6,75	4,50	–	–	–	–
B	16,92	-1,41	14,11	3,28	-2,29	0,76
C	10,29	0,31	-3,05	3,62	11,44	-3,81
D	24,43	-0,08	0,76	-0,90	8,39	12,20

Abb. 11.5 Schnittgrößen der Deckenplatte Pos. 401 (Abschn. 11.3)

Mindestwert der Stützmomente (vgl. Abschn. 3.5.6)

$$\min M_{Ed,C} = -0{,}65 \cdot (8{,}1 + 7{,}5) \cdot 5{,}70^2/12 \quad = -27{,}5\ \text{kNm/m}$$
$$\min M_{Ed,D} = -0{,}65 \cdot (8{,}1 + 7{,}5) \cdot 5{,}70^2/8 \quad = -41{,}2\ \text{kNm/m}$$

Zusammenstellung der maßgebenden Momente

Feld 1:	$M_{Ed} = 46{,}2$ kNm/m	Stützung A:	$M_{Ed} = -13{,}5$ kNm/m
Feld 2:	$M_{Ed} = 11{,}1$ kNm/m	Stützung B:	$M_{Ed} = -47{,}3$ kNm/m
	$M_{Ed} = -17{,}3$ kNm/m	Stützung C:	$M_{Ed} = -31{,}7$ kNm/m
Feld 3:	$M_{Ed} = 34{,}0$ kNm/m	Stützung D:	$M_{Ed} = -56{,}9$ kNm/m
Feld 4:	$M_{Ed} = 47{,}5$ kNm/m		

Biegebemessung (Tafel 2, Anhang)

Beton C 25/30: $f_{cd} = 0{,}85 \cdot 25{,}0/1{,}5 = 14{,}17\ \text{N/mm}^2$
Kragplatte $c_v = 35$ mm : $d = 19 - 3{,}5 - 1{,}0/2 = 15{,}0$ cm
Feld 1–4 $c_v = 20$ mm : $d = 19 - 2{,}0 - 1{,}2/2 = 16{,}4$ cm
Für alle $M_{Ed} \leqq |\,47{,}5\,|$ kNm/m $= M_{Ed,s}$:

$$\mu_{Eds} = \frac{0{,}0475}{1{,}0 \cdot 0{,}164^2 \cdot 14{,}17} = 0{,}125 \qquad \xi = 0{,}166$$

$$\omega_1 = 0{,}1343, \quad \varepsilon_{c2}/\varepsilon_{s1} = -3{,}5/17{,}64\ ‰, \quad \sigma_{sd} = 449{,}5\ \text{N/mm}^2$$

Feld 4: $a_s = \frac{1}{449{,}5} \cdot (0{,}1343 \cdot 1{,}0 \cdot 0{,}164 \cdot 14{,}17) \cdot 10^4 = 6{,}94\ \text{cm}^2/\text{m}$

Feld 1:	$a_s = 6{,}94 \cdot 46{,}2/47{,}5$	$= 6{,}75\ \text{cm}^2/\text{m}$
Feld 2:	$a_s = 6{,}94 \cdot 11{,}1/47{,}5$	$= 1{,}62\ \text{cm}^2/\text{m}$
bzw.	$a_s = 6{,}94 \cdot 17{,}3/47{,}5$	$= 2{,}53\ \text{cm}^2/\text{m}$
Feld 3:	$a_s = 6{,}94 \cdot 34{,}0/47{,}5$	$= 4{,}97\ \text{cm}^2/\text{m}$
Stützung B:	$a_s = 6{,}94 \cdot 47{,}3/47{,}5$	$= 6{,}91\ \text{cm}^2/\text{m}$
Stützung C:	$a_s = 6{,}94 \cdot 31{,}7/47{,}5$	$= 4{,}63\ \text{cm}^2/\text{m}$

Stützung D: $M_{Ed} = -56{,}9$ kNm/m

$$\mu_{Eds} = \frac{0{,}0569}{1{,}0 \cdot 0{,}164^2 \cdot 14{,}17} = 0{,}15 \qquad \xi = 0{,}202$$

$$\omega_1 = 0{,}1638, \quad \varepsilon_{c2}/\varepsilon_{s1} = -3{,}5/13{,}8\ ‰, \quad \sigma_{sd} = 445{,}9\ \text{N/mm}^2$$

$$a_s = \frac{1}{445{,}9} \cdot 0{,}1638 \cdot 1{,}0 \cdot 0{,}164 \cdot 14{,}17 \cdot 10^4 = 8{,}54\ \text{cm}^2/\text{m}$$

Stützung A: $M_{Ed} = -13{,}5$ kNm/m

$\mu_{Eds} \approx 0{,}05, \quad \omega_1 = 0{,}0515, \quad \sigma_{sd} = 456{,}5\ \text{N/mm}^2$

$a_s = 2{,}4\ \text{cm}^2/\text{m}$

Mindestbewehrung gem. (4.8)

$$a_{s,min} = f_{ctm} \cdot \frac{b \cdot h^2}{6 \cdot 0{,}9 \cdot d} \cdot \frac{1}{f_{yk}}$$

Beton C 25/30: $f_{ctm} = 2{,}6\ \text{N/mm}^2$, vgl. Abb. 1.8

$$a_{s,min} = 2{,}6 \cdot \frac{1{,}0 \cdot 0{,}19^2}{6 \cdot 0{,}9 \cdot 0{,}164} \cdot \frac{10^4}{500} = 2{,}1\ \text{cm}^2/\text{m}$$

$a_{s,min}$ wird maßgebend in Feld 2, untere Bewehrungslage.

Gewählte Bewehrung: Mattenduktilität (A)

Feld 1:	R 377 + R 335	$a_s = 7{,}12\ \text{cm}^2$
Feld 2:	unten R 257	$a_s = 2{,}57\ \text{cm}^2$
	oben R 377	$a_s = 3{,}77\ \text{cm}^2$
Feld 3:	R 513	$a_s = 5{,}13\ \text{cm}^2$
Feld 4:	R 377 + R 377	$a_s = 7{,}54\ \text{cm}^2$
Stützung A:	R 377	$a_s = 3{,}77\ \text{cm}^2$
Stützung B:	R 377 + R 335	$a_s = 7{,}12\ \text{cm}^2$
Stützung C:	R 377 + R 188	$a_s = 5{,}65\ \text{cm}^2$
Stützung D:	R 513 + R 377	$a_s = 8{,}90\ \text{cm}^2$

In der Kragplatte unten Q 188

außen 1 Ø 12 oben und unten, Steckbügel Ø 8, $s = 20$ cm

oben R 377 wegen der Mattenlänge $l = 6{,}0$ m

Bemessung für Querkräfte

Nach Abb. 7.13

$$V_{Rd,ct} = f_{ck}^{1/3} \cdot b_w \cdot d \cdot k_{Rd,ct}, \quad \varrho_l = A_{sl}/(b_w \cdot d)$$

Der Nachweis erfolgt für Auflager D, rechts. Hier ist $V_{Ed} = 57{,}6$ kN/m, vgl. Abb. 11.5. Für die Bestimmung von ϱ_l ist nach Abb. 7.12 die obere Bewehrung anzusetzen. Bei Auflager D ist $a_s = a_{sl} = 8{,}90\ \text{cm}^2$.

Damit

$$\left.\begin{array}{l} \varrho_l = 8{,}90/(100 \cdot 16{,}4) = 0{,}005 \\ h = 190\ \text{mm} < 200\ \text{mm} \end{array}\right\} \quad k_{Rd,ct} = 0{,}16$$

$$V_{Rd,ct} = 2{,}92 \cdot 1{,}0 \cdot 0{,}164 \cdot 0{,}16 = 0{,}076\ \text{MN/m} = 76\ \text{kN/m} > V_{Ed}$$

Keine Querkraftbewehrung erforderlich!

Grundmaß der Verankerungslängen

Für alle Bewehrungsstäbe liegen gute Verbundbedingungen vor (Abb. 7.35).

Nach Abb. 7.37 für Beton C 25/30 und $d_{sV} = d_s \sqrt{2}$ für Doppelstabmatten:

$$l_b = k_{\varnothing} \cdot d_{sV} = 40 \cdot d_s \cdot \sqrt{2} = 56{,}5 \cdot d_s$$

Hierin ist d_s der Einzelstabdurchmesser der betreffenden Matte.

Verankerung am Endauflager D

Zu verankernde Zugkraft nach (7.45)

$$F_{sd} = V_{Ed} \cdot a_l / z$$

$$V_{Ed} = 38{,}5\ \text{kN/m}, \quad a_l = 1{,}0 \cdot d, \quad z \approx 0{,}9 \cdot d$$

$$F_{sd} = 38{,}5 \cdot 1{,}0/0{,}9 \qquad = 42{,}8\ \text{kN/m}$$

Nach Abb. 7.39 mit $f_{yd} = 435\ \text{N/mm}^2$ und $\alpha_a = 1{,}0$

$$a_{s,erf} = F_{sd} / f_{yd} = 42{,}8/43{,}5 \approx 1{,}0\ \text{cm}^2/\text{m}$$

$$a_{s,vorh} = 3{,}77\ \text{cm}^2/\text{m} \quad (\text{R 377}: \quad 150 \cdot 6{,}0\ d)$$

$$l_{b,dir} = \frac{2}{3} \cdot \alpha_a \cdot \frac{a_{s,erf}}{a_{s,\,vorh}} \cdot l_b$$

$$\begin{aligned} l_{b,dir} &= (2/3) \cdot 1{,}0 \cdot (1{,}0/3{,}77) \cdot 56{,}5 \cdot d_s = 10{,}0\ d_s \\ &\geqq (2/3) \cdot l_{b,min} = (2/3) \cdot 1{,}0 \cdot 0{,}3 \cdot 56{,}5 \cdot d_s = 11{,}3\ d_s \\ &\geqq 6{,}0 \cdot d_{sV} = 8{,}5 \cdot d_s \end{aligned}$$

Maßgebend ist $l_{b,dir} = 11{,}3 \cdot d_s = 11{,}3 \cdot 0{,}6 \approx 7$ cm, die Matte wird bei Auflager D etwa 25 cm über die Auflagervorderkante hinausgeführt.

Verankerung an den Zwischenauflagern

Nach Abb. 7.41 ist die erforderliche Bewehrung (≧ 50 % der Feldbewehrung) mindestens um das Maß 6 d_s (bei Doppelstabmatten 6 d_{sV}) bis hinter die Auflagervorderkante zu führen. Diese Forderungen werden an allen Zwischenauflagern erfüllt, vgl. die Konstruktionszeichnung Anlage 1 am Schluss dieses Bandes.

Gebrauchstauglichkeit: Begrenzung der Spannungen

Nachweise sind nicht erforderlich, vgl. hierzu Abschn. 6.2.2. Die dort angeführten Bedingungen sind sämtlich eingehalten.

Gebrauchstauglichkeit: Rissbreitenbeschränkung

Es wird davon ausgegangen, dass eine mögliche Zwangschnittgröße, z. B. aus Schwinden des Betons, die Rissschnittgröße nicht erreicht. Diese Annahme ist bei den hier vorliegenden Verhältnisses (Bauteile im Inneren, Bauteilabmessungen) berechtigt. Auf den Nachweis einer Mindestbewehrung gem. (6.26) wird daher verzichtet.

Der Nachweis zur Beschränkung der Rissbreite unter Lastbeanspruchung wird für Stützung D und Feld 4 geführt.

Nach Abb. 6.3:

Expostionsklasse XC1: $w_k = 0{,}4$ mm

Nachweis mit quasi-ständiger Kombination.

Mit (2.7): $g_d = g_k, \quad q_d = \psi_2 \cdot q_k$

Abb. 2.5: Geschäftshaus $\psi_2 = 0{,}6$

Anzusetzende Belastung

$g_d = 6{,}0\ \text{kN/m}^2$

$q_d = 0{,}6 \cdot 5{,}0 = 3{,}0\ \text{kN/m}^2$ (Feld 1–4)

$q_d = 0{,}6 \cdot 4{,}0 = 2{,}4\ \text{kN/m}^2$ (Kragarm)

Stützmoment M_D (vgl. Tabelle „b", Abb. 11.5): q_d in Feld 1, 3, 4

$M_{Ed,\,D} = -24{,}43 - (0{,}76 + 8{,}39 + 12{,}20) \cdot 0{,}60 = -37{,}24\ \text{kNm/m}$

Feldmoment (q in Feld K, 2, 4)

$M_{Ed,D} = -24{,}43 - (-0{,}08 - 0{,}90 + 12{,}20) \cdot 0{,}60 \quad = -35{,}65\ \text{kNm/m}$

$C_{Ed,E} = (6{,}0 + 5{,}0 \cdot 0{,}6) \cdot 6{,}0/2 - 35{,}65/6{,}0 \quad = \ 21{,}06\ \text{kN/m}$

$M_{Ed,4} = 21{,}06^2/(2 \cdot 9{,}0) = 24{,}64\ \text{kNm/m}$

Nachweis bei Stützung D: $a_{s,\text{vorh}} = 8{,}90\ \text{cm}^2/\text{m}$

$$\sigma_s = \frac{M_{Ed}}{A_s \cdot z} = \frac{37{,}24}{8{,}90 \cdot 0{,}9 \cdot 0{,}164} = 28{,}3\ \text{kN/cm}^2$$

DIN 1045-1, Tab. 20 oder Abb. 6.12:

$\sigma_s = 280\ \text{N/mm}^2, \quad w_k = 0{,}4\ \text{mm}: \quad d_s^* = 18\ \text{mm}$

vorhanden R 513 + R 377

Gemäß DIN 1045-1, 11.2.3 (8) darf bei Doppelstabmatten hier der Durchmesser eines Einzelstabes angesetzt werden.

$d_{s,\text{vorh}} = 6{,}0\ \text{mm} < d_s^* = 18\ \text{mm}$

Nachweis Feld 4: $a_{s,\text{vorh}} = 7{,}54\ \text{cm}^2/\text{m}$

$$\sigma_s = \frac{24{,}64}{7{,}54 \cdot 0{,}9 \cdot 16{,}4} = 23{,}9\ \text{kN/cm}^2 \approx 240\ \text{N/mm}^2$$

Abb. 6.13:

$\sigma_s = 240\ \text{N/mm}^2, \quad w_k = 0{,}4\ \text{mm}, \quad s^* = 250\ \text{mm}$

vorh $s \ll s^*$ (R 377 + R 377)

Gebrauchstauglichkeit: Begrenzung der Verformung

Vgl. „Entwurf": $l_i = 4{,}80\ \text{m}$ (Feld 4)

Mit (6.34) und $d = 16{,}4$ cm für $w \leqq l/500$:

$4{,}80/d \leqq 150/l_i$

$4{,}80/0{,}164 = 29{,}22 < 150/4{,}80 = 31{,}25$

Zur Konstruktion (Anlage 1)

Die Bewehrung ist über die in Abb. 11.5 angegebenen Momentennullpunkte um das Maß „x“ hinauszuführen. Für x gilt gem. Abb. 7.42

$$x = a_l + l_{b,net}$$

$$a_l = d = 16{,}4 \text{ cm} \qquad \text{(DIN 1045-1, 13.3.2)}$$

Gem. Abb. 7.37 mit $\alpha_a = 1{,}0$

$$l_{b,net} = 1{,}0 \cdot (A_{s,erf} / A_{s,vorh}) \cdot l_b \geqq l_{b,min}$$

An der Stelle $M_{Ed} = 0$ ist $A_{s,erf} = 0$

$$l_{b,net} = l_{b,min} = 0{,}3 \cdot l_b = 0{,}3 \cdot 40 \cdot \sqrt{2} \cdot d_s$$

$$l_{b,net} \approx 17 \cdot d_s \qquad (d_{sV} = \sqrt{2} \cdot d_s)$$

Damit

$$x = 16{,}4 + 17 \cdot d_s \text{ in cm}$$

Die weitere Abstufung (Staffelung) der Matten wurde entsprechend dem in Abb. 11.5 angegebenen Momentenverlauf abgeschätzt. Eine Darstellung der Zugkraftdeckung erübrigt sich hier.

11.4 Deckengleicher Unterzug

11.4.1 Aufgabenstellung

Für den deckengleichen Unterzug Pos. 421 (Abb. 11.3) ist die Bemessung durchzuführen, die Bewehrung ist darzustellen.

11.4.2 Durchführung

System vgl. Abb. 11.6

$l_n = 2{,}0$ m gem. Abb. 11.3

$l = 1{,}05 \cdot 2{,}0 \approx 2{,}10$ m, vgl. Abb. 9.33

Belastung

Bemessungslast der Decke Pos. 401 (vgl. Abschn. 11.3.2)

$$g_d + q_d = 8{,}1 + 7{,}5 = 15{,}6 \text{ kN/m}^2$$

Unterzugbelastung gem. Abb. 9.33

Einflussbreite

$$(2{,}10/2) \cdot \sqrt{3} = 1{,}82 \text{ m} < l_2/2 = 4{,}0/2 = 2{,}0 \text{ m}$$

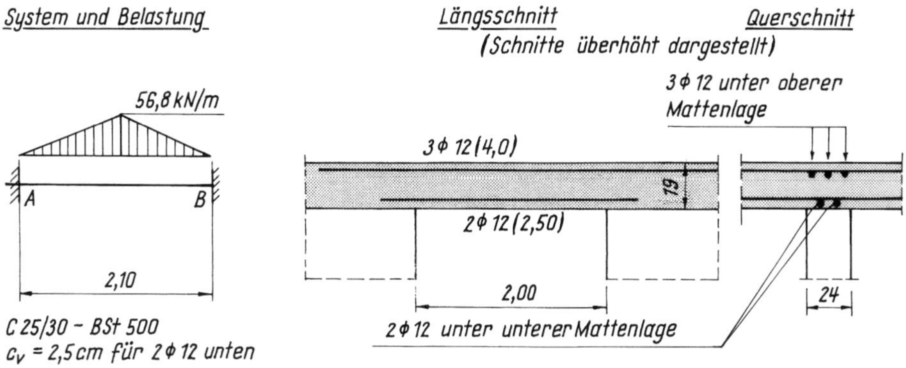

Abb. 11.6 Deckengleicher Unterzug (vgl. Abschn. 11.4)

Damit Unterzugbelastung gem. Abb. 9.33

$p = 15{,}6 \cdot 1{,}82 \cdot 2 = 56{,}8\ \text{kN/m}$

Schnittgrößen

$M_{\text{Ed,A}} = M_{\text{Ed,B}} = -5 \cdot 56{,}8 \cdot 2{,}10^2/96 = -13{,}1\ \text{kNm}$
$M_{\text{Ed,F}} = 56{,}8 \cdot 2{,}10^2/32 = 7{,}8\ \text{kNm}$
$C_{\text{Ed,A}} = C_{\text{Ed,B}} = 56{,}8 \cdot 2{,}10/4 = 29{,}8\ \text{kN}$

Bemessung mit Tafel 3, Anhang:

Mitwirkende Breiten gem. (9.19)

$b_{\text{eff,F}} = 0{,}50 \cdot l = 1{,}05\ \text{m}, \quad b_{\text{eff,S}} = 0{,}25 \cdot l = 0{,}52\ \text{m}$

$b_w = a + h_f = 0{,}24 + 0{,}19 = 0{,}43\ \text{m}$

Betonfestigkeitsklasse C 25/30

$h = 19\ \text{cm} \qquad d \approx 15{,}5\ \text{cm}$

Feld: $k_d = 15{,}5/\sqrt{7{,}8/1{,}05} = 5{,}7 \qquad \xi < 0{,}048$
$A_s = 2{,}34 \cdot 7{,}8/15{,}5 = 1{,}2\ \text{cm}^2$

Stütze A + B: $k_d = 15{,}5/\sqrt{13{,}1/0{,}52} = 3{,}08 \qquad \xi < 0{,}104$
$A_s = 2{,}40 \cdot 13{,}1/15{,}5 = 2{,}02\ \text{cm}^2$

Gewählte Bewehrung

2 Ø 12 unten $A_s = 2{,}3\ \text{cm}^2$, 3 Ø 12 oben $A_s = 3{,}4\ \text{cm}^2$

Bemessung für Querkräfte

Mit Abb. 7.13

$\varrho_l = A_{sl}/(b_w \cdot d) = 3{,}4/(43 \cdot 15{,}5) = 0{,}005$

$d < 200\ \text{mm}: \quad k_{\text{Rd,ct}} = 0{,}16$

$V_{\text{Rd,ct}} = 2{,}92 \cdot 0{,}43 \cdot 0{,}155 \cdot 0{,}16 = 0{,}031\ \text{MN}$

$V_{\text{Rd,ct}} = 31\ \text{kN} > V_{\text{Ed,A}} \approx 29{,}8\ \text{kN}$

Keine Querkraftbewehrung erforderlich! Konstruktion vgl. Abb. 11.6.

11.5 Plattenbalken über 3 Felder

11.5.1 Aufgabenstellung

Für den in Abb. 11.3 angegebenen Unterzug Pos. 423 sind die erforderlichen Nachweise in den Grenzzuständen der Tragfähigkeit und der Gebrauchstauglichkeit zu führen. Die Konstruktion ist darzustellen, auf Schrägstäbe soll bei der Bewehrungsführung verzichtet werden. Zusätzlich zu den Lasten aus Pos. 401 wird der Unterzug in Feld 1 durch eine Einzellast aus dem oberhalb gelegenen Geschoss mit den charakteristischen Lasten $G_k = 85$ kN und $Q_k = 35$ kN beansprucht. Die Last G_k resultiert aus Mauerwerk und Eigenlast einer Stütze, Q_k resultiert aus Nutzlast eines Geschäftshauses.

Baustoffe vgl. Abb. 11.3

11.5.2 Durchführung

System vgl. Abb. 11.7

Die Feldlängen wurden gem. den Angaben in Abb. 3.9 festgelegt. Die Bauteilabmessungen $b_w/h = 30/65$ cm wurden vorab in einer Nebenrechnung ermittelt.

Belastung

Aus Decke Pos. 401 gem. Abb. 11.5

Aus Pos. 401, $C_{Ed,Dg}$	$= 57{,}3$ kN/m
Eigenlast $= 0{,}30 \cdot (0{,}65 - 0{,}19) \cdot 25{,}0$	$= \ \ 3{,}5$ kN/m
g_d	$= 60{,}8$ kN/m
Aus Pos. 401, $C_{Ed,Dmax} - C_{Ed,Dmin} = 111{,}8 - 55{,}8 = q_d$	$= 56{,}0$ kN/m

Aus der Einzellast mit $\gamma_G = 1{,}35$, $\gamma_Q = 1{,}50$

$1{,}35 \cdot 85{,}0 = G_d$	$= 114{,}8$ kN
$1{,}50 \cdot 85{,}0 = Q_d$	$= \ \ 52{,}5$ kN

Die Nutzlasten q_k und Q_k werden gem. DIN 1055-100 zu einer gemeinsamen unabhängigen veränderlichen Einwirkung zusammengefasst, vgl. Abschn. 2.2.1. Kombinationswerte ψ bleiben daher außer Ansatz.

Bemerkung:

Gemäß DIN 1045-1, 7.3.2 (4) soll bei der Ermittlung von Stützkräften die Durchlaufwirkung für das erste Zwischenauflager berücksichtigt werden. Hier wurde daher die veränderliche Last aus der Differenz der Auflagerkräfte $C_{Ed,max}$ und $C_{Ed,min}$ bestimmt.

Schnittgrößen

Die Schnittgrößen wurden in einer Nebenrechnung linear-elastisch unter Ansatz der Grundkombination (2.3) bestimmt. Die Forderungen in DIN 1045-1, 8.2 (4) werden eingehalten, es entfällt damit der Rechengang mit $\gamma_G = 1{,}0$. Die Rechenergebnisse sind in Abb. 11.8 zusammengestellt.

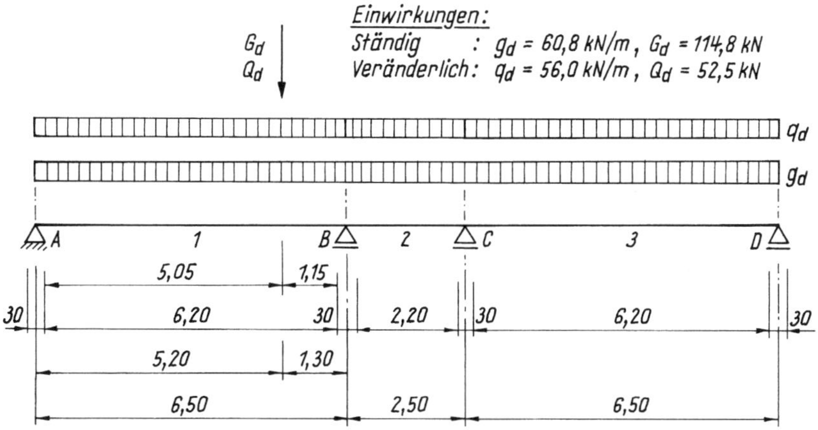

Abb. 11.7 System und Belastungsbild Pos. 423 (Abschn. 11.5)

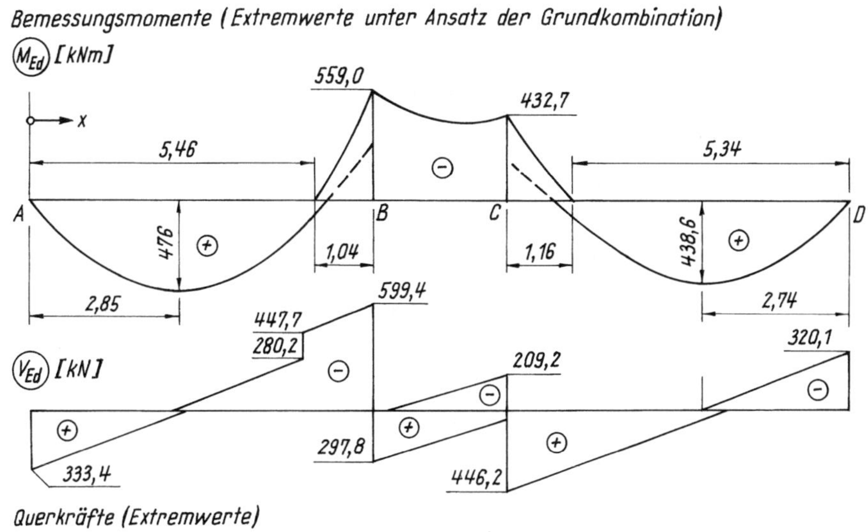

Abb. 11.8 Bemessungsschnittgrößen der Pos. 423 (Abschn. 11.5)

Abminderung der Stützmomente, vgl. (3.5)

Bei B: $M_{\mathrm{Ed,II}} = 559 - 298 \cdot 0{,}15 = 515$ kNm

Bei C: $M_{\mathrm{Ed,I}} = 433 - 204 \cdot 0{,}15 = 402$ kNm

Mindestwert der Stützmomente vgl. (3.7)

$g_d + q_d = 116{,}8$ kN/m, $G_d + Q_d = 167{,}3$ kN

$$\text{Bei B: } M_0 = -116{,}8 \cdot 6{,}20^2/8 \qquad = -561{,}2\,\text{kNm}$$

$$-167{,}3 \cdot 5{,}05 \cdot 1{,}15 \cdot \frac{1}{2 \cdot 6{,}20} \cdot (1 + 5{,}05/6{,}20) = -142{,}2\,\text{kNm}$$

$$M_0 = -703{,}4\,\text{kNm}$$

$$\min M_{Ed} = -0{,}65 \cdot 703{,}4 \qquad = -457{,}2\,\text{kNm}$$

$$\text{Bei C:} \quad \min M_{Ed} = -0{,}65 \cdot 116{,}8 \cdot 6{,}20^2/8 \quad = -364{,}8\,\text{kNm}$$

Biegebemessung (Anhang, Tafel 2)

Mitwirkende Plattenbreiten

Mit (9.1) sowie Abb. 9.5 und Abb. 9.6:

$b_1 = b_2 = 5{,}70/2 = 2{,}85\,\text{m}$, $\quad b_w = 0{,}30\,\text{m}$ (Abb. 11.3)

$l_0 \approx 0{,}85 \cdot l_{eff} = 0{,}85 \cdot 6{,}50 = 5{,}50\,\text{m}$

Gerechnet wird mit $l_0 = 5{,}30$ m, vgl. Abb. 11.8.

$b_{eff,1} = b_{eff,2} = 0{,}2 \cdot 2{,}85 + 0{,}1 \cdot 5{,}30 = 1{,}10\,\text{m} > 0{,}2 \cdot 5{,}30 = 1{,}06\,\text{m}$

$b_{eff} = 2 \cdot b_{eff,i} + b_w = 2 \cdot 1{,}06 + 0{,}30 = 2{,}42\,\text{m}$

Angesetzt wird: $\quad b_{eff} = 2{,}40\,\text{m}$

Bemerkung:

Es ist hier $l_1 : l_2 = 2{,}6 > 1{,}50$, vgl. Abb. 9.6.

Eine „genauere“ Ermittlung von b_{eff} ist nicht notwendig, wie die nachfolgende Bemessung zeigen wird.

Nutzhöhe d:

Verlegemaß der Bewehrung: $c_v = 2{,}5$ cm (Abb. 11.3)

Bügel $d_s = 10$ mm, $\quad$ Längsstäbe $d_s = 25$ mm (geschätzt)

$d = 65{,}0 - 2{,}5 - 1{,}0 - 2{,}5/2 \approx 60\,\text{cm}$

Beton C 25/30: $\quad f_{cd} = 0{,}85 \cdot 25{,}0/1{,}50 = 14{,}17\,\text{MN/m}^2$

Feld 1: $\quad M_{Ed} = 476\,\text{kNm} \quad N_{Ed} = 0$

$$\mu_{Eds} = \frac{0{,}476}{2{,}40 \cdot 0{,}60^2 \cdot 14{,}17} = 0{,}039$$

$\xi = 0{,}065: \quad x = 0{,}065 \cdot 60 = 3{,}9\,\text{cm} < h_f = 19\,\text{cm}$

$\omega_1 = 0{,}040, \quad \zeta = 0{,}976, \quad \varepsilon_{c2}/\varepsilon_{s1} = -1{,}76/25{,}0\,‰, \quad \sigma_{s1} = 456{,}5\,\text{N/mm}^2$

$$A_{s1} = \frac{1}{456{,}5} \cdot 0{,}040 \cdot 2{,}40 \cdot 0{,}60 \cdot 14{,}17 \cdot 10^4 = 17{,}9\,\text{cm}^2$$

Feld 3: $\quad M_{Ed} = 438{,}6\,\text{kNm}$

$A_{s1} \approx 17{,}9 \cdot 438{,}6/476 = 16{,}5\,\text{cm}^2$

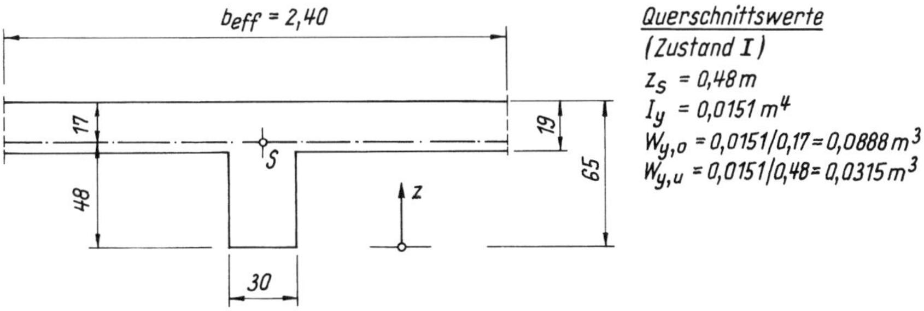

Abb. 11.9 Plattenbalkenquerschnitt vor Rissbildung (Zustand I)

Stützung B: $M_{Ed} = 515$ kNm $\qquad b_w = 0{,}30$ m

$$\mu_{Eds} = \frac{0{,}515}{0{,}30 \cdot 0{,}60^2 \cdot 14{,}17} = 0{,}337 < 0{,}371$$

$\xi = 0{,}518 < 0{,}617$ [vgl. (5.21)], $\quad \zeta = 0{,}78$

$\omega_1 = 0{,}4337 \qquad \varepsilon_{c2}/\varepsilon_{s1} = -3{,}50/3{,}03$ ‰, $\quad \sigma_{s1} = 435{,}8$ N/mm²

$$A_{s1} = \frac{1}{435{,}8} \cdot 0{,}4337 \cdot 0{,}30 \cdot 0{,}60 \cdot 14{,}17 \cdot 10^4 = 25{,}4 \text{ cm}^2$$

Stützung C: $M_{Ed} = 402$ kNm

$$\mu_{Eds} = \frac{0{,}402}{0{,}30 \cdot 0{,}60^2 \cdot 14{,}17} = 0{,}263$$

$\omega_1 = 0{,}3135, \quad \sigma_{s1} = 438$ N/mm²

$$A_{s1} = \frac{10^4}{438} \cdot 0{,}3135 \cdot 0{,}30 \cdot 0{,}60 \cdot 14{,}17 = 18{,}3 \text{ cm}^2$$

Mindestbewehrung vgl. (4.7)

Querschnittswerte unmittelbar vor Rissbildung vgl. Ab. 11.9.

Beton C 25/30: $f_{ctm} = 2{,}6$ N/mm²

Rissmoment im Feld (Zug unten)

$$M_{cr} = W_{yu} \cdot f_{ctm} = 0{,}0315 \cdot 2{,}6 \quad = 0{,}082 \text{ MNm}$$

Rissmoment über den Stützen (Zug oben)

$$M_{cr} = W_{yo} \cdot f_{ctm} = 0{,}0888 \cdot 2{,}6 \quad = 0{,}231 \text{ MNm}$$

Für die Ermittlung der Mindestbewehrung wird im Feld mit $z = \zeta \cdot d = 0{,}976 \cdot d$ und über den Stützen mit $z = 0{,}9 \cdot d$ gerechnet. Mit (4.7) und $f_{yk} = 500$ N/mm² ≙ 50 kN/cm² ergibt sich:

Felder: $M_{cr} - 82$ kNm

$$\min A_s = \frac{M_{cr}}{f_{yk} \cdot z} = \frac{82}{50 \cdot 0{,}976 \cdot 0{,}60} = 2{,}80 \text{ cm}^2$$

Stützungen: $M_{cr} = 231$ kNm

$$\min A_s = \frac{231}{50 \cdot 0{,}9 \cdot 0{,}60} = 8{,}55 \text{ cm}^2$$

Die Mindestbewehrung wird maßgebend in Feld 2 unten, die Stützbewehrung ist mindestens $l/4 = 6{,}50/4 = 1{,}63$ m in die beiden Endfelder zu führen (DIN 1045-1, 13.1.1).

Gewählte Biegezugbewehrung

Feld 1 + 3: oben 2 Ø 16 MS (Montagestäbe)
unten 6 Ø 20 $A_s = 18{,}8 \text{ cm}^2$
Feld 2: unten 4 Ø 12 $A_s = 4{,}5 \text{ cm}^2$
oben: vgl. Konstruktionszeichnung

Stützung B: oben 2 Ø 16 + 3 Ø 20 + 8 Ø 14, $A_s = 25{,}7 \text{ cm}^2$
unten 4 Ø 12
2 × 4 Ø 14 werden außerhalb des Steges in der Platte angeordnet.

Stützung C: oben 2Ø 16 + 3 Ø 20 + 6 Ø 14, $A_s = 22{,}7 \text{ cm}^2$
unten 4 Ø 12

Bemessung für Querkräfte

Es ist Querkraftbewehrung erforderlich, auf die Ermittlung von $V_{Rd,ct}$ gem. (7.9) wird daher verzichtet.

Querkräfte im Abstand d neben den Auflagern:

Bei A mit $g_d + q_d = 116{,}8$ kN/m

$$V_{Ed} = 333{,}4 - 116{,}8 \cdot (0{,}15 + 0{,}60) = 333{,}4 - 87{,}6 = 246 \text{ kN}$$

Bei B Einzellast $G_d + Q_d = 167{,}3$ kN im Abstand $x = 1{,}15$ m vom Auflagerrand.

Infolge $G_d + Q_d = F$ (ohne Einfluss $M_{Ed,B}$)

$$V_{Ed,F} = 167{,}3 \cdot 5{,}20/6{,}50 = 134 \text{ kN}$$

Abminderung dieses Querkraftanteils mit (7.7):

$$\beta = x/(2;5 \cdot d) = 1{,}15/(2{,}5 \cdot 0{,}60) = 0{,}76$$

Für die Querkraftbewehrung anzusetzender Anteil von $V_{Ed,F}$

$$V_{Ed,F} = 0{,}76 \cdot 134 = 102 \text{ kN}$$

Infolge des direkten Lastabtrags zum Auflager hin werden für die Ermittlung der Querkraft*bewehrung* die Querkräfte gem. Abb. 11.8 vermindert um

$$\Delta V_{Ed,F} = 134 - 102 = 32 \text{ kN}$$

Maßgebende Querkräfte damit

bei B_l: $V_{Ed} = 599{,}4 - 87{,}6 - 32{,}0 = 480$ kN

bei der Einzellast, rechts:

$$V_{Ed} = 599{,}4 - 116{,}8 \cdot 1{,}30 - 32{,}0 = 416 \text{ kN}$$

bei B_r und C_l:

$$V_{Ed} = 297{,}8 - 87{,}6 \;= 210\,\text{kN}$$

bei C_r: $V_{Ed} = 446{,}2 - 87{,}6 \;= 359\,\text{kN}$

bei D_l: $V_{Ed} = 320{,}1 - 87{,}6 \;= 233\,\text{kN}$

Zulässige Druckstrebenneigung mit (7.17):

$$\cot \Theta \leqq \frac{1{,}2}{1 - V_{Rd,c}/V_{Ed}} \quad \begin{matrix} \geqq 0{,}58 \\ \leqq 3{,}0 \end{matrix}$$

$$V_{Rd,c} = 0{,}24 \cdot f_{ck}^{1/3} \cdot b_w \cdot 0{,}9 \cdot d$$

$$V_{Rd,c} = 0{,}24 \cdot 25{,}0^{1/3} \cdot 0{,}30 \cdot 0{,}9 \cdot 0{,}60 \;= 0{,}114\,\text{MN}$$

bei B_l:

$$\cot \Theta \leqq \frac{1{,}2}{1 - 114/480} = 1{,}57$$

bei C_r:

$$\cot \Theta \leqq \frac{1{,}2}{1 - 114/359} = 1{,}76$$

Es wird bei B_l mit $\cot \Theta = 1{,}57$, an allen anderen Stellen mit $\cot \Theta = 1{,}73$ gerechnet.

Druckstrebentragfähigkeit

Konstruktion mit lotrechten Bügeln, Nachweis mit (7.20)

$$V_{Rd,max} = \frac{\alpha_c \cdot f_{cd} \cdot b_w \cdot z}{\tan \Theta + \cot \Theta}$$

$$\alpha_c = 0{,}75, \quad f_{cd} = 14{,}17\,\text{MN/m}^2, \quad z = 0{,}9 \cdot 0{,}60$$

$$V_{Rd,max} = \frac{0{,}75 \cdot 14{,}17 \cdot 0{,}30 \cdot 0{,}9 \cdot 0{,}60}{1/1{,}57 + 1{,}57} = 0{,}78\,\text{MN} > V_{Ed,B} = 0{,}599\,\text{MN}$$

Maßgebend für die Druckstrebentragfähigkeit ist V_{Ed} am Auflagerrand, hier ist $V_{Ed} < 0{,}599$ MN.
Für $\cot \Theta = 1{,}73$ ergibt sich: $V_{Rd,max} = 0{,}75\,\text{MN} \gg V_{Ed,C}$

Erforderliche Querkraftbewehrung

Bei A: $V_{Ed} = 246\,\text{kN}$

Mit Abb. 7.18 und $\alpha = 90°$:

$$a_{sw} = \frac{0{,}246}{0{,}60} \cdot \frac{1}{391{,}3} \cdot 0{,}577 \cdot 10^4 = 6{,}05\,\text{cm}^2/\text{m}$$

Bei B_l: $V_{Ed} = 480\,\text{kN}$

Mit (7.25): $f_{yd} = 434{,}8\,\text{N/mm}^2$, $\cot \Theta = 1{,}57$

$$a_{sw} = \frac{0{,}480 \cdot 10^4}{434{,}8 \cdot 0{,}9 \cdot 0{,}60} \cdot \frac{1}{1{,}57} = 13{,}0\,\text{cm}^2/\text{m}$$

Bei B_r und C_l: $V_{Ed} = 210$ kN:

$a_{sw} = 6{,}05 \cdot 210/246 = 5{,}16$ cm²/m

Bei C_r: $V_{Ed} = 359$ kN:

$a_{sw} = 6{,}05 \cdot 359/246 = 8{,}83$ cm²/m

Bei D: $V_{Ed} = 233$ kN

$a_{sw} = 6{,}05 \cdot 233/246 = 5{,}73$ cm²/m

Rechts neben der Einzellast

$a_{sw} = 13{,}0 \cdot 416/480 = 11{,}3$ cm²/m

Mindestquerkraftbewehrung gem. (7.33)

Abb. 7.22: $\varrho = 0{,}83$ ‰ bei C 25/30

$a_{sw} \geqq \varrho \cdot b_w \cdot 100 = 0{,}83 \cdot 10^{-3} \cdot 30 \cdot 100 = 2{,}49$ cm²/m

Höchstabstände der Bügel

Bei A, B_r, C_l, C_r und D: $V_{Ed} \leqq 359$ kN (C_r)

Mit Abb. 7.25 und $V_{Rd,max} = 0{,}78$ MN

$0{,}3 \cdot V_{Rd,max} = 0{,}234$ MN $< V_{Ed}$

$0{,}6 \cdot V_{Rd,max} = 0{,}468$ MN $> V_{Ed}$

Bügelabstand $s \leqq 300$ mm $< 0{,}5 \cdot h = 0{,}5 \cdot 650$ mm

Bei B_l: $V_{Ed} = 480$ kN

$V_{Ed} = 480$ kN $> 0{,}60 \cdot 0{,}78 = 0{,}47$ MN

Bügelabstand $s \leqq 200$ mm $< 0{,}25 \cdot h = 163$ mm

Gewählte Bügelbewehrung

Bei A + D:	Ø 10, $s_w = 25$ cm	$a_{sw} =$ 6,28 cm²/m
Bei B_l:	Ø 10, $s_w = 12$ cm	$a_{sw} =$ 13,09 cm²/m
Bei $B_r + C_l$:	Ø 10, $s_w = 30$ cm	$a_{sw} =$ 5,24 cm²/m
Bei C_r:	Ø 10, $s_w = 17$ cm	$a_{sw} =$ 9,24 cm²/m

Die Bügelabstände werden in Balkenlängsrichtung der unterschiedlichen Querkraftbeanspruchung angepasst. Aus konstruktiven Gründen wird nur ein Stahldurchmesser $d_s = 10$ mm gewählt.

Verankerung der Bewehrung

An den Endauflagern A und D: $V_{Ed} \leqq 333{,}4$ kN

Mit (7.45) und Abb. 7.39:

Versatzmaß a_l gem. (7.41):

$$a_l = \frac{z}{2}\,(\cot\Theta - \cot\alpha), \qquad \cot\Theta = 1{,}73, \qquad \cot\alpha = 0$$

$$F_{sd} = V_{Ed} \cdot a_l/z = 333{,}4 \cdot z \cdot 0{,}5 \cdot 1{,}73/z$$

$$F_{sd} = 288\ \text{kN}$$

$$\text{erf}\,A_s = F_{sd}/f_{yd} = 288/43{,}5 \ = 6{,}6\ \text{cm}^2$$

Die Feldbewehrung wird ungeschwächt bis zum Auflager geführt: vorh $A_s = 18{,}8\ \text{cm}^2$ (6 Ø 20)

Verankerung mit geradem Stabende: $\alpha_a = 1{,}0$

$$l_{b,dir} = \frac{2}{3} \cdot \alpha_a \cdot \frac{\text{erf}\,A_s}{\text{vorh}\,A_s} \cdot l_b \geqq \frac{2}{3} \cdot \alpha_a \cdot l_{b,min} \geqq 6\,d_s$$

Mit Abb. 7.37 für Beton C 25/30: $l_b = 40 \cdot d_s$

$$l_{b,min} = 0{,}3 \cdot 1{,}0 \cdot 40 \cdot d_s = 12\,d_s$$

$$l_{b,dir} = \frac{2}{3} \cdot 1{,}0 \cdot \frac{6{,}6}{18{,}8} \cdot 40 \cdot d_s = 9{,}4\,d_s$$

$$\frac{2}{3} \cdot l_{b,min} = \frac{2}{3} \cdot 12 \cdot d_s = 8 \cdot d_s > 6 \cdot d_s$$

Maßgebend $9{,}4 \cdot d_s = 9{,}4 \cdot 2{,}0 = 18{,}8$ cm. Die Stäbe werden etwa 25 cm über die jeweilige Auflagervorderkante geführt.

Verankerung an den Zwischenauflagern (vgl. Abb. 7.41)

Von der Feldbewehrung werden mindestens 2 Ø 20 (33 % > 25 %) zum Auflager geführt und mit $\geqq 6\,d_s = 12$ cm verankert. 4 Ø 12 werden in Feld 2 unten und über den Stützungen B und C zur Abdeckung von möglichen positiven Momenten durchgezogen.

Verankerung im Feld, vgl. Abb. 7.42

$$l_{b,net} = 0{,}3 \cdot l_b \geqq 10 \cdot d_s \qquad (\alpha_a = 1{,}0)$$

Hieraus folgt für die Verankerung der Bewehrung im Feld:

gute Verbundbedingung (unten + Stäbe in der Platte)

$$l_{b,net} = 0{,}3 \cdot 40 \cdot d_s \ = 12 \cdot d_s$$

mäßige Verbundbedingung (oben im Steg)

$$l_{b,net} = 0{,}3 \cdot 58 \cdot d_s \ = 17{,}4 \cdot d_s$$

Anschlussbewehrung der Gurte

Der Nachweis erfolgt für den Anschluss der Druckplatte in Feld 1 bei A und für den Anschluss der ausgelagerten Bewehrung in Feld 1 bei B.

Anschluss Druckgurt

Einwirkende Längsschubkraft ΔF_d

Die Gurtabschnittslänge a_v wird nach Abschn. 9.4.2 festgelegt als halber Abstand zwischen $M = 0$ und max M. Nach Abb. 11.8 damit

$$a_v = 2{,}85/2 = 1{,}425 \text{ m}$$

Bei $x = 1{,}425$ m ist

$$M_{Ed} = 33{,}4 \cdot 1{,}425 - (60{,}9 + 56{,}0) \cdot 1{,}425^2/2 = 356{,}5 \text{ kNm}$$

Gurtkraftdifferenz mit (9.6)

$$z \approx 0{,}9 \cdot d, \quad b_{eff} = 2{,}40 \text{ m}$$

$$b_a = (b_{eff} - b_w)/2 = (2{,}40 - 0{,}30)/2 = 1{,}05 \text{ m}$$

$$\Delta F_{cd} = \frac{M_{Ed} \cdot b_a}{z \cdot b_{eff}} = \frac{356{,}5 \cdot 1{,}05}{0{,}9 \cdot 0{,}60 \cdot 2{,}40} = 289 \text{ kN}$$

Anschluss Zuggurt

Anzusetzende Gurtabschnittslänge gem. Abb. 11.8: $a_v = 1{,}04/2 = 0{,}52$ m

Moment 0,52 m neben Auflager B:

$$M_{Ed;\,0,52} = -559 + 599{,}4 \cdot 0{,}52 - (60{,}8 + 56{,}0) \cdot 0{,}52^2/2 = -263 \text{ kNm}$$

Momentendifferenz auf der Strecke a_v

$$\Delta M_{Ed} = |M_{Ed,B}| - |M_{Ed;\,0,52}| = 559 - 263 = 296 \text{ kNm}$$

Gurtkraftdifferenz mit (9.7)

$$A_s = 25{,}7 \text{ cm}^2 \quad (2\,\varnothing\,16 + 3\,\varnothing\,20 + 8\,\varnothing\,14)$$

$$A_{sa} = 6{,}2 \text{ cm}^2 \quad (4\,\varnothing\,14, \text{ ausgelagert})$$

$$\Delta F_{sd} = \frac{\Delta M_{Ed} \cdot A_{sa}}{z \cdot A_s} = \frac{296 \cdot 6{,}2}{0{,}9 \cdot 0{,}60 \cdot 25{,}7} = 132 \text{ kN}$$

Nachweise

Betonfestigkeitsklasse C 25/30: $f_{cd} = 14{,}17$ MN/m²

Betonstahl BSt 500: $f_{yd} = 435$ MN/m²

Plattendicke $h_f = 19$ cm

Anschluss Druckgurt, vgl. (9.9):

$$\Delta F_d \leqq 0{,}369 \cdot f_{cd} \cdot h_f \cdot a_v$$

$$\Delta F_d \leqq 0{,}369 \cdot 14{,}17 \cdot 0{,}19 \cdot 1{,}425 = 1{,}42 \text{ MN}$$

$\Delta F_{cd} = 289 \text{ kN} < \Delta F_d = 1420 \text{ kN}$ (Tragfähigkeit Druckstreben ausreichend)

$$a_{sf} = \Delta F_{cd}/(f_{yd} \cdot a_v \cdot 1{,}20)$$

$$a_{sf} = \frac{0{,}289 \cdot 10^4}{435 \cdot 1{,}425 \cdot 1{,}20} = 3{,}89 \text{ cm}^2/\text{m}$$

Anschluss Zuggurt, vgl. (9.10):

$$\Delta F_d \leqq 0{,}375 \cdot f_{cd} \cdot h_f \cdot a_v$$

$$\Delta F_d \leqq 0{,}375 \cdot 14{,}17 \cdot 0{,}19 \cdot 0{,}52 = 0{,}53 \text{ MN}$$

$$\Delta F_d = 132 \text{ kN} < 530 \text{ kN}$$

$$a_{sf} = \frac{\Delta F_{sd}}{f_{yd} \cdot a_v} = \frac{0{,}132 \cdot 10^4}{435 \cdot 0{,}52} = 5{,}84 \text{ cm}^2/\text{m}$$

Gewählte Anschlussbewehrung

Die in der Gurtplatte anzuordnende Bewehrung wird zweckmäßig auf ganzer Länge des Trägers einheitlich gewählt. Maßgebend damit hier die Anschlussbewehrung im Zuggurtbereich. Die Bewehrung ist jeweils zur Hälfte in der Biegezugzone und in der Biegedruckzone der Platte anzuordnen:

$$\text{erf } a_s = 5{,}84/2 = 2{,}92 \text{ cm}^2/\text{m}$$

Aus der Biegemessung in der Platte vorhanden, vgl. Pos. 401, Stützung D, Abschnitt 11.3 und Anlage 1:

oben R 513 + R 377, $a_s = 8{,}90 \text{ cm}^2 > 2{,}92 \text{ cm}^2$

unten R 377, $a_s = 3{,}77 \text{ cm}^2 > 2{,}92 \text{ cm}^2$

Keine zusätzliche Gurtanschlussbewehrung erforderlich.

Grenzzustand der Gebrauchstauglichkeit
Spannungsnachweis

Die Vorschriften in DIN 1045-1, 11.1.1 (3) sind eingehalten. Ein Spannungsnachweis ist nicht erforderlich.

Begrenzung der Rissbildung

Mindestbewehrung zur Begrenzung der Rissbreiten, vgl. Abschn. 9.6.4:

a) Mindestbewehrung

$$A_s = k_c \cdot k \cdot f_{ct,eff} \cdot A_{ct}/\sigma_s$$

$$k_c = 0{,}4 \cdot \left(1 + \frac{\sigma_c}{k_1 \cdot f_{ct,eff}}\right) \leqq 1{,}0$$

$\sigma_c = f_{ct,eff}$, $k_1 = 2/3$ (Zugnormalkraft)

$k_c = 1{,}0$, $k = 0{,}8$ für $b = 30 \text{ cm} < h$

$$f_{ct,eff} = 0{,}5 \cdot f_{ctm} = 0{,}5 \cdot 2{,}6 = 1{,}3 \text{ N/mm}^2$$

$A_{ct} = 0{,}30 \cdot 0{,}48 \text{ m}^2/\text{m}$ (Abb. 11.9)

Rissbreite $w_k = 0{,}4$ mm (Expositionsklase XC1)

Mit Abb. 6.12 für $w_k = 0{,}4$ mm:

$d_s^* = 14 \text{ mm} \rightarrow \quad \sigma_s = 320 \text{ N/mm}^2$

Damit erhält man

$$A_s = 1{,}0 \cdot 0{,}8 \cdot 1{,}3 \cdot 0{,}30 \cdot 0{,}48 \cdot 10^4/320 = 4{,}68\ \text{cm}^2/\text{m}$$

Modifikation von d_s^*

$$d_s = d_s^* \frac{k_c \cdot k \cdot h_t}{4 \cdot (h-d)} \cdot \frac{f_{ct,eff}}{f_{ct,0}} \geqq d_s^* \cdot \frac{f_{ct,eff}}{f_{ct,0}}$$

$$h_t = b_w = 0{,}30\ \text{m}, \quad h - d = 0{,}30 - 0{,}26 = 0{,}04\ \text{m}$$

$$d_s = 14 \cdot \frac{1{,}0 \cdot 0{,}8 \cdot 0{,}30}{4 \cdot 0{,}04} \cdot \frac{1{,}30}{3{,}0} = 9{,}1\ \text{mm} \geqq 14 \cdot 1{,}3/3{,}0 = 6{,}1\ \text{mm}$$

Gewählt ∅ 8, $s = 20$ cm, beidseitig, $a_s = 5{,}02\ \text{cm}^2/\text{m}$

b) Mindestbewehrung Gurtplatte

Verteilungsbreite $b_{eff} = 2{,}40$ m

$$A_s = k_c \cdot k \cdot f_{ct,eff} \cdot A_{ct}/\sigma_s$$

$$k_c = 0{,}4 \cdot \left(1 + \frac{\sigma_s}{k_1 \cdot f_{ct,eff}}\right) \leqq 1{,}0$$

σ_c in der Schwerlinie der Gurtplatte, vgl. Abb. 11.9: $\sigma_c \approx f_{ct,eff}/2$

$k_1 = 2/3$ (Zugnormalkraft)

$$k_c = 0{,}4 \cdot \left(1 + \frac{f_{ct,eff} \cdot 0{,}5}{2/3 \cdot f_{ct,eff}}\right) = 0{,}7$$

$k = 0{,}8$ für $h_f = 19$ cm, $A_{ct} = 0{,}17 \cdot 1{,}0 = 0{,}17\ \text{m}^2/\text{m}$

Abb. 6.12: $\left.\begin{array}{l} w_k = 0{,}4\ \text{mm} \\ d_s^* = 8\ \text{mm} \end{array}\right\} \quad \sigma_s = 425\ \text{N/mm}^2$

DIN 1045-1, 11.2.2: $f_{ct,eff} = 3{,}0\ \text{N/mm}^2$

$$A_s = 0{,}7 \cdot 0{,}8 \cdot 3{,}0 \cdot 0{,}17 \cdot 10^4/425 = 6{,}72\ \text{cm}^2/\text{m}$$

Modifikation des Stahldurchmessers

$$d_s = d_s^* \cdot \frac{k_c \cdot k \cdot h_t \cdot f_{ct,eff}}{4 \cdot (h-d) \cdot f_{ct,0}} \geqq d_s^* \frac{f_{ct,eff}}{f_{ct,0}}$$

$$d_s = 8 \cdot \frac{0{,}7 \cdot 0{,}8 \cdot 0{,}17 \cdot 3{,}0}{4 \cdot 0{,}04 \cdot 3{,}0} = 4{,}8\ \text{mm}$$

$$< 8{,}0 \cdot 3{,}0/3{,}0 = 8{,}0\ \text{mm (maßgebend)}$$

Gewählt in der Gurtplatte

oben und unten ∅ 8, $s = 15$ cm, $\sum a_s = 6{,}7\ \text{cm}^2/\text{m}$

Die Bewehrung wird verlegt außerhalb des Wirkungsbereichs der Biegezugbewehrung.

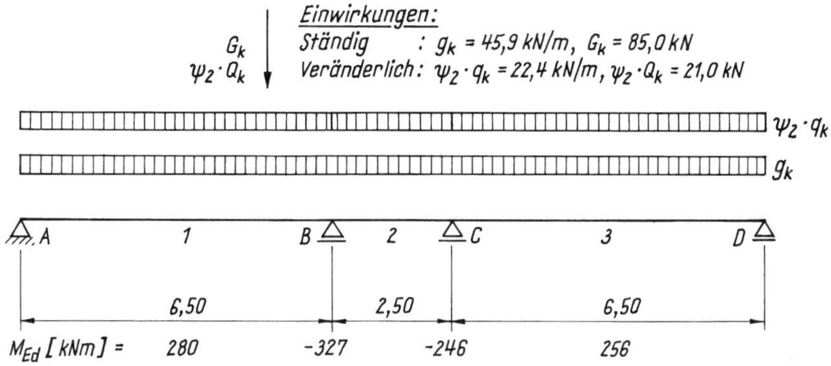

Abb. 11.10 Lastbild und Biegemomente bei der quasi-ständigen Einwirkungskombination

c) Begrenzung der Rissbreite gem. DIN 1045-1, 11.2.3

Abb. 4.3: Expositionsklasse XC1:

$w_k = 0{,}4$ mm, quasi-ständige Kombination (2.7)

Nach (2.7): $E_d = E\,(g_k + \psi_2 \cdot q_k)$

Abb. 2.5: Verkaufsräume: $\psi_2 = 0{,}6$

Damit Belastung gem. Abb. 11.5

aus Decke Pos. 401,	$C_{Ed,Dg}$	$= 42{,}4$ kN/m
Eigenlast		$= 3{,}5$ kN/m
	g_k	$= 45{,}9$ kN/m
aus Pos. 401,	$C_{Ed,Dmax} - C_{Ed,Dmin}$:	
	$\psi_2 \cdot q_k = 0{,}6 \cdot (78{,}8 - 41{,}5)$	$= 22{,}4$ kN/m
aus Einzellast:	G_k	$= 85{,}0$ kN
	$\psi_2 \cdot Q_k = 0{,}6 \cdot 35{,}0$	$= 21{,}0$ kN

In Abb. 11.10 ist das System mit den für die quasi-ständige Einwirkungskombination anzusetzenden Lasten skizziert. Die maßgebenden Biegemomente sind angegeben. Der Nachweis wird für Feld 1 geführt.

$\sigma_{sd} = M_{Ed}/(z \cdot A_{s1})$ vgl. (6.7)

$M_{Ed} = 280$ kNm

Aus Biegemessung: $A_s = 18{,}8\ \text{cm}^2$ (6 Ø 20), $z = 0{,}976 \cdot d$

$$\sigma_{sd} = \frac{280}{0{,}976 \cdot 0{,}60 \cdot 18{,}8} = 25{,}4\ \text{kN/cm}^2$$

Aus Abb. 6.12 für $w_k = 0{,}4$ mm, $\sigma_s = 260\ \text{N/mm}^2$

$d_s^* = 21{,}5$ mm

Modifikation von d_s^* auf d_s:

$$d_s = d_s^* \cdot \frac{\sigma_s \cdot A_s}{4 \cdot (h-d) \cdot b \cdot f_{ct,0}} \geq d_s^* \cdot \frac{f_{ct,eff}}{f_{ct,0}}$$

$$d_s = 21{,}5 \cdot \frac{260 \cdot 18{,}8 \cdot 10^{-4}}{4 \cdot 0{,}05 \cdot 0{,}30 \cdot 3{,}0} = 58{,}4\,\text{mm}$$

$$> 21{,}5 \cdot 2{,}6/3{,}0$$

Keine Abänderung der Konstruktion erforderlich, weil $d_s = 58{,}4$ mm $\gg$ vorh d_s ist.

Nachweis Stützung B

$z = 0{,}78 \cdot d,\quad M_{Ed} = 327$ kNm, $\quad A_s = 25{,}7\,\text{cm}^2$

$$\sigma_{sd} = \frac{327}{0{,}78 \cdot 0{,}60 \cdot 25{,}7} = 27{,}1\,\text{kN/cm}^2$$

Mit Abb. 6.13 für $w_k = 0{,}4$ mm, $\quad \sigma_s = 270\,\text{N/mm}^2$:

Höchstwert der Stababstände max $s \approx 210$ mm $\gg$ vorh s

Begrenzung der Verformung

Bei der gewählten Bauhöhe erübrigt sich ein rechnerischer Nachweis.

Zur Konstruktion (Anlage 2)

Versatzmaß:

$$a_l = \frac{z}{2} \cdot (\cot \Theta - \cot \alpha), \qquad \cot \alpha = 0$$

bei B_l:	$\cot \Theta = 1{,}57$, sonst $\cot \Theta$	$= 1{,}73$
B_l:	$a_l = 0{,}9 \cdot 0{,}60 \cdot 1{,}57/2$	$= 0{,}42$ m
sonst:	$a_l = 0{,}9 \cdot 0{,}60 \cdot 1{,}73/2$	$= 0{,}47$ m

Zugkraftdeckung gem. (7.42)

$F_{sd} = A_{s1} \cdot \sigma_{sd}$

σ_{sd} wird aus der Biegebemessung übernommen.

Alle sonstigen Einzelheiten sind aus der Konstruktionzeichnung Anlage 2 am Schluss dieses Bandes erkennbar.

Literaturverzeichnis

Teil 1: Handbücher

Teil 2: Fachbücher

Teil 3: Aufsätze in Zeitschriften, Forschungsberichte, Tagungsberichte

Teil 1

[1] Betonkalender 2001, Berlin: Ernst & Sohn
(Die folgenden Literaturhinweise gelten auch für die entsprechenden Beiträge, die in früheren Jahrgängen des „Betonkalenders“ enthalten sind.)

[1.1] Litzner: Harmonisierung der technischen Regeln in Europa

[1.2] Mannleitner: Bestimmungen

[1.3] Hilsdorf/Reinhardt: Beton

[1.4] Bertram: Betonstahl, Verbindungselemente, Spannstahl

[1.5] Zilch/Rogge: Grundlagen der Bemessung von Beton-, Stahlbeton und Spannbetonbauteilen

[1.6] Kordina/Quast: Bemessung von schlanken Bauteilen für den durch Tragwerksverformungen beeinflussten Grenzzustand der Tragfähigkeit

[1.7] Stilat/Wippel: Massive Platten

[1.8] Duddeck/Ahrens: Statik der Tragwerke

[1.9] Grasser/Kupfer u. a.: Bemessung von Stahlbeton- und Spannbetonbauteilen nach EC 2

[1.10] Czerny: Tafeln für Rechteckplatten

[1.11] Schlaich/Schäfer: Konstruieren im Stahlbetonbau

[1.12] Steinle/Hahn: Bauen mit Betonfertigteilen im Hochbau

[1.13] König/Liphardt: Hochhäuser aus Stahlbeton

[1.14] Leonhardt: Das Bewehren von Stahlbetontragwerken

[1.15] Paschen: Das Bauen mit Beton-, Stahlbeton- und Spannbetonfertigteilen

[1.16] Litzner: Grundlagen der Bemessung nach DIN 1045-1 in Beispielen

[1.17] Köseoglu: Treppen

[2] Betonbau aktuell 2001, Düsseldorf: Werner Verlag – Berlin: Beuth Verlag
(Die folgenden Literaturhinweise gelten auch für entsprechende Beiträge in früheren Jahrgängen des Buches.)

[2.1] Pirner: Baustoffe Beton und Betonstahl

[2.2] Goris: Bemessung von Stahlbetonbauteilen nach DIN 1045-1

[2.3] Mattheiß: Vorbemessung (von Stahlbetontragwerken)

[2.4] Fricke: Berechnung der Durchbiegung von Stahlbetonbauteilen: Praktische Anwendung im Ingenieurbüro

[2.5] Schmitz: Statik

[2.6] Schmitz: EDV-gestützte Berechnung

[2.7] Geistefeld: Konstruktion von Stahlbetontragwerken

[2.8] Grünberg: Sicherheitskonzept und Einwirkungen nach DIN 1055 (Neu)

[3] Betonbau aktuell, Praxishandbuch 2002, Bauwerk Verlag (Berlin)

[3.1] Schmidt: Baustoffe Beton und Betonstahl

[3.2] Schmitz: Statik

[3.3] Goris: Bemessung von Stahlbetonbauteilen nach DIN 1045-1

[3.4] Geistefeldt: Konstruktion von Stahlbetontragwerken

[4] Schmitz/Goris:Bemessungstafeln nach DIN 1045-1, Düsseldorf: Werner Verlag 2001

[5] DBV-Merkblatt – Sammlung. Herausgeber: Deutscher Beton- und Bautechnik-Verein, Wiesbaden 1999
[6] Beispiele zur Bemessung von Betontragwerken nach EC 2. Herausgeber: Deutscher Beton-Verein, Wiesbaden 1994
[7] Beispiele zur Bemessung nach DIN 1045-1, Band 1: Hochbau. Herausgeber: Deutscher Beton- und Bautechnik-Verein. Verlag: Ernst & Sohn, Berlin 2001
[8] Schneider (Herausgeber): Bautabellen, 14. Auflage, Düsseldorf: Werner Verlag 2001

Teil 2

[20] Leonhardt: Vorlesungen über Massivbau,Teil 1 bis 4, Berlin/ Heidelberg/New York: Springer-Verlag 1975
[21] Franz: Konstruktionslehre des Stahlbetons, Band 1A, 1B und 2, Berlin/Heidelberg/ New York: Springer-Verlag 1980 und 1988
[22] Pflüger: Stabilitätsprobleme der Elastostatik, Berlin/Göttingen/Heidelberg: Springer-Verlag 1950
[23] Rüsch: Stahlbeton/Spannbeton, Band 1, Düsseldorf: Werner Verlag 1972
[24] Meyer: Rissbreitenbeschränkung nach DIN 1045, Düsseldorf: Beton Verlag 1994
[25] Bieger (Herausgeber): Stahlbeton- und Spannbetontragwerke nach EC 2, Berlin/ Heidelberg/New York: Springer-Verlag 1993
[26] Heydel/Krings/Herrmann: Stahlbeton im Hochbau nach EC, Berlin: Ernst & Sohn 1995
[27] Lohse: Stabilitätsberechnungen im Stahlbetonbau, Düsseldorf: Werner Verlag 1978
[28] Avak/Goris: Bemessungspraxis nach Eurocode 2, Düsseldorf: Werner Verlag 1994
[29] Avak: Stahlbetonbau in Beispielen, 3. Auflage, Düsseldorf: Werner Verlag 2001
[30] Brendel: Stahlbetonbau, 4. Auflage, Leipzig: Teubner-Verlag 1963
[31] Bruckner: Elastische Platten, Braunschweig: Vieweg & Sohn Verlag 1977
[32] Rosmann: Berechnung gekoppelter Stützensysteme im Hochbau, Berlin/München/ Düsseldorf: Verlag W. Ernst & Sohn 1975
[33] Hahn: Durchlaufträger, Rahmen, Platten und Balken auf elastischer Bettung, 14. Auflage, Düsseldorf: Werner Verlag 1985

Teil 3

[60] Beton- und Stahlbetonbau, (Berlin) Verlag Ernst & Sohn
[60.1] Schenkel/Vogel: Längsrissbildung in der Betondeckung von Stahlbetontragwerken: Heft 6, 1999
[60.2] Graubner/Kempf: Mindestbewehrung in Stahlbetontragwerken – Warum und Wieviel? Heft 2, 2000
[60.3] Zilch/Staller/Rogge: Erläuterung zur Bemessung und Konstruktion von Tragwerken aus Beton, Stahlbeton und Spannbeton: Heft 6, 1999
[60.4] Jungwirth: Begrenzung der Rissbreite im Stahlbetonbau aus der Sicht der Praxis: Heft 7, 1985
[60.5] Stiglat: Näherungsberechnung der Durchbiegung von Biegetraggliedern aus Stahlbeton: Heft 4, 1995
[60.6] Eichstaeedt: Einspanngrad-Verfahren: Heft 1, 1963
[60.7] Pieper/Martens: Durchlaufende, vierseitig gestützte Platten: Heft 6, 1966
[60.8] Franz: Um eine Ecke laufende Kragplatte: Heft 3, 1968
[60.9] Beck/König: Haltekräfte im Skelettbau: Heft 1 und 2, 1967
[60.10] Leonhardt u. Walther: Schubprobleme im Stahlbetonbau: 1961 bis 1968
[60.11] Nguyen Viet Tue/Pierson: Ermittlung der Rissbreite und Nachweiskonzept nach DIN 1045-1: Heft 5, 2001

[60.12] Hobst: Methode der Finiten Elemente im Stahlbetonbau: Heft 10, 2000
[60.13] Graubner/Schmidt: DIN 1045-1 – Wesentliche Neuerungen bei der Bemessung von Betonbauwerken: Heft 1, 2001
[60.14] Stöckl: Übergreifungsstöße von zugbeanspruchten Bewehrungsstäben: Heft 10, 1972

[70.1] Heydel: Vereinfachungen beim Tragfähigkeitsnachweis für Querkraft nach DIN 1045-1, Bautechnik (Berlin) Heft 4, 2001
[70.2] Reineck: Hintergründe zur Querkraftbemessung für Bauteile aus Konstruktionsbeton mit Querkraftbewehrung, Der Bauingenieur (Berlin) Band 76, April 2001
[70.3] Krings: Bemessungstafeln für Rechteckquerschnitte nach DIN 1045, Bautechnik (Berlin), Heft 3, 2001

[80] Hefte des Deutschen Ausschusses für Stahlbeton. Vertrieb durch Beuth Verlag (Berlin) oder Verlag W. Ernst & Sohn (Berlin/München)
[80.1] Heft 370: Einfluss von Rissen auf die Dauerhaftigkeit von Stahlbetonbauteilen
[80.2] Heft 400: Erläuterungen zu DIN 1045 und weitere Arbeiten
[80.3] Heft 425: Bemessungshilfsmittel zu Eurocode 2 u. a.
[80.4] Heft 466: Grundlagen und Bemessungshilfen für die Rissbreitenbeschränkung nach DIN 1045 und EC 2
[80.5] Heft 459: Bemessen von Stahlbetonbalken mit Öffnungen
[80.6] Heft 525
[80.7] Heft 106: Berechnungstafeln für rechtwinklige Fahrbahnplatten
[80.8] Heft 300: Erläuterungen zu den Bewehrungsrichtlinien
[80.9] Heft 320: Erläuterungen zu DIN 4227 Spannbeton
[80.10] Heft 346: Untersuchungen über in Beton eingelassene Scherbolzen
[80.11] Heft 368: Fugen und Aussteifungen in Stahlbetonskelettbauten
[80.12] Heft 388: Wandartige Träger mit Auflagerverstärkungen
[80.13] Heft 407: Zwang und Rissbildung in Wänden und Fundamenten
[80.14] Heft 240: Hilfsmittel zur Berechnung der Schnittgrößen und Formänderungen von Stahlbetontragwerken
[80.15] Heft 220: Bemessung von Beton- und Stahlbetonbauteilen
[80.16] Heft 387: Quadratische Einzelfundamente
[80.17] Heft 411: Über das Tragverhalten von Köcherfundamenten

[90] Rostocker Berichte aus dem Fachbereich Bauingenieurwesen:
Krüger/Mertzsch: Beitrag zum Trag- und Verformungsverhalten bewehrter Betonquerschnitte

Anhang: Bemessungstafeln

Tafel 1 Allgemeines Bemessungsdiagramm für Rechteckquerschnitte

Tafel 2 Bemmesungstafel (μ_s-Tafel) für Rechteckquerschnitte

Tafel 3 Bemessungstafel (k_d-Tafel) für Rechteckquerschnitte

Tafel 4 Hilfswerte zur Bestimmung der Flächenmomente 2. Grades

Tafel 5 Bemessungstafel (μ_s-Tafel) für Rechteckquerschnitte mit Druckbewehrung

Tafel 6 Bemessungstafel (k_d-Tafel) für Rechteckquerschnitte mit Druckbewehrung

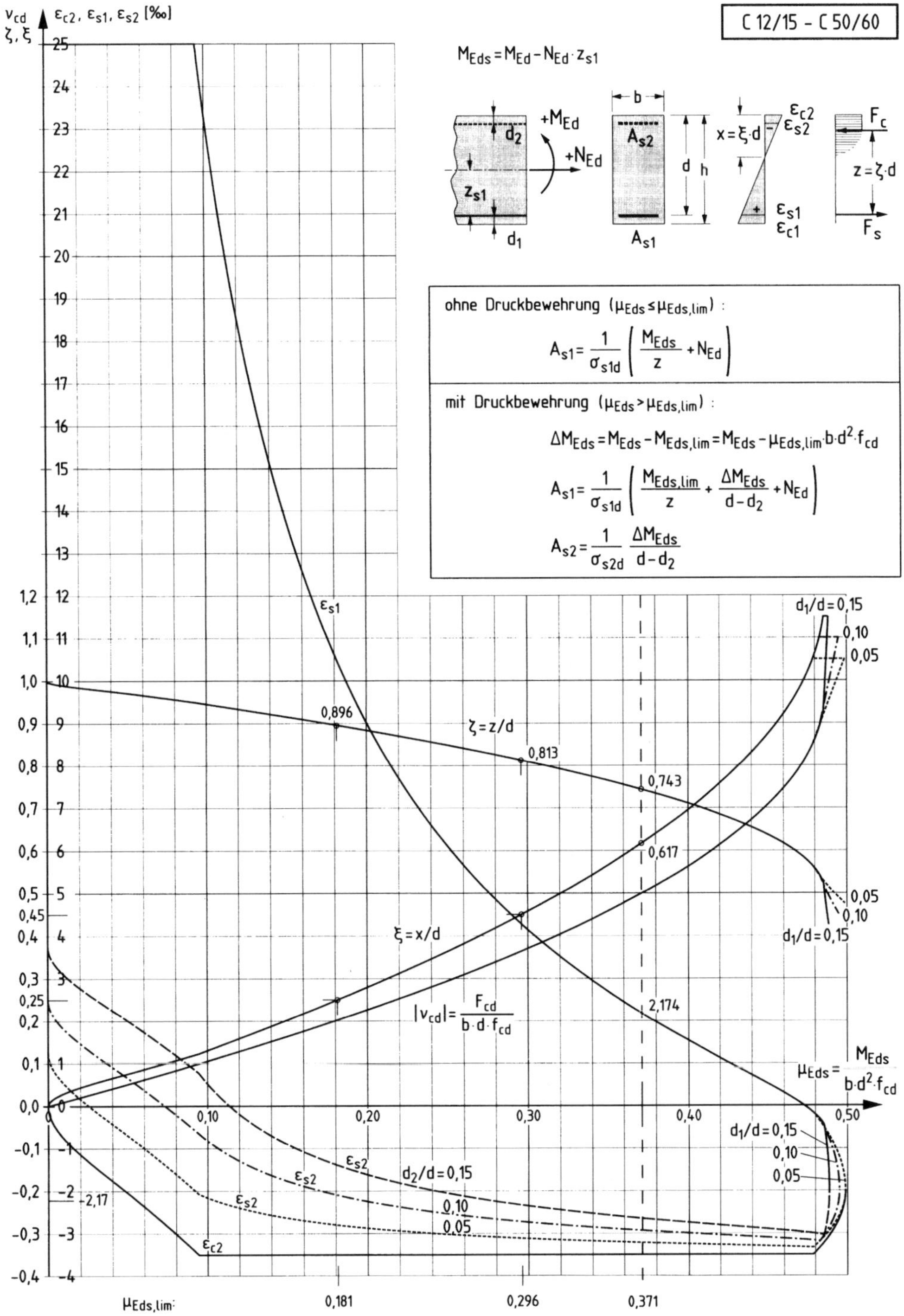

Tafel 1 Allgemeines Bemessungsdiagramm für Rechteckquerschnitte (aus [4])

Bemessungstafeln

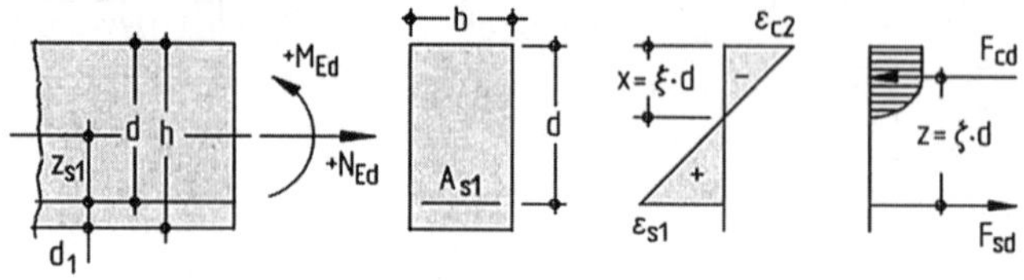

$$\mu_{Eds} = \frac{M_{Eds}}{b \cdot d^2 \cdot f_{cd}}$$ mit $M_{Eds} = M_{Ed} - N_{Ed} \cdot z_{s1}$
$f_{cd} = \alpha \cdot f_{ck}/\gamma_c$ (i. Allg. gilt $\alpha = 0{,}85$)

μ_{Eds}	ω	$\xi = \frac{x}{d}$	$\zeta = \frac{z}{d}$	ε_{c2} in ‰	ε_{s1} in ‰	σ_{sd} [1] in MPa BSt 500	σ_{sd}^* [2] in MPa BSt 500
0,01	0,0101	0,030	0,990	–0,77	25,00	435	457
0,02	0,0203	0,044	0,985	–1,15	25,00	435	457
0,03	0,0306	0,055	0,980	–1,46	25,00	435	457
0,04	0,0410	0,066	0,976	–1,76	25,00	435	457
0,05	0,0515	0,076	0,971	–2,06	25,00	435	457
0,06	0,0621	0,086	0,967	–2,37	25,00	435	457
0,07	0,0728	0,097	0,962	–2,68	25,00	435	457
0,08	0,0836	0,107	0,956	–3,01	25,00	435	457
0,09	0,0946	0,118	0,951	–3,35	25,00	435	457
0,10	0,1057	0,131	0,946	–3,50	23,29	435	455
0,11	0,1170	0,145	0,940	–3,50	20,71	435	452
0,12	0,1285	0,159	0,934	–3,50	18,55	435	450
0,13	0,1401	0,173	0,928	–3,50	16,73	435	449
0,14	0,1518	0,188	0,922	–3,50	15,16	435	447
0,15	0,1638	0,202	0,916	–3,50	13,80	435	446
0,16	0,1759	0,217	0,910	–3,50	12,61	435	445
0,17	0,1882	0,232	0,903	–3,50	11,56	435	444
0,18	0,2007	0,248	0,897	–3,50	10,62	435	443
0,19	0,2134	0,264	0,890	–3,50	9,78	435	442
0,20	0,2263	0,280	0,884	–3,50	9,02	435	441
0,21	0,2395	0,296	0,877	–3,50	8,33	435	441
0,22	0,2528	0,312	0,870	–3,50	7,71	435	440
0,23	0,2665	0,329	0,863	–3,50	7,13	435	440
0,24	0,2804	0,346	0,856	–3,50	6,60	435	439
0,25	0,2946	0,364	0,849	–3,50	6,12	435	439
0,26	0,3091	0,382	0,841	–3,50	5,67	435	438
0,27	0,3239	0,400	0,834	–3,50	5,25	435	438
0,28	0,3391	0,419	0,826	–3,50	4,86	435	437
0,29	0,3546	0,438	0,818	–3,50	4,49	435	437
0,30	0,3706	0,458	0,810	–3,50	4,15	435	437
0,31	0,3869	0,478	0,801	–3,50	3,82	435	436
0,32	0,4038	0,499	0,793	–3,50	3,52	435	436
0,33	0,4211	0,520	0,784	–3,50	3,23	435	436
0,34	0,4391	0,542	0,774	–3,50	2,95	435	436
0,35	0,4576	0,565	0,765	–3,50	2,69	435	435
0,36	0,4768	0,589	0,755	–3,50	2,44	435	435
0,37	0,4968	0,614	0,745	–3,50	2,20	435	435
0,38	0,5177	0,640	0,734	–3,50	1,97	395	395
0,39	0,5396	0,667	0,723	–3,50	1,75	350	350
0,40	0,5627	0,695	0,711	–3,50	1,54	307	307

unwirtschaftlicher Bereich

[1] Begrenzung der Stahlspannung auf $f_{yd} = f_{yk} / \gamma_s$ (horizontaler Ast der σ-ε-Linie)
[2] Begrenzung der Stahlspannung auf $f_{td,cal} = f_{tk,cal} / \gamma_s$ (geneigter Ast der σ-ε-Linie)

$$A_{s1} = \frac{1}{\sigma_{sd}} (\omega \cdot b \cdot d \cdot f_{cd} + N_{Ed})$$

Tafel 2 Bemmesungstafel (μ_s-Tafel) für Rechteckquerschnitte ohne Druckbewehrung (Normalbeton der Festigkeitsklassen ≤ C 50/60; Betonstahl BSt 500 und $\gamma_s = 1{,}15$) (aus [4])

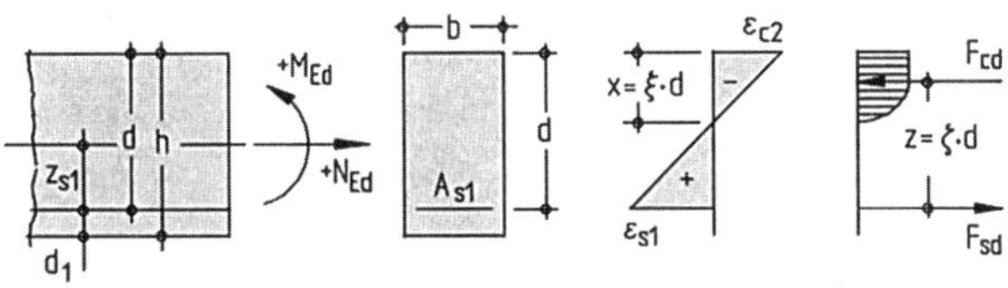

k_d-Tafel

$\gamma_c = 1{,}5$

$$k_d = \frac{d\,[\text{cm}]}{\sqrt{M_{Eds}\,[\text{kNm}]\,/\,b\,[\text{m}]}} \qquad \text{mit } M_{Eds} = M_{Ed} - N_{Ed} \cdot z_{s1}$$

k_d für Betonfestigkeitsklasse C									k_s	κ_s	ξ	ζ	ε_{c2} in ‰	ε_{s1} in ‰
12/15	16/20	20/25	25/30	30/37	35/45	40/50	45/55	50/60						
14,34	12,41	11,10	9,93	9,07	8,39	7,85	7,40	7,02	2,32	0,95	0,025	0,991	-0,64	25,00
7,90	6,84	6,12	5,47	5,00	4,63	4,33	4,08	3,87	2,34	0,95	0,048	0,983	-1,26	25,00
5,87	5,08	4,54	4,06	3,71	3,44	3,21	3,03	2,87	2,36	0,95	0,069	0,975	-1,84	25,00
4,94	4,27	3,82	3,42	3,12	2,89	2,70	2,55	2,42	2,38	0,95	0,087	0,966	-2,38	25,00
4,39	3,80	3,40	3,04	2,77	2,57	2,40	2,27	2,15	2,40	0,95	0,104	0,958	-2,89	25,00
4,01	3,47	3,10	2,78	2,53	2,35	2,20	2,07	1,96	2,42	0,95	0,120	0,950	-3,40	25,00
3,74	3,24	2,90	2,59	2,36	2,19	2,05	1,93	1,83	2,44	0,96	0,138	0,943	-3,50	21,87
3,53	3,05	2,73	2,44	2,23	2,06	1,93	1,82	1,73	2,46	0,97	0,156	0,935	-3,50	18,88
3,35	2,90	2,60	2,32	2,12	1,96	1,84	1,73	1,64	2,48	0,97	0,174	0,927	-3,50	16,56
3,20	2,77	2,48	2,22	2,03	1,88	1,76	1,65	1,57	2,50	0,97	0,192	0,920	-3,50	14,70
2,97	2,57	2,30	2,06	1,88	1,74	1,63	1,53	1,46	2,54	0,98	0,227	0,906	-3,50	11,91
2,79	2,42	2,16	1,94	1,77	1,64	1,53	1,44	1,37	2,58	0,98	0,261	0,891	-3,50	9,92
2,65	2,30	2,06	1,84	1,68	1,55	1,45	1,37	1,30	2,62	0,99	0,294	0,878	-3,50	8,42
2,54	2,20	1,97	1,76	1,61	1,49	1,39	1,31	1,24	2,66	0,99	0,325	0,865	-3,50	7,26
2,45	2,12	1,90	1,70	1,55	1,43	1,34	1,26	1,20	2,70	0,99	0,356	0,852	-3,50	6,33
2,37	2,05	1,83	1,64	1,50	1,39	1,30	1,22	1,16	2,74	0,99	0,386	0,839	-3,50	5,57
2,30	1,99	1,78	1,59	1,45	1,35	1,26	1,19	1,13	2,78	0,99	0,415	0,827	-3,50	4,93
2,24	1,94	1,74	1,55	1,42	1,31	1,23	1,16	1,10	2,82	1,00	0,443	0,816	-3,50	4,40
2,19	1,90	1,70	1,52	1,39	1,28	1,20	1,13	1,07	2,86	1,00	0,471	0,804	-3,50	3,94
2,15	1,86	1,66	1,49	1,36	1,26	1,18	1,11	1,05	2,90	1,00	0,497	0,793	-3,50	3,54
2,11	1,82	1,63	1,46	1,33	1,23	1,15	1,09	1,03	2,94	1,00	0,523	0,782	-3,50	3,19
2,07	1,79	1,60	1,44	1,31	1,21	1,13	1,07	1,01	2,98	1,00	0,549	0,772	-3,50	2,88
2,04	1,77	1,58	1,41	1,29	1,19	1,12	1,05	1,00	3,02	1,00	0,573	0,762	-3,50	2,61
2,01	1,74	1,56	1,39	1,27	1,18	1,10	1,04	0,99	3,06	1,00	0,597	0,752	-3,50	2,36
1,99	1,72	1,54	1,38	1,26	1,17	1,09	1,03	0,98	3,09	1,00	0,617	0,743	-3,50	2,17

$$A_{s1}\,[\text{cm}^2] = k_s \cdot \frac{M_{Eds}\,[\text{kNm}]}{d\,[\text{cm}]} + \frac{N_{Ed}\,[\text{kN}]}{43{,}5\,[\text{kN/cm}^2]}$$ (horizontaler Ast der Spannungs-Dehnungs-Linie)

alternativ:

$$A_{s1}^{*} = \kappa_s \cdot A_{s1}$$ (geneigter Ast der Spannungs-Dehnungs-Linie)

Tafel 3 Dimensionsgebundene Bemessungstafel (k_d-Verfahren); Rechteck ohne Druckbewehrung (Normalbeton der Festigkeitsklassen ≤ C 50/60 mit $\alpha = 0{,}85$; Betonstahl BSt 500 und $\gamma_s = 1{,}15$) (aus [4])

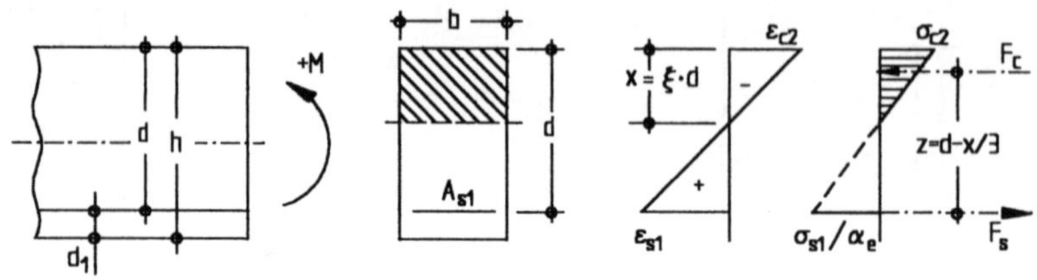

Tafeleingangswert:

$$\alpha_e\,\rho = \alpha_e \cdot \frac{A_s}{b \cdot d} \qquad \text{mit } \alpha_e = \frac{E_s}{E_{c,eff}}$$

$\alpha_e \cdot \rho$	ξ	κ
0,001	0,044	0,011
0,002	0,061	0,022
0,003	0,075	0,032
0,004	0,086	0,043
0,005	0,095	0,053
0,006	0,104	0,062
0,007	0,122	0,072
0,008	0,119	0,081
0,009	0,125	0,090
0,010	0,132	0,100
0,011	0,138	0,109
0,012	0,143	0,177
0,013	0,149	0,126
0,014	0,154	0,135
0,015	0,159	0,143
0,016	0,164	0,152
0,017	0,168	0,160
0,018	0,173	0,168
0,019	0,177	0,177
0,020	0,181	0,185
0,022	0,189	0,201
0,024	0,196	0,216
0,026	0,204	0,232
0,028	0,210	0,247
0,030	0,217	0,262
0,032	0,223	0,276
0,034	0,229	0,291
0,036	0,235	0,305
0,038	0,240	0,319
0,040	0,246	0,332
0,042	0,251	0,346
0,044	0,256	0,359
0,046	0,261	0,373
0,048	0,266	0,386
0,050	0,270	0,398

$\alpha_e \cdot \rho$	ξ	κ
0,055	0,281	0,430
0,060	0,292	0,460
0,065	0,301	0,490
0,070	0,311	0,519
0,075	0,319	0,547
0,080	0,328	0,575
0,085	0,336	0,601
0,090	0,344	0,628
0,095	0,351	0,653
0,100	0,358	0,678
0,110	0,372	0,727
0,120	0,384	0,773
0,130	0,396	0,818
0,140	0,407	0,860
0,150	0,418	0,902
0,160	0,428	0,942
0,170	0,437	0,980
0,180	0,446	1,02
0,190	0,455	1,05
0,200	0,463	1,09
0,210	0,471	1,12
0,220	0,479	1,16
0,230	0,486	1,19
0,240	0,493	1,22
0,250	0,500	1,25
0,260	0,507	1,28
0,270	0,513	1,31
0,280	0,519	1,34
0,290	0,525	1,36
0,300	0,531	1,39

$$x = \xi \cdot d$$
$$I = \kappa \cdot b \cdot d^3 / 12$$

Tafel 4 Hilfswerte ξ der Druckzonenhöhe x und κ des Flächenmoments 2. Grades I für biegebeanspruchte Rechteckquerschnitte ohne Druckbewehrung im Zustand II (aus [2])

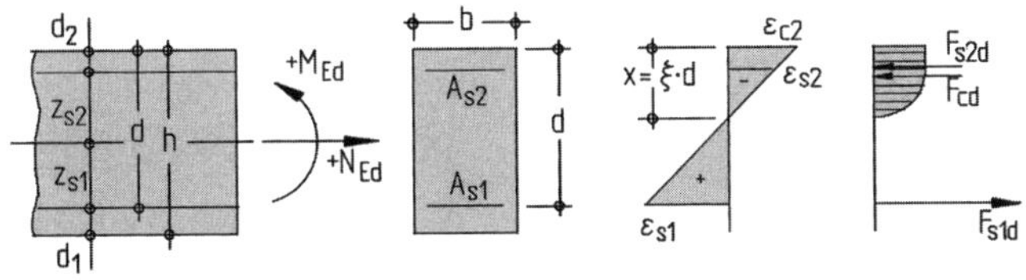

μ_s-Tafel

C 12/15 – C 50/60

$$\mu_{Eds} = \frac{M_{Eds}}{b \cdot d^2 \cdot f_{cd}}$$

mit $M_{Eds} = M_{Ed} - N_{Ed} \cdot z_{s1}$
$f_{cd} = \alpha \cdot f_{ck}/\gamma_c$ (i. Allg. gilt $\alpha = 0{,}85$)

$\xi = 0{,}45$ ($\varepsilon_{s1} = 4{,}3$ ‰, $\varepsilon_{c2} = -3{,}5$ ‰)

d_2/d	0,05		0,10		0,15		0,20	
$\varepsilon_{s1}/\varepsilon_{s2}$	4,28 ‰	–3,11 ‰	4,28 ‰	–2,72 ‰	4,28 ‰	–2,33 ‰	4,28 ‰	–1,94 ‰
μ_{Eds}	ω_1	ω_2	ω_1	ω_2	ω_1	ω_2	ω_1	ω_2
0,30	0,368	0,004	0,369	0,004	0,369	0,005	0,369	0,005
0,31	0,379	0,015	0,380	0,015	0,381	0,016	0,382	0,019
0,32	0,389	0,025	0,391	0,027	0,392	0,028	0,394	0,033
0,33	0,400	0,036	0,402	0,038	0,404	0,040	0,407	0,047
0,34	0,410	0,046	0,413	0,049	0,416	0,052	0,419	0,061
0,35	0,421	0,057	0,424	0,060	0,428	0,063	0,432	0,075
0,36	0,432	0,067	0,435	0,071	0,439	0,075	0,444	0,089
0,37	0,442	0,078	0,446	0,082	0,451	0,087	0,457	0,103
0,38	0,453	0,088	0,458	0,093	0,463	0,099	0,469	0,117
0,39	0,463	0,099	0,469	0,104	0,475	0,110	0,482	0,131
0,40	0,474	0,109	0,480	0,115	0,487	0,122	0,494	0,145
0,41	0,484	0,120	0,491	0,127	0,498	0,134	0,507	0,159
0,42	0,495	0,130	0,502	0,138	0,510	0,146	0,519	0,173
0,43	0,505	0,141	0,513	0,149	0,522	0,158	0,532	0,187
0,44	0,516	0,151	0,524	0,160	0,534	0,169	0,544	0,201
0,45	0,526	0,162	0,535	0,171	0,545	0,181	0,557	0,215
0,46	0,537	0,173	0,546	0,182	0,557	0,193	0,569	0,229
0,47	0,547	0,183	0,558	0,193	0,569	0,205	0,582	0,243
0,48	0,558	0,194	0,569	0,204	0,581	0,216	0,594	0,257
0,49	0,568	0,204	0,580	0,215	0,592	0,228	0,607	0,271
0,50	0,579	0,215	0,591	0,227	0,604	0,240	0,619	0,285
0,51	0,589	0,225	0,602	0,238	0,616	0,252	0,632	0,299
0,52	0,600	0,236	0,613	0,249	0,628	0,263	0,644	0,313
0,53	0,610	0,246	0,624	0,260	0,639	0,275	0,657	0,327
0,54	0,621	0,257	0,635	0,271	0,651	0,287	0,669	0,341
0,55	0,632	0,267	0,646	0,282	0,663	0,299	0,682	0,355
0,56	0,642	0,278	0,658	0,293	0,675	0,310	0,694	0,369
0,57	0,653	0,288	0,669	0,304	0,687	0,322	0,707	0,383
0,58	0,663	0,299	0,680	0,315	0,698	0,334	0,719	0,397
0,59	0,674	0,309	0,691	0,327	0,710	0,346	0,732	0,411
0,60	0,684	0,320	0,702	0,338	0,722	0,358	0,744	0,425

$$A_{s1} = \frac{1}{f_{yd}} (\omega_1 \cdot b \cdot d \cdot f_{cd} + N_{Ed})$$

$$A_{s2} = \omega_2 \cdot b \cdot d \cdot \frac{f_{cd}}{f_{yd}}$$

Tafel 5 Bemessungstafel (μ_s-Tafel) für Rechteckquerschnitte mit Druckbewehrung (Normalbeton der Festigkeitsklassen ≤ C 50/60; $\xi_{lim} = 0{,}45$; Betonstahl BSt 500 und $\gamma_S = 1{,}15$) (aus [4])

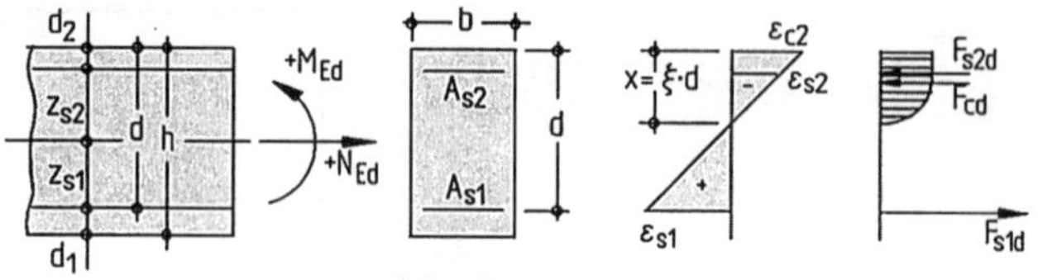

$$k_d = \frac{d\,[\mathrm{cm}]}{\sqrt{M_{Eds}\,[\mathrm{kNm}]\,/\,b\,[\mathrm{m}]}} \qquad \text{mit } M_{Eds} = M_{Ed} - N_{Ed} \cdot z_{s1}$$

$$k_d = \frac{d\,[\mathrm{cm}]}{\sqrt{M_{Sds}\,[\mathrm{kNm}]\,/\,b\,[\mathrm{m}]}} \qquad \text{mit } M_{Sds} = M_{Sd} - N_{Sd} \cdot z_{s1}$$

Beiwerte k_{s1} und k_{s2}

$\xi = 0{,}45$										$\xi = 0{,}617$										$\xi = \begin{cases}0{,}450\\0{,}617\end{cases}$
k_d für f_{ck}									k_{s1}	k_d für f_{ck}									k_{s1}	k_{s2}
12	16	20	25	30	35	40	45	50		12	16	20	25	30	35	40	45	50		
2,23	1,93	1,73	1,54	1,41	1,30	1,22	1,15	1,09	2,83	1,99	1,72	1,54	1,38	1,26	1,17	1,09	1,03	0,98	3,09	0
2,18	1,89	1,69	1,51	1,38	1,28	1,19	1,13	1,07	2,82	1,95	1,69	1,51	1,35	1,23	1,14	1,07	1,01	0,96	3,07	0,10
2,14	1,85	1,65	1,48	1,35	1,25	1,17	1,10	1,05	2,80	1,91	1,65	1,48	1,32	1,21	1,12	1,05	0,99	0,93	3,04	0,20
2,09	1,81	1,62	1,45	1,32	1,22	1,14	1,07	1,02	2,79	1,87	1,62	1,45	1,29	1,18	1,09	1,02	0,96	0,91	3,02	0,30
2,04	1,77	1,58	1,41	1,29	1,19	1,11	1,05	1,00	2,77	1,82	1,58	1,41	1,26	1,15	1,07	1,00	0,94	0,89	2,99	0,40
1,99	1,72	1,54	1,38	1,26	1,17	1,09	1,03	0,98	2,76	1,78	1,54	1,38	1,23	1,12	1,04	0,97	0,92	0,87	2,97	0,50
1,94	1,68	1,50	1,34	1,23	1,14	1,07	1,01	0,96	2,74	1,73	1,50	1,34	1,20	1,10	1,01	0,95	0,89	0,85	2,94	0,60
1,89	1,63	1,46	1,31	1,19	1,10	1,03	0,97	0,92	2,73	1,69	1,46	1,31	1,17	1,07	0,99	0,92	0,87	0,83	2,92	0,70
1,83	1,59	1,42	1,27	1,16	1,07	1,00	0,94	0,89	2,71	1,64	1,42	1,27	1,13	1,04	0,96	0,90	0,85	0,80	2,89	0,80
1,78	1,54	1,38	1,23	1,12	1,04	0,97	0,92	0,87	2,70	1,59	1,37	1,23	1,10	1,00	0,93	0,87	0,82	0,78	2,87	0,90
1,72	1,49	1,33	1,19	1,09	1,01	0,95	0,89	0,85	2,69	1,54	1,33	1,19	1,06	0,97	0,90	0,84	0,79	0,75	2,84	1,00
1,66	1,44	1,29	1,15	1,05	0,97	0,91	0,86	0,81	2,67	1,48	1,28	1,15	1,03	0,94	0,87	0,81	0,77	0,73	2,82	1,10
1,60	1,38	1,24	1,11	1,01	0,94	0,88	0,83	0,79	2,66	1,43	1,24	1,11	0,99	0,90	0,84	0,78	0,74	0,70	2,79	1,20
1,53	1,33	1,19	1,06	0,97	0,90	0,84	0,79	0,75	2,64	1,37	1,19	1,06	0,95	0,87	0,80	0,75	0,71	0,67	2,77	1,30
1,47	1,27	1,14	1,02	0,93	0,86	0,80	0,76	0,72	2,63	1,31	1,14	1,02	0,91	0,83	0,77	0,72	0,68	0,64	2,74	1,40

Beiwerte ρ_1 und ρ_2

d_2/d	$\xi = 0{,}45$					$\xi = 0{,}617$				
	ρ_1 für k_{s1} =				ρ_2	ρ_1 für k_{s1} =				ρ_2
	2,83	2,74	2,68	2,63		3,09	2,97	2,85	2,74	
≤0,07	1,00	1,00	1,00	1,00	1,00	1,00	1,00	1,00	1,00	1,00
0,08	1,00	1,00	1,00	1,01	1,01	1,00	1,00	1,00	1,01	1,01
0,10	1,00	1,01	1,01	1,02	1,03	1,00	1,01	1,01	1,02	1,03
0,12	1,00	1,01	1,02	1,03	1,06	1,00	1,01	1,02	1,03	1,06
0,14	1,00	1,02	1,03	1,04	1,08	1,00	1,01	1,03	1,04	1,08
0,16	1,00	1,02	1,04	1,06	1,11	1,00	1,02	1,04	1,06	1,11
0,18	1,00	1,03	1,05	1,07	1,17	1,00	1,02	1,05	1,07	1,13
0,20	1,00	1,04	1,06	1,09	1,30	1,00	1,03	1,06	1,08	1,16
0,22	1,00	1,04	1,07	1,10	1,45	1,00	1,03	1,07	1,10	1,19
0,24	1,00	1,05	1,09	1,12	1,63	1,00	1,04	1,08	1,12	1,24

$$A_{s1}\,[\mathrm{cm}^2] = \rho_1 \cdot k_{s1} \cdot \frac{M_{Eds}\,[\mathrm{kNm}]}{d\,[\mathrm{cm}]} + \frac{N_{Ed}\,[\mathrm{kN}]}{43{,}5\,[\mathrm{kN/cm}^2]}$$

$$A_{s2}\,[\mathrm{cm}^2] = \rho_2 \cdot k_{s2} \cdot \frac{M_{Eds}\,[\mathrm{kNm}]}{d\,[\mathrm{cm}]}$$

Tafel 6 Dimensionsgebundene Bemessungstafel (k_d-Verfahren); Rechteck mit Druckbewehrung (Normalbeton der Festigkeitsklassen ≤ C 50/60 mit $\alpha = 0{,}85$; $\xi_{lim} = 0{,}45/0{,}617$; Betonstahl BSt 500 und $\gamma_s = 1{,}15$) (aus [2])

Stichwortverzeichnis

Abminderung von Momenten 51, 269
Allgemeine Bewehrungsregeln 61
Anschlussbewehrung
– bei Plattenbalken 226
– bei Überzügen 230
– von Nebenträgern 169
Arbeitsfugen
– Schubkraftübertragung 230
Aufbiegestellen 167
Auflagerkräfte 49
– von zweiachsig gespannten Platten 270
Auflagerlängen 48
Auflagernahe Einzellasten 140
Auflagerung
– direkt 140
– indirekt 140
Aufhängebewehrung 169

Baustoffe 8
– Beton 9
– Betonstahl 14
Bemessung
– von Rechteckquerschnitten 77
– von Plattenbalken 218
Begrenzung der Rissbreiten 107
Betondeckung der Stahleinlagen 58
Betonfestigkeitsklassen 10
Betonkorrosion 55
Betonstahlmatten 66
Betonzugfestigkeit 9
Bewehren
– mit Stabstahl 63
– mit Betonstahlmatten 65
– mit Stabbündeln 74
– mit/ohne Aufbiegungen 166
Bewehrungskorrosion 56
Bewehrung
– Verarbeitung 63
– Vermaßung 64
– von Balken 71
– von Platten 68
– von Plattenbalken 238
Bewehrungsgrad
– geometrisch 85
– mechanisch 85
Biegebemessung 77
Biegerollendurchmesser 64
Biegeschlankheit 131
Bruchlinien 153
Brucharten bei Querkraftbeanspruchung 186
Bügelformen 163
Bügelabstände 163

Dauerhaftigkeit 55
Deckendicke (Entwurf) 131
Deckengleiche Unterzüge 242
– Tragverhalten 242
Dehnungsverteilungen 280
Drillbewehrung 264
Duktilitätskriterium 73
Druckbewehrung 204
Durchbiegung: vgl. Verformung
Durchhang: vgl. Verformung

Einspannung an Endauflagern 69
Einwirkungen 23
Einzellasten
– auflagernahe 140
– bei Platten 173, 274
– mitwirkende Breite 235
Entwurf
– bei Rechteckquerschnitten 90
– bei Plattenbalken 222
Ersatzstützweiten
– allgemein 131
– bei zweiachsig gespannten Platten 264
Erstrissbildung 109
Expositionsklassen 69

Fachwerkanalogie 139
Flachdecken 5
Fließgelenk 38

Grenzwertsätze 253
Grenzzustand
– der Gebrauchstauglichkeit 108
– der Tragfähigkeit (Biegebemessung) 77
– der Tragfähigkeit (Querkraftbemessung) 134
Grenzdehnungsverhältnisse 86

Hauptspannungen 135
Hautbewehrung vgl. Oberflächenbewehrung

Höchstbewehrung 73

Indirekte Lasteinleitung 169

Kombinationswerte 24
Konstruktion
– bei Plattenbalken
– der Zugkraftlinie 179
– von Platten 68
Korrosionsschutz
– der Bewehrung 55
Korrosionsvorgang 56
Kreuzweise gespannte Platten
– vgl. zweiachsig gespannte Platte
– Drillbewehrung 284

Lagesicherheit 32
Lastanordnung zur
– Bestimmung von Schnittgrößen 44
Lasteinleitung
– direkt/indirekt 140

Mindestbewehrung
– bei biegebeanspruchten Bauteilen 73
– bei Plattenbalken 240
– in Balkenstegen 162
– zur Begrenzung der Rissbreite 120
Mitwirkende Plattenbreite 219
– bei deckengleichen Unterzügen 244
– parallel zum Unterzug 214
Momente (Biegemomente)
– Mindestwerte 52, 73
– Vergleichswerte 53
– bei zweiachsig gespannten Platten 272
Momentennullpunkte
– Einfluss der Teilsicherheitsbeiwerte 32, 34
Momentenumlagerung 45

Nulllinienlage
– bei Plattenbalken 219

Oberflächenbewehrung 87
Ortbetonergänzung 266

Platten
– einachsig gespannt 68
– mit Einzellast 173, 274
– Mindestdicke 68
– mit Querkraftbewehrung 172
– mit unregelmäßiger Berandung 274
– Momentengrenzflächen 267
– ohne Querkraftbewehrung 143
– parallel Unterzug 237
– zweiachsig gespannt 248
Plattenbalken
– als Durchlaufträger 222
– als Überzug 230
– Anschluss von Gurten 223
– Biegebemessung 218
– Bewehrung 238
– Querkraftbewehrung 223
– Tragverhalten 212
Positionspläne 278

Querbewehrung
– bei Übergreifungsstößen 193
– in Platten 69
– in Verankerungsbereichen 183
Querkräfte
– Bemessungswerte 139
– maßgebende Laststellung 50
Querzugspannungen 183

Rissbreiten, Begrenzung der 107
– Konstruktionsregeln 117
– Rechnerische Nachweise 112
– Mindestbewehrung 120
– Zeitpunkt der Rissbildung 125
– Zusammenhänge bei der Rissbildung 108
Rotationsvermögen 38, 88

Schalpläne 278
Sicherheitsbeiwerte: vgl. Teilsicherheitsbeiwerte
Skelettbauten 4
Spannungsnachweise 101
Stababstände 61
– Bügel 163
– in Platten 69
Stabbündel 74
Stegbewehrung 116
Stützmomente
– Laststellung 49
– Mindestwerte 52
Stützweite 48

Teilsicherheitsbeiwerte
– für den Tragwiderstand 29
– für Einwirkungen 26

Übergreifungsstoß
– von Betonstahlmatten 194
– von Stabbündeln 192
– von Stabstahl 190

Überzüge 230
Umlenkkräfte (bei Stabstahlkrümmungen) 64

Verankerung
– an Endauflagern 186
– an Zwischenauflagern 189
– von Bügeln 165
– von Schrägstäben 196
Verankerungselemente 165
Verankerungslänge (Grundmaß) 183
Verbundbedingungen 182
Verformung 129

Wirkungsbereich der Bewehrung 195

Zugkraft und Zugkraftdeckung 177
Zugkraftfläche (Platten) 267
Zwangeinwirkungen
– Mindestbewehrung 120
Zweiachsig gespannte Platten 248
– Auflagerkräfte 270
– Drillbewehrung 264
– Schnittgrößen (Einfeldplatten) 251
– Schnittgrößen (Mehrfeldplatten) 256